LIFE
생명이란?

Life, **1th Edition**

John H. Postlethwait,
Janet L. Hopson

ISBN-13: 978-89-6218-309-2

Cengage Learning Korea Ltd.
14F YTN Newsquare 76 Sangamsan-ro
Mapo-gu Seoul 03926 Korea
Tel: (82) 2 330 7000
Fax: (82) 2 330 7001

Cengage Learning is a leading provider of customized learning solutions with office locations around the globe, including Singapore, the United Kingdom, Australia, Mexico, Brazil, and Japan. Locate your local office at: **www.cengage.com**

Cengage Learning products are represented in Canada by Nelson Education, Ltd.

To learn more about Cengage Learning Solutions, visit **www.cengageasia.com**

Printed in Korea
Print Number: 01 Print Year: 2021

JOHN H. POSTLETHWAIT | JANET L. HOPSON

LIFE
생명이란?

강신성 옮김

CENGAGE

Andover • Melbourne • Mexico City • Stamford, CT • Toronto • Hong Kong • New Delhi • Seoul • Singapore • Tokyo

옮긴이 소개

강신성

(현) 경북대학교 자연대 생명과학부 명예교수

학력
서울대학교 문리과대학 동물학과 (학사)
서울대학교 대학원 동물학과 (석사)
가톨릭의과대학 대학원 생화학과 (박사)
미국 사우스캐롤라이나 의과대학교 면역-미생물학과 (박사후 연구원)
미국 켄터키대학교 생화학과 (연구원)
미국 국립암연구소 세포생물학연구부 (연구원)

저서
생물과학(1987), 교양생물학(1991), 분자생물학(1997) 등 15권

역서
Solomon 등 '생물과학 8판'(2010), Star and MacMillan '인체생물학 8판'(2011),
'Vender의 인체생리학 12판'(2012) 등 24권

학회활동
한국분자세포생물학회 부회장, 한국통합생물학회 회장, 한국생물과학협회 회장 역임

생명이란?

LIFE 1st Edition

제1판 1쇄 발행 | 2012년 7월 25일
제1판 3쇄 수정판 발행 | 2021년 2월 25일

지은이 | John H. Postlethwait, Janet L. Hopson
옮긴이 | 강신성
발행인 | 송성헌
발행처 | 센게이지러닝코리아㈜
등록번호 | 제313-2007-000074호(2007.3.19.)
이메일 | asia.infokorea@cengage.com
홈페이지 | www.cengage.co.kr

ISBN-13: 978-89-6218-309-2

공급처 | (주)월드사이언스
주　소 | 서울특별시 서초구 도구로 115, 1층(방배동, 월드빌딩)
도서안내 및 주문 | TEL 02) 581-5811~3 FAX 02) 521-6418
E-mail | worldscience5811@naver.com

값 21,000원

역자 서문

생명과학은 자연에 존재하는 모든 생명체들이 발현하는 생명현상의 공통적 이론과 진리를 탐구하는 학문이다. 생명과학은 우리의 건강과 관련된 생명의 모든 면에 영향을 주며, 우리에게 직면한 환경 문제에 대한 도전적 행동에 이르기까지 흥미진진하고 역동적인 학문이다. 그러므로 생명과학을 통해 얻은 이론과 지식들은 인류의 풍요로운 생활과 건강한 생활에 이용될 수 있다고 하겠다.

이 교재를 사용하는 상당수 학생들은 다른 자연계 과목을 수강하지 않은 채 이 강좌를 접하는 것이므로, 그들이 생명과학의 진행과 기본적인 생명과학의 원리들을 이해할 수 있게 흥미를 갖도록 해주는 것이 필요하다. Postlethwait와 Hopson이 저술한 "Life, 1st ed.(2011)"은 생물학을 처음 접하는 학생들에게 흥미를 유발시키고 친숙하게 다가갈 수 있도록 생물학적 기초 원리들을 기술한 교재이다. 저자들은 저술과 강의의 경험을 바탕으로, 학생들과 일반 대중들에게 생명과학에 대한 흥미를 더욱 유발시키며 이해의 증진을 도모할 수 있도록 여러 가지 학습 전략에 근거하여 저술하였고, 가능한 한 많은 최신 학술정보들을 담아 저술하였다. 특히 생활 속의 생명과학이 될 수 있도록 실생활에서 일어날 수 있는 생명현상을 제시하고 그와 관련된 생명과학 내용을 그림과 도표를 첨가하여 이해하기 쉽게 기술해 나간 것이 특징이다.

본 역자는 오랫동안 생명과학 분야의 강의 경력과 이 분야의 저서 및 역서들을 집필했던 경험을 바탕으로, 원본에 저술된 내용을 충실히 전달할 수 있도록 그리고 좀 더 쉽게 내용을 이해할 수 있도록 심혈을 기울여 작업하였다. 그리고 전공자들뿐 아니라 비전공자들도 좀 더 쉽게 내용에 다가가고 이해할 수 있도록 정성을 기울였다.

번역에 사용한 생물과학 학술용어는 한국생물과학협회가 간행한 "생물학용어집, 제2판(2005, 아카데미서적)"과 협회에서 지속적 사업으로 매년 심의 제정하여 On Line으로 제공하고 있는 한글 용어들을 사용하였다. 역자는 본 역서에 오류가 없도록 완벽을 기하고자 최대한 노력을 기울였지만 혹시 미진한 부분이 나올 수 있을 수도 있으므로, 독자들의 많은 조언과 편달을 기대한다.

역자는 이 책자의 저술 형식이나 흥미로운 내용의 결집이 독자들에게 생명과학에 대한 흥미와 관심을 불러일으키고, 현대생활을 영위해 나가는 데 도움이 될 수 있으며, 그들이 지속적으로 생명과학에 대한 관심을 가져주기를 희망한다.

끝으로 이 책의 출판을 위해 편집과 제작에 성의를 다한 센게이지러닝코리아(주) 송성현 사장님을 비롯한 편집부 여러분의 노고에 진심으로 감사를 드린다.

2012. 06

역자 **강 신 성**

요약목차

목차

2부 진화와 생물다양성

3부 생명의 세계

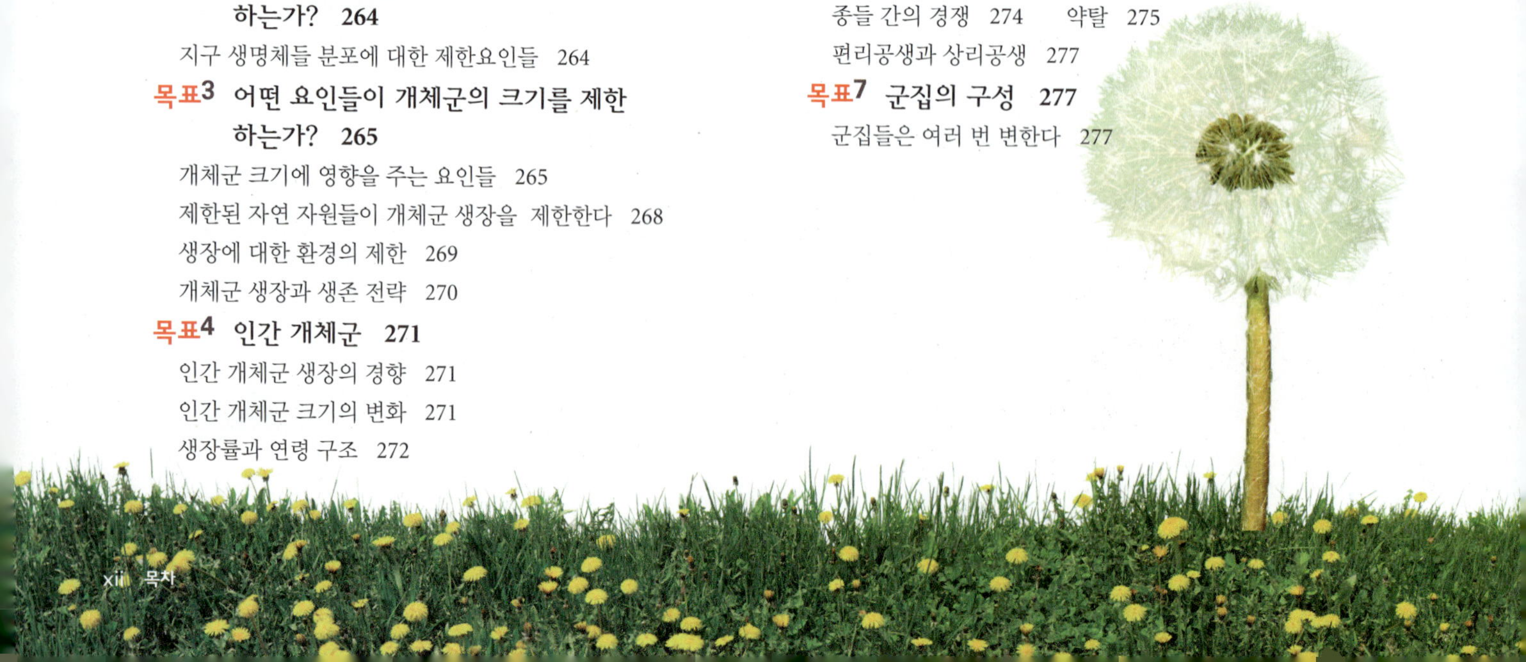

CARBON
DIOXIDE

LIFE
생명이란?

CHAPTER

1

학습목표

목표[1] 생명의 특성을 인지한다.

목표[2] 에너지 사용과 관련된 생명의 특성을 확인한다.

목표[3] 생식작용과 관련된 생명의 특성을 확인한다.

목표[4] 진화와 관련된 생명의 특성을 확인한다.

목표[5] 환경과 관련된 생명의 특성을 확인한다.

목표[6] 생물학자들이 생명 현상을 어떻게 연구하는지 설명한다.

목표[7] 생물학자들이 생명에 관한 문제들을 어떻게 풀어나가는지 이해한다.

생명이란 무엇인가?

“몇 세기 동안 연구하고 사고한 끝에 생물학자들은 한 생명체가 언제 살았는지, 그 이전에 살았는지 또는 비생명체였는지에 대한 의견일치를 보게 되었다.”

지구로부터 화성까지의 한 바퀴 돌아서

타임(TIME) 잡지에 분명하게 “화성의 생명체”라는 표제가 제시되었던 적이 있다. 1996년 8월, 미항공우주국(NASA)의 과학자들이 1.8 Kg 정도 감자-모양의 암석이 화성 생명체의 잔재를 함유한다고 주장함으로써 전 세계 매체를 흥분의 도가니로 몰아넣은 적이 있었다.

당신은 무엇을 알고 있을까?

자동차는 에너지를 사용하고, 고도로 조직화되어 있으며, 움직이지만... 차는 “살아” 있지 않다. 왜 그럴까?

의문에 대한 문제점은 화성으로부터 우리 지구의 최종 빙하기 동안인 13,000년 전 경에 섬광처럼 떨어져 나와 지구의 대기권으로 들어온 화성의 운석이라는 점에서 비롯됐다. 남극대륙 표면으로 수없이 떨어진 돌들이 1984년 과학자들에게 발견될 때까지 13,000년 동안이나 손상 받지 않고 놓여 있었다는 것이다. 12년 후 휴스턴 시 존슨 우주센터의 과학팀이 홍차색의 덩어리가 약 40억 년 전 형성된 현미경적 벌레 같은 구조물(**그림 1.1**)을 가진다는 증거를 발표하였다. 그들이 주장하는 증거가 화성에 생명체가 존재하는 것으로 인정하는 듯하였다. 그러나 몇 달 후, 많은 과학자들이 그러한 주장에 대해, 그것은 단지 화성의 무기질 구성물에 지나지 않는 것이라고 반론을 제기했다.

몇 년이 지났지만 그에 대한 논란은 아직도 계속되고 있으며, 그 해답을 찾기 위한 노력은 계속되고 있다. NASA는 1998년 화성의 토양과 암석을 회수하는 일련의 작업을 시작하였고, 지구에서 계속 연구에 몰두하고 있다. 그리고 최근 영상자료들은 생명체가 화성의 표면 밑 수계에서 생명을 영위할 수 있을 것으로 암시하고 있다. NASA에 화석 토양 시료가 회수되면 생물학자들이 즉시 지구의 이웃 붉은 행성인 화성에 생명체가 살았던—또는 아직도 살고 있는—신호들을 알아내기 위한 탐색에 들어갈 것이다. 화성생명체 존재에 대한 증거가 얻어진다면 이는 생명과학 역사에 가장 흥미로운 발견의 하나가 될 것이다.

만약 우리 역사상 외계생명체 탐구와 관련된 중심적 사건을 이해하려고 했던 순간이 있었다면, 그것은 *“생명이란 무엇일까?”*일 것이다. 이 장은 생물학의 중심적 수수께끼와 관련된 다매체적 탐구로부터 시작한다. 이 책을 읽어 가면서 여러분들은 각자가 생명을 이해한다는 것이 왜 중요하고, 생물학자들이 생명체들의 특성, 그들의 환경 및 생명체와 환경의 상호 관계되는 모든 양상들을 어떻게 연구하는지를 배우게 될 것이다. 그리고 여러분들은 아래의 질문들에 대해 답을 알게 될 것이다:

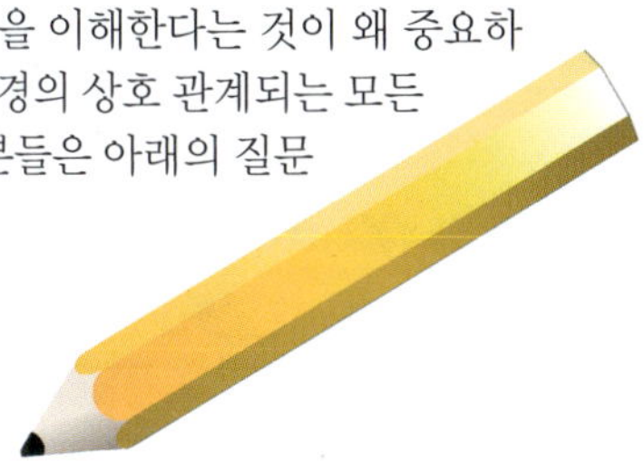

- 모든 생명체들이 공유하는 특성들은 무엇인가?
- 어떤 특성들이 에너지를 얻고 사용하는 데 관련된 것인가?
- 어떤 특성들이 생식작용과 관련된 것인가?
- 어떤 특성들이 진화와 적응에 관련된 것인가?
- 어떤 특성들이 물리적 환경과 관련된 것인가?
- 생물학자들은 생명에 대해 어떻게 연구하며, 우리는 이 과정을 어떻게 탐구하여야 할까?
- 생명과학 학습이 우리로 하여금 사회적 및 환경적 문제들을 풀어나가는데 어떻게 도움을 줄까?

목표1 생명체의 특성

화성과 그 밖의 행성들 생명에 대한 연구는 먼저 우리 지구상에 살고 있는 생명체들의 확인과 일반적 특성들을 이해하여 생명으로의 인식이 전제된 다음에야 태양계의 다른 행성들이나 우주 생명체들의 유사점과 차이점들에 대해 탐구하여야 한다. 수세기에 걸친 연구와 사고 후에야 생물학자들은 하나의 생명체가 살고 있는지, 그 전에 살았었는지 또는 무생물인지에 관한 의견일치에 다다를 수 있었다.

생명을 인식하는 문제는 확실히 외계 생명체들 탐구에 기본적이지만, 생명에 대한 또 다른 중요한 응용들도 역시 뒤따른다. 오늘날의 생물학자들이나 의사들은 전례가 없는 능력들을 가지고 있다. 이에 해당하는 것들이 생명-지지 기계들, 냉동 인간, 나중에 사용할 수 있는 동물 배(embryo), 미생물들, 식물들 및 동물들 유전형질의 변화나 조작 등을 통한 인체나 개인의 기관들을 유지하는 능력이다. 아마도 어느 날 엔가는 위에 제시된 능력들을 바탕으로 시험관 내에서 생명을 만들 수 있고, 컴퓨터와 생명체 사이의 잡종을 창조해 낼 수 있도록 확대될 지도 모르겠다. 생명의 가장 원천적인 성질들을 조작하기 위해 생명공학자들은 경계 부위가 무엇이고, 그들이 얼마나 뻗어나갈 것인가 그리고 어떤 변화가 바람직하고 실용적이어서 추구할 가치가 있는지를 정확히 알아야 한다.

동시에 대중들이 생명을 조작하는 데 있어서, 이득과 위험을 철저히 숙지하여 그들이 이러한 생명공학의 감시자이며 소비자라는 점이 인식되어져야 한다. 넓은 의미에서 생명과학의 각 학습과 실험 코스들은 그들이 단순하든 복잡하든 "생명이란 무엇인가?"에 대한 의문을 푸는 데 있다. 하나의 해답을 얻기 위해서도 전 과정의 코스가 필요한 것이다. 생물학을 공부하려는 시민—경영학, 물리교육학, 심리한 또는 영문학을 전공하는 대학생들을 포함하여—들도 생명의 복잡성과 미의 영역을 발견함으로써, 그들로 하여금 환경, 건강, 일상생활, 자녀들의 성장과 발달, 암의 치료, 발기부전 약제, 서식지 파괴, 멸종, 지구기후의 변화 등 뉴스를 통해 접할 수 있는 문제들에 관한 것을 이해하는 데 도움이 되게 해준다.

그림 1.1 **화석화된 화성 세균?**

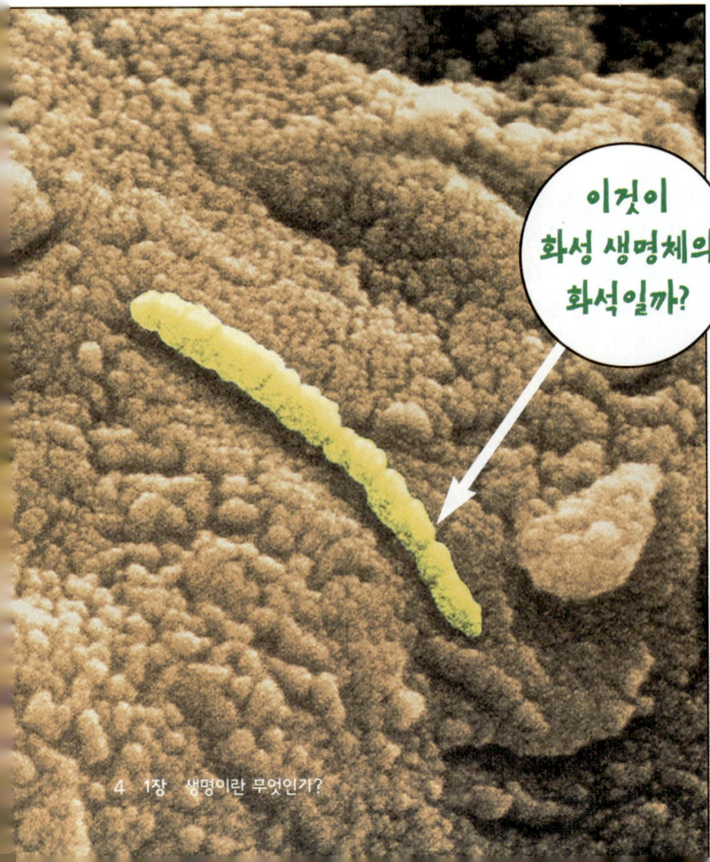

D. MCKAY, K. THOMAS-KEPRTA, R. ZARE, NASA

그렇다면 도대체 생명이란 무엇일까? 기초 생물학자, 생명공학자, 행성방어자를 비롯한 어느 누구도 생명의 필수 사항들을 열거하는 등의 간단한 정의 밖에 내리지 못한다. 그 대신에 생명 특성들에 대한 집합적이고 서술적인 측면에 초점을 맞춘다.

생명의 특성들

잠시 강아지, 장미, 공룡 그리고 오토바이들에 대해 생각해 보라. 이들은 무엇인가? 강아지는 틀림없이 살아있으며, 그의 고도로 발달된 뇌의 명령에 의해 장난치며, 빙빙 돌기도하고, 과자를 달라며 매달리기도 한다. 장미도 비록 강아지처럼 잘 움직이지 못하고 개걸스럽게 먹지는 못하지만 살아있는 생명체이다. 그렇지만 장미는 태양광과 흙 속의 영양분들을 흡수하며, 아름다운 꽃과 새로운 장미 후손을 생산할 수 있는 종자를 만든다. 공룡의 뼈는 물론 살아있지는 않지만 살아있는 다른 동물들의 뼈들의 생김새와 유사한 것으로 보아 이 지구상에 한때 생존했음을 확인해 준다. 그러면 오토바이는 어떤가? 오토바이는 고도로 조직화되어 있고 환경으로부터의 에너지를 필요로 하며, 자신의 동력으로 이동하며 조절판을 올리면 빠르게 달리도록 반응한다. 이것 역시 살아있는 것처럼 보이지만, 물론 그렇지 않아서 오토바이는 자손을 만들지 못한다. 물론 훌륭한 기술자와 조립 라인의 도움으로 새로운 오토바이를 만들어 낼 수는 있지만 말이다.

표 1.1에 생명체들이 공유하는 특성들을 제시하였다. 생명체계는 내부적으로 잘 정렬되어 있으며 고도로 조직화되어 있다. 이와 같은 정렬된 질서 유지를 위해서 생명체들은 물질대사를 수행한다. 즉 그들은 에너지를 사용하여 물질들을 변형시키고 조직화 한다. 생명체들은 또한 자신의 힘으로 운동성을 가지고 이동한다. 그들은 또 반응성이라 부르는 외부 자극에 대해 반응하는 데에도 에너지를 사용한다.

생명체들은 앞에서 열거한 것들 외에 더 많은 생명활동을 한다. 생명체들은 자기-복제 또는 번식 능력을 가지며, 성장과 발생 또는 어린 생명체들로부터 크기와 복잡성이 확장되는 작용을 보인다. 생명체는 한 개체와 동일한 개체를 만드는(장미로부터 공룡이 되거나 강아지로부터 장미가 만들어지는 것이 아닌) 이른바 유전 현상을 갖는다. 마지막으로 생명체들은 진화하거나 수 세대에 걸쳐 변화를 가지며, 변하는 환경에 적합하게 적응 또는 변화하는 특성을 갖는다.

우리는 비-생명 세계를 볼 수 있고 실체적 생명활동의 특성을 볼 수 있다: 파도는 움직이며, 불꽃은 에너지를 사용하며, 결정들은 커진다(자란다). 그러나 단지 생명체만이 각 개체의 생활사 또는 종의 역사 동안, 앞에서 살펴 본 특성들 모두를 가진다. 예를 들면, 장미 꽃잎들이 접혀진 꽃봉오리로부터 열려지는 것, 장미가 태양의 에너지를 잡아서 사용하는 것, 이 식물이 원래 종자로부터 생겨나 성장하고 꽃을 발생시키는 것 등이다. 장미 관목은 진화할 수 있고 기후 변화에 적응할 수 있다. 이 모든 현상들은 그들이 살아있기 때문에 가능하다.

생명을 탐구하면서 일어나는 주제들

앞에서 열거한 생명의 특성들 중 일부는 생물학을 탐구함에 따라 반복해서 일어난다. 생명체들은 여러 단계의 생물학적 수준 즉 가장 작은 세포에서부터 각 개체에 이르기까지 그리고 생물군집이라 부르는 큰 생물집단에 이르기까지의 모든 체계에서 에너지를 사용한다. 한 종의 개체들은 번식하며, 진화 과정을 통해 수 세대에 걸쳐 적응해 나가므로, 이들 주제들이 왜 생명체가 현재 그 상태로 살아가는지를 설명하는 데 도움이 된다. 이러한 발견들은 대부분 늘 과학적 방법이라는 특수한 탐구 체계를 사용한다. 우리는 5가지 주제인 에너지, 생식, 환경, 진화 그리고 그와 관련된 논의를 통한 과학적 방법에 대하여 알아볼 것이며, 이러한 주제들이 생물학 분야의 불규칙적 주제들을 체계화하는 데 도움이 될 것이다.

목표2 에너지와 관련된 생명의 특성들

정렬(정돈, 질서); 목(order)
구조적 단위들이나 활성들의 정교한 배열; 분류학에서는 유사한 과들을 묶어 목이라 함

미국항공우주국(NASA)의 과학자들은 한때 남극지방에서 발견한 감자-모양의 운석이 실제는 화성으로부터 온 것으로 추정하고, 그것으로부터 화성의 생명 존재에 대한 힌트를 얻고자 운석을 조각내서 연구하기 시작하였는데, 아마도 "생명이란 무엇인가?"에 새로운 답을 얻기 위한 것이었을 것이다. 처음에 그들은 운석들이 화성으로부터 온 것에 대한 확답을 얻기 위해 추구하였다. 그들은 운석 덩어리 안에 작은 거품들이 마치 1976년 바이킹 우주선 미션에 의해 직접 측정했던 혼합물처럼 지구의 것과는 뚜렷이 다른, 화성 대기에 존재하는 것과 같은 화학 조성을 가지는 공기일 것임을 증명해 보이려 하였었다. 그 운석 자체의 화학적 혼합물들은 아마도 화성이 행성으로 고체화된 직후인 45억 년 전에 형성된 운석으로 추정되었다. 그렇다면 그렇게 오래 전에 형성된 운석이 화성으로부터 어떻게 지구로 왔으며, 1984년에서야 남극 빙하에 덮여있는 것을 발견하게 되었을까? NASA의 지질학자들과 천문학자들은 1600만 년 전에 거대한 별보양 물체가 화성 표면에 충돌하여 폭파된 흙이나 바위 등의 일부가 대기권으로 튕겨져 나온 것으로 추측하였었다. 이 물질이 수백만 년 동안 독립적으로 태양 궤도를 돌다가 아마도 그 중 일부가 결국 지구 중력에 의해 지구 대기권으로 그리고 화염의 운석으로 지구 표면에 끌어 당겨졌을 것이라고 생각했었다. NASA의 연구진들은 이 화성 운석에 생명의 신호가 있을 것이라는 가능성을 보고 흥분에 쌓였었다. 그렇다면 이들은 어떤 접근을 통해서 실수 없이 생명체의 단서를 얻어야 했을까?

표 1.1
생명의 특성들

생명의 특성	성질
1. 정렬	각 구조나 활성이 다른 모든 구조나 활성들과 특별한 연관성을 가지게 되어 있다.
2. 물질대사	조직화된 화학적 반응 과정으로서 분자들을 분해하거나 합성하는 것을 말하며, 이를 통해 얻은 에너지는 생명 현상 유지를 위해 필요로 하는 곳에 공급한다.
3. 운동	자신의 에너지를 사용하여 생명체는 그 자신이나 몸의 부분들을 이동시킨다.
4. 반응	생명체는 환경 자극들을 감지하고 반응한다.
5. 생식	생명체는 같은 형태의 새로운 개체를 만들어 낸다.
6. 발생	정돈된 일련의 변화과정을 통해 하나의 개체가 복잡한 형태와 구조를 갖게 진행된다.
7. 유전	생명체는 어버이로부터 자손까지 유전적 특징들을 전달하는 유전자라 부르는 유전 단위를 가져 물리적, 화학적 및 행동학적 형질들의 발현을 조절한다.
8. 진화	생명체 집단은 오랜 시간에 걸친 변화를 통해 생존하기 위한 에너지의 획득과 사용 그리고 생식 등에 관한 새로운 방법을 얻는다.
9. 적응	특수한 구조들, 행동양식들 그리고 능력들이 환경에 적합하게 된다.

정렬

그들은 먼저 구조적 및 행동적 복잡성의 규칙적 배열인 **정렬(order, 정돈, 질서)**을 찾아야 했다. 왜냐하면 생명체는 미세한 스위스 시계, 가장 빠른 경주차, 또는 비-생명 세계의 어떤 것보다 더 큰 정렬의 척도를 가지기 때문이다. 예를 들어, 초파리의 눈이나 해바라기가 꼬여서 형성된 씨 모두가 정교한 기하학적 배열을 가지고 반복적으로 정렬된 단위들로 이루어져 있다. 우리는 질서의 중요성을 알고 있는데, 그 이유는 무질서는 바로 생명체의 죽음을 가져오기 때문이다.

질서가 생명의 징표임을 알고 있으므로 NASA의 연구자들은 화성의 운석 조각들에

생명체(organism)
모든 생명기능들을 독립적으로 수행할 수 있는 개체

기관계(organ system)
한 생명체 내에서 특정 기능을 수행하는 기관들의 집단

기관(organ)
하나의 특정 기능을 함께 수행하는 하나 이상의 조직으로 구성된 구조

그림 1.2
생명체의 각 단계는 질서 정연하다.

생명체: 독립적으로 살아가는 개체

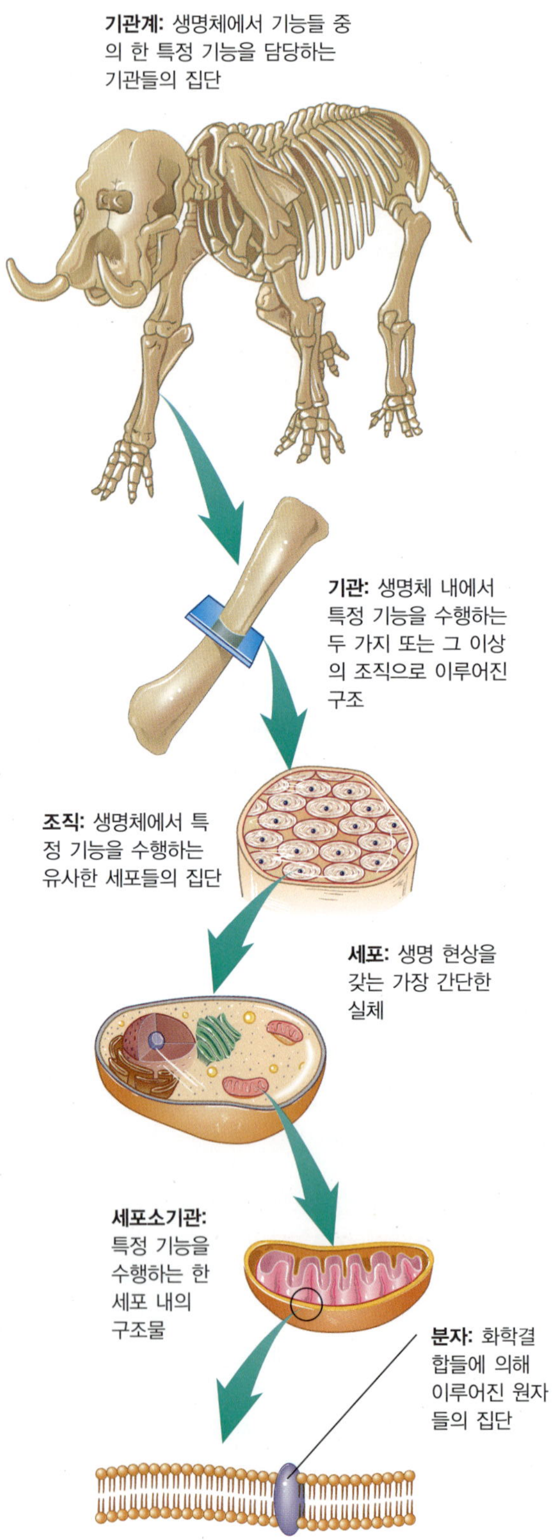

서 조직화된 구조를 밝히려고 하였고, 그 결과 가는 관 모양의 튜브를 발견하였다(**그림 1.1**). 연구자들은 이 형태들이 "미세화석들"로서 이것이 작지만 고대 생명체들이 보존된 것으로 확신하고, 그렇다는 내용의 과학 논문을 출판하였다. 그러나 다른 많은 과학자들은 미세화석들이 지구상에서 알려진 그 어떤 생명체들보다 더 작기 때문에, 현재나 과거의 화성생명체에 대한 증거로 인정하지 않는다. 과학자들은 생명체의 직경이 200 nm (1 m의 2000억분의 1)보다 작은 것은 생존할 수 없는 것으로 인정하고 있다. 실제로 화성 운석의 관들은 그 길이의 반이고, 넓이도 그의 1/10 정도이다. 이러한 이유 때문에 많은 사람들은 그들은 단지 광물형성체일 것으로 생각한다. 미세화석의 관 모양 구조물은 매우 정교하게 되어 있지만, 스스로 한때 생존했던 것들로는 확인되지 않는다.

정렬의 계층성

만약 화성생명체들이 존재하였다면 그것은 그들이 가졌어야 할 정렬의 정도를 포함하여 거의 총체적 미스터리라 할 수 있다. 그러나 지구상의 생명체들은 여러 수준에서 아주 뚜렷한 정렬(order)을 가진다. 생물학자들은 **생명체(organism)**란 생명의 특성들을 가지는 독립적인 개체로 정의한다. **그림 1.2**에서 코끼리는 독립적 개체이다. 각 생명체는 개체 내에서 특정기능들을 수행하는 체내 기관들의 그룹인 **기관계(organ system)**로 이루어져 있다. 예를 들어 골격계는 코끼리의 몸을 지탱한다.

기관계는 특정 기능들을 함께 수행하는 하나 또는 그 이상의 조직들로 구성된 **기관(organ)**들로 이루어져 있다. 하나의

예가 코끼리의 다리는 몸을 지탱해 주는 단일 골격이다. 각 기관은 기관의 기능을 수행하는 유사한 세포들로 이루어진 **조직(tissue)**들로 구성되어 있다. 예를 들어, 골조직은 서로 협동하여 코끼리 다리를 물리적으로 지탱해 주는 힘을 제공하는 몇 종류의 세포들로 구성되어 있다. 조직은 생명의 모든 특성을 가지는 최소 단위체인 **세포(cell)**들로 이루어져 있다. 또 세포는 그 안에 **세포소기관(cell organell)**이라 불리는 작은 구조물들로 구성되어 있는데, 이들이 세포 생명유지에 필요한 기능들을 수행한다. 마지막으로, 세포소기관들은 모든 생명체의 구조를 이루며 활성을 가지는 구성 성분들인 **생명분자(biological molecule)**들로 이루어져 있다. 화성 운석의 관통 구조들에서는 세포소기관 같은 가시적 증거는 없다. 그러나 연구자들은 지구상의 세포소기관들과 관련 있는 생명분자들의 일부 소단위들은 발견하였다. 물론 아무도 이 생명분자들이 지구 생명체들로부터 오염물질이거나 그 물질들이 운석 자체에 도달한 것으로 믿는 사람은 없다.

물질대사

화성의 암석들을 연구하는 과학자들은 에너지 사용을 하였거나 또는 할 수 있는지에 대한 증거를 찾으려 한다. 살아있는 것들은 그들의 세포소기관들과 세포들의 질서를 **물질대사(metabolism)**를 통해 유지한다. 그들은 환경으로부터 에너지를 얻어서 사용하는데, 물질들을 재료로 하여 연속적인 화학적 단계를 통해 에너지를 얻거나 환경의 물질들로부터 에너지를 취하여, 그 에너지를 세포수선, 성장 및 그 밖의 생명활동에 사용함으로써 끊임없이 일어날 수 있는 무질서(혼돈)가 일어나지 않게 한다. 예를 들어, 여러분이 넘어져서 무릎에 찰과상을 입었을 때 여러분 세포들은 손상된 부분을 수선하도록 도우며, 새롭게 건강한 피부, 신경, 그리고 혈관들을 만든다.

1976년에 미항공우주국(NASA)은 행성 표면을 촬영하고, 화성 토양에 관한 검사를 하기 위해 바이킹(Viking) 호라 불리는 우주선을 화성에 보냈었다. 이들 업무의 중요성은 토양에서 무엇인가—특히 지구상의 생명체들처럼 물질대사(물질을 변환시키고 형성)될 수 있는 에너지를 사용하는가—를 검출하도록 원격 조정이 가능한 디자인을 통해 여러 가지 실험을 수행하는 것이었다. 바이킹 호의 업무는 매우 혼란에 접하게 되었는데, 그 이유는 생명체들이 존재하여 활동적으로 대사를 일으키는 것과 "똑같은" 부산물(이산화탄소를 포함한)들이 실험 과정 중에 방출되었기 때문이다. 그러나 그 부산물들이 생물체 기원인 것인가에 대해서는 의구심을 가졌었다. 대부분의 생물학자들은 이제는 1976년 화성 실험들이 단순히 비-생명의 토양 화학 반응에 의한 것이지 살아있는 세포에 의한 대사산물이 아니라는 것에 대해 확신한다.

물질대사의 화학반응들은 물을 필요로 하는데, 이에 대한 것은 3장에서 다룬다. 바이킹 호 탐사에서 화성 표면에는 물이 없음을 알아냈다. 그러나 그 후의 탐사에서는 지질학적 특징들(깊은 수로들, 범람원, 사막의 파형들 그리고 퇴적 바위들의 부식 등과 같은)이 기록되었는데, 이는 과거에 물이 존재하며 흘렀었다는 것을 추정케 하며, 최근의 발견들에서는 과거 수천 년 전 이내에 물이 흘렀음을 암시해 주고 있다. 이러한 발견들이 생물학자들로 하여금 한때 화성에 생명이 번창했을 것이며, 아직도 살아남은 집단들이 소량의 물이 있는 은신처에 오늘날까지 살아있을지 모른다고 믿게 해 준다.

운동성

바이킹 호 착륙자들이 화성 토양 미생물에 대한 화학적 증거를 찾기 위해 초점을 맞추었기 때문에 받자국이나 초록빛 외계인들이 지나가는 것과 같은 더 큰 증거들을 놓쳤을 거라는 NASA의 농담이 있었다. 자력에 의한 이동, 즉 **운동성(motility)**은 지구에서처럼 화성 생명 존재의 한 표식이었음에 틀림없다. 세균과 같은 단순한 생명체도 스스로 이동한다. 이동하지 못하는 식물체들도 성장을 위해 미묘한 이동성을 보인다. 예를 들어, 식물세포에서 햇빛을 받아들이는 작은 세포소기관들도 끊임없이 이동한다. 일부 식물들의 꽃은 아침에 꽃잎을 열어 빛을 쫓아 이동하다가 밤에는 닫는다. 동물들은 물론 그들의 먹이를 쫓아 예술적으로 이동하는 우월성을 과시하며, 적들로부터는 피해 달아난다.

반응성

당신이 나새류(예, 민달팽이)를 손가락으로 찌르면 오므라든다. 당신이 집 안의 화초를 돌려놓으면, 그 잎들은 눈에 보이지는 않지만 하루 이틀에 거쳐 움직여서 원래의 위치로 돌아와 창가를 향한다. 생명체들은 이와 같이 **반응성(responsiveness)**을 가져 온도, 먹이, 물, 적, 배우자 또는 그 밖의 요소들의 변화에 반응한다. 변화에 대한 반응은 즉각적이어서

조직(tissue)
체내에서 동일한 기능을 수행하는 같은 형태의 세포들 집단

세포(cell)
생명의 기본 단위; 세포들은 지질-함유 막으로 둘러싸여 있으며, 일반적으로 독립적 복제(번식) 능력을 갖는다.

세포소기관(organelle)
하나 또는 그 이상의 특정 기능을 하는 특정 모양을 가진 세포질 내의 복잡한 구조물

생물분자들(biological molecules)
생명체로부터 유래되는 분자들; 4가지 중요한 생물분자는 탄수화물, 지질, 단백질 및 핵산이다.

물질대사, 대사(metabolism)
세포가 에너지를 얻거나 사용하는 일련의 화학반응이며, 에너지는 세포의 수선, 성장, 그 밖의 생명 활동들에 사용한다.

운동성(motility)
개체나 그 부위가 자기-추진력으로 이동하는 것

반응성(responsiveness)
하나의 생명체가 그 환경 자극들을 감지하고 반응하는 경향성

생식, 번식
(reproduction)
개체가 같은 형태의 새로운 개체를 만들어 내는 방법

무성생식
(asexual reproduction)
개체가 어버이 중 단지 한 쪽으로부터 새로운 개체(자손)를 만들어 내는 생식

유성생식
(sexual reproduction)
개체가 어버이 양쪽의 교배를 통해 새로운 개체(자손)를 만들어 내는 생식

나방은 고도에서 급습해 날아 내려오는 박쥐의 소리와 한 밤중에 재빠르게 움직이는 소리를 들을 수 있으며, 끈끈이주걱은 작은 개구리를 순식간에 잡아드릴 수 있다. 반응성은 또한 점진적일 수 있다. 검은 고니는 가을에 짧아지는 낮 시간을 감지하고 반응하여 먹이를 많이 취한 다음, 남쪽으로 이동한다. 또 수선화는 봄철의 짧은 낮 시간에 반응하여 꽃을 피운다.

물질대사, 이동 그리고 반응성에 의해 생명체들은 환경의 물질들로부터 에너지를 획득하며, 그 에너지는 그들 몸의 질서(order)를 유지하는 데 사용한다. 그럼에도 불구하고, 미생물에게는 몇 시간이나 며칠, 거북에게는 한 세기(100년), 미국 서남부산 소나무(bristle cone pine)에게는 1000년 정도 살면 수명을 다하게 된다. 수명을 다 한 생명체는 더 이상 버틸 수 없어 파괴되고 죽음에 이른다. 그렇더라도 생명체들은 생식작용을 가지므로 생명은 끊임없이 이어진다.

목표3 생식과 관련된 생명의 특성들

자식은 부모를 닮는다 — 이것은 생명의 중심적 특성의 하나이다. 만약 화성에 생명체들이 존재한다거나 또는 NASA가 그들을 데리고 지구로 귀환했다면 이 외계 생명체들이 지구에서 번식하며 우리의 통제를 벗어나 숫자를 늘리며 살아나갈 수 있을까? 만약 그렇다면, 우리는 어떻게 이 과정을 이해하고 또 정지시킬 수 있을까? 생명의 특성의 하나인 생식, 그리고 그와 관련 있는 발생과 유전에 대해 알아보자.

생식

생명체들은 생명 과정의 하나인 **생식(reproduction, 번식)** 작용을 통해 장미에서 장미, 울새에서 울새처럼 같은 종류의 개체를 만든다. **무성생식(asexual reproduction)**은 한 쪽 부모가 자신과 닮은 자손을 만든다. 예를 들어, 하나의 세포로 이루어진 미생물들은 무성적으로 자신의 몸이 두 딸세포로 갈라지는 방법으로 번식한다(**그림 1.3a**). 대부분의 복잡한 생명체들은 **유성생식(sexual reproduction)**에 의하는데, 이는 어버이로부터 오는 유전정보가 합쳐져 자손에 전해지므로 어버이와 유사하지만 동일하지는 않은 개체가 되는 생식이다. 어떤 경우엔 생명체들이 유성생식이 일어나도록 하기 위해 몸체 길이가 커지기도 한다. 즉 벌은 꽃 속 깊이 있는 꿀을 먹기 위해 금어초 꽃잎의 문을 간신히 열어야 한다(**그림 1.3b**). 그렇게 하는 동안에 꽃으로부터 화분(생식세포들)이 벌에 붙는다; 화분의 일부는 벌 복부의 가는 먼지처럼 보인다. 벌이 같은 종류의 다른 꽃으로 갔을 때 화분이 그 생식기관에 전달됨으로써 유전자들의 결합과 꽃의 생식이 촉진된다.

발생

어린 생명체들은 일반적으로 그들의 어버이보다는 작고 단

그림 1.3
생물들은 번식한다

(a) 무성생식

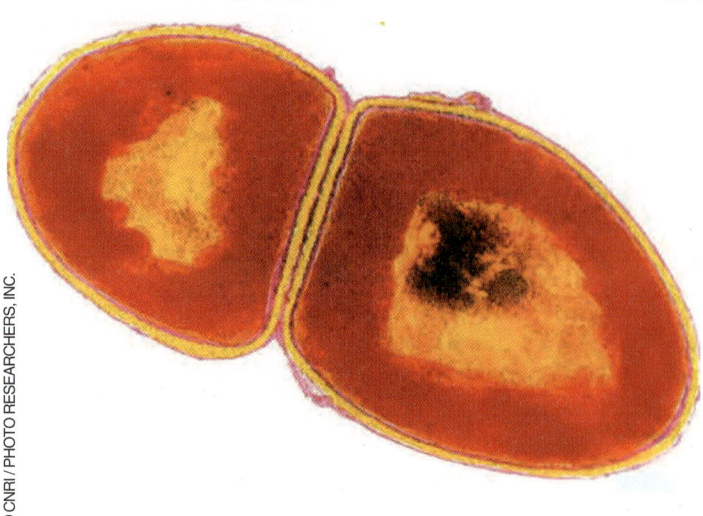

(b) 유성생식

순한 개체로 출발한다. 자손들은 **발생(development)**이라는 과정을 통해, 크기가 커지고 복잡한 구조를 이루게 된다.

유전

모든 생물학 분야에서 가장 호기심을 가지는 의문의 하나가 어떻게 하나의 수정란이 다양한 생명체로서 기능할 수 있는 수백만 개의 세포들로 발생할 수 있는가이다. 그 해답은 유전적 특성들이 어버이로부터 자손에 전달되는 과정인 **유전(heredity)** 현상에 있다.

당신은 일란성 쌍둥이에 대해 알고 있는가? 이들 쌍둥이는 동일한 유전정보들이 각 개체에 전달되므로, 이들 쌍둥이 간에는 수년에 걸쳐 성장하더라도 거의 동일한 외모와 형질을 가진다. 일란성 쌍둥이와는 대조적으로 형제들이나 자매들 간에는 유전적 정보들에 일부 변화가 있어서, 한 가족의 자손들 간에는 비슷한 코를 가지더라도 키가 다르거나, 눈 색깔은 비슷하지만 머리 색깔은 다르다. 생물학자들은 생명체의 형질들을 조절하는 유전의 단위를 확인하고 이를 **유전자(gene)**라 부른다.

유전자들은 DNA(데옥시리보핵산)라 불리는 특별한 분자로 이루어져 있으며, 이것이 한 개인의 머리색깔이 붉은색, 검정색, 갈색, 금색 또는 회색 등으로 나타나는 것과 같은 특징을 결정짓는다. 앞으로 알겠지만 유전자는 매일 매일의 세포 내 대사활동들을 지시한다. 만약 화성 생명체가 존재한다면, 그들도 DNA를 가질가? DNA는 지구 생활에 필수적 이므로 화성시료들에 대한 NASA의 분석 연구도 DNA와 그 유사 분자들에 대한 증거를 찾으려 할 것이다.

목표4 생명의 특성들—진화적 관점

45억 년 전 지구와 화성이 새로운 행성으로 형성되었는데, 이들 인접해 있는 태양계의 3번째 및 4번째 행성은 그 "암석" 구조가 매우 유사하였을 것이다. 화성의 직경은 지구의 직경의 1/2 밖에 안 되지만, 두 행성은 유사한 성분들을 가지며, 아마도 그들의 역사상 표면에 안정적으로 물을 가졌을 것으로 추정된다. 생물학자들은 만약에 화성에 생명체가 있었다면, 그것은 아마도 지구의 초기 생명체들과 유사하였을 것으로 생각한다. 화석증거들이 지구상의 생명체들이 오랜 세월에 걸친 진화를 거쳐 왔음을 말해준다. 실제로 화성의 생명에도 같은 원리가 적용될까? NASA는 화석으로부터 어떤 자그마한 증거나 화성의 토양과 암석 시료로부터 세포-유사 구조물들의 변화를 찾으려 할 것이다.

생명은 끊임없이 변한다

시간에 따라 생명은 끊임없이 변한다. 생물학자들은 이런 변화된 후의 생명후손들을 **진화(evolution)** 되었다고 하는데, 진화는 오랜 시간에 걸친 집단에서의 유전자 변이에 기초한다. 진화 근거의 일부는 초창기 생명체들의 화석 분석을 통해 얻을 수 있었다. 화석이 오래되면 될수록 오늘날의 생명체들과 덜 유사하다. 이와 같은 비-유사성은 생물 종들의 변화뿐 아니라 *연속적으로* 변화됨을 말해주는 좋은 증거이기도 하다. 화석을 사용한 DNA 분석과 그 밖의 유전자 변이 빈도를 근거로 생물학자들은 생명체의 가계도를 추적할 수 있다. 예를 들어, 현대의 집고양이들과 호랑이들은 근연이다. 과거로 더 많이 거슬러 올라가면 고양이들과 개들도 공동 조상의 특성을 나눠 가질 것이며, 생명의 초기 역사까지 거슬러 가면 고양이들은 뱀들, 고기류, 벌레들, 버섯류, 나무류, 그리고 세균들과 공동 조상의 특성을 가질 것이다. 지구상의 생명의 시작 단계로 진화적 계통수를 추적하면, 모든 생명체들은 결국은 오랜 과거에 동일한 조상이었다고 할 수 있다.

개구리는 버섯이나 풀보다는 코끼리와 더 유사하다

생명체의 분류

진화의 과정과 시간을 거슬러 가계를 추적하는 것이 광범위 한 생명체의 다양성을 설명하는 데 도움이 될 것이며, 일부 생물학자들은 5,000만 종 이상이 존재할 것으로 추산한다. 이와 같이 광대한 다양성의 의미를 찾기 위해서 생물학자들은 생명체들의 유사성에 근거하여 계통으로 나누는 방법을 창안하였다. 예를 들어, 유색 열대 개구리들은 코끼리보다는 황소개구리와 더 유사하지만, 개구리는 버섯이나 풀보다는 코끼리와 더 유사하다. 만약 화성이나 다른 외계에서 생명체들이 발견되었다면,

© CONSTANCE MCGUIRE/ISTOCKPHOTO.COM

발생(delopment)
하나의 접합체(수정란)로부터 성체로의 형태와 복잡한 구조로 진행되는 과정

유전(heredity)
어버이로부터 자손까지 유전적 특징들의 전달

유전자(gene)
어버이로부터 자손까지 유전적 정보를 전달하는 생물학적 유전 단위로서 물리적, 행동적 또는 생화학적 형질들의 발현을 조절한다; 각 유전자는 염색체에 있는 DNA 분자의 특정 부위이다.

진화(evolution)
오랜 시간에 걸친 한 생물 개체군 내에서의 유전자 빈도의 변화

종(species)
유사한 구조적 형질을 가지며, 자연상태에서 서로 교배가 가능한 생물의 분류학적 집단

속(genus)
(복수는 *genera*) 공통적 후손으로서 유사한 종들을 묶은 분류학적 집단

과(family)
유사한 속들을 묶은 분류학적 집단

목; 정렬(order)
유사한 과들을 묶은 분류학적 집단; 구조적 단위들이나 활성들의 정교한 배열

강(class)
유사한 목들을 묶은 분류학적 집단

문(phylum)
(복수는 *phyla*) 유사한 강들을 묶은 분류학적 집단; 식물에서는 division이라고 함

문(division)
유사한 강들을 묶은 분류학적 집단으로서, 식물류와 균류를 분류할 때 주로 사용함.

계(kingdom)
유사한 문(예, 동물문, 식물문, 균문, 원생생물문)들로 구성된 분류학적 집단

영역(domain)
유사한 계들로 구성된 분류학적 집단

그림 1.4
고양이 종들의 계층

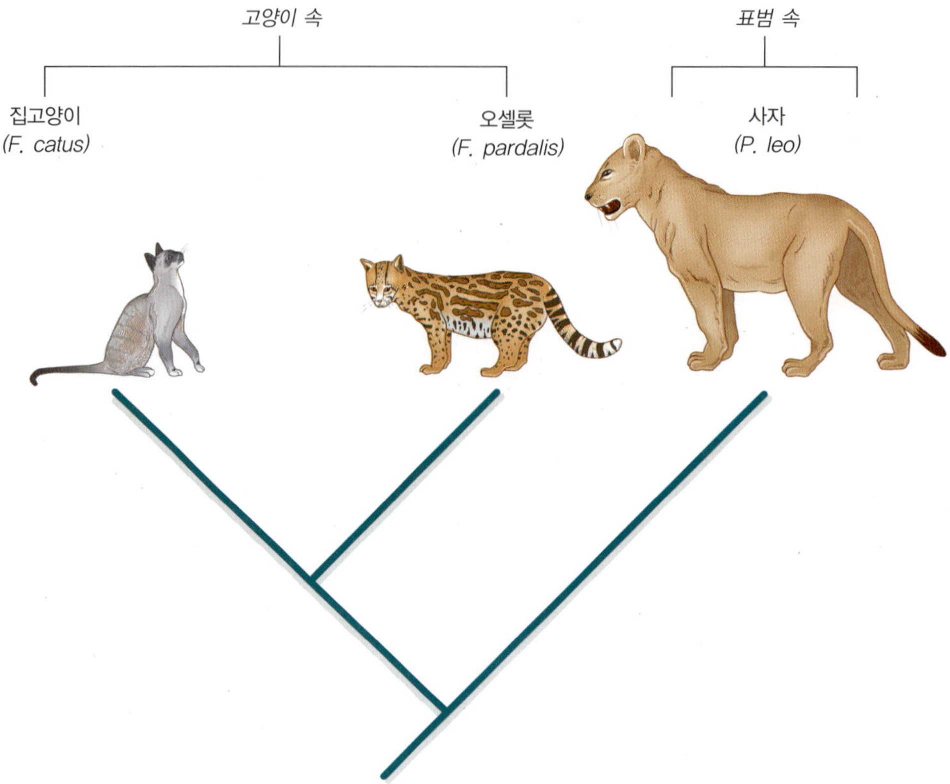

생물학자들은 아마도 지구 생명체들에 대해 하는 것처럼 그것들도 범주에 넣기 시작할 것이다.

종

종(species)은 동일한 최초 그룹으로부터 이어온 후손이며, 자연에서 서로 성공적으로 교배할 수 있는 능력을 가진 유사한 구조의 개체군들이다. 집고양이가 한 종이며, 아마존 유역의 열대우림에서부터 텍사스의 채퍼럴(chaparral; 상록관목 지대) 지역까지 서식하는 작은 정글 고양이인 오셀롯(ocelot)은 다른 종이지만 관련 종이다(**그림 1.4**를 참조).

속

속(genus)은 몇 종류의 관련성과 유사성이 큰 종들을 포함한다. 생물학자들은 각 종을 두 부분(즉, 속명을 먼저 쓰고, 종명을 뒤에 표기)으로 표기한다. 이 2단계 표기법을 "이명법(binomial nomenclature)"이라 부른다. 예를 들어, 집고양이의 명칭인 *Felis catus*와 오셀롯의 명칭인 *Felis pardalis*에서 알 수 있듯이 유연관계가 큰 같은 속이지만, 종은 뚜렷이 다름을 나타낸다. 사자도 분명히 고양이 무리이긴 하지만 크기, 체색 그리고 습성이 집고양이나 오셀롯과 현저히 달라서, 다른 속인 *Panthera* 속이며, 그 종명은 *Panthera leo*이다. 일단 완전한 2단계 명명을 한 다음에는 생물학자들은 속명을 줄여서 *F. catus* 또는 *P. leo*로 표기한다. 여러분은 아마도 신문 기사에서 음식에 독작용을 일으키는 *E. coli*로 표기되는 것을 본 적이 있을 것이다. 이 경우 "*E.*"는 세균 속명인 *Escherischia*를 나타낸다.

생물학자들이 관련성이 큰 종들을 속으로 묶는 것처럼, 그들은 또한 유사한 속들을 묶어 **과(family)**로, 유사한 과들을 묶어 **목(order)**으로, 유사한 목들을 묶어 **강(class)**으로, 유산한 강들을 묶어 **문(phylum; 식물에서는 division이라 부름)**으로, 유사한 문들을 묶어 **계(kingdom)**로, 그리고 유사한 계들을 묶어 **영역(domain)**으로 표시한다. 생물학자들은 생명체를 단지 세 영역으로 나누는데, 각 영역은 수백만 종의 생명체들로 구성되어 있다(**그림 1.5**). 영역 중 두 영역인 세균 영역과 고세균 영역은 근본적으로 여러 면에서 차이가 나는 단일세포로 이루어진 현미경적 생명체들로 구성되어 있다(상세한 내용은 11장 참조). 세균 영역에 속하는 종들은 예를 들어 토양이나 연못 바닥 등에서 물질을 분해시키는 세균이나 인후염을 일으키는 세균을 들 수 있다. 고세균 영영에

속하는 종들은 종종 온천, 염전이나 남극의 빙하처럼 극한적인 환경에서도 산다. 지구가 형성된 후 이들과 같은 환경들이 일반적이었고, 오늘날 살아남은 고세균들은 아마도 일부 지구의 초기 생명체들과 유사성을 공유할 것이다("고세균"이라는 이름이 이들 세포의 "고대의" 성질을 반영함).

화성과 지구는 그 시작이 비슷하였을 것이나, 현재 화성은 지구와 매우 달라 그 표면 온도가 낮에는 약 −9.5°C 그리고 밤에는 약 52°C이다. 일부 생물학자들은 만약 화성에 생명체들이 한때 존재했고 지금도 존재한다면, 그들은 아마도 고세균 영역의 생물들을 닮았을 것으로 생각한다. 그러므로 화성의 육상 생명체들은 외계 생명을 연구하는데 여러 면에서 하나의 모델이 된다. 한편, 지구 표면으로부터 아주 깊은 곳에서 채취한 토양 시료들에 대한 최근 연구에서 백만 년 이상 휴면 중이었던 고세균들이 있음을 보았고, 그들에게 적절한 영양분만 공급되면 다시 성장하고 분열하는 것을 밝혀냈다. 이는 NASA의 화성 토양 시료로 부터 수행해 보려는 흥미의 이유이기도 하다.

적응(adaptation)
생명체가 특정 환경조건에서 생존하고 번식할 수 있도록 해주는 특별한 형태의 행동, 구조 또는 생리학적 과정

지구 생명체의 세 번째 영역인 진핵생물영역(Eukarya)은 세포의 DNA를 함유하는 특수한 부위인 핵을 포함한 아주 복잡하고 큰 세포들로 이루어져 있다. 진핵생물영역은 식물계, 동물계, 진균계 그리고 원생생물계의 4계를 가진다(**그림 1.5**). 물론 여러분들은 식물계와 동물계에 친숙할 것이다. 진균계(또는 균계)는 버섯류, 곰팡이류 그리고 효모류가 포함된다. 원생생물계는 덜 익숙할 텐데, 그 이유는 그들이 대부분 현미경적 생물체이기 때문이며, 아메바나 그 밖의 복잡한 단일세포들이 포함된다.

그림 1.5
생물의 영역

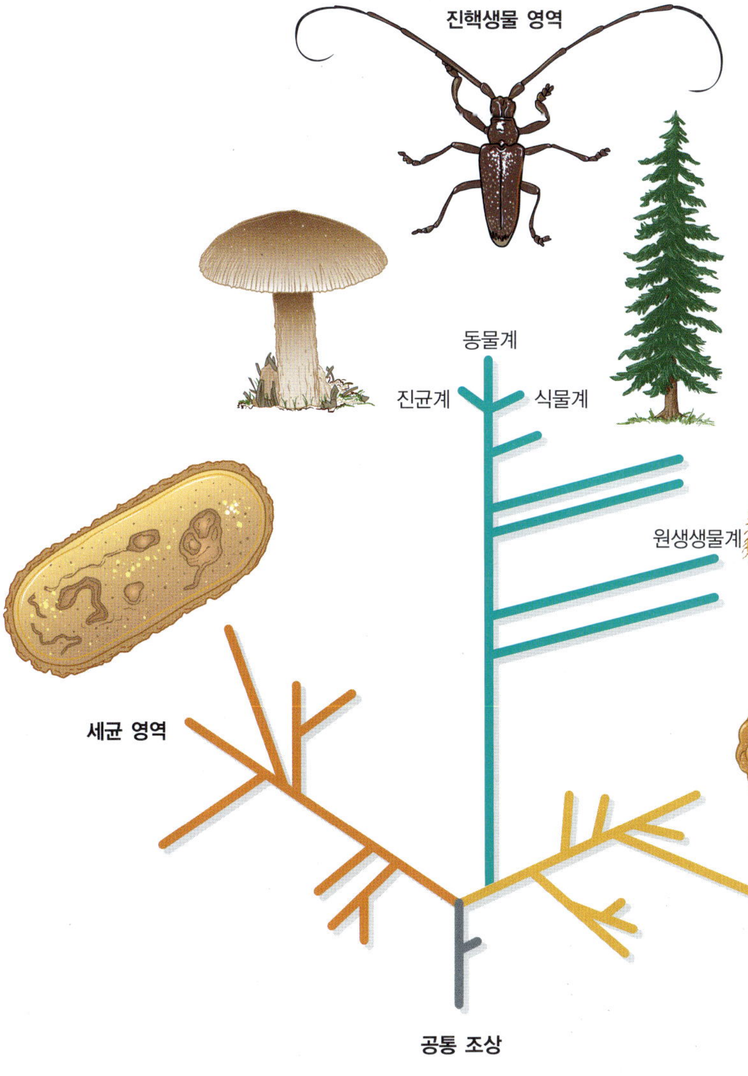

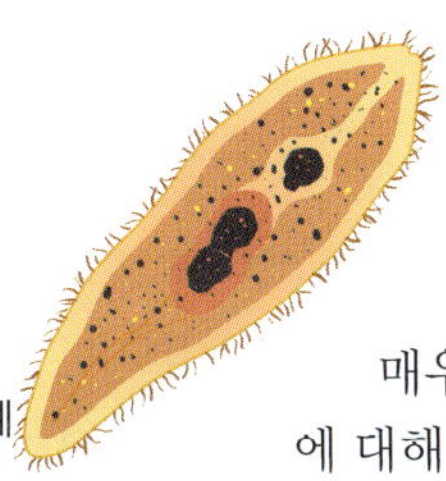

생명의 단일성과 다양성

5000만 이상의 살아있는 종들을 가지므로 지구의 생명은 분명히 다양하지만, 이와 같은 다양한 개체들이 지구의 여명시기에 조상세포들 그룹에서 기원됐다는 것은 *단일성*(unity)을 말해준다. 단일성이란 세포 구조, 유전물질 그리고 기본적인 기능 구사 등에서의 단일체계를 의미한다. 생명은 어떻게 다양하고 단일 체계를 가지게 되었을까? 어떤 기적에 의해 광범위한 형태적 다양성뿐 아니라 유전자, 세포 그리고 기본 기능에서 단일성을 가질 수 있을까? 그에 대한 해답이 진화에 있다 하겠다.

적응

서로 다른 종들은 그들 환경으로부터 에너지와 물질을 추출하는 데 있어서 서로 다른 방법을 구사한다. 잠시 남극의 빙하 대륙의 McMurdo 계곡과 같은 매우 추운 환경에서 살아가고 있는 생명체들에 대해 생각해 보라. 이 지역은 매우 습기 차고, 기온이 일 년 내내 거의 영하인 지역이다. 그러나 계곡의 바위들에는 구멍들이 뚫려 있고, 그들이 물을 잡아 저장한다. 태양광이 바위에 비춤에 따라 그 물은 덥혀질 수 있어서 수증기로 변할 수 있다. 놀랍게도 일부 세균 종들은 이들 바위들 안에 적응되어서 태양으로부터 에너지를, 바위들로부터 광물질을, 그리고 대기 중에서 생명에 필요한 분자들을 추출한다. 하나의 생명체가 특수한 생명 유지의 방법으로 환경에 맞춰가는 것을 **적응(adaptation)**이라고 한다. 일부 생물학자들은 만약 오래 전에 화성에서도 생명의 진화가 있었다면 화성 생명체들도 지구의 극지방 생명체들이 했던 것과 유사한 방식으로 적응되

자연선택
(natural selection)
생명체 개체들이 환경에 더 잘 적응하도록 생존력과 번식력을 증가시킨다는 개념

어 왔을 것으로 가설을 세운다.

많은 적응들은 에너지와 물질 획득과 관련되어 있지만 생명체의 생장, 생식, 운동, 집단으로 사는 것 또는 암컷을 보다 성공적으로 끄는 능력 등과도 관련되어 있다.

자연선택

일반적으로 적응들은 **자연선택(natural selection)**에 의해 일어나는데, 자연선택이란 "솎아 내는" 과정으로서 각 개체의 번식과 에너지 획득능의 유전적 차이에 의존한다. 이 개념을 이해하기 위해 앞에서 예로 들었던 McMurdo 계곡에 살고 있는 세균세포들에 대해 살펴보자. 이들 세균들 중 일부는 근연의 세균세포들보다 좀 더 낮은 온도에서도 당을 생성할 수 있는 유전적 인자들을 가진다. 그와 같이 매우 낮은 기후에서도 이들 특정 세균들의 능력이 다른 세포들이라면 휴면 내지 죽을 수밖에 없는 환경에서도 살아가고 번식할 수 있도록 해 주는 것이다. 시간이 흐름에 따라서 이러한 이점은 잘 살아남는 집단과 그 자손세포들 대부분 또는 모두가 다른 유연관계의 세포들이 갖지 않은 유전형질을 가짐을 의미한다. 1859년 **찰스 다윈(Charles Darwin)**은 *종의 기원(Origin of Species)*이라는 획기적인 책자를 출간했고, 여기서 그는 오랜 시간에 거쳐 살아 있는 종들의 변화에 깔려 있는 기작으로 *자연선택*이라는 용어를 사용했다. 그가 "자연선택"이라 부른 이유는 자연에서 살아남기에 가장 적합한 변이들을 가진 개체들만을 "선택"하여 다음 후손의 어버이로 될 수 있게 해 주기 때문이다. **다윈**과 동시대의 학자였던 **월레스(Alfred Russell Wallace)**도 진화의 가장 중요한 기작이 자연선택이라는 논문을 발표하였다

다윈과 **월레스**의 연구 이후 150여 년 동안, 생물학자들은 자연선택에 의한 진화의 원리와 증거들을 찾기 위해 심도 있는 연구들을 진행해 왔다. 가장 중요한 발견의 하나가 자연이 개체를 선택한 원천이 돌연변이라는 것을 지적한 것이다: 돌연변이(mutation)란 일반적으로 유전자 구조의 변이 또는 변화를 통해 일어난다. 현대 분자유전학 발전으로 오늘날의 생물학자들은 생명의 다양성과 생명기원의 일치성과 분배된 특성들을 설명할 수 있게 되었다. 그들은 생명의 현저한 다양성은 서로 다른 환경들이 유일한 적응들을 요구하기 때문이라고 설명하고 있다. 예를 들어, 여우의 경우를 살펴보면, 얼어 있는 북극 환경에서 살아남기 위한 북극여우의 특성들이 사막에서 사는 사막여우에 도움이 되는 특성들과 매우 다르다. 북극여우는 작은 귀와 짧은 주둥이를 가져 체온 보존에 도움을 주고, 눈과 얼음에 대한 위장이 되도록 몸이 하얀 모피로 덮여 있다(**그림 1.6a**). 이와는 대조적으로 사막여우는 큰 귀와 긴 주둥이를 가져 여분의 체온을 발산할 수 있으며, 주변 환경인 사막과 암석들과 구분이 잘 안되도록 몸이 황갈색의 모피로 덮여 있다(**그림 1.6b**). 만약 북극여우가 사막에 있다면 여우는 과열될 것이고, 사막의 흙빛 배경 때문에 눈에 잘 띌 것이며, 토끼나 다른 먹잇감을 잡기 전에 탈진해 버릴 것이다. 만약 북극에 사막여유가 있다면 귀는 얼어붙을 것이고, 하얀 배경색 때문에 눈에 잘 띌 것이며, 아마도 충분한 먹이를 구하기 전에 체온저하나 굶어서 죽을 것이다. 이와 같이 환경의 다양화 작용과 수백만 년에 걸친 자연선택 작용이 이 지구상에 살아 있는 매우 다양한 생명체들을 만들어 온 것이다.

이처럼 오랜 시간에 걸친 변화인 진화가 우리가 이 장에서 알아보려고 하는 공통적 특성들을 포함한 생명의 개체성(단일성)에 대한 답이 될 수 있다. 생물학자들은 수백만 년 전에 북미에서 살았던 단일 여우 종에서 북극여우와 사막여우 조상을 추적할 수 있다. 그들은 또한 모든 개의 공통적인 조상이 여우임을 추적할 수 있다. 그들은 이 집단들의 조상을 거슬러 추적해 올라가면, 모든 포유류의 공통 조상과 같음을 알 수 있는 것과 같이 생명의 기원 자체에 까지 거슬러 갈 수 있는 것이다. 뒤의 장들에서 좀 더 자세히 알겠지만, 모든 살아있는 세포들 내의 대사기계들은 세포의 종류, 크기, 기능들

그림 1.6
북극과 사막에 적응된 여우

이 다름에도 불구하고 매우 유사하다. 생물학자들은 오늘날 살아 있는 모든 생명체들은 생명의 출현 때 세포들에 나타났던 기계들을 물려받은 것으로 생각하며, 이것이 오늘날 생명체들이 공유하는 특성들을 설명하는 데 도움이 된다.

자연선택에 의한 진화개념은 매우 장대하여 모든 생물학을 묶어 주는 기본 원리이므로 이 책뿐만 아니라 여러 잡지나 신문에서 생명과학에 대한 기사들, 그리고 앞으로 여러분이 선택할 수도 있는 다른 생물학 관련 강좌에서도 반복하여 접하게 될 것이다.

목표5 환경과 관련된 생명의 특성

화성은 그 역사 초기에 생명이 널리 퍼졌었을까? 사람들은 현대 우주 탐사를 통해 적어도 "운하"의 일부가 거대한 강의 잔재일 것이라고 보기 전까지는, 화성의 운하들은 작은 녹색의 이물질로 덮여 있을 것으로 믿었었다. 우리는 흐르는 물의 지질학적 증거들과 현재 화성 표면에 물이 없다는 증거들로부터 화성이 한 때는 젖어 있었는데, 현재처럼 건조될 정도로 크게 변하였다는 것을 안다. 만약에 생명이 존재 하였었고 그들이 살아남았다면, 그 환경도 역시 변했을 것이다. 생태학(ecology)은 생물학의 한 분야로서 생명체와 ㄱ 환경과의 상호 관계를 연구하는 것이며, 이것은 생명 탐구의 흥미와 심취를 불러일으키게 하는 생물학의 한 분야이다.

생명의 계층성

생명체들은 여러 다른 수준에서 생명 또는 비-생명적 환경들과 상호작용한다. 이들 수준은 앞에서 논의한 대로, 분자들에서 세포들로 그리고 생명체들까지의 질서(정돈)의 연속성을 가진다. 예를 들어, 아프리카 사바나 지역의 웅대한 생명체들인 식물, 동물, 균류, 미생물들과 코끼리, 아카시아 나무, 초본 덤불, 마른 식물들을 포함한 여러 생명체들의 서식지로 이루어진 세계를 살펴보자. 사바나 지역 생명의 계층성은 작은 것에서 큰 것의 순서대로 나아간다: 앞서 살펴 본 생명체들은 독립적으로 살아가는 개체들이다. 그러나 동일한 지역에 살고 있는 특정 생명체들과 실질적으로 상호 교배가 이루어지지 않는 그룹들을 일컬어 개체군(population, 집단)이라 하는데, 예를 들어 코끼리 무리 또는 초본 집단 등으로 말한다. 특정 지역에 살고 있는 식물들, 동물들, 그 밖의 다른 생명체들과 같은 모든 개체군들은 군집(community)을 이룬다. 군집들과 그 비-생명의 물리적 환경산물들을 합해서 생태계(ecosystem)라 부른다. 사바나 생태계는 코끼리들과 그들 피부에서 곤충들을 파먹는 백로들, 그리고 코끼리들이 짓밟으며 뜯어먹는 풀들과 물, 발밑의 모래와 토양, 그리고 뜨거운 아프리카 태양 볕 모두를 포함한다. 지구상에 생명이 존재하는 모든 생태계들이 생물권(biosphere)을 이루는데, 생명이 존재하는 지구의 생물권의 일부는 모든 물, 약 10 km 높이의 대기권, 수 m 깊이의 지각, 그리고 이러한 총체적 지역 내에서 살고 있는 모든 생명체를 포함한다. 생물권은 상상할 수 없을 만큼 깊은 원대한 장소 예를 들면, 해양의 바닥, 뜨거운 물을 분출시키는 심해, 남극 호수의 빙하 그리고 지구 중심을 향해 2.7 km 깊이의 바위 구멍 속 같은 곳들을 망라한 모든 곳에서 하나의 팀으로 생명활동을 한다. 매우 다양한 생명체들이 이와 같은 장소들과 좀 더 익숙하고 쾌적한 삼림, 초지, 호수, 습지, 그리고 초원지대 등 우리 주위에서 볼 수 있는 곳들에 존재한다. 지구의 극한적 환경에도 놀라울 정도의 생명체들이 존재하는 것이 과학자들로 하여금 화성도 생명체를 가지고 있을 거라 생각하게 하는 좋은 이유가 된다. 태양계 전체와 외계에 걸쳐 생명을 탐구하는 것이 생명의 다양성에 대해 이해하려는 의지력을 가속화시켰다.

부풀은 고무풍선이 지구를 나타낸다고 가정하면, 그 고무풍선 껍질의 두께가 생물권이라고 비유할 수 있다.

© ISTOCKPHOTO.COM

우리는 생명체들이 환경으로부터 에너지를 얻고, 시간을 초월한 진화가 생명체들로 하여금 그 환경에 적응하도록 했다는 사실을 알고 있다. 지구의 극한 환경들이 한때 온화했던 것이 사실이므로, 적어도 고대 화성의 일부 환경에서 생명체들이 살았을 것으로 생각할 수 있는 이유가 된다고 하겠다.

목표6 생물학자들이 생명에 대해 연구하는 방법

지금까지 우리는 지구상의 기본적 생명에 대해 알아봤다. 그러나 생물학자들이 어떻게 생명체들 자체의 비밀을 찾아 탐구하는가에 대해서는 별로 언급하지 않았다. 이제부터 설명하는 모든 사실과 개념에 숨겨진 내용들, 즉 실험실이나 야외에서 생명체들에 대한 지식 추구가 때로는 즐겁고

생태학(ecology)
생명체들이 그들의 환경이나 개체들 간에 어떻게 상호 작용하는 지와 생명체들의 분포나 그 풍부도에 대하여 연구하는 학문

개체군, 집단(population)
특정 지역에 거주하는 같은 종들의 생물집합체

군집(community)
같은 지역에 서식하며, 서로 다른 종들이 둘 또는 그 이상 있는 집단들

생태계(ecosystem)
특정 환경과 상호작용하는 생명체들의 군집

생물권(biosphere)
생명을 유지해 주는 지구의 일부; 지구의 수계, 지각계 및 대기계를 포함하는 모든 지역

과학적 방법 (scientific method)
이 세계가 어떻게 작용하는가에 대한 가능한 기작인 가설을 실험에 근거하여 자연세계를 이해해 가는 일련의 단계적 방법

가설(hypothesis)
이 세계는 어떻게 작용하는가 하는 의문에 대한 가능한 설명으로서 가설은 과학적 방법으로 실험될 수 있어야 함

흥분되기도 하지만, 때로는 지루함과 실망감에 차면서도 연구하는 사람들이 있다는 것을 명심해 두는 것이 중요하다.

자연적 원인들과 자연의 동등성

검은 구름으로 뒤 덮인 하늘에 번개가 번쩍인다. 길모퉁이에 서 있는 한 사람은 외계의 침략자들이 그의 머리에 내려앉았다고 소리를 지른다. 현대 과학자들은 이와 같은 사건은 자연적 원인에 기인한다고 추측한다. 반대로 고대 그리스인들은 번개는 제우스 신이 지구인들에게 던지는 계시이며, 정신적 질병은 악령에 기인하는 것으로 믿었다. 오늘날의 과학자들은 알츠하이머병의 원인이나 엘니뇨현상에 의한 기후 변동에 대해 완전히는 아니더라도 그 원인을 이해하고 있다. 그러나 그들은 이런 현상들이 자연적 원인들에 기초한 것이며 언젠가는 과학적 공정을 통해 그 원인이 밝혀질 것이라고 굳게 믿고 있다.

과학자들은 자연의 법칙들은 동등성을 가져 모든 장소나 모든 시간에서 같은 방법으로 작동될 것으로 생각한다. 예를 들어, 생물학자들은 빛의 고정된 속도, 중력의 법칙, 화학원소들의 성질들이 오늘날 오하이오 주나 100만 년 전 동아프리카 그리고 30억 년 전 화성에서도 동일하게 작용한다는 것으로 추정하고 있다. 지구에서의 생명기원이나 생물다양성을 이끄는 사건들이 아마도 화성과 그 밖의 행성에서, 인간이 살면서 그것들을 관찰하기 오래 전에 일어났을 것이다. 하지만 생물학자들은 오늘날의 자연법칙들이 지구상에 생명이 시작된 여명기 때나 진화동안에서도 동일하게 작용했다고 확신하고 있다.

과학적 추론의 힘

화성 생명체의 추적에 대해 생물학자들은 두 종류의 과학적 추론법을 사용할 수 있다. 그 하나는 생물학자가 특이한 경우들을 수집한 다음, 그들로부터 광범위한 원리들로 일반화시키는 것이다. 예를 들면, 생물학자들은 남극 대륙 혹한의 사막에 있는 바위들 속에서 살 수 있는 세포들을 관찰한 다음, 남극대륙의 바위 속에서처럼 화성의 바위들에도 아마 생명이 은신해 있을 것이라는 일반개념을 제안하였다(귀납법). 과학자들에게 전에 격리되어 있던 사실들이 일반화 개념으로 통합되는 것은 14행 시를 쓰거나 진흙으로 조각품을 완성할 때처럼 모든 것이 오리지널(original)처럼 창조적이며, 직관적이며, 흥미를 유발시키는 전환점이 된다.

두 번째 형식은 그 추론이 일반적 원리에서 출발하여 특이한 경우에 대한 분석을 역으로 진행시키는 것이다. 예를 들면, 생물학자들은 생명체들이 이전에 무생물들로부터 출현됐다는 것을 안다. 이 지식을 근거로 그들은 생명체 세포들이 남극호수를 덮고 있는 영구적 빙하 속에서도 발견될 수 있을 것이라 추론한다(연역법). 즉 연구자들은 빙하 시료를 채취하여, 그들을 실험(분석)함으로써, 실제로 빙하에 섞여있는 흙먼지의 검은 반점 주위에 세균들이 살고 있는 것을 발견한다. 이들 입자들이 흡수한 햇빛으로 그들 주위 물의 작은 부위를 녹이는 것이다. 이 수증기와 남극 여름의 희미한 햇빛이 매년 세균들이 조금씩 자라기에는 충분하다.

위의 2가지 추론 방법—특이성에서 일반론으로(귀납법) 또는 일반론에서 특수론으로 (연역법)—이 과학자들이 어떻게 사고하는지를 나타내는 형식이지만, 모든 과학에 모두 적용되는 것은 아니다. 과학적 공정에 통용되는 것은 일반화를 위해 특별한 실험에 접근하는 것이다. 그 단계들이 후원군을 얻은 것처럼 들리겠지만, 이는 실제로 상식론에 들어섰을 뿐이다.

개념의 일반화를 위한 실험: 과학적 방법

과학적 방법:

1. 한 문제점의 확인
2. 가설의 제안
3. 예측 설정
4. 예측에 대한 실험(검정)
5. 결론 도출

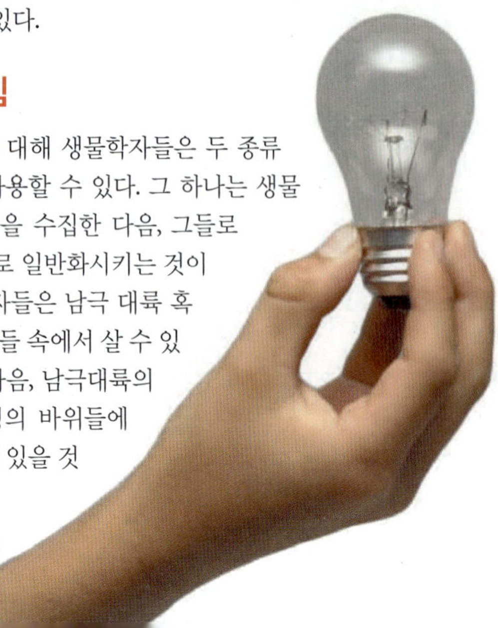

생활 속에서 당신이 그것을 모를 수도 있겠지만, 당신은 이미 과학적 추리를 하고 있다. 어느 날 밤늦게 귀가하여 현관의 전기 스위치를 켰는데도 불이 켜지지 않는다고 생각해 보자. "전구가 나갔을 것으로 추측해"라고 당신 스스로 생각할 것이다. 이 가설(추측)을 근거로 당신은 "전구를 갈아 끼우면 현관 전기불이 들어올 것이다"고 예측한다. 당신은 가설을 실험하기 위해 드라이버로 새 전구를 소켓에 갈아 끼우고, 다시 스위치를 켜 본다. 그런데도 여전히 불이 켜지지 않는다면, 당신의 초기 가설("전구나 나갔을 것이라는")은 잘못 된 것이므로 "수위치가 고장일가" 또는 "전구 소켓의 고장일가"와 같은 새로운 가설을 세워야 한다. 생물학자들도 이와 같은 방법, 즉 가설 설정과 실험을 하는 **과학적 방법(scientific method)**으로 접근한다.

첫째, 그들은 자연계에 대한 관찰에 근거하여, 풀려고 하는 문제점에 대해 *의문을 제기한다*. 당신의 관찰 결과가 어두운 현관이었다면, 당신의 의문점은 "왜 불이 켜지지 않지?"였다.

둘째, 그들은 그 의문점에 대한 가능한 답을 얻거나

그 문제를 해결할 수 있는 해결책인 **가설(hypothesis)**을 *제안한다*. 가설은 추측일 뿐이다. 당신의 가설은 "전구가 나갔다"이었었다.

이제 그들의 가설이 사실이라면, 그들은 특이한 상황에 대한 관찰에 대하여 언급하는 것인 **예측(prediction)**을 *설정해야 한다*.

이제 그들은 *예측에 대한 실험*을 수행하든지 더 세밀한 관찰을 하든지 하는 방법으로 실험(검정)을 해야 한다. 당신은 현관 전구가 정말로 나갔는지 확인하기 위해 전구를 갈아 끼우고 다시 스위치를 켜보는 실험을 해야 한다. 이때 현관 전구는 실험하는 대상(새 전구)의 **대조군(control)** 역할을 한다(모든 조건이 동일하고 전구가 나간 것만 차이). 현관 전구소켓은 가설을 검정하기 위해 마련된 **실험(experiment)** 상황이 된다.

마지막으로, 여러분은 *결론 도출*을 해야 한다. 만약 가설 설정이 잘 못된 경우에는 여러분은 그 가설을 폐기시켜야 한다. 앞 예의 경우, 여러분은 "전구가 나간 것이 아니다"라는 결론을 도출하는 것이다. 만약 가설의 설정이 맞았다면 불은 들어올 것이므로, 그 경우엔 설정한 가설이 다른 면에서도 틀릴 수 있는지 다른 실험 방법들을 고안해 낸다. 가설이 잘 못됐다는 다른 상황이 전혀 발생하지 않으면, 여러분은 그 결론을 수용하기 시작한다(만약 전구의 불이 들어오면, 우리는 문제를 "해결했다!"고 생각하고, 일상생활로 돌아가며, 전기불이 *왜* 들어온 것인지에 대해 더 이상 생각하지 않게 된다).

연구 작업에서의 과학적 방법

생물학자들은 과학적 수수께끼에 어떻게 접근할까? "화성에도 생명이 존재할까?"라는 질문에 대해 어떻게 과학적 방법을 적용했는지 살펴보자.

화성 암석으로부터 생명 신호들 찾기

남극대륙에서 발견된 화성 암석을 연구하는 NASA의 과학자들은 다음과 같은 하나의 의문을 제안하면서 연구를 시작했다: 이 화석운석 속에 과거의 생명 신호들이 있을까? 이어서 그들은 화성의 생명체는 지구의 생명체와 유사하거나 유사했을 것이라고 추정했다. 화성의 가능한 생명체들에 대해서 전혀 아는 바가 없으므로, 그들은 화성의 생명체는 어떻게 생겼을까 또는 그들은 무엇을 찾고 있을까 그리고 그들은 필연적으로 지구 위 생명체의 특성들을 선택했을까 등에 대한 추측을 해야만 한다(추측에 깔려 있는 사항들을 명백히 진술하는 것은 중요하지만, 때로는 과학적 방법을 부분적으로 간과하기도 한다). 그 다음, 그들은 화성에 한때 생명체들이 존재했고 그 화석들이 남아 있을 거라는 가설을 설정하였다. 가설과 그들의 추측을 근거로 그들은 여러 가지 실험을 수행했다: 그들은 화석화된 지구 세균들과 유사한 형태들을 찾았다; 그들은 지구 위 생명체를 이루는 화학물질과 유사한 성분의 흔적들이 있는지 탐색하였고, 지구 자장에서 기원된 일부 세균들 몸체에서 발견된 입자들과 유사한 입자들이 화성 암석에도 있는지에 대해서도 연구하였다. 그들의 가설은 이러한 인자들을 예견하고 있으며, 실제로 연구자들은 암석에서 이러한 것들을 찾아냈다.

어떤 실험을 설명하기 위해서 과학자들은 비교를 위한 대조군 또는 알려진 표준이 필요하다는 것을 안다. 화석 암석 실험들에서 NASA 연구자들은 세균화석처럼 생긴 작은 막대모양의 구조물을 발견했다(**그림 1.1** 참조). 연구자들은 화성 운석과 유사한 시기의 구성을 가진 암석과 막대형의 구조물과 유사한 지구 화석세균을 대조군으로 선택했다. 이들이 대조군을 아주 잘 선택하기는 했지만, 모든 지구 화석세균들은 화성의 막대형 "화석들"보다 매우 컸다. 지구 대조군과의 비교에서 생명체의 유전자들과 구성물들이 그 암석 내부에 있기엔 너무 작은 공간이기 때문에 대부분의 생물학자들은 화석 암석 내의 막대형 구조물이 화석화된 세포가 아닐까 하고 의문을 가졌었다.

그들의 두 번째 실험에서, NASA 과학자들은 지구생명체에 의해 생성되는 것들과 유사한 분자들을 화성 운석에서 발견하였다. 그들의 가설은 이러한 발견들을 예견했었다. 여러분은 *잘못된 예견으로 가설이 판명되더라도, 예견에 대한 가설이 옳았다고 자동적으로 인정되는 것은 아님*을 명심하라. 예를 들어, 화성 암석에서 그들이 발견한 화학물질들이 생명체들로부터 생성된 것일 수도 있지만, 그 화학물질들이 순전히 화학적 방법에 의해 생성된 것일 수도 있기 때문이다. 앞의 전구 관련 예에서, 새 전구로 갈아 끼우는 것이 전구 소켓에 안 맞는 것일 수도 있다. 그러나 그것이 *맞았다면*, 가설(고장난 전구)과 일치하는 것일 수는 있지만, 완전히 *증명된* 것은 아니다. 다른 가설들도 역시 옳을 수 있다. 예를 들어, 원래 전구가 고장 난 것이 아니고, 전구가 소켓에 꽉 끼워져 있지 않았기 때문일 수도 있다. 이런 경우에 당신은 가설을 어떻게 설정하겠는가?

그들의 세 번째 실험에서, NASA 과학자들은 지구상의 일부 세균들이 내부 나침반으로 사용하는 자철광이라 부르는 작은 철화합물의 결정들을 화성 운석에서 발견했었다. 그러나 많은 연구자들이 화석 암석에서 발견한 자철광 결정은 비-생명체 기원일 수도 있다고 생각했다. 이런 결과들은 NASA 연구팀이 가설에 대해 바르게 예견은 했지만, 그들은 다른 가능한 경쟁적 가설들을 무시할 수는 없었다.

예측(prediction)
과학적 방법에서 실험 결과가 특정 가설이 옳다고 기대되는 것

대조군(control)
실험 대상의 한 가지 의문점만 빼고 모든 요인들은 동일한 과학 실험의 표준군

실험(experiment)
과학적 방법을 적용하는 동안 가설에 대하여 주의 깊게 계획하고 측정하는 단계

이론(theory)
일반화된 가설로서 반복 실험을 하여도 전혀 바뀔 수 없는 일반화된 가설

화성 운석에서의 생명 탐색은 과학적 방법에 대한 여러 가지 중요한 점을 말해주지만, 생물학자들이 자연의 세계에 대하여 종종 다루는 몇 가지 방법들과는 다르다:

1. 과학자들은 하나의 표본만을 관찰했으므로, 대조군을 두지 않고 직접 실험에 들어갈 수 있다.
2. 과학자들은 일반적으로 결론을 도출하기 전에 동일한 실험이나 관찰을 반복 수행하여야만 한다. 이를 위해 지구와 같은 여러 다른 행성에서의 생명체 탐색을 하거나 화성, 화성 토양 그리고 화성 암석들로부터 많은 시료를 얻어야만 대조군을 두고 반복적 실험이 가능하게 될 수 있는 것이다.

누가 알았겠는가?

자동차는 생명 특성들의 일부를 나타내고 있지만, 생명체들에서 발견되는 모든 특성들을 보이지는 않는다. 자동차는 환경으로부터 에너지나 영양분들을 얻을 수 없으며(즉 물질대사를 가지지 않음), 그것은 생장하거나 번식도 할 수 없다.

이론들에 대한 한마디

궁극적으로 하나의 이론은 반복적 실험을 통해 전혀 다른 결론이 나올 수 없는 일반화된 가설이라고 할 수 있다. 그러나 이론이란 정말 무엇일까? 하나의 **이론**은 중력이론, 세포설 또는 진화론 등과 같이 자연 세계에 대한 보편적 원리이다. 사람들은 종종 "그건 그냥 이론일 뿐이야"라고 말하는데, 이것은 실험하지 않은 어떤 것이라는 의미이다. 그러나 과학자들은 그와 같은 방식으로 "이론"이란 용어를 사용하지 않는다. 그들에게 하나의 이론이란 고도로 실험하고 많은 횟수의 관찰이나 실험적 데이터를 근거로 전혀 부정할 수 없는 원리를 말한다.

과학적 방법은 자연 세계를 이해하는 강력한 도구이지만, 그것은 종교, 정치, 문화, 윤리 또는 예술 등에는 적용하지 않는다. 그렇지만 이 세계의 복잡한 문제들은 생물학적 기초를 깔고 있어서 늘 과학적 추론이 있으므로, 생물학적 사실들이나 원리들 없이는 그러한 난제들을 해결할 수 없다.

목표7 생물학은 세계의 난제들을 해결하는 데 도움을 줄 수 있다

우주의 다른 곳에서의 생명 탐구는 명백한 생물학의 응용 즉 "생명이란 무엇인가?"라는 의문의 응용이라 할 수 있다. 그렇지만 생물학은 다른 우주세계들의 생명 탐구를 위한 준비 이상의 것들을 할 수 있다. 생물학은 이 지구상의 오래전부터 커져가고 있는 여러 난제들에 대한 해답을 얻는 데 공헌할 수 있다.

이 장의 내용을 공부하면서 여러분들은 생물학이 이 지구의 문제들을 해결하는 데 어떻게 도울 수 있는가에 대해 탐구할 것이다. 사실 우리는 생물과학 혁명의 중간쯤에 와 있으며, 매주 암, 심장병, AIDS, 불임 그리고 비만 등과의 투쟁에 대한 흥미 있는 새로운 정보들에 접하며 살고 있다. 연구자들은 새로운 약품, 작물, 축산물 들을 개발하기 위한 유전자 조작에 빠른 진전을 보이고 있다; 또한 인간 행동을 증진시키기 위한 운동생리학, 유전적 질병들의 진단, 뇌 조직을 포함한 기관 이식 등, 여러 분야에서 급속히 발전을 거듭하고 있다. 생명과학 분야의 모든 과학자들은 생명 구성의 모든 수준인 분자에서 생물권에 이르기까지 생명체가 어떻게 매일매일 살아남으며, 새로운 세대를 번식시키는가에 숨겨진 가장 심오한 비밀들에 대해 끊임없이 공부하고 있다. 여러분들도 단지 상상력을 발휘하는 데 그치지 말고 자연 세계에 대한 응용력을 풍요하게 해 줄 탐구의 모험 세계에 들어가려고 노력해 보라. 그렇게 하면 여러분도 모든 인간 사회들이 미래에 이루어야 할 어려운 선택들에 대해 지적으로 공헌할 수 있게 해 줄 것이다.

CHAPTER 2

세포와 생명의 화학

학습목표

목표 1 사람면역결핍성바이러스(HIV)의 일반적 구조를 설명한다.

목표 2 원소, 원자, 분자, 동위원소 그리고 이온의 차이점을 구분할 수 있어야 한다.

목표 3 화학결합의 생물학적 중요성을 설명한다.

목표 4 생명에 필수적인 물의 성질을 이해한다.

목표 5 모든 생명체에서 발견되는 4가지 생명분자들에 관해 기술한다.

목표 6 바이러스와 세포의 특성을 비교한다.

목표 7 세포소기관의 종류와 그 기능에 대하여 논의한다.

목표 8 HIV의 감염 경로의 7단계에 대해 논의한다.

> “단순하고 비생명성인 입자가 감염된 사람에서 생명에 큰 파멸을 가져오는 것은 놀랍다.”

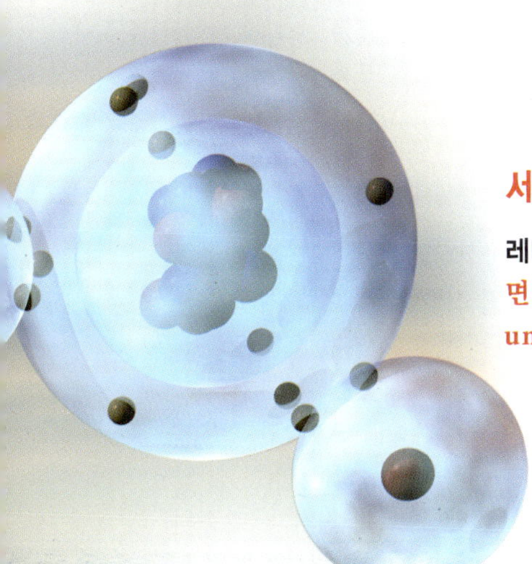

세포와 생명에 대한 위협

레비(Jay Levy) 박사는 샌프란시스코 소재 캘리포니아대학에 재직하고 있을 때 관찰했던 **후천성면역결핍증후군(acquired immune deficiency syndrome** 또는 **AIDS)**이 점차 확대되어 전 세계적으로 3300만 명 이상 퍼진 위협적인 질병으로 확대되었다. “이렇게 오랜 시간이 흘렀어도 우리는 아직 적절한 치료법을 찾지 못하고 있다는 것이 믿을 수가 없다.”고 그는 말한다. 이어 그는 “AIDS를 일으키는 **인간면역결핍바이러스(human immune deficiency virus, HIV)**가 약물-저항성 형태들로 진화를 계속하고 있기 때문이다.”고 말한다. 지금까지 **레비** 박사의 연구과제 중 일부는 AIDS 환자가 여러 해 동안 비교적 건강하게 지낼 수 있도록 하는 것이었다. 그러나 환자들에게 초기에는 항-바이러스 약제들의 여러 복합적 사용이 도움을 줬지만, “바이러스는 다시 돌아와 이제는 더 이상 사용할 약제가 없다. 내 생각에 이는 불행한 경우라고 보며, 샌프란시스코 병원에서 이와 같은 상황의 환자들이 40%를 넘고 있다”고 그는 말한다.

당신은 무엇을 알고 있을까?

단일세포인 아메바 같은 생물이 트럭처럼 될 수가 있을까? 왜 그럴 수 있을까? 아니면 그럴 수 없을까?

HIV와 AIDS에 대항하여 진행되고 있는 투쟁들을 이 장의 이상적인 임상 연구 사례로 삼아 알아보기로 한다. 이 장의 주제는 생명의 화학과 세포의 구조와 기능 그리고 생명의 근본적 단위들에 대한 것이다. HIV에 대해 공부함으로써 여러분들은 바이러스 입자들이 어떻게 생명분자들이라고 부르는 여러 종류의 구조물들을 함유할 수 있는지 알게 될 것이다. 우리는 비생명체인 바이러스와 박테리아, 식물, 동물세포들과 비교하여 그들 간의 기본적 차이와 특성들에 대해 알아볼 것이다. **레비** 박사와 그 밖의 연구자들이 상세히 연구한 것처럼 HIV 입자가 사람세포에 들어간 후의 과정들을 추적해 봄으로써, 여러분은 기능을 수행하고 있는 세포와 그 내부의 세포소기관들에로의 친밀한 여행에 들어갈 것이다. 이를 통해 여러분은 AIDS가 왜 죽음의 병이며, 왜 약제들과 백신들을 사용해서 이들의 전 지구적 위협에서 벗어나기 위해 노력을 기울이고 있는가에 대해 이해하게 될 것이다.

이 장을 마칠 때쯤 되면, 여러분들은 손잡이로부터 HIV가 아닌 감기 바이로스에 감염될 수 있는지에 대해서도 알게 될 것이다. AIDS가 해답을 찾기 전까지 왜 아프리카인의 40%를 몰살시키는 공포에 휩싸이게 됐는지에 대해서도 알게 될 것이다. 여러분은 또 아래 열거된 질문에 대한 답을 찾을 수 있을 것이다:

- ☑ 원자의 구조는 어떠하며, 그 기능은 무엇인가?
- ☑ 물의 특성들은 무엇인가?
- ☑ 생명분자들의 종류와 그들의 역할은 무엇일가?
- ☑ 살아 있는 세포와 바이러스의 차이점은 무엇인가?
- ☑ 세포를 이루는 구성 부위들의 기능은 무엇이고, HIV는 그들을 어떻게 방해하는가?

AIDS (후천성면역결핍증후군)
인간면역결핍바이러스(HIV)의 감염에 의하여 면역 기능의 일부 또는 전부가 상실되는 만성질환

HIV (인간면역결핍바이러스)
AIDS를 유발시키는 원인 바이러스

원소(element)
화학적으로는 더 이상 간단한 물질로 쪼개질 수 없는 순수 물질

원자(atom)
더 이상 간단한 물질로 쪼개질 수 없는 가장 작은 입자이면서 그 원소의 성질을 가지고 있는 원소

분자(molecule)
둘 또는 그 이상의 원자들이 특수 화학결합에 의해 결합된 것

양성자(proton)
한 원자의 핵에 존재하는 구성 입자의 하나로 양전하를 가짐

중성자(neutron)
한 원자의 핵에 존재하는 구성 입자의 하나로 전하를 갖지 않음

전자(electron)
한 원자의 핵의 궤도를 돌고 있는 구성 입자의 하나로 음전하를 가짐;
전자가 가지는 음전하 수와 양성자가 가지는 양전하 수는 동일하지만, 전자의 질량은 매우 작음

목표1 HIV(인간면역결핍바이러스)란 무엇인가?

HIV는 사람세포에 감염되는 비생명 입자이다. 생물학자들은 HIV가 1장에서 알아보았던 생명의 특성들을 모두 가지지 않기 때문에 *비생명체*로 생각한다. 하나의 바이러스는 그 내부에 생명체의 구성 성분과 같은 원자들로 이루어진 생명분자들을 가진다. 바이러스는 또한 끊임없이 변할 수 있는 유전물질들을 가지며, 따라서 진화할 수 있다. 마지막으로 바이러스 입자의 부분들은 움직일 수 있으므로 그들이 살아있다는 흔적인 운동성을 가진다고 생각할 수 있다. 그렇지만 바이러스는 물질대사를 하지 않고, 생물학적 측면에서 볼 때 무반응성이며, 번식 능력도 가지지 않는다. 바이러스 입자들은 그들 스스로 조립은 가능하지만 그것은 반드시 숙주세포 내의 기계들이 요구되므로 실질적인 생장이나 발생을 한다고 생각할 수 없다. 1장에서 제시한 정의에 따르면 바이러스 입자는 명확히 살아 있는 것은 아니다. 그렇지만 인간 체내에서 바이러스들의 구조나 행동은 모든 생명체들과 같은 화학적 물리적 법칙에 따라 생을 영위하며, 생명체를 이루는 생명분자들이나 그들에 의한 기능들과 유사하게 일어나고 있다.

단순하며 몇 종류의 화학물질들로 이루어진 비생명의 입자가 감염된 사람 생명에 참혹하게 가해를 줄 수 있다는 것이 주목할 만하다. 이 장의 목표는 치명적이면서 비생명의 적인 HIV에 대한 것과 모든 바이러스, 세포 그리고 큰 생명체들을 이루고 있는 원자들과 분자들에 대하여 좀 더 상세히 알아보는 데 있다.

목표2 원자란 무엇인가?

HIV 입자들과 그들이 감염시키는 세포들 모두가 원자들로 구성되어 있다. 생명과 물질의 초기 역사에서 이들 원소들이 어떻게 들어오고 나간 것인지에 대하여 알아보도록 한다.

원소

고대 그리스의 선각자(철학자)들은 바위, 목재, 흙과 같은 일부 물질들은 하나 이상의 성분들로 이루어져 있는 반면에, 철, 금, 유황 등의 덩어리들은 순수물질이라고 인식했다. 화학자들은 이들 순수물질과 같이 더 이상 쪼갤 수 없는 물질을 **원소(element)**라 부른다. 화학자들은 또한 각 원소들을 기호로 나타내는데; 예를 들어, HIV 입자에서 발견되는 주요 원소들은 C(탄소), H(수소) 그리고 O(산소)로 표시한다.

화학자들은 118개의 원소를 발견하였으며, 그 중 89가지가 자연에 존재하고, 나머지는 실험실에서 만든 것이다(앞의 것을 자연원소, 뒤의 것은 인공원소라 부름). 이들 서로 다른 원소들은 각각 그 성질이 다르다. 예를 들면, 탄소는 검은색 고체이고, 유황은 노란색 고체, 그리고 헬륨은 무색무취의 가스이다. 지구는 많은 종류의 원소를 함유하고 있지만, 단지 7개의 원소가 대부분을 차지하며, 그 중에 산소, 실리콘 및 알루미늄이 가장 많아서 이들 3가지 원소가 지각 표면층의 98%를 차지한다. 연구자들은 생명체를 이루는 원소들은 40여종임을 알아냈으며, 그들 중 대부분은 미량이 존재함을 밝혀냈다. 오직 3종류 원소인 수소, 산소 및 탄소가 사람이나 양치식물 구성에 98% 이상을 차지한다. 물과 탄소에 대해서 뒤의 다루는 내용을 통해 여러분은 생체 조직이 왜 유일하고 특이한 형태의 물질인가에 대해 알게 될 것이다.

원자와 분자

초기 과학자들은 외면적 발견에 만족하지 않고, 무엇이 각 원소의 성질을 가지게 하는지 의아해 했다: 예를 들어, 근본적으로 금과 산소는 어떻게 다른가? 하는 식으로. 1800년대에 영국의 화학자인 **돌턴(John Dalton)**은 각 원소는 **원자(atom)**라는 각각 다른 특정 입자로 이루어져 있다고 결론지었다. 원자란 원소의 화학적 성질을 갖는 가장 작은 입자이다. **분자(molecule)**란 하나 또는 그 이상의 원자들이 화학적으로 결합한 것이다. 예를 들면, 물 분자는 2개의 수소와 하나의 산소가 결합한 것이다.

원자는 매우 작다. 하나의 작은 금덩어리는 수십억의 금 원자들로 구성되어 있다. 원자는 매우 작지만, 원자들 각각은 내부 구조를 가진다.

원자의 구조

무생물인 암석이거나 생명체에 있던 간에 모든 원자들은 양성자, 중성자 그리고 전자들로 이루어진다(**그림 2.1**). **양성자(proton)**는 양전하를 가지는 입자이고, **중성자(neutron)**는 전하를 가지지 않는다. **전자(electron)**는 매우 작은 입자이지만 음전하를 가진다.

COURTESY OF NATIONAL INSTITUTE OF SCIENCE AND TECHNOLOGY

원자 모델

원자가 축소형 태양계를 닮았다고 생각해 보라. 중심에 있는 **원자핵(atomic nucleus)**은 양성자와 중성자를 함유하며 원자 질량의 대부분에 해당된다. 전자의 수는 양성자의 수와 같으며, 원자핵과 비교적 많이 떨어진 주위의 궤도를 이루고 있다. **그림 2.1a**는 하나의 양성자와 하나의 전자를 가지며 중성자는 갖지 않는 가장 간단한 원자인 수소원자를 보여주고 있으며, 탄소원자는 수소원자에 비해 좀 더 크다(**그림 2.1b**).

원자의 성질

하나의 탄소 토막은 왜 검은색의 고체이고, 반면에 산소는 맑은 무색의 가스일까? 그 답은 각 원자들은 그 핵 속에 일정 수의 양성자를 가진다는 데에서 찾을 수 있다. 예를 들어, 모든 탄소 원자들은 6개의 양성자를 가지며, 모든 산소원자들은 8개의 양성자를 갖는다(**그림 2.1b, c**). 양성자 숫자는 원자량과 전자들과의 친화력에 영향을 미치는데, 이 두 가지 성질이 그 원자의 물리적 및 화학적 성질을 결정짓는다.

전자와 에너지 준위

양전하를 띠는 원자핵과 음전하를 띠는 궤도상의 전자들 간의 인력이 대립되는 힘을 이룬다. 즉 양전하의 양성자가 음전하의 전자들을 원자핵 쪽으로 끌어당기려 하지만, 궤도를 도는 전자들의 빠른 회전력이 그들을 바깥쪽으로 밀어내는 것이다. 마치 돌을 매단 밧줄을 휘두를 때 바깥쪽으로 끌려지는 것처럼!

물론 전자들은 너무 작아서 육안이나 대부분의 기계장치로 볼 수는 없지만, 과학자들은 원자핵으로부터 더 높은 에너지 준위을 가지는 궤도가 핵으로부터 먼 순서의 특정 거리만큼 떨어져 있는 **에너지 각(energy shell)**의 형태로 존재함을 알아냈다. 각 에너지 각(전자각)은 일정 수의 최대 전자수를 가질 수 있고, 원자들이 분자를 형성할 때의 결합은 전자각-채우기의 순서에 의존한다. 원자핵에 가장 가까운 전자각은 수소처럼 한 개의 전자, 헬륨처럼 2개의 전자까지만 채워질 수 있다. 그 다음 전자각부터는 8개까지의 전자로 채워질 수 있으며, 모든 원자들은 전자각을 최대수(2 또는 8개)로 채우려는 성질을 가진다.

원자핵
(atomic nucleus)
양성자와 중성자를 가지고 있는 한 원자의 중심부

에너지 각(energy shell)
한 원자핵 주위 궤도에 들어 있는 전자들에 의한 에너지 준위; 각 에너지 각은 최대 전자 수를 가지는데, 예를 들면 첫 번째 각에는 최대 2개, 두 번째 각에는 최대 8개의 전자를 가짐

동위원소(isotope)
원자번호는 같으나 핵 속에 들어있는 중성자의 수가 달라서 다른 원자량을 가지는 원소

원자구조의 변형

원자의 기본구조에서 약간 벗어난 경우(중성자 수 또는 전자 수)의 원자구조가 원자탄, 산성비 그리고 신경세포의 작용 등을 설명하는 데 도움이 될 것이다.

각 원자는 일정 수의 양성자를 가지지만, 중성자 수는 변할 수 있다. 같은 종류의 원소이면서 양성자 수는 동일하지만 중성자 수가 다른 원소들을 서로 **동위원소(isotope)**라 한다. 가장 일반적인 탄소 동위원소는 6개의 양성자와 6개의 중성자로 이루어진 12번 탄소(^{12}C)이다. 이의 동위원소로 양성자 수는 동일하지만, 중성자를 7개 및 8개를 가지는 동위원소가 각각 ^{13}C와 ^{14}C이다. ^{12}C와 ^{13}C는 안정적이고 비방사성이지만, ^{14}C은 방사능을 가지므로 붕괴되면서 방사선을 방출한다. 1991년 스위스 알프스 산 정상에 오른 등산객들이 머리와 어깨 위로 녹아내린 얼음조각을 덮어 쓴 얼어 죽은 등산객을 발견했다. 연구자들은 이 얼음 인간의 나이를 알아내기 위해 14번 탄소(^{14}C)를 사용했다. 하나의 생명체가 죽으면 그 개체는 환경으로부터 14번 탄소의 유입이 중단

그림 2.1
원자의 모델

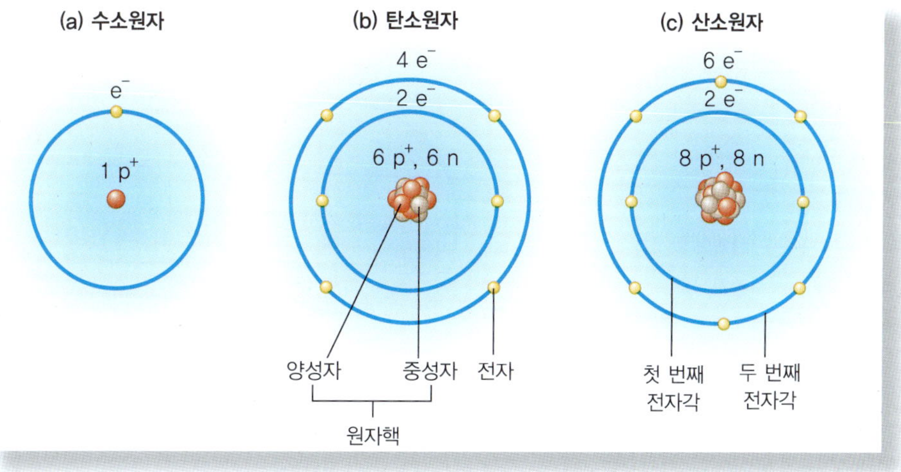

"원자들은 그들의 최외각 전자각을 채우기 위해 화학결합을 한다."

반감기(half-life)
하나의 동위원소가 붕괴를 시작해서 총 방사능의 양이 반으로 줄어들 때까지 걸리는 시간; 예를 들어, 그와 같은 붕괴에 의해 14번 탄소의 농도는 12번 탄소에 비해 감소됨; 14번-탄소의 반감기는 5730년임

이온(ion)
한 원자가 하나 또는 그 이상의 전자를 얻거나 잃어서 양(+) 또는 음(−) 하전을 띠게 됨

화학결합(chemical bond)
하나의 분자 내에서 원자들 사이의 끄는 힘

되고, 그 동위원소는 붕괴되어 14번 질소(^{14}N)로 된다(14번 탄소는 6개의 양성자와 8개의 중성자를 가지며, 14번 질소는 7개의 양성자와 7개의 중성자를 가진다). 이 붕괴의 결과로 14번 탄소의 농도는 12번 탄소에 비해 감소된다. 14번 탄소의 양이 반으로 줄어드는 데는 5730년이 소용되는데, 이를 14번 탄소의 **반감기(half-life)**라 한다. 된다. 14번 탄소를 사용한 년대(시간) 측정을 통해 과학자들은 그 얼음 인간이 5300년 전 경에 살았던 사람이며, 이것은 현재까지 발견된 것 중에 가장 오래되고 잘 보관된 인체라고 결론을 내렸다.

동위원소에서는 중성자 수가 다르지만, **이온**들에서는 전자의 수가 다르다(**그림 2.2**). 이것은 전체 원자는 특정 양 또는 음의 전하를 가짐을 의미하는 것으로서, 이온의 전자 수는 양성자 수와 동일하지 않다. 예를 들면, 일반적으로 수소는 한 개의 양성자와 한 개의 전자를 가지므로, 하전성은 서로 상쇄되어 원자는 순 전하를 띠지 않는다(**그림 2.2a**). 그러나 수소이온은 전자를 잃어 단지 한 개의 양성자만 가지므로 양전하(+)를 띄게 된다(**그림 2.2b**). 반대로 염소이온(Cl^-)은 음전하(−)를 띈다.

원소의 성질은 원자 부분의 구조와 그 원자가 어떻게 구성되어 있는가에 의해 나타난다. 다음 절들에서 보겠지만, 이러한 성질이 분자들을 이루고, 생명분자들을 구성하는 기본이 된다.

목표3 원자들은 어떻게 분자를 형성하는가?

탄소, 수소, 산소를 비롯한 그 밖의 생명원자들은 수많은 결합들을 통해, 여러분이 먹는 음식, 동물과 식물 그리고 여러분의 몸을 이루고 있다. 원자들이 어떻게 여러 종류의 분자들로 결합되는지를 이해하는 것이 생명체에서 그들의 성질을 결정해 주는 기본이 된다.

분자는 둘 또는 그 이상의 원자들이 **화학결합**을 통해 연

그림 2.2
이온들

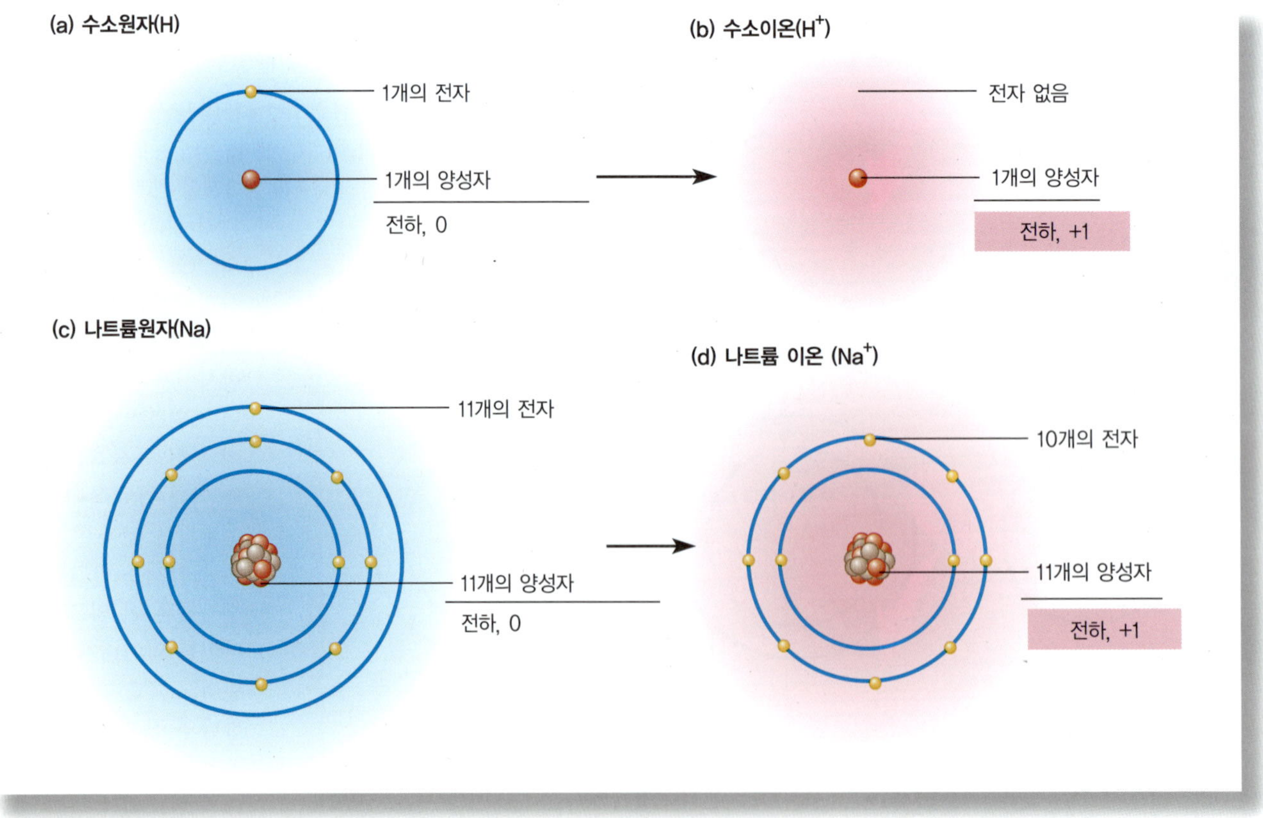

결되어 있다. 원자들을 결합시키는 결합은 단일 칸의 기차가 연결된 것 같은 물리적인 연결이 아니다. 화학결합은 전자를 공유하거나 전자를 주는 것이 "에너지 풀"처럼 작용하는 에너지적 결합이다. 화학결합은 보이지 않는 스프링과 같아서, 결합되면 그들의 원자 부위는 서로 끌어당기거나 밀어내는 에너지가 요구되는 것이다. 이제부터 생물분자들의 세 가지 화학결합인, 공유결합, 수소결합 및 이온결합에 대해 알아본다.

공유결합

가장 공통적 형태의 결합이 두 원자 간의 전자쌍을 공유하여 이루어진 화학결합인 **공유결합(covalent bond)**이다(**그림 2.3a**). 물 분자(H_2O)는 2개의 수소원자와 1개의 산소원자 사이에 전자를 공유한다. 각 수소원자의 양전하를 띈 원자핵이 다른 원자핵의 궤도 전자를 끌어당기길 시작하여, 다른 원자핵의 궤도전자와 중복되며 융합함으로써, 두 원자(수소와 산소)가 서로 전자쌍을 공유하는 것이다.

어떤 분자에서는 전자들이 한 원자핵과 상대 원자핵 궤도에서 많은 시간을 소모하므로, 하전성이 양 끝에 고르게 분포된다. 전하를 동등하게 공유하는 분자를 **비극성(nonpolar)**이라 한다. 그러나 물 분자의 경우, 전자들이 수소보다는 산소 궤도에서 더 많은 시간을 보낸다. 그러므로 물 분자 중 산소 쪽은 미약한 음전하를 그리고 수소 쪽은 미약한 양전하를 띠우게 되어, 물은 **극성(polar)** 분자이다.

수소결합

일부 극성 분자들은 구성 원자들이 전하를 가지므로 또 다른 화학결합인 수소결합을 할 수 있다. 예를 들면, 액체 상태의 물에서 한 물 분자의 수소원자는 이웃 물 분자의 산소원자를 전기적으로 끌어당긴다(**그림 2.3b**). 이와 같이 한 원자의 수소원자와 다른 원자(일반적으로 산소와 질소) 사이의 인력을 **수소결합(hydrogen bond)**이라고 한다.

수소결합은 공유결합에 비해 미약한 결합이므로 쉽게 파괴되어 재결합을 형성하기 쉽다. 물 분자의 특이한 성질들(얼음으로 되고, 물위에 뜨는 경향과 같은)은 수소결합에 근거한 것이며, 일부 중요한 생물분자들은 수소결합에 의해 서로 결합한다. 예를 들면, HIV 입자의 표면이나 감염된 사람 세포표면에 있는 작은 구슬처럼 생긴 단백질들 간의 상호작용은 수소결합에 의한다. 수소결합은 또한 생명암호인 DNA 분자들의 핵산들을 함께 묶어주는데 관여한다(이에 대한 것은 6장에서 설명함).

이온결합

화학결합의 세 번째 형태는 **이온결합(ionic bond)**으로서, 이것은 전자를 공유하는 것이 아니라 한 원자로부터의 전자가 다른 원자로 완전히 이동되는 것이다. 양전하를 띠는 나트륨이온(Na^+)과 음전하를 띠는 염소이온(Cl^-)으로 된 소금(NaCl)이 아주 좋은 예이다(**그림 2.3c**). 이와 같이 상반되는 전하를 띠는 이온들은 서로 끌어당겨 하나의 분자를 형성하는 것이다. 이온결합은 수소결합 보다는 강하지만 공유결합보다는 약하다. 이것이 소금을 스프에 뿌렸을 때 녹는 것처럼 이온화합물이 물에서 그 구성 이온들로 해리되는 이유를 말해준다.

공유결합 (covalent bond)
원자들 사이에 공유전자쌍에 의해 분자를 형성하는 결합

비극성(nonpolar)
대칭적 전하 분포를 가지는 것; 대부분의 지질과 같은 비극성 분자는 물에 녹지 않음

극성(polar)
비대칭적 전하 분포를 가지는 것; 포도당과 같은 극성 분자는 물에 잘 녹음

수소결합 (hydrogen bond)
부분적 음전하를 띠는 원자(산소 또는 질소)와 부분적 양전하를 띠는 수소원자(이미 공유결합에 관여하고 있음) 사이의 약한 화학결합

이온결합(ionic bond)
서로 반대 전하를 띠는 이온들 간에 형성되는 화학결합

목표4 생명에 필수적인 물의 성질을 이해한다

이제부터 생명에 필수적인 물 분자의 여러 가지 성질들에 대하여 살펴보자.

물의 물리적 및 화학적 성질들

물 분자들의 수소결합을 형성하려는 경향이 물이 갖는 여러 물리적 특성들을 가지게 하는데, 이들 모든 특성들은 생명체에서 중요하다. 예를 들면, 수소결합은 물 분자들끼리 서로 잘 붙게 할 뿐만 아니라 토양, 유리 및 그 밖의 물질들과도 잘 붙는다. 이것이 표면장력과 키가 큰 식물에서조차 물이 잘 운반될 수 있는 원리를 설명한다. 또 물의 응집력은 수서곤충들이 물 위를 기어 다닐 때 표면장력을 가지게 한다. 수소결합은 또한 얼음이 물 위에 뜨게 해준다. 물 사이의 수없이 많은 수소결합으로 인해 물의 온도를 높일 때 많은 열이 요구되고, 이 성질이 생명체들의 체온 유지에 큰 몫을 하는 것이다.

물이 가지는 화학적 성질이 왜 물질들이 물에 녹으며, 또 일부 물질들이 산성 또는 알칼리성을 띠게 되는지 알게 해준다. 어떤 의미에서는, 생명체란 지구 위를 떠다니는 물의 형태라 말할 수 있겠다: 예를 들어, 우리의 신체는 60% 이상의 물을 함유하여, 물 분자들의 이동과 결합이 혈액의 흐름, 음식물의 소화 등 생명활동에 필수적이다. 물의 성질이 앞에 설명한 것과 같지 않다면, 생명현상 자체는 전혀 다를 것이다. 이제부터 그 이유들에 대해 알아보자.

그림 2.3
원자 간의 결합

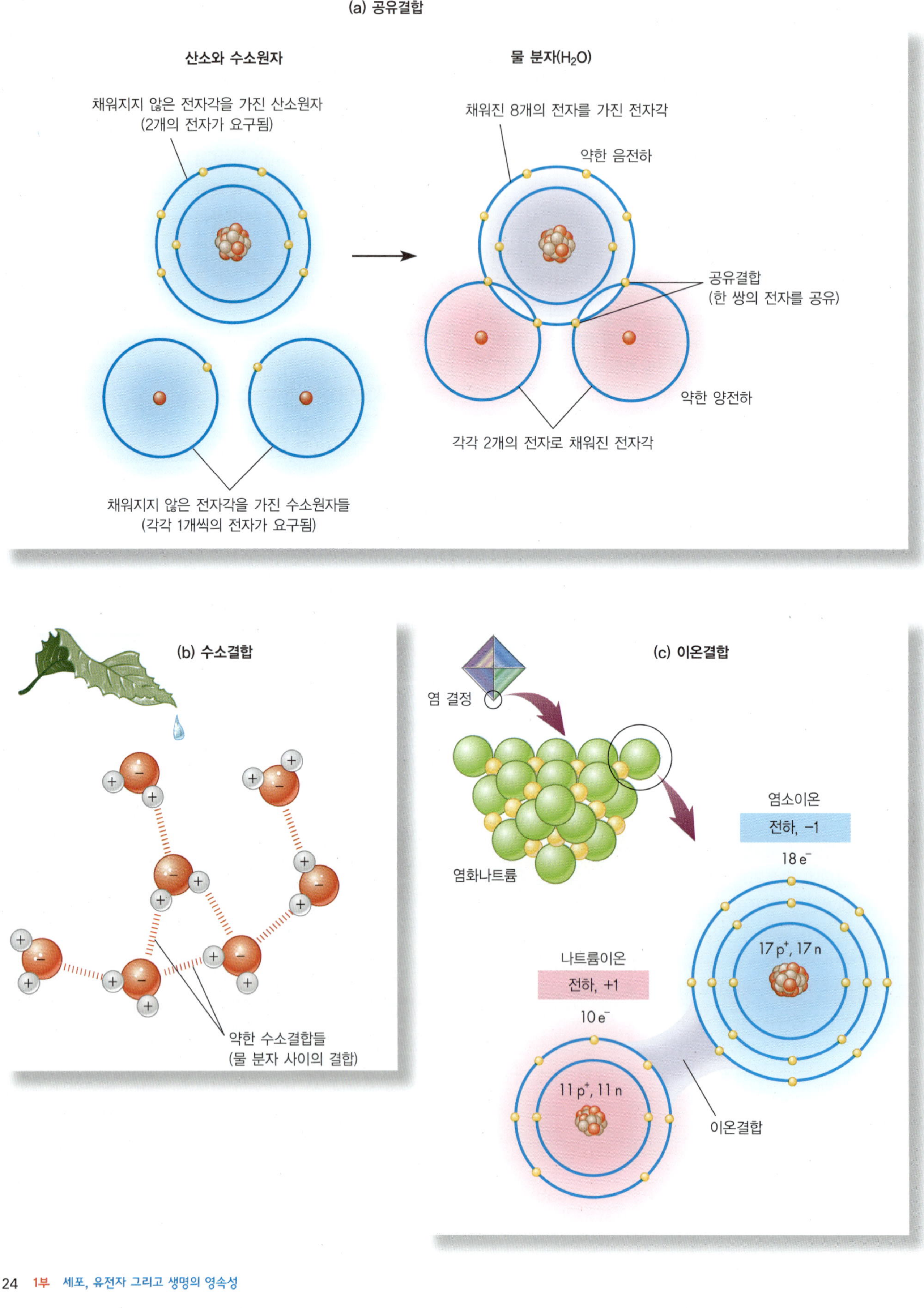
(a) 공유결합
산소와 수소원자
물 분자(H_2O)
채워지지 않은 전자각을 가진 산소원자
(2개의 전자가 요구됨)
채워진 8개의 전자를 가진 전자각
약한 음전하
공유결합
(한 쌍의 전자를 공유)
약한 양전하
각각 2개의 전자로 채워진 전자각
채워지지 않은 전자각을 가진 수소원자들
(각각 1개씩의 전자가 요구됨)
(b) 수소결합
약한 수소결합들
(물 분자 사이의 결합)
(c) 이온결합
염 결정
염화나트륨
염소이온
전하, −1
18 e⁻
17 p⁺, 17 n
나트륨이온
전하, +1
10 e⁻
11 p⁺, 11 n
이온결합

물은 왜 물질들을 용해시키는가

접시 닦기는 물의 중요한 화학적 성질의 일부를 잘 묘사해 준다. 물은 여러 물질들을 녹일 수 있는 **용매(solvent)**이며, 물에 녹는 물질은 **용질(solute)**이라 부른다. 물은 설탕과 같은 극성 분자들이나 소금과 같은 대부분의 이온화합물들을 녹일 수 있다. 접시에 묻은 시럽이나 세포 내 포도당 분자들처럼 하나의 극성용질인 당은 물 분자들에 의해 둘러싸여 그들과 수소결합을 형성한다. 소금과 같은 이온성 용질은 그 구성 이온들이 해리되어, 각 이온들이 많은 물 분자들로 에워 쌓인다(**그림 2.4a**).

설탕과 소금처럼 물에 쉽게 녹는 물질들을 **친수성(hydrophylic)** 화합물이라 부르며, 반면에 콩기름이나 접시 위에 묻은 동물성 지방과 같은 물질들은 물에 잘 녹지 않으므로 이들은 **소수성(hydrophobic)** 화합물이라 부른다. 소수성 화합물은 물에 녹지 않는 대신에 물과 경계부(interface)를 형성한다(**그림 2.4b**). 뒤에 곧 나오겠지만, 모든 생체세포를 둘러싸고 있는 막들이 그와 같은 경계부들이다.

산과 염기

생명체에서 물이 갖는 또 하나의 중요한 화학적 성질이 물 분자가 약간이지만 양전하를 가지는 수소이온(H^+)과 음전하를 띠는 수산이온(OH^-)으로 분해되려는 경향을 가지는 것이다:

$$H_2O \rightarrow H^+ + OH^-$$

그러나 이와 같은 분해는 순수한 물에서는 거의 일어나지 않는다. **산(acid)**이란 물에 녹았을 때 수소이온들을 내어 그 용액의 H^+ 농도를 증가시키는 물질이라 정의하며, **염기(base)**란 물에 녹았을 때 수소이온들을 받아들여, 그 용액의 H^+ 농도를 감소시키는 물질이다.

용매(solvent)
분자들을 녹일 수 있는 물질

용질(solute)
용매에 녹을 수 있는 물질

친수성(hydrophilic)
소금처럼 물에 잘 녹는 성질을 갖는

소수성(hydrophobic)
기름처럼 물에 녹지 않는 성질을 갖는

산(acid)
양성자 공여자; 물에 녹았을 때 수소이온(H^+)을 내어, 수소이온 농도를 증가시키는 물질; 산도는 pH 눈금으로 나타낼 수 있는데, pH7 이하인 것은 산, 그 반대는 염기라 함

염기(base)
물에 녹았을 때 수소이온(H^+)을 받아들이는 물질; 염기성 용액의 pH는 7보다 큼

그림 2.4
친수성 분자들은 물에 잘 녹는 반면에, 소수성 분자들은 녹지 않는다.

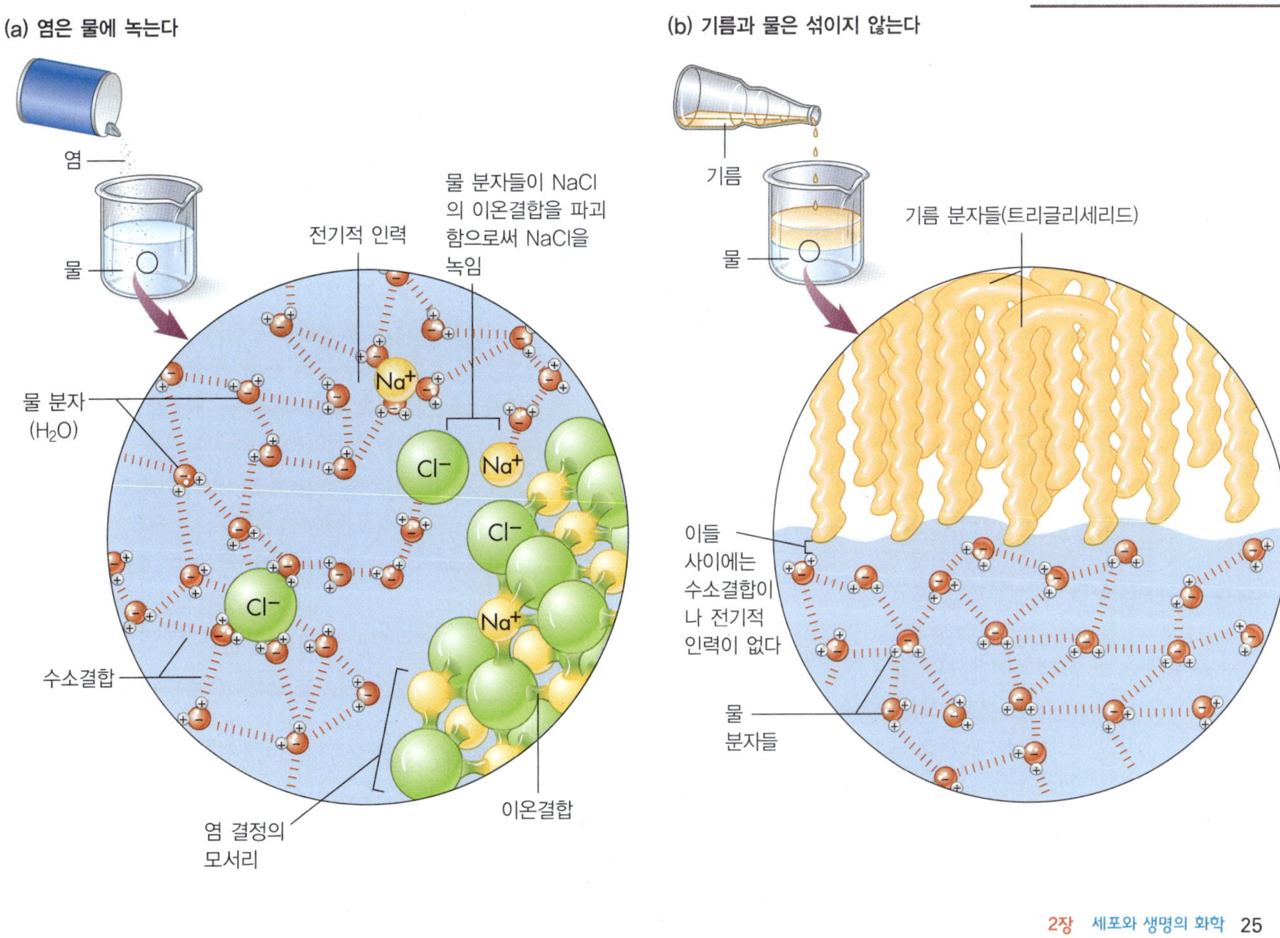

pH 눈금(pH scale)
수소이온(H^+) 농도 역수의 상용대수(log)값; 산은 pH 1~7, 물은 pH7, 염기는 pH7~14 사이임

완충액(buffer)
화학물에 산이나 염기를 가해도 pH의 변화를 일으키지 않는 용액

생명분자 (biological molecule)
생명체에서 유래된 분자들; 4종류의 생물 분자는 탄수화물, 지질, 단백질, 그리고 핵산임

유기 분자 (organic molecule)
탄소를 기본 골격으로 갖는 분자로서 수소를 함유함

무기 분자 (inorganic molecule)
탄소를 기본 골격으로 갖지 않는 분자

수소이온 농도는 살아 있는 세포에서 매우 중요한데, 생체에서 일어나는 여러 가지 화학반응들(예, 음식의 소화)은 이들 이온들의 농도에 의존한다. 생물학자들은 수소이온 농도를 1 ~ 14까지의 **pH 눈금(pH scale)**으로 표시한다(별첨 A 참조). pH 눈금으로 물은 중성값인 pH7을 가진다. 위산이나 커피 같은 산성 용액은 pH값이 0~7 사이의 값을 가지며, 세척제나 제빵용 소다 같은 염기성 용액의 pH는 7~14 사이의 값을 가진다. 대부분 세포 내 용액의 pH는 6.5에서 7.5 사이로 거의 중성이며, 이들 pH값은 좁은 범위의 변화만 가짐으로써, 중요한 세포 반응들이 적절한 속도로 일어나게 해준다. 산과 염기와 관련된 개념으로 **완충액(buffer)**이 중요한데, 완충액은 산이나 염기가 가해지더라도 수소이온을 제거하거나 추가시킴으로써 pH값의 변화를 막아주는 작용을 한다. 예를 들어, 여러분 몸의 위에도 위산에 대한 완충액을 가지며, 세포들도 완충작용을 하는 물질들을 가진다.

물이 확실하게 생명에 필수적인 것처럼 탄소원소와 탄소로 이루어진 생명물질들 역시 필수적이다.

목표5 생명분자란 무엇인가?

이 지구상의 모든 생명체들은 4종류의 주 생명분자(biological molecule)인 탄수화물, 지질, 단백질 그리고 핵산뿐만 아니라 수백만 종의 작은 분자들로 구성되어 있는데, 이들 모두는 탄소원자의 특수한 성질에 바탕을 두고 있다. 탄소 분자들이 생명체에 왜 중요하며, 탄소의 어떤 결합 성질들이 탄소를 재료로 한 생명물질들의 형성을 가능하게 했을까?

탄소화합물

우리들 신체의 대부분은 물이지만, 우리 체중의 18% 정도는 탄소원자들로부터 온다. 큰 나무일 경우엔 탄소원자가 차지하는 비율이 50%에 육박한다. 탄소와 그 화학결합들은 매우 흥미로워서 화학자들은 모든 분자들을 크게 탄소화합물인 **유기(organic)** 분자들과 탄소에 근거한 물질이 아닌 **무기(inorganic)** 분자들의 두 가지로 나눈다.

흥미롭게도 무기화합물보다는 유기화합물이 더 많다. 왜일까? 탄소는 그 구조적 특성 때문에 다른 원자들과 결합하여 수백만 종 이상의 서로 다른 화합물들을 만들 수 있다. 이 다양한 결합능이 탄소의 주 특성이며 그것이 탄소가 왜 "생명의 재료"인지를 말해준다.

탄소골격

탄소는 한번에 4개의 전자들과 공유결합을 형성할 수 있을 만큼 전자들에 "굶주려" 있다(**그림 2.3a** 참조). 가장 간단한 예로, 탄소원자가 모두 전자들로 "채워진" 메탄가스(CH_4)이다(**그림 2.5**). 생명분자들의 대부분은 메탄보다는 크며, 몇 개의 탄소골격들이 서로 결합되어 긴 사슬이나 고리를 형성하기도 하는데, 이때도 탄소원자당 4개의 화학결합을 하면서 형성된다.

작용기들

한 유기분자 모양의 화학적 구조가 세포 내에서의 그 분자의

그림 2.5
탄소의 결합 다양성

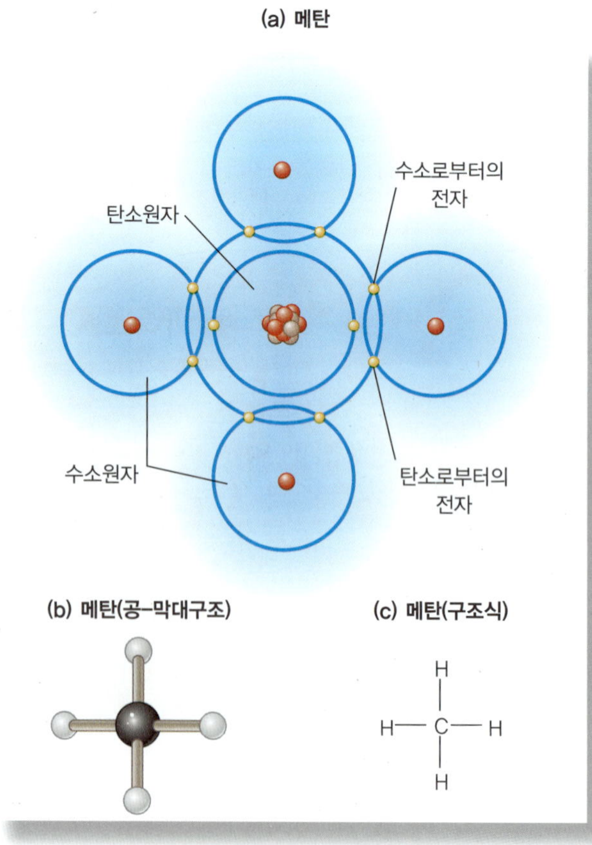

역할과 관련이 크다. 그러나 분자의 특이활성은 종종 탄소골격에 결합된 **작용기(functional group)**라 부르는 작은 원자단에서 온다. 작용기들은 일반적으로 탄소와 수소 이외에 다른 원자들을 가짐으로써, 그들이 관여하는 분자들에게 특이성을 가지게 한다. 예를 들어, 메틸기(CH_3)가 존재하면 물에 잘 녹지 않는다든지, 메틸알코올의 히드록실기(OH) 때문에 비등점이 낮고, 용해성을 가진다는 등의 특성을 가지게 한다.

작용기들이 4종류의 생명분자들인 탄수화물, 지질, 단백질 및 핵산을 이루게 하고, 그들이 활성을 가지게 도와주는 것이다. 그 밖의 몇 가지 물질들과 함께 이 4가지 형태의 화합물들이 생명체의 다양한 모양, 색깔, 구조 등을 가지게 하는 것이다.

탄수화물

하나의 HIV 입자는 가는 실모양의 가지들에 매달린 작은 구슬들로 장식된 농구공처럼 생겼다(**그림 2.6a**). 이들 가지는 탄수화물로 이루어져 있으며, HIV 입자가 감염될 표적세포를 인식하는 보풀한 외투모양을 하고 있다. 이와 같은 인식기능 외에 탄수화물들은 세포의 구조 성분과 에너지 저장고로도 작용한다. 탄수화물에는 당류들과 전분 등이 있으며, 그 이름은 "탄소-물"의 의미로 부쳐진 이름이다. 실제로 탄수화물들은 탄소, 수소, 산소의 비율이 1 : 2 : 1 (CH_2O)로 함유한다. 예를 들어, 포도당($C_6H_{12}O_6$)은 여러 개의 CH_2O 소단위를 가진다(**그림 2.6b, c**). 이 기본 구성은 단순한 탄수화물이나 복잡한 탄수화물에서 모두 동일하다.

그림 2.6
탄수화물

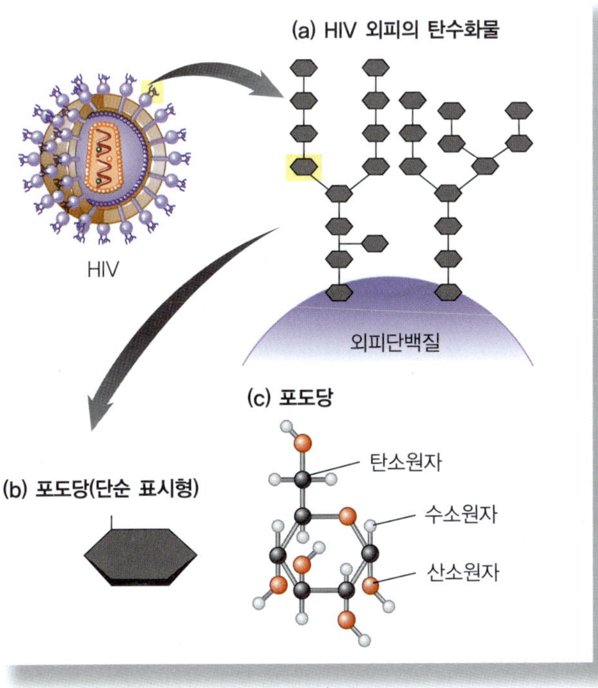

단순 당류들: 단당류와 이당류

포도당과 과당을 포함한 단당류들은 3~6개의 탄소원자를 가진다. 6탄당의 분자식은 모두 $C_6H_{12}O_6$로서 동일하지만, 그들 분자들에서 작용기인 히드록실기(−OH)의 붙는 위치가 달라서 조금씩 다른 성질을 가진다. **단당류(monosaccharide)**라 부르는 그룹들이 더 복잡한 탄수화물들의 소단위들이다.

두 개의 단당류가 결합되어 **이당류(disaccharide)**가 된다. 예를 들면, 포도당과 과당이 결합되면 이당류인 자당(sucrose; 설탕)이 된다. 자당은 사탕수수, 단풍나무 그리고 사탕무 등의 수액에 풍부하며, 우리가 먹는 설탕의 주원료이다.

다당류

수많은 단순 당들이 결합되어 긴 사슬 모양의 **다당류(polysaccharide)**를 만든다. 다당류는 마치 구슬 목걸이처럼 생겼으며, 각 구슬에 해당되는 것이 단당류(종종 포도당)이다.

전분(starch)은 식물들에서 에너지원으로 저장된 다당류이며, **글리코겐(glycogen)**은 동물에서의 저장형 다당류 분자이다. **셀룰로오스(cellulose)**와 **키틴(chitin)**은 각각 식물과 곤충에서 견고한 형태를 유지시켜 주는 구조적 다당류이다.

단백질

우리 신체의 복잡성과 생명의 다양성(서로 다른 구조, 체색, 생활

작용기 (functional group)
그들이 결합하는 분자들(일반적으로 큰 분자)의 특성에 영향을 주는 원자단

단당류 (monosaccharide)
더 작은 당 분자들로 분해될 수 없는 단순 당; 가장 일반적 단당류에는 포도당과 같은 6탄당, 리보오스와 같은 5탄당이 있음

이당류(disaccharide)
단당류 2분자가 결합된 탄수화물

다당류 (polysaccharide)
여러 개의 단당류들이 결합되어 이루어진 탄수화물; 글리코겐과 셀룰로오스가 다당류의 예

전분(starch)
포도당이 연속적으로 결합된 긴 사슬형의 다당류; 식물들의 기본적 에너지원임

글리코겐(glycogen)
포도당이 연속적으로 결합된 여러 사슬들의 가지를 가진 다당류; 동물들에서 저장형 에너지 분자이며, 간과 근육에 주로 저장됨

셀룰로오스(cellulose)
녹색식물들, 일부 조류(algae), 그 밖의 몇 종류 다른 생명체들의 세포벽의 주 구성 성분; 셀룰로오스는 불용성 다당류로서 포도당 분자들의 긴 사슬로 구성됨

키틴(chitin)
질소를 함유하는 다당류 복합체; 일부 곰팡이류의 세포벽, 곤충들과 그 밖의 일부 절지동물들 및 일부 무척추동물들 외골격의 주성분 그리고 일부 무척추동물 각피를 이루는 성분임

α-나선(alpha-helix)
단백질에서 아미노산들로 이루어진 한 형태로 나선형 계단과 유사함

병풍구조 (pleated sheet)
단백질의 2차구조의 하나로서 단백질의 두 부분 사이에 수소결합으로 인해 물결 모양의 병풍을 닮음

불규칙 고리 (disordered loop)
단백질의 다른 부위들과 결합되어 일정 모양을 하지만 특이성은 낮은 부위

아미노산(amino acid)
한 분자 내에 아미노기(NH_2)와 산기(COOH)를 가지는 분자; 단백질은 20종류의 아미노산들로 구성됨

펩티드결합 (peptide bond)
하나의 단백질에서 두 아미노산 사이의 화학결합

폴리펩티드 (polypeptide)
펩티드결합에 의해 여러 개의 아미노산들이 연결되어 사슬을 형성한 것; 단백질은 하나 또는 여러 개의 폴리펩티드로 구성됨

양식)은 서로 다른 형태의 세포들에 존재하는 여러 형태의 단백질들에 의한 것이다. 단백질은 그와 같이 매우 다양한 형태(지구 생명체에서 적어도 1000만에서 1억 종류)를 하므로, 특정 세포나 전체 생명체들이 가지는 수많은 모양이나 기능들을 설명할 수 있는 것이다.

단백질들은 여러 가지 기능을 가지는데, 그것들은 다음과 같다:

- 세포의 구조 성분을 만들 수 있는 것(예, 근육세포에서 수축성 기계)
- 세포 공정들을 조절할 수 있는 것(예, 물질대사의 각 단계들)
- 용액을 따라 이동할 수 전령으로 작용할 수 있는 것(예, 호르몬들)
- 다른 물질들을 이동시킬 수 있는 것(예, 적혈구 안의 헤모글로빈)
- 질병으로부터 동물체를 방어하는 것(예, 항체들)
- 생명 공정의 속도를 높일 수 있는 것(예, 효소들)
- 세포표면에서 수용체로 작용할 수 있는 것(예, HIV에 대한 수용체)

단백질의 구조: 개요

단백질의 전체 모양이 그 기능을 결정한다. 감겨진 사다리 모양의 단백질 부위를 **α-나선(alpha-helix)**구조라 부르는데, 견고성을 부여해 준다. **병풍구조(pleated sheet)** 부위(넓은 화살표로 표기 함)는 단백질을 평평하고, 상자-모양의 측면을 가지게 한다. 단백질 내의 이 두 가지 부위들은 일반적으로 부드럽게 굽은 형태의 **불규칙 고리들(disordered loops)**에 의해 연결되어 있다. 이들 α-나선, 병풍구조, 불규칙 고리 부위들은 단백질의 길이를 따라 특정 위치에 나타나며, 각 단백질들이 일정한 모양(입체구조)을 가지도록 해준다.

아미노산: 단백질의 골격 성분

한 단백질의 긴 리본은 나선형으로 감기고, 고리를 만들고, 병풍구조 부위를 가질 뿐 아니라 목걸이의 각 구슬에 해당하는 **아미노산(amino acid)**들에 의해 그 상세한 특성을 나타낸다(**그림 2.7a, b**).

단백질은 수없이 많은 아미노산들이 연결되어 이루어져 있다. 하나의 아미노산은 하나의 아미노기와 하나의 카르복실기 및 측쇄로 이루어져 있다. 일반적으로 측쇄(side chain)의 종류에 따라 서로 다른 화학구조를 갖는 20종의 아미노산이 단백질에서 발견된다. 측쇄의 종류에 따라 서로 다른 성질을 가지는데, 예를 들면, 일부 아미노산은 물과 결합하지만, 일부는 물을 배척하며, 일부는 산성 또 다른 일부는 염기성을 띈다.

각 아미노산은 **펩티드결합(peptide bond)**이라는 공유결합에 의해 이웃 아미노산과 연결된 "구슬" 목걸이와 같은 모양을 한다. 목걸이의 각 구슬의 순서는 각단백질의 따라 다르며, 생명체의 유전자들에 의해 결정된다.

마치 단당류들이 연결된 중합체가 다당류인 것처럼, 아미노산들이 결합되어 **폴리펩티드(polypeptide)**라 부르는 중합체가 된다(**그림 2.7c**).

서로 다른 측쇄 기능을 가지는 20종류의 아미노산이 생물학적 알파벳처럼 소단위가 되어 복잡한 단백질을 형성하므로, 마치 우리가 26개의 영문 알파벳을 가지고 거의 무한대의 단어를 만드는 것과 같이 다양한 단백질 분자가 만들어질 수 있는 것이다. 그리고 acids라는 글자의 "알파벳" 순서가 그 단어의 뜻을 나타내는 것처럼, 단백질의 형태, 성질 및 기능들은 그 단백질을 구성하는 아미노산의 결합서열에 의한다. 생물학자들은 단백질의 아미노산 서열을 그 단백질의 1차구조(primary structure)라고 부른다. 앞에서 살펴본 바와 같이 단백질이 가지는 α-나선구조 부위, 병풍구조 부위 그리고 고리 부위 등을 단백질의 2차구조(secondary structure)라고 한다. 단백질의 3차구조(tertiary structure)는 이들 나선구조, 병풍구조 및 고리들 그리고 그들 사이의 부위들이 특별한 방법으로 함께 엉겨 HIV 기질 단백질이나 케라틴 단백질의 섬유모양처럼 3차원적 공 모양의 구조를 한 것을 말한다. 일부 단백질은 여러분의 혈액에서 산소-운반 단백질인 헤모글로빈(hemoglobin, Hb)과 같이 한 개 이상의 사슬을 가지는 것도 있는데, 단백질의 4차구조(quaternary structure)는 이와 같이 여러 개의 사슬들이 모여 한데 뭉쳐 3차원적 구조를 이룬 것이다. 사람의 몸속에는 50,000개 이상의 서로 다른 단백질들이 있으며, 그 각각은 모두 특정한 모양을 가진다. 생명의 세계를 종합하면, 수백만 내지 수천만의 일정 아미노산 서열을 가지는 특이 단백질들을 이룸으로써 생명의 놀라운 다양성을 가능하게 한 것이다.

어떤 면에서, 생명분자들과 그 구조의 화학이 그들이 차지하고 있는 생명의 세계와 별개인 것 같지만, 실제로는 그것이 생명의 기본인 것이다.

1. 단백질에서 발견되는 20종류 아미노산의 서로 다른 측쇄(작용기)가 그들 아미노산 "구슬"들이 단백질 사슬 내에서 어떻게 작용하는가를 결정해 준다.

2. 아미노산 구슬의 순서가 단백질 분자의 전체적 모양을 결정해 준다.

3. 단백질 분자의 전체적 모양이 생명체 내에서의 그 단백질 기능을 결정해 준다.

4. 종합하면, 생명체 단백질들의 기능들이 그 생명체가 어떻게 생겼는가와 생명활동을 어떻게 수행하는지를 결정해 준다.

하나의 HIV 입자에서 아미노산들의 특성과 결합서열이 기질 단백질의 모양을 결정해주는 것이며, 그것이 바이러스 입자를 결집해 주는 원천이다. 다른 단백질들도 그들 자신만의 서열과 모양을 가져 바이러스의 유전정보를 보호하고, 다른 세포들에 감염될 새로운 복제물을 만드는 데 도움을 주며, 궁극적으로는 감염 환자의 면역계를 파괴한다. 바이러스는 단백질뿐만 아니라 또 다른 생명분자인 지질을 함유한다. 이제부터 이에 대해 알아보자.

지질

HIV "농구공"의 매끄러운 표면(보풀한 탄수화물 확장 부위를 가진 단백질 "구슬" 아래 부분)은 지질 분자들로 이루어져 있다. 지실(lipid)은 물에 녹지 않는 생명분자들이다. 따라서 그들은 물이 세포 안으로 들어와서 세포 내용물들이 희석되지 않게 해준다.

지질은 탄수화물처럼 식물과 동물에서 에너지-저장고 역할을 할 수 있다. 고체형 저장 분자가 **지방(fat)**이며, 액체형 저장 분자는 기름(oil)이다. **왁스(wax)**는 반고체형 지질이다. 또 하나의 중요한 지질에 속하는 것이 **스테로이드(steroid)**로서 일부 비타민들과 일부 호르몬 및 콜레스테롤이 이에 포함된다.

핵산과 뉴클레오티드

네 번째 주요 생명분자 그룹이 DNA와 RNA를 포함한 **핵산(nucleic acid)**이며, 이 분자들은 화학적 "생명 암호"를 운반하며, 한 세대에서 다음 세대로 유전정보를 운반해 주는 기능을 한다(**그림 2.8a, b**). 새로운 HIV 입자 생성에 필요한 정보는 바이러스 RNA 분자 속에 존재한다.

지방(fat)
글리세롤에 세 개의 지방산이 결합된 에너지 저장 분자; 액체 상태의 지방들은 기름(oil)이라 함

왁스(wax)
끈적끈적하고, 고체이며 방수 작용을 갖는 지질; 벌집이나 식물 잎들의 방수 기능을 갖게 함; 동물성 왁스를 밀랍이라고 부름

스테로이드(steroid)
4개의 탄소로 이루어진 고리구조를 가지는(때로는 수산화탄소 꼬리를 가짐) 중요한 지질의 한 종류; 콜레스테롤과 성 호르몬 등은 스테로이드임

핵산(nucleic acid)
뉴클레오티드의 중합체; 예, DNA와 RNA

그림 2.7
단백질의 구조 모형과 아미노산들

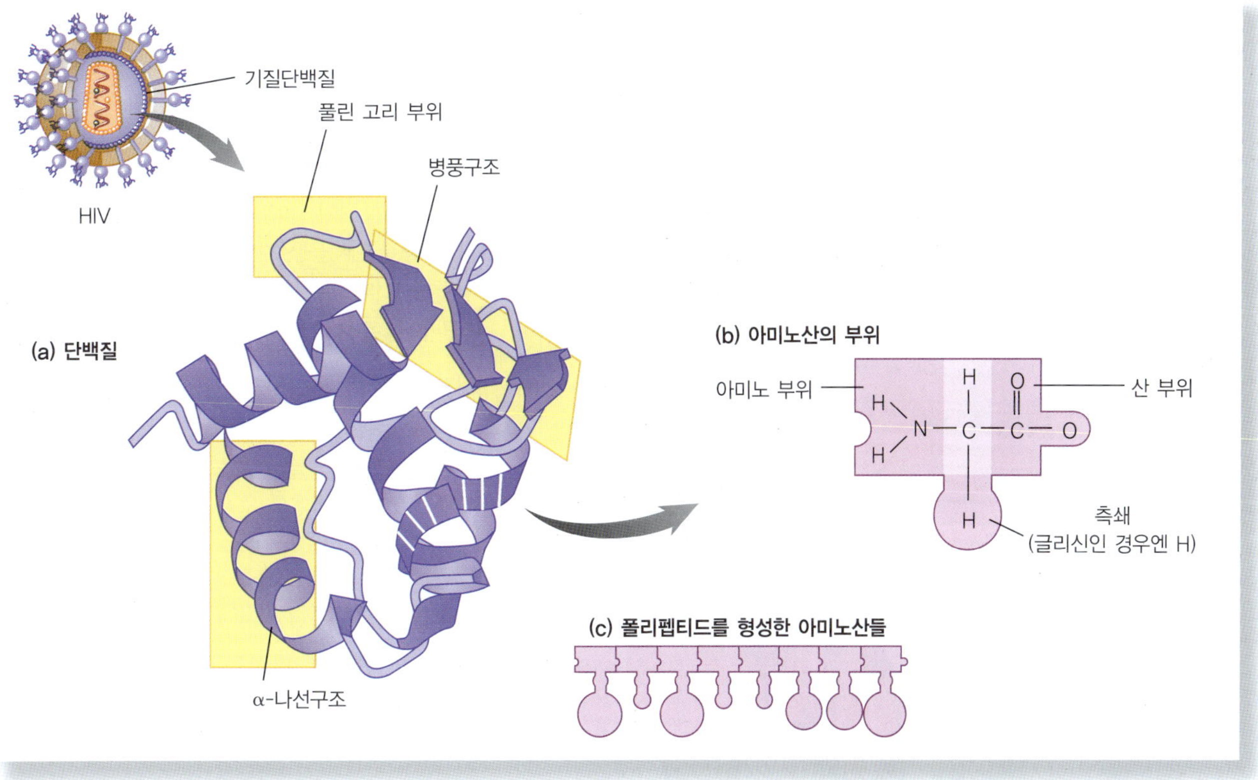

리보핵산 (ribonucleic acid, RNA)

단일-가닥 핵산의 한 종류로서, DNA와 다르게 5탄당은 리보오스가 염기로서는 티민 대신 우라실을 함유함

데옥시리보핵산 (deoxyribonucleic acid, DNA)

꼬여 있는 사다리 모양의 분자로서 세포에서 유전정보의 저장과 생식과정 중 그 정보를 전달해줌; DNA는 두 개의 긴 가닥으로 구성되며 이들이 나선형으로 꼬인 이중나선 구조를 함; 사다리의 각 "단" 부위에는 당(데옥시리보오스)에 연결된 염기(아데닌, 구아닌, 시토신, 티민 중 하나)가 있으며, 마주보는 두 가닥의 염기 사이에는 수소결합을 형성함; 유전자는 DNA로 이루어짐

역전사효소 (reverse transcriptase)

RNA로부터 DNA로 "역" 전사를 촉매하는 효소

그림 2.8
핵산과 뉴클레오티드

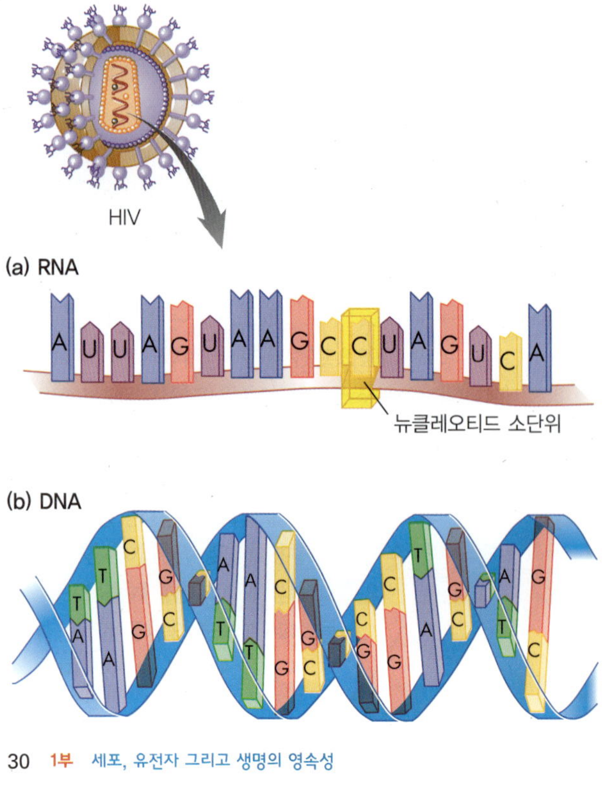

핵산: 정보 저장과 공정을 담당하는 분자

리보핵산(ribonucleic acid, RNA)은 살아 있는 세포 속에 존재하며 **데옥시리보핵산(deoxyribonucleic acid, DNA)**에 저장된 정보의 공정과 사용을 돕는다. DNA는 모든 세포들과 대부분 바이러스들에서 유전정보를 저장하는 곳이다(6장에서 RNA와 DNA에 대해 상세히 다룰 것이며, 여기에서는 HIV, AIDS 그리고 세포의 화학적 측면을 이해하는 정도로만 다루겠음).

핵산과 HIV 감염

어떤 사람이 HIV에 노출됐을 때, 바이러스 RNA 분자들이 그의 혈액으로 들어가 DNA 분자로 복사된다(6장 참조). 이처럼 RNA로부터 DNA로 전사되는 것을 역전사라 부르며, 이것은 **역전사효소(reverse transcriptase)**에 의해 촉진된다[이 과정을 "역전사" 과정이라고 부르는 것은 살아 있는 세포에서 유전정보의 복사(전사)는 DNA에서 RNA로 되지, 그 반대가 아니기 때문이다].

한 HIV입자 내 RNA 분자는 서로 연속되어 있는 세 가지 종류의 중요 유전자를 운반한다. 각 유전자는 단일 종의 단백질을 만들기 위한 모든 정보들을 제공한다. 먼저 세 종류의 단백질이 만들어 진 다음에, 이들이 잘려져 바이러스를 만든다. 6장에서 핵산이 어떻게 단백질을 만드는 정보를 저장하는가에 대해 설명한다. 여기서는 DNA가 단백질들의 모양을 결정하여, 여러분의 생김새를 만들고 신체 기능들을 발휘하는 중심적 역할을 하며, 이는 모든 식물체, 동물체 및 그 밖의 생명체에서 동일하다는 사실만 기억해 두라.

여러분들은 원자들이 결합되어 생명분자들을 형성하고, HIV 입자도 4종류의 생명분자들로 이루어져 있다는 것을 배웠다. 그러나 왜 우리는 세포들은 살아 있는 반면에, HIV는 비생명체라고 할까? 무엇 때문에 세포와 바이러스는 다르다고 할까?

목표6 살아 있는 세포는 무엇이며, 무엇이 HIV를 비생명의 적으로 만들었을까?

무엇 때문에 세포는 살아있다고 하고, 살아있지도 않으며 싸우기도 어려운 HIV 입자들 감염에 의해 세포가 죽을 수도 있게 하는 것일까? 이 질문에 대한 답을 얻기 위해서는 먼저 동물, 식물, 세균과 원생동물과 같은 단세포생물을 구성하고 있는 세포에 대해 살펴본 후 바이러스와 비교해 봐야 된다. 세포와 바이러스 실체의 크기는 어떠한가? 그들을 이루는 구성 성분은 무엇인가? 크기에 대한 것부터 시작하는 것이 우선일 것이므로, 17세기 초부터 이야기를 풀어나가기로 한다.

세포의 발견

300여 년 전 영국의 과학자인 **로버트 후크(Robert Hooke)**는 매우 초창기 현미경을 사용하여 며칠을 그의 집에서 볼 수 있는 물체들인 바늘 끝, 침엽의 표면, 벼룩 등 관찰에 집중하였었다. 그러던 어느 날, **후크**는 그때까지 못했던 상세한 새로운 세계를 보고 놀랐다. **후크**가 현미경을 통해 코르크 조각을 관찰하였을 때, 그는 승려들이 살고 있었던 작은 방 모양을 떠올리게 한 구조를 보고 그것을 "세포(cell)"라 불렀다.

후크는 세포들을 보고 공표한 최초의 사람이었지만, 그가 관찰한 것을 정확히 정의하지는 못했다. 현대 생물학자들은 세포란 막으로 완전히 둘러싸인 작은 실체로서, 그 자신이 다른 세포들과 독립적으로 복제할 수 있는 능력을 가진다는 것을 알고 있다. 또 세포란 1장에서 언급한 생명의 모든 특성인 물질대사의 질서정연한 화학 활성들, 독립적 운동성, 생식과 발생 능력, 그리고 수 세대에 걸쳐 진화하는 잠재력 등을 가지는 가장 작은 생명의 단위이다.

세포와 바이러스

생물학자들은 세포들이 갖는 3가지 기본적 부위를 발견하였는데, 그것은:

1. 세포 안팎으로 물질들의 이동을 조절하는 부위로서 지질과 단백질로 이루어진 표면 피막인 *원형질막*(plasma membrane)

2. 세포의 모든 기능을 조절하고, DNA를 저장하며, 세포의 유전정보가 있는 중심적 유전 부위

3. 표면 피막과 유전물질 저장 부위 사이를 일컬으며, 특수기능들을 수행하는 작은 독자적 구조물들인 *세포소기관*(1장 참조)들이 산재해 있는 겔-모양의 물질(*세포질*이라 부름).

이 원리들에 비추어 볼 때, HIV와 같은 바이러스는 세포와 어떻게 다르며, 왜 바이러스를 생명을 갖지 않는 비생명체로 부를까? HIV도 단백질과 지질로 구성된 막을 가지며, DNA 대신 RNA를 함유하는 유전 부위를 가진다. 이러한 성질은 모두 생명체가 갖는 질서 정연한 특성을 내포하는 것이다(많은 바이러스에서 유전자는 DNA 임). HIV는 또 오랜 기간 동안 진화해 왔으며 적응도 한다(HIV가 일부 약제에 저항하여 진화됨을 생각하라).

그렇지만 앞에서 살펴본 대로 바이러스들은 물질대사, 자극반응성 그리고 독립적 번식을 하지 못한다. 예를 들어, HIV는 세포질이 없는데, 세포질은 살아 있는 세포들이 에너지를 거둬들이고, 자력에 의한 이동을 하며, 단백질을 만드는 등을 수행할 수 있는 능력을 가지는 데 필수적으로 관여하는 곳이다. 바이러스 입자들은 살아 있는 세포에 비교하면 매우 작다. 따라서 세포에게 물질대사, 이동, 번식 등을 포함한 독립적 생명현상을 영위할 능력을 가지게 하는 세포질 기계장치들을 바이러스 내에 가질 공간이 충분하지 못하다. 대신에 바이러스들은 침투해 들어간 세포들의 기계장치를 사용할 수 있도록 진화되어 왔다. 사실 바이러스들은 한때 완전한 세포들이었는데, 세포에 기생하게 된 것일 수도 있다.

세포의 크기: 유입-유출 문제

세포가 HIV에 비해 수천 배 크기는 해도 세포는 여전히 작다. 여러분 몸에 있는 세포의 평균 크기는 이 책 종이두께의 1/5 정도이다. 왜 세포들은 이렇게 작을까? 그 답은 세포는 표면과 용적사이의 물리적 관계에 근거한 유입-유출 문제를 가지다는 데에 있다.

활동성 세포질은 세포의 에너지 재료로 사용하고 세포 부위들을 구성할 물질들을 얻어야 하며, 세포들이 만들어낸 노폐물들을 세포 밖으로 제거해야 한다. 일반적으로 세포질이 크면, 이들 물질들과 노폐물도 더 많다. 하나의 세포는 그 원형질막을 통해 물질을 유입하고 노폐물을 유출시킨다. 이 원형질막의 표면적이 크면 클수록 세포는 그 환경과의 물질교환을 더 빠르게 할 수 있다. 세포의 크기가 커지면 그 용적은 그 표면적보다 더 빠르게 커지며, 세포의 유입-유출능력은 환경과의 물질교환 능력보다 초과되어야만 한다. 만약 하나의 세포가 전형적 크기(미생물의 경우, 10 μm 이하; 동물세포의 경우, 5~30 μm 이하; 식물세포의 경우, 35~80 μm 이하)보다 커지면, 생명유지에 충분할 만큼 재빠르게 물질과 노폐물 처리를 할 수 없다(μm는 1 m의 백만분의 1임). 이것이 코끼리의 간이 생쥐의 간보다 수백 배 큰 이유이다. 하지만 그 *세포*들은 모두 동일한 크기이다. 다만 숫자의 차이가 날 뿐이다.

> **세포설(cell theory)**
> 모든 생명체는 세포들로 이루어져 있다는 학설; 생명체 내에서 기본적 생명의 단위는 세포들이다; 생명의 모든 화학반응들은 세포 안에서 일어나며, 모든 세포들은 기존의 세포들로부터 생긴다.

바이러스들은 표면적-대-용적비 문제에 대해 다른 세포들이 갖는 것과 다른 해답을 가진다. 바이러스들은 물질대사를 하지 않으므로, HIV와 같은 입자들은 그들의 표면적-대-용적비; 살아 있는 세포들이 갖는 유입-유출이나 필요로 하는 물질들의 비축 문제 등에 대해 "걱정"할 필요가 없이, 바이러스들은 단순히 세포 내로 들어가 그것을 사용하면 된다. 이러한 전략이 살아 있는 세포들 대부분에 적용되는 것은 아니므로, 그 한 가지 해결 방법은 세포 모양이나 세포함량을 변화시켜 표면적-대-용량 비를 조절하는 것이다. 기린의 척수로부터 발굽까지 뻗힌 신경세포와 같이 길고 가는 세포도 둥글거나 입방형의 세포처럼 동일한 용량을 가지지만 표면적이 상당히 확장되어 있는 것이다.

세포설

세포는 매우 작으므로, 사람이나 나무처럼 큰 생명체는 1조 개 정도의 세포들로 구성되어 있다. 약 160여 년 전 생물학자들은 세포들이 그와 같이 작은데도 수십억 개의 세포들이 식물이나 동물체 기관 안에서 어떻게 협동적으로 작용할 수 있는가를 밝히고자 노력했었다. 그들 노력의 결실이 **세포설(cell theory)**로서, 이 학설이 후속세대인 우리들에게 세포의 중요성을 알게 해준 것이다. 세포설은 다음과 같이 정리할 수 있다:

1. 모든 생명체들은 하나 또는 그 이상의 세포들로 이루어져 있다.

2. 생명체 내에서 세포들은 기본적 생명단위이며, 생명현상을 위한 화학적 반응들은 세포들 안에서 일어난다.

3. 모든 세포들은 기존의 세포들로부터 생긴다.

위와 같은 단순한 설명이 왜 중요할까? 첫째, 세포로 구성된 것은 생명체 이외에는 없다. 세균과 같은 생명체는 하나의

표면적-대-용량 문제의 유사한 예로, 젖은 빨래 더미를 생각해 보자. 만약 빨래들을 쌓아 놓는다면, 그 표면적이 용량에 비해 매우 작으므로 젖은 빨래가 마르는 데는 오랜 시간이 걸릴 것이다. 그러나 빨랫줄 위에 펼쳐서 말리게 되면 용량은 같지만 표면적이 커지므로 빨래들은 매우 빨리 마를 수 있다.

세포로 구성되어 있으며, 사람이나 나무들은 몇 조의 세포들을 함유한다. 바이러스는 그들 생명유지에 필요한 에너지 대사를 하지 않으며 독립적으로 번식할 수 없으므로 세포가 아니고 입자인 것이다.

둘째, 세포들을 구성하는 각 성분들은 완벽한 생명의 특성을 가지고 있지 않으므로 세포들이 생명의 기본 단위들이다. 예를 들어, 세포로부터 핵을 제거하면, 세포는 생명의 기능을 할 수 없으며 더 이상 복제되지 않는다.

셋째, 새롭게 나타나는 세포들은 기존의 세포들이 분열하여 만들어진 딸세포들이다. 여러분 몸의 각 세포의 기원을 거슬러 올라가 보면, 그것은 여러분 어머니의 난자세포가 아버지의 정자세포와 융합하여 된 하나의 수정란으로부터 시작된 것이다. 바꾸어 말하면, 이들 난자와 정자는 부모들 몸의 다른 세포들에서 만들어진 것이고, 여러분 부모의 세포들은 또 조부모의 단일 수정란으로부터 만들어진 것이며, 더 위로 거슬러 올라가도 동일하다. 바이러스 입자들은 기존의 입자들로부터 새로운 입자들이 만들어질 수 없다. 이장의 마지막 부분에서 마치 여러 부품들이 조립되어 자동차가 되는 것처럼 새로운 HIV 입자가 조립되는지와 왜 이 조립에 살아 있는 세포가 필요한지에 대해 알아볼 것이다.

진핵세포 (eukaryotic cell)
DNA가 단백질과 결합되어 둘러싸여 있는 핵을 가지며, 막으로 쌓인 세포소기관들을 가진 세포

원핵세포 (prokaryotic cell)
DNA가 세포 안에 흩어져 있는 세포; 진핵세균과 고세균 세포들은 원핵세포 생물이다; 일반적으로 원핵세포들은 내부에 막 형태의 세포소기관들을 갖지 않는다; 진핵세포보다 먼저 진화함

원핵생물(prokaryote)
하나의 원핵세포로 이루어진 생명체

진핵생물(eukaryote)
하나 또는 그 이상의 진핵세포들로 이루어진 생명체

생물계와 생물영역의 세포형들

생물계의 세포에는 진핵세포와 원핵세포 두 종류가 있다.

세포에서 가장 두드러지게 차이가 나는 현상은 세포핵의 존재 유무이다. **진핵세포(eukaryotic cell)**는 거의 구형이고, 막으로 쌓여져 있으며, 세포의 유전물질인 DNA가 들어 있는 뚜렷한 실체인 핵을 가지고 있다. 반대로, **원핵세포(prokaryotic cell)**는 DNA가 막에 의해 다른 세포 구성물들과 분리되어 있지 않고 세포 내에 흩어져 있다(**그림 2.9**). 원핵세포들로 이루어진 생명체를 **원핵생물(prokaryote)**이라 하며, 하나 또는 그 이상의 진핵세포들로 이루어진 생명체를 **진핵생물(eukaryote)**이라 부른다.

우리 자신의 세포들도 진핵세포이므로 인간은 진핵생물 영역(1장 참조)에 속하는 진핵생물이다. 동물계와 식물계, 버섯류와 그 외 진균류, 그리고 조류(algae)와 원생생물에 속하는 모든 생명체들은 모두 진핵생물이다. 나머지 2영역인 세균 영역과 고세균 영역의 생명체들은 수천 종들이 존재하는데, 각 개체들은 세포핵을 갖지 않는 단일 원핵세포로 이루어져 있다. HIV와 그 밖의 바이러스들은 세포들이 아니므로 그들은 원핵생물도 진핵생물도 아니다.

원핵세포들

원핵세포들은 가장 작은 세포이며, 일부 세균들은 HIV 입자 크기의 2배 정도로서 그 길이가 0.2 μm를 넘지 않는다(이 페이지의 두께가 약 100 μm인 것과 비교). 원핵생물들은 그 보다 복잡한 세포들로 이루어진 진핵생물들에겐 개방되어 있

지 않은 환경들에 직면해 산다. 예를 들어, 일부 원생생물들은 온천의 끓는 물속에서도 살고 있다.

진핵세포들

진핵세포들은 핵을 비롯하여 각각 특정 기능을 담당하는 여러 세포소기관들을 가지므로 원핵세포들에 비해 일반적으로 크다. 동물세포(**그림 2.10a**)의 평균 크기는 길이가 약 20 μm이다(5개 동물세포를 겹쳐놓으면, 이 페이지의 두께와 비슷함). 전형적인 식물세포(**그림 2.10b**)는 약간 커서 횡단 길이가 약 35 μm이다.

목표7 세포의 구성요소들은 무엇이며, HIV는 세포들을 어떻게 방해하나?

HIV는 세포도 아니며 살아있지도 않은데, 그것이 어떻게 백혈구들을 파괴하고, 그 밖의 다른 황폐화를 일으켜 AIDS를 유발시킬까? 더 구체적으로 말하면 HIV가 어떻게 세포 안에 있는 여러 소기관들을 접수하여 치명적인 입자들을 복제할 수 있는가? 이 절에서는 HIV가 하나의 세포로 감염되는 경로에 대해 단계적으로 알아보기로 한다. 이는 세포의 구조와 기능에 대한 소개도 되며, 동시에 HIV와 AIDS의 위험에 대한 설명도 될 수 있을 것이다.

HIV 감염과 세포표면

HIV는 그 성분을 세포막 표면을 뚫고 세포 안으로 그 성분을 주입함으로써 세포 안으로 들어간다. 동물세포는 물질대사와 생식작용을 담당하는 것을 포함한 여러 소기관들을 가진다(**그림 2.10a**). 그러나 여기서는 먼저 진핵세포를 둘러싸고 있는 외부 막에 대해 살펴본 다음, HIV가 어떻게 이 보호막을 뚫고 세포 안으로 들어가는지 알아보도록 하겠다.

원형질막 횡단

유연한 지방 경계 부위에 단백질들과 탄수화물들이 박혀져 있는 구조인 세포의 원형질막은 안쪽에 수용성세포 함유물을 가지고, 또한 수용성인 화학물질들과 그 밖의 요소들을 외부 환경에 유지하려는 성질을 가진다(**그림 2.11a**). 그렇지만 영양소들은 세포 안으로 이동되어야 하고, 노폐물들은 세포 밖으로 이동되어야 함을 상기해 보라. 세포로 감염되기 위해서 HIV나 다른 바이러스들은 세포 속으로 들어가야만 한다. 원형질막은 모든 물질이 아니고 특정 물질들만 투과시키는 성질인 *선택적 투과성*(selective permeability)을 가진다. 그렇다면 무엇 때문에 원형질막이 영양소들, 노폐물, 그리고 바이러스는 투과시키는 반면에, 대부분의 다른 물질들은 투과하지 못하게 하는 것일까?

그림 2.9
인간면역결핍바이러스(HIV), 원핵세포, 진핵세포의 비교

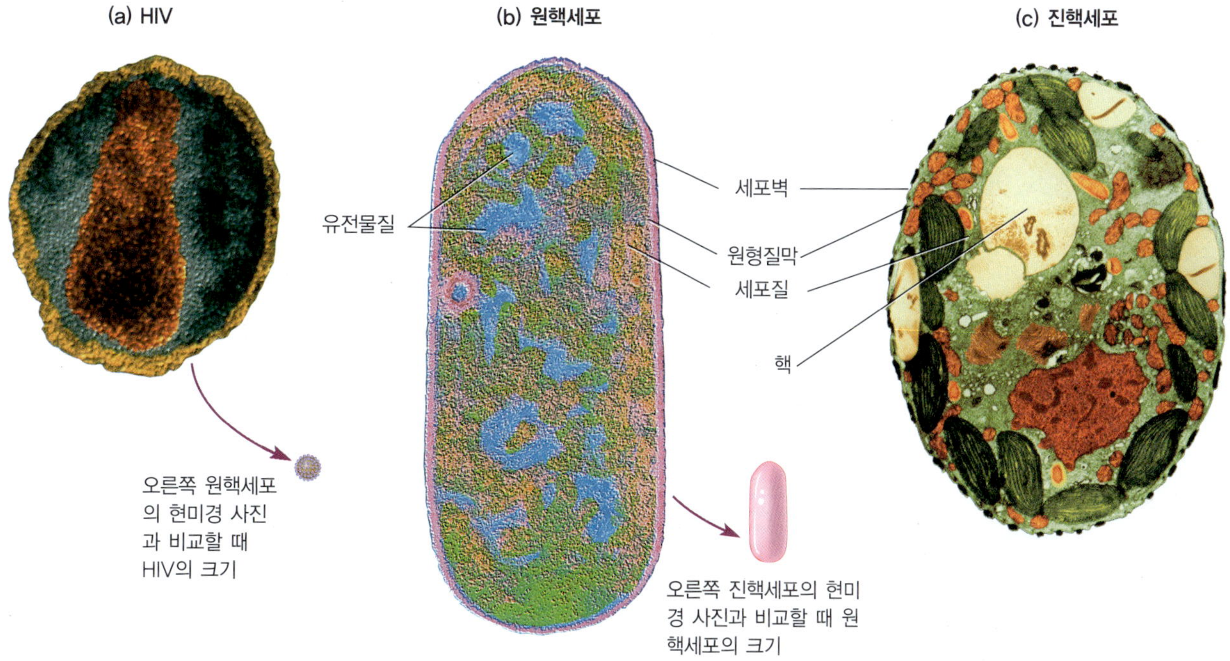

그림 2.10
동물세포와 식물세포 구조의 모식도

(a) 동물세포

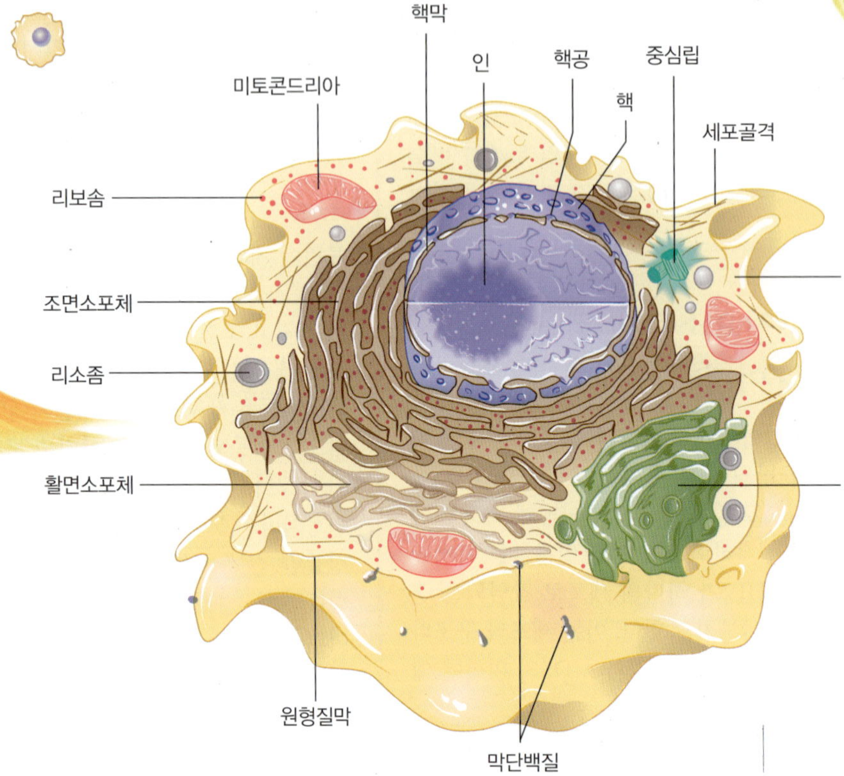

(b) 식물세포

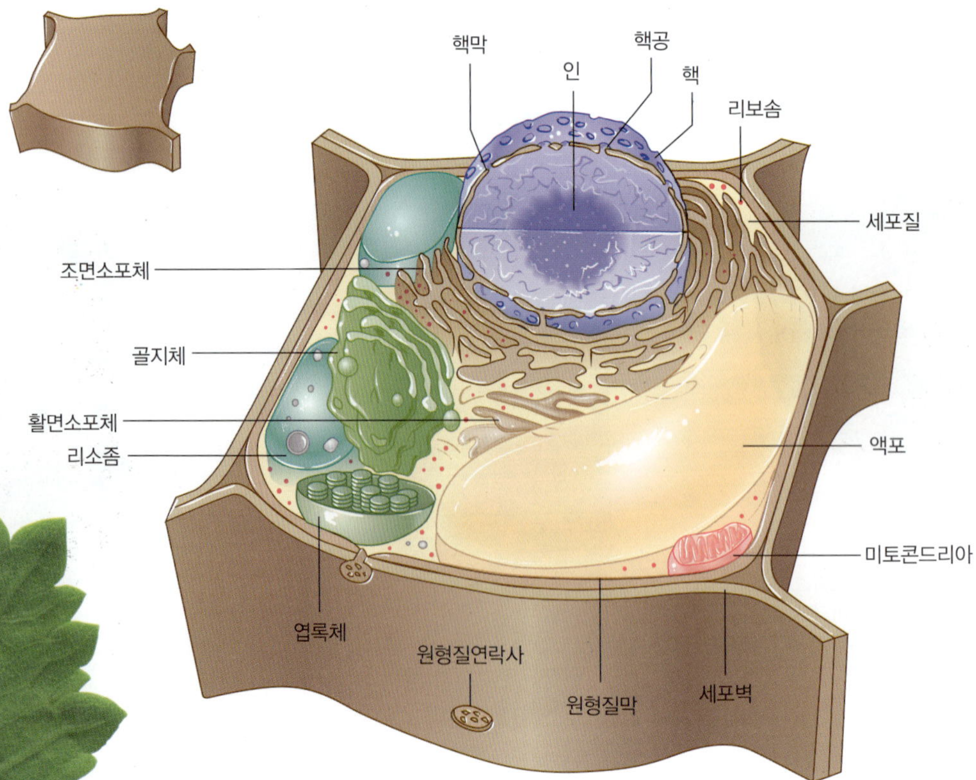

지용성 분자들과 수용성 분자들

원형질막을 통한 이동은 우선 크기에 좌우된다. 산소, 이산화탄소 및 물 등의 일부 매우 작은 유기분자들은 고농도 부위에서 저농도 부위로 이동하는 현상인 단순 **확산(diffusion)**에 의해 이동한다(**그림 2.11b**).

유기분자들은 크기가 크므로 확산 대신에 그들이 지질에 녹아있는지 또는 물에 녹아있는지에 따라 2가지 방법으로 이동된다. 일부 유기물질들은 지용성이므로, 이들은 직접 원형질막을 통해 이동할 수 있다.

그러나 당류들이나 아미노산들과 같은 영양소들과 요소와 같은 세포 노폐물들과 같은 대부분의 유기분자들은 수용성이다. 순수한 지질 분자들로 구성된 원형질막은 완전한 우비처럼 행동하여 모든 수용성 물질들을 차단하므로, 궁극적으로는 세포를 굶어 죽게 하거나 중독되게 할 수도 있다. 그러나 작은 수용성 분자들은 원형질막에 박혀 있는 단백질들을 통해 세포 속으로 들어간다. 또한 일부 단백질들이 특정 당류들, 이온들, 아미노산들을 단백질 통로를 통해 자주 이동하게 한다. 만약 단백질이 에너지 소모 없이 농도기울기를 따라 물질 이동을 도운다면, 우리는 이 공정을 **촉진확산(facilitated diffusion)**이라 부른다(**그림 2.11c**). 어떤 물질이 너무 커서 막을 통해 단순 확산될 수 없거나 막 통로를 통해 이동될 수 없을 때, 세포는 에너지를 사용하여 물질들을 막 안 또는 밖으로 펌프 시키는데, 이 공정을 **능동수송(active transport)**이라고 부른다(**그림 2.11d**).

큰 물질들

세포의 외막에는 확실히 많은 수의 "통로(gate)"를 가지며 이를 통해 많은 물질 출입이 이루어지고 있다. 바이러스 입자나 큰 단백질 분자들과 같은 큰 물질들은 이들 통로를 통해 들어갈 수 없다. 종종 몸의 면역 방어계를 담당하는 군인들(예, 이동성 혈구세포들)이 죽어가는 세포가 남기는 잔해물들을 집어삼키거나, 세균 또는 바이러스와 같은 전체 기생생물들을 둘러싼 작은 주머니(소낭) 형태로 세포막 안으로 이동시킨다. 세포가 고형 물질을 집어삼키는 것을 **식세포작용(phagocytosis)**이라 한다(**그림 2.12a**). **레비(Jay Levy)**가 이들 큰 세포 또는 **식세포(phagocyte)**들이 HIV에 감염될 수 있다는 것을 최초로 밝혀낸 과학자이다.

세포들은 원형질막을 통해 큰 물질들을 이동시킬 수 있는데, 세포가 안쪽으로 받아들이는 것을 **세포내섭취(작용)(endocytosis)**이라 하고, 바깥쪽으로 이동시키는 것을 **세포외배출(작용)(exocytosis)**이라 한다(**그림 2.12b**). 일부 세포들은 노폐물의 방출이나 호르몬을 혈액으로 또는 소화효소들을 위나 소장과 같은 소화기관으로 분비할 때 이런 방식을 사용한다.

HIV는 어떻게 세포 속으로 들어가는가

HIV가 구슬들이 박혀 있는 "농구공"처럼 생겼고, 그 공의 표면은 지질로 구성되며 구슬에 해당하는 것이 덮개 단백질과 같다고 한 것을 상기해 보라. 간단히 생각해서, HIV 입자를 둘러싸고 있는 지질막은 2개의 비누방울이 붙는 것처럼 백혈구의 지질막과 급격히 융합할 수 있다. 그 다음 HIV 입자의 내용물들이 세포 안으로 쏟아져 들어올 수 있으므로 세포가 감염되는 것이다.

일단 HIV막이 세포막과 융합되면, 바이러스는 그 유전물질인 RNA를 방출한다. 이것이 숙주세포 자체의 유전정보인 DNA로 복제되고, 새롭게 만들어진 바이러스 DNA가 숙주세포 유전정보 저장고인 핵 속으로 들어간다. 이 과정에 대한 상세한 것은 다음의 핵에 대해 알아보면서 살펴볼 것이다.

핵

현미경을 통해 전형적인 동물 또는 식물세포를 볼 때, 가장 뚜렷이 보이는 세포소기관이 **핵(nucleus)**이다(**그림 2.10**). 이 투박한 공 모양의 구조물이 대부분의 세포 활동을 조절하는 유전정보를 가지고 있다. 적군이 아군의 총사령부를 점령하려고 노력하는 것처럼, HIV가 숙주세포의 활동들과 그들을 자신의 목적대로 명령하기 위해서는(새로운 바이러스 입자들의 생성), 세포의 핵으로 들어가야만 한다.

핵에서 정보의 흐름

모든 진핵세포의 핵에서 DNA 정보는 RNA로 복사된 후, RNA가 핵으로부터 빠져나와 세포질로 이동한 다음, 그 정보는 세포의 일들을 수행하는 단백질

확산(diffusion)
물질이 농도가 높은 쪽에서 낮은 쪽으로 자연적으로 이동하는 것

촉진확산 (facilitated diffusion)
단백질의 도움으로 세포 에너지의 사용 없이 물질을 농도기울기를 따라 이동시키는 것

능동수송 (active transport)
세포가 에너지를 소모하여 물질을 농도기울기를 거슬러 이동시키는 것

식세포작용 (phagocytosis)
세포가 영양분 입자를 세포 안으로 끌어들이는 작용으로, 세포내섭취(작용)의 한 형태이며, 대상이 세균일 때는 식균작용이라고 함

식세포(phagocyte)
세포 잔해물들을 탐식하여 청소부 역할을 하는 특별한 세포

세포내섭취(작용) (endocytosis)
세포막이 함입하여 분자 무리들 주위를 둘러싸 소낭을 형성한 다음, 세포 안으로 끌어들이는 물질 이동

세포외배출(작용) (exocytosis)
물질을 둘러싼 소낭의 막과 원형질막이 융합한 다음, 소낭의 내용물이 세포 밖으로 방출되는 물질 이동

핵(nucleus)
진핵세포에서 DNA를 함유하며, 막으로 둘러싸인 세포 내의 한 부위

그림 2.11
원형질막과 막을 통한 분자들의 이동

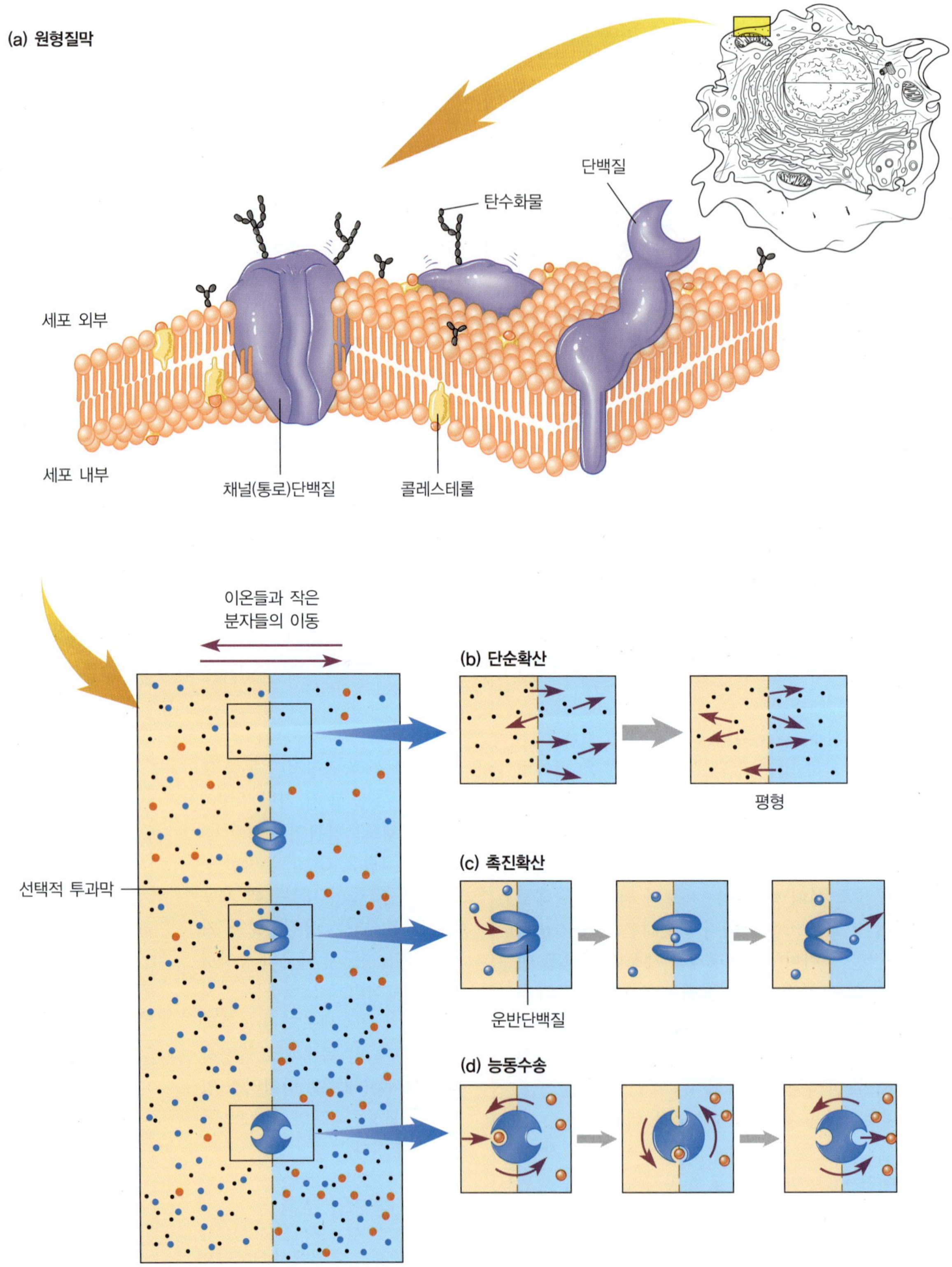

그림 2.12
세포의 거대분자 섭취

(a) 백혈구가 효모(세포)를 집어삼키는 장면

(b) 세포는 단백질들을 섭취하거나 배출할 수 있다.

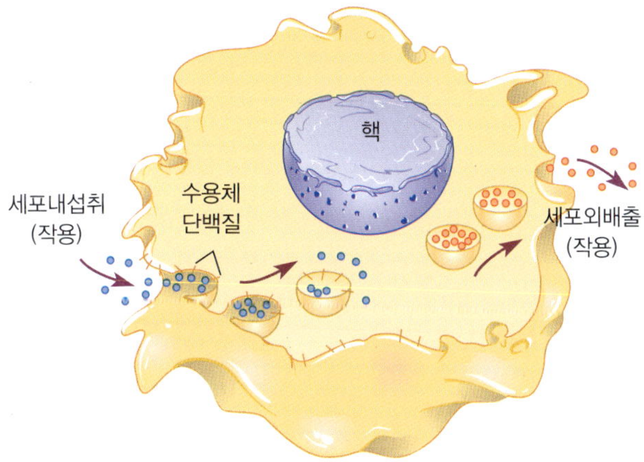

을 만드는 데 사용된다. 이와 같은 정보의 흐름은 다음과 같이 도식화 할 수 있다:

DNA → RNA → 단백질

HIV가 숙주세포로 들어가 그 RNA가 DNA로 복사된 후, 이 복사된 바이러스 DNA가 세포핵 속으로 들어간다고 앞에서 설명하였다. 그러나 일단 세포 안의 염색체로 합쳐진 다음에는, 이들도 감염되지 않은 세포들에서처럼 정보가 DNA → RNA로 흐른다. 그러므로 새롭게 만들어진 바이러스 RNA는 다시 한 번 RNA로 만들어져 핵으로부터 세포질로 이동되어 세포를 HIV-생산 공장처럼 전환시키는 것이다. 이와 같은 인수 작업에는 수많은 세포소기관들도 포함한다.

세포질과 세포소기관들

살아 있는 모든 세포는 매우 조직적인 원료물질들의 집단과 내부의 세포소기관들이 흩어져 있는 반유동성 액체인 세포질로 채워져 있다. 세포질의 약 70%가 물이고, 20%가 단백질 분자들, 그리고 10% 정도가 탄수화물, 지질 및 그 밖의 분자들이다. 평균적으로 하나의 세포는 100억 종류의 서로 다른 종류의 분자들을 함유한다(단백질 분자로는 10,000 종류!). 이 단백질들 중의 상당수가 생화학 반응을 촉진시키는 물질인 효소(enzyme)이며, 나머지의 상당부분은 여러 세포 부위들을 구성하는 구조단백질들이다. 세포질에 있는 수많은 종류의 세포소기관들은 HIV가 그 자신의 목적을 위해 사용한다.

리보솜(ribosome)

단백질 합성 부위 역할을 하는 세포내 구조물; 리보솜은 유리형태 또는 소포체에 결합된 형태로 존재함

소포체 (endoplasmic reticulum, ER)

진핵세포의 세포질 안에 있는 막성 관들, 통로들 및 소낭들로 구성된 구조물; 소포체에 결합된 리보솜에서는 단백질을 합성하여 막 구조물을 따라 이동되어 세포 밖으로 분비되며, 지질도 합성함

리보솜

세포 안에서 새로운 바이러스 입자들을 만들기 위해서, HIV는 새로운 단백질들을 필요로 한다. 그래서 바이러스는 세포가 가지는 단백질-합성 기계인 **리보솜(ribosome)**을 강탈하여 사용한다. 수천 개에 달하는 리보솜이 세포질 전체에 박혀 있다. 핵 속에는 기능을 갖지 않는 리보솜들이 있으므로, 단백질의 생산은 세포질에서만 이루어진다. 이제부터 HIV가 리보솜들을 어떻게 인수하는지에 대해 간단히 알아본다.

조면소포체

세포 리보솜의 대부분은 세포질에서 유리형으로 존재하지만, 일부는 세포 내 납작한 주머니 모양의 구조물인 **소포체(endoplasmic reticulum, ER)**에 붙어있다(**그림 2.13**). 소포체의 일부는 이와 같이 리보솜들이 많이 붙어 있어 미끈하지 못하게 보이므로, 이를 조면소포체(rough ER)라 부른다. 이 미끄럽지 못한 부분(리보솜 결합되어 있으므로)에서 단백질들을 만들어 세포로부터 방출하기 좋게 감는다. 예를 들어, 조면소포체가 여러분이 먹는 모든 음식의 대부분을 소화시키는 효소들의 생산을 돕는다. HIV는 이 조면소포체가 갖는 장소와 기능을 인수받아 바이러스 단백질을 만들고 운반시키므로 이 과정을 봄으로써 ER 기능들을 이해할 수 있을 것이다.

HIV가 감염된 백혈구의 핵 속에서 만들어진 바이러스 RNA는 부유 리보솜들에 결합된 다음, 조면소포체에 자리를 잡는다(**그림 2.13**의 ① 단계). 이어서 리보솜이 HIV의 구슬-모양 단백질들을 만들고, 이들이 조면소포체 내부 공간으로 들어간다(② 단계).

최종적으로는 단백질들이 조면소포체에서 떨어져 나온 막성 거품모양의 수송소포(소낭)(transport vesicle)로 들어간다(③ 단계). 이들 수송소포의 대부분은 이어서 또 다른 세포소기관의 하나인 골지체(④ 단계) 막과 융합한다.

골지체
(Golgi apparatus)
진핵세포 안에 있는 넓적한 주머니 모양의 구조물로서, 단백질들을 세포의 다른 부위 또는 세포 밖으로의 이동을 담당하는 세포소기관

활면소포체
(smooth ER)
소포체의 한 부분으로서 매끄러운 관들과 통로를 가진 접혀진 구조물로서 리보솜을 갖지 않음; 지질을 합성하며, 독물질들에 대한 해독기능도 담당함

골지체

골지체(Golgi apparatus)는 빈 병들을 쌓아놓은 것처럼 넓적한 막 형태의 주머니 모양을 하는 연속적 구조물이다. 일부 세포들은 오직 한 개의 골지체를 갖지만, 대부분 세포들은 수백 개 정도의 골지체를 갖는다.

골지체는 마치 교통경찰과 같은 역할을 하여, 각각 다른 단백질들을 그들이 기능을 수행할 각기 다른 장소로 가도록 지시한다. 예를 들면, 골지체는 새로 만들어진 HIV 단백질들을 가진 소포들을 막 표면으로 보내서, 원형질막과 융합하게 한다(6 단계). HIV 단백질들은 세포막에 묻힘으로써, 감염된 세포의 표면은 HIV 입자처럼 구슬들이 박혀 있는 모양을 가지게 된다(7 단계). 일반적으로 다른 단백질들이 세포표면에 도착하면, 그들은 혈류로 확산된다. HIV 단백질들은 그들의 "꼬리" 부분을 세포막에 꽂고 있는데, 바이러스들이 세포를 떠날 때 꼬리들은 세포막에 묻힌 채로 남는다.

활면소포체

소포체의 또 다른 종류가 매끄러운 관들과 작은 주머니들로 접혀진 구조물인 **활면소포체(smooth ER)**이다. 활면소포체는 세포막의 구성 성분인 지질을 만든다. 또 명령을 받았을 때 활면소포체는 HIV 입자의 "농구공" 표면에 해당하는 지

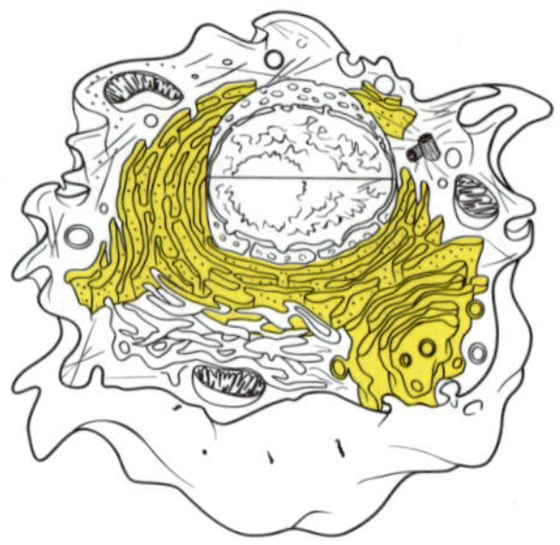

그림 2.13
소포체와 골지체

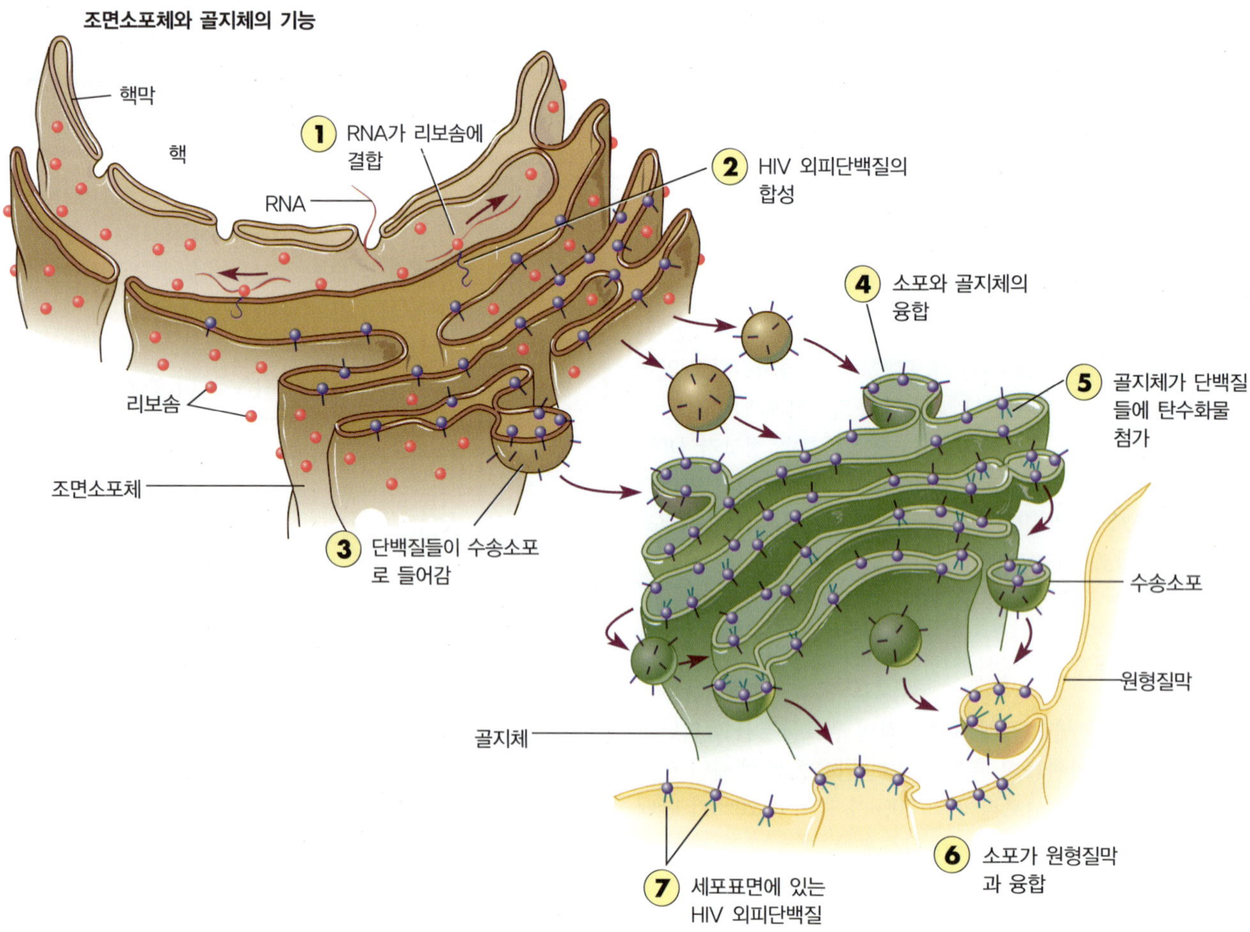

질(외피)도 만든다. 활면소포체는 콜레스테롤, 성 호르몬인 에스트로겐과 테스토스테론과 같은 다른 종류의 지질들도 만든다. 간(liver)세포의 활면소포체는 특히 유해한 지질들을 해독할 때 활성을 가져서, 그 지질들을 더 수용성으로 만들어 오줌으로 배설되게 한다.

리소좀: 세포의 재활용자

리소좀(lysosome)은 세포가 삼킨 침범 세균들, 잔해들 또는 세포 안에서 손상된 세포 부위들을 소화시킬 수 있는 여러 종류의 강력한 소화효소들을 가진 작은 구형가방 모양의 구조물이다. 일반적으로 리소좀 안에 있는 소화효소들은 찌꺼기들을 작은 분자들로 분해시킨 다음, 세포질로 보내져 재사용된다.

세포골격

세포골격(cytoskeleton)은 세포질 전체에 격자를 형성하는 단백질 섬유들로 된 구조물로서 세포소기관들이 매달려 있게 하기도 하고, 세포 부위들이 이동하게 해주는 역할을 한다. 또한 세포골격의 단백질 섬유들은 세포의 모양을 유지하게 하며 세포소기관들의 운반 기능도 담당한다.

세포가 둘로 분열할 때, 그들은 **중심립(centriole)**이라 부르는 또 다른 종류의 세포골격 소기관을 사용한다(**그림 2.10** 참조). 짧은 막대-모양의 소기관인 한 쌍의 중심립은 특정 세포골격 섬유들로 이루어져 있으며, 염색체들을 분리하여 2개의 새로운 세포들로 이동시켜 주는 작용을 한다.

미토콘드리아: 에너지 수확자들

미토콘드리아(mitochondria; 단수, mitochondrion)는 음식물을 탄소-함유 분자들로 분해시켜 에너지를 수확하는 일과 에너지 화합물(ATP)를 방출시키는 기능을 가진다. 이런 방법으로 미토콘드리아는 단백질 형성, DNA 복사, 세포와 그 부위들의 이동과 같은 세포활동에 필요한 화학적 연료를 제공하는 것이다.

미토콘드리아는 그 자신의 DNA를 가지므로, 그 자신의 리보솜 단백질 성분들의 일부를 만든다. 나머지는 세포 DNA가 암호화한다. 미토콘드리아들은 세포의 정상 분열주기와 독립적으로 분열할 수도 있다.

HIV 약제인 AZT는 HIV의 유전자들을 DNA로 복사해 주는 효소들의 기능을 차단한다. 실험 결과들에서 AZT가 세포소기관들이 분열하기 전에 미토콘드리아들 복사에 관여하는 효소들을 저해함이 밝혀졌다. 이 차단이 HIV 복제뿐 아니라 미토콘드리아 DNA의 복제도 느리게 해주는 것이다. 이와 같이 AZT는 에너지생성 소기관들의 기능을 방해하므로 AZT를 복용하는 AIDS 환자들이 쇠약해지고 피로가 오게 하는 것 같다.

특수화된 소기관들

이제까지 살펴 본 세포의 모든 구조물들은 사람을 비롯한 대부분의 진핵세포에서 볼 수 있으며, 이들은 HIV의 명령을 받아 AIDS를 일으키는 데 관여한다. 그러나 특정 세포들에서만 발견되는 운동과 저장에 관여하는 특수화된 세포소기관들이 존재한다(이 특수화된 소기관들은 HIV 또는 AIDS와 관련된 역할은 하지 않음).

세포운동 소기관들. 생물영역 전체에 걸쳐 일부 운동세포들이 있어서 세포골격의 추진 확장을 통해 운동이 가능하다. **편모(flagellum;** 복수, flagella)라 부르는 채찍 모양의 소기관이 세포표면으로부터 뻗어 나와 있어서, 액상 매질에서 끌거나 추진해주는 작용을 한다. 여러 종류의 정자의 이동은 편모의 추진력에 의존한다.

일부 단일세포의 원생동물들은 편모처럼 작용하는 수천 개의 돌기물인 *섬모*(cillium; 복수, *cilia*)를 갖는다. 섬모들은 마치 중세기 때 범선이 노를 젓는 것처럼 휘저어서 세포가 빠르게 유영하도록 해준다. 사람의 호흡통로를 이루는 세포들은 섬모들을 가져 입과 코를 통해 들어오는 먼지 입자들을 걸러 청소를 해주며, 이렇게 걸러진 것들은 점액에 섞여 가래로 내보내거나 삼킨다.

세포들 사이의 연접. 대부분 동물세포들은 *세포간 연접*(intercellular junction)들에 의해 이웃 세포들과 붙어 있음으로써, 밀착된 세포들이 함께 기능적 조직과 기관들을 이루게 한다(**그림 2.14**). 이 연접들은 세포 사이의 자유로운 소통과 조직과 기관에서 세포들의 협동작용을 가능하게 해준다. 일부 연결들이 세포 사이에 물질이동을 허용하며; 어떤 경우엔 세포 사이의 누출을 방지하고, 방광처럼 액체를 잡아두는 기관의 작용을 돕기도 한다.

리소좀(lysosome)
세포 안에 존재하는 막으로 쌓인 구형의 주머니 구조물들로서, 리소좀 안에는 여러 종류의 소화효소(가수분해효소)들을 가지고 있는데, 리소좀이 파괴되면 이 효소들이 방출됨; 파괴된 미토콘드리아와 그 밖의 세포 잔해물들의 재활용에 중요함

세포골격 (cytoskeleton)
진핵생물의 세포 내에 있으며, 미세소관, 미세섬유 및 중간섬유들로 구성된 내부 뼈대로서, 세포와 소기관들의 지지 및 이동을 담당함

중심립(centriole)
한 쌍인 짧은 막대-모양의 소기관으로서 미세소관이라 불리는 세포골격 섬유들로 뼈대를 이루고 있음; 이들 세포 내 뼈대 구조들이 세포분열 때 염색체 이동을 담당함

미토콘드리아 (mitochondria; 단수, mitochondrion)
세포활동의 연료인 에너지를 공급하는 진핵세포 소기관의 하나; 산화적 호흡이 일어나는 곳; 비광합성 진핵세포들의 거의 모든 ATP는 미토콘드리아에서 생성됨

편모(flagellum)
(복수, flagella) 세포표면에서 뻗어 나온 긴 채찍모양의 구조물로서, 추진 장치처럼 작용하여 세포를 추진시키거나, 섭식장치가 되어 용액들이 세포를 통해 이동되도록 함

세포외 기질(extracellular matrix)
분비된 분자들로 이루어진 그물구조로서, 뼈대로 작용하거나 다세포 생물들 안에서 세포들의 일정 형태를 유지하게 해주는 접착제 같은 역할을 함

색소체(plastid)
식물들과 일부 원생동물에서 발견되는 소기관의 하나로서, 태양에너지를 받아 탄수화물이나 색소들 만들고 저장하는 작용을 함

액포(vacuole)
세포 안에 있으며 단일막으로 둘려 싸인 액체를 함유한 큰 주머니모양의 구조물; 식물세포들에서 액포는 세포 모양을 유지해 주는데 중요함

세포벽(cell wall)
일부 원생동물들과 모든 원핵세포들, 진균류 및 식물세포들을 덮고 있는 매우 견고한 구조물

원형질연락사(plasmodesmata)
식물세포들 사이의 연접부로서 세포-세포 간 소통을 촉진시킴

여러 세포들의 기저부 경계들은 섬유성 단백질들로 된 **세포외 기질(extracellular matrix)**이 세포를 둘러싸거나 지지해주며 연접세포들끼리 부착시켜주는 작용을 한다. 이 섬유성 단백질들 중에 가장 많은 것이 콜라겐(collagen)인데, 콜라겐은 전형적 포유동물의 총 단백질의 25% 정도 차지하며, 뼈를 움직이게 하는 근육과 연결된 힘줄(tendon; 건)의 주성분이다.

식물세포들의 특수화된 소기관들. 일부 특수화된 소기관들이 식물체들이 꿋꿋이 서있고, 빛-수확 생활을 해주는 데 관여한다.

색소체(plastid)들은 이중막으로 둘러싸인 구형의 소기관들이다. 그들은 태양에너지를 수확하고, 영양분자들을 만들고 저장하는 기능을 한다. *엽록체*(chloroplast)가 색소체의 하나로서 광합성 과정을 통해 햇빛에너지를 화학적 형태(주로 당 분자들)로 만들어준다(3장에서 상세히 다룸). 모든 동물들과 균류들 그리고 대부분의 생명체들은 그들 생명 유지에 필요한 영양소들, 물질들 및 에너지 화합물들을 직접 또는 간접적으로 광합성에 의존한다.

엽록체는 식물체에도 있는 미토콘드리아와 여러 특징들을 공유한다. 두 소기관은 모두 굴곡형의 내막과 외막을 가진다(**그림 2.10b** 참조). 또한 두 소기관들은 모두 그 자신의 DNA를 가지고 있어서 자신 단백질들의 일부를 만든다. 큰 차이점의 하나가 엽록체 막의 가장 안쪽의 둘둘 말린 부위에 빛을 흡수하는 녹색 색소인 *엽록소*(chlorophyll)를 가진다는 것이다.

많은 식물체들은 그 세포 중간에 액체로 가득 찬 큰 주머니 모양의 구조물인 **액포(vacuole)**들을 가지고 있다; 액포들은 단일막으로 싸여져 있고, 세포 전체 용량의 95% 이상을 채울 수도 있다. 그것은 매우 큰 공간으로서, 실제로 공간을 차지하는 것이 액포의 주 역할이다. 기본적으로 식물세포는 물로 차 있는 하나의 물주머니와 같으므로 액포가 적은 양의 세포질과 모든 세포소기관들을 압박함으로써 적절한 표면-대-용적비를 가지게 해준다(**그림 2.10b** 참조). 꽉 찬 액포들이 식물세포를 통통하게 해 줌으로써 잎, 줄기를 비롯한 다른 구조의 모양을 단단하게 해 주는 것이다.

세포벽(cell wall)은 대부분 식물세포들의 원형질막 바깥을 둘러싸고 있다. 세포벽들은 주로 셀룰로오스로 구성되어 있다. 그들은 세포가 생장을 멈추고 성숙이 시작될 때 까지는 신장성과 유연성을 가지나, 그 이후에 견고해진다. 구멍을 가진 세포벽이 물, 가스 및 일부 고체물질들을 세포질로 통과하게 해 주며, 식물세포들 사이의 특수화 된 연접부위인 **원형질 연락사(plasmodesmata)**가 세포-세포 간 소통을 촉진시킨다(**그림 2.10b**). 당신이 이 책을 나무로 만든 책상 위에 놓고 읽는다면, 당신은 한때 살아있던 나무의 잔재인 굵어지고 죽은 세포벽들의 도움을 받고 있는 셈이다.

그림 2.14
세포 사이의 연접

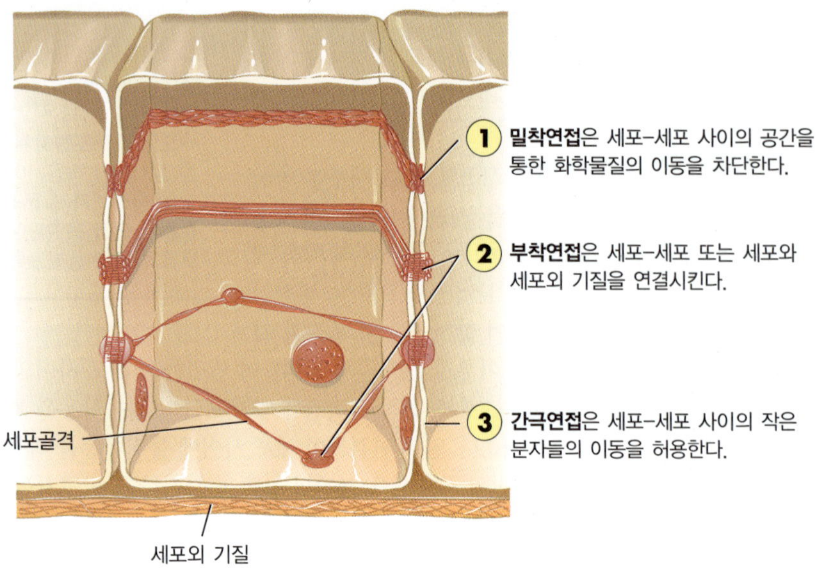

목표8 HIV는 그의 감염 회로를 어떻게 완성할 수 있을까?

세포 부위들에 대한 여행에서 HIV로 돌아와 이제부터 그 전체적 감염 회로에 대해 살펴보자. HIV는 우리가 이제까지 알아본 생명분자들과 세포 부위들에 어떻게 관여할까. 그것은 환자에 어떻게 해를 주나. 그리고 단백질가수분해효소 저해제라 불리는 약제들이 많은 AIDS 환자들에게 어떻게 도움을 줄까 등에 대해 살펴보기로 한다.

우리는 이미 아래의 내용에 대해 알아본 바 있다.

- HIV는 어떻게 세포 안으로 들어가나(그림 2.15의 ① 단계)
- 바이러스 RNA는 어떻게 DNA로 복사되는가(② 단계)
- DNA는 어떻게 핵 속으로 들어가 어떻게 새로운 바이러스 RNA가 형성되도록 하는가(③ 단계)
- 세포는 어떻게 그 자신의 리보솜들을 사용하여 바이러스 단백질들을 만드는가(④ 단계)
- 이 단백질들이 어떻게 세포표면으로 운반되는가(⑤ 단계)

그러나 새로운 바이러스가 어떻게 조립되는가에 대해서는 아직 잘 모른다. 이 마지막 단계가 환자들에게 건강을 찾을 수 있게 해주는 단백질분해효소 저해 약제들의 표적이 될 수 있기 때문에 결정적이라 할 수 있다. 이제부터 HIV 감염 이야기의 마지막 부분을 알아본다.

새로운 HIV 입자들의 조립에는 세포질에 산재해 있는 유리 리보솜들에서 만들어진 큰 바이러스 단백질들이 더 요구된다. 이 단백질들이 만들어진 다음에 단백질분해효소라 불리는 활성형 바이러스 단백질들이 큰 단백질들을 작은 단백질들로 자른다(**그림 2.15**의 ⑥ 단계). 이 단백질들이 결과적으로 바이러스 RNA를 둘러싸며 막 표면쪽으로 이동되는 과정에 의해 수백~수천 개의 바이러스 입자들로 조립된다(⑦ 단계). 큰 단백질들을 작은 단백질들로 쪼개는 역할을 하는 분해효소들의 역할이 왜 단백질분해효소 저해 약제들에 의한 차단이 그 많은 AIDS 환자들을 극적으로 도울 수 있는 이유를 잘 설명해준다 하겠다.

누가 알았겠는가?

세포들은 크기가 증가되더라도 같은 모양을 유지함으로써, 그들의 용적이 표면보다 커진다. 아메바처럼 생긴 동물의 크기가 트럭만 하더라도 그 외막 영역에 의해 적절히 공급되는 매우 큰 내부 용적을 가진다. 그것이 영양분들의 섭식이나 노폐물들의 배출을 지탱해 줄 수는 없다.

그림 2.15
HIV 감염의 생활사

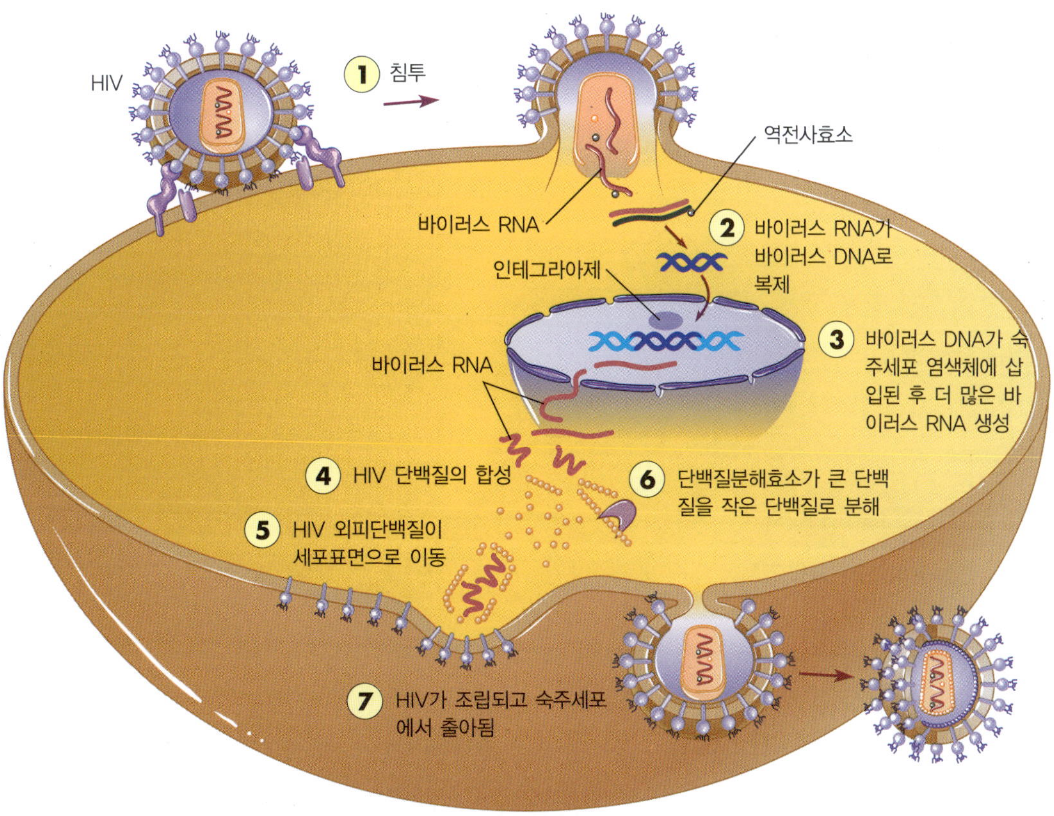

CHAPTER

3

세포에서 에너지의 생성과 사용

학습목표

목표[1] 에너지 보존법칙을 확인한다.

목표[2] 생명체들 내에서의 에너지 흐름을 설명한다.

목표[3] 생명체들이 에너지를 획득하는 과정에 대해 이해한다.

목표[4] 운동에 사용되는 에너지 체계를 확인한다.

목표[5] 식물체들이 빛에너지를 잡아 전환하는 과정에 대해 설명한다.

“비생명의 물리적 세계에서 생명세계로 에너지가 유입되고 유출되어 나간다”

벌새에서 일어날 것 같지 않을 일들

벌새들은 에너지 사용이 닥쳐올 때 하나의 문제점을 안고 있다: 섬세한 꽃 사이를 그들이 날아다니기에는 체구가 너무 작기 때문에, 대부분 다른 종들에서는 가능한 에너지원을 추출해 내기가 쉽지 않다. 그러나 벌새는 그들의 체중에 비해 큰 표면적을 가지기 때문에 그들의 작은 체구에도 불구하고 큰 동물들에 비해 열을 더 빠르게 잃을 수 있다. 높은 체온을 유지하면서 날아다니기 위한 충분한 에너지를 생성하기 위해 벌새가 먹이의 사용률과 에너지 소비율이 다른 동물들에 비해 높다. 그들에서 어떻게 이것들이 가능할까? 어떤 기작이 그들로 하여금 먹이로부터 에너지를 추출하는 데 있어서 다른 생명체의 경우와 대적할 수 있을까? 이에 대한 해답을 위해서는 에너지의 유입과 그 공정 및 소모와 관련된 이론인 **에너지론(energetics)**에 대한 이해가 필요하다. 이 이론은 날아다니는 새의 다른 놀라운 적응들에도 적용된다. 에너지론은 동물, 식물, 세균 및 그 밖의 생명체들이 에너지를 어떻게 얻고 질서를 유지하기 위해 진행되며, 생명유지에 사용하는가를 탐구하는 것의 한 부분이다. 에너지대사는 매우 복잡하다. 그렇지만 이 대사가 복잡한 생명체의 아름다움과 중요한 생화학적 대칭성과 평형을 이해하는 데 도움을 준다. 그것은 또 이 책의 뒤에서 언급되겠지만, 세포들이 그들이 필요로 하는 단백질들을 어떻게 만들며, 우리가 먹는 음식물들을 어떻게 소화시키며, 운동할 때 그 연료들을 어떻게 태우는지를 비롯하여 좀 더 크게 보아 지구생태계를 건강하게 유지하기 위해서 우리는 어떻게 해야 하는가 하는 등의 주제에 대해 탐구하도록 하게 할 것이다. 이 장을 공부해 나감에 따라 여러분은 아래의 질문들에 대한 답을 알게 될 것이다:

당신은 무엇을 알고 있을까?

우리의 지구는 육식자들보다 더 많은 수의 채식자를 지원할 수 있다. 그 이유는 무엇일까?

- 어떤 우주의 법칙이 생명체 세포들이 에너지를 어떻게 획득하고 사용하는가에 대한 것을 지배할까?
- 생명체에서 에너지 경로와 운반체들은 무엇일까?
- 산소-의존성 생명체는 어떻게 에너지를 수확할까?
- 산소 없이 사는 생명체는 어떤 변화된 경로들을 통해 에너지를 수확할까?
- 우리는 운동에 필요한 에너지를 어떻게 얻을까?
- 식물체들은 어떻게 태양에너지를 잡아내고, 당 분자들을 비롯한 그 밖의 생명분자들을 만들 수 있는 것일까?

에너지론(energetics)
에너지 취득과 공정 그리고 소모에 대한 이론

광합성(photosynthesis)
태양에너지를 잡아내서, 화학적 에너지(ATP)로 전환하고, 이를 이용해 이산화탄소와 물을 재료로 하여 당 분자들 생성에 사용하는 대사 과정

세포호흡(cellular respiration)
산소 존재 하에 당 분자로부터 에너지를 수확하는 것

에너지(energy)
화학적, 기계적, 전기적 또는 열-관련 일을 할 수 있는 힘

위치에너지(potential energy)
일을 하는 데 유용한 저장형 에너지

운동에너지(kinetic energy)
움직이는 물체가 가지는 에너지

목표1 어떤 법칙들이 세포의 에너지 사용을 지배할까?

모든 세포들은 살아가기 위해서 에너지가 필요하다. 이것은 벌새들의 날갯짓을 일으키는 근육세포들, 벌새들에게 꿀을 제공하는 붉은 컬럼비아 꽃의 꿀 생산 세포들, 또는 식물의 낙엽들을 분해하는 세균세포들 모두에 적용된다. 그러나 생물 종류에 관계없이 어떤 세포도 에너지를 "만들 수"는 없으며, 세포는 반드시 환경의 어떤 근원으로부터 에너지를 얻어야만 한다. 벌새들과 그들이 의존해 사는 꽃들을 아우르는 산악 생태계를 통한 에너지 흐름을 따라가 보자.

우주로부터 지구에 도달하는 태양광이 붉은 컬럼비아 나뭇잎에 쪼일 때 그들은 **광합성(photosynthesis)**을 한다. 광합성이란 일련의 대사 경로들을 거치면서 에너지를 잡아내는 과정이며, 최종적으로는 당 분자의 화학결합 속에 에너지를 저장하는 것이다. 당 분자들은 식물 안에서 운반되어 그 일부는 벌새를 유혹할 섬세한 관 모양의 꽃을 만드는 데 사용한다. 그 밖의 당 분자들은 꽃의 꿀로 농축된다. 벌새가 꿀을 마셔 삼킨 다음, 달콤한 방울 속의 당 분자들은 벌새의 위와 창자로 넘겨진 다음, 혈류를 따라서 근육, 뇌, 폐와 그 밖의 조직세포들로 들어간다. 이어서 수백만 개의 세포들은 산소 존재 하에서 당 분자들을 분해하면서 에너지를 방출하는 **세포호흡(cellular respiration)**을 수행한다. 이 에너지가 벌새의 호흡, 심장박동, 날기 및 그 밖의 생명활동들에 사용된다. 이상의 내용이 태양에너지로부터 화학에너지로의 에너지 변환과정을 보여준 것이다. 이와 같은 에너지 변환은 절대로 100% 효율을 갖지 못하며, 일부 에너지가 열로 상실된다. 그 결과, 벌새가 이 꽃 저 꽃 날아다니며 꿀을 빠는 동안 체온을 유지하게 하는 것이다. 벌새에서 만들어지는 과량의 체열은 그 주위 환경의 찬 공기로 사라진다. 새가 죽게 되면 세균과 진균류들이 벌새의 작은 몸체를 분해하는데, 이때 몸 조직에 남아 있는 에너지 연료들은 분해자의 활동에너지로 사용되거나 열로 잃어버린다. 이 장의 뒤에서 광합성과 세포호흡에 대한 상세한 내용에 대해 살펴볼 것이다. 여기서의 중요한 메시지는 에너지가 비생명의 물리적 세계에서 생명의 세계로 들어왔다 나간다는 것과 에너지가 모든 세포들의 활동과 생존에 필수적이라는 것이다. 자연계에서의 에너지 전환과 관련된 몇 가지 기본 법칙들이 있는데, 이제부터 그에 대한 것을 알아보기로 하겠다.

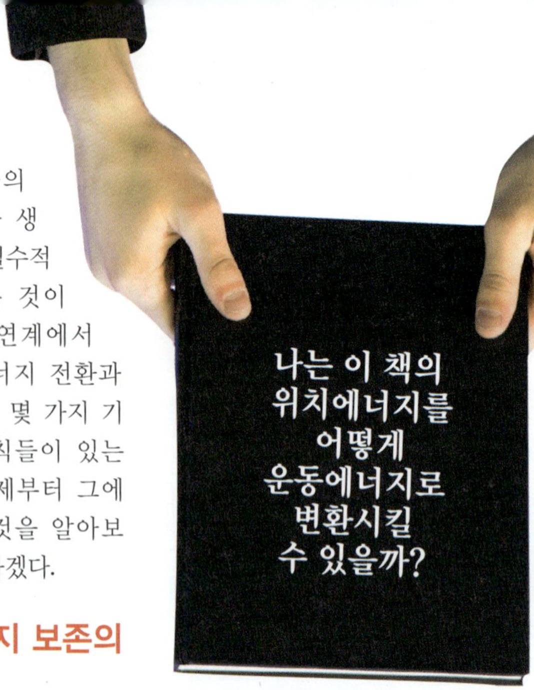

© ISTOCKPHOTO.COM

에너지 보존의 법칙

이 책을 들어서 바닥과 평행으로 잡고 있다가 떨어뜨려 보라. 바닥에 책이 부딪치는 소리 외에는 아무 일도 일어나지 않은 것 같은 것이 에너지 보존으로서, **에너지(energy)**란 일을 하거나 변화를 가지는 능력으로 정의한다.

에너지의 형태

들어 올린 책은 일을 할 수 있는 에너지인 **위치에너지(potential energy)** 형태로 저장된 에너지를 가진다. 마찬가지로 댐에 저장된 물도 저장된 에너지를 가져, 이 위치에너지가 방출되면서 수력발전기의 터빈을 돌리는 것과 같은 일을 수행한다. 당신이 책을 떨어뜨릴 때, 책이 떨어지면서 위치에너지가 **운동에너지(kinetic energy)**로 변환된 것이다. 이 두 가지 형태의 에너지인 위치에너지와 운동에너지가 이 우주의 주 에너지이며 각각은 서로 전환될 수 있다.

에너지 보존의 법칙

책이 떨어져 마루를 칠 때, 에너지 형태는 변하지만 *에너지량은 변하지* 않는다. 그 이유는 *에너지는 전환이 일어나더라도 보존되기* 때문이다. 즉 에너지는 새롭게 만들어지지도 않고 파괴되지도 않는다. 떨어지는 교과서가 마루에 부딪혀 소리를 내고 움직이다가 갑자기 멈출 때, 음파로 방출되는 에너지량과 마루, 책 그리고 그 주위를 데우는 데 소모된 에너지량은 움직이는 책이 갖는 운동에너지량과 정확히 같다.

© VLADIMIR MELNIKOV/ISTOCKPHOTO.COM

비효율적 에너지 변화의 법칙

에너지 전환 전과 후의 에너지량은 동일하지만, *변환 과정에서 유용한 일에 사용할 수 있는 에너지량은 항상 감소된다*. 예를 들어, 책이 마루에 부딪힐 때 내는 음파의 에너지는 떨어지는 책의 총 운동에너지보다 낮다. 에너지 전환에서는 일부 에너지가 항상 원자들과 분자들의 무작위적 운동인 **열(heat)**로 잃어버리기 때문에 절대로 완전한 효율을 가질 수가 없다.

무작위적 운동이란 질서의 반대 개념으로서, 계에서 에너지가 한 가지 형태에서 다른 형태로 전환될 때 에너지는 무질서가 증가된다. 과학자들은 하나의 계에서 무질서 또는 무작위 정도를 **엔트로피(entropy)**라 기술한다. 무질서가 더 커질수록 엔트로피는 더 증가한다.

세포들과 엔트로피

비효율적 에너지 변환 법칙은 생명체 세포들에게 가장 직접적으로 영향을 준다. 세포들은 그들의 모든 합성과 수선 활동을 할 수 있는 에너지 연료가 비효율 에너지와 열로 잃는 에너지보다 커서 충분한 에너지를 가질 때에만 건강하게 유지된다. 살아 있는 세포란 끊임없는 에너지 흐름의 대가에 의해 지원받는 하나의 일시적 질서의 섬과 같다고 할 수 있겠다. 만약 에너지 흐름이 방해를 받으면, 질서는 급속히 사라지고 무질서가 군림하게 되어 세포는 결국 죽는다.

목표2 생명체들에서 에너지의 흐름은 어떻게 일어나는가?

만약 하나의 세포가 일시적 질서의 섬이라면, 벌새는 살아 있는 한, 수백만 개의 섬들이 유지되며 질서를 유지하는 일시적 섬들의 군도라 할 수 있다. 무엇이 그러한 질서를 유지하는 것일까? 그 답은 화학반응들을 통해 잡히거나 방출되는 화학적 에너지이다. 2장에서 언급한 화학결합이란 원자들을 함께 연결시키는 "에너지 접착제"의 한 형태라고 한 것을 상기하라. **화학반응(chemical reaction)**에서 화학결합들의 에너지가 이동하고, 원자들이 재배열하여 새로운 종류의 분자들을 형성한다. 어린이일 때 당신은 식초를 제빵용 소다와 섞어 본 적이 있는가? 그 화학반응의 결과 거품과 열 형태의 에너지가 심하게 나타날 것이다. 출발 물질들을 **반응물(reactant)**이라 부르며, 반응 결과로 생성되는 새로운 물질들을 **생성물(product)**이라 부른다. 앞의 식초와 소다를 섞었을 때의 화학반응에서 식초의 초산으로부터의 수소이온(H^+)과 소다로부터의 중탄산이온(HCO_3^-)이 반응물들이다. 화학결합들이 부서져, 중탄산이온에서 수산이온(OH^-)이 빠져나온 결과에 의한 이산화탄소(CO_2) 가스가 물에서 거품이 나게 하는 것이다. 그리고 수산이온(OH^-)은 수소이온(H^+)과 결합하여 물(H_2O)이 된다. 이 반응은 자발적으로 일어나며, 에너지 전환이 비효율적이므로 열 형태의 에너지를 방출한다. 이 계에서 엔트로피(무질서)는 이산화탄소 분자들로서 이 가스가 증가하여 거품 형태로 무질서하게 공기 속으로 사라진다.

식초와 제빵용 소다의 반응이 비효율적 에너지 교환의 법칙을 만족시킨다. 즉 생성물들은 반응물들과 비교할 때 더 낮은 에너지를 가지며, 더 크게 무질서하다는 것이다. 일부 반응들에서는 방금 언급한 대로 에너지를 방출하지만, 그들의 반응이 진행되기 전에 마치 언덕 위에 놓인 한 바위가 언덕을 굴러 내려가며 운동에너지를 방출하기 전에 바위를 떠밀어줘야 하는 것처럼 약간의 에너지 유입을 필요로 한다. 그러나 비록 반응이 시작되기 위해 초기 에너지가 필요하더라도 전체 반응 결과는 에너지의 방출이다. 이와 같이 자발적 반응 시작 전에 에너지 유입이 있더라도 결과적으로 에너지를 방출하는 반응을 **에너지-방출반응(energy-releasing reaction)**이라고 한다.

에너지-흡수반응(energy-absorbing reaction)은 전혀 달라서, 자발적으로 일어나지도 않으며 열도 발생하지 않는다. 플라이팬에서 계란 요리하는 것을 생각해 보라. 가해진 에너지(열)가 계란의 흰자질들에 새로운 화학결합을 일으키게 하여, 탄력 있는 하얀 고체로 바꿔준다. 또 다른 예가 붉은 컬럼비아 꽃이나 자주색 루핀의 나뭇잎은 태양에너지를 잡아내어 꽃의 꿀, 세포벽, 화분 및 그 외 부위의 탄수화물 분자들을 만드는 데 사용한다. 에너지-흡수반응들은 단백질들의 생성이나 손상된 부위의 교체 등과 같은 세포의 질서를 유지하는 대부분의 전환반응들에 관여한다.

그렇다면 세포가 수행하는 엄청난 수의 에너지-흡수반응들에 필요한 연료들의 에너지 출처는 어디일까? 그것은 서로 대칭성을 가져서 *에너지-흡수반응에 필요한 힘은 세포의 에너지-방출반응으로부터* 온다. 두 종류의 반응은 에너지 측면에서 *짝을 이루고* 있어서, 에너지-방출반응에서 넘어온 에너지가 흡수반응에 필요한 에너지로 제공되는 것이며, 이와 같이 연계된 반응들의 사슬을 **대사경로(metabolic pathway)**라 부른다.

열(heat)
원자들과 분자들의 무작위적 운동

엔트로피(entropy)
하나의 계 내에서 무질서 또는 무작위의 정도

화학반응 (chemical reaction)
원자들과 분자들 간 화학결합의 형성 또는 파괴

반응물(reactant)
화학반응에서의 출발 물질

생성물(product)
화학반응 결과로 만들어지는 물질

에너지-방출반응 (energy-releasing reaction)
즉시 진행되거나 출발 때 에너지 유입이 필요하지만 결과적으로는 에너지를 방출하는 반응

에너지-흡수반응 (energy-absorbing reaction)
즉시 진행되지 않거나 열을 방출하지 않는 반응

대사경로 (metabolic pathway)
세포에서 효소의 촉매작용에 의해 에너지를 변환시키고, 세포가 필요로 하는 생명분자를 만드는 일련의 화학반응 사슬로서, 한 반응의 생성물이 그 다음 반응의 반응물질이 됨

ATP (아데노신3인산)

아데닌, 리보오스 당, 그리고 3개의 인산기로 구성된 분자; ATP는 다른 분자로 에너지를 전달할 수 있음; ATP의 가수분해는 ADP로 되며 에너지를 방출함

ADP (아데노신2인산)

ATP와 관련된 에너지 분자의 하나로 ATP가 3개 인산기를 가지는 것과 달리 2개의 인산기만 가짐

ATP: 세포의 주 에너지 운반체

에너지-방출반응에서 나온 에너지의 대부분은 에너지를 한 분자에서 다른 분자로 운반하는 화합물의 화학결합으로 빠르게 잡힌다. 가장 대표적인 에너지 운반분자가 뉴클레오티드인 **ATP(아데노신3인산)**인데, ATP는 머리부에 3개의 분자고리들과 꼬리부에 3개의 인산기(PO_4^-)들로 이루어진 분자이다(**그림 3.1a**). 살아있는 세포들은 **ADP(아데노신2인산)**로부터 에너지 운반체인 ATP를 만든다(**그림 3.1b**). 세포들은 에너지-방출반응에서 나오는 에너지로 ADP에 인산기를 붙여서 그 화학결합에 큰 저장에너지를 가진 분자인 ATP를 만드는 것이다.

세포들은 ATP에서 인산기가 떨어지면서 방출되는 에너지를 사용할 수 있다. 즉 ATP는 분해되면 인산기와 약간의 에너지를 방출하며(**그림 3.1c**), 세포들은 이 에너지를 일을 수행하는데 사용하는 것이다. 벌새는 그 날개짓을 1초당 40~80회 하며, 이 힘든 날개 운동을 하기 위해 그 근육세포들은 매초 수백만 번의 에너지-흡수반응을 수행한다. ATP로부터 떨어져 나오는 에너지 함유-인산기는 종종 다른 분자로 전달되기도 한다(**그림 3.1d**). ATP로부터 인산기가 떨어져 나올 때 ADP가 만들어지는데, ADP는 또 하나의 인산기를 잃으면서 ATP보다는 조금 낮은 에너지를 방출하고 **AMP(아데노신1인산)**로 될 수 있다(**그림 3.1e**). 세포들이 이와 같이 AMP를 만들면서 에너지를 방출하는 것은 에너지 요구가 매우 클 때 일어난다. ATP와 그보다는 낮은 에너지 화합물인 ADP와 AMP의 중요성은 그들이 세포들 안에서의 에너지 교환들과 관련된 기능을 가진다는 것이다.

그림 3.1
ATP: 세포의 주 에너지 운반체

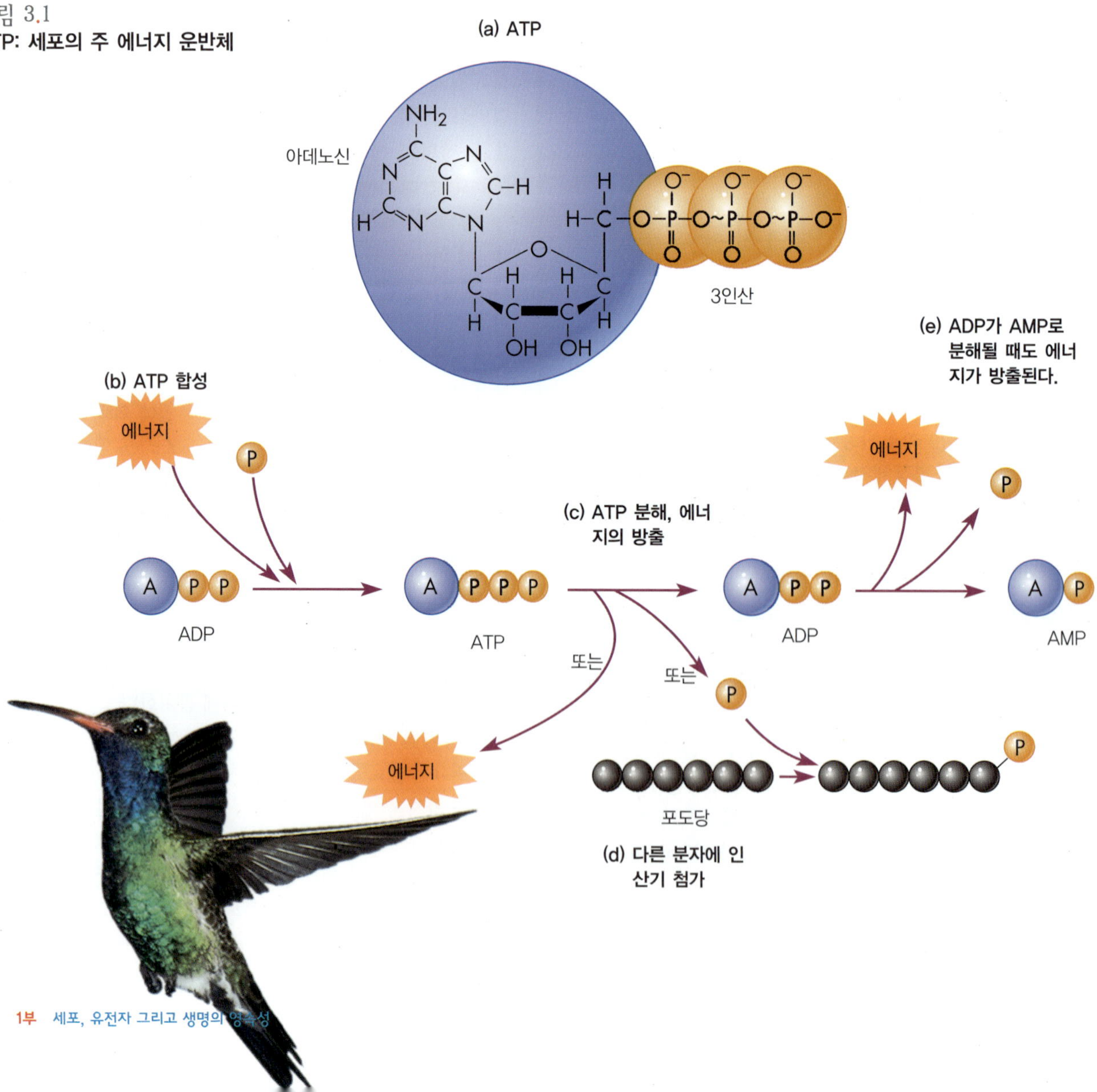

효소들은 화학반응들의 속도를 어떻게 높이는가?

화학반응이란 화학결합을 다시 배열하고 에너지를 방출 또는 흡수하는 것이다. 이러한 반응은 얼마나 빠르게 일어날까? 예를 들어, 여러분이 꽃에서 꿀을 채취하여 선선하고 습기가 없는 장소에서 건조시킨다면, 그것은 마치 항아리 속의 설탕처럼, 그 화학결합들의 재배열과 에너지 방출이 아주 서서히 그리고 거의 검출할 수 없을 정도의 속도로 일어나면서 몇 십년 동안도 그 모양을 유지한다. 그러나 벌새가 동일한 꿀을 섭취해서 소화관으로 넘겼을 때에는, 특수한 소화효소 단백질들이 설탕(꿀)의 화학결합들을 몇 초 안에 파괴시켜 단당류들로 만든다. 이들 소화효소 단백질은 확실히 화학적 변화의 속도를 높일 수 있다. 이에 관해 알아보도록 하자!

세포들 속에서 대부분의 화학적 변환은 **효소(enzyme)**들에 의해 촉진된다. 효소란 생물학적 **촉매(catalyst)** 역할을 하는 단백질 분자로서, 그 자신은 전혀 변하지 않고 특정 화학반응들의 속도를 빠르게 해준다. 당 분자들을 분해시키는 수많은 종류의 효소들 없이는 벌새들의 큰 대사율을 유지할 수 없을 것이다.

그림 3.2
활성화 에너지와 효소

(a) 활성화 에너지

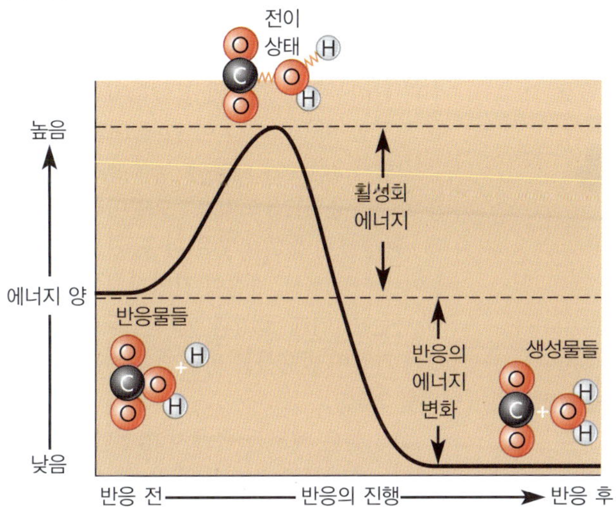

(b) 효소가 존재할 때 반응과의 비교

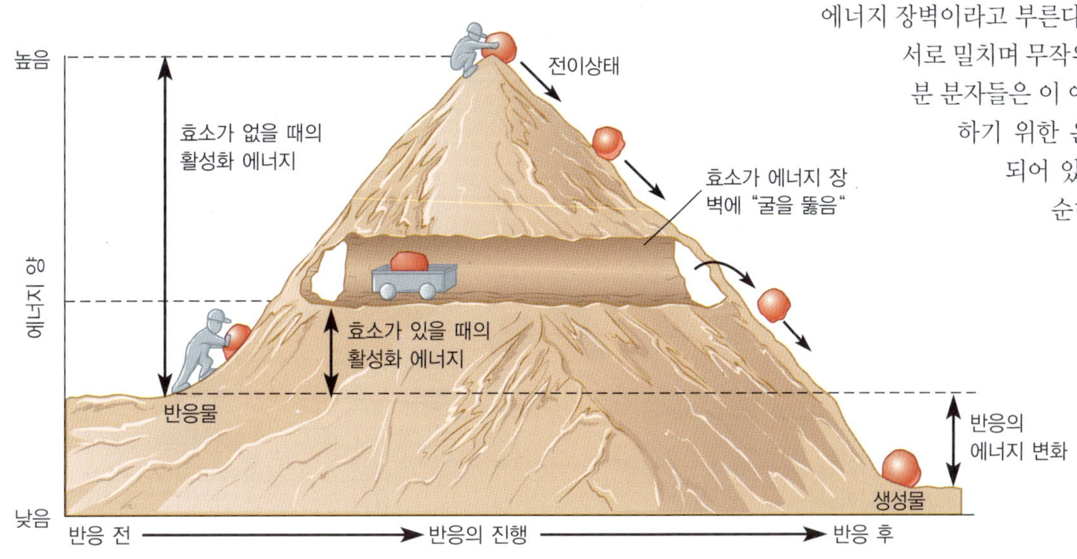

효소들이 활성화 에너지를 낮춰준다

화학반응에는 반응물과 생성물 사이에 하나의 에너지 장벽이 있다. 중탄산이온과 수소이온과 같은 한 쌍의 반응물들이 생성물인 이산화탄소와 물로 진환될 때, 반응물들은 반응물 내의 화학결합들을 부수고 생성물의 새로운 화학결합을 형성하기에 충분할 만큼 상호 충돌을 해야만 한다. 전환 중 잠간 동안 반응물들의 화학결합들은 마치 펼쳐진 스프링처럼 일그러지지만, 이 잠간 동안의 중간 상태는 분자들 사이의 에너지적 충돌 없이는 도달할 수가 없다. 이 스프링 예에서처럼 순간적인 중간상태의 조건을 **전이상태(transition state)**라 부른다. 그 상태가 되는 데에는 에너지 유입이 요구되므로 전이상태를 반응물과 생성물과 구분하여 에너지 언덕 또는 에너지 장벽이라고 부른다(**그림 3.2**).

서로 밀치며 무작위로 충돌하는 대부분 분자들은 이 에너지 장벽을 극복하기 위한 운동에너지가 결여되어 있으므로, 그들은 단순히 서로 여기(흥분)되어 있다. 그러나 일부 분자개체들은 충분한 운동에너지를 가지고 서로 밀치고 충돌을 하므로 스프링 같은 전이상태를 만들어 궁극적

AMP (아데노신1인산)
ATP와 관련된 에너지 분자의 하나로서 ADP가 2개, ATP가 3개의 인산기를 가지는 것과 달리 하나의 인산기만 가짐

효소(enzyme)
화학반응의 활성화 에너지를 낮춰 화학반응을 촉진시켜 주며, 그 자신은 변하지 않는 단백질; 생체촉매라고도 부름

촉매(catalyst)
화학반응에서 그 자신은 전혀 변하지 않고 사용되지 않으면서, 활성화 에너지를 낮추어 반응속도를 빠르게 해주는 물질

전이상태 (transition state)
화학반응에서 반응물과 생산물 사이 중간 단계로서 에너지 준위가 약간 오른 부위

활성화 에너지 (activation energy)
분자들이 화학반응을 일으키기에 필요한 최소 에너지량

활성부위(active site)
반응물들이 결합하는 효소 표면의 갈라진 틈; 이 결합이 특정 화학반응을 일으키는 데 필요한 활성화 에너지를 낮춰줌으로써 효소들이 반응 속도를 빠르게 해줌

기질(substrate)
효소-촉매 반응에서 하나의 반응물; 기질은 효소의 활성부위에 딱 들어맞음

효소-기질 복합체 (enzyme-substrate complex)
효소반응에서 효소의 활성부위에 기질이 결합되어 형성된 것

(물질)대사 (metabolism)
체내에서 일어나는 모든 화학반응들의 총칭; 광합성, 세포호흡, 소화, 유기분자 합성 등이 포함됨

으로 반응물들이 생성물들로 바뀌는 것이다. 충돌 에너지가 분자들이 에너지 장벽을 넘기에 충분한 에너지일 때 이것을 **활성화 에너지(activation energy)**라고 부른다(**그림 3.2**).

살아 있는 세포에서 대부분 분자들은 여러 반응들의 개시를 막는 에너지 장벽을 극복하기 위한 도움을 필요로 한다. 물론 열도 충돌 분자들의 속도를 높여주기는 하지만, 고온만으로 하나의 세포에서 일어나는 모든 반응들의 속도를 높여주기는 어렵다. 만약 온도를 너무 높이게 되면 세포를 파괴시켜 결국은 죽음에 이르게 한다. 다행히 효소들이 활성화 에너지를 낮춰줌으로써 생화학적 반응들이 온도의 증가 없이 일어날 수 있다. 한 효소의 작용은 효과면에서 에너지 언덕에 터널을 뚫는 것과 같이, 반응물들이 활성화 에너지인 높은 장벽을 넘어 내려갈 필요 없이 생성물로 될 수 있게 해준다.

효소들은 생명 과정이 존립할 수 있는 비교적 낮은 온도에서도 반응을 진행시킬 뿐 아니라 각 효소는 오직 특정 반응에만 작용한다. 예를 들어, 하나의 특정 효소는 활동성인 근육과 같은 조직으로부터 이산화탄소를 적혈구로 이동시키는 반응속도를 높여줌으로써 폐를 통해 노폐물인 가스가 호기되도록 해준다. 이 효소 한 분자가 효소가 관여하지 않을 때에 비해 1초당 600,000번의 놀라운 속도로 일어나게 해준다. 생물학자들은 한 마리의 벌새에서 혈액이 심장, 허파, 온몸을 완전히 도는 데 1초가 걸리며, 외호흡은 1초 동안 4~8번 하는 것으로 추산한다. 적혈구 내의 효소가 그와 같이 빠른 속도로 작용하는 도움 없이, 세포들에서 만들어진 이산화탄소가 그렇게 빠른 속도로 운반됨으로써 새가 생존할 수 있게 해주는 것이다.

그림 3.3
효소의 작용 양식

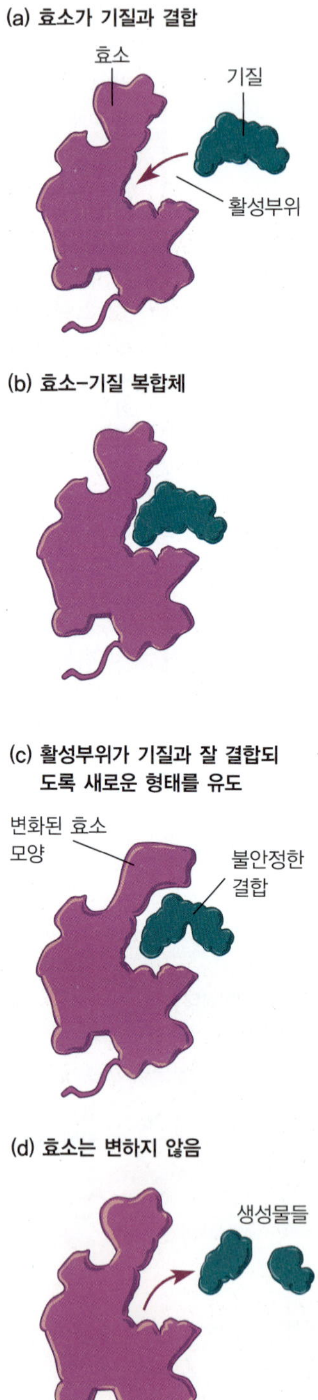

효소작용의 유도적응 모델

다른 단백질과 마찬가지로 각 효소는 그 자체의 특정 3차원적 구조를 가지지만, 대부분 효소들은 **활성부위(active site)**라고 부르는, 그 표면의 깊은 홈 또는 주머니 모양의 구조 부위를 가지는 특성이 있다. 효소 활성부위의 모양은 그의 반응물인 **기질(substrate)**과 들어맞아서 거기에 들어맞는 기질이 결합되어 **효소-기질 복합체(enzyme-substrate complex)**를 만든다(**그림 3.3a,b**). 이어서 효소의 활성부위는 기질이 결합하기 적합하도록 모양을 바꾸어 기질이 딱 들어맞게 변한다(**그림 3.3c**). (이 때문에 생물학자들은 이를 효소작용의 "유도적응" 모델이라고 부른다.) 활성부위에 들어맞은 다음, 기질의 결합들이 잡아당겨서, 기질이 전이상태에 도달하게 하는데, 이때 활성화 에너지를 낮춰줌으로써 기질이 반응물로 바뀌게 해주는 것이다(**그림 3.3d**).

효소들은 세포들 속에서 엄청난 수의 반응들을 촉진시킨다. 이들 반응 중 일부가 생명체들이 먹이 분자들, 빛 또는 그 밖의 비생명원들의 에너지를 세포활동에 사용할 수 있는 에너지 형태로 만든다. 생명 유지를 위한 이들 효소-촉매반응과 그 밖의 체내의 모든 반응들이 **(물질)대사(metabolism)**를 구성한다. 대사반응은 분자들을 분해하거나 합성할 수 있으며, 에너지를 만들거나 사용할 수 있다. 앞에서 본 것같이 대사반응들은 세포 내의 대사경로들에서 서로 연결되어 있으며, 이러한 경로들이 세포들로 하여금 큰 화학적 변화들을 작은 수의 단계들로 나눌 수 있게 해준다. 그와 같은 변화 과정들에서 엄청난 양의 열을 방출하게 되지만, 이 열(에너지)의 일부가 세포가 효율적으로 사용하기 충분한 만큼의 작은 포장에너지(ATP)로 방출되는 것이다.

목표3 생명체는 어떻게 에너지를 수확하는가?

생명의 세계에서 가장 바쁜 분자들 중의 일부가 벌새 근육 안에서 날개짓을 계속하게 해주는 효소들이다. 효소들은 동물들이 하늘에 떠있고, 날아다니며, 영역을 지키고, 체온을 유지하는 등에 필요한 에너지를 공급해 주기 위해 놀라울 정도로 활동적이어야만 한다. 이 에너지는 1차적으로 꽃 꿀에 존재하는 설탕 분자들로부터 온다. 이제부터 세포들이 먹이 분자들로부터 에너지를 얻기 위해 세포가 사용하는 기작들에 대해 살펴보겠다. 그 다음에는 식물, 조류 및 일부 세균들이 어떻게 태양에너지를 에너지-함유 분자들에 잡아 넣는지에 대해 알아볼 것이다. 이들 주제는 모두 세포들과 생명체들에서 일어나며 생물학을 이해하는 데 필수적이고, 여러분의 바로 전에 먹은 음식을 어떻게 당장 사용할 수 있는가와도 직결된다. 크게 볼 때 세포에너지의 수확에 관한 주제는 한 생명체가 다른 생명체에 먹이가 되는 것처럼, 환경에서 에너지 흐름이 어떻게 일어나는가를 포함한 생태학을 이해하는 기본이기도 하다. 생태계의 에너지 흐름에 대한 내용은 15장에서 다룬다.

에너지 수확에 대한 개요

벌새는 티 백(tea bag) 하나보다 가볍지만, 쉬지 않고 멕시코만을 횡단할 수 있다. 이 동물이 쉬지 않고 이주하는 힘에 대해 생각해 보고, 이것을 날아와서 덤비는 포식자로부터 벗어나려할 때 가속화되는 폭발적 날개짓과 비교해 보라. 이 발휘하는 힘의 정도는 당신이 달리는 버스를 잡아타기 위해 몇 km를 쏜살같이 달려가는 것과 유사하다. 벌새(또는 당신)의 에너지는 어디서 오는 걸까?

살아 있는 세포에서 이러한 에너지 수확 경로에는 두 가지가 있는데, 그 하나가 많은 양의 산소를 이용하여 에너지를 수확하는 **호기성 경로(aerobic pathway)**이고, 다른 하나는 최소한의 산소 또는 산소 없이 에너지를 수확하는 **혐기성 경로(anaerobic pathway)**이다. 많은 세포들이 이 중 한 가지를 가진다. 그러나 근육세포와 같은 일부 세포들에서는 그 순간의 산소 유용성에 따라서 두 가지 경로 모두를 이용하여 에너지를 얻는 특이한 능력을 갖는다.

언덕을 오르는 하이킹을 하는 사람에서, 그가 걸을 때 그의 허파와 혈액은 근육에 충분한 산소를 공급해 주므로 세포들이 호기적 경로를 사용할 수 있다(**그림 3.4**, 노란색 화살표). 그러나 격렬히 언덕을 오를 동안 그의 심장, 허파와 혈관들은 근육세포들이 필요로 하는 만큼의 산소를 공급할 수가 없다. 그러므로 이 경우 근육세포들은 혐기성 경로로 바뀐다(**그림 3.4**, 오렌지색 화살표).

호기성 경로

호기성 에너지 수확경로는 *세포호흡*(cellular respiration)이라고도 하며 세 부분으로 구성되어 있다(**그림 3.4**의 노란 화살표들). 첫 번째가 **해당(과정)(glycolysis)**으로서 포도당 분해를 시작하여 단지 몇 분자의 ATP를 만드는 단계이다. 두 번째가 **크렙스회로(Krebs cycle)**로서 포도당을 탄소 원자들로 완전히 분해하면서 고에너지 전자들을 획득하는 단계이다. 세 번째는 호기성 경로인 **전자전달연쇄반응(electron transport chain)**으로서, 크렙스회로에서 획득된 고에너지 전자들을 산소와 수소와 결합시켜 물 분자와 많은 수의 ATP(세포활동에 필요한 에너지화합물)를 생산하는 단계이다. 동물, 식물, 조류, 진균류 및 대부분의 세균류들의 대부분 세포들이 호기성 에너지 수확을 수행한다.

혐기성 경로

혐기성 경로는 두 부분으로 이루어져 있는데(**그림 3.4**, 오렌지색 화살표), 그 하나는 호기성 경로에서와 동일한 해당이고, 다른 하나는 **발효(fermentation)**인데, 발효과정에서는 유용한 에너지를 방출하지 않지만 그것은 해당이 지속되는 데 필요한 물질들을 재순환시킨다. 발효과정 없이는 세포가 적은 양의 ATP를 만드는 해당조차도 사용할 수 없다. 동물의 근육세포들, 저산소 환경에서의 효모들 그리고 여러 종류의 세균들이 종종 또는 늘 이 혐기성 경로를 통해 에너지를 수확하고 있다.

호기성 경로 (aerobic pathway)
산소 존재 하에서의 에너지 수집 경로; 세포호흡이라고도 부름

혐기성 경로 (anaerobic pathway)
산소 없는 상태에서 에너지 획득을 가져오는 일련의 대사 반응들

해당(과정)(glycolysis)
포도당 분해의 첫 단계로서, 포도당이 2분자의 피루브산과 2분자의 ATP가 방출된다; 일련의 반응들에서 산소가 요구되지 않음

크렙스회로 (Krebs cycle)
유기적 호흡의 두 번째 단계로서, 2개의 탄소로 이루어진 한 분자의 화합물이 완전히 분해되어 이산화탄소와 다량의 에너지가 전자전달자들에게 전달된다; 미토콘드리아 기질에서 일어남

전자전달연쇄반응 (electron transport chain)
유기적 호흡의 두 번째 단계로서, 전자들이 일련의 분자들을 따라 전달되면서 방출되는 에너지는 ATP 형태로 수확됨

발효(fermentation)
산소 부재 하에서 탄수화물로부터 에너지를 추출하는 반응으로서, 일반적으로 젖산(또는 에틸알코올)과 이산화탄소를 만듦

전자운반체 (electron carrier)
한 화학반응에서 다음 화학반응으로 전자를 운반하는 분자

산소가 있을 때 세포들은 어떻게 에너지를 수확하는가?

작은 벌새가 800 km 이상을 이동하는 데 필요한 충분한 에너지를 어떻게 저장하는 것일까? 무엇이 벌새들로 하여금 엄청난 힘과 인내력을 가지게 하는 것일까? 그에 대한 답은 산소를 이용한 에너지 수확과정인 세포호흡의 간략한 식으로 요약할 수 있다:

> 포도당 + 산소 + ADP + 인산 →
> 이산화탄소 + 물 + ATP

이 식이 말해주는 의미는 산소 존재 하에 태양으로부터 포도당 분자에 저장된 에너지가 ADP와 무기인산에 전달되어 바로 사용될 수 있는 에너지 운반체인 ATP를 만든다는 것이다. 물과 이산화탄소(CO_2)는 ATP 형성에 따르는 부산물들이다. 위 식에서의 화살표는 이 에너지 수확 과정들인 해당, 크렙스회로와 전자전달연쇄반응 단계를 나타내는 세포 기작들(**그림 3.4**의 노란색 화살표)을 의미하는 것이다.

해당과정

에너지 수확은 단순당인 포도당을 재료로 여러 단계의 분해 경로를 거치는 해당과정으로부터 시작된다. 세포들은 꽃 꿀의 설탕과 같은 다른 종류의 당 분자들을 포도당으로 전환한 다음 기본 에너지 연료로 사용한다. 포도당의 화학결합 속에 저장된 에너지는 원래 태양으로부터 온 것으로서, 녹색 식물들과 조류(algae)와 일부 세균들에서 일어나는 광합성을 통해 분자 형태로 저장된 것이다.

해당과정의 반응들은 6탄당인 포도당을 잘라서, 2분자의 3탄소화합물인 *피루브산*으로 만드는 과정이다(**그림 3.5**). 피루브산은 약간의 저장성 화학에너지를 함유하며, 대사경로에서 한 반응의 생성물이 다음 반응의 반응물로 작용하는 물질인 *중간체*(intemediate)로 작용한다. 포도당의 분해는 유용한 에너지성 전자들과 수소이온(양성자)들을 만든다. 이들 전자와 수소이온들은 특정 **전자운반체(electron carrier)** 분자(생화학적 "수송 자동차" 같은 분자로서 뒤에 상세히 설명함)에 전달된다. 해당과정의 각 단계는 세포질에서 일어나며, 이들 반응은 세포질 용액에 녹아 있는 효소들에 의해 촉진된다. 해당과정에서 각 포도당 분자당 2분자의 ATP와 2분자의 피루브산이 얻어진다. ATP들은 세포질을 통해 에너지가 즉시 필요한 곳으로 이동한다. 피루브산 분자들은 세포질을 떠나 미토콘드리아라 불리는 세포소기관으로 들어간다.

그림 3.4
에너지 수확의 개요

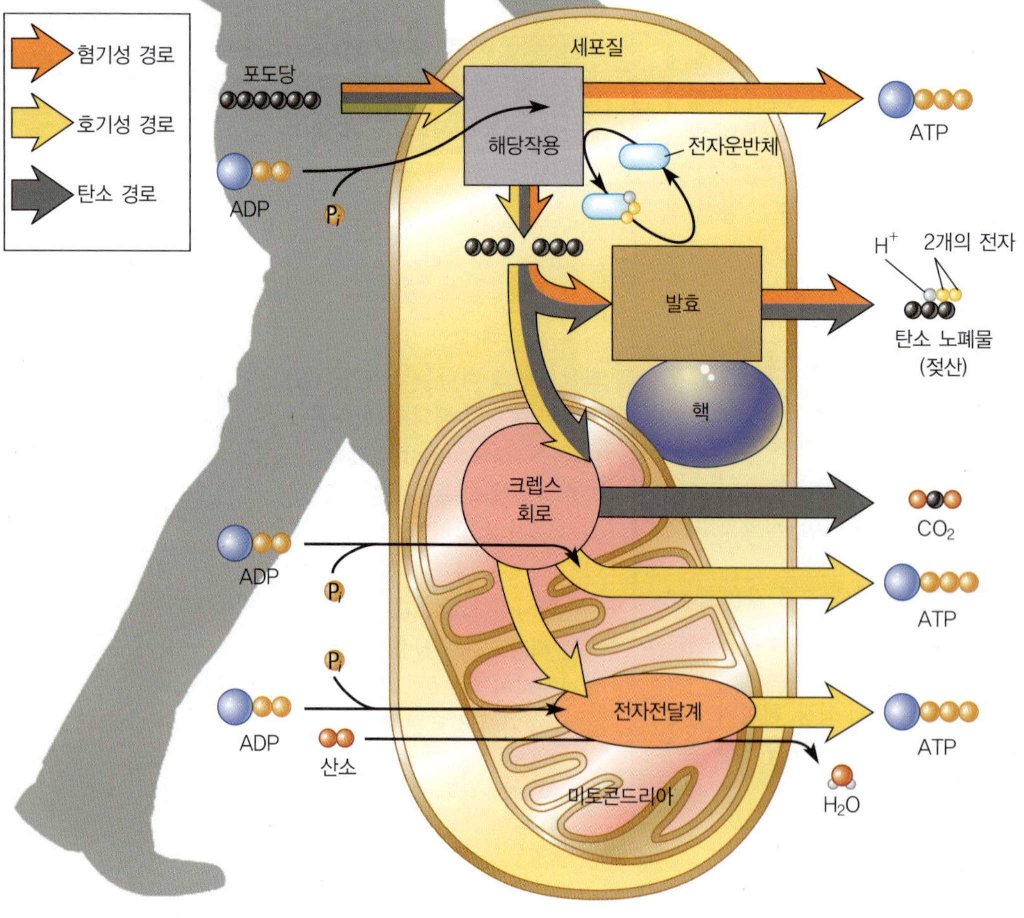

미토콘드리아

우리 몸의 심장근육 세포들처럼 매우 활동성인 세포들은 ATP를 만들어 내는 공장역할을 하는 소세지-모양의 소기관인 *미토콘드리아*(mitochondria)를 매우 많이 함유하고 있다(2장 참조).

미토콘드리아는 크고, 쭈그러지지 않은 풍선 모양의 외막과 그 안쪽에 작은 주름 잡힌 풍선 모양의 내막의 두 종류 막으로 이루어져 있다(**그림 3.7**의 현미경 사진 참조). 미토콘드리아 *외막*은 직접 세포질과 접하고 있고, 큰 단백질-결합 막공들이 막에 구멍을 형성하므로 이들 구멍의 크기보다 작은 분자들은 이들 막공을 통과할 수 있다. 미토콘드리아 내막은 **크리스타(crista)**라고 부르는 안으로 주름 접힌 구조를 하며, 여기에 효소와 색소 분자들이 점점이 박혀 있다(**그림 3.7**). 이 효소들 중 일부는 에너지 양동이 역할을 담당하며(아래 설명), 또 다른 효소는 ATP를 합성하는 역할을 한다.

모든 진핵생물에서 미토콘드리아 내막은 외막에 비해 매우 비투과성이다. 그러므로 미토콘드리아 내막 안쪽 부위인 **기질(matrix)**은 세포의 다른 부분들과 잘 격리되어 있다. 기질에는 호기성 호흡에서 매우 중요한 크렙스회로 반응을 수행하는 효소들을 포함한 수없이 많은 효소들을 가진다. 기질은 또한 구형의 미토콘드리아 DNA 분자들과 수백의 미토콘드리아 리보솜들을 함유한다.

미토콘드리아 안에서는 해당과정에서 형성된 피루브산이 산소를 사용하여 ATP를 만드는 세포호흡에 의해 분해된다. 미토콘드리아의 호기성 호흡은 산소를 소모하고 이산화탄소와 물 그리고 ATP 분자의 큰 수확을 한다. 크렙스회로와 전자전달연쇄반응을 포함한 에너지 수확 능력 때문에 세포대사 속도와 관계없이 미토콘드리아를 "세포의 발전소"라는 평판을 갖게 하는 것이다.

크리스타
(crista; 복수, cristae)
미토콘드리아 내막이 접혀져 주름 잡힌 부위

기질(matrix)
미토콘드리아 내막 안쪽 부위; HIV와 바이러스들에서 바깥 껍질 안쪽 피막 안의 단백질 구역

크렙스회로

크렙스회로란 미토콘드리아 안에서 피루브산을 완전히 분해하여 이산화탄소와 물을 만드는 여러 단계 화학반응들의 한 부분이다(**그림 3.6**). 몇 단계 과정을 통해 피루브산에서 이산화탄소(CO_2)가 하나 씩 떨어져 나온다. 외호흡의 호기(exhalation)가 크렙스회로에서 만들어진 CO_2를 여러분 몸으로부터 제거하는 방법이다.

크렙스회로는 해당과정의 마지막 생성물인 3-탄소 화합

그림 3.5
호기성 경로, 1단계: 해당(작용)

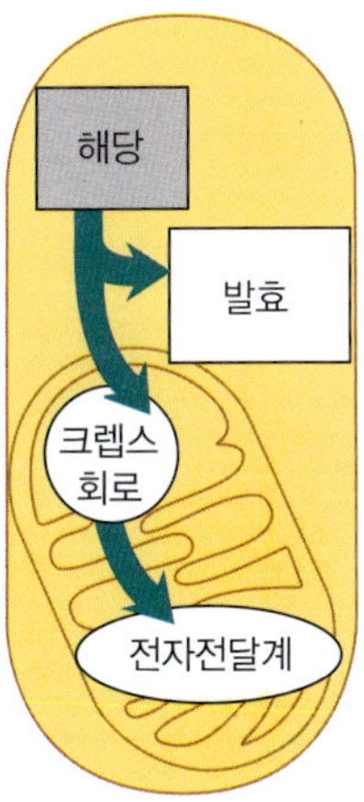

1. 해당작용에 관여하는 효소들이 2분자의 ATP를 사용하여 그 인산기를 6탄당인 포도당에 결합시킨다.
2. 효소들이 6탄당 분자를 반으로 분해하여 3탄당 2분자를 만들고, 각 3탄당으로부터 2개의 전자와 한 개의 수소를 떼어내어 전자운반체에 주었다가 다른 3-탄소 화합물에 전달하는 과정을 거친다.
3. 최종 단계에서 효소들은 각 3-탄소 화합물로부터 인산기를 떼어내어 4분자의 ATP를 생성하므로, 순 ATP 생성량은 2 ATP가 된다.

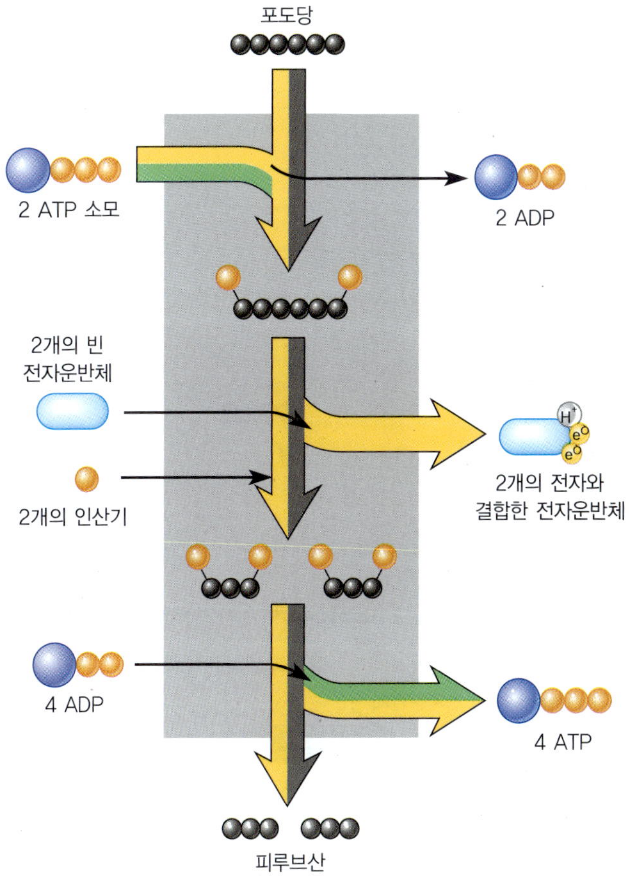

물인 피루브산에서 시작하는데(**그림 3.5**), 피루브산은 세포질로부터 미토콘드리아 안으로 들어온다. 미토콘드리아 기질 내의 효소들이 피루브산을 잘라서, CO_2와 탄소 2개짜리 화합물을 만든다(**그림 3.6**의 ④ 단계). 크렙스회로의 효소들이 탄소 2개짜리 화합물과 탄소 4개짜리 화합물에 결합시켜서 탄소 6개짜리 분자를 만든다(⑤ 단계). 다른 효소들이 이어서 탄소 6개짜리 분자에서 탄소 2개짜리 이산화탄소(사람의 호식 시 배출)로 잘라주고, 4개의 에너지성 전자운반체들을 만든다(⑥ 단계와 ⑦ 단계). ⑦ 단계 반응에서는 또 원래의 탄소 4개짜리 화합물을 재생성하면서 회로를 마친다. 그림에는 표시되지 않았지만 부가적 단계에서 한 분자의 ATP가 생성된다. 결과적으로 크렙스회로가 원래의 포도당 분자를 이산화탄소와 에너지가 저장된 전자운반체들로 전환시킨 것이다.

대사적 어음교환소 같은 크렙스회로

크렙스회로에 참여하는 여러 가지 물질들은 한 대사반응의 반응물과 그다음 생성물의 중간체(intermediate)이다. 세포들은 이들 대사중간체들을 여러 경로에 사용한다. 크렙스회로는 세포가 탄수화물 외에 지질 또는 단백질을 에너지원

내게 당분을 좀 주시오

어음환전소 이론에 예외적인 한 예가 사람의 뇌세포이다. 복잡한 이유들로 인해 뇌는 에너지 연료로 반드시 포도당만 사용할 수 있는데, 이 사실과 관련된 내용은:

- 첫째, 단 음식들이 일시적으로 기분상승을 해주는 이유가 된다. 사탕이나 단 음료를 먹은 직후, 설탕으로부터 포도당 분자가 잘려 나와 혈류를 타고 뇌로 간다. 뇌가 좋아하는 연료인 포도당이 들어오면 뇌세포들은 정점의 효율을 나타내어 잠시 행복감, 편안함 및 생동감을 갖게 한다.
- 둘째, 뇌세포들의 이와 같은 특성 때문에 다이어트하는 사람들은 하루에 적어도 500칼로리 이상의 탄수화물을 섭취해야 한다—뇌 자신은 정상 기능을 하기 위해선 적어도 500칼로리가 요구되며, 그렇지 않으면 사람은 정신이 희미해지거나 정신을 잃을 수도 있다.

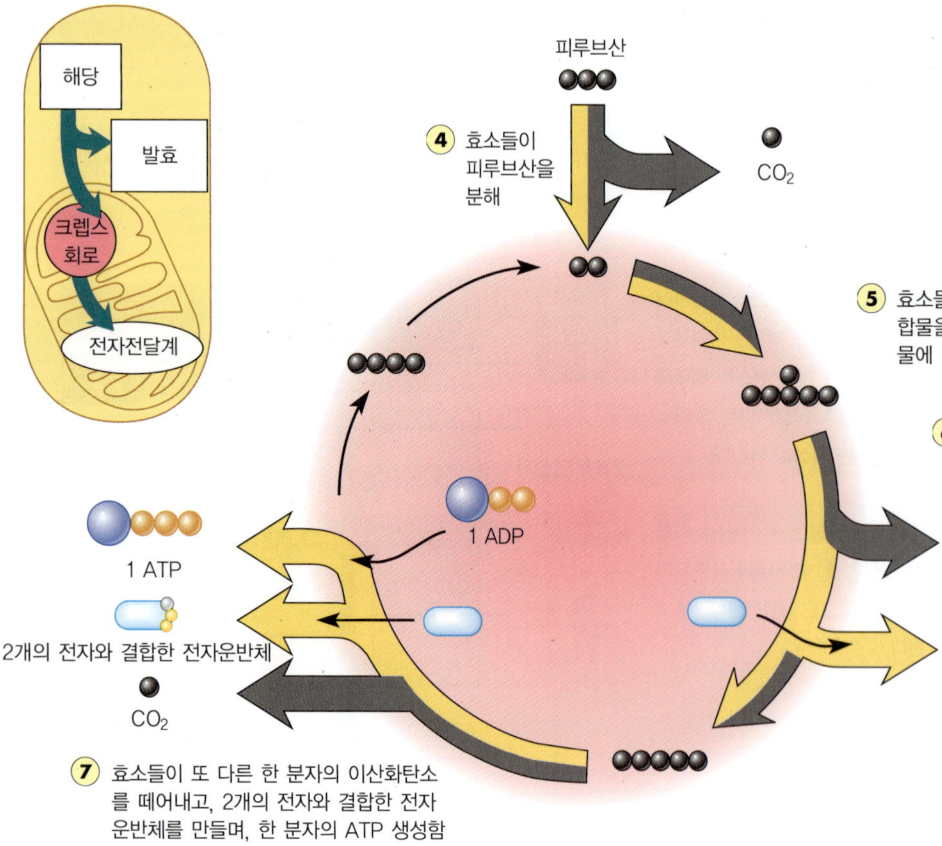

그림 3.6
호기성 경로, 2단계: 크렙스회로

으로 사용할 때도 도울 수 있다. 한 동물이나 식물에서 당이 고갈될 때, 세포는 지질이나 단백질을 분해하기 시작한다. 이 반응들로부터 생긴 소단위들 중 일부는 피루브산이나 크렙스회로 중간체들로 전환될 수 있다. 이들 물질은 크렙스회로의 적절한 경로로 들어가 에너지 수확이 가능하다. 만약 생명체가 굶고 있다면, 이 과정이 생명 유지에 충분한 에너지를 공급할 수 있는 것이지만, 에너지 공급을 위해 몸 자체의 성분들을 분해시키는 것이다. 먹이 공급이 충분한 경우엔 크렙스회로의 중간체들이 생장의 원료물질이 될 수 있다: 그들이 새로운 지방, 단백질 그리고 탄수화물 합성의 뼈대들로 작용하여 영양분이 없었던 시간에 소모된 곳이나 닳아서 대치되어야 할 부위들을 복구하는 데 사용한다.

전자전달연쇄반응

미토콘드리아 안에서 포도당 한 분자당 8개의 전자운반체 분자가 크렙스회로로부터 나온다. 이들 운반체는 미토콘드리아 내막에 위치한 효소와 색소들의 집단인 *전자전달계*로 이동된다(**그림 3.7**). 전자전달 사슬의 각 구성원들이 마치 일렬로 정열하여 양동이를 전달하는 것처럼, 전자들을 다음 구성분자들에 전달한다. 각각의 전자전달 동안 전자는 상당량

그림 3.7
호기성 경로, 3단계: 전자전달연쇄반응

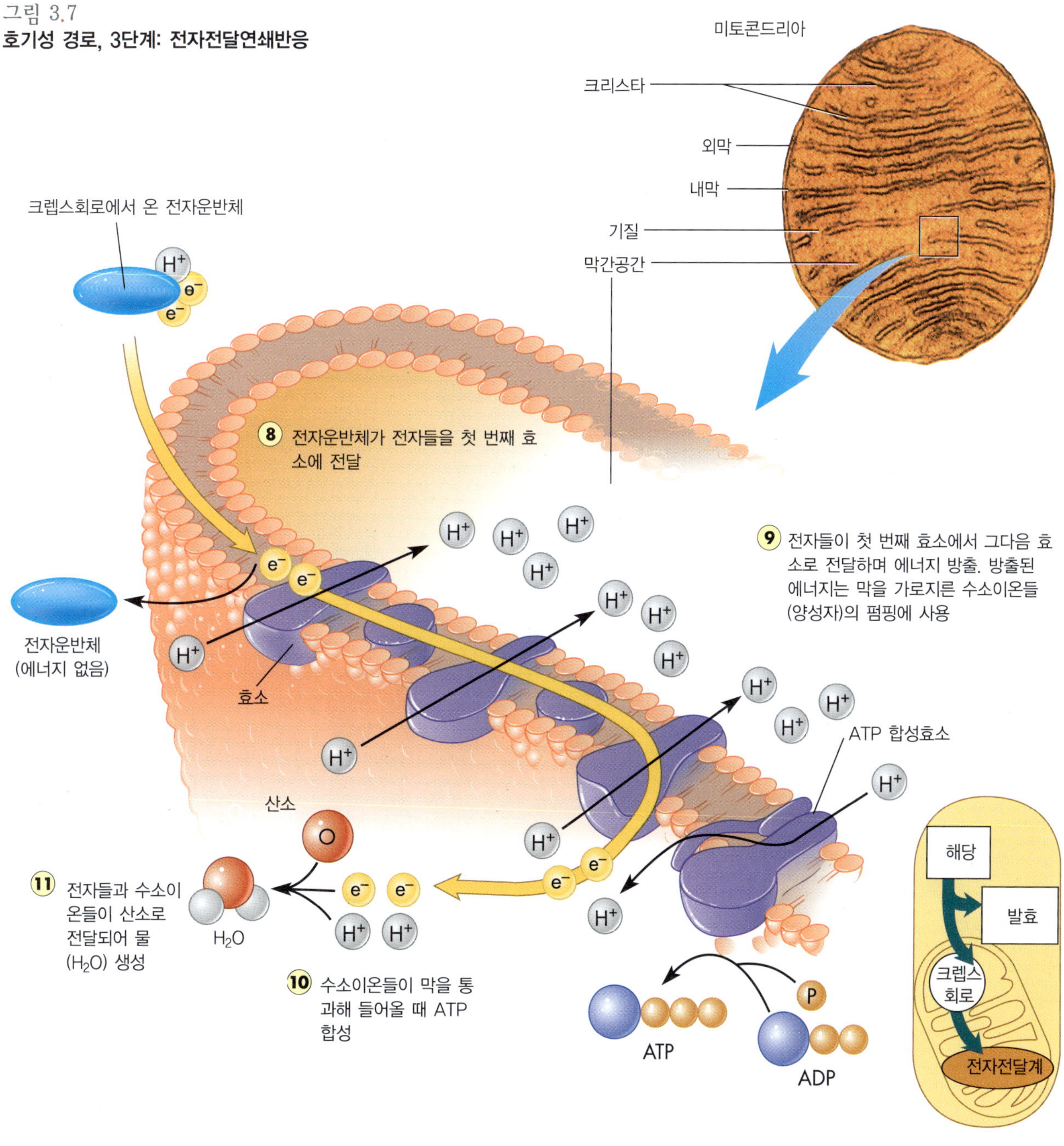

의 에너지를 잃는다. 특정 미토콘드리아 효소들이 이 방출되는 에너지를 ADP로부터 ATP를 합성하는 데 사용한다. 포도당 한 분자가 해당과정과 크렙스회로를 거쳐 전자전달계를 통해 만들어지는 ATP 분자수는 36이다.

전자전달연쇄반응에서 그 최종 전자수용체가 산소이기 때문에 실질적으로 산소를 사용하는 호기성 경로이다. 연쇄가 산소원자에 전자들이 첨가되고 수소이온들이 따라 들어옴으로써 수소와 산소가 결합된 물(H_2O)이 형성된다. 그러므로 여러분이 이 문장을 읽으면서 호흡으로 들어온 산소는 미토콘드리아에서 산소를 수용하고 호기호흡을 함에 따라 물로 바뀌는 것이다. 이 단계적 과정을 **그림 3.7**에 기술하였다.

만약에 전자들을 수용할 산소가 없이 수소이온들이 전자전달연쇄를 지나간다면 전 과정은 즉시 중단된다. 산소 공급이 엄격히 차단되면 생명체(또는 세포)는 죽는다.

세포들은 산소 없이 어떻게 에너지를 수확할까?

벌새는 그 날개 근육세포들에게 포유동물이 그 날개나 다리에 공급하는 것보다 매우 많은 혈액 공급을 받는다. 이따금 이 새가 심장박동이 맹렬히 일어나도록 격렬히 힘을 쓰더라도 그들이 사용하는 산소량만큼 빠르게 근육세포에 산소를 공급하지 못할 수도 있다. 그 결과, 벌새의 근육세포들은 짧은 기간 동안 혐기성 에너지 수확인 해당과정과 발효에 의존해야만 한다(**그림 3.4**, 오렌지색 화살표).

해당과정

혐기성 에너지 수확 과정 또는 *혐기성 경로*(anaerobic pathway)는 호기성 경로의 시작 과정과 동일하게 해당과정에서 시작한다(**그림 3.8**). 해당과정에 관여하는 효소들은 모든 생명체들에서 동일하다. 이와 같은 에너지 대사에 대한 보편적 개시가 생물학자들로 하여금 해당과정이 아마도 약 30억 년 전 지구의 초창기 세포로부터 진화되었으며 모든 살아남은 생명체로 전달되어 왔을 것으로 생각하게 해준다. 이 보편적 생화학적 끈이 모든 생명체들의 진화적 연관성을 연결시켜 준다.

발효

에너지성 전자운반체와 탄소 3개짜리 피루브산이 해당과정

그림 3.8
혐기적 경로: 발효

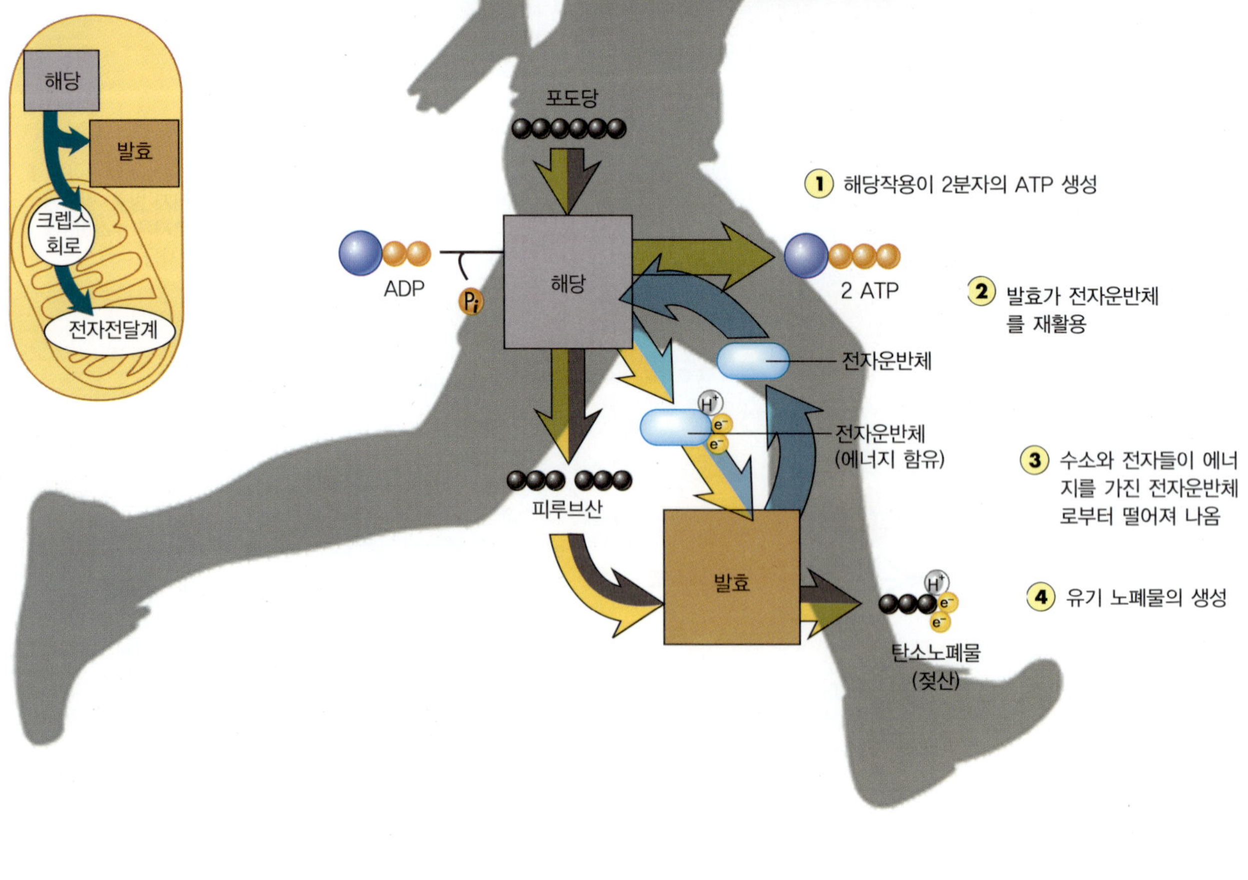

의 최종 산물임을 상기해 보라. *발효*(fermentation)라 부르는 혐기성 경로의 두 번째 단계에서는 효소들이 산소 부재하에서 피루브산을 변형시킨다. 발효 반응에 관여하는 효소들도 해당을 촉진시키는 효소들처럼 세포질에 존재한다. 그러나 생물체에 따라서 피루브산은 에틸알코올(ethyl alcohol; 에탄올) 또는 젖산(lactic acid)과 같은 다른 최종 산물로 전환시킨다(**그림 3.8**). 포도주와 맥주의 흥분작용 그리고 구운 빵에서 나는 향기로운 냄새는 에틸알코올에 의한 것이며, 알코올은 효모세포들에서의 발효 동안 생성된다. 우유에서 자라는 특정 세균들에 의한 발효는 일부 치즈들에서 산뜻한 맛을 가지게 하는 젖산을 방출한다. 또한 당신의 근육세포들도 혐기성으로 운동할 때 젖산을 만든다. 당신이 몹시 심한 근육운동을 할 때 몸이 "타는 것" 같은 느낌은 젖산 방출로부터 오는 것이다.

아이러니컬하게 발효 자체는 ATP를 만들지 못한다. 발효 산물인 에틸알코올이나 젖산을 세포가 호기성 경로를 이용해 사용하면 ATP로 전환될 수 있지만 그렇지 않은 경우엔 노폐물로서 낭비하게 되는 셈이다. 그렇다면 당신은 왜 세포들이 발효반응을 수행하고 또 에탄올이나 젖산 같은 유독성 노폐물을 만드는지 의문을 가질 것이다. 그에 대한 대답은 다음과 같다: 발효는 운반체로부터 전자들과 수소를 떼어내서 해당과정이 새로 시작되도록 하는 데 필요한 운반체를 만듦으로써, 해당과정에 필요한 전자전달 분자들을 재순환시키기 때문이다(**그림 3.8**, 푸른색 화살표). 발효에서는 마치 전자운반체인 "운반 화물차"가 사용하지 않은 화물을 내려놓은 후 새로 짐을 실러 돌아갈 수 있는 것이라고 볼 수 있다. 재순환하는 에너지 운반체가 없이는 세포는 이 필요한 "운반체" 분자가 떨어져 해당과정은 중단될 것이다.

혐기성 경로에서의 에너지 획득은 미미하여 포도당 한 분자당 2 ATP이다(호기성 경로의 36 ATP와 비교). 그렇지만 혐기성 경로는 지구의 탄소 재순환과 환경 안정성 면에서 중요하다. 낙엽, 미생물 사체 및 그 외 공급원들로부터의 유기물질이 호수나 해양 바닥의 부드러운 층과 같은 산소가 없는 환경에 가라앉는다. 만약 혐기성 대사를 통해 유기물을 분해하는 생명체들인 혐기성 분해자들이 없다면, 지구상 탄소의 대부분이 결국은 이와 같은 산소-결핍 환경에서 분해되지 않은 유기물로 갇혀져 있게 될 것이다. 그렇게 되면 광합성의 재료물질인 이산화탄소가 거의 없게 될 것이며, 식물들은 새로운 포도당을 만들 수 없게 되어, 식물뿐 아니라 동물들도 살아남을 수 가 없게 될 것이다.

대사의 조절

벌새들은 그들의 활동이 일시적으로 요구하면, 호기성과 혐기성 경로 모두를 통해 탄수화물들을 태울 수 있다. 앞에서 설명했듯이 벌새들이 쉬지 않고 이주하는 동안에 지방을 태울 수 있고, 크렙스회로 어음환전소 덕택에 그들은 또 단백질을 에너지원으로 사용할 수 있다. 여기서 대사에 관해 다음과 같은 새로운 의문들이 생긴다: 세포는 포도당이 고갈됐을 때 저장된 지질이나 단백질 중 어느 것부터 태우기 시작할까? 또 포도당 공급이 돌아오면 무엇이 지질이나 단백질들을 태우는 일을 중단시킬까? 정말로 체내에 저장된 자신의 물질들을 먹고 세포 구조를 파괴시키는 것일까? 마지막으로, 하나의 세포가 필요로 하는 분자들을 만드는 것을 무엇이 작동시키는 것일까?

되먹임 저해 (feedback inhibition) 대사 생성물이 되돌아서 한 효소의 활성을 저해하는 체계; 이 효소가 초기 생성물을 만드는 데 관여하므로 생성물의 축적이 그 생성물을 차단하는 것임

급속 에너지체계 (immediate energy system) 투포환 선수가 투포환을 들어 올리는 것과 같은 짧은 폭발적 반응처럼 생물체에서 즉시 동원될 수 있는 에너지 체계

하나의 세포에서 만든 ATP 양이 너무 많아서 세포가 분자연료를 더 이상 필요로 하지 않을 때, ATP는 해당과정의 초기 단계 반응을 촉진시키는 특정 효소의 특정 조절부위에 결합한다. 이 결합이 촉매활성을 차단시킴으로써 전 해당 경로를 중단시킨다. 따라서 세포가 이미 충분한 양의 ATP를 갖게 되면, 이 ATP 자체가 그 생산을 중지시키는 조절자의 역할을 하는 것이다. ATP 수준이 떨어지면 해당경로는 다시 진행된다. 이와 같은 종류의 대사조절을 **되먹임 저해(feedback inhibition)**라 부른다.

되먹임 저해와 그 밖의 조절을 통해 세포들의 대사관련 효소들의 활성이 꺼졌다 켜졌다 함으로써, 세포는 당이 충분하면 포도당을 태우며, 포도당이 결핍되면 지질과 단백질을 태우고, 세포의 생장 또는 활성 유지가 요구될 때 적절한 생물학적 재료물질들을 만든다. 이 조절기작들이 생명체 내에서의 대사적 혼란을 통제하기보다는 질서(정돈)를 확실히 유지하도록 해주는 것이다.

목표4 우리는 운동할 수 있는 에너지를 어떻게 얻는가?

여러 형태의 운동을 위한 에너지는 서로 다른 대사경로들로부터 온다. 운동생리학자들은 운동하는 동안 사람 근육에 에너지를 공급하는 에너지 체계를 세 종류인 즉시형 에너지체계, 해당적 에너지체계, 산화적 에너지체계로 나눈다. 이것은 물리적 활동의 지속기간과 몸이 사용하는 산소 사용 유무에 따라 구분하는 것이다. **급속 에너지체계(immediate energy system)**는 한 번의 벤치에 누워 역기 들기, 한 번의 테니스 서브, 또는 발레리나가 한 번 뛰어오르는 것과 같이 짧은 폭발적 작용에 즉시 동원될 수 있는 체계로서 두 가지가 요구된다. 그 중 하나는 근육세포에 저장된 적은 양의 ATP로서 되는데, 이

것은 마치 여러분 지갑에 가지고 다니는 몇 개의 동전처럼 즉시 유용한 것이다. 그러나 저장된 ATP는 바로 소모되므로(1/2초) 테니스 서브 후 돌아오는 공을 받아칠 만큼 충분하지 못하다. 급속 에너지체계의 두 번째가 고에너지 화합물인 *크레아틴인산*(creatine phosphate)인데, 이것은 아미노산과 유사한 분자로서 ATP처럼 하나의 에너지성 인산기를 갖는다. 근육세포는 ATP보다는 다량의 크레아틴인산을 저장하고 있다. 크레아틴인산은 몇 개의 동전이기 보다는 한줌의 1,000원짜리 지폐와 같다. 근육세포에서 ATP가 고갈되면 크레아틴인산이 그의 인산기를 ADP에 주어 ATP로 바꿔주므로, ATP는 근육세포가 수축하고 몸을 움직이게 해준다. 그러나 1분 정도의 격렬한 운동 후에는 크레아틴인산도 고갈된다. 따라서 근육들이 장기간 활동하기 위해선 급속 에너지체계보다는 더 강력한 에너지체계에 의존해야만 한다.

해당적 에너지체계(glycolytic energy system)는 근육에서 일어나는 해당에 의한 포도당 분해를 통한 에너지에 의존하는 것이므로 800-m 달리기나 200-m 수영처럼 1~3분 정도 갈 수 있는 에너지를 제공한다. 이 저장형태는 당신 지갑에 몇 만 원 정도 있는 것보다는 은행에 계좌를 갖고 있어서 더 많은 활동성을 "구입할 수 있는 것"에 비유할 수 있다. 근육세포 세포질에서 일어나는 해당은 산소 부재 하에서 포도당을 분해하여 몇 개의 ATP를 만들 수 있다. 발효인 경우는 해당 경로에서 한 단계 더 진행되어 노폐물인 젖산을 만든다. 앞에서 언급한 해당과정에서 포도당 한 분자당 2분자의 ATP가 생성됨을 상기해 보라. 이러한 이유 때문에 해당적 에너지체계는 심한 운동을 약 3분 정도 지탱할 정도이고, 이것은 모두 세포의 혐기성 경로에 의한 혐기성 운동으로 고려된다. 또한 그 짧은 시간 동안 젖산이 근육에 쌓이게 되고 그로 인해 근육 경련이나 통증이 오게 한다.

동내를 한 바퀴 걷는다던가, 에어로빅댄스를 하던가 또는 높은 언덕을 하이킹하는 것같이 3분 정도보다 긴 활동을 할 경우엔 산소가 요구되며 **산화적 에너지체계(oxidative energy system)**를 취한다. 이 체계는 적절한 강도와 긴 지속시간의 활동에 필요한 에너지를 공급하는데, 이는 장기간에 걸쳐 지속적 수익을 주는 주식이나 펀드에 투자된 돈에 비유할 수 있다. 산화적 에너지체계는 세포호흡에 근거한 것으로 크렙스회로와 전자전달연쇄반응을 포함한다. 이 체계는 최종 전자수용체로 산소를 사용하며 포도당 1분자당 많은 수의 ATP를 만든다. 만약 체지방 제거를 원하는 사람은 주로 산화적 에너지체계에 의하며 지방을 에너지 연료로 사용할 수 있는 조깅, 수영, 자전거사이클링, 격렬한 하이킹 등의 유산소운동에 매진하여야만 한다. 해당적 에너지체계는 포도당이나 글리코겐(포도당 중합체)으로부터만 ATP를 만들 수 있지만, 산화적 에너지체계는 몸의 다른 부위들로부터 혈류를 타고 근육세포들로 운반된 탄수화물, 지방산, 아미노산 등 모두로부터 ATP를 만들 수 있다. 산화적 에너지체계는 크레아틴인산이나 해당보다 매우 많은 ATP를 공급하지만 그 공급 속도는 늦다.

해당적 에너지체계 (glycolytic energy system)
근육의 해당작용에 의해 포도당을 분해시켜서 에너지를 얻는 체계; 이 에너지체계는 200 m-수영선수에서처럼 몇 분 동안의 심한 운동을 유지해 줄 수 있음

산화적 에너지체계 (oxidative energy system)
생명체 몸에서 가장 오래 에너지를 유지해 주는 체계로서, 이것은 미토콘드리아에서의 크렙스회로와 전자전달계에 의하며 지방을 그 에너지 연료로 사용하는 능력이 있음; 일반적으로 연료들은 호기성 활성을 가짐

목표5 식물들은 어떻게 생명분자들에 에너지를 저장할까?

지금까지 우리는 세포들이 생명분자들로부터 어떻게 에너지를 추출하는가에 대해서 알아봤다. 그러나 제일 처음 그들 생명분자들에 에너지가 어떻게 잡히는 것일까? 식물들이 광합성을 통해 광에너지를 화학에너지로 전환하여 유기분자들의 화학결합에 저장하며, 이들 분자들을 자신의 잎, 줄기, 꽃, 꿀을 만드는 데 사용하는데, 식물세포에서도 호기적 호흡경로를 통해 필요한 에너지를 얻는 연료로 사용한다는 것은 명백하다.

당신이 에너지를 얻는 경로와 식물의 그것을 비교해 보자. 당신은 식물들 또는 식물들을 먹는 다른 동물들로부터 에너지를 얻는 반면에, 식물은 에너지를 햇빛과 무기물질들과 같은 비생명 환경으로부터 얻는다. 생물학자들은 환경으로부터 이미 만들어진 영양소 분자들을 먹고 사는 생물들을 **종속영양생물(heterotroph)**이라 분류하는데, 많은 원핵생물들, 대부분의 원생생물들, 버섯류, 효모류와 진균류 그리고 모든 동물들이 이에 포함된다. 종속영양생물과는 대조적으로 **독립영양생물(autotroph)**은 비생명의 환경으로부터 에너지를 취하여 그것을 그 자신이 필요로 하는 영양분 분자들을 만드는 데 사용한다. 독립영양생물에는 녹색식물들과 일부 원생생물들과 같은 광합성을 하는 생물들과 태양으로부터 에너지를 획득하는 원핵생물들이 포함된다. 또한 독립영양생물은 수소가스와 황화수소(계란 썩는 냄새를 냄)와 같은 무기화합물들로부터 에너지를 추출하는 몇 종류의 원핵생물들과 같은 작은 화학합성생물들도 포함한다. 종국에 우리는 독립영양생물들이 생물계를 통해 흐르는 모든 에너지의 원천임을 알게 될 것이다. 왜냐하면, 종속영양생물들이 독립영양생물들이나 독립영양생물을 섭취한 종속영양생물들로부터 영양분을 얻기 때문이다.

빛의 물리적 성질들

가시광선은 가장 큰 에너지를 가지는 감마(γ)-선에서부터 매우 낮은 에너지를 갖는 라디오파에 이르는 우주의 전자기파의 전체인 **전자기 스펙트럼(electromagnetic spectrum)**의 한 작은 부분에 해당한다. 이 광선은 **광양자(photon)**라 부르는 입자와 파동으로 작용하며 우주를 떠다니고 있다. 광양자가 가지는 에너지가 한 번 진동할 동안의 이동거리인 파장을 결정짓는다.

가시광선의 광양자들은 좁은 파장 범위를 갖는다. 만약 전체 전자기 스펙트럼이 한 번 지구를 둘러쌌다고 가정할 때, 가시광선 부위는 새끼손가락 길이 정도 될 것이다. 생물체들은 가시광선의 제한된 파장 부분의 빛을 흡수하고 사용한다. γ-선은 매우 에너지가 커서 그들이 부딪치는 생명분자들을 파괴하는 반면에, 라디오파는 에너지가 작아서 생명분자들을 여기시키지 못한다.

빛을 흡수하는 엽록소와 그 밖의 색소들

여러 물체들이 빛의 특정 색을 흡수하고, 어떤 물체들은 빛을 반사시킨다. 예를 들어, 붉은 꽃잎은 꽃잎의 색소분자들이 가시광선 스펙트럼의 여러 부분을 흡수하고 붉은색 빛만 반사시키기 때문에 붉게 보이는 것이다. 이와 같이 흡수되는 빛의 범위를 **흡수 스펙트럼(absorption spectrum)**이라 부르며, 각 색소마다 다르다. **엽록소(chlorophyll)**라 부르는 잎의 녹색 색소는 잎의 녹색을 띠게 할 뿐만 아니라 광합성에 관여한다.

엽록소는 종종 녹색, 청색 및 자외선들의 파장은 흡수하고, 붉은색, 노란색 및 오렌지색 빛들은 반사시키는 색소들인 **카로티노이드(carotenoid)**들과 함께 존재한다. 카로티노이드들은 일반적으로 엽록소에 덮여 있어서 녹색 잎에 잘 나타나지 않는 경향이 있다. 그러나 그들은 여러 비광합성 기관 부위인 뿌리(당근), 꽃(수선화), 과일(토마토), 그리고 씨앗(옥수수 씨) 등에서는 밝고 뚜렷한 색을 보인다. 엽록소는 빛의 녹색 파장을 제외한 모든 빛을 흡수하며, 카로티노이드는 붉은색, 오렌지색 및 노란색 파장을 제외한 모든 빛을 흡수한다. 색소복합체로서 함께 작용하면 엽록소와 카로티노이드들은 가시광선의 유용한 에너지 대부분을 흡수한다. 물론 이 색소들의 중요성은 빛을 흡수한다는 데 있는 것이 아니고 에너지를 흡수한다는 데에 있다.

종속영양생물 (heterotroph)
외부로부터 이미 만들어진 영양분들을 섭취하는 생명체로서, 동물, 곰팡이, 대부분의 원핵생물과 원생생물들이 종속영양생물임

독립영양생물 (autotroph)
식물처럼 그 자신의 먹이를 스스로 만드는 생명체

전자기 스펙트럼 (electromagnetic spectrum)
우주의 전자기파의 전체 범위로서, 가장 큰 에너지를 가지는 감마(γ)-선에서부터 매우 에너지가 작은 라디오파가 있음

광양자(photons)
특정 양의 에너지를 가지고 있는 광선의 진동하는 입자

흡수 스펙트럼 (absorption spectrum)
색소에 의해 흡수되는 빛의 파장

엽록소(chlorophyll)
빛을 잡는 색소분자로서 광합성 과정 동안 전자전달자의 역할을 함

카로티노이드 (carotinoid)
녹색, 청색 및 자외선들의 파장은 흡수하고, 붉은색, 노란색 및 오렌지색 빛들은 반사시키는 식물 색소

엽록체: 태양전지 겸 당-생산 공장

식물이 그 잎에서 햇빛을 모으는 능력은 무엇 때문에 가능할까? 녹색 잎의 광합성 색소들은 광합성을 수행하는 녹색세포층에 농축되어 있다(**그림 3.9a~c**). 이 세포들은 광합성이 일어날 때의 에너지-포획능과 탄소-고정능을 모두 가지는 녹색

엽록체(chloroplast)

엽록소를 함유하는 조류 세포와 식물세포들에 존재하는 세포소기관

스트로마(stroma)

엽록체 내에 있으며, 엽록체의 내막과 틸라코이드 막 사이의 공간

틸라코이드(thylakoid)

엽록소를 함유하는 넓적한 디스크 모양의 막 구조물로서 유핵세포들 엽록체에 존재

소기관인 **엽록체(chloroplast)**들을 가지고 있다(**그림 3.9c,d**). 각 잎의 세포는 약 50개의 엽록체를 가지며, 잎 mm^3 표면에 50만 개 정도의 녹색 소기관들을 함유하고 있다. 엽록체는 여러 면에서 미토콘드리아와 유사하다: 두 소기관 모두 내막과 외막 그리고 내막이 주름진 구조를 하는 길쭉한 소기관이다(**그림 3.7**과 **그림 3.9d** 참조); 둘은 모두 세포의 에너지–관련 업무를 수행한다; 그리고 둘 모두가 구형 염색체 내에 자신의 DNA를 가진다. 그러나 미토콘드리아가 ATP를 생산하는 "발전소"인 반면에, 엽록체는 햇빛을 포획하고 당–인산 분자들과 그 밖의 탄수화물들을 생산하는 태양전지 겸 당–생산 공장이다.

엽록체 막

엽록체는 외막과 연속적으로 겹쳐 있는 내막으로 이루어져 있으며, 내막 안에는 **스트로마(stroma)**라는 액체가 채워져 있다(**그림 3.9d**). 내막 안쪽에는 세 번째 막 구조물인 **틸라코이드(thylakoid)**가 있는데, 이것은 원반 모양의 주머니구조물들이 서로 연결되어 쌓아올린 복잡한 회로망을 이루고 있다(**그림 3.9e**). 엽록소와 그 밖의 색소들은 틸라코이드 막에 박혀 있으며 그 때문에 식물 전체가 녹색으로 보이게 해주는 것이다. 대부분 잎들을 녹색으로 보이게 하는 정도는 얼마나 많은 틸라코이드를 갖는가를 짐작하게 한다. 이 색소들 외에 틸라코이드 막은 전자전달연쇄 담당분자들을 가지며, 일부 부위에는 많은 ATP-합성 효소를 함유하고 있다(**그림 3.9f**).

광합성의 개요

세포호흡과 광합성의 대사과정들은 거의 대칭성을 가져, 그들의 모든 반응식들은 서로 역으로 나타난다고 할 수 있다. 앞에서 호기성 세포호흡은 아래 반응식처럼 요약됨을 알았다:

포도당 + 산소 + ADP + 인산 →
이산화탄소 + 물 + ATP

광합성의 과정은 거의 역의 반응식으로 나타낼 수 있다:

이산화탄소 + 물 + 빛에너지 →
포도당 + 산소

산소가 존재할 때 미토콘드리아의 호기적 호흡은 포도당을 분해하여 이산화탄소와 물 그리고 ATP에 저장될 수 있는 화학에너지를 방출한다는 것을 기억해 보라. 광합성에서는 이것의 역과정이 일어난다. 즉 엽록소가 빛에너지를 포획하여 화학에너지로 전환시킨 다음, 그 화학에너지를 이용하여 이산화탄소와 물을 당으로 변환시키며 부산물로로 *산소*를 방출한다.

확실히 생명체들은 에너지 원천과 그 추출 방법 모두를 가져야 하는데, 녹색식물과 그 밖의 자가영양생물들에서 직접적 에너지 원천은 태양광이다. 광합성을 이해하기 위해 잎에 내려쬐는 빛의 경로와 햇빛에 의해 에너지 준위가 올라가는 전자들의 행로를 따라가 보기로 한다. 그 경로는 광–포획 단계와 탄소–고정 단계의 두 단계로 나눌 수 있다.

그림 3.9
잎과 광합성

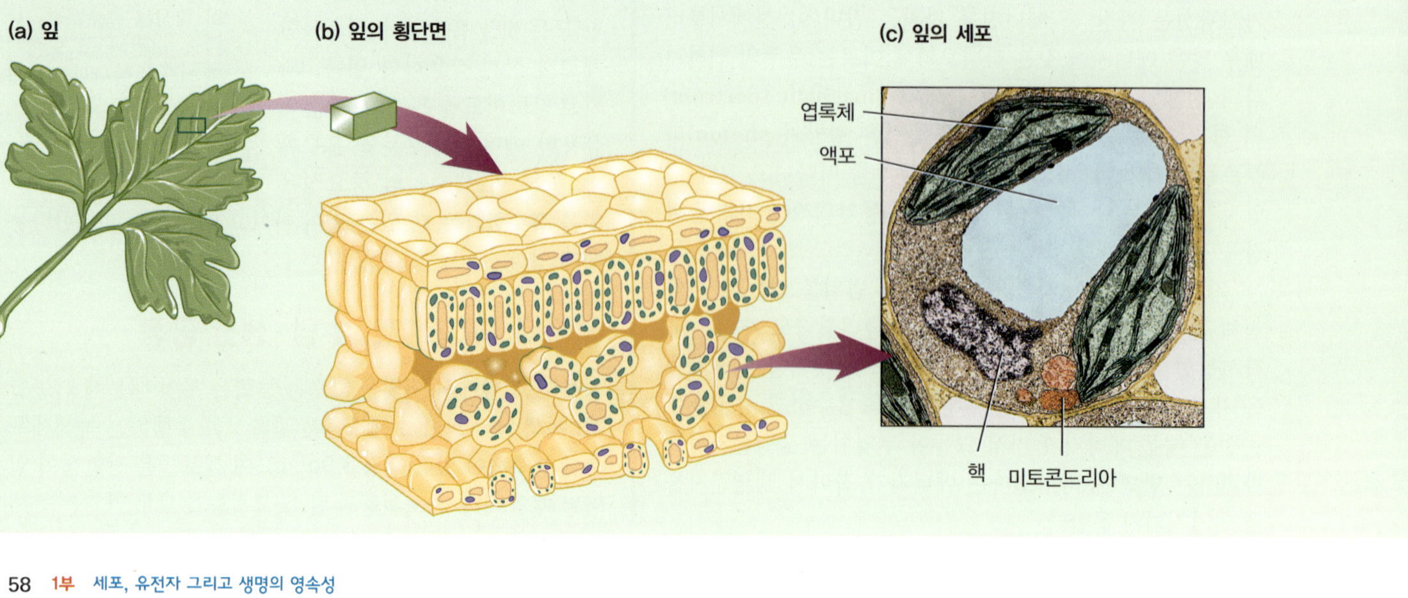

광합성에서의 광-포획 단계

태양광이 식물 잎에 도달하면, 태양에너지의 일부가 엽록체 내의 엽록소 또는 다른 색소분자들을 때리면, 색소에 있는 전자들이 에너지를 포획(획득)하여 고에너지 준위로 올라간다(**그림 3.10a**, ① 단계). 전자들은 엽록소를 떠나 전자전달연쇄를 지난다(② 단계). 전자들이 전자전달연쇄반응을 지나면서 그들은 그들의 에너지를 조금씩 방출하는데, 이 에너지가 ATP와 전자운반체들의 화학결합들에 저장된다(③ 단계). 에너지 함유 전자들이 떠나고 남겨진 엽록소의 "공간"이 물(H_2O)분자에서 나온 전자들로 채워진다(④ 단계). 물 분자로부터 나온 수소이온들은 엽록소에 머물지만, 산소는 대기 중으로 방출되는데 이 산소는 식물과 동물들의 호기적 호흡에 사용할 수 있는 것이다. 이상의 과정이 광합성의 첫 번째 단계로서 **광-의존반응(light-dependent reaction)**이라고 하는데, 이는 *에너지-포획 반응*(energy-trapping reaction)이라고도 알려져 있다. 이 반응경로는 광에너지에 의해 이루어지므로 빛이 있을 때만 일어나며, 산소, ATP 및 에너지 함유 전자운반체들을 만드는 단계이다.

광합성의 탄소-고정 단계

이제부터 광합성의 두 번째 단계에 대해 알아보자. 앞의 에너지-포획 반응에서 만들어진 ATP와 전자운반체들이 광합성의 두 번째 단계인 **탄소-고정반응(carbon-fixing reaction)**이라 부르는 생화학적 회로에 필요한 에너지를 공급한다(**그림 3.10b**). (이 반응은 *캘빈-벤슨 회로* 또는 *광-비의존 반응*이라고도도 부름.) "탄소 고정"이라는 것은 세포가 공기로부터 무기 탄소를 취하여 생명분자에 결합("고정")시킴을 의미한다. 탄소-고정반응은 광에너지를 필요로 하는 것이 아니므로 밤과 낮에 모두 일어날 수 있다; 이 반응은 단지 광-의존반응에서 생산된 에너지 운반체인 ATP와 전자운반체들이 필요할 뿐이다.

탄소-고정반응 동안 엽록체 스트로마의 한 효소가 이미 만들어져 있는 5-탄소 화합물에 이산화탄소를 붙여주어 6-탄소 화합물을 만드는데, 이 6-탄소 화합물은 즉시 분해되어 두 개의 3-탄소 화합물로 된다(**그림 3.10b**, ⑤ 단계). 이어서 엽록소는 ATP와 전자전달체들에 저장되어 있는 에너지와 전자운반체들로부터 수소를 새로 만들어진 3-탄소 화합물들에 전달한다(⑥ 단계). 새로 형성된 3-탄소 분자들의 일부는 함께 결합된 후 재배열되어, 이 회로의 출발물질로 재순환되며(⑦ 단계), 다른 화합물들은 에너지-저장 탄수화물 분자들로 방출될 수 있다(⑧ 단계). 엽록소는 세 분자의 이산화탄소를 재료로 하여 한 분자의 3-탄소 탄수화물 분자를 만들기 위해 이 회로를 돌려야만 한다. 세포들은 새로 만든 탄수화물을 식물 자체의 생존활동(뿌리와 같은 비광합성 부위)을 위해 필요한 에너지를 얻기 위해, 식물 미토콘드리아에서 에너지-수확 과정인 해당과 호기성 호흡의 연료로 사용할 수 있다. 또 식물세포는 꽃 꿀의 설탕; 세포벽, 줄기, 잎이나 그 외 부위의 구조물질인 셀룰로오스; 장기적-에너지 저장형태인 전분 등을 만드는 데

광-의존반응 (light-dependent reactions)
태양에너지에 의해 진행되는 광합성의 첫 번째 단계의 반응; 태양에너지를 포획하여 이루어진 전자들이 고에너지 화합물인 ATP와 같은 고에너지 운반체로 전달됨

탄소-고정반응 (carbon-fixing reactions)
광합성의 두 번째 단계의 광-비의존 반응으로, 광-의존반응에서 포획되어 ATP로 전환된 에너지가 탄소 분자들을 결합하여 당 분자들을 만드는 데 사용됨; 이 회로를 밝힌 학자들의 이름을 따서 '캘빈-벤슨 회로'라고도 부름

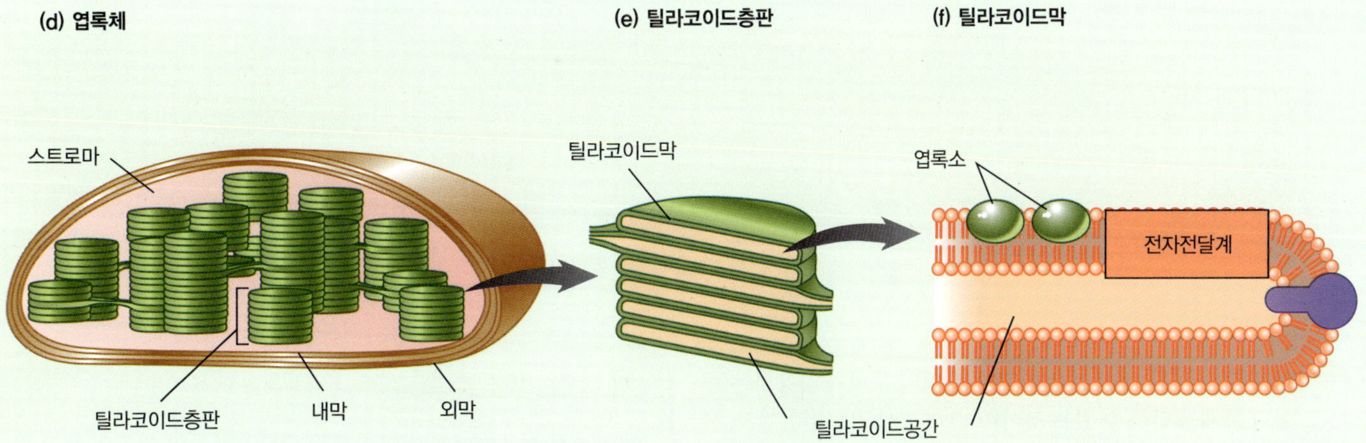

그림 3.10
광합성 반응

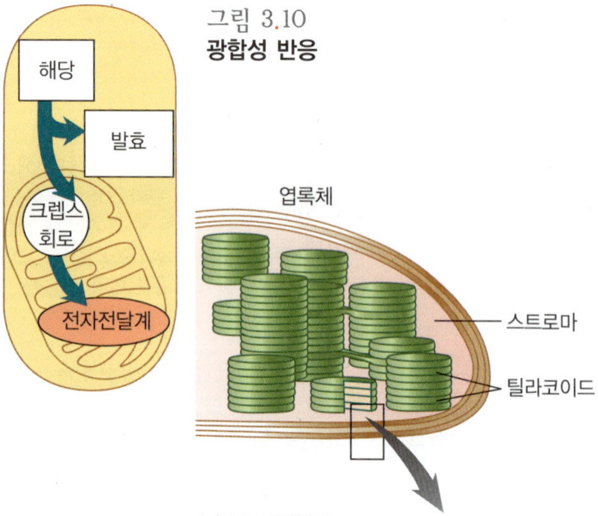

(a) 광–의존반응

(b) 탄소–고정반응

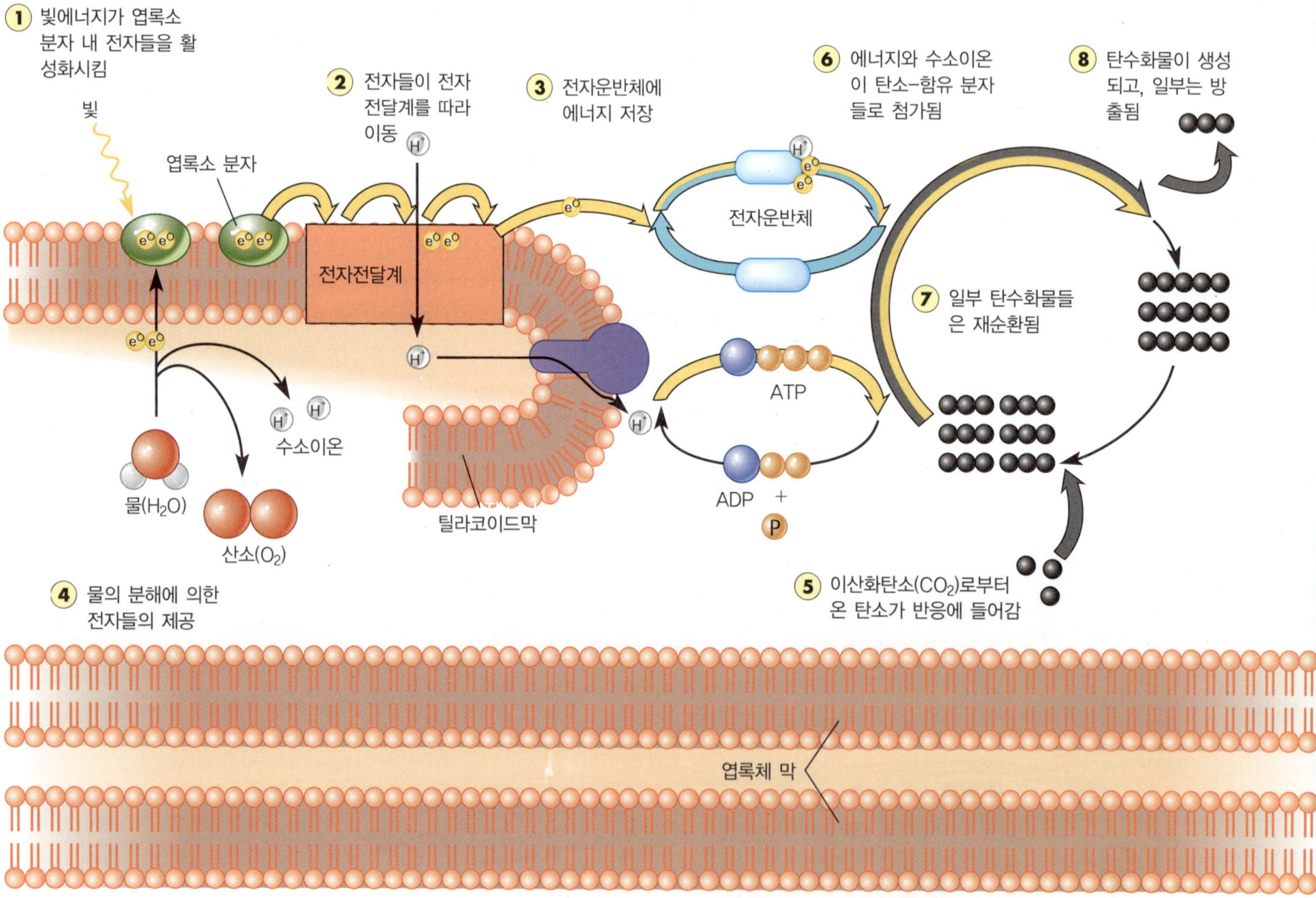

사용할 수 있다. 셀룰로오스 덕택에 매일 우리가 사용하는 종이나 목재를 만들 수 있는 것이다. 그리고 쌀, 밀, 귀리, 감자, 옥수수 등 곡식들에 저장된 전분이 우리 양식의 주성분이다.

지구의 탄소순환

현미경적 세포들에서 이루어지는 대사경로들이 지구의 물질 순환들을 영속시키는 데 도움을 주고 있다는 가능성을 상상하기란 쉽지 않다. 그러나 지구에서는 엄청난 양의 탄소–함유 화합물들이 대기, 토양, 물, 생명체들 중 독립영양생물들에 의한 탄소–고정 활동, 종속영양생물들에 의한 이산화탄소의 배출 그리고 부식과 같은 지질학적 현상 등을 통하여 탄소순환이 이루어지고 있다. 지구의 탄소순환에 대한 것은 15장에서 상세히 다룬다.

사람들이 그 활동을 통해 거대한 탄소순환을 변화시킬 수 있다고 상상하는 것은 어렵다. 그러나 우리는 새로운 경작지를 만들기 위해 강우림을 태우고 공장이나 자동차에서의 석탄이나 석유 같은 탄소–함유 화석연료들의 연소 등에 의해 매년 수백만 톤 이상의 이산화탄소를 배출시키고 있다. 이 여분의 이산화탄소가 대기에 잡혀 여분의 열을 발생시킨다. 과학자들은 이런 과정을 *온실효과*(greenhouse effect)라 부른다. 온실효과에 의해 서서히 대기와 수온이 올라가는 현상을 *지구기후변화*(global climate change)라 부른다(15장에서 다룸).

지구 기후와 수온의 변화와 별도로, 식물들이 이산화탄소를 탄소원으로 취하는데 식물들에도 이산화탄소의 증가가 유익하지 않을까? 식물 연구자들은 조절된 환경에서 자라는 식물에 여분의 이산화탄소를 첨가해 준 후, 광합성의 탄소–고정반응들의 증가 여부와 식물들이 빨리 자랄 수 있는지 측정해 보았다. 같은 의미로 자동차에 휘발유를 많이 넣는 것이 자동차 엔진 속도를 높일 것이다. 문제는 일부 식물 종류들은 다른 종류들에 비해 증가된 이산화탄소에 대해 잘 반응함으로써 다른 종류들을 제치고 한 식물종이 과밀집 집단을 이루어 평형을 깬다는 것이다. 이러한 이점이 우리가 원하는 곡식 식물들에 생기고 곡식작물에 해를 주는 잡초들에 생기지 않는다면 환영할 일이다. 그러나 불행이도 자연 생태계에 대한 우리 지식의 한계로, 어떤 식물들이 높아진 이산화탄소에 반응하여 특정 생태계를 점령할 것인가를 예견할 수가 없는 것이다.

대기 중 이산화탄소의 빠른 증가와 더불어 우리는 지구 온도의 상승에 대해 경험하고 있다. 실제로 지난 세기들을 통틀어 볼 때, 지구 온도가 가장 높이 올라간 것은 지난 10여 년 간이다. 이와 같은 *지구온난화*(global warming)는 모든 식물 및 동물 집단에 크게 영향을 미친다. 15장에서 상세히 설명하겠지만, 특정 질병–유발 생명체들의 출현과 더불어 동물들의 분포가 변하고 있다. 이러한 온난화가 다음 세기에는 벌새들 집단과 우리들 후손들에게 어떤 의미일지—우리는 단지 상상만 할 뿐이다.

누가 알았겠는가?

"푸드체인에서 가볍게 먹기"란 고기를 적게 먹고 채소를 많이 먹는 것을 의미한다. 에너지는 매 시간 열로 손실되므로 에너지는 다른 형태로 전환되는데, 열에너지(엔트로피)로 잃는 에너지가 있으므로, 채식에 의해 생산된 에너지는 육식에 의해 생성되는 에너지보다 낮다. 태양으로부터 오는 에너지의 양은 고정된다; 채식에 의해 열로 발생되어 잃는 에너지가 적다는 것은 더 많은 에너지가 저장된다는 의미이고, 한 개체를 먹이는데 적은 땅만 요구되며, 채식주의자들이 육식주의자들보다 수명이 길다.

CHAPTER

4

세포 주기

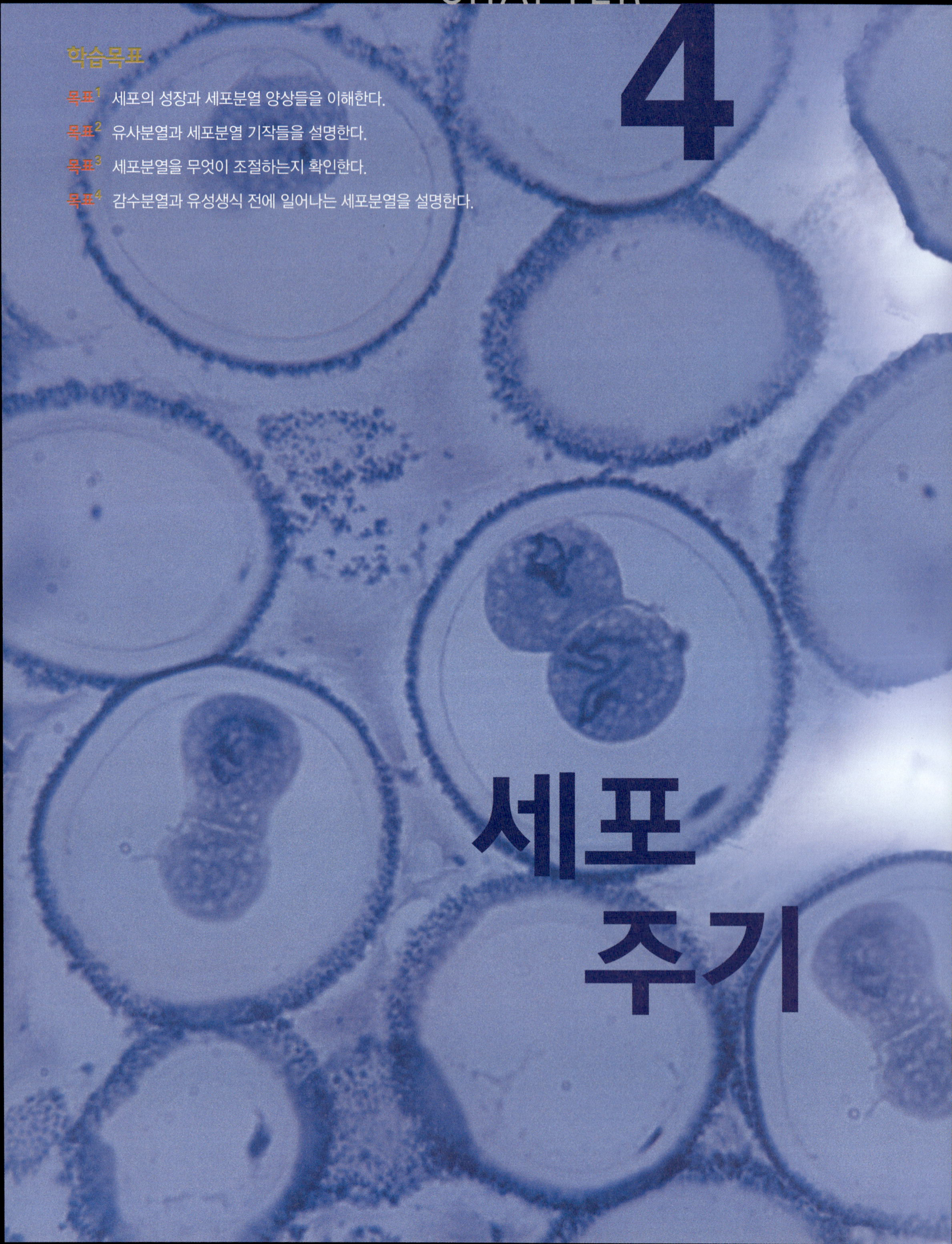

학습목표

목표1 세포의 성장과 세포분열 양상들을 이해한다.

목표2 유사분열과 세포분열 기작들을 설명한다.

목표3 세포분열을 무엇이 조절하는지 확인한다.

목표4 감수분열과 유성생식 전에 일어나는 세포분열을 설명한다.

© COMSTOCK IMAGES/GETTY IMAGES

“사람과 그 밖의 진핵생명체에서는 두 종류의 세포분열인 유사분열과 감수분열이 일어난다. 두 종류 중 암은 유사분열을 한다.”

조절을 피할 수 없는 손실

당신은 무엇을 알고 있을까?

당신 몸 어느 부위의 세포들이 체세포분열을 할까? 또 감수분열은 어느 부위에서 일어날까?

1972년 여름 17세 소녀인 **퍼트리셔(Patricia)**의 피부과 주치의는 그녀의 엄지발가락에 진주만한 크기의 분홍색 혹을 발견하고 그것을 *기저세포 암*(basal cell carcinoma)이라 진단하였다. 이 어울리지 않는 세포들의 과도생장은 피부암의 가장 두드러진 형상으로서, 실제로 가장 빈번히 인간 암으로 진단되는 질환이다. 그러나 전형적인 피부암 환자는 중년 또는 나이든 사람에서 많다. 따라서 10대에서 병소가 발견되었다는 것은 비록 미미한 증상이기는 해도 좀 예외적이었다. **퍼트리셔**는 과거부터 그때까지 햇빛 노출에 민감하였다. 몇 주 후 그녀의 뺨에 두 번째 기저세포 암 발견은 더 불길을 예고했다. 그것이 그녀의 전신 피부에 대한 상세한 검사를 하게 하였고, 그녀의 주치의는 더 작기는 하였지만 진주알 모양의 암들을 발견하였다.

그녀와 비슷한 나의의 소녀들에서 빈번히 일어나는 이런 질병을 *기저세포 모반증후군*(Basal Cell Nevus Syndrome, BCNS)라 부르는데, 이 질환은 드문 유전적 질병으로서 청년기에 시작되며 전 생애를 통해 수많은 피부암을 가지는 특성을 보인다. 현재, 44세인 **퍼트리셔**는 아직도 매주 피부과 의사를 만나고 있으며, 그녀는 “매 방문 때마다 10개의 새로운 암종이 발견된다.”고 말한다. 그러나 그녀는 자신의 처지를 매우 관대히 받아들이고 있다. **퍼트리셔**는 그녀가 그리도 오래 싸워오고 있는 질병에 대해 “내 생애 동안에 좋은 치료법이 나올 것이야!”라는 희망을 가지고 있다.

그와 같은 희망이 샌프란시스코 소재 캘리포니아 대학에서 **퍼트리셔**에 대한 그간 몇 년간의 연구를 포함해 BCNS에 관해 수행하고 있는 연구들을 통해 이루어질지도 모르겠다. 이 연구의 책임연구자인 **엡스타인(Ervin Epstein)** 박사는 인생 후반기에 하나 또는 그 이상의 기저세포 암종을 가질 수백만 명을 치료하기 위한 해답을 얻으려 노력하고 있는 중이다. 만약 발병 초기에 잡힌다면, 이들 암들은 “100% 치료 가능”이 될 것이라고 **엡스타인** 박사는 설명한다. 그러나 그의 목표는 유전자, 단백질 및 그 밖의 생명분자들 수준에서 세포들이 어떻게 생장하고 분열하는 가를 완전히 밝혀내는 데에 있다. 생장과 분열에 대한 상세한 지식을 바탕으로 그와 그의 동료들은 피부암들에 더 효과적인 치료법과 예방법까지도 고안해 낼 것으로 기대된다.

퍼트리셔의 피부암과의 긴 전쟁과 **엡스타인** 박사의 기저세포 암종에 대한 연구가 이 장에 적합한 주제이다. 이제부터 살아 있는 세포들의 생장, 복제 그리고 분열의 단계인 **세포주기(cell cycle)**에 대해 알아보자. 사람과 그 외 진핵생물들에서 일어나는 세포분열에는 체세포에서 일어나는 *유사분열*(mitosis)과 배우자(성세포)에서 일어나는 *감수분열*(neiosis)의 두 유형이 있다. 두 유형 중 암세포들은 유사분열을 한다. 세포주기를 탐구함에 따라 여러분은 하나의 암이 한 세포 내에서 유사분열을 통제하지 못하고 감당할 수 없게 되면서 시작된다는 것을 알게 될 것이다. 정상세포의 분열은 적절한 시기에 시작과 중지가 되는 대신에, 암세포의 분열은 *종양*(tumor)이라 부르는 세포 덩어리가

세포주기(cell cycle)
세포 내에서 일어나는 한 세포분열과 그 다음 세포분열 사이에 일어나는 과정들

표피(epidermis)

생명체 피부 조직의 가장 바깥 층

진피(dermis)

표피 아래에 위치하는 피부층; 진피는 가는 혈관들, 땀샘, 모근 그리고 신경종말을 포함하고 있다.

피하의(subcutaneous)

'피부 아래의'라는 의미; 종종 진피 아래의 구성물들을 피부와 결합되도록 해주는 지방세포를 가리키기도 함

기저층(basal layer)

표피의 가장 밑에 있는 층; 기저층은 죽은 피부세포들을 대치해 줄 분열세포들을 가짐; *배엽층*(germ layer)이라고도 부름

기저세포(basal cell)

표피 바로 아래층에 있는 세포

목표1 세포성장과 세포분열의 유형들

피부암이 어떻게 발생되는지 이해하기 위해 먼저 정상 피부에서의 세포생장과 분열에 대해 알아본다. 그 다음에 이 정상 유형과 세포의 생장 및 분열 유형이 비정상적이며 세포주기도 제어되지 않는 BCNS의 유형과 비교해 보겠다.

되거나 다른 조직들로 침투할 때까지 끊임없이 분열이 일어난다.

생명체의 암세포와 정상세포 및 생식세포의 생장에 대한 이해는 복잡한 세포주기의 이해가 필수적이며, 이것은 현대 생물학의 매우 중요하고 매력적인 주제 중의 하나이다.

세포주기에 대한 이 장의 내용을 공부해 나가면서 여러분들은 아래의 질문들에 대한 답을 얻게 될 것이다:

- ☑ 정상적인 세포성장과 세포분열의 양식은 무엇인가?
- ☑ 유사분열은 무엇이며, 세포분열 중에 어떤 일이 일어나는가?
- ☑ 무엇이 세포분열의 시기와 위치를 조절하는가?
- ☑ 생식 전에 일어나는 특이 세포분열인 감수분열이란 무엇이며, 이 과정 중에 어떤 일이 일어나는가?

피부세포들은 언제 그리고 어디에서 분열하는가?

피부는 우리 몸에서 가장 큰 기관이며, 근육들과 다른 조직들 주위를 둘러 싼 멋진 방어벽이다. 피부 표면층은 옷의 문지름이나 목욕 수건의 문지름에 의해 끊임없이 벗겨져 나가고 있다. 이와 같이 외부 물질에 의해 없어지는 피부가 어떻게 정상적으로 교체될 수 있는 것일까? 그것은 피부 속 깊은 부위에 있는 분열층에 의해서 가장 바깥층이 교체되도록 조절되고 있기 때문이다.

피부는 크게 두 부위로 나뉘는데, 얇은 바깥 부위인 **표피(epidermis)**와 그 밑의 두꺼운 부위인 **진피(dermis)**이다. 진피 바로 밑에는 **피하층(subcutaneous layer)**이 있는데, 대부분이 지방세포들로 이루어져 있어서 피부와 그 밑의 기관들을 결합해 준다. 진피는 가는 혈관들, 땀샘, 모근 그리고 열이나 접촉에 민감한 신경종말들을 가지고 있다. 이들 중 어느 구조물도 BCNS 종양들에서는 직접적 역할을 하지 않는다.

표피는 피부의 보호지역으로서 여러 층으로 이루어져 있다(**그림 4.1**). 진피에 가장 가까이 있는 것을 **기저층(basal layer)** 또는 분열층[*배엽층*(germ layer)이라고도 부름]이라 하며, 그곳에 자리 잡고 있는 세포들이 **기저세포(basal cell)**들이다. 이 분열층은 진피의 혈액과 근접해 있으며, 표피 중 유일하게 재생세포들을 가지는 부위이다.

그림 4.1
피부의 세포들은 어디에서 분열하는가?

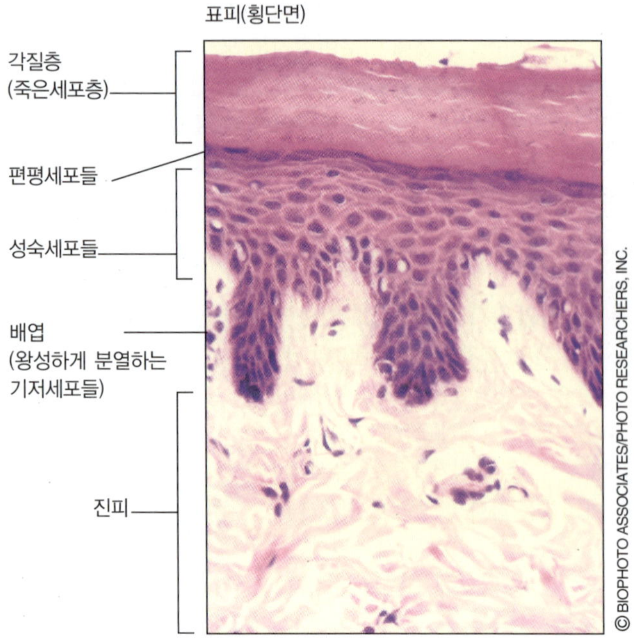

그림 4.2
피부암은 기저세포 어디에서 일어날까?

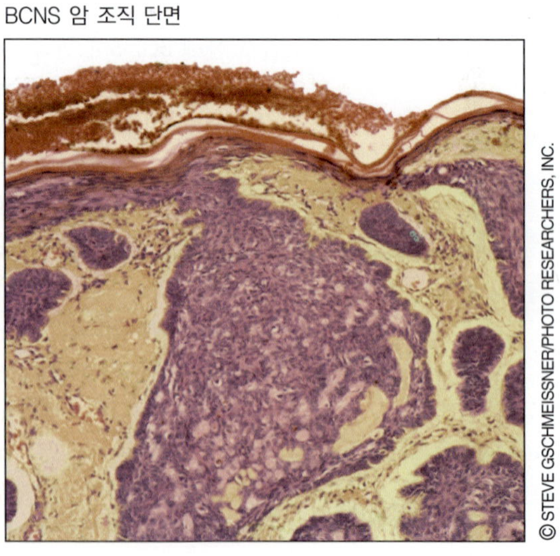

이들 세포들이 분열함에 따라 그들 중 일부가 세포 분화층으로 밀려 올라가 그곳에서 성숙된 특성들을 갖게 된다. 그들이 완전히 성숙되면 세포들은 세포연접들(그림 2.14 참조)에 의해 단단히 결합되며, 세포들이 다량의 세포골격 단백질인 케라틴을 축적하여 마치 빈대떡처럼 매우 평평해진다. 그들이 체 표면으로 더 이동되면서 그들에 대한 영양소 공급이 제한받게 되고 세포들을 죽는다. 표피층의 가장 바깥 부분은 건조한 얇은 층으로 이루어진 죽은 세포들이므로 피부를 문지를 경우 쉽게 떨어져 나가는 것이다.

어떤 세포가 피부암을 일으키는지 결정하기 위해, 외과 의사들은 기저세포 암종을 떼어낸 다음, 그 세포층을 매우 얇게 조각내어 관찰할 수 있다(**그림 4.2**). **그림 4.2**의 BCNS 조직표본과 **그림 4.1**의 정상피부 조직표본과 비교할 때 어떤 차이를 볼 수 있는가? 진피를 이루는 세포 덩어리를 주의 깊게 비교 관찰해 보라. 표피의 분열하는 배엽층 세포들이 너무 많이 분열하여 그 세포집단들이 진피층까지 뻗혀 있는 것을 볼 수 있는데, 이와 같이 세포 수가 늘어나는 과정을 *증식*(proliferation)이라 한다.

세포주기: 분열층의 작용

피부의 분열층에 있는 세포들은 다른 살아 있는 세포들의 재생 전략과 동일하여, 영양소를 취하고, 세포 크기를 늘린 다음, 두 개의 딸세포로 나누어진다. 이 두 딸세포들은 또 각각이 생장한 다음 분열한다. 이와 같은 세포생장과 분열의 교대를 *세포주기*(cell cycle)라 한다(**그림 4.3**). 세포주기의 **분열기(division phase)**에서 세포 내부 소기관들이 분리된 다음, 두 개의 세포로 분열한다. 세포분열과 그 다음 세포분열 사이의 시기를 **간기(interphase)**라 한다.

그림 4.3
세포주기(개요)

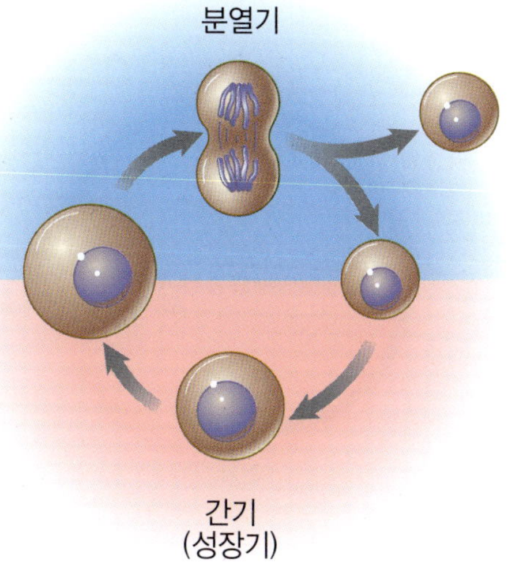

2장에서 살펴본 대로(그림 2.10), 세포 안의 물질은 균일하게 분표되어 있지 않으므로 세포가 둘로 갈라질 때 거의 유사한 물질을 함유한다고 보면 된다. 세포들은 그 양과 존재 위치가 다른 다양한 세포소기관들을 가진다. 리보솜, 미토콘드리아, 골지체 등과 같은 세포소기관들이 각 세포마다 수천 개에서 수백만 개 존재한다. 만약 세포가 둘로 갈라진다면, 그 반쪽 각각이 무난하게 기능을 발휘하기에 충분한 소기관들을 가질 것이다. 그러나 일부 소기관들은 세포 내에 하나만 있으므로 이 경우에는 둘로 나눠진 세포 중 한 쪽에만 갈 수 있다. 이에 해당하는 소기관이 핵 내의 유전물질을 가지는 염색체와 세포질에 있는 중심립이다. 이와 같이 "한 개만 존재하는" 소기관인 경우에도 딸세포에 동일하게 갈 수 있도록 특수 기작을 가지게 진화되어 왔다.

분열기(division phase)
세포주기 중, 세포의 내부 소기관들이 나누어져, 2개의 세포로 갈라지는 시기

간기(interphase)
세포분열 사이의 시기; 이때 세포는 정상적으로 기능을 해 다음 세포 분열에 필요한 DNA 복제가 일어남; 간기는 제1간극기(G_1기), 합성기(S기), 제2간극기(G_2기)로 나뉨

염색체(chromosome)
세포핵에서 DNA와 단백질 그리고 유전정보들로 이루어진 자기-복제능을 가진 소기관; 사람의 세포는 23쌍의 염색체를 가지며, 원핵생물에서는 유전정보를 함유한 구형 DNA를 가짐

염색체

퍼트리셔의 BCNS는 유전성이어서, 그녀의 세포들은 이 병에 대한 지령들을 유전정보로 갖고 있다. 2장에서 본 대로, **염색체(chromosome)**들은 세포가 그 자신을 만드는 데 필요한 지령들인 유전정보를 가지고 있는 세포소기관이다. 염색체에 관한 상세한 것은 6장에서 다룰 것이며, 여기서는 세포들이 질서 정연하게 분배하는 기작을 가져서 그들이 분열할 때 각 딸세포들이 동일한 유전정보를 받는다는 것과 두 딸세포가 모두 어버이세포와 동일한 정보를 가진다는 점에 대해서만 알아보도록 한다.

모든 생명체들은 종에 따라 이들 유전적 구조물의 크기, 모양 그리고 숫자가 다르지만 모두 염색체를 가진다. 진핵세포들은 2개 또는 그 이상의 염색체들을 가진다. 예를 들어, 회충의 세포는 4개, 거대한 침엽수인 세쿼이아 잎의 세포는 22개, 금붕어의 세포는 104개, 사람 피부세포는 46개를 가진다.

세포주기에서의 염색체

하나의 세포가 분열하여 만들어지는 각 딸세포는 어버이세포의 것과 동일한 유전물질을 가지는 염색체를 받는다. 이 때문에 염색체의 구조, 복제 및 분배는 세포주기의 중심이 된다. 염색체는 유전정보를 갖는 긴 DNA와 단백질로 구성되어 있

염색분체(chromatid)
하나의 복제된 염색체 중의 하나를 일컬음; 염색체의 복제는 동원체에서 결합된 2개의 염색분체를 만듦

복제(replication)
하나의 DNA 분자를 2개의 동일한 DNA 분자로 복사하는 것

정렬(alignment)
체세포분열 또는 감수분열 동안에 방추체에 의해 염색체들이 위치를 잡는 것

분리(separation)
체세포 분열 또는 감수분열 동안에 염색분체 또는 염색체가 분열하는 세포에서 각각 반대의 극으로 이동하는 것

자매염색분체(sister chromatid)
복제된 염색체 두 가닥의 각각을 일컬음

동원체(centromere)
방추사가 결합하는 염색체 상의 지점으로서, 두 염색분체가 결합되는 장소이기도 함

방추사부착점(kinetochore)
긴 섬유들인 방추사들이 결합하는 동원체에 위치한 단백질들의 그룹

다. 현미경을 이용하면 염색체들을 뚜렷이 볼 수는 있지만, 세포주기 중에는 분열기 동안에만 볼 수 있다(**그림 4.3**). 분열기 때 DNA가 마치 실감개에 감겨진 실 다발 모양으로 빽빽하게 감긴다. 나머지 시기인 간기 때 DNA는 풀려서 땅 위에 쌓인 느슨한 실 다발처럼 펼쳐진다. 이 시기에는 각 염색체를 볼 수 없다.

분열기 말에 각 염색체는 **염색분체(chromatid)**라 불리는 하나의 긴 막대 모양의 구조를 한다(**그림 4.4b**의 ① 단계). 간기 동안에 염색체가 갖는 하나의 DNA가 2개의 동일한 DNA 분자로 복사되는 과정인 **복제(replication)**가 일어난다(② 단계). 분열기 시작 때 염색체들은 다시 한 번 보이게 되는데(③ 단계), 이때 각 염색체는 2개의 염색분체(각 분체가 하나의 2가닥으로 이루어진 DNA 분자)로 이루어져 있다(세포는 복제 시 염색체 수가 변하지 않음을 주목하라. 각 염색체는 단순히 하나의 염색분체로부터 둘로 되는 것이다). 이 단계에서 염색체들은 세포의 중간 부위에 **정렬(alignment)**된다(뒤에 나옴). 마지막 ④ 단계에서, 두 개의 염색분체를 가진 복제된 염색체가 두 개의 염색체(이때 각 염색체는 이중사슬의 DNA로 이루어진 하나의 염색분체를 가짐)로 갈라지는 단계인 **분리(separation)**가 일어난다.

요약하면, 세포주기는 하나의 염색분체가 두 개의 염색분체로 복제되는 간기와 복제된 염색체가 정렬한 다음에, 2개의 염색분체가 서로 다른 세포로 분리되는 분열기를 포함한다고 할 수 있다.

염색체의 구조

이제부터 염색체의 구조를 좀 더 상세히 알아보자. **그림 4.4a**는 세포주기의 분열기 때의 2개의 염색분체로 된 염색체의 그림을 보여주고 있다. 각 염색분체는 응축된 염색체 축으로부터 뻗어져 나온 단백질과 복합체를 형성한 DNA 고리 구조를 형성하고 있다. 이들 고리는 DNA가 단백질을 둘러싸서 마치 가는 실감개에 수천 번 감긴 실 모양을 하고 있다. 염색체의 각 염색분체는 매우 긴 이중가닥의 DNA 분자를 가지기 때문에 이 포장이 분열기 때의 염색체 배열과 분열동안 DNA의 엉김을 감소시킨다.

앞에서 살펴 본 염색체에서 2개의 동일한 염색분체 각각을 **자매염색분체(sister chromatid)**라고 부르는데, 이들은 **동원체(cenromere)**라는 한 지점에 같이 묶여져 있다(**그림 4.4a**). 동원체에 위치한 한 단백질 집단을 **방추사부착점(kinetochore)**이라 하는데, 이 구조물은 **방추사(spindle fiber)**

그림 4.4
염색체구조와 염색체 주기

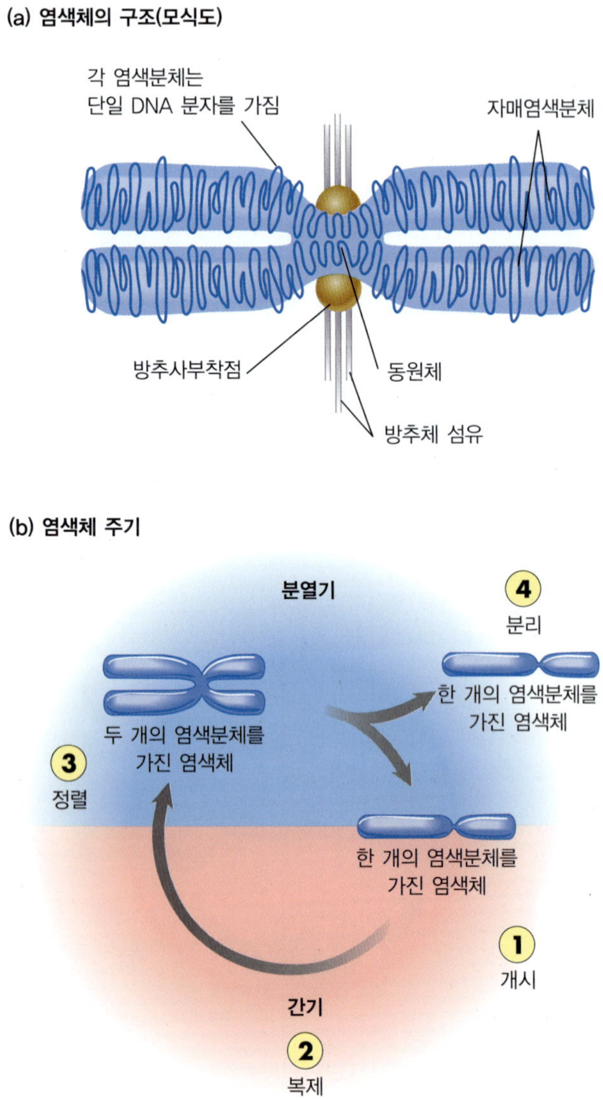

라 부르는 긴 섬유들에 부착되어 있다(**그림 4.4a**). 이 방추사들이 염색체를 이동시키는 역할을 한다(뒤에 설명). 각 염색분체는 단지 하나의 이중가닥 DNA 분자로 이루어져 있고(**그림 4.4a**), 두 자매염색분체의 DNA 분자는 동일하다. 세포분열이 진행됨에 따라 두 자매염색분체가 서로 분리된다(**그림 4.4b**의 ④ 단계). 자매염색분체들 중 하나씩이 각각 딸세포로 가므로, 두 딸세포로 가는 염색분체는 동일한 것이다. 따라서 분열 직후에, 각 염색체는 단일 DNA 분자를 가지는 단일 염색분체로 이루어져 있다.

간기: 세포회로 중 생장기

퍼트리샤에서 발생된 것과 같은 기저세포 암들에서 세포들은 저지되지 않고 증식한다. 이 증식에 대해 이해하기 위해서는 생장과 분열의 교체 시간이 매우 중요하므로, 세포주기의 단계들에 대해 좀 더 알아보기로 한다. 세포주기는 분열기와 생장기인 간기로 이루어져 있음을 상기해 보라. 생물학자들은 간기를 *G_1기, S기,* 그리고 *G_2기*의 3단계로 나누며, *G_1기*와 *G_2기*는 각각 *제1간극기*(Gap 1)와 *제2간극기*(Gap 2)를 말하는데, 그 이유는 이들 간극기는 세포주기 중 염색체 분열시기와 염색체 복제시기 사이에 있기 때문이다. S기의 S는 DNA *합성*(synthesis)의 첫 글자를 따온 것이다. 그리고 M기는 분열기를 말하는데, M은 *유사분열*(mitosis)의 첫 글자에서 따온 것이다(**그림 4.5**).

세포마다 한 번 세포주기를 지나는 데 걸리는 시간이 모두 다르다. 뇌의 성숙된 신경세포들처럼 특정 세포들은 배아시기에 출현한 후 더 이상 분열하지 않는다. 이와는 대조적으로 골수에 있는 세포들은 거의 18시간마다 분열하여 수명을 다한 적혈구들을 대신해 준다. 위장을 덮고 있는 세포들은 한 주기에서 분열하는 데 24시간이나 걸린다. 대부분의 피부세포들은 기저층에서 분열하는 경우조차도 매주 한 번씩 복제가 일어난다. 그러나 기저세포 암의 경우 매 67시간마다 새로운 세포주기에 들어간다. 분명히 세포주기는 가속화될 수 있다(이유는 뒤에서 논의).

그림 4.5
세포주기의 단계

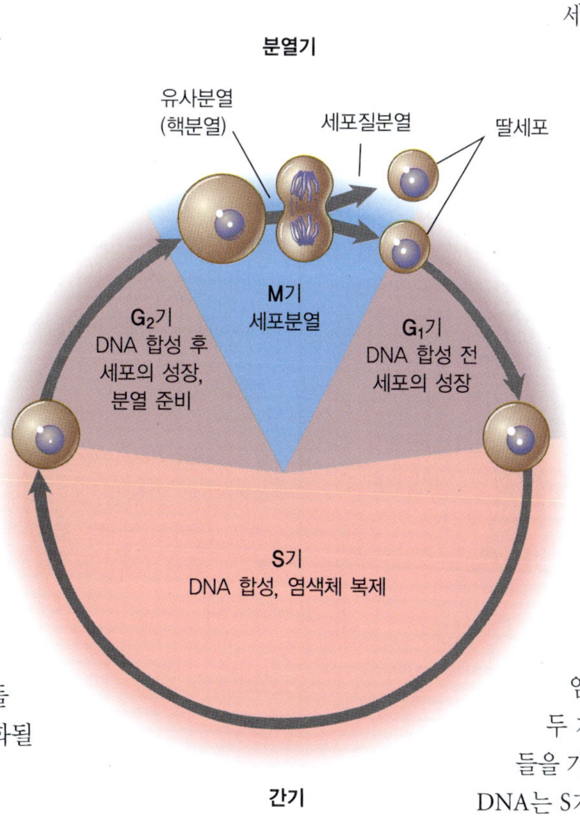

방추사(spindle fiber)
염색체들을 세포의 양극으로 이동시키는 세포골격(미세소관)으로서, 세포분열 동안 세포극들의 분리를 일으킴

G_1 기(G_1 phase)
세포주기의 한 단계로서 분열기 다음이며, DNA 합성기의 앞

합성기(S phase)
세포주기의 한 단계로서 DNA 합성이 이루어지는 시기

G_1기: 왕성한 생장시기

*G_1기*와 *G_2기*는 중요한 생장기이다. **G_1기(G_1 phase)** 동안에 세포들은 새로운 단백질, 리보솜, 미토콘드리아 그리고 DNA 합성과 세포분열에 필요한 다른 세포물질들을 만든다. G_1기의 길이가 전체 세포주기의 길이를 결정한다. G_1기는 세포 종류, 생명체 내에서 세포의 역할 그리고 세포의 환경 조건에 따라 아주 짧거나 매우 길 수 있다. 예를 들면, 피부세포들은 정상적으로는 긴 세포주기와 긴 G_1기(며칠)를 갖는다. 그러나 그 길이는 변할 수 있어서, 만약 상체에 의해 피부세포가 제거된 경우엔 피부세포들의 G_1기는 짧아져 생장과 분열의 속도를 높여 손상된 피부를 새로운 세포들로 빠르게 채워 치유해 준다(피부암세포들도 이처럼 세포주기가 가속되지만 상처 치유는 없는 것이다). 식물들도 유사한 과정을 가질 수 있다. 만약 사슴이나 비버가 사시나무 줄기를 물어뜯어 먹었다면, 그 밑의 줄기형성 세포들이 짧은 G_1기로 들어가 빠르게 새로운 껍질들을 만들어 손상 부위를 보호해 준다. 그러나 암세포들의 경우와 다르게, 정상 상태에서 손상된 피부나 뜯긴 사시나무 줄기에서는 손상 부위가 회복되면 빨랐던 세포주기는 정지된다. G_1기에 이어 진핵세포들은 합성기인 S기로 들어간다.

S기: DNA 합성시기

G_1기 후 세포들은 S기(**S phase, 합성기**)로 들어가는데, 이 시기에 효소들이 각 염색체의 이중-가닥 DNA를 복제한다(상세한 것은 6장을 보라). 세포들은 또한 S기가 진행됨에 따라 염색체구조 유지에 필요한 특정 단백질들도 합성한다. S기가 끝나면 각 염색체들은 두 염색분체가 포장된 두 개의 동일한 이중-가닥 DNA 분자들을 가진다. 한 염색체에 있는 길게 뻗은 DNA는 S기 동안 오직 한 번 복제된 것이다.

G_2기(G_2 phase)
세포주기의 한 단계로서 DNA 합성기 다음의 시기이며, 분열기의 앞 단계

분열기(M phase)
세포주기의 한 단계로서 유사분열에 의해 핵이 분열되고, 세포질분열에 의해 세포질이 분열되는 시기

유사분열(mitosis)
복제된 염색체가 분열하여 어버이와 동일한 핵을 가져 유전적으로 같은 2개의 딸세포로 만들어 지는 핵분열 과정; 유사분열은 일반적으로 세포질분열을 동반함

세포질분열(cytokinesis)
핵분열에 이어서 이루어지는 세포질의 분열 과정

전기(prophase)
유사분열 또는 감수분열의 첫 번째 시기로서 염색체가 응축하기 시작하고, 인이 없어지며, 방추체가 형성되는 시기

중기(metaphase)
핵분열 중 방추체 미세소관들이 복제된 염색체들을 세포의 중간 지역에 늘어서게 해주는 시기

후기(anaphase)
핵분열 중 자매 염색분체들이 세포의 서로 다른 극으로 이동되는 시기

말기(telophase)
핵분열의 마지막 단계로서 염색체들이 세포의 반대 극에 위치하며, 핵막과 인이 다시 나타나며, 방추사가 사라지는 시기

복제가 완료된 후, 세포는 G2기로 들어간다. 여러분도 상상하겠지만, S기 동안 일어나는 과정들이 의사들에게는 암치료의 중요한 표적이 된다. 분열하지 않는 세포들은 S기로 들어가지 못하므로 S기에 이루어지는 사건들을 차단하는 약제들은 **퍼트리셔**의 피부종양들과 같이 분열하는 세포들에게만 영향을 미친다. 그와 같은 치료제들은 주로 DNA 소단위들을 모방한 물질들과 DNA 합성을 차단하는 혼합물들이다.

G_2기: 분열 준비 시기

G_2기(G_2 phase) 동안에도 세포는 여러 단백질들의 합성을 계속한다. 만약 연구자들이 인위적으로 이 합성을 차단시키면, 세포는 분열하지 못하는데, 이는 G_2기에서 합성되는 일부 단백질들이 핵분열인 유사분열을 촉진시킴을 암시한다. 필요한 모든 단백질들이 합성되면 세포는 최종 생장기인 G_2기를 떠나 M기로 들어간다.

M기: 세포분열 시기

M기(**M phase, 분열기**)는 일반적으로 핵물질이 분열하는 단계인 **유사분열(mitosis)**과 세포질이 분열하는 과정인 **세포질분열(cytokinesis)**의 두 단계로 나뉜다(**그림 4.5**). 유사분열과 세포질분열 모두에서 유전물질과 그 밖의 세포성분들의 적절한 분배가 절대적으로 중요하다. 이제부터 이들을 나누어 살펴보기로 한다. 그러기 전에 명심해 둘 것은: 하나의 세포가 똑같은 유전정보와 역할을 가진 동일한 딸세포들을 만들어야 한다는 것이다. 이들에 대한 정확하고 조절된 분열 없이는, 발가락세포에서 간세포로 또는 피부세포로부터 종양세포로 되는 것을 막을 수 없다.

목표2 유사분열과 세포분열 기작

앞 절에서 표피의 제일 밑인 기저층에 있는 세포들이 세포주기를 통해 새로운 피부를 만들어 준다는 것을 보았다. 만약 그들의 생장이 통제되지 않는다면, 세포들은 기저세포 암으로 자란다. 그러므로 분열기(M기)는 세포주기의 결정적인 단계이다. 이제부터 정상 세포분열에 대해 알아보자.

유사분열의 단계

피부든 다른 조직이든 간에 하나의 분열하는 세포에서는 염색체의 유사분열이 계속 일어나고 있다. 생물학자들은 유사분열의 단계를 단순화시켜 기술하고자 유사분열을 중요한 몇 단계로 나누어 이름을 붙여 왔다. 이들 단계에서 일어나는 사건들을 아래에 요약해 놨으며, 좀 더 상세한 것은 **그림 4.7**에 설명하였다. 앞의 **그림 4.4**에서 염색체 복제가 유사분열이 시작되기 전인 S기에서 이미 일어남을 상기해 보라.

전기

전기(prophase)에서 염색체들이 응축되어 보이기 시작하며, 인(핵 내의 밀집된 소기관; 그림 2.10 참조)은 사라지고 방추체가 형성된다(**그림 4.7a~c**). 방추체는 세포골격 필라멘트들(미세소관들) 다발로서, 염색체를 매달아 이동시킨다. 전기 후반부(전중기라고도 함)에 핵막이 사라지고, 방추체가 핵 부위로 이동되며, 방추사가 염색체의 동원체에 붙는다(**그림 4.7c**). 각 염색체들이 마치 양극 사이에서 줄다리기하는 것처럼 앞뒤로 밀치락달치락 한다.

중기

중기(metaphase)에서는 방추체 미세소관(방추사)들이 염색체들을 양극의 중간 부위인 중기판(또는 적도판)에 일렬로 배열시킨다(**그림 4.7d**). 중기판은 포도를 반으로 잘랐을 때 표면으로 보이는 넓적한 표면과 유사하다.

후기

후기(anaphase)에서는 동원체들이 갈라지고, 방추체 미세소관들이 염색분체(이제부터는 염색체라 부름)들을 분리시키고 끌어서 양극으로 이동시킨다(**그림 4.7e**). **그림 4.8**은 후기 중 염색분체들을 분리시키는 방추체의 상세한 역할을 보여준다.

말기

말기(telophase)에 염색체들이 세포의 서로 반대 극에 도달하고, 앞에서 일어난 과정을 거꾸로 진행되는데, 즉 핵막이 다시 나타나고, 방추사들은 용해되는 등의 일이 일어난다(그

림 4.7f,g). 말기가 종료되면, 세포의 핵분열인 유사분열이 완료된 것이다. 이때 세포는 동일한 염색체 세트를 운반하는 2개의 핵을 가진다. 그러나 분열기는 계속되어 세포질의 분열 과정인 세포질분열(cytokinesis)을 진행시킨다(**그림 4.7h**).

"어버이세포여 안녕!"

세포가 복제되는 유사분열과 사람이나 식물의 생식작용에 관련되는 감수분열(뒤에 나옴)에서 어버이세포와 자손세포 사이에는 하나의 중요한 차이점이 있다. 이들 크고 복잡한 생명체들이 증식(번식)할 때, 어버이와 자손 모두가 연속적으로 삶을 유지해야 하지만, 세포의 증식(번식) 동안에 어버이세포(그림 4.7a)는 하나의 실체로 존재하는 것을 멈추고, 그 구성물들이 2개의 자손세포들에 분배된다(그림 4.7h)는 것이다.

방추체

그림 4.7은 유사분열동안 염색체가 어디로 이동하는지를 보여준 것이지만, 염색체 이동을 일으키는 기작에 대한 것은 나타나 있지 않다. 이 기작에 관여하는 것이 미세소관 섬유들로 이루어진 **유사분열 방추체(mitotic spindle)**로서 이것이 염색체들을 매달고 이동시키는 작용을 한다(**그림 4.8**). *방추사*(spindle fiber)들은 **중심립(centromere)**으로부터 뻗어 나오는데, 중심립은 한 쌍의 짧은 실린더 모양이며, 미세소관이라 부르는 세포골격 섬유들이 그물망을 이루고 있는 세포소기관이다. 일부 방추사들은 염색체의 동원체에 있는 특수 구조물(방추사부착점, kinetochore이라 함)에 직접 결합한다. 다른 방추사들은 세포 중심부에 중첩되어 있으면서 세포의 양극이 서로 떨어지는 데 관여한다(**그림 4.8**). 방추체들이 어떻게 작용하는가를 아는 것은 항암약제들을 디자인하는 데 매우 중요하다. 의사들은 암세포들의 유사분열 차단을 원한다. 그렇지만 어떻게?

세포질분열 하나의 세포가 분열을 마친 다음에 세포는 둘로 갈라져야 한다. 유사분열의 끝을 향하면서 대부분 동물과 식물세포들은 세포질분열 과정을 통해 세포질이 분열되기 시작한다(**그림 4.7f~h**). 동물과 식물세포들 모두에서 새로운 원형질막이 분열 중기에 염색체들이 있었던 자리 또는 그 부근에 형성되어 두 핵이 두 개의 새로운 세포들로 분리된다. 동물세포는 유연한 원형질막으로 둘러싸여 있지만 식물세포는 단단한 세포벽을 가지므로, 동물과 식물세포에서의 세포질분열은 차이가 있다.

동물세포의 세포질분열 동물세포에서는 **수축 고리(cotracting ring)**라 부르는 고리 모양의 미세섬유들의 환상구조가 밖에서부터 안으로 조여들어 세포를 둘로 가른다. 유사분열 후반부에 *액틴*(actin)이라 부르는 수축단백질을 함유하는 필라멘트 고리가 마치 끈 두른 주머니를 조여서 주머니를 닫는 것과 같이 세포표면으로부터 주름을 만들어 좁혀줌으로써 세포를 둘로 가른다(**그림 4.7g~h**)

식물세포의 세포질분열 식물세포는 세포주기 동안에도 세포 밖에 견고한 세포벽을 유지하고 있다(**그림 4.6**). 유사분열이 끝날 즈음 세포벽 전구체들로 채워진 주머니구조물들이 세포의 중간 부위로 모인다. 이 구조물들이 서로 융합되어 만들어진 **세포판(cell plate)**이 원형질막 중간에 형성되어 세포벽이 되고, 각각이 핵을 가진 두 개의 동일한 딸세포로 분리시키는 것인데, 아직은 연결된 채 간기가 시작된다.

유사분열 방추체 (mitotic spindle)
염색체들을 매달고 이동시키는 미세소관들의 거미망 같은 구조; 유사분열 전기에 형성됨

중심립(centriole)
한 쌍의 짧은 막대 모양의 소기관으로서 미세소관이라 부르는 세포골격 섬유들이 모여 뼈대를 이루고 있음; 이 세포 내 구조물이 세포의 형태 유지를 도와주고, 세포분열 동안에 염색체들의 이동을 도움

수축 고리 (cotracting ring)
고리 모양의 세포골격 요소들(액틴 필라멘트들)로서, 세포질분열 동안에 하나의 세포를 두 개의 딸세포로 나누어 줌

세포판(cell plate)
식물세포 분열 후반부에 세포의 중간 부위에 주머니구조물로부터 만들어지는 격리된 부분으로서, 이에 의해 두 개의 딸세포로 분리됨

그림 4.6
식물세포의 세포질분열

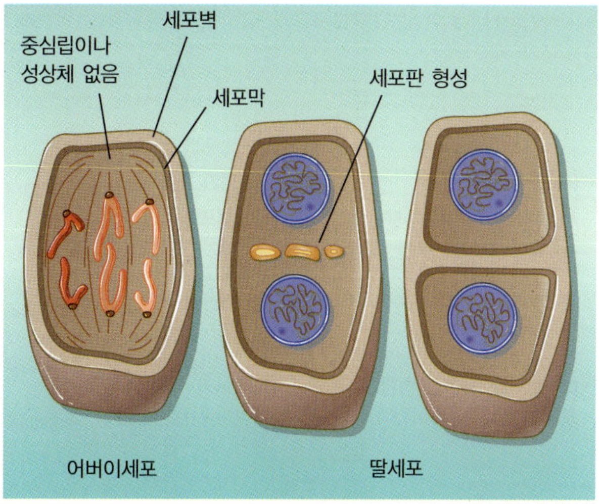

암 치료를 위한 유사분열 지식의 적용

퍼트리셔의 다발성 피부암은 세포들의 과도한 생장의 결과이다. 그녀의 암뿐만 아니라 모든 암에서 하나의 세포가 바로 앞에서 배운 방식에 의해 생장과 분열을 시작한 것이지만, 이 생장과 분열이 제어되지 않고 계속됨으로써 하나의 암을 형성하는 것이고, 또 이들이 다른 세포나 조직으로 침투한다. 암화 세포분열의 실질적인 열쇠는 어떻게 정상적인 세포주기 조절이 상실되는가에 있으므로, 이에 대해 간단히 알아보도록 하겠다. 그 동안 유사분열의 일부 양상들을 암이 생성됐을 경우 그 치료에 적용해 왔었다.

BCNS 손상을 포함한 대부분 종양들 치료에 가장 좋은 방법은 외과적으로 그들을 제거하는 것이다. 이 방법이 피부 표면에 존재하여 외과적 접근이 용이한 기저세포 암에서는 통용될 수 있다. 더욱이 이 암세포들이 다른 세포들에 가더라도, 이 세포들이 공격적으로 자라지 않을뿐더러 그들이 침투하여 주위 조직들을 점령하지도 않는다. 피부암을 제거하거나 액체질소로 얼려서 죽인 다음에는 다시 생기는 일은 거의 없다. 그러나 흑색종(melanoma, 피부암의 일종)과 유방암, 난소암, 췌장암과 같은 다른 암은 매우 공격적이며 침투력이 강하므로 외과적 수술에 더하여 화학요법(chemotherapy)과 방사선요법 등의 치료가 더 요구된다.

화학요법과 방추체

방추체는 유사분열 시 염색체를 이동시키는 중요한 역할을 함을 보았다(**그림 4.8** 참조). 이를 암치료에 적용시킬 수 없을까? 연구자들도 그와 같이 생각하고, 만약 방추체의 작용을 차단시킨다면 세포분열이 차단될 것이고, 그리되면 암의 생장을 완화시킬 수 있을 것으로 보았다. 실제로 현재, 방추체를 공격하여 암을 치료하는 몇 종류의 화학요법 약제들이 사용되고 있다. 태평양 지역에서 사는 주목에서 추출한 택솔(taxol)과 그 유사 화학물들은 자궁경부암이나 자궁암 치료에 효과가 좋다는 것이 증명되었다. 택솔은 방추체 미세소관들에 결합하여 그들이 단백질 소단위로 분해되는 것을 차단한다. 따라서 암세포에서 방추체는 그 자리에 있어 유사분열

그림 4.7
유사분열의 단계(동물세포)

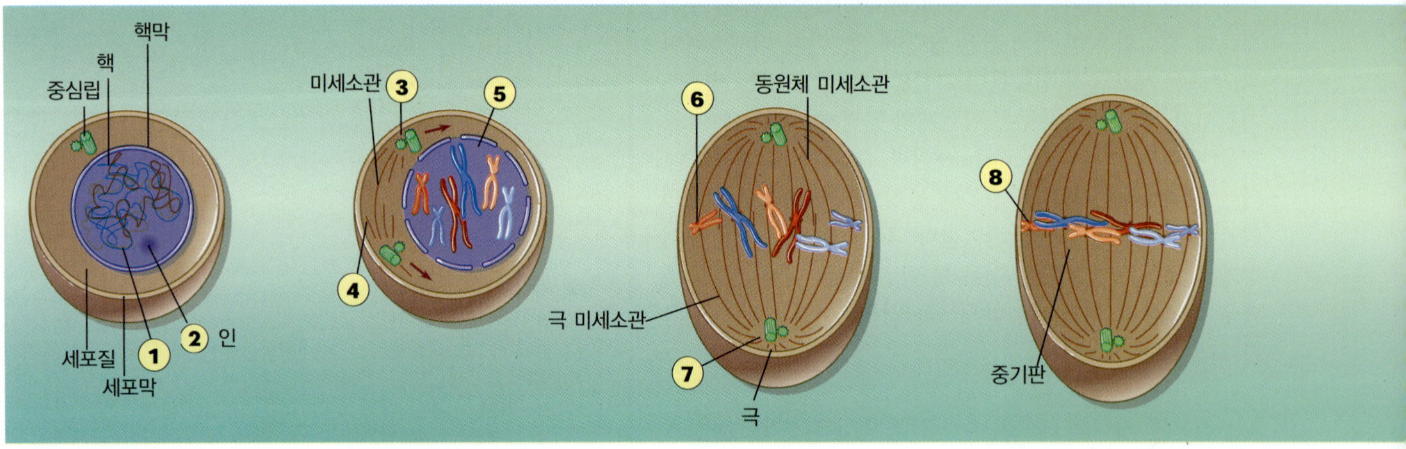

(a) 간기 후반
세포의 DNA는 이 시기 전 S기에서 복제를 마친 상태이다. 세포가 유사분열의 첫 단계인 전기에 들어가기 전 DNA가 퍼져있는 엉킨 상태에서(1) 응축 상태가 된다. 또 핵 내의 좀좀한 구조물인 인(2)도 흩어진다.

(b) 전기 중반
동물세포에서의 짧은 미세소관들의 집단인 중심립이 복제되고, 방추사 미세소관을 형성한다(3). 중심립은 분리되어 세포의 양 극 쪽으로 이동하고, 유사분열 방추사가 튀어 나온다(4). 핵막이 사라지면서(5), 방추사가 핵 부위로 침투한다.

(c) 전기 후반
방추체 미세소관(방추사)들이 염색체의 동원체에 붙는다(6). 염색체들이 극 미세소관의 전후 운동에 따라 방추체 미세소관과 작용하여 중기판(적도판)을 향해 이동하기 시작하며, 중심립은 양극까지 이동한다(7).

(d) 중기
중기에서 염색체들이 양극의 중간 부위인 중기판 선상에 배열한다(8).

을 진행시키지 못해 새로운 암세포들로 분열할 수 없는 것이다. 빙카속 식물로부터 만든 빈블라스틴(vinblastine)과 같은 다른 약제도 1차적으로 방추체 형성을 차단시켜 암세포들의 분열을 정지시킨다. 그러나 이들 항암약제들은 심각한 부작용을 가지므로 약학자들은 새롭고 더 좋은 치료제 개발에 심혈을 기울이고 있다.

방사선 치료

암환자가 방사선 치료(radiation therapy)를 받았다고 하는 것을 들어본 적이 있을 것이다. 이 치료에서 방사선 기사들은 암환자의 정확히 종양 부위에만 방사선이 쪼이게 하고 신체의 다른 부위는 쪼이지 않도록 차단시킨다. 방사선 치료는 어떻게 작용하는 것일까? 왜 환자의 다른 신체 부위에는 차단장치를 하는 것일까?

방사선은 염색체를 파괴시킨다. 만약 분열하지 않은 하나의 세포에서 그와 같은 파괴가 일어난다면, 대부분의 우리 몸세포들은 모두 두 개씩의 각 염색체 복사본을 가지고 있으므로, 그 세포들도 아직 정상적 세포분열능을 가지고 있게 된다. 만약 피부세포나 암세포처럼 분열이 늦게 일어나는 세포에서 염색체 파괴가 일어났을 때, 그 결과는 매우 다른데, 유사분열에 대한 지식이 이해를 돕게 해준다. 방사선이 염색체를 쪼개어 동원체에 더 이상 붙을 수 없는 조각으로 남는다 할 때, 세포분열 동안 이들 염색체 조각들에서 어떤 일이 일어날까? 그 경우에는 딸세포들에게서 정상적인 분배가 일어나지 않을 것이다. 동원체는 염색체의 한 부분으로서 유사분열 중 방추체 미세소관들이 직접 결합되어 각 염색분체들을 양극으로 끌어주는 역할을 한다(**그림 4.8b** 참조). 그런데 앞과 같이 염색체 파괴가 일어난 경우에는 한 세포는 여분의 염색체를 가진 세포로 끝날 것이므로 딸세포가 염색체 일부가 없는 세포로 될 것이다. 이러한 결과의 유전적 비-평형이 세포의 정보를 변화시키고 세포를 죽음에 이르게 할 수 있다.

암환자에서 일어나는 가장 빠른 세포분열은 종종 암세포들 자신이다. 그러므로 잘 적중된 방사선 치료법은 암세포 주위세포들에 손상을 주지 않고, 암세포들에만 손상을 주고 죽이는 경우를 말한다. 그러나 모든 사람에서처럼 암환자들은 암세포들 외에 빠르게 분열하는 다른 세포들도 가진다. 여기

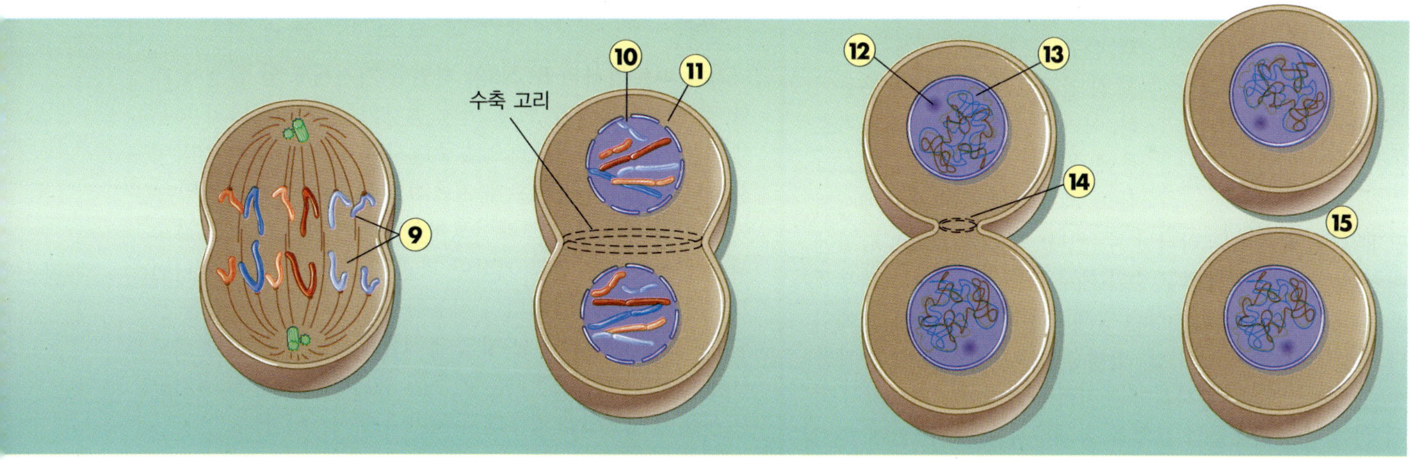

(e) 후기
염색분체들이 동원체로부터 분리되어, 염색체들을 양극으로 이동시킨다(9).

(f) 말기 전반
말기 전반기에 세포질분열이 시작된다. 딸 염색분체(이제부터는 독립적 염색체)가 양극으로 이동되고(10), 염색체 주위로 새로운 핵막이 형성된다(11).

(g) 말기 후반
말기가 진행되면서 인이 새로 나타나고(12), 방추사들은 용해되며, 염색체들은 다시 응축되어 DNA와 단백질의 응축 덩어리로 바뀐다(13). 또 중기판이 있었던 세포의 중간 부위를 수축 고리가 죄어서 홈을 만든다(14).

(h) 세포질분열의 완성
핵분열이 완료된 후, 세포질분열에 의해 2개의 딸세포가 만들어진다(15).

그림 4.8
염색체들을 이동시키는 것은 무엇일까?

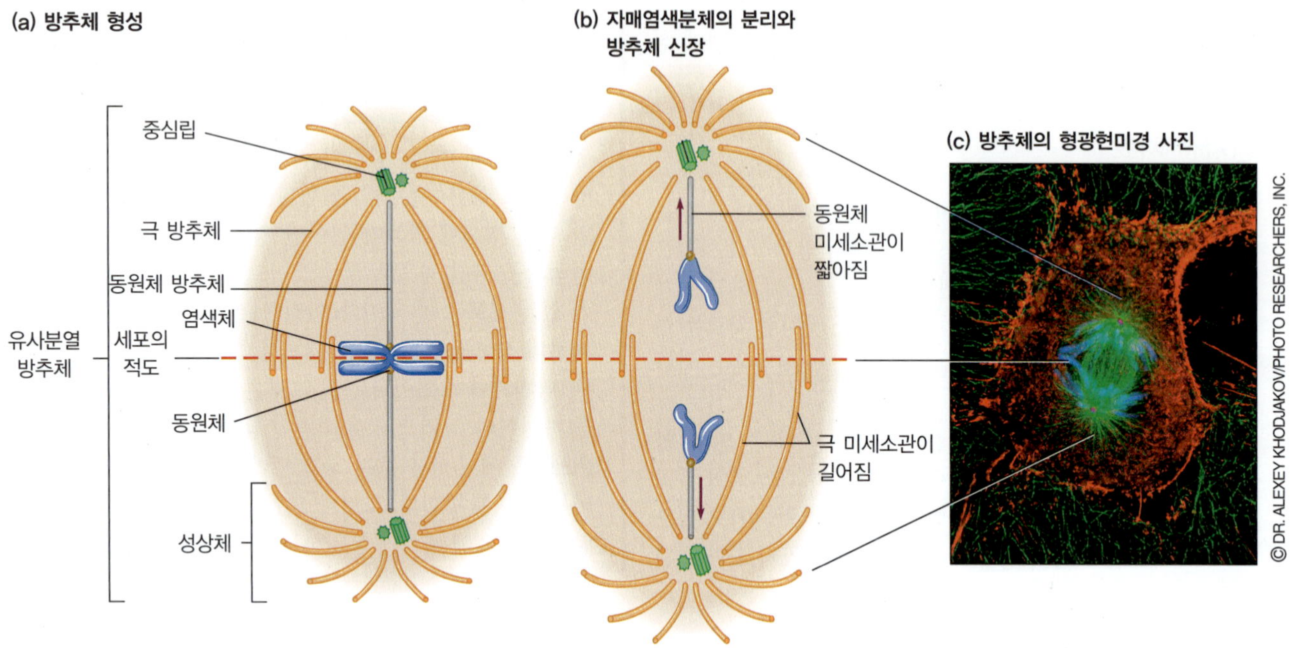

줄기세포(stem cell)
특정세포로 분화되어, 동물체에서 죽은 세포들을 대치해 주는 정상적인 체세포

에 속하는 것이 적혈구와 백혈구의 전구세포들, 피부세포들 그리고 장 안쪽을 덮고 있는 세포들이다. 이러한 세포들이 방사선 치료 중에 손상을 받을 수 있으므로 그들의 파괴가 방사선 치료에서의 단기간-합병증세로 나타날 수 있다: 빈혈(anemia), 감염에 대한 감수성 증가(백혈구 수가 매우 떨어져서), 탈모(피부세포 손상으로), 구역질(손상된 장세포들 때문에) 등이 그 예이다. 아이러니하게 장기간-합병증으로는 발암성의 증가를 들 수 있는데, 이는 방사선이 유전적 돌연변이를 일으켜서 이에 의해 종양세포들의 분열을 통제하지 못할 수 있게 하기 때문이다. 빠르게 분열하는 세포들의 파괴가 수소폭탄이나 핵발전소 사고에 의해 높은 수준의 방사선에 노출됐을 때, 나타날 수 있는 파괴 또는 치사 효과들을 설명해 준다. 소위 방사선 질환(radiation sickness)이라는 것은 방사선 치료에서 오는 심한 증상이라고 할 수 있다. 유사분열과 관련된 이러한 사실들이 핵전쟁이나 핵 사고에 의한 지구상의 사람들과 대부분 생명체들을 황폐화시킬 수 있다는 기본에 깔려 있다고 하겠다. 또한 유사분열의 건강을 유지해 나가는 것이 우리 모두를 평생 건강하게 살 수 있게 해 준다고 할 수 있다.

목표3 무엇이 세포분열을 조절할까?

여기서 퍼트리셔의 BCNS와 빈번한 기저세포 암 발생에 대한 것으로 되돌아가 보자. 이들 종양의 생장은 그녀의 피부세포들의 분열을 정상적으로 중단시킬 수 있는 일부 기작이 결여되어 세포들이 빠르게 지속적 분열하는 것이 증거였다. 이는 마치 자동차의 브레이크처럼 세포주기의 속도를 감소시키게 작용하는 일부 기작이 파괴된 것일 수 있다. 아니면 그녀의 세포들이 끊임없이 작동하는 "가속기"를 가졌을 것일 수도 있다. 피부와 그 밖의 조직들을 구성하는 정상 세포들은 세포주기를 조절하는 기구를 가진다. 그러한 조절기구는 무엇이며, BCNS 경우엔 무엇이 문제여서일까?

줄기세포와 생장조절

잠시 피부세포분열에 대해 생각해보자. 정상 피부의 성장에서는 분열층에 있는 기저세포가 유사분열을 한 후, 딸세포들 중의 하나가 분열을 중단한 다음, 성숙 분화하여 피부의 제일 바깥층의 세포로 된다(**그림 4.9a**). 이 과정이 건강한 상태에서 일어나는 것이지만, 이 세포는 세포자살의 결과로 죽어서 다시는 분열하지 않고, 종국에는 피부로부터 벗겨져 나간다. 그러나 다른 딸세포들은 계속해서 분열할 수 있다. 계속 분열 능력을 가진 세포들을 **줄기세포(stem cell)**라 부르며, 그 자손들은 두 가지로 행동하는데, 하나는 그 자손이 성숙하여 분화된 세포로 되는 것이며, 다른 하나는 분열능을 유지하는 세포 형태이다.

분열세포층에 있는 줄기세포들은 그들이 언제 분열해야 하는 것을 어떻게 "알까?" 간단히 생각할 수 있는 실험이 있다: 당신 피부 상부 층인 표피층을 긁어내면, 그 밑에 있는 분열층이 얇아진 것을 "인식"하게 된다. 그러면 기저세포층(또는 배엽층)의 많은 세포들이 G_1기를 떠나 S기로 들어가고 결국은 분열을 끝낸다. 표피가 다시 충분히 두꺼워지면 기저층이 이것 역시 "감지"하고 세포분열 속도를 늦춘다.

그러나 기저세포 암에서는 분열 신호는 켜지지만, 분열 속도를 낮추거나 정지시키는 신호가 결코 오지 않거나 신호가 오더라도 감지하지 못한다. 하나의 가능성은 세포들이 너무 많은 분열 신호를 만들어, 그 결과로 어떤 특정 시간에도 많은 줄기세포들이 떨어져 나간 피부 재생에 필요한 정도를 넘어서 분열을 한다는 것이다. 또 다른 가능성은 딸세포가 표피세포로 성숙되지 않고 분열을 계속하는 것이다(**그림 4.9b**). 이것은 전체 의문에 대한 부분적 답에 불구하다: 무엇이 세포들로 하여금 분열 또는 정지하도록 할까? 이에 대한 가능성들에 대해 알아보도록 하겠다.

기저세포 암의 분자적 기초

퍼트리셔와 같은 사람은 피부세포들이 기저세포 암을 형성할 세포로 가게 할 유전적 인자들을 가지고 있다. 만약 그녀가 자녀들을 가진다면 자녀들의 약 반 정도는 같은 조건을 가질 수 있다(5장에서 이유를 설명함). 여러 가계의 유전성 질병들을 연구하면서 캘리포니아대(샌프란시스코 소재) **엡스타인** 박사와 그 동료들은 1966년에 BCNS에서 파괴되는 특정 유전자를 분리하였다. 그들은 그들이 발견한 사실에 놀랐다. 그 유전자는 이미 *노랑초파리*(*Drosophila melanogaster*)에서 이미 분리했던 한 유전자와 매우 관련이 큰 것으로 판명되었다. 그 유전자를 *patched*라고 부르는데, 왜냐하면 이 유전자가 결핍된 초파리 배들은 그들 피부에 털 모양의 구조들인 비정상적인 작은 조각(patch)들을 가지기 때문이다. **엡스타인** 연구팀은 BCNS를 가진 가계들은 그들 모든 세포들에서 사람 *patched* 유전자에 변이가 있음을 발견하였다. 그들은 또한 유전에 의하지 않고, 햇빛 노출에 의해 자연발생적으로 기저세포 암에 걸린 개인도 종종 이 유전자에 변이를 가지지만, 그것은 단지 피부종양 부위세포들에서 만이며, 모든 피부세포들에는 아님을 알아냈다. *patched* 유전자가 기저세포 암 방지에 어떤 방법으로 작용하며, 그 유전자의 변이가 피부종양을 일으킴은 명백하다.

성장인자 (growth factor)
특정 세포들의 성장과 증식을 촉진시킬 수 있는 단백질

수용체(receptor)
특정 화학물질과 결합하는 특수한 모양의 단백질

그림 4.9
줄기세포와 피부암

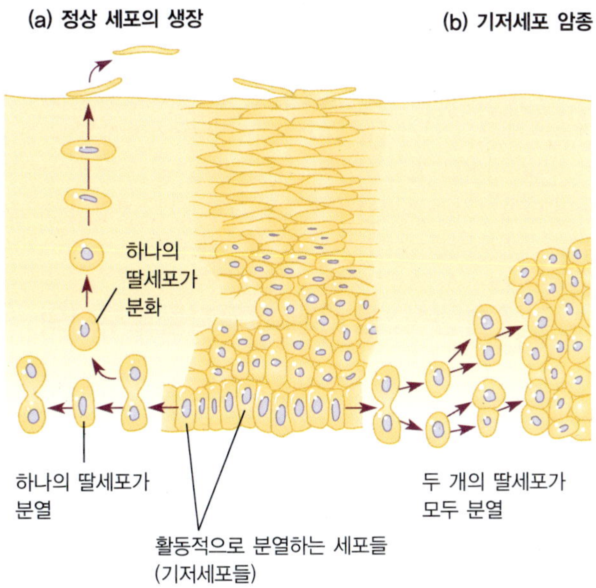

초파리 연구를 통해 연구자들은 *patched* 유전자가 세포 표면에 특정 단백질 출현을 일으킴을 알아냈다. 또 이 단백질이 세포분열을 자극하는 세포 밖에서 오는 신호들을 판단하는데 필요하다는 것도 알아냈다. 기본적 아이디어는 세포 가까이에서 만들어진 **성장인자(growth factor)**라 불리는 단백질인 하나의 세포환경 물질이 세포들로 하여금 분열하도록 명령을 내리는 신호 단백질처럼 작용한다. 초파리에서 연구자들은 *patched* 유전자 산물이 이 신호단백질의 수용체임을 밝혔다. 사람에서는 이 특이 신호단백질을 *소닉헤지호그*(*sonic hedgehog*) 유전자에 의해 만들어 지므로 sonic hedgehog이라 부른다[이 이상한 명칭은 한 변이형 초파리에서 유래된 것인데, 이 초파리는 가시모양의 피부를 가져 하나의 고슴도치(hedgehog)처럼 보인다 하여 부쳐진 이름이다].

성장인자의 작용

어떤 지령에 의해 세포가 분열하고, 분열을 중지하는지 알아보기 위해 성장인자들이 어떻게 작용하는가에 대해 알아보자. 상처를 입은 부위의 죽어가는 세포로부터 sonic hedgehog 단백질과 같은 성장인자가 방출된다(**그림 4.10**의 ① 단계). 이 인자들은 국부적으로 확산하여, 특이 성장인자를 화학적으로 인지하는 단백질인 **수용체(receptor)**에 결합한다. 수용체들은 인접해 있는 세포들 막에 매몰되어 있다(② 단계). 상처 입은 세포로부터 나온 성장인자와 인접해 있는 수용체와의 결합은 이어서 세포 내 신호전달계를 자극한다

(③ 단계). 내부 신호들 중 일부가 *시클린*(cyclin)들인데, 이 단백질들의 수준이 세포주기 단계에 따라 올라가거나 내려가 세포가 한 단계에서 다음 단계로 이동하게 해준다. 이 신호계의 결과가 (④ 단계) 상처 주위에 있는 세포들이 분열하도록 자극한다. 이웃세포들의 분열이 충분히 이루어진 다음에 손상 입은 피부가 새로운 세포들로 채워지고, 성장인자 수치는 떨어지며, 세포분열 속도는 느려진다.

엡스타인 박사의 연구는 BCNS 세포들이 *pathched* 유전자 결손을 가진다는 것을 보였다(**그림 4.10b**). 이 변이된 유전자가 변형된 수용체를 만들어 신호 분자가 없을 때조차도 소닉헤지호그에 결합된 것처럼 작용한다. 소닉헤지호그 "신호" 없이도 변이된 patched 단백질이 내부 신호계를 자극하여 세포가 분열하도록 한다. 이러한 원인으로 **퍼트리셔** 얼굴에 있는 것처럼 BCNS 부위의 세포들을 S기로 들어가게 하고 부적절하게 분열하도록 한다. BCNS 세포들에서 이 경로에 대한 더 깊은 연구가 **엡스타인** 박사로 하여금 기저세포들이 왜 그리고 어떻게 피부암에서 분열을 시작하고 정지되지 않는 정확한 이유를 이해하게 했다. 다시 말하면 이는 BCNS 뿐만 아니라 일부 사람들이 햇빛에 너무 심하게 노출되어 생기는 기저세포 암에 대한 치료법 개발을 이끌 수 있다고 하겠다.

© LANA LANGLOIS/ISTOCKPHOTO.COM

암: 변형된 DNA 질환의 하나

최근 증거들이 대부분의 암들은 한 세포 DNA의 변화와 관련 있다고 지적한다. 수많은 연구에서 자외선, 산업화학물, 방사선, 담배의 타르, 그리고 특정 바이러스들과 같은 환경의 여러 물질들이 그와 같은 DNA 변화를 일으킴을 보이고 있다. **엡스타인** 박사가 BCNS에서 발견한 것처럼, 어떤 DNA 변화가 성장인자들 또는 세포막의 그 대응 수용체들에 영향을 줄 수 있다. 놀랍게도 어떤 암세포들은 세포분열 스위치를 켜는 성장인자뿐 아니라 그 수용체 모두를 생산하기도 하여, 지속적으로 암세포들이 스스로 분열을 일으키게 한다. 아직도 암의 원인에 대한 불확실한 것들이 매우 많지만, 그 해답은 세포주기 조절, 그리고 생장, 분열 및 휴지 단계에서 나올 것이라는 것은 틀림없다. 그러나 현재로서는 자외선이나 흡연과 같이 암들과 관련 있는 가장 공통적인 환경적 위험요인들을 피하는 것이 현명하다.

목표4 감수분열: 유성생식 전에 일어나는 특별한 세포분열

퍼트리셔와 같은 BCNS 환자가 아기를 가진다면, 아기들 각자가 다발성 피부암에 걸릴 유전적 확률은 50대 50이다. 그러나 강렬한 태양빛 아래에서 놀고 있는 한 10대 청춘남녀가 자외선에 의해 그 코에 있는 *patched* 유전자 DNA의 변화가 생겼다고 생각해 보라. 이 변이가 그 10대의 코에 기저세포 암을 일으킬 수 있지만, 이 경우에 그 남자(또는 그녀)의 아기들에게 단일 기저세포 암 또는 BCNS를 가지게 할 가능성은 *없다*. 이러한 결과들의 차이는 무엇일까? 그 답은 성세포들이 만들어지는 특별한 세포분열 과정인 **감수분열(meiosis)**에서 찾을 수 있겠다.

유성생식: 융합된 배우자들로부터의 자손

유성생식(sexual reproduction)에서는 부모(일반적으로 암 · 수 양쪽 모두이지만, 일부 생물 종에서는 하나인 경우가 있음)가 **배우자(gamate)**라 부르는 특수한 성세포(sex cell)를 생성한다(**그림 4.11**). 암 · 수 배우자가 **수정(fertilization)**을 통해 융합되면, 일련의 과정을 통해 새로운 개체가 탄생된다.

감수분열(meiosis)
배우자 형성 때 일어나는 세포분열의 한 종류; 이배체인 어버이세포가 두 번 분열하여 4개의 반수체 세포들을 만듦

유성생식 (sexual reproduction)
두 어버이(암수)의 교배를 통해 새로운 자손들을 만드는 생식방법 중의 하나

배우자 (gamate, 배우체)
정자와 난자처럼 반수체인 생식세포; 남성(수컷) 배우자인 정자와 여성(암컷) 배우자인 난자가 융합되면 이배체의 접합자(접합체)가 되며, 접합자가 발생하여 새로운 개체가 됨

수정(fertilization)
두 개의 반수체인 배우자(난자와 정자) 핵이 융합되는 것을 말하며, 수정되면 한 개의 이배체인 접합자가 됨

그림 4.10
성장인자 조절, 정상 세포분열과 암

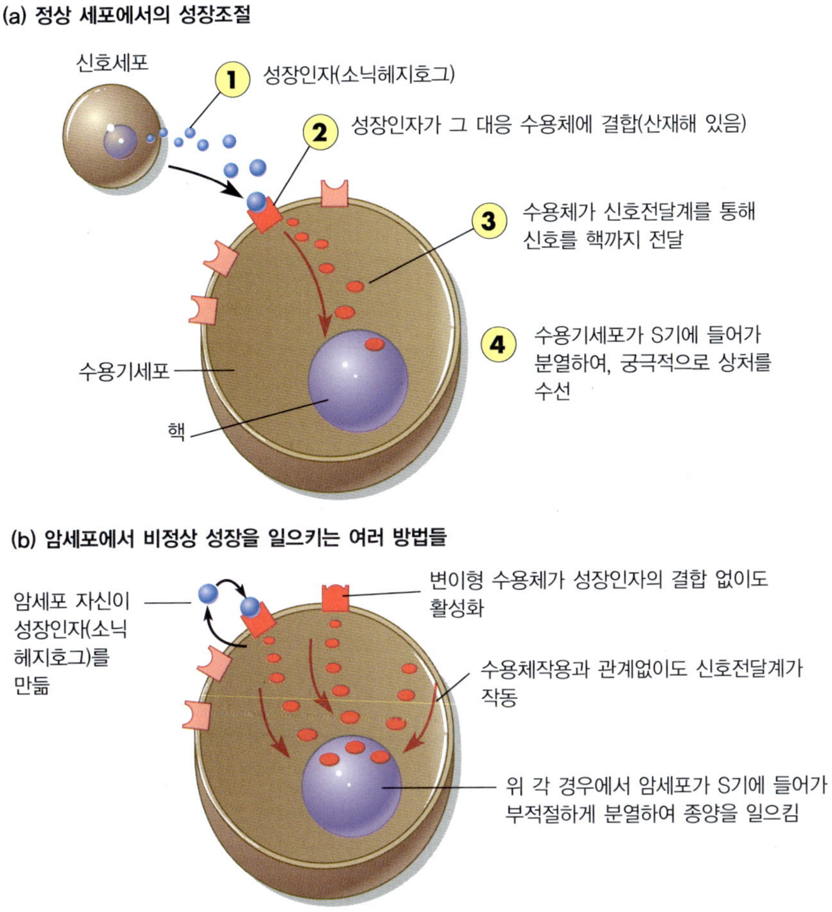

난자(egg, 알)
반수체인 여성 배우자(생식세포)

정자(sperm)
반수체인 남성 배우자

생식소(gonad)
배우자가 만들어지는 동물의 생식기관; 정소와 난소가 생식소 임

난소(ovary)
난자를 만드는 여성의 생식기관

정소 (testis; 복수, testes)
정자와 성호르몬을 만드는 남성의 생식기관

접합자(zygote)
정자의 핵과 난자의 핵이 융합(수정)하여 된 이배체 세포; 하나의 접합자는 유사분열 과정을 통해 이배체세포들을 만들 수도 있으며, 감수분열 과성을 통해 반수체세포들을 만들 수도 있음

생식세포(germ cell)
난자 또는 정자 그리고 그들의 전구세포들을 말함; 반수체인 배우자(생식세포)들이 융합(수정)하면 하나의 새로운 개체가 만들어짐

대부분의 식물과 동물에서처럼, 암컷 배우자는 큰 세포이며, 자발적으로 이동할 수 없고 **난자(egg)**라 부르는 반면에, 수컷 배우자는 작고 운동성을 가지는 세포로서 **정자(sperm)**라 부르는데, 정자는 운동을 통하거나 다른 방법으로 난자로 운반된다(**그림 4.11a**). 난자와 정자는 특수한 기관들에서 만들어 진다. 현화식물인 경우, 그들은 꽃의 구조물들에 의해 생산되고, 동물에서는 **생식소(gonad)**라 부르는 특정 기관에서 만들어진다. 암컷 생식소가 **난소(ovary)**로서 난자들을 만들며, 수컷 생식소인 **정소(testis)**가 정자들을 만든다.

사람이나 은행나무를 포함한 복잡한 생명체들에서 각 개체는 난자 또는 정자 중 한 가지 종류의 배우자를 만든다. 그러나 복숭아나무, 지렁이 및 그 밖의 생물 종들에서는 각 성체가 두 종류 배우자 모두를 만들 수 있다.

난자와 정자가 융합(수정)된 하나의 세포를 **접합자(zygote)**라 한다(**그림 4.11b**). 접합자는 어버이로부터 온 유전정보들이 합해져 유전적으로 유일한 유전자들과 염색체들의 단일 조합체가 만들어 진 것이다. 하나의 세포로 된 접합자는 *발생*(development) 과정으로 들어가는데, 이 과정에서 빠른 유사분열과 생명체에서 특정 역할을 담당하는 특정 세포들로의 분화가 일어난다(**그림 4.11c**). 발생의 결과, 미성숙 형태들이 나타나고, 생장을 계속하여 종국에는 하나의 성숙된 성체로 변화한다.

생식세포와 체세포

동물 발생 초기에 **생식세포(germ cell)**라 부르는 하나의 세포군이 출현한다. 이 생식세포는 우리가 앞에서 살펴 본 줄기세포와 유사하여, 생식세포들은 더 많은 수의 생식세포로 분열, 배우자(난자와 정자)들로 분화, 그리고 발생과정 동안 분화하는 생식소로 이동할 수 있는 잠재력을 갖는다(**그림 4.11d**). 동물의 난자들은 특수한 단백질들을 가져, 난자가 유사분열에 의해 분열함에 따라 특정세포들로 분리되게 해준다(**그림. 4.11c**). 어떤 세포든 간에 이 단백질들을 받으면 생식세포로

> **"수정은 염색체 수를 두 *배*로 해주지만, 감수분열은 염색체 수를 *반*으로 줄인다."**

체세포(somatic cell)
생식세포(배우자)가 아닌 세포

분화된다. 이 단백질들을 받지 못한 세포들은 근육, 뇌, 코 등 몸의 나머지 부분의 세포들이 되는 것이다. 이들 특수한 단백질들은 배아세포(embryonic cell)들이 생식세포가 될 것인가를 결정해주는 작용을 하므로 생식세포 결정군들(germ cell determinants)이라 부른다. 생식세포 결정군들은 연속적인 세포 계열로서, 여러분의 어머니, 그녀의 어머니처럼 시간을 거슬러 내려온 것이다. 다세포 동물의 몸을 이루는 일반 세포들을 **체세포(somatic cell)**라 하는데, 체세포들은 난자와 정자를 만들 수 없으며 종국에는 죽는 세포들이다. 그러나 만약 한 생명체의 난자(또는 정자)가 같은 종의 다른 개체의 정자(또는 난자)와 결합되면, 그 생식세포 계열은 그 자손에서 살아남는다.

그림 4.11
사람의 생활주기

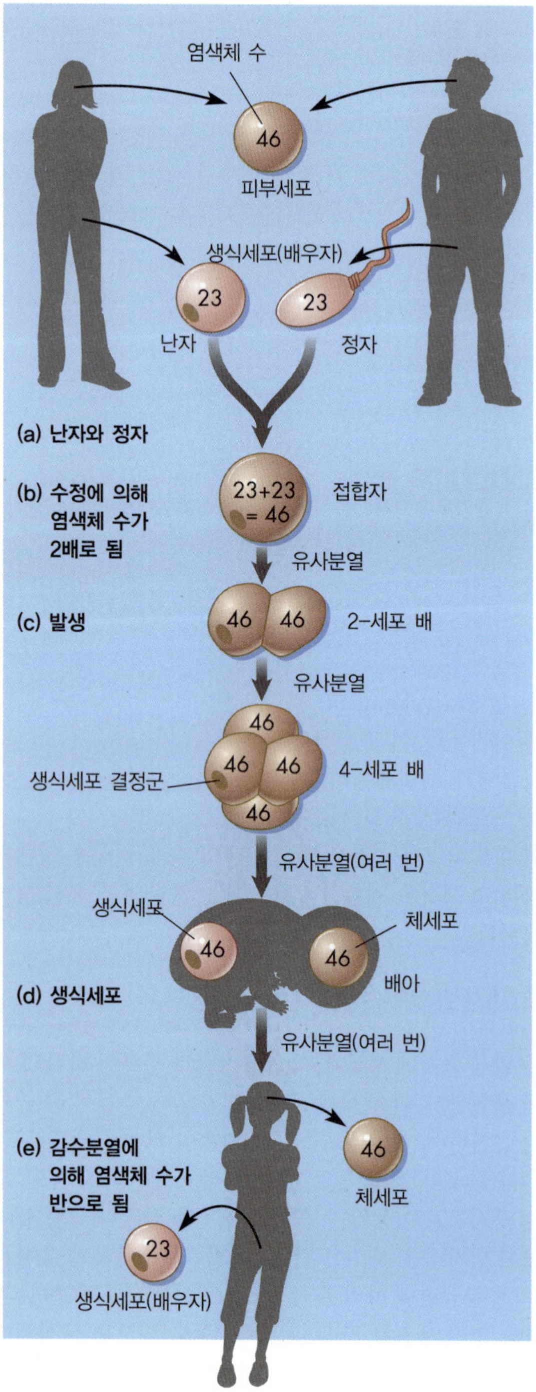

© PATRICIA RIDGWAY/ISTOCKPHOTO.COM/© ISTOCKPHOTO.COM

이제부터 한 BCNS 환자에서 그 자손에게 동일 질환이 어떻게 전달될 수 있는지에 대해 살펴보자. BCNS의 경우, 그 질환 유전자는 생식세포들을 포함한 모든 체세포에 있다(**그림 4.11**). 그러므로 이 유전자가 난자나 정자로 전달되어 유전될 수 있는 것이다. 그러나 일광욕에 의해 기저세포 암이 생긴 10대의 경우에선 피부암 관련 유전자들을 유전 받은 것이 아니라, 햇빛에 의해 생성된 *patched* 유전자가 단지 하나 또는 몇 개의 체세포들(이 경우, 코의 상피세포들)에만 생성된 것이고, 생식세포들에 생성된 것이 아니다. 따라서 이 변이는 하나의 피부세포 자손에게는 전달될 수 있지만, 그 사람 장래의 자손에게 전달되는 것이 아니다.

한 생명체의 생활주기(life cycle)는 그 생식세포들이 감수분열이라 부르는 특별한 세포분열을 행할 때 완전한 연결고리가 형성된다. 이 분열은 생식세포들의 염색체 수를 반으로 줄인다(사람인 경우 46에서 23으로)(**그림 4.11e**). 그 결과로 만들어진 세포들이 난자와 정자이며, 이 둘이 합쳐져 하나의 새 세대를 만든다.

감수분열

왜 생명체는 배우자를 만들기 전에 특별한 형태의 세포분열이 필요할까? 여러분 몸의 각 세포는 46개의 염색체를 가지고 있다. 만약 46개의 염색체를 가진 배우자를 만들었다면, 여러분의 아이들 체세포는 몇 개의 염색체를 가질까? 특별한 분열 기구가 없다면 여러분의 아이는 엄마로부터 46개와 아버지로부터 46개 합쳐져 92개가 될 것이며, 그 아이들 자손은 184개, 또 그들의 자손은 368개의 염색체를 가지는 식이 될 것이다. 그러나 각 아기들도 그 부모의 경우와 마찬가지로 46개의 염색체를 가지므로 이와 같은 일은 일어나지 않는 것이다. 그렇다면 각 세대의 염색체가 두 배로 늘어나지 않는 것을 무엇이 막아주는 것일까?

특별한 형식의 세포분열인 감수분열이 염색체 수가 증가되는 것을 막아준다. 감수분열을 통해서 배우자가 일반 체세포가 가지는 염색체 수의 반을 갖게 한다(**그림 4.12**). 즉 정자와 난자는 각각 23개의 염색체를 갖는다. 수정 시 배우자의 융합에 의해 어버이의 염색체 수처럼 46개의 염색체로 복원되는 것이다.

그림 4.12
반수체세포와 이배체세포

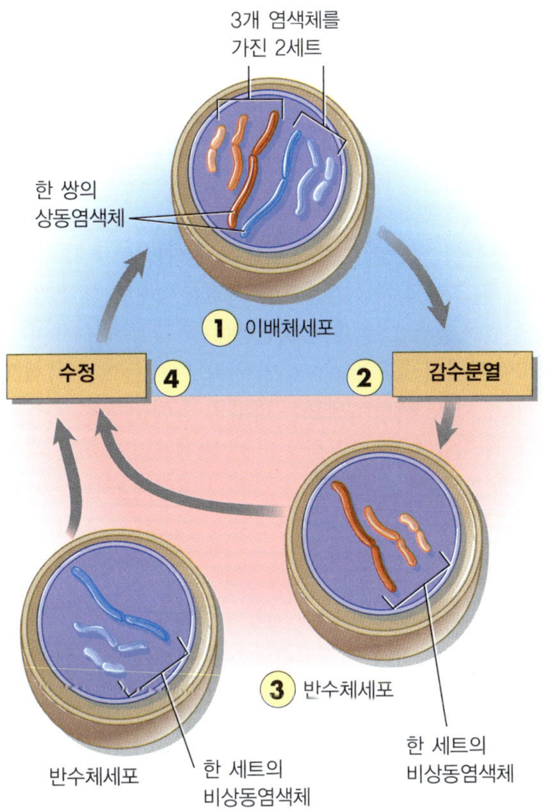

감수분열은 생식세포를 만들거나 버섯이나 고사리와 같은 종의 생식세포인 *포자*(spore)를 만들 때 일어나며, 그 세포들의 염색체 수는 다른 체세포들 염색체 수의 반이 된다(**그림 4.13i** 참조).

염색체 수 측면에서 볼 때, 수정과 감수분열은 유성생식을 포함하는 생활주기에서 서로 반대의 역할을 한다고 볼 수 있다. 즉 수정은 염색체 수를 *두 배*로 만들어 주는 반면에, 감수분열은 염색체 수를 *반*으로 줄이는 것이다. 이 장의 뒤에서 보겠지만, 감수분열은 유전적 변이 기회를 높여 진화에도 관계된다 할 수 있다.

염색체 세트

감수분열이 어떻게 염색체 수를 감소시키는지를 보기 전에 각 세포가 생활 주기의 서로 다른 단계에서 얼마나 많은 염색체 세트를 갖는지 알아야 하겠다. 앞에서 언급한 대로 각 생물 종은 특정수의 염색체들을 가지고 있다: 사람은 46, 침팬지는 48, 집파리는 12, 양파는 16 그리고 회충은 4개이다. 이 모든 염색체 수들에서 공통점은 모두 짝수라는 것이다. 이는 대부분 진핵생물의 체세포에서 *염색체는 쌍으로 존재함*을 말해주는 것이며, 한 쌍의 염색체는 유사한 크기, 모양 그리고 유전자를 가지는데, 이것을 **상동염색체(homologous chromosome)**라 부른다.

사람의 피부세포도 23쌍의 상동염색체를 가져 총 염색체 수는 46이다. 염색체 각 쌍의 하나는 어머니로부터, 다른 하나는 아버지로부터 온 것이다. 따라서 하나의 피부세포는 어머니로부터 온 23개짜리 한 세트와 아버지로부터 온 23개짜리 한 세트의 두 세트 염색체를 가진다. 두 세트의 염색체를 가지는 세포를 **이배체(diploid)**세포라 부르며, 각 상동염색체 쌍 중의 한 세트만을 가진 세포를 **반수체(haploid)**세포라고 부른다. 사람의 배우자가 반수체 세포의 예이다.

3쌍의 염색체를 가지는 이배체세포를 가지는 생물에서 이러한 원리가 어떻게 이루어지는가를 **그림 4.12**를 따라가면서 살펴보라.

상동염색체 (homologous chromosome)
감수분열 중에 쌍을 이루었다가 분리되는 한 쌍의 염색체로서, 그 각각은 동일한 크기, 모양 및 유전정보를 가진다; 한 쌍의 상동염색체 중 하나는 어머니로부터 다른 하나는 아버지로부터 온 것임

이배체(diploid)
그 핵에 2개의 동일한 염색체 세트(성염색체는 제외)를 가지는 세포

반수체(happloid)
그 핵에 단지 하나의 염색체 세트를 가지는 세포; 사람의 반수체는 23개의 염색체를 가짐

제1 감수분열(meiosis I)
감수분열의 첫 번째 분열로서, 이 분열에서 복제된 이배체 염색체가 반수체 염색체를 가지게 됨

제2 감수분열 (meiosis II)
감수분열의 두 번째 분열로서, 이 분열에서 복제된 반수체 염색체를 가지는 세포가 분열하여 두 개의 복제되지 않은 염색체를 가지는 반수체로 됨

감수분열의 과정

앞에서 이미 유사분열의 과정을 알아보았으므로 감수분열에서 일어날 수 있는 변이들을 이해하는 것이 좀 더 용이할 것이다. 다음 사항들을 명심하라:

- 피부세포들과 같은 체세포들만이 유사분열을 하며, 이 과정이 세포교체, 세포생장 그리고 세포수선을 이끈다.
- 생식소에 있는 생식세포들만이 유사분열을 하며, 이 과정이 배우자 생성과 후속 세대를 가능하게 한다.
- 감수분열에서 염색체 수가 반감되므로, 이배체 줄기세포를 배우자가 될 수 있는 반수체세포들로 변화시키는 것이다.

감수분열에서 첫 번째로 주목할 점은 연속적 분열인 제1 감수분열과 제2 감수분열을 통해서 이배체 염색체로부터 반수체 염색체로 변하는 것이다. 염색체들은 **제1 감수분열 (meioosis I)** 전에 복제된 다음 분리된다. 두 번째 분열 전에는 복제가 일어나지 않으므로 세포가 **제2 감수분열(meiosis II)**을 마친 다음에는 4개의 반수체세포들이 만들어진다. 유사분열에서처럼 염색체들의 *복제, 정렬* 그리고 *분리*가 중심 개념이다. **그림 4.13**은 감수분열 동안 염색체들의 이동에 대해 도식화한 것이다.

극체(polar body)
여성의 감수분열 중에 만들어지는 반수체세포지만 난자로 되지 못하는 세포

유전적 재조합(genetic recombination)
감수분열 과정 중에 부모 염색체들이 바뀌어 만들어져, 새로운 유전적 조합을 가지는 것

복제: 제1 감수분열 전의 간기

하나는 길고, 다른 하나는 중간, 또 다른 하나는 짧은 크기의 3종류 반수체 세트의 염색체를 갖는 생명체로 되돌아 가 보자. **그림 4.12**에 보인 것처럼, 이 반수체를 갖는 생식세포는 원래 3종류 염색체가 각 2개씩으로 된 이배체이며, 이들 각각이 상동염색체 쌍을 이룬다(**그림 4.13a**).

어버이세포가 분열을 마친 다음부터 시작해 보자(예를 들어, 하나의 염색분체를 갖는 염색체 두 세트를 갖는 **그림 4.7f**의 아래 그림). 감수분열의 이 단계에서 세포들은 세포주기 중 G_1기에 있다(**그림 4.13a**). 이 생식세포는 G_1기를 떠나 S기로 들어가 각 염색분체를 복제한다. 복제 후 각 염색체는 2개의 염색분체를 갖는다(**그림 4.13b**).

정렬: 제1 감수분열에서 상동염색체 쌍

제1 감수분열이 시작되면서 상동염색체 쌍은 근접하고 정렬되기 시작한다(**그림 4.13c**). 실제로 상동염색체 쌍들이 매우 근접해 있으므로 그들은 유전물질을 교환할 수 있는데, 이에 대한 것은 뒤에서 설명하겠다.

제1 감수분열이 진행되면서 쌍을 이룬 상동염색체들이 방추사들에 의해 이동되어 세포의 중간 부위에 정렬한다(**그림 4.13d**). 그러나 방추체에 연결된 비상동염색체들의 정렬 순서는 무작위적이다.

분리: 제1 감수분열에서 상동염색체들은 서로 분리된다

제1 감수분열이 계속되면서 상동염색체들은 서로 분리된다(**그림 4.13e**). 제1 감수분열 후 핵이 분열되고 세포질분열이 완료됨으로써 반수체를 갖는 세포들이 된다(**그림 4.13f**). **그림 4.13f**에서 3개의 염색체가 반수체임을 주목하라. 그리고 이때 각 반수체 염색체는 2개의 염색분체를 가짐도 주목하라(감수분열이 완료된 후의 염색체는 하나의 염색분체를 가짐!).

복제: 제1 감수분열과 제2 감수분열 사이의 염색체들은 복제하지 않는다

제1 감수분열 후에 간기가 뒤따르는데, 이 시기에 DNA 합성이나 염색체 복제는 일어나지 않는다. 따라서 제2 감수분열을 시작할 때 각 세포는 아직도 2개의 염색분체로 된 염색체의 반수체 세트를 가진다(**그림 4.13f**).

정렬: 제2 감수분열에서 염색체들은 독립적으로 정렬한다

제2 감수분열이 진행되면서 염색체들은 독립적으로 정렬한다(**그림 4.13g**).

분리: 자매염색분체들은 제2 감수분열에서 분리된다

이제부터 제2 감수분열은 정상 유사분열처럼 진행되며, 자매염색분체들이 세포의 양극으로 분리된다(**그림 4.13h**). 세포질분열 후(**그림 4.13i**) 만들어진 새로운 4개의 세포는 각각 하나의 염색분체로 된 염색체 한 세트씩 갖는 반수체이다.

이제 어버이세포와 감수분열 완료 후 만들어진 딸세포들과 비교해 보라. 어버이세포는 하나의 염색분체로 된 염색체 두 세트씩 갖는 반면에(**그림 4.13a**), 딸세포들은 하나의 염색분체로 된 염색체 한 세트씩을 갖는다(**그림 4.13i**). 성체의 성에 따라서 이들 세포들이 정자 또는 난자로 분화할 수 있다.

감수분열에서의 반수체 생성물들의 운명

감수분열에 의해 만들어진 4개의 반수체세포들은 종에 따라서 또는 같은 종인 경우 암 · 수에 따라 다른 운명을 가진다. 예를 들면, 사람에서 여성의 경우 4개의 세포들 중 1개만이 난자가 된다. 다른 3개의 세포들은 각각 **극체(polar body)**라 부르는데 이들은 결국 죽는다. 종종 유전학자들이 극체들을 사용해 유전검사를 하는데, 이를 통해 난자세포의 유전자를 결정할 수 있기 때문이다. 남성의 경우엔 4개의 반수체 세포들 각각이 정자로 될 수 있다.

감수분열이 유전적 변이에 기여한다

감수분열은 형제나 자매들 사이의 유전적 차이를 가지게 하는 역할을 하는데, 이는 감수분열 중에 아버지와 어머니 염색체들 사이에 개편이 일어나기 때문이다. 이러한 개편을 **유전적 재조합(genetic recombination)**이라고 하며, 두 가지 방법인 교차와 독립 유전에 의해 일어난다.

교차: 상동염색체들은 염색체의 일부분을 교환한다

교차(crossing over)는 제1 감수분열 중 상동염색체가 쌍을 이룰 때 일어난다(**그림 4.14a**). 염색체들이 쌍을 이룰 때 효소들이 각 상동염색체 DNA를 부수어 각 염색체의 상응 부위에 옮겨진 후(실질적 교차), 그들을 붙임으로써 새로운 염색체가 되는 것이다(**그림 4.14b**). 따라서 제2 감수분열 후에 각 반수체의 일부가 부모의 유전자가 혼합된 재조합 유전자를 가지게 된다(**그림 4.14에서 붉은색과 푸른색**). **그림 4.14c**에서 한 번의 교차가 유전적으로 독특한 반수체세포를 만듦을 주목하라.

그림 4.13
감수분열에서의 염색체 변화 과정

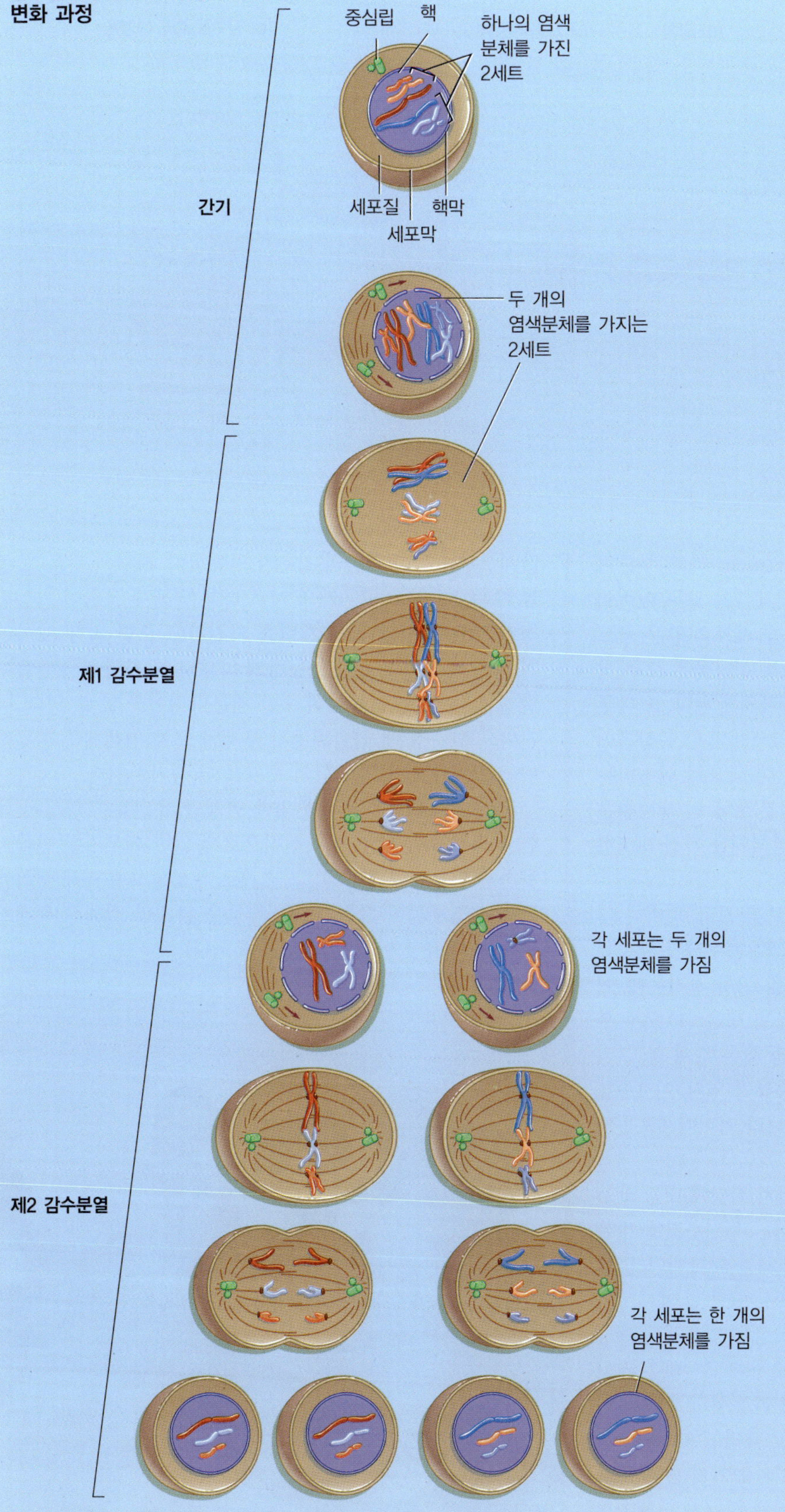

(a) 앞 세포주기의 끝
이 이배체세포는 한 개의 염색분체를 2세트 가진다.

(b) 복제
복제 후 세포는 두 개의 염색분체를 2세트 가진다.

(c) 짝짓기
상동염색체끼리 쌍을 이룬다.

(d) 배열
상동염색체 쌍들이 중기판(적도판)에 배열한다.

(e) 분리
상동염색체들이 분리된다.

(f) 복제
염색체는 복제되지 않는다.

(g) 배열
염색체들이 독립적으로 배열한다.

(h) 분리
자매염색분체들이 분리된다.

(i) 결과
4개의 유전적으로 동일하지 않은 반수체 생식세포들이 만들어진다.

독립분리(independent assortment)

각 상동염색체에 위치한 유전자들이 다른 유전자들과는 독립적으로 배우자에 전달된다는 멘델의 두 번째 법칙으로서 독립분리의 원리라 함

그림 4.14
교차에 의한 유전자 재조합

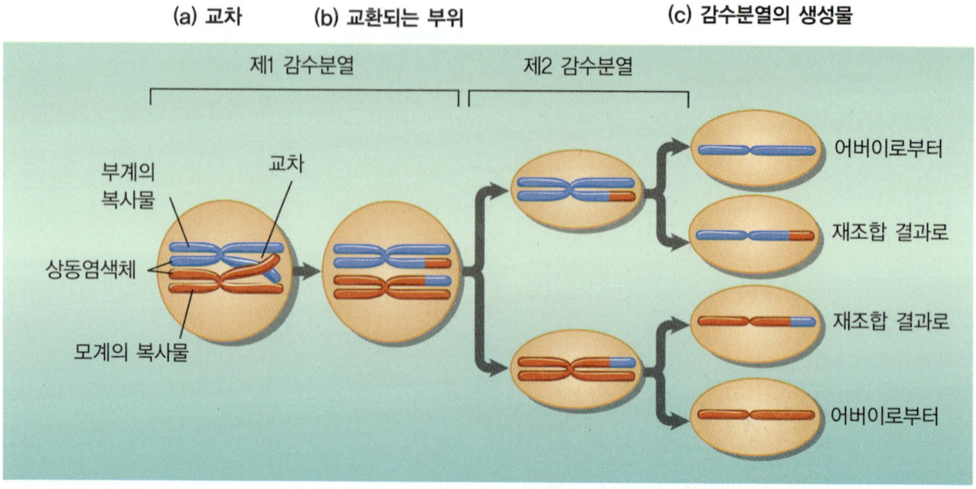

독립분리: 염색체 쌍은 무작위로 정렬된다

두 번째 기작도 역시 감수분열 후에 유전적 변이를 가져오는데, 이 경우에서 염색체 절단은 없다. 이것은 제1 감수분열 중에 비상동염색체가 독립적으로 정렬하는 성질을 근거로 **독립분리(independent assortment)**라고 부른다(**그림 4.13d** 참조). **그림 4.15a**에서 염색체들은 모두 어버이의 모든 복사본에서 온 것이 정렬된 다음, 세포의 같은 극으로 이동된 것이므로 그 결과의 각 반수체 생성물은 모두 아버지의 복사본 또는 어머니의 복사본을 가지게 된다. 또 다른 가능한 정렬은 **그림 4.15b**처럼 아버지 염색체의 한 복사본이 한 극으로, 그리고 다른 한 복사본이 반대 극으로 이동하는 경우이다. 이런 정렬의 결과에서는 감수분열 후 각 생성물은 하나는 부계 그리고 다른 하나는 모계 염색체를 가진 재조합 복사본을 가지게 되는 것이다.

그림 4.15a와 **b**의 8개의 배우자 세트를 보고, 얼마나 다른 배우자들이 형성되었는지 세어보라. 각 배우자가 반수체 염색체 세트(하나는 길고 다른 하나는 짧은)를 가지는데, 이것들은 어버이 기원에 비추어 볼 때 재조합 형은: (1) 모두 부계 형, (2) 모두 모계 형, (3) 긴 모계 형과 짧은 부계 형, 그리고 (4) 긴 부계 형과 짧은 모계 형의 4종류가 있다. 이 4종류 재조합 형은 각각이 서로 다를 뿐만 아니라 어버이세포들의 이배체와도 다르다.

감수분열 동안에서의 독립분리는 마치 식당에서 각 코스요리마다 2종류가 있는 메뉴에서 하나를 고르는 것에 비유될 수 있다. 각 코스요리는 하나의 염색체를 나타내며, 닭요리 또는 생선요리, 밥 또는 감자, 파이 또는 초콜릿 케이크와 같이 2종류 선택요리가 각 염색체의 두 상동 염색체에 해당된다. 종류가 다른 식사류 숫자가 코스 숫자에 의존하는 것처럼 배우자들에서 독특한 유전적 재조합 가능성의 숫자는 염색체 숫자에 좌우된다. 앞에 예시된 코스요리당 3코스와 두 선택 메뉴일 경우 여러분은 8 (= 2 × 2 × 2)가지 다른 종류 식사 중 한 가지를 선택할 수 있다. 염색체 하나가 더해지면 다시 2배를 곱한 만큼의 경우가 가능하다. 사람의 경우 그 종류 수는 2^{23}(약 800만)개의 서로 다른 염색체 조합이 가능한 정자 또는 난자가 될 잠재력을 가진다고 보면 된다. 교차는 더 많은 새로운 조합을 가능하게 하므로 한 사람에서 만들어질 수 있는 배우자 종류의 수는 천문학적이라 할 수 있다. 마지막으로 수정 때 접합체에서 부계와 모계 염색체들의 무작위 조합이 유전적 재조합의 숫자를 더 증가시킨다.

유전적 재조합 결과에 의한 엄청난 유전적 다양성이 왜 한 생명체가 두 종류의 유전적으로 동일한 배우자를 만들지 못하는가를 설명해 주고, 그 결과로 유성생식에 의해 생기는 모든 생명체들이 그들의 어버이들을 닮지만 절대로 똑같지는 않은 이유를 이해할 수 있을 것이다.

그림 4.15
독립분리에 의한 유전자 재조합

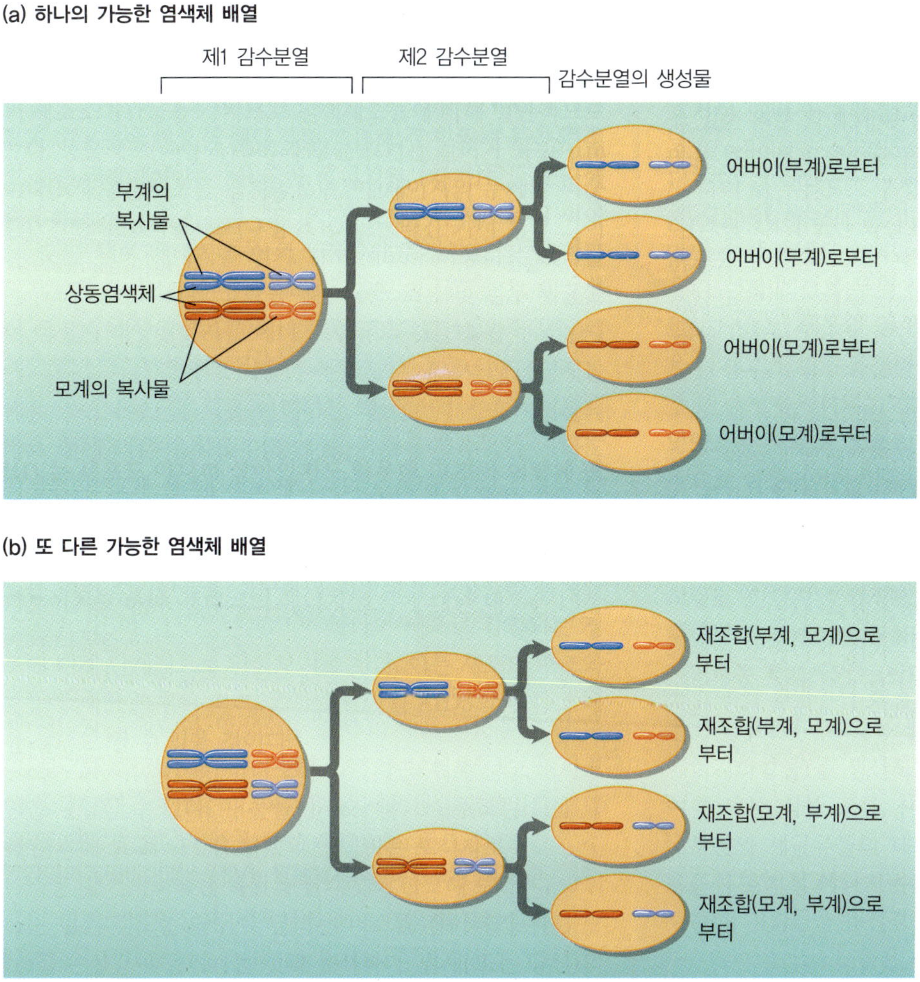

유사분열과 감수분열의 비교

유사분열과 감수분열의 상세한 내용들은 혼동하기 쉬우므로, 마지막으로 이들을 비교해 보도록 하겠다(**그림 4.16**).

유사분열은 체세포들에서만 일어나며, 생명체의 생장과 그 부위들 수선에 관여한다. 유사분열은 2가지가 수반되는데:

1. 세포들의 증식
2. 각 딸세포에 동등한 DNA 분배

감수분열은 생식세포들에서만 일어나며, 유성생식을 담당하는 배우자들을 생성한다. 감수분열은 3가지가 수반되는데:

1. 감수분열이 이배체에서 반수체로 염색체 수를 줄임으로써, 수정 후 염색체 수가 증가되는 것을 막아준다.
2. 감수분열 중의 교차가 부계와 모계 유전형질의 새로운 조합을 허용한다.
3. 독립분리가 부계와 모계 염색체들의 더 많은 무작위적 조합을 가능하게 한다.

그림 4.16
유사분열과 감수분열의 비교

(a) 유사분열

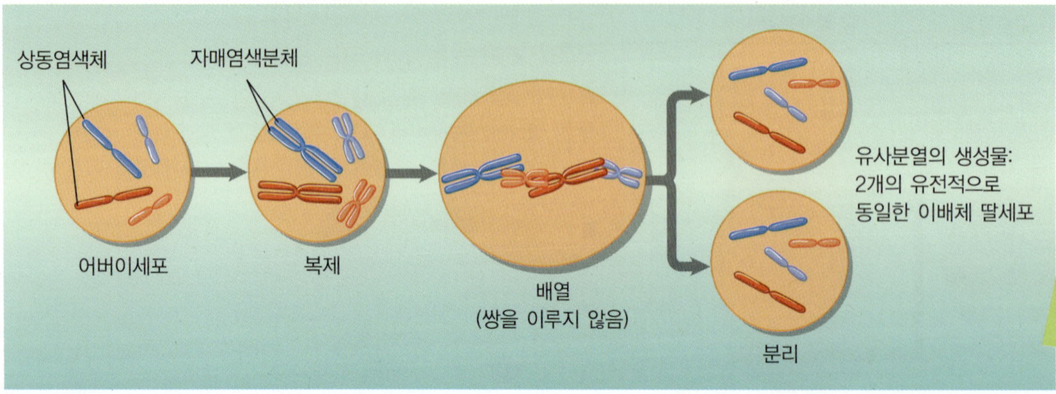

유사분열은 체세포에서만 일어남

(b) 감수분열

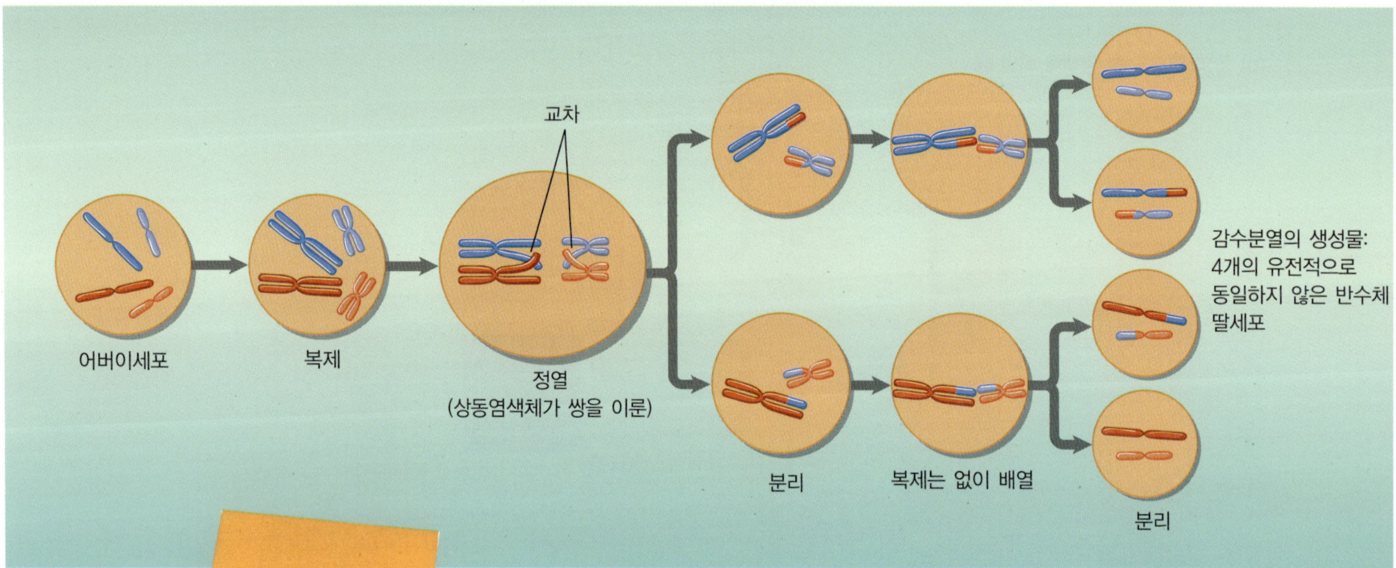

감수분열은 생식세포에서만 일어남

누가 알았겠는가?

체세포들은 *유사분열*을 통해 몸 전체 세포의 생장과 교체를 담당한다. *감수분열*에 의한 세포들만이 배우자(난자와 정자)들을 생산하며, 이 세포들은 생식소(난소와 정소)에서만 볼 수 있다.

CHAPTER

5

유전의 양상들

학습목표

목표[1] 유전의 기본 원리를 이해한다.

목표[2] 단일 형질의 유전을 지배하는 법칙들을 열거한다.

목표[3] 유전학자들이 사람의 유전 양상들을 어떻게 분석하는지 설명한다.

목표[4] 생명체가 다양한 유전형질 유전을 지배하는 법칙들을 열거한다.

목표[5] 성이 형질유전에 어떤 영향을 미치는지 설명한다.

목표[6] 지구상에서 유전은 어떻게 변하는지 확인한다.

© FHF GREENMEDIA/GAP PHOTOS/GETTY IMAGES

"140여 년 전 대부분의 관찰자들은 각 개인의 형질들이 그들 부모 형질들의 혼합에 의한 것으로 생각했다."

무서운 질병

코카서스인에서 매 3,000명의 신생아당 1명씩이, 가장 치명적 유전병인 낭포성 섬유증(cystic fibrosis, CF)을 갖고 태어난다. 낭포성 섬유증은 호흡과 소화의 전반적인 장애와 그 밖의 의료적 문제들을 일으키며, 최근까지만 해도 이 병을 가지고 태어난 아이는 20세를 넘기지 못하고 사망하였다.

당신은 무엇을 알고 있을까?

당신은 한 생명체의 표현형을 보고 유전자형을 말할 수 있는가?

낭포성 섬유증은 관상 구조물에 장애를 가지는 질병이다. 어버이로부터 돌연변이된 낭포성 섬유증 유전자를 유전 받은 어린아이는 잘못 번역된 단백질을 만든다. 원래 이 단백질은 세포막을 통한 염과 물의 이동에 관여하는 것인데, 이 단백질이 결여되거나 이상이 생겨, 정상적인 체액의 운반을 못하게 된다. CF는 관상 구조물의 벽과 그들이 분비하는 보호적 피복물들이 말라서 두껍고 건조한 점액으로 된 점막층을 형성한다. 그 결과로 허파, 위, 췌장, 땀샘 그리고 생식기관들의 가는 이동통로들을 막히게 한다. 따라서 CF에 걸린 사람은 호흡곤란을 일으키며, 세균이 반복적으로 점액에 정착하여 감염을 일으키고, 위통에 시달리며, 음식물 속의 지방 흡수 장애에 의한 설사와 비슷한 증상을 가진다. 또한 CF 환자의 대부분은 피부에서 염이 배어나오기도 한다. 그리고 이 병에 걸린 남성들은 정소와 연결된 관상 구조들 차단에 의해서 거의 대부분이 남성-불임증을 가진다.

이 장의 목표는 이와 같은 유전 양상들, 즉 치명적인 질병 증상들을 보이는 유전적 기반이 무엇인지를 이해하는 데 있다. 또한 사람이나 그 밖의 생명체들이 가지는 수천 가지 형질들인 눈 색깔, 머리털 색깔, 키 등등을 지배하는 유전 양상들에 대한 이해를 도모하는 데 있다. **유전학(genetics)**은 유전자의 성질과 그들이 염색체들에서 어떻게 구성되는지; 우리의 외모, 신체적 기능들과 행동들까지도 유전자들이 어떻게 지배하는지; 그리고 낭포성 섬유증과 같은 유전질환을 치료하기 위해 의료 연구진들이 유전자를 어떻게 다루는지 등에 대해 탐구하는 학문이다.

5장을 공부해 나감에 따라 여러분은 아래의 질문들에 대한 답을 알게 될 것이다:

- ☑ 19세기에 수도사인 멘델이 어떻게 유전의 원리들을 발견하였을까?
- ☑ 생명체들이 갖는 각 형질들의 유전을 지배하는 법칙들은 무엇일까?
- ☑ 유전학자들은 사람의 유전양상 분석을 어떻게 하나?
- ☑ 생명체들에서 동시에 여러 형질들의 유전을 지배하는 법칙은 무엇일까?
- ☑ 우리의 성이 유전형질 발현에 어떻게 영향을 미치는가?
- ☑ 우리가 질병들을 예견하고 치료하기 위해 유전학은 어떻게 변천되어 왔는가?

유전학(genetics)
유전자와 유전현상에 관해 연구하는 학문 분야

잡종(hybrid)

서로 다른 유전적 구성을 가진 두 개체 간의 교배에서 얻어진 하나의 자손

혼합유전 모델 (blending model of heredity)

부친과 모친의 특성들이 자손의 특성에 혼합되어 나온다는 아이디어; 멘델 유전학에서 모순이 증명됨

개별유전 모델 (particulate model of heredity)

유전이 세대 간에 걸쳐 "개별성"이 유지된다는 멘델의 아이디어

자가수정능 (self-fertilization)

식물이나 동물에서 자신의 난자들이 수정되는 능력

타가수정 (cross-fertilization)

두 개체 간의 의도적 교배; 식물에서 자가수정능을 가진 꽃가루를 다른 꽃으로 전달하는 것

목표1 과학자들은 유전의 원리들을 어떻게 발견하였을까?

임신한 아이가 낭포성 섬유증이 될 위험성을 부모가 정확히 아는 데 도움을 주기 위해, 유전학자들은 유전형질들이 부모에서 자식들로의 전달을 지배하는 유전법칙들을 적용한다. 이 법칙들은 흥미롭고 오랜 역사를 가진다. 이 법칙들은 **멘델(Gregor Mendel)**이라는 유럽의 한 수도사에 의해 1865년에 발견되었다. 21세기인 오늘날까지도 멘델 자신이 그 법칙들을 어떻게 발견하였는지를 알게 되면, 이 법칙들을 쉽게 이해할 수 있다.

140여 년 전인 멘델 시대에 대부분의 관찰자들은 각 개인의 형질들은 그 부모 형질들이 혼합된 결과라고 생각하였다. 자연계의 생명체들을 볼 때, 자손들이 그 어버이의 중간 형태 개체들로 믿는 이유를 생각하는 것은 어렵지 않다. 예를 들어, 꽃잎의 크기에서 하나는 매우 길고, 다른 하나는 매우 짧은 두 식물을 교배시켰다고 할 때, 그 결과로 만들어진 **잡종(hybrid)**인 자손은 다른 형질을 가지게 될 것이다. 이 예의 경우 자손의 꽃잎의 길이는 어버이 형질 길이의 중간 길이를 가진다. 이와 같은 관찰을 통해 사람들은 어버이의 유전물질이 액체로서, 마치 크림을 암갈색의 커피와 섞어 줌으로써 베이지색의 카페라테(café au lait)가 되는 것과 같이 혼합되어 자손의 특징으로 나타났을 것으로 생각하게 하였다. 이 생각을 **혼합유전 모델(blending model of heredity)**이라고 한다.

멘델이 비엔나 대학에 다녔을 때, 그는 모든 물질은 별개의 원자와 분자로 이루어져 있다는 것을 배웠다. 그는 유전이 그들의 독자성을 세대에 걸쳐 유지하는 어떤 "입자들"에 의해 지배되는 것일 것으로 생각하였다. 그는 이와 같이 새로운 **개별유전 모델(particulate model of heredity)**을 염두에 두고, 완두를 사용한 교배실험을 통해 태어나는 자손들을 주의 깊게 관찰하는 장기간에 걸친 연구를 수행하였다.

© DAVID CROCKETT/ISTOCKPHOTO.COM

수도원에서의 유전학

혼합유전 가설은 카페라테처럼 각 유전인자가 잡종에서 영구적으로 희석될 것을 예견하게 한다. 그러나 **멘델**의 개별유전 모델에서는 각 유전인자가 잡종에서도 변하지 않고 유지될 수 있는 것이다. **멘델**의 핵심적 사고는 교배의 첫 자손인 잡종(제 1세대)에서가 아니라 그 잡종들을 교배해 얻은 제2세대를 검사함으로써, 위 2가지 모델 중 한 가지의 모순을 증명하고자 하는데 있었다. 만약 원래 어버이의 형태가 제2세대에서 나타난다면 유전인자들이 잡종(제1세대)에서도 변하지 않고 전달되어 유지되고 있음을 말해주는 것이다. 그러나 만약, 원래 어버이의 형태가 제2세대 잡종에서 다시 나타나지 않는다면, 유전인자들이 혼합되었다고 말할 수 있겠다.

멘델은 실험하기 좋은 이점들을 많이 가진 식물체인 완두를 실험재료로 선택하였고, 우선 종자 가게에서 줄기의 길이 또는 꽃의 색깔이 다른 것과 같은 단일 형질에서 뚜렷이 차이를 보이는(줄기의 키가 큰 것과 짧은 것, 또는 꽃잎의 색이 보라색인 것과 하얀색) 계열의 씨앗들을 구입한 다음, 단지 하나의 뚜렷한 형질 차이가 나는 계열을 선택하여 유전실험을 수행하였다. 또 **멘델**은 완두가 **자가수정능(self-fertilization)**을 가진 식물이지만, 하나의 특징(형질)을 보이는 완두와 다른 형질을 가지는 완두와의 교배 실험도 쉽게 조절할

그림 5.1
유전 실험모델에 대한 멘델의 증거

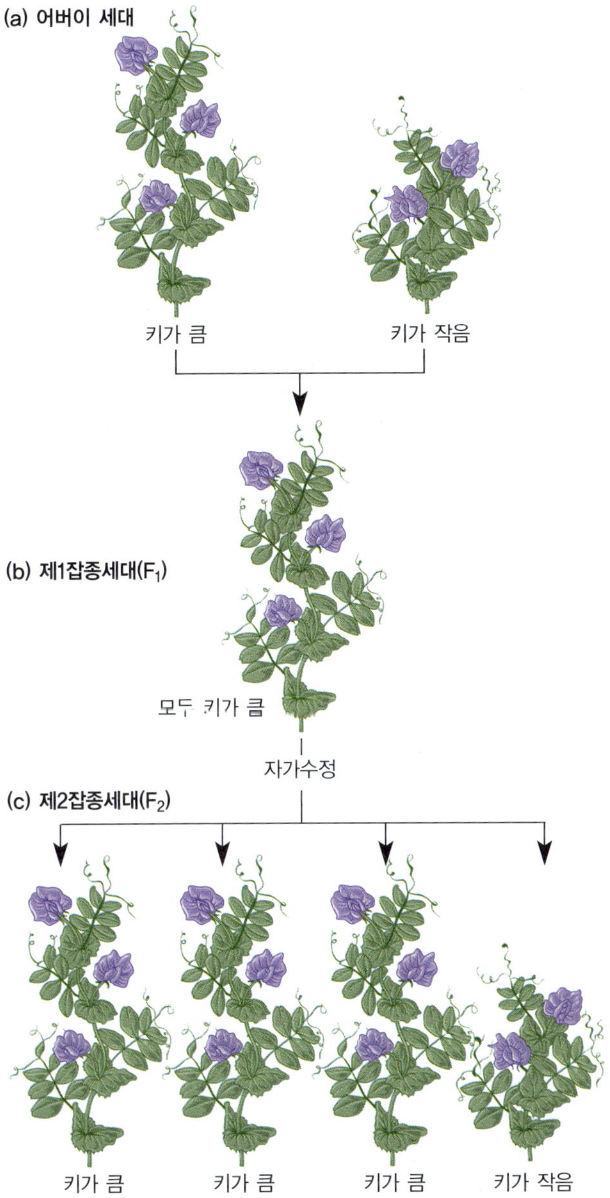

수 있었다. **멘델**은 완두들을 **타가수정(cross-fertilization)** 시켰다. 즉 보라색 꽃의 꽃가루(웅성 배우자)를 붓으로 살짝 찍어내어 다른 색(예, 흰색)을 가지는 꽃의 암술(자성 배우자를 가지는 기관)에 칠해 주는 방법을 택했다. 이와 같이 타가수정을 통해 얻은 씨앗들을 재배한 다음, 새로운 세대의 완두에서 어떤 형질이 발현되는지 관찰하였다.

그의 명료한 가설과 잘 선택한 실험체계를 가지고, **멘델**은 유전 법칙들을 이끌 수 있는 과학적 실험을 할 준비가 완성된 것이다(의사들이 유전법칙을 환자들에게 적용한 것은 법칙이 발표된 100여 년 이후 임).

멘델이 혼합유전 모델의 모순을 입증하다

멘델의 첫 번째 교배실험에서 그는 초봄에 키가 큰 줄기를 가지는 완두와 키가 작은 줄기를 가지는 완두씨를 심어 자라게 하여, **어버이 세대[parental(P_1) generation]**를 만들었다(**그림 5.1a**). 그해 늦은 봄 어버이 식물들이 꽃을 피웠을 때, **멘델**은 키가 큰 줄기를 가지는 식물을 키가 작은 줄기를 가지는 식물의 꽃가루로 타가수정시켰다. 여름 콩깍지가 완두콩으로 통통하게 부풀었을 때 완두콩을 수확하여 이를 **제1 잡종세대[first filial(F_1) generation]**라 불렀다. 다음 해 봄에 이들 키가 큰 줄기와 키가 작은 줄기를 가진 완두 간의 타가수정에서 얻은 F_1 종자를 심어서 생긴 식물체들은 모두 어버이 중의 키가 큰 줄기와 같은 형태로 나타났다(**그림 5.1b**). **멘델**은 앞과 유사한 실험을 다른 형질들을 갖는 완두—꽃의 색(보라색 대 흰색), 씨앗의 모양(둥근 것 대 쭈글쭈글한 것), 등등—를 가지고 수행하여 각 경우 모두 두 형질 중 하나만이 F_1 잡종세대에서 나타남을 알았다. 즉 겉으로 보기에 형질 중 하나는 완전히 사라진 것처럼 나타난 것이었다. F_1 잡종에서 나타나는 형질(완두의 긴 줄기처럼)을 **우성(dominant)**이라 하며, 나타나지 않는 형질을 **열성(recessive)**이라 한다.

이 실험에서의 중요한 의문점은 잡종에서 열성의 특징은 어떻게 되었을까 하는 것이었다. 그 특성이 우성 형질에 혼합된 것일까 아니면 영원히 사라져 버린 것일까? 아니면, 그 특성을 가지고 있지만 F_1 잡종세대에서는 감춰진 것일까? 이에 대한 것을 알아보기 위해, **멘델**은 키가 큰 줄기의 F_1 잡종끼리 자가수정되게 하여, 만들어진 **제2 잡종세대[second filial (F_2) generation]** 씨앗을 그 다음해 봄에 심었다.

제2 잡종세대 완두가 다 자란 후 관찰한 결과, 대부분이 키가 큰 줄기를 가졌지만, 일부는 키가 작은 줄기를 가졌다. 이번에도 역시 중간 길이의 줄기를 가진 개체는 없었다(**그림**

어버이 세대 [parent(P_1) generation]
멘델 유전에서, 제1세대 자손을 만들 수 있는 개체들

제1 잡종세대 [first filial(F_1) generation]
멘델 유전에서, 첫 번째 나타나는 후손

우성(dominant)
이형접합체(잡종)에서 대립유전자 중 나타나는 표현형 형질

열성(recessive)
이형접합체(잡종)에서 우성 대립유전자에 의해 나타나지 않는 표현형 형질

제2 잡종세대 [second filial(F_2) generation]
멘델 유전에서, 두 번째 나타나는 후손

대립인자(allele)
대립형질을 암호화하는 한 유전자의 두 가지 인자(들) 중의 하나

5.1c). 원래 어버이의 키가 작은 줄기처럼 키가 작은 줄기가 다시 출현하고, 중간 크기의 줄기가 나타나지 않았다는 것은 예견했던 것과 같이 개별유전을 지지하는 것이며, 혼합유전 모델의 모순을 입증한 것이다.

목표2 단일형질 유전을 지배하는 법칙은 무엇인가?

탐구적 성격의 소유자였던 멘델은 F_2 식물의 "일부"가 키가 작은 줄기였으므로, 혼합모델 가설이 잘못이었다고 말하는 것에 만족하지 못했다. 그는 그가 본 것에 대해 이해하고 싶었다. 그래서 그는 그가 수행한 식물들 개체들 수를 세고, 그 숫자들을 분석함으로써 F_1에서 감춰졌다가 F_2에서 다시 나타나는 짧은 줄기와 관련된 기작을 추정할 수 있었다.

멘델은 F_2 식물에서 787개체가 긴-줄기 그리고 277개체가 짧은-줄기를 가진 식물들임을 알아냈다. 이 숫자의 비율인 787 : 277, 즉 3 : 1의 비율로 나타남을 본 것이다. 완두 줄기의 크기에 대한 **멘델**의 관찰 결과는 진핵생물체의 여러 형질 발현에 그대로 적용된다. 두 종류가 뚜렷이 구별되는 두 가지 형질(긴 줄기와 짧은 줄기, 보라색과 노란색 종자, 낭포성 섬유종의 유무 등)에서 제1대 잡종(F_1)은 오직 우성 형질만 나타난다는 것을 발견한 것이다. 두 종류 제1대 잡종의 교배 후 만들어진 제2대 잡종(F_2)은 3개체의 우성형질과 1개체의 열성형질(F_1에서 감춰졌던)이 나타난다. 이러한 결과를 일으키는 기작은 어떻게 이해할 수 있을까?

유전자들과 대립인자들

멘델은 F_2 식물들에서 짧은-줄기가 다시 나타남을 보아 짧은-키를 가지게 하는 유전인자가 서로 다른 색깔의 액체들처럼 섞이는 것이 아니라 하나의 입자처럼 개체적 단위이기 때문이라고 생각했다. 현대 유전학자들은 이 개별인자를 *유전자*(gene)이라 부른다(1장 참조). **멘델**은 당시 이 용어를 사용하지 않았지만, 여기서는 확실히 이해하기 위해 유전자라는 용어를 사용하겠다.

하나의 유전자는 한 생명체 내에서 특정 형질에 영향을 미친다. 유전자란 형질 그 자체가 아니라, 생명체에서 하나의 특정 형질을 나타나게 하는 인자이다.

멘델의 식견은 비범하였다. 그가 유전자 또는 DNA에 대한 아무 지식도 없었지만, 그는 각 유전 "입자들"은 다른 형태로 나타난다고 설명했다. 거의 1세기가 지나서야 분자연구자들이 유전자들은 다른 형태를 가진다는 것을 보였는데, 이제는 이들을 **대립유전자(allele; 대립인자)**라 한다. 하나의 대립인자가 한 유전자의 다른 형태인 것이다. 완두에서 줄기 키에 관여하는 유전자는 하나는 긴 줄기 다른 하나는 짧은 줄기를 가지게 하는, 두 개의 대립인자를 가진다. 마찬가지로 현대유전학자들은 낭포성 섬유증을 일으키는 유전자 중 하나의 대립인자는 CF를 일으키는 것과 다른 하나의 대립인자는 정상적 기도와 호흡관련 관상 구조물들을 가지게 하는 것으로 이루어진 한 쌍의 대립유전자를 가진다는 것을 알고 있다.

유전학자들은 또한 지난 반세기 전부터 하나의 유전자는 염색체 내의 한 DNA 분자의 일부임을 알고 있다(**그림 5.2**와 **표 5.1**). 한 개체의 염색체가 수백 가지의 다른 형질들을 지배하는 수천 개의 유전자들 갖지만, 각 염색체는 어떤 유전자이든 간에 하나의 대립인자만 가질 것이다. 진핵세포들은 상동 염색체 쌍을 가지므로(그림 4.13 참조), 각 완두 개체 또는 사람은 각 유전자에 대한 두 대립인자를 가진다(대립인자가 같을 수도 있고, 다를 수는 있음).

우성 및 열성 대립인자들

멘델은 F_2 잡종들 중 짧은-줄기 완두의 재출현은 짧은-줄기 대립인자가 존재하지만 F_1 잡종들에서 보이지 않았을 뿐이라는 것을 인지하였다. 만약 짧은-줄기 대립인자가 잡종에 존재 하지 않았었다면, 그것이 F_2 자손에게 전달되지 못하였을 것이다. 잡종들이 긴-줄기 형질을 보였으므로 **멘델**은 잡종에 긴-줄기 대립인자가 존재함을 알았다. 그러므로 **멘델**은 하나의 잡종 식물은 각 유전자에 대한 두 개의 대립인자를 가지며, 그중 하나는 형질로 나타나고, 다른 하나는 형질은 나타나지 않는다고 결론지었다.

그림 5.2
유전자, 대립유전자와 염색체

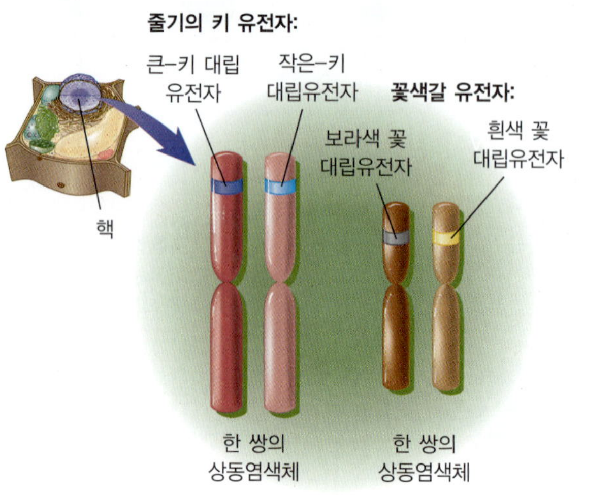

표 5.1
유전의 원리

1. 하나의 유전형질은 하나의 유전자 지배를 받는다.
2. 유전자들은 염색체에 존재하며 모든 세포에서 특정 DNA 서열을 가진다. 그러나 일부 바이러스에서는 RNA가 유전자이다.
3. 하나의 유전자는 대립유전자라 부르는 둘 또는 그 이상의 형태로 존재한다. 각 대립유전자는 환경과 작용하여 그 외부형태, 생화학적 기능 그리고 행동 등을 결정한다.
4. 대부분의 고등생물들은 체세포에 각 유전자의 두 개씩의 복사본을 가진다(이배체라 함). 그러나 배우자(난자와 정자)는 각 유전자의 한 개씩의 복사본만 가진다(반수체라 함).
5. 상동염색체란 크기, 모양 그리고 유전적 내용이 유사한 두 염색체를 말한다.
6. 동질접합자는 한 유전자에 2개의 동일한 대립유전자를 가지며; 이질접합자는 한 유전자에 2개의 다른 대립유전자를 가진다.
7. 한 개체의 외관상 형질(모양과 기능면)을 표현형이라 하며, 그 유전적 조성을 유전자형이라 한다.
8. 이형접합자에서는 2개의 대립유전자 중 하나만이 표현형으로 나타나고 다른 하나는 숨어서 나타나지 않는다. 표현형으로 나타나는 대립유전자는 우성 대립유전자이고, 나타나지 않는 대립유전자는 열성 대립유전자이다.
9. 각 쌍의 대립유전자는 난자와 정자를 형성하기 전에 분리되므로 각 배우자는 각 염색체의 한 복사본만 가진다. 수정을 통해 정자와 난자는 그들이 가지는 대립유전자에 따라 무작위로 결합되어 접합자는 모든 유전자의 두 개씩의 복사본이 되는 것이다.
10. 서로 다른 염색체의 유전자들은 배우자에서 각각이 독립적으로 작용한다.
11. 연관 유전자들은 동일 염색체 상에 있으며 배우자에 함께가는 경향을 가진다.

잡종에서 출현되는 형질을 지배하는 인자를 *우성*이라 하며, 우성 인자와 짝을 이루며 형질로 출현되지 않는 인자를 *열성*이라 한다. 완두의 경우 긴–줄기 대립인자가 우성이었고, 짧은–줄기 대립인자가 열성이었던 것이다. 낭포성 섬유증(CF)에서 우성과 열성 대립인자는 각각 무엇일까?

멘델은 그의 완두 실험에서 각 잡종식물은 각 유전자에 대한 한 쌍씩의 대립인자를 가지므로, 각 순계 어버이식물들도 역시 각 유전자의 두 복사본(대립인자)를 가져야 만 한다고 제시했다. (하나의 순계 어버이 생명체는 항상 그 자신의 형질과 동일한 형질들을 가진 후손을 만든다.) 잡종 식물의 경우, 두 대립인자는 우성과 열성으로 다르다. 그러나 순계(true bleeding) 어버이들은 두 대립인자가 동일하여, 모두 우성 또는 모두 열성이다.

유전자형과 표현형

멘델이 관찰한 F_1 잡종 식물들의 긴–줄기 모양이 순계–번식 어버이에서의 긴–줄기와 똑같이 보이지만, 그들은 유전적으로 다르다. 오늘날, 생명체의 신체적 특성들(예, 줄기의 길이나 기도의 기능 등)을 **표현형(phenotype)**이라 말한다. 또 생명체들의 특정 대립인자들(유전적 구성)을 **유전자형(genotype)**이라 부른다. 표현형이 긴–줄기인 경우, 두 가지 가능한 유전자형이 있어서, 일부 긴–줄기를 가지는 식물체는 2개의 동일한 우성 대립인자들을 갖으며, 일부 긴–줄기 식물체는 2개의 서로 다른 대립인자인 긴–줄기 유전자 하나와 감춰진(표현되지 않는) 열성 짧은–줄기 대립인자이다(**그림 5.3a,b**). 유전학자들은 우성인자를 대문자로, 열성인자를 소문자로 표기한다. 즉 긴–줄기를 보이는 대립인자를 *L*로 그리고 열성인 짧은–줄기 인자는 *l*로 표시한다. 따라서 긴–줄기 식물인 경우, 유전자형은 *LL* 또는 *Ll* 이다. 서로 다른 대립인자를 가지는 식물은 그 형질에 대해 **이형접합성(heterozygous)**이라고 한다(**그림 5.3b**). 순계–번식 생명체가 한 형질에 대한 한 쌍의 동일한 대립인자를 가질 때 그 형질에 대해 **동형접합성(homozygous)**이라 부른다(**그림 5.3a,c**). 또 이형접합성인 개체를 **이형접합체(heterozygote)**라 하며, 동형접합성인 개체를 **동형접합체(homozygote)**라 부른다. **멘델**이 실험한 발자취를 따라가 볼 때, 순계–번식한 긴–줄기와 짧은–줄기를 보이는 어버이는 동형접합체이고, 그들 교배에 의해 나타나는 후손 잡종들은 이형접합체인 것이다.

표현형(phenotype)
환경과 상호작용하는 유전자들에 의해 조절되는 한 개체의 외형

유전자형(genotype)
한 개체의 유전적 구성

이형접합성 (heterozygous)
하나의 특정 형질에 대해서 두 개의 서로 다른 대립인자를 가지는 것

동형접합성 (homozygous)
하나의 특정 형질에 대해서 두 개의 동일한 대립인자를 가지는 것

이형접합체 (heterozygote)
하나의 형질에 대해서 두 개의 서로 다른 대립인자를 가지는 생물

동형접합체 (homozygous)
하나의 형질에 대해서 동일한 대립인자를 가지는 생물

멘델의 분리의 법칙

멘델은 각 개체는 각 인자(유전자)에 대한 2개의 복사본(줄기 길이에 대한 유전자와 꽃 색깔을 나타내는 유전자 등)을 가진다고 결론지었다. 이 2개의 복사본은 어디서 왔을까? **멘델**은 각 개체가 가지는 여러 형질들의 각 대립인자 중 하나의 대립인자는 어머니로부터 그리고 다른 하나는 아버지로부터 온 것이라고 제시했다. 그러므로 어버이가 가지는 2개의 대립인자 중 하나가 난자로 그리고 다른 하나가 정자로 갈 수 있도록 분리되어야 한다.

각 유전자에 대한 하나의 복사본(대립인자)을 가지는 세

분리의 법칙 (law of segregation)
멘델 유전법칙의 제1법칙으로, 유성생식을 하는 이배체 생물은 각 유전자마다 2개의 대립인자를 가지며, 배우자 형성 때 2개의 대립인자가 서로 분리되므로, 배우자는 각 유전자 중 하나의 대립인자만 가진다는 법칙

포를 *반수체*라 하고, 각 유전자에 대한 2개의 복사본(대립인자)을 가지는 세포를 *이배체*라 한다는 4장에서 본 내용을 상기해 보라. 하나의 완두에서 난자와 정자는 반수체(haploid)이고, 그 밖의 거의 모든 세포들은 이배체(diploid)이다.

멘델의 완두 실험들에서의 **분리의 법칙(law of segregation)**은 다음과 같이 정리할 수 있다: 유성생식하는 이배체 생물들은 각 유전자에 대한 2개씩의 복사본(대립인자)을 가지는 것이 감수분열에 의해 변하지 않고 서로 분리되어진 것이다. 배우자(gamate)가 형성될 때, 그들 각각은 각 유전자의 한 개씩의 복사본만 갖는다.

> "각 유전자에 대한 한 개씩의 복사본(대립유전자)을 가진 세포가 반수체이고, 각 유전자에 대한 두 개씩의 복사본(대립유전자)을 가진 세포는 이배체이다"

유전기호와 푸니트 정방형법

앞에서 살펴 본 줄기의 대립인자에 대하여 유전기호(*L*과 *l*)를 사용하면 독립의 법칙을 이해하기 쉬울 것이다(**그림 5.4**). 이형접합성인 F_1은 *Ll*로 표시할 수 있으므로, 감수분열 중 *Ll* 이형접합체의 대립인자들이 분리되어, 배우자의 반은 *L* 인자를 그리고 나머지 반은 *l* 인자를 가진다(**그림 5.4b**). **멘델**은 표현형의 비가 3 : 1로 나타나기 위해서는 난자들과 정자들이 임의적 교배에 의해 가능하게 된다는 것을 지적했다(**그림 5.4c**). 다시 말하면, *l* 인자를 가진 하나의 난자세포가 *L* 인자를 가진 정

그림 5.3
표현형과 유전자형

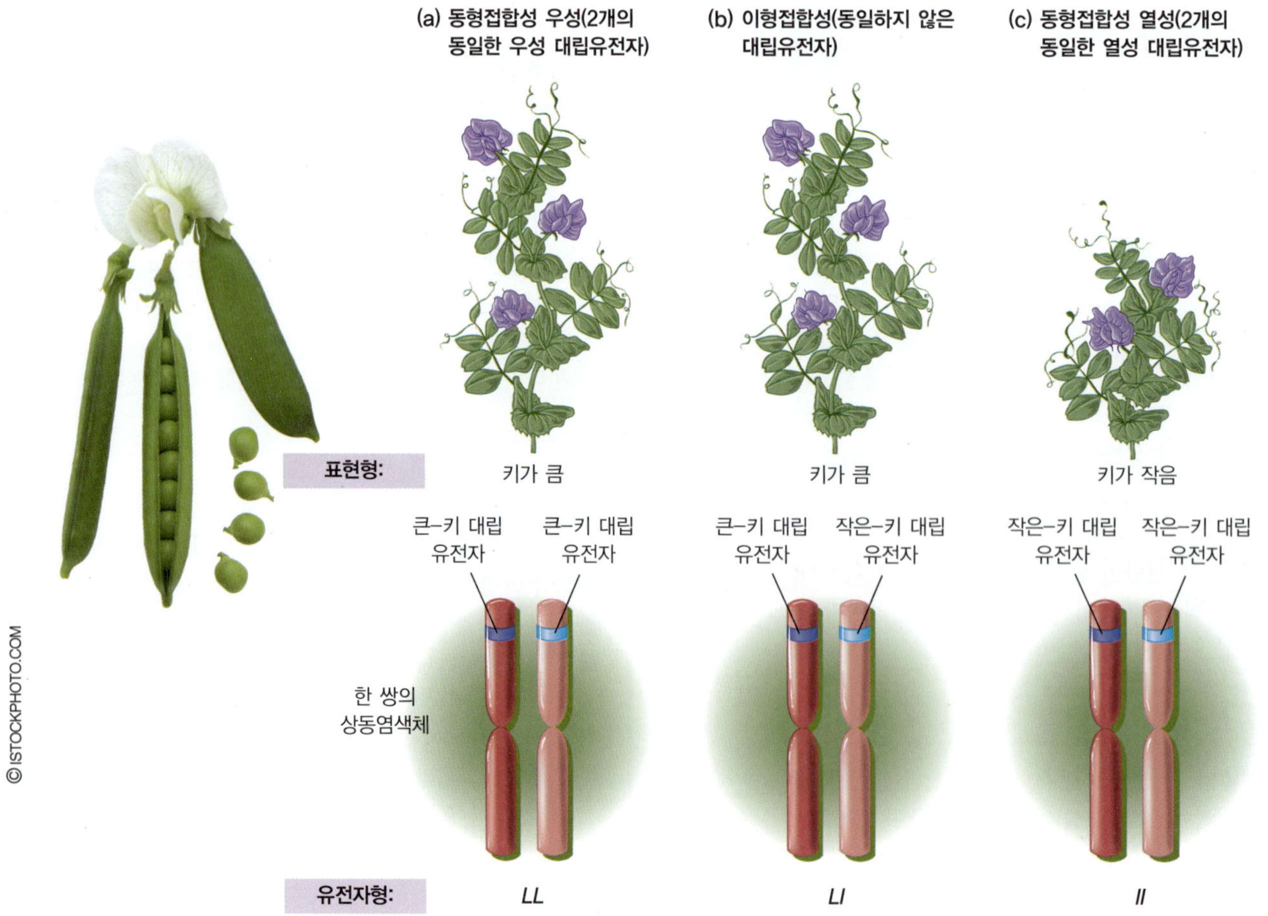

자나 *l* 인자를 갖는 정자와 수정될 수 있다는 것이다.

임의 수정의 결과를 볼 수 있게 도식화하는 한 가지 방법을 **푸니트 정방형법(Punnett square)**이라고 한다(**그림 5.4c**). 두 이형접합체 완두 교배에 대한 푸니트 정방형을 만들기 위해 4개의 작은 정방을 그린 다음, 위쪽 정방 위에는 2가지 가능한 화분의 대립인자(*L*과 *l*)를, 왼쪽 정방 옆에는 2가지 가능한 난자의 대립인자(*L*과 *l*)를 쓴다. 이어서 4개의 빈 정방에 각 화분과 난자의 수정 결과로 만들어지는 자손의 유전자형을 채운다.

푸니트 정방형법 (Punnet square)
유전학에서 교배 시 임의 수정의 결과를 도표형식으로 예측하는 방법

그림 5.4
감수분열과 멘델의 분리의 법칙

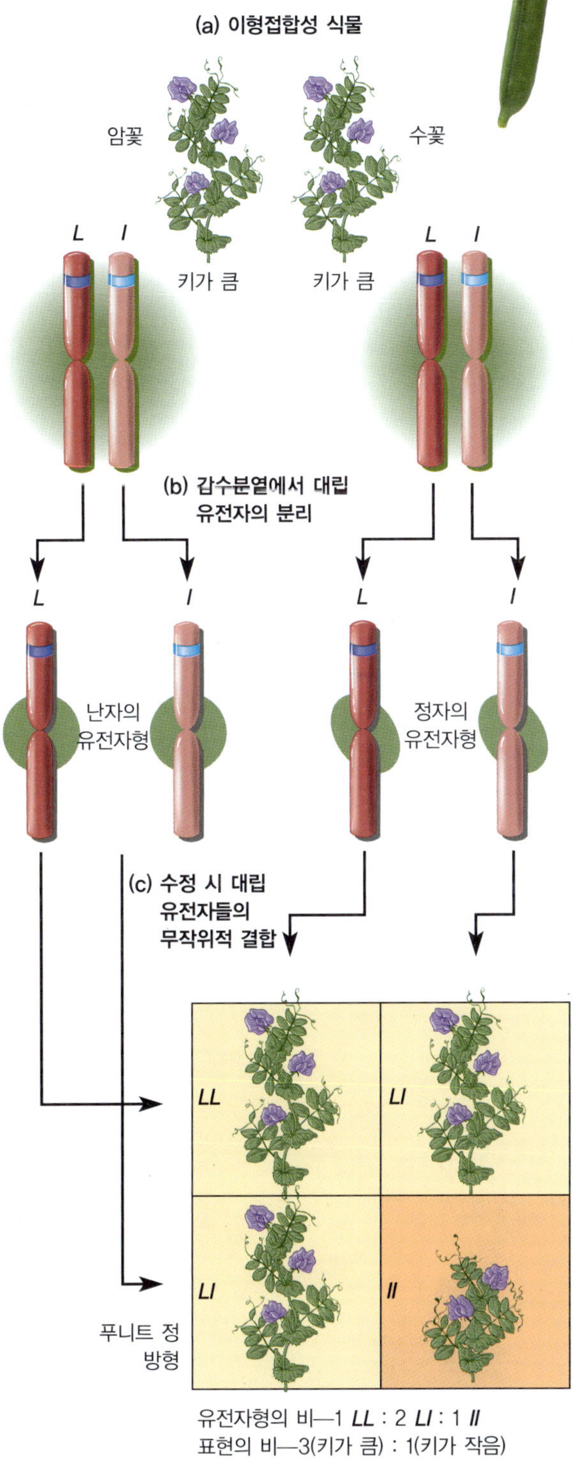

그림 5.4c에서 볼 수 있는 바와 같이 *LL*, *Ll*, *lL*, 그리고 *ll*이 될 것이다. 대립인자들의 순서는 중요하지 않으므로 *Ll*과 *lL*은 동일한 것이며, 이 결과에서 3종류의 유전자형인 *LL* : *Ll* : *ll*이 1 : 2 : 1로 나타난다. 그러나 이들의 표현형의 비를 보면 3 : 1(긴-줄기 : 짧은-줄기)임을 볼 수 있을 것이다. 그 이유는 *L*이 *l*에 대해 우성이므로, 유전자형이 *LL*인 것과 *Ll*인 것 모두가 긴-줄기의 표현형을 보이기 때문이다. 멘델이 완두 실험에서 관찰한 비 값인 787 : 277은 3 : 1에 매우 가까움을 상기해 보라.

유전학과 확률

멘델의 분리의 법칙은 두 이형접합체 교배에서 나오는 자손들의 비가 3 : 1일 것으로 예견했다. 그러나 실제로 그는 앞의 교배실험의 경우 2.84 : 1 그리고 다른 형질들에 대한 교배실험에서는 3.15 : 1 및 2.96 : 1 값을 얻었다. 왜 실험 결과들에서 정확히 3 : 1로 나타나지 않았을까? 그 해답은 유전학적 원리들이 경우의 법칙과 확률의 법칙에 의하기 때문이다.

3 : 1을 얻는 확률은 마치 두 종류의 서로 다른 동전을 동시에 던진 후 나타나는 결과로 설명할 수 있다. 10원짜리 동전이 한 꽃가루의 정자에 해당하고, 100원짜리 동전은 난자에 해당한다고 생각해 보자. 각 동전의 앞면은 우성 그리고 뒷면을 열성을 나타내는 것으로 보자. 이때 하나의 이형접합체로부터 만들어진 배우자들처럼 각 동전은 모두 우성과 열성 인자를 가짐을 주목하라.

수정의 모델처럼 두 종류 동전을 동시에 던져 올렸다 떨어뜨렸을 때 동전의 앞면과 뒷면이 나타난 결과가 어떻게 되는지 기록해 보라. 두 동전 모두가 겉면으로 나타나면 그 유전자형은 동형우성, 두 동전 모두가 뒷면으로 나타나면 그 유전자형은 동형열성, 그리고 하나가 앞면 다른 하나가 뒷면이면 이형접합성이 될 것이다. 이 동전 던지기를 20회 했다면, 앞에 설명한 세 종류가 나타날 가능성은 어떻게 되는 것으로 기대할 수 있을까? 여러분이 기대한 대로 정확히 나타날까? 만약 그렇지 않다면 그 이유를 어떻게 설명할 수 있겠는가?

만약 멘델이 완두 줄기의 키에 대한 실험을 1064번 수행한 것처럼 두 종류 동전을 20회 이상 던졌을 경우에 가능한

가계도(pedigree)
한 가계와 관련된 유전적 역사의 연관관계를 나타내는 도표

결과는 어떻게 나올까? 동전 던지기에서처럼 수정 후 인자(유전자)들의 조합은 경우의 법칙에 의한다. 동전 던지기에서 시도한 횟수가 작을 때, 그 결과는 예상하는 것과는 다른 결과가 나올 수 있지만, 시도 횟수를 많이 하게 되면 수학적 예상치에 가깝게 나올 것이다. 이 원리를 인류유전학에 적용할 때 매우 중요한데, 그 이유에 대해서는 다음 절에서 설명될 것이다.

목표3 유전학자들은 인류유전의 양상들을 어떻게 분석할까?

멘델의 유전원리들을 낭포성 섬유증 아이들을 가질 수 있는 부모들에게 어떻게 적용시킬 수 있을까?

사람(*Homo sapiens*): 다루기 어려운 실험동물

멘델의 유전법칙을 염두에 두더라도 사람을 대상으로 하는 유전 연구는 쉽지 않다. 무엇보다도 사람은 유전학자들이 중매업자도 아닌데, 그들의 의문을 만족시킬 수 있는 자손들을 가질 수 있도록 사람들을 맺어 주기가 불가능하다는 점이다. 그러므로 연구자들은 기존의 사람들 중 흥미를 가지는 형질을 갖는 사람들이나 부부들을 찾아야만 한다. 또한, 형제들이나 자매들이 결혼하는 경우가 드물기 때문에, 연구를 할 만한 실질적 F_2도 없다. 그 밖에 각 가족들에 대한 통계적 분석을 하기에는 그 규모가 너무 작다: 부부가 자녀를 가지는 수가 10명을 넘지 않으며, 대부분이 세 자녀 이내를 가진다. 마지막으로 인간의 생활주기가 너무 길다는 것이다. 두 세대에 걸친 가계의 형질 추적 연구에만 과학자의 일생을 보내야만 한다. 그러므로 과학자들과 의사들은 가계의 역사를 수집하고 분석하는 데 크게 의존한다.

가계도: 가계의 유전적 역사

인류유전학 연구에 주로 사용하는 방법은 가계의 모든 구성원을 대상으로 한 형질의 유전을 추적해 나가는 것이다. 유전학자들은 특정 유전형질에 대한 가계 분석을 한 다음, 그 가계 구성원들을 인터뷰하고, 그들의 병원 기록들을 검토하며, 가능한 한 많은 수의 구성원을 대상으로 혈액과 조직 시료들을 수집한다. 이와 같은 기록들로부터 과학자들은 가족 관계, 생년 순서, 성별, 표현형, 그리고 가능하다면 구성원들의 유전자형까지를 질서 정연하게 그린 **가계도(pedigree)**를 만든다.

가계도를 통해 무엇을 알 수 있는지 알아보기 위해, 낭포성 섬유증을 갖는 가계도를 생각해 보도록 한다(**그림 5.5**). 가계도에서 각 세대를 위에서부터 오래된 조상에서부터 가장 최근 세대까지 순차적으로 서로 다른 가로 줄에 기록한다. 남성은 사각형으로 그리고 여성은 원으로 나타낸다. 특정 형질을 가진 경우에는 사각형이나 원에 색을(여기서는 붉은색으로 나타냄) 칠한다. 유전학자들은 각 세대를 로마숫자(I, II, III 등)로 표기하며, 각 개인은 왼쪽에서부터 오른쪽으로 아라비아숫자(1, 2, 3 등)로 표기한다. 예를 들어, 1895년 태어난 이 가족의 여자 가장은 I_1이고, 그녀의 두 딸은 II_2와 II_3라는 것이다. VI_1과 VI_2에 해당되는 소년과 소녀가 이 가계에서 낭포성 섬유증을 가진 구성원이라는 의미이다. 여러 가계도에서처럼 형제자매를 표기할 때 왼쪽에서 오른쪽으로 나이순으로 배열한다.

또 하나의 규약은 하나의 수평선이 어버이들의 결혼을 의미하고, 그 자손들은 바로 다음 줄에 붙인다. 예를 들어, II_1과 II_2 어버이는 두 딸(III_3와 III_4)과 두 아들(III_2와 III_5)을 두었다는 뜻이다. 가계도에서 연관성이 없고 영향 받지 않은 부모들은 종종 생략한다. 가계도에서 근친결혼(혈족 간의 결혼)은 **그림 5.5**에 표시된 바와 같이 이중 수평선으로 표시한다.

낭포성 섬유증은 우성형질 유전일까 또는 열성형질 유전일까?

가계도는 조부모들, 사촌들 그리고 형제자매들에 이르기까지 연결되는 것으로 약간 겁나게 보일 수도 있다. 그럼에도 불구하고 가계도 분석의 규칙은 멘델의 유전원리에 의해 분석하는 것이다. 앞의 가상적 가계도에 대해 좀 더 상세히 알아보자! 가계도를 작성함으로써 우리는 낭포성 섬유증이 우

그림 5.5
낭포성 섬유증 환자 가족의 가계도

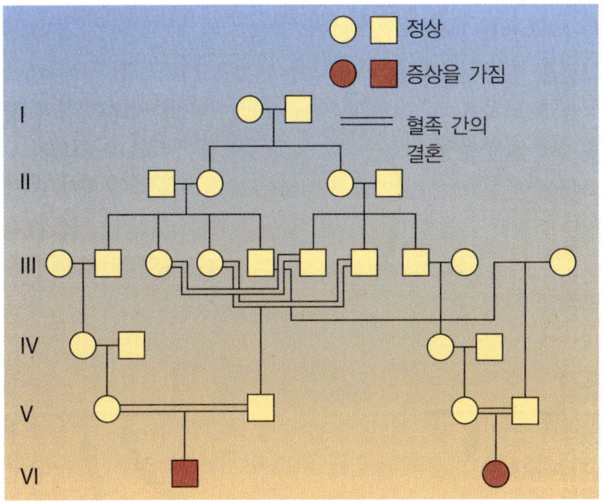

성유전 또는 열성유전 양상을 띠는 것인지를 알 수 있다.

그림 5.5 가계도를 볼 때, 이 가계의 여러 자손들에서 낭포성 섬유증이 보이지 않는다: 어떤 대의 어버이들도 또한 낭포성 섬유증을 보이지 않는다. 낭포성 섬유증 유발 유전자를 *CF*라 표기하고, CF^-는 이 병을 일으키는 대립인자로, CF^+는 정상 대립인자라 표시해 보자. VI_2 여성이 이 병을 가진 것으로 나타났으므로 그녀는 적어도 하나의 CF^- 대립인자를 가지고 있을 것이며, 그것이 어버이 중 한 사람으로부터 왔어야만 한다. 이것은 그녀의 어버이 중 한 명이 반드시 적어도 하나의 CF^- 대립인자를 가진다는 것을 의미한다. 그런데 그녀의 어버이 중 아무도 이 섬유증 형질을 보이지 않았으므로, 어버이 각각은 적어도 하나의 CF^+ 대립인자를 가지며, 적어도 어버이 중 한 사람이 CF^+와 CF^-를 가지는 이형접합체라고 결론지을 수 있다. 또한 그녀의 어버이 모두가 정상이므로 이형접합성 유전자형을 가진 사람은 정상 표현형을 가진다고 결론 내릴 수 있다. 앞에서 우리는 이형접합체는 우성인자에 의해 나타남을 알았으므로, CF^+(정상)가 우성인자이고, CF^-(섬유증)가 열성인자일 수밖에 없다. 다시 말하면, 낭포성 섬유증을 일으키는 인자는 열성인자이며, 따라서 VI_2의 유전자형은 CF^-CF^-이다. 이상의 내용을 종합하면 어버이 모두가 증상을 보이지 않는데, 그 자손이 증상을 보이면, 그 형질은 보통 열성이라고 할 수 있다.

낭포성 섬유증 유전자의 질병 유발 인자는 열성이므로, 이 병을 일으킬 수 있는 사람은 2개의 질병 유발인자 복사본을 갖는 경우만이며, 두 복사본 중 하나는 아버지로부터 그리고 다른 하나는 어머니로부터 온 것이다. 어버이 모두가 이 질병을 나타내지 않으면서, 그 유발 인자를 전달시켰으므로, 그들은 이형접합체들 또는 **보인자(carrier)**들 이어야만 한다. 보인자에서, 우성인 정상 대립인자가 열성인자를 감추고 있는 것이며, 이 열성인자는 돌연변이에 의해 만들어진 **돌연변이유전자(mutant)**이다. 여러 가지 인간의 유전병들이 낭포성 섬유증처럼 열성형질로 유전된다는 것이 밝혀졌다. 그러나 일부는 우성형질들이 유전되기도 한다. 이제부터 그 일부에 대해 알아본다.

보인자(carrier)

[1] 유전학에서, 열성형질을 보이진 않지만 그것을 그 후손에 전달할 수 있는 한 이형접합체; [2] 생화학에서, 다른 물질을 운반하는 물질로서 운반체라 부름, 종종 단백질이 운반체로 작용함

돌연변이유전자(mutant)

돌연변이의 결과로 생긴 대립유전자; 그런 돌연변이를 가지는 생물을 나타내는 데도 사용함

낫형적혈구 빈혈증(sickle-cell anemia)

헤모글로빈 유전자의 열성 돌연변이로 유전되는 유전성 질병으로서, 관절과 복부의 통증, 만성피로 그리고 숨가쁨 등의 증상을 보임

대립인자들은 어떻게 상호작용할까

수도원의 조용한 정원에서 실험을 수행하여 **멘델**은 식물의 키, 꽃의 색깔, 종자의 모양 등을 지배하는 각 유전자는 우성 또는 열성인 2개의 대립인자로 구성되어 있음을 보였다. 그러나 생명은 늘 단순한 것이 아니며, 그 후의 유전학자들이 좀 더 세련된 실험들을 통해 많은 것을 밝혀냈다. 일부 유전자들의 대립인자들은 우성 또는 열성으로 뚜렷이 구별할 수 없는 경우도 있고, 일부 유전자들은 2개의 대립인자보다 더 많은 수의 대립인자를 가지는 경우도 있다.

불완전 우성

1905년에 한 젊은 아프리카계 미국인이 그의 관절과 복부의 통증과 만성 염증 및 숨가쁨을 호소하며 시카고의 한 의사를 찾아왔었다. 그 환자의 혈액검사 결과 적혈구 수가 감소되었고(*빈혈 증상*), 많은 혈구세포들이 정상적인 원반형이 아니고 낫모양을 보임이 관찰되었다(**그림 5.6a**). 연구를 통해 낫모양-적혈구들은 매우 약하고 파괴되기 쉽다는 것도 알아냈다. 이러한 증상을 **낫형적혈구 빈혈증(sickle-cell anemia)**이라 부르는데, 아프리카계 미국인에서 가장 많이 유전되는 치명적 질병이다.

낫형적혈구 빈혈증과 관련된 상태를 *낫세포(sickle-cell) 형질*이라 부른다. 낫세포 형질을 가진 사람의 적혈구는 정상 적혈구와 달리 시험관에 넣고 산소를 주지 않을 때 낫모양을 형성한다. 낫세포 형질을 가지는 사람은 고도가 높은 곳이나 힘든 신체적 작업과 같은 극단적 조건들이 아닐 때를 제외하고는 정상이다. 예를 들어, 낮은 고도의 도시에 사는 낫세포 형질을 가진 여러 남성들이 고도가 높은 콜로라도에 도

불완전우성 (incomplete dominance)
이형접합체의 표현형이 두 가지 동형접합자 표현형의 중간형으로 나타나는 유전 현상

공동우성 (codominance)
이형접합체의 두 가지 대립형질이 모두 표현형으로 나타나는 유전 현상; 사람의 혈액형이 공동우성임

착한 2일 이내에 심한 비장(지라) 통증에 시달렸다. 따라서 낫세포 형질은 악화된 낫형적혈구 빈혈증과 정상 사이의 중간적 증상을 가진다고 볼 수 있다. 이에 관한 유전적 기초는 무엇일까?

그림 5.6b는 낫형적혈구 빈혈증을 가진 한 자메이카 이민 가계의 가계도이다. 낫형적혈구 빈혈증을 가진 각자의 어버이들이 모두 낫세포 형질을 가지고 있다는 것에 주목해 보라. 낫형적혈구 빈혈증을 가진 많은 가계들에 대한 관찰을 통해서 유전학자들은 낫세포 형질을 가진 남녀가 결혼하여 자녀를 둘 때 그 자손들에서 1/4이 심한 낫세포 빈혈증, 1/2이 낫세포 형질 소유자 그리고 1/4이 정상인 1:2:1의 비율로 나타남을 알았다. **그림 5.6c**에 나타낸 푸니트 정방형에서 표현형의 비가 1:2:1로 나타남을 보라. 낫형적혈구 빈혈증은 **불완전우성(incomplete dominance)**을 보이는 것이다. 즉 이형접합체(낫세포 형질 소유자)의 표현형이 동형접합성 우성과 동형접합성 열성 사이의 중간형인 것이다. 불완전우성에서는 표현형과 유전자형의 비 값이 같다. 불완전우성의 원리가 앞에서 설명했던 왜 잘 못된 혼합유전 가설(목표 1항 참조)을 연구자들이 제창했었는지를 설명하는 데 도움이 될 수 있을 것이다. 예를 들어, 원숭이 꽃(monkey flower)의 꽃잎 길이를 지배하는 유전자와 같이 일부 유전자들이 함께 작용하는 것처럼 불완전우성을 보이는 몇 가지 대립인자를 제외한 모든 유전자들의 유전은 전형적인 멘델유전에 의한다.

공동우성

앞에서 살펴 본 불완전우성 외에 또 하나의 변이를 **공동우성(codominance)**이라 하는데, 이것은 이형접합체의 표현형이 동시에 양쪽 표현형으로 나타나는 것을 말한다. 공동우성의 대표적인 예가 *ABO*라 부르는 혈액형 지배 유전자이다(**그림 5.7a**). 이 유전자에서 대립인자 A는 적혈구 막 표면에 A형이라 부르는 특정 탄수화물 분자를 발현시키는데, 이런 인자

그림 5.6
낫형적혈구 빈혈증: 불완전 우성

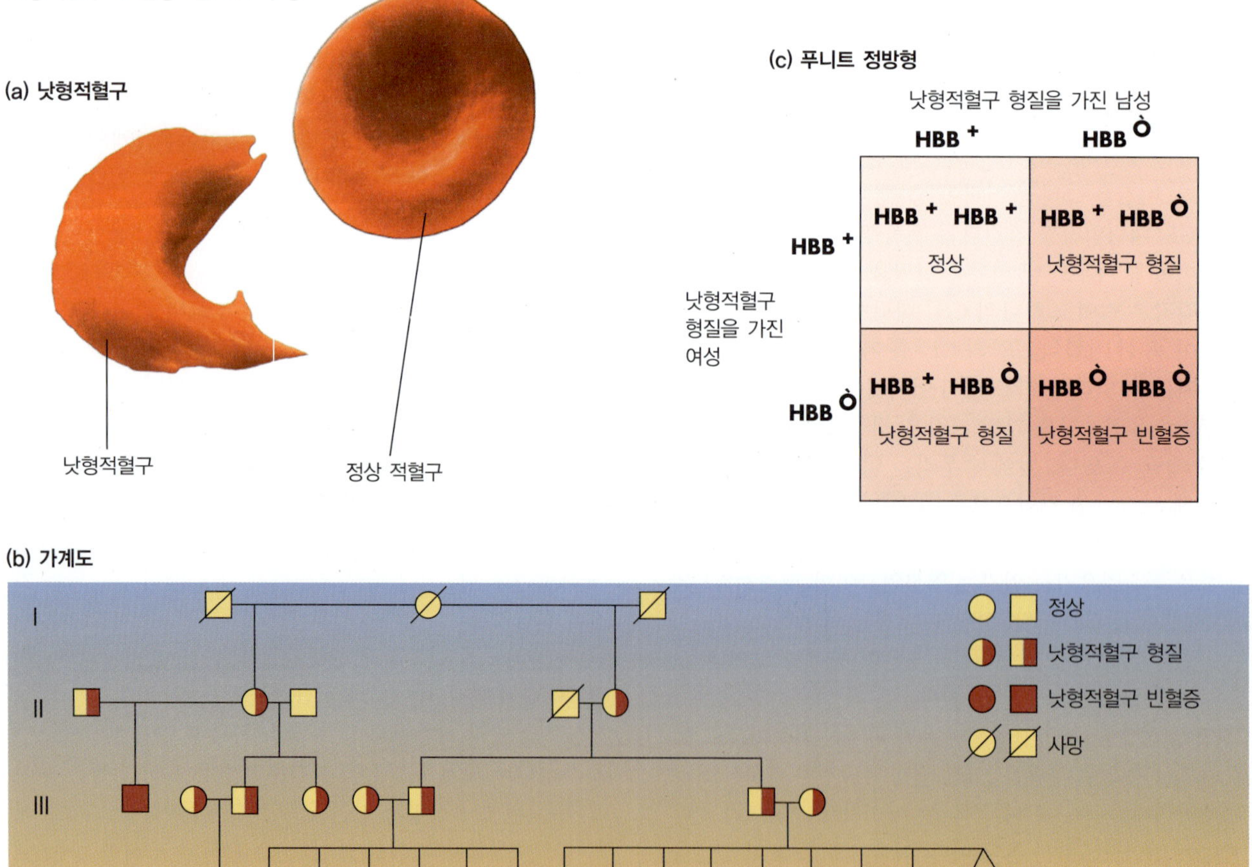

그림 5.7
혈액형, 불완전우성과 복대립유전자

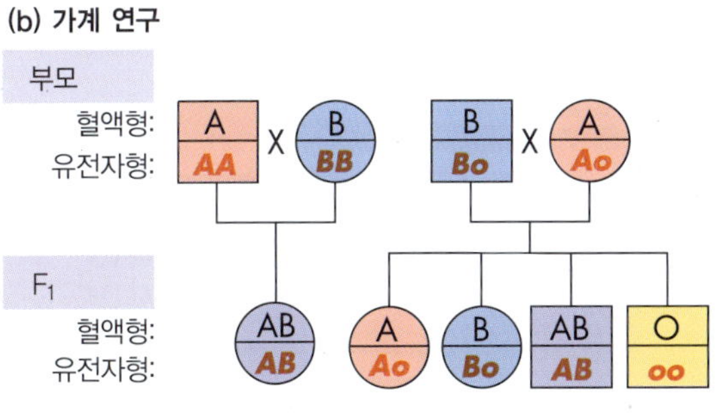

를 가진 사람의 혈액형은 A형이다. B인자는 B형이라 부르는 다른 형태의 탄수화물 분자를 적혈구 막 표면에 가지게 하여 B형을 만든다. 두 개의 *A*인자를 가지는 사람은 A분자만 가지고, 두 개의 *B*인자를 가지는 사람은 B분자만 갖는다. 그러나 하나의 *A*인자와 하나의 *B*인자를 가지는 이형접합체는 적혈구 막에 A와 B분자 모두를 가진다. 이런 사람의 혈액형은 AB형으로서, 공동우성 표현형을 갖는 셈이다.

학생들이 종종 불완전우성과 공동우성의 차이에 대해 혼란을 가지는데, 공동우성은 이형접합체에서 두 가지 인자가 모두 발현되는 것이고, 불완전우성은 중간형의 표현형을 가지는 것으로 보면 된다. AB 혈액형에서 A와 B의 중간형은 없다. 그러나 낫세포 형질을 가지는 사람은 그 표현형이 거의 정상이나, 다만 극한 상황 하에서만 병 증세를 보이는 것이므로 불완전우성인 것이다.

주조직적합성복합체 (major histocompatibility complex, MHC)
각 개인이 가지는 특이적인 단백질들의 복합체로서, 이식조직에 대해 거부반응을 일으키는 인자들; 그들의 주 기능은 면역계 세포들 간의 의사소통을 돕는 데 있음

복대립인자

만약 당신의 혈액형이 O형이라면, 당신은 또 하나의 유전 개념의 좋은 예가 된다. 일부 유전자들이 두 개의 대립인자보다 더 많은 인자를 갖는데, 사람의 *ABO* 혈액형이 그 한 가지 예이다. 공동우성 인자인 *A*와 *B* 외에, *ABO* 유전자는 A와 B 모두에 대해 열성인 세 번째 인자를 갖는다. 이 열성인자를 *o*라 부른다. 두 개의 *o*인자를 가진 사람은 *A*와 *B* 분자표지 모두를 갖지 않으며, 혈액형은 O형이다. *o*인자는 열성이므로, *Ao* 이형접합체의 혈액형은 A형, *Bo* 이형접합체의 혈액형은 B형이다. 인류 집단에서 *ABO* 유전자에는 3 종류 대립인자가 있지만, 아무도 3인자를 동시에 가질 수는 없다. 왜냐하면 각 어린아이들은 부모 각각으로부터 단지 하나씩의 인자만을 받기 때문이다. **그림 5.7b**는 *ABO* 유전자에 대한 가계도의 일부를 보여주고 있다.

ABO 유전자는 3가지 대립인자를 갖지만, 일부 유전자들은 더 많은 대립인자를 갖는 것도 있는데, 이것이 기관 이식을 받은 중증 낭포성 섬유증 환자들에서 중요하다. 폐와 기도에 대한 낭포성 섬유증은 치명적일 수 있으므로, 수백 명의 낭포성 섬유증 환자들은 여생을 위한 치료법으로 폐 이식을 받는다. 여러분들이 신문이나 잡지를 통해 보았겠지만 불행하게도 유연관계가 없는 사람으로부터의 조직이식은 거부현상을 일으키는데, 그 이유의 관건은 복대립인자(multiple allele)들에 있다.

주조직적합성복합체(major histocompatibility complex, MHC)는 세포 표면에 존재하는 특정 단백질들을 암호

> 공동우성은 이형접합체에서
> *두 가지* 대립인자 *모두*가 발현되는 반면에,
> 불완전우성은 표현형이 중간형이다.

어버이형 (parental type)

부모 중 한쪽의 특성들을 가진 자손

재조합형 (recombinat type)

부모의 특성들이 새롭게 합쳐져 나타나는 자손

독립분리의 법칙(independent assortment)

멘델 유전법칙의 제2법칙으로, 서로 다른 염색체에 위치한 유전자들이 독립적으로 배우자에게 전달된다는 법칙

화하는 유전자들의 집단이다. 이들 표면 단백질들이 자기 몸의 세포와 우리 몸에 병을 일으킬 수 있는 세균, 바이러스 또는 기생충들과 같은 외부 물질들을 구별해 주는 역할을 하는 표지자들이다. MHC 유전자에는 여러 가지가 있으며, 또 각 유전자들이 많은 대립인자들을 가지므로, 유연관계가 없는 사람들 사이에서 정확히 동일한 대립인자들 조합을 갖는 경우는 거의 없다. 이 때문에 낭포성 섬유증 결과로 생긴 신장, 간 또는 폐 손상을 가진 환자가 적합한 조직 기증자를 오랜 동안 기다려야만 한다. 조직 공여자와 조직 수혜자 사이에 너무 많은 인자들의 차이를 가지면, 수혜자의 면역계 세포들이 공여자 기관(또는 조직)을 죽인다. 이식조직 거부를 중단시키는 데 도움이 되는 면역억제제들을 사용하더라도 조직형에 대한 수없이 많은 인자(복대립인자)들이 이식 시의 주 장애요인이 되는 것이다.

목표4 생명체들에서 다양한 형질들의 유전을 지배하는 법칙들은 무엇인가?

이제까지 우리는 꽃의 색깔이나 낭포성 섬유증과 같은 단일 유전자들과 그 대립인자들에 대해 알아보았다. 그러나 생명체는 수천 종류의 유전자들을 가진다. 단일세포 생물인 효모는 6,000 유전자, 지렁이는 19,000 유전자 그리고 사람은 약 40,000개의 유전자를 가진다. 두 개체 간의 교배 시 동시에 하나 이상의 유전자들에 관한 유전적 결과는 어떻게 될까?

배우자의 형성

한 여성이 낭포성 섬유증에 대해서는 동형접합성인데, 두 개가 열성인자인 CF^-CF^-를 가지며, 이 여성의 혈액형은 A형으로서 유전자형인 *AA*인 동형접합성 우성이라고 가정한다. 한편, 한 남성이 CF^+CF^-인 이형접합성이고, 혈액형은 O형으로서 유전자형인 *oo*인 동형접합성 열성이라고 가정한다. 이 남녀가 결혼하여 한 남자아이를 낳았을 때, 낭포성 섬유증에 대한 것은 이형접합성인 CF^+CF^-를, 혈액형은 A형으로서 그 유전자형이 *Ao*라면, 아들의 두 가지 형질에 대한 유전자형은 CF^+CF^-Ao가 될 것이다.

아들이 성장하여 배우자를 만들기 시작한다면, 어떤 종류들이 만들어질까? **멘델**이 제시한 분리의 법칙에 의하면, 각 배우자는 각 유전자 중 하나에 대한 복사본을 가진다는 것이므로 각 배우자는 낭포성 섬유증 유전자 중 하나와 혈액형 유전자 중 하나의 복사본만 가질 것이다. 더욱이 **멘델**의 원리에 근거하면 정자들 중 반은 CF^- 인자를 그 나머지 반은 CF^+ 인자를 가짐을 제시해 준다. 마찬가지로 정자들 중 반은 *A*인자를, 그 나머지 반은 *o*인자를 가질 것이다. 그러므로 아들의 정자가 가질 수 있는 인자들의 종류는 다음의 4종류가 될 것이다:

CF^-A | CF^-o | CF^+A | CF^+o

그렇다면 위 4종류 형태가 실제적으로 생성되는 비율은 어떠할까? 정자가 부모의 원래 유전자형인 CF^-A와 CF^+ 그리고 *o*만을 가질까? 유전학자들은 부모의 원래 유전자와 같을 경우 이들을 **어버이형(parental type)**이라 부른다. 아니면 정자의 일부가 CF^-o와 CF^+A와 같은 새로운 조합형을 가질 수 있을까? 유전학자들은 이와 같은 형태들을 **재조합형(recombinant type)**이라 부르는데(4장 참조), 그들은 부모에게는 없는 새로운 형태로 "재조합"된 것이기 때문이다.

완두 실험을 하면서 **멘델**은 서로 다른 유전자들의 각 대립인자들이 배우자에게 독립적으로 이동하는 것을 발견하고, 이 과정을 **독립분리의 법칙(independent assortment)**이라 불렀다. 이 법칙은 특정한 한 쌍의 대립인자가 배우자로 분리될 때 다른 대립인자 쌍과 무관하게 독립적으로 분리된다는 의미이다. 그 결과로, 4종류의 배우자(바로 전에 살펴본 낭포성 섬유증과 혈액형처럼)가 동등하게 발현되고, 위 4종류가 1/4씩 나타난다.

그 생성 결과를 살펴보면 아래 그림과 같다:

낭포성 섬유증 인자	ABO 인자	배우자
1/2 CF^-	1/2 *A* →	1/4 CF^- *A*
	1/2 *o* →	1/4 CF^- *o*
1/2 CF^+	1/2 *A* →	1/4 CF^+ *A*
	1/2 *o* →	1/4 CF^+ *o*

이 그림은 **멘델**의 독립분리의 법칙의 요점을 보여준다. 유전자들이 서로 독립적으로 유전되므로, 한 개체 배우자의 반은 이형접합성 어버이형(CF^-와 CF^+o)으로부터, 그리고 나머지 반은 재조합형(CF^-o와 CF^+A)으로 되는 것이다.

멘델은 그의 실험의 결과들을 항상 F_2 세대에서 관찰했음을 상기해 보라. 앞에서 살펴본 이론적인 아들이 그와 동일한 유전자형인 CF^+CF^+Ao를 가지는 여인과 결혼했을 경우에 대해 생각해보기로 하자. 또한 이것은 가정이므로, 이 부부가 우리가 통계적으로 만족할 만한 결과를 얻을 수 있을 만큼

그림 5.8
완두콩과 사람에서의 독립분리

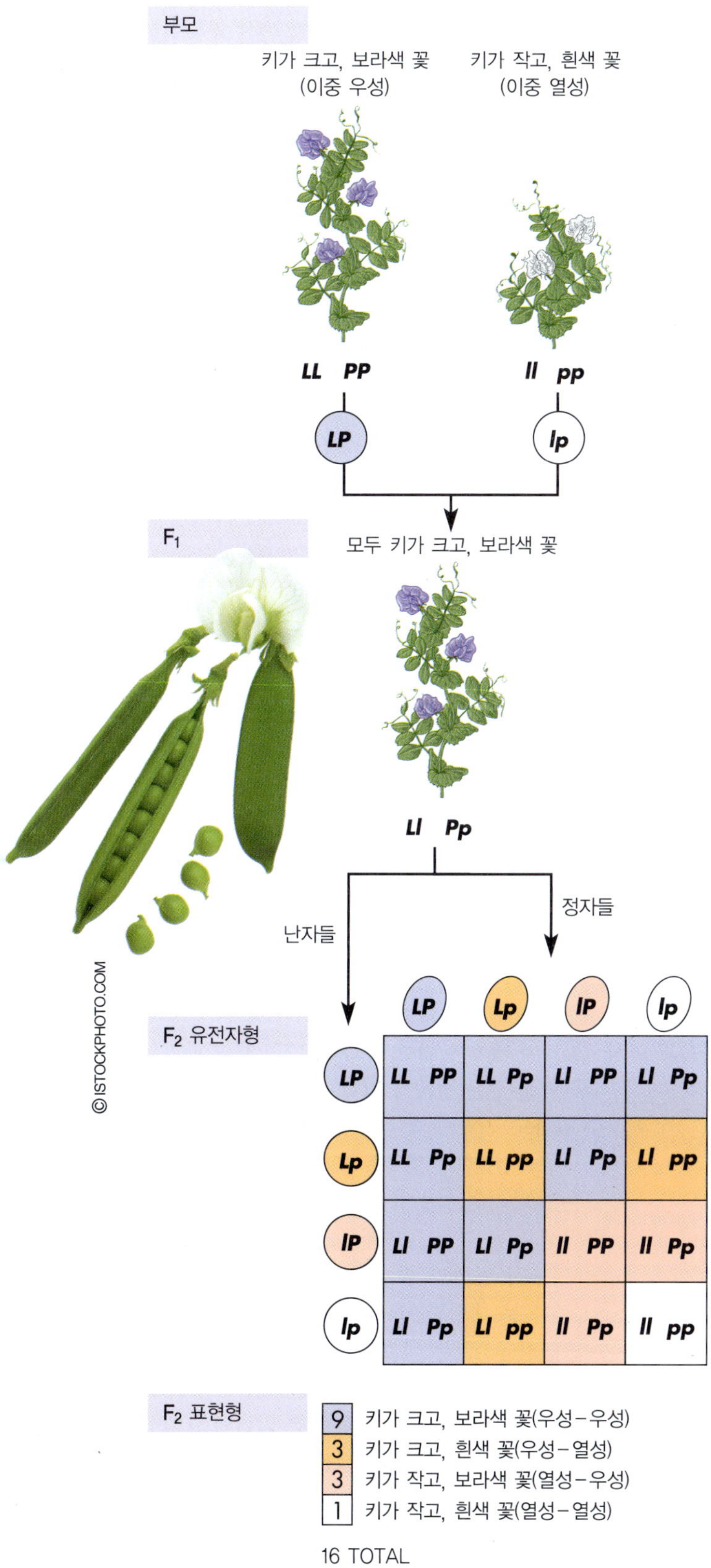

수백 명의 자녀를 두었다고 가상해 보라. 자녀들은 어떤 유전자형을 나타내며 그 비율은 어떠할까? **멘델**도 완두 식물을 사용하여 유사한 교배실험을 수행했는데, 그는 이를 **양성잡종교배(dihybrid crosses)**라 불렀다(**멘델**은 두 형질을 가지는 완두 식물체 간의 교배실험을 함). 그는 완두의 줄기가 긴 것과 짧은 것 그리고 꽃의 색깔이 자주색인 것과 하얀 것의 교배 후 그 발현 형질들을 분석했다(인자형으로 표시하면, *LL*, *Ll*, *ll* 그리고 *PP*, *Pp*, *pp*임). **그림 5.8**은 그가 수행한 실험 결과의 자손들을 보여주고 있는 데, 그 표현형의 비가 9 : 3 : 3 : 1임을 알 수 있다. 멘델의 실험 결과를 사람에 적용해도 동일하게 9 : 3 : 3 : 1비 값을 보인다. 즉 9에 해당하는 것이 건강(CF가 아님)하고 혈액형 A를 가지는 양쪽 우성인 사람이고, 3에 해당하는 것은 열성 CF를 가지며 혈액형이 A인 사람, 그다음 3에 해당하는 것이 우성인 건강(CF 아님)하지만 혈액형이 O형인 사람, 그리고 1에 해당하는 것이 CF를 가지며 혈액형이 O형인 사람으로 나타난다. (9 + 3 + 3 + 1을 합하면 16이 되는데, 이는 **그림 5.8**에 제시된 푸니트 정방형의 4 × 4와 같은 숫자임을 주목하라).

종합하면, **멘델**의 제2법칙은 서로 다른 유전인자들이 서로 독립적으로 분리되어 배우자가 만들어진다는 것이다. 독립유전의 결과로 F_2 세대에서 표현형의 분리 비는 **9 : 3 : 3 : 1**이 된다.

양성잡종교배 (dihybrid cross)
두 가지 형질을 갖는 두 개체를 실험적으로 교잡시킨 다음, 그 두 형질유전을 추적하는 것

9 : 3 : 3 : 1 비 (9 : 3 : 3 : 1 ratio)
두 가지 대립인자가 각각 독립적 유전에 의해 두 가지 형질이 이질적인 두 개체 간의 자손에서 보이는 표현형의 비

유전자들은 염색체에 있다

감수분열 동안 유전자들에 의한 유전과 염색체의 분포 사이에는 여러 가지 유사점이 있다:

1. 각 유전자의 두 복사본과 각 염색체의 두 복사본이 각 체세포에 존재한다.
2. 대립유전자 쌍과 상동염색체 쌍 모두가 배우자 형성 시 분리된다.
3. 서로 다른 형질 유전자들과 비상동염색체들 모두가 난자와 정자 형성 시 독립적으로 분리된다.

이러한 사실들이 유전자들은 염색체들과 연관되어 있음을 말해준다. 이 가능성을 검사하기 위해, 초기의 연구자들은 각 염색체의 위치를 잡고 생명체가 그 염색체를 유전시킬 때 특정 형질이 염색체와 함께 전달되는 것인지 알아내려고 했다. 그것이 성염색체 연구를 통해 가능하게 되었다.

상염색체(autosome)

성염색체 이외의 염색체 부분

성염색체 (sex chromosome)

X염색체와 Y염색체처럼 개체의 성을 결정하는 염색체 쌍으로서, 성에 따라 쌍을 이루는 염색체가 같지 않음

X염색체 (X chromosome)

암컷 포유류, 초파리를 비롯한 많은 생물종들에 있는 성염색체로서, 2개로 존재함

Y염색체 (Y chromosome)

수컷 포유류, 초파리를 비롯한 많은 생물종들에 있는 성염색체로서, 하나만 존재함

돌연변이(mutation)

한 생명체 DNA의 염기서열이 유전적으로 변화되는 것

X-연관(X-linked)

하나의 유전형질이 X염색체와 연관되어 일어나는

목표5 성이 유전형질 유전에 어떻게 영향을 미칠까?

앞에서 살펴본 낭포성 섬유증에 관한 가계도는 동일 수의 남·녀가 영향을 받았다. 그러나 *색맹*(특정 색을 보지 못함)과 *혈우병*(혈액 응고가 안됨)과 같은 여러 다른 유전에서는 여성에 비해 남성에서 더 빈번하다. 성에 의해 영향을 받는 형질들에 대한 연구를 통해, 20세기의 유전학자들은 그러한 유전자들이 염색체에 위치함을 알아낼 수 있었다.

성염색체

당신은 왜 남자 아기와 여자 아기가 거의 비슷한 숫자(실제는 106:100 정도)로 탄생되는지 의아해 본 적이 있는가? **그림 5.9**에 제시된 염색체 사진을 보면 대충 그 이유를 알 수 있을 것이다. 23개의 염색체 쌍 중 22쌍의 염색체는 각각 그 크기와 모양이 동일하다. 그러나 23번째 염색체 쌍은 남성과 여성에 따라 다르다. 양쪽 성 모두에서 같은 모양을 갖는 염색체 쌍이 **상염색체(autosome)**인 반면에, 남성과 여성에서 서로 다른 모양을 하는 염색체가 **성염색체(sex chromosome)**이다. 사람은 22쌍의 상염색체와 1쌍의 성염색체를 갖는다. 여성은 **X염색체(X chromosome)**라고 부르는 2개의 동일한 성염색체를 갖지만, 남성은 하나의 X염색체와 X보다는 작은 **Y염색체(Y chromosome)**를 갖는다. 성염색체가 동물에서는 공통적이지만, 식물, 균류 및 원생생물에서는 거의 발견되지 않는다.

감수분열을 통해 성염색체들이 분배되는 것이 거의 동수의 남·녀 출현을 설명해 준다. 남성(XY)은 이형접합성 어버이와 그리고 여성(XX)은 동형접합성 어버이와 유사하다(**그림 5.10** 참조). 남성의 경우 감수분열 중에 X와 Y가 분리되어 정자의 반은 X염색체를 그리고 다른 반이 Y염색체를 갖는 정자로 만들어진다. 여성의 경우엔 감수분열을 통해 2개의 X염색체로 분리되므로 각 난자는 하나의 X염색체를 함유한다. 만약 X-함유 정자와 Y-함유 정자가 무작위적으로 난자와 수정한다면, 접합자의 반은 남성(XY)으로 그리고 나머지 반은 여성(XX)이 될 것이다. 한 남성이 갖는 X염색체는 어머니로부터 유전될 수밖에 없는 것임을 주목하라. 남성과 여성이 서로 다른 염색체를 가지므로, 적어도 하나의 형질(성)이 염색체에 의해 조절된다는 것을 알 수 있다. 그러나 그 밖의 형질들은 없을까?

반성 형질들

1910년에 미국 컬럼비아 대학의 **모르간(Thomas Hunt Morgan)**과 그의 동료들은 유전학에 변혁을 가져올 만한 일련의 실험들을 시작했다. **모르간**은 유전자와 염색체의 정체를 밝히기를 원했지만 **멘델**처럼 수도사적 인내심은 없었으므로, 그는 빠르게 번식하는 초파리인 *노랑초파리*(*Drosophila melanogaster*)를 실험재료로 택했다. 초파리는 매우 작으며, 사육과 번식시키기가 매우 쉬워서, 부화 후 12일 때 초파리는 생식력을 갖는 성체가 되어 수백의 후손을 만들 수 있다.

어느 날, 현미경으로 초파리를 관찰하다가 그는 초파리의 일반적 눈 색깔인 붉은색 대신에 하얀색 눈을 가진 초파리를 발견했다. 유전물질의 영구적 변화인 **돌연변이(mutation)**가 정상인 붉은 눈 대립인자(w^{+}로 표시함)에서 하얀색 대립인자(w)로 눈 색깔 지배 유전자를 영구적으로 변화시킨 것이다.

그림 5.10에 제시된 것과 같은 일련의 교배실험들로부터, **모르간**은 눈 색깔을 지배하는 유전자가 X염색체에 의해 운반됨을 알아냈다. 그러므로 그 유전자는 성-연관 유전자 또는 좀 더 특징적으로 **X-연관(X-linked)** 유전자인 것이다.

그림 5.9
사람 염색체의 핵형

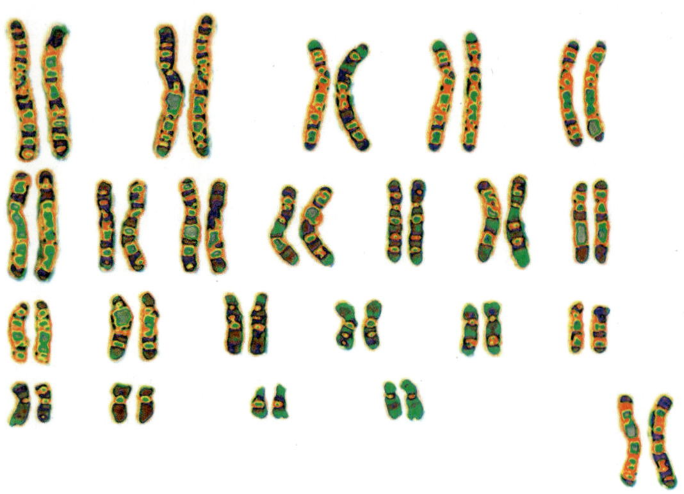

그림 5.10
초파리의 눈과 반성유전

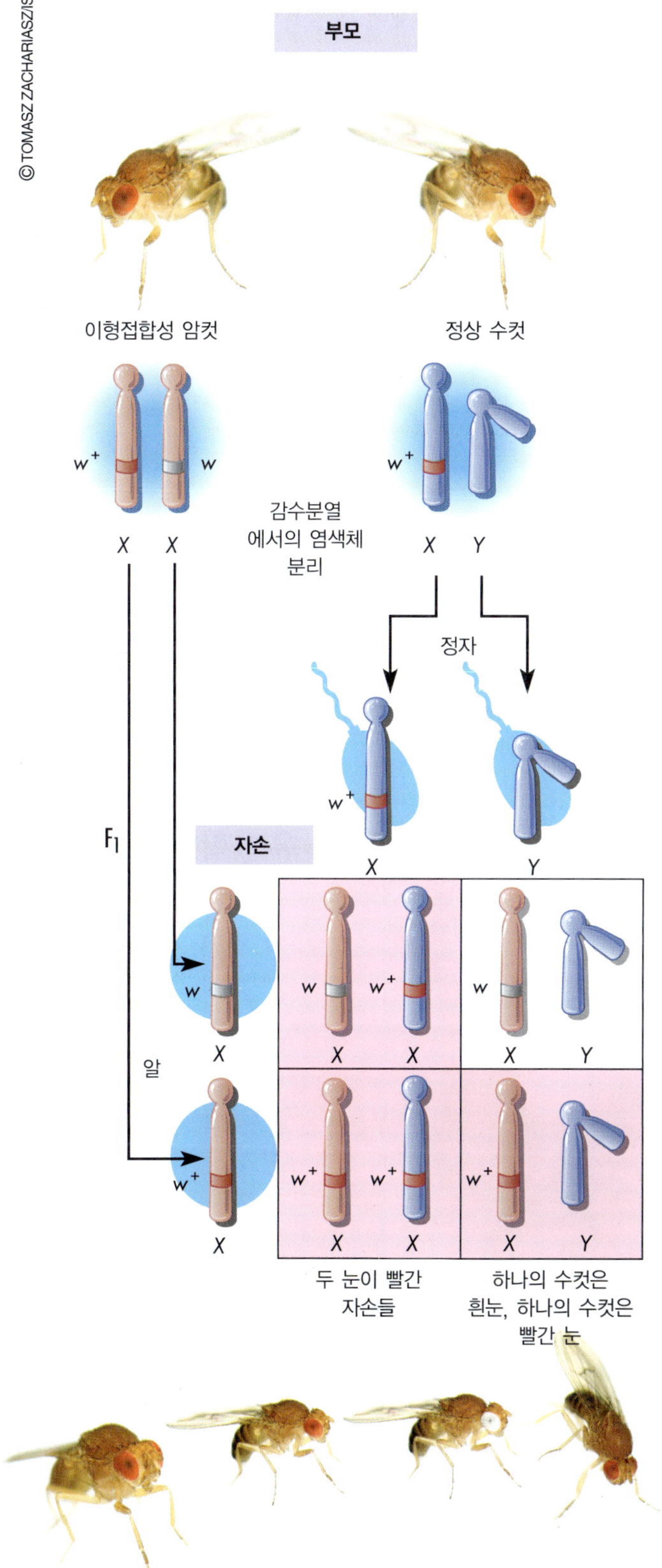

모르간 연구팀은 그 밖에 노란 체색과 단일 강모를 포함한 다른 유전자들을 초파리 X염색체에서 발견하였다. 그와 같은 유전자들을 연구한 다음, **모르간**과 그 연구팀은 하나의 중요한 결론을 제시하였다: 상대적으로 작은 Y염색체는 눈색깔 유전자의 대립인자나 그 밖의 X-연관 유전자들의 대부분 인자들을 운반할 수 없다. 일련의 실험 결과들로부터 **모르간**은 다음 3가지 중요한 결론을 끌어냈다:

1. 유전자들은 염색체 상에 존재하며,
2. 각 염색체는 여러 다른 유전자들을 운반하고,
3. X염색체 상의 유전자들은 뚜렷한 유전양상을 가진다.

염색체와 성 결정

초파리를 이용한 성염색체 관련 역사적 실험들은 남성과 여성의 특성들 발현이 염색체에 의존한다는 것을 보여줬다. 그러나 그들은 성 결정이 어떻게 일어나는지는 보여주지 못했다. 다음 내용에 대해 생각해 보라: 초파리(사람 포함)에서 *XX* 개체가 암컷이고 *XY*가 수컷이지만, 두 경우 모두에서 수컷과 암컷은 두 가지 측면에서 차이가 있다: 하나의 Y염색체의 존재 유무 그리고 X염색체의 숫자가 그것이다. 어느 것이 더 중요하다고 보는가? 이에 관한 해답을 얻기 위해 유전학자들은 비성상적 성염색제 수를 갖는 개체들에 대해 연구를 해왔다. 다음을 계속 읽어나가지 전에 **표 5.2**의 자료를 보고 초파리에서 Y와 X염색체 중 어느 것이 더 중요한지 생각해 보라. 또한 사람의 경우에서도 생각해 보라.

이 표의 자료들을 분석하면서, 여러분은 어떤 초파리든 최소한 2개의 X염색체를 가지는 개체는 그것이 몇 개의 Y염색체를 더 가지던 관계없이 암컷임을 알 수 있을 것이다. 사람의 경우에는 어떠할까? 여러분이 표를 보고 분석한 결과, 사람의 경우엔 X염색체의 숫자에 관계없이 Y염색체를 가진 사람은 남성임을 알 수 있을 것이다. 이는 사람의 Y염색체에

표 5.2
염색체와 성분화

염색체 구성	초파리의 성	인간의 성
X	수컷	여성(터너증후군)
Y	치사	치사
XY	수컷	남성
XX	암컷	여성
XXY	암컷	남성(클라인펠터증후군)
XYY	수컷	남성
XXX	암컷	여성
XXXY	암컷	남성

SRY 유전자 (SRY)
Y염색체 상의 특정 유전자로서 "성-결정 부위"로 분리되었으며, 포유류 수컷 발생을 일으키는 데 필요함

는 남성 표현형을 만드는데 필수적인 하나의 유전적 요인이 있음을 나타낸다. 유전학자들은 그 유전자를 분리하고, "Y염색체의 성-결정 부위(sex-determining region, Y chromosome)"라는 의미의 **SRY 유전자**라고 이름을 붙였다. 그러나 *SRY*가 어떻게 작용하는지는 아직 잘 모른다. 그러나 *SRY*가 남성 발현과 관련 있는 유전자의 일부 또는 모두를 활성화시키고, 여성 발현과 관련된 유전자들은 억제하는 것으로 추정하고 있다.

사람의 성 결정에 대한 또 다른 증거를 터너증후군(Turner syndrome)과 클라인펠터증후군(Klienfelter syndrome)에서 볼 수 있다. 하나의 X염색체만 가지며 Y염색체를 갖지 않는 *XO*인 사람은 터너증후군을 갖는 불임의 여성이다. 미국에서는 신생아 약 2,200명 중 1명이 이 증상을 보이는데, 주름이 잡혀진 목, 목 부위에 짧은 머리선, 방패 모양의 가슴을 가지며, 사춘기 때에 성징 발현이 일어나지 않는다. 미국에서 태어나는 남자아이 약 1,000명 중 1명이 클라인펠터증후군을 가지며, 두 개의 X염색체와 하나의 Y염색체를 가져 *XXY*의 성염색체를 가진다. 이 질병에 걸린 사람은 정소가 작고 팔다리가 긴 불임 남성이며, 종종 IQ는 정상이면서도 발음을 제대로 하지 못한다. 대부분의 클라인펠터증후군 사람들은 정상적인 사회생활을 하며, 대부분 사람들이 그들이 결혼한 후 아버지가 될 수 없다는 것을 알 때까지 자신이 염색체 이상이라는 사실을 모르고 지낸다.

Y-연관 유전자

앞의 **그림 5.9**에서 보았듯이, Y염색체는 작다. Y염색체는 단지 20개 정도의 유전자로 이루어져 있고, 대조적으로 X염색체는 1,000개 정도의 유전자를 함유하고 있다. 몇 개의 Y염색체 유전자는 X염색체에 그 복사본을 갖지만 나머지는 그렇지 않다. Y염색체에 존재하는 20개 유전자 거의 대부분이 정소에서만 발현되어, 남성 생식력을 담당하는 것으로 생각되고 있다. 인공수정 병원을 찾는 많은 불임 남성들은 Y-연관 유전자에 돌연변이를 가지고 있다. Y염색체가 하나의 불임돌연변이를 가진 남자는 후손을 가질 수 없으므로, 이 돌연변이는 아마도 불임 남성 부친의 한 정자세포에서 온 것일 것이다. 만약 Y염색체가 불임성 이외의 표현형을 가졌다면, 이런 변이를 가진 사람의 그와 같은 형질들을 그의 모든 아들들에게 전달되며, 딸들에게는 전달되지 않는다.

X염색체 불활성화

단지 하나의 X염색체만 얻을 수 있는 사람은 다른 염색체들의 두 복사본들이 없는 상황에서 조차도 출생 전 또는 출생 직후에 죽게 된다. X염색체에 무슨 특성이 있을까? 그 답은, 아무리 많은 X염색체들이 존재하더라도, *양쪽 성 각각은 단지 하나의 기능적 복사본만 갖기 때문*이라는 것이다. 사람(또는 다른 포유류)에서 한 여성의 배(embryo)는 단지 1,000개 정도의 세포를 가지며, 그녀의 각 세포의 X염색체들 중 하나가 유전적으로 불활성화(어떤 유전 정보를 갖지 않는)된다. 그러므로 이 불활성화된 염색체 상의 유전자들은 표현형으로 나타나지 못한다. 여성의 배 세포에 있는 한 X염색체가 불활성화 된 후에는 그로부터 유래되는 수백만의 딸세포들도 똑같이 불활성 X염색체를 갖게 된다. 따라서 하나의 암컷 포유류는 부계 또는 모계 기원의 활성형 X염색체를 갖는 세포들의 모자이크인 것이다. 이런 모자이크 현상은 얼룩무늬 고양이의 검정색과 오렌지색 피부에서 볼 수 있다.

두 개의 X염색체(*XX*)를 갖는 여성에서, 유전학자들은 입 안에서 긁어낸 세포들에서 불활성형 X염색체가 한 세포의 핵 끝에 작고 검은 반점으로 나타나는 것을 볼 수 있다. 불활성 X염색체를 갖지 않는 *XY* 남성에서는 이와 같은 핵 반점을 찾를 수 없다. 1992년 올림픽 게임 전에 대회 관계자들이 다른 성염색체들을 제쳐놓고, 여성 운동선수들 확인 때 이 검사에 의존했다.

목표6 유전학이 우리 세상을 어떻게 변화시키고 있는가?

비록 지난 몇 년 동안 기대수명이 약간 평준화되기는 했지만, 현재 낭포성 섬유증 환자들의 대부분은 중년층이다. 이 환자들의 더 오랜 생명연장을 위해서는 현재 통용되는 환경요법들(식이요법, 기도 세척법, 항생제 등)을 뛰어넘어 새로운 치료법 개발이 요구된다. 이런 목적을 위해 연구자들은 유전자지도들을 만들고, 유전자들이 정상 세포와 병든 세포에서 어떤 역할을 하는지 연구하며, 분자수준에서의 해답을 얻기 위해 노력하고 있다. 유전자지도 기록들이 이러한 치료 기술의 중요성을 설명하는 데 도움이 될 것이다.

유전자지도 만들기

염색체 상의 유전자들의 특정 위치 또는 **유전자자리(locus)**를 배열 한 것인 **유전자지도 만들기(gene mapping)**는 초파리에서 개발된 것이다. **모르간**이 초파리 실험을 통해 하나의 염색체가 여러 유전자들을 운반한다는 것, 즉 유전적 **연관(linkage)**을 밝히고자 하였다는 것을 기억해 보라. 1913년에 **모르간**의 유전학실험실에서 공부하던 한 진취적 성격의 학부 학생이었던 **스터트반트(Alfred Sturtvant)**가 유전자들이 염색체 상에 일렬로 배열되어 있다는 것과 간단한 교배실험에 의한 유전자지도(유전자들의 배치 순서와 유전자들 간의 거리) 작성법을 개발하였다.

유전자지도와 인간유전체사업

1985년에 미시간 대학의 **콜린스(Francis Collins)** 박사는 유전자지도 정보를 이용하여 낭포성 섬유증 유전자인 *CFTR*의 모든 염기쌍을 밝혔고, 그들이 어떻게 작용하는지를 확인하였다. 현재 **콜린스** 박사는 미국 국립보건원(NIH)의 **인간유전체사업(Human Genome Project)**의 총책임자이다. 이 사업의 목표는 인간유전체의 염기배열 순서(23개의 모든 사람 염색체의 A, T, G, C들의 배열순서)를 완전히 밝히는 것이나. 이것이 모든 사람 유전자의 위치를 나타내는 완벽한 유전자지도가 될 것이다.

2000년도에 인간유전체의 완전한 서열(30억 뉴클레오티드) 결정이 완료되었다. 생물학자들은 사람 유전자들 숫자가 그들이 기존에 생각했던 것보다 매우 적게 나옴을 보고 깜짝 놀랐다. 예를 들어, 22번 염색체는 545 유전자 그리고 21번 염색체가 단지 225 유전자를 갖는다. 이것은 사람이 한때 예상했던 100,000~140,000과 달리 단지 40,000 유전자들로 구성되어 있음을 암시해 준다. 지렁이가 19,000 유전자 그리고 초파리가 14,000 유전자를 가짐을 고려해 볼 때, 이는 실제로 놀라운 것이다. 사람이 어떻게 지렁이나 초파리가 갖는 유전자의 2~3배 정도의 유전자만을 가질까? 유전자들 간의 상호작용에 의한 단계적 확대로 그 숫자들이 증가될 수 있다고 추정하고 있지만, 그 완벽한 이해를 위해서는 앞으로 더 많은 연구가 요구된다.

인간유전체 서열 결정은 중요한데, 그 이유는 연구자들이 질병-관련 유전자들의 구조와 활성을 단시간에 쉽게 확인할 수 있기 때문이다. 그렇게 함으로써, 그들로 하여금 질병을 약화시킬 수 있는 신약 개발을 더 쉽게 할 수 있게 해줄 것이다. 유전체 서열을 알게 됨으로써 유전학자들로 하여금 여러 심각한 질병 치료에 대해 사람들마다 왜 다르게 반응하는가를 결정하는 데도 도움이 될 것이다.

질병 유전자들의 분리

유전자의 뉴클레오티드 서열을 아는 것이 그 기능 규명에 도움이 될 수 있다. 예를 들어, 낭포성 섬유증 유전자를 분리하고 분석함으로써, 연구자들은 그 유전자가 세포막의 특정 단백질을 만들게 하고, 이 단백질이 폐, 췌장, 땀샘 및 그 밖의 기관들의 관들(ducts)의 비정상적 이온 운반을 일으켜서 끈적끈적한 점액을 만들게 한다는 것을 밝혔다. 이 발견이 환자들과 그들의 주치의들로 하여금 이 치명적 질병에 대한 완벽한 치료가 가능할 것이라는 희망을 가지게 해 줬다.

질병에 대한 유전자지도 작성과 검색의 또 다른 중요한 응용성은 질병에 영향을 받지 않는 보인자(이형접합자들)를 밝혀내는 것이다. 돌연변이가 DNA를 변화시킨다는 사실이 보인자 상태를 검출하는 데 사용될 수 있다. 만약 보인자들인 부부가 한 질병 유전자에 대해 이형접합성이라는 것을 알고 있다면, 이 부부는 그 병이 자식에게 전달될 확률을 알 수가 있다(종종 유전병 전문상담자의 도움을 받아서). 임신 후 의사들은 초기 단계의 태아를 대상으로 가장 보편적인 낭포성 섬유증을 포함한 유전성 질환들에 대한 검사를 한다.

유전성 질병의 치료

연구자들, 의사들 그리고 환자들에게 유전성 질병에 대한 적절한 치료법 개발은 매우 시급한 해결과제이다; 질병을 가지고 사는 것과 후손을 만드는 것 및 그 밖의 결정들을 하는 것은 매우 현실적이고 일상적 이슈가 되었다. 멘델의 유전법칙을 근간으로 한 앞으로의 유전학적 연구의 미래는 흥미롭고, 영향력이 있을 것이며, 운이 따르면 수명연장도 가능할 것임에 틀림없다.

유전자지도 만들기(gene mapping)
염색체 상에서 유전자들의 특정 위치들을 배열하는 지도 작성

유전자자리(locus; 복수, loci)
하나의 염색체 상에 특정 유전자가 존재하는 위치

연관(linkage)
동일 염색체에 위치한 두 대립유전자가 매우 가까이 있어서 그들이 독립유전을 하지 못하는 것

인간 유전체사업(Human Genome Project)
사람의 유전자 전체의 염기서열과 그 기능들을 이해하기 위한 연구 사업

누가 알았겠는가?

여러분은 표현형을 보고 유전자형을 항상 말할 수는 없다. 우성적 특성들에 대한 동형접합성 유전자형과 이형접합성 유전자형은 표현형으로 구별할 수가 없다. 예를 들어, 만약 검은 모피(B)가 하얀 모피(b)에 대해 우성이면, BB와 Bb 모두가 검은 모피로 나타나기 때문이다.

CHAPTER 6

DNA: 생명의 실

학습목표

목표[1] 과학자들이 어떻게 유전물질의 성질을 확인하였는지를 이해한다.

목표[2] DNA 분자의 구조를 기술한다.

목표[3] DNA의 화학적 구조와 그것이 어떻게 유전정보를 운반하는지 확인한다.

목표[4] DNA의 구조가 어떻게 그 자신을 복제하도록 하는지 설명한다.

> **"한 동물의 모근으로부터 얻을 수 있는 DNA 양은 한 사람의 모근으로부터 얻을 수 있는 DNA 양의 1/10 정도 밖에 되지 않는다."**

고양이, 범죄, 일체성

1994년 10월 어느 날, **셜리(Shirley)**라는 32세인 5자녀의 어머니가 심부름을 갔다가 캐나다 프린스 에드워드 섬(Prince Edward Island)에 있는 그녀의 집으로 돌아오지 않았다. 며칠 후 캐나다 경찰은 숲에서 피로 뒤덮인 그녀의 차를 발견하고, 그것이 **셜리**의 차임을 확인하였다. 10월 말경 한 기동대 군인들이 사고가 난 덤불에서 남자의 가죽 재킷을 발견하였는데, 그 재킷에 **셜리** 피의 반점들이 묻어 있었다. 1995년 5월에는 한 어부가 숲 속에서 흙 둔덕을 발견하고, 그것을 파서 부패해 가고 있는 **셜리**의 시체를 발견했다.

당신은 무엇을 알고 있을까?

DNA의 구조가 왜 중요하기에 연구자들이그 모델을 알아내려고 경쟁했을까?

살인사건을 담당하게 된 형사는 증거가 될만 것들을 찾기 시작했다. 가장 강력한 용의자는 **셜리**와 소원했던 남편인 **더글러스(Douglas)**로서, 그는 **셜리**가 실종되기 며칠 전 감옥에서 석방된 상황이었다. 버려진 재킷이 **더글러스**의 것이었을까? 범죄 실험실에서는 용의자의 옷이라고 연결시킬 그 어떤 혈액, 머리카락, 침 또는 그 밖의 어떤 단서도 발견하지 못했다. 그러나 수사팀은 그의 재킷 안감에서 27개의 흰 고양이털을 발견했다. **더글러스**는 그의 부모와 그들의 흰 고양이인 Snowball과 함께 살았었다. 수사관은 용의자를 체포한 후, 메릴랜드 주 프레더릭 시에 있는 미국 국립보건연구소(NIH)에 연락을 했다. 인터넷을 통해 수사관은 NIH의 한 연구팀이 고양이과 동물들인 치타, 푸마, 오셀롯, 그리고 집고양이의 DNA에 관한 연구를 하고 있다는 것을 알았던 것이다. 만약 고양이의 털과 **더글러스**를 관련시켜 해결한 적이 있다면 이 과학자 팀을 들 수 있다.

분석 책임자는 **메노티(Marilyn Menotti)** 박사였다. **메노티** 박사는 고양이의 털들 속에서 4개의 모근을 찾아냈는데, 모근 각각은 몇 개의 피부세포들과 그 세포들 핵 속에 DNA를 함유하고 있음을 알아냈다. "한 동물의 모근으로부터 얻을 수 있는 DNA 양은 한 사람의 모근으로부터 얻을 수 있는 DNA 양의 1/10 정도밖에 되지 않음을 우리는 알고 있다."고 **메노티** 박사는 말했다. 그래서 그녀의 업무는 조심스럽게 미량의 DNA를 추출한 다음, 그것을 특별 복사기계를 사용하여 증폭시킨 다음, 그 "DNA 지문(fingerprint)"을 확인하는 것이었다.

검사를 반복 시행한 몇 개월이 지난 후, 이 연구팀은 피 묻은 재킷 안감에서 나온 모근의 DNA가 고양이(Snowball) DNA임을 확정지었다. **메노티** 박사는 1996년 프린스에드워드 섬 대법관 앞에서 증언을 했다. 연구실 작업은 주의를 기울여서 반박여지가 없게 수행되었다. 배심원들은 **더글러스**가 입고 있었던 재킷에서 나온 고양이털이 Snowball의 것임을 확신하게 됐고, 피고에게 살인죄를 판결했다.

이 장에서는 이 사건과 관련된 이야기들을 보게 될 것이다. 고양이털과 살인 재판 이야기 경우를 통해서, 여러분은 유명한 DNA **이중나선(double helix)**구조 발견을 위한 경쟁들을 보게 될 것이다. 또한 여러분은 그 모양이 분자정보의 암호화와 복사를 설명해 줄 수 있음을 볼 것이다. 이 장을 공부해 나감에 따라 여러분은 아래의 질문들에 대한 답을 알게 될 것이다:

이중나선(double helix)
DNA의 구조를 나타내는 용어로서, 가로 축을 따라 비뚤린 사다리 모양을 함

- 과학자들은 유전물질의 성질을 어떻게 확인하였는가?
- DNA는 어떻게 하여 비뚤린 사다리 모양일까?
- DNA의 화학적 구조는 무엇이며, 그것이 어떻게 유전정보를 운반할까?
- 어떤 구조가 DNA 자신을 복사 가능하게 하는 것일까?!

목표1 유전물질의 확인

메노티 박사가 고양이(Snaowball) 털로부터 추출한 DNA는 그 고양이의 유전 명령어들을 함유하고 있다. 환경적 요인들과 함께 그것은 Snowball의 몸 크기; 털 색깔, 피륙과 그 길이; 눈 색깔; 습성; 그리고 그 밖의 형태적 및 생화학적으로 확실하고 신비한 수백 가지 유전형질에 대한 고유의 조합을 가진다. 모든 생명체들에서처럼 고양이 DNA도 유전성 "인자들"인 *유전자*들을 가진다. **멘델**이 150여 년 전에 유전법칙을 발견하였지만(5장 참조), 그 당시 **멘델**은 이들 유전성 인자들을 만드는 것이 무엇이고 그들이 어떻게 작용하는지에 대해서는 몰랐다. 유전자에 대한 현재의 지식을 향한 첫 번째 단계는 유전자들이 염색체에 있다는 인식이었다. 1930년대에 생물학자들은 진핵생물 염색체들이 단백질, RNA 및 DNA를 주로 함유하고 있음을 결정할 수 있었다. 그들은 이들 물질 중 하나가 유전정보를 운반하는 유전자일 것으로 추측했다. 그러나 어떤 것일까?

1940년대에 일부 유전학자들은 단백질만이 유전자들의 복잡한 정보를 운반하기 적합한 분자일 것이라고 주장하였다. 이들 생물학자들은 단백질은 20종류의 서로 다른 단위들(아미노산들)로 이루어진 반면에, DNA는 단지 4종류의 단위들[뉴클레오티드들; 그 염기가 아데닌(A), 티민(T), 구아닌(G), 시토신(C)]만 가진다는 것을 지적했다. 명백히 20개의 아미노산들이 여러 조합체들을 형성할 수 있으므로 4개의 염기들 조합에 의한 것보다는 더 많은 유전정보들을 운반할 수 있다는 주장이었다(마치 4개의 알파벳보다 20개의 알파벳으로 만들 수 있는 단어 수가 더 많은 것처럼). 20세기 중반쯤에 유전학자들은 유전자가 단백질 또는 핵산 중 어느 것으로 구성되었는지를 결정할 수 있는 검사방법들을 고안해 냈고, 이러한 방법들이 생물학의 혁명을 이끌게 되었다.

> 명백히 20개의 아미노산들이 여러 조합체들을 형성할 수 있으므로 4개의 염기들 조합에 의한 것보다는 더 많은 유전정보들을 운반할 수 있다. 마치 4개의 알파벳보다 20개의 알파벳으로 만들 수 있는 단어 수가 더 많은 것처럼!

DNA에 대한 증거: 박테리아의 형질전환

1928년에 영국의 과학자인 **그리피스(Frederick Grifhth)**는 두 종류의 폐렴쌍구균 균주, 즉 한 종류는 실험실에서 매끈한 면을 가진 콜로니로 자라며 생쥐에 감염시키면 죽게 하는 것이고, 다른 하나는 거친 면을 가지는 콜로니로 자라며 생쥐에 주사했을 때 죽이지 않는 균주를 가지고 실험을 수행했다. **그리피스**는 비-치사형 균주와 열로 처리해 죽인 질병-유발 균주를 함께 살아있는 생쥐에 주입하였다. 그 결과 이 두 가지 균주 혼합물을 주사한 생쥐들은 죽었다. 이는 비-치사형인 세균이 열처리하여 죽인 세포들로부터 치사형 폐렴을 일으키는 어떤 능력을 획득했음을 말해주는 것이었다. **그리피스**는 대조군으로 열처리로 죽인 치사형 균주만을 생쥐에 주사한 결과, 그 생쥐들이 살아남는 것을 발견했다. (대조군 실험이 왜 중요할까?) "형질전환된" 세포들—비-치사형인 세균이 치사형 균주에 노출—은 세포분열 동안 치사형 형질을 그 딸세포들에게 전달시킬 수 있다.

1944년, **에이버리(Oswald Avery)** 연구팀은 치사형 세균으로부터 비-치사형인 균주로 유전정보를 전달한 것이 어떤 화학물질에 의한 것인지를 찾고자 하였다. 이를 위해 치사형 균주로부터 탄수화물, 단백질 그리고 핵산을 추출하였고(**그림 6.1a,c**), 치사형 균주로부터 얻은 여러 화학물을 넣어 비-치사형 세균을 배양한 다음(**그림 6.1b,d**), 어떤 물질이 비-치사형세포를 형질전환시키는지 확인하였다(**그림 6.1e**). 그들은 탄수화물이나 단백질로 처리한 비-치사형 세균은 생쥐를 죽이지 않음을 관찰하였다(**그림 6.1c~f**). 이와는 대조적으로 치사형 세포들로부터 얻은 DNA를 처리한 비-치사형 세균은 생쥐들에 폐렴을 일으켰으며, 이 형질은 그들의 자손에게 전달됨을 관찰하였다(**그림 6.1c~f**). 이를 근거로 그들은 DNA가 신체적 및 생화학적 형질들(이 경우엔 생쥐들에서 치명적인 폐렴을 일으키는 능력)에 대한 유전자들을 함유한다고 결론을 내렸다. 연구자들은 DNA 취득에 의한 한 가지 형질의 전달을 **형질전환(transformation)**이라고 표기하였다. 이 과정을 통해 한 세균에서 다른 세균으로 항생제-저항성에 대한 유전자 전달이 이루어지는 것이고, 이것이 현대 의학의 심각한 문제점의 하나이다(9장 참조).

유전자들이 DNA로 이루어졌다는 확증

형질전환 실험은 DNA가 한 생물종에서 하나의 형질에 대한 정보를 운반할 수 있음을 보여준 것이다. 그러나 다른 생명체들에서 다른 형질들에 대한 것은 어떠할까? 1952년, **허시(Alfred D. Hershey)**와 **체이스(Martha Chase)**는 바이러스를 세균에 감염시켜 번식시키는 실험을 통해 이에 대한 해답을 얻었다(**그림 6.2**). 이런 바이러스를 세균성 바이러스라 하는데, 생물학적 명칭은 **박테리오파지[bacteriophage**, 또는 간단히 **파지(phage)]**이다.

연구자들은 여러 가지 이유로 이 박테리오파지를 실험생물로 택했다. 첫째, 이 바이러스들은 유지하기가 쉽고 또 비용이 적게 든다. 둘째, 이 바이러스들은 한 숙주세포에 그 일부만 주입해도 빠르게 새로운 바이러스들(주입 후 25분 정도면 100개 정도로 번식)을 만들기 때문이다. 셋째 이유가 가장 중요한데, 이 박테리오파지가 단순히 그 중심의 DNA를

형질전환 (transformation)
한 조각의 외부 DNA를 원핵세포 또는 진핵세포에 결합시킴으로써 한 유전 형질을 전달시키는 과정

박테리오파지(파지) [bacteriophage (phage)]
세균세포에 감염되는 바이러스로서 "세균 탐식자"

그림 6.1
유전자의 화학적 조성

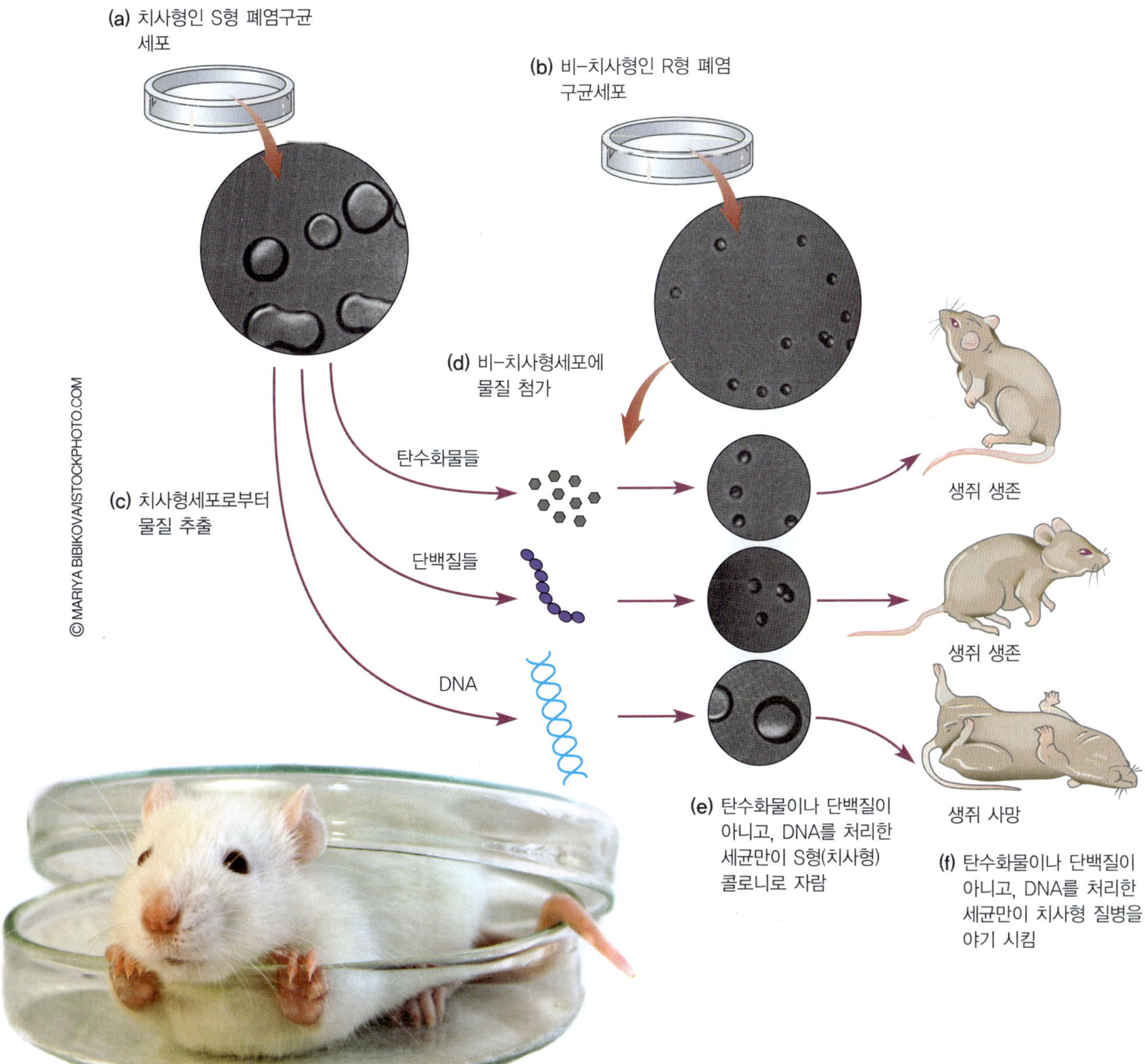

그림 6.2
박테리오파지(바이러스)의 생활사

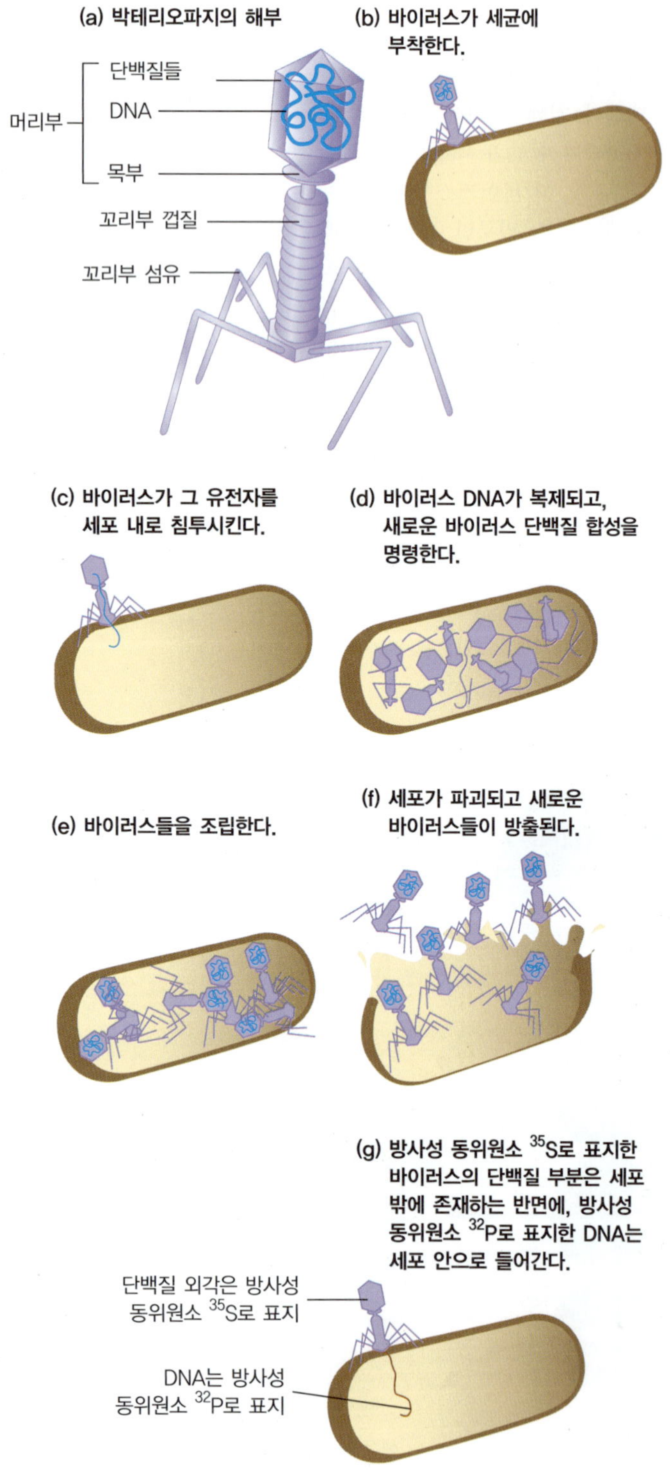

둘러싸고 있는 외각(coat) 단백질로 구성되어 있다는 것이다. 이것이 **허시**와 **체이스**로 하여금 어떤 물질이 유전자이며 유전을 담당하는가를 간결하게 보여줄 수 있게 하였다. 만약 바이러스로부터 단백질만 숙주세포(세균)로 들어간다면, 단백질이 유전물질이라고 할 수 있을 것이다. 그러나 만약 바이러스의 DNA 만이 세균세포로 들어간다면, DNA가 유전자를 함유하는 분자일 것이다. (만약 두 가지 물질이 모두 숙주세포로 들어간다면 어떻게 결론을 낼 것인가? 만약 두 가지 모두 들어가지 않는다면?) **허시**와 **체이스**는 다음 사항들을 알고 있었다:

1. 단백질들은 유황(S)을 함유하지만, 인(P)을 함유하지 않는다는 것과,
2. DNA는 인을 함유하지만, 유황(S)를 함유하지 않는 다는 것.(2장의 단백질과 핵산구조 참조)

그들은 단백질과 DNA 신호를 검출할 수 있도록 각각 방사성 동위원소인 ^{35}S와 ^{32}P로 표지하였다. 이들 화학물질을 추적함으로써, **허시**와 **체이스**는 단백질(^{35}S의 방사성을 보이는) 또는 DNA(^{32}P의 방사성을 보이는) 중 어느 것이 숙주세포로 들어가는지와 수령자의 유전적 활성을 변화시키는지를 결정할 수 있었다. 감염시킨 후 결과에서 ^{32}P의 활성(방사능)은 감염된 세포 안에서만 나타났고, ^{35}S의 활성은 외각에서만 나타났다(**그림 6.2g**). 이 실험결과는 DNA는 세균세포 속으로 들어간 반면에, 단백질은 들어가지 않았다는 것과 DNA가 새로운 파지 입자들을 암호화하였고 결국에는 파지들이 세균세포를 죽인다는 것을 증명해주는 것이었다. 연구자들은 단백질이 아니라 DNA가 바이러스의 유전자 활성을 담당하는 물질이라고 결론지었다.

이러한 실험들을 통해 연구자들은 DNA가 바이러스와 세균의 틀림없는 유전물질이라는 것을 보여줬다. 그렇다면 더 복잡한 생명체들에서는 어떠할까? 다른 여러 연구자들의 연구를 통해 더 복잡한 생명체들에서도 DNA가 유전물질이라는 것이 판명되었다[AIDS의 원인 바이러스(2장 참조)를 포함한 일부 바이러스에서는 RNA가 유전물질임]. 이와 같은 역사적 실험들이 멘델 유전에서 유전 "입자"로 제시되었던 유전자의 개념을 생물학자들이 볼 수 있고 조작할 수 있는 실체적 화학물질 개념으로 바꾸어 놓았다. 오늘날, **메노티** 박사 같은 분자생물학자들은 세포들을 부수어, DNA를 분리하고, 차게 한 에틸알코올을 첨가한 다음 냉동고에 넣는다. 몇 시간 지나면, 면섬유 조각 모양의 실처럼 생긴 하얀 침전물이 시험관 바닥에 쌓이는데(111 페이지의 사진을 보라), 이것이 순수한 유전자들 즉 순수한 DNA이다.

유전자들이 DNA로 이루어져 있다는 것을 알게 된 것은 하나의 거대한 발걸음이었다. 그러나 20여개의 털로부터 한 마리 특정 고양이의 것을 확인하는 것과 같은 세련된 분석에 DNA를 사용할 수 있기 위해서 연구자는 유전물질의 상세한 구조를 알아야 할 필요가 있다.

목표2 DNA: 비뚤린 사다리

생쥐와 생쥐를 잡아먹는 고양이 모두 DNA 분자로 암호화된 유전자들을 가지고 있다. 두 마리의 샴고양이 후손은 똑

같은 크림색 모피, 코와 귀, 다리 및 꼬리 위에 검은색 "반점"을 가질 것이다. 그러나 DNA는 충분히 변이를 가질 수 있어서 샴코양이는 Snowball 고양이, 호랑이 또는 생쥐와는 다르게 보이며 행동한다. 고유 DNA의 가변성이 생명체 진화와 멋진 생명세계의 다양성의 관건인 자연선택(natural selection)의 기초이다. 그러나 이것은 우리에게 흥미 있는 수수께끼들을 안겨준다. 즉 "DNA구조가 어떻게 동일한 혈통의 유전형질을 공유하게하며 또 놀라울 정도의 *다양성*을 가져오게 하는 것일까?"이다.

1950년대 초, 미국의 박사후연구원이었던 **왓슨(James D. Watson)**과 영국의 연구자인 **크릭(Francis H.C. Crick)**은 영국 캠브리지대학에서 만나 DNA구조를 이해하기 위한 탐색을 시작했다. 그들은 이미 화학결합의 성질에 대한 연구로 노벨상–수상이 가능한 업적을 이룬 미국의 생화학자인 **폴링(Linus Pauling)**도 DNA에 대한 연구를 하고 있음을 알고 있었으며, 그들은 이 저명한 과학자와 경쟁하여 이겨내기를 원했다. **왓슨**과 **크릭**은 발표된 실험결과를 통해 DNA가 직선적 분자(매우 긴 실처럼 생긴)라는 것을 이미 알고 있었다.

왓슨과 **크릭**은 또한 2가지 사실에 대하여서도 알고 있었는데, 그것은 DNA가 뉴클레오티드의 사슬(**그림 6.3b**)과 그 뉴클레오티드가 무엇인가에 대한 것이었다. 각 뉴클레오티드는 하나씩의 당, 인산, 염기로 구성되어 있다는 것을 상기해 보라. 이 분자에서 당 부분의 모양 때문에 뉴클레오티드는 마치 자동차처럼 앞과 뒷부분을 가진다. 당의 탄소원자들을 각각 1′, 2′, 3′, 4′, 5′으로 표시하며, 마치 "자동차" 꽁무니에 "트레일러를 매단 것"처럼 5′-탄소에는 인산기가 결합되어 있다(**그림 6.3b**에 표시됨). 당 부위는 마치 자동차의 몸통 그리고 염기는 마치 차의 내부 구성물과 같다고 생각하고, 차 앞부분의 "그릴"이 3′-탄소를 나타낸다고 보면 된다. **왓슨**과 **크릭**은 또 DNA는 **아데닌(A)**, **시토신(C)**, **구아닌(G)** 또는 **티민(T)** 염기만 다른, 네 종류의 뉴클레오티드를 가지고 있다는 것을 알고 있었다(**그림 6.3b**, 2장과 5장 참조).

유전학자들은 종종 DNA를 표시할 때, 그 사슬의 염기서열로 표시한다. 예를 들면, DNA 단일 사슬의 24개의 뉴클레오티드 부위를 AGGAAAATGAAGTCAAGAAAATGG로 표기한다. 뒤에서 보겠지만, 이 특정 24-염기서열이 **더글러스**를 **셜리** 살해범으로 판결내리는 데 도움을 주는 역할을 했다.

그러나 여기서는 우선 **왓슨**과 **크릭**에 대한 이야기로 돌아가자. **샤가프(Erwin Chargaff)**의 연구를 통해 **왓슨**과 **크릭**은 DNA에 대한 상세한 정보인 한 세포의 DNA의 어떤 분자에서도 A와 T가 동량으로, 그리고 G와 C가 동량으로 존재한다는 것을 알았다. **왓슨**과 **크릭**은 이와 같이 특별한 규칙에 적합한 DNA 모델을 구상하는 데 심혈을 기울였다. 그러나 그들은 영국 킹대학(King' s College)의 실험실에서 연구하던 여성 생물리학자인 **플랭크린(Rosalind Franklin)**에 의한 마지막 정보가 나올 때까지 이를 완결짓지 못했다. **플랭크린**은 DNA의 4 염기가 어떻게 배열되어 있는가에 관한 매우 중요한 영상자료를 얻기 위한 실험을 하고 있었다. 그녀는 순수 DNA의 여러 병행적 사슬로 이루어진 한 결정 섬유에 X-선을 조사하는 공정을 통해 상을 얻어내는 기술인 **X-선 회절법(X-ray diffraction)**을 사용하여 회절상들을 만들어 냈었다. DNA 섬유 내에는 복도 바닥에 배열된 타일 모습과 유사한 반복구조를 가진다. 이들 반복구조에 X-선을 투과시키면, 마치 빛이 대기로부터 물속으로 들어갈 때 꺾이는 것처럼, X-선이 꺾여서, 마치 연못 표면에 막대가지들이 꺾여져 배열한 모양의 방사선을 만든다. 이 꺾인 결과들이 사진 필름에 점들로 나타난다(**그림 6.3d**). 이들 점 모양들을 분석함으로써, 생물리학자들은 분자 내 원자들의 상대적 위치를 표시한 지도를 만들 수 있다.

> **아데닌, 시토신, 구아닌, 티민(A, C, G, T)**
> DNA에 함유된 4 종류 뉴클레오티드의 염기
>
> **X-선 회절(x-ray diffraction)**
> 3차원적구조를 결정하기 위해 결정 물질에 X-선을 투과시키는 공정
>
> **나선구조(helix)**
> 감긴 계단과 유사한 구조; DNA는 이중나선구조임

왓슨과 **크릭**이 이 X-선 회절상을 보았을 때, 그들은 DNA 분자가 두 가닥의 연결된 사슬로 구성됐다는 것을 암시하는 어떤 내칭성을 감지했다. 더욱이 이 회절상은 DNA가 나선형 계단 모양과 유사한 구조인 **나선구조(helix)**에 가까울 것이라는 것을 암시해줬다. 이제 젊은 연구자들은 염기와 당–인산 뼈대가 어떻게 배열되어 3차원적 구조를 이루는지를 알아내야만 했다. 그들은 구조를 알아낸 다음, 그 구조가 분자 자신의 자기복제와 유전정보 저장에 대한 것도 나타낼 수 있는 것이기를 희망했다.

플랭크린의 깜짝 놀랄 만한 데이터에 흥분된 **왓슨**과 **크릭**은 나선구조에 대한 그들의 가설에 접근할 수 있는 모델 만들기에 들어갔다. 그들은 막대들과 공들을 사용하여 만드는 집짓기 장난감처럼 여러 조합으로 배열해보고 다시 배열해 보면서, 어떤 배열이 **플랭크린**의 X-선 영상 자료 증거에 가장 맞는 것인지를 확인하였다. 이 작업들을 거친 후, **왓슨**과 **크릭**은 마침내 가능성이 있는 분자구조를 구체화시킬 수 있었다. 이 구조가 *이중나선*(double helix)으로서, 이것은 마치 비뚤린 사다리를 닮았다. 이전 연구들 결과에 대한 통찰력과 사고력 그리고 지식을 결집함으로써, **왓슨**과 **크릭**은 다른 연구자들보다 먼저 DNA구조를 알아낸 것이다. 1953년에 **왓슨**과 **크릭**은 DNA구조에 관한 두 페이지짜리 논문을 국제잡지인 *Nature*에 발표하였다. 그들은 "우리의 관찰에서 벗어나지 않은 것"이었다고 겸손하게 기술하였지만, 이 모델은 즉각적으로 DNA의 두 가지 주요 생물학적 기능인 자가복제와 정보저장을 충족시키는 것임을 제시한 사건이었다. 이 모델의 간결성에 더하여 자연의 관찰들을 설명할 수 있는 엄청난 힘이 과학의 세계에서 급속히 수용되게 이끌었다.

1962년 **왓슨**, **크릭** 그리고 **윌킨스**(Maurice Wilkins; **프랭클린**의 지도교수)는 그들의 DNA구조 규명업적으로 노벨상을 수상하였다. **플랭크린**은 그보다 4년 전인 37세 때 유방암으로 사망하였지만, 대부분의 사람들은 그녀가 DNA구조를 밝히는 데 있어서 결정적인 공을 세웠지만, 감사받지 못한 것이라는 데 동의한다.

그림 6.3
DNA구조의 규명

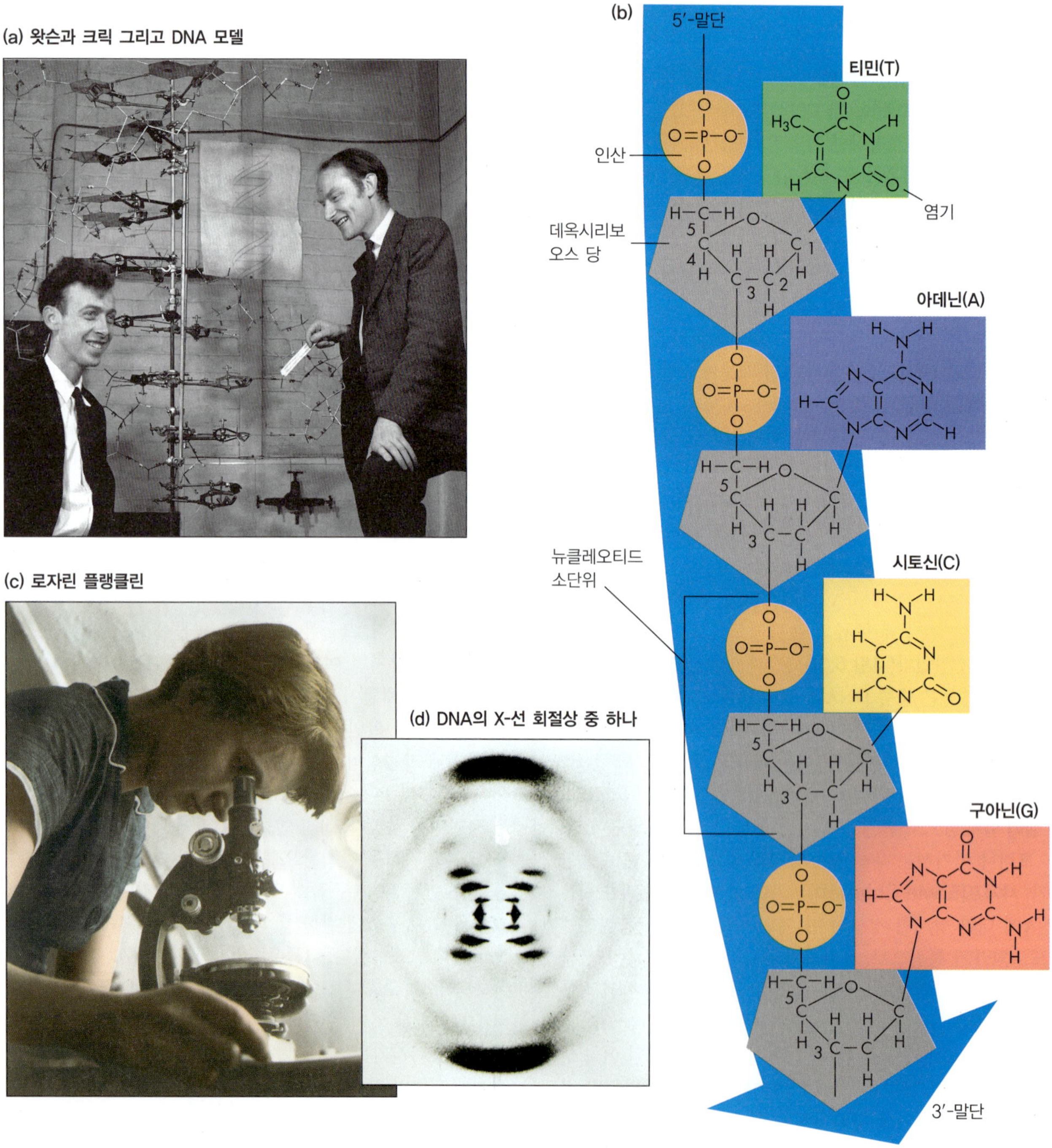

목표3 DNA의 구조

DNA의 가능을 설명해 주는 구조의 상세한 특징들은 무엇일까?

1. 하나의 DNA 분자는 두 개의 뉴클레오티드 사슬로 구성되어 있다(**그림 6.4a**).

2. 두 가닥 사슬은 고속도로에 북쪽 행과 남쪽 행 도로가 있는 것처럼 서로 반대 방향으로 진행된다(**그림 6.4b**). 각 반대

도로에 있는 모든 뉴클레오티드 "자동차들"은 같은방향을 하고 있어서, 3′-당이 앞 방향을 이끌고, 5′-인산이 뒤쪽에 연결된 트레일러에 해당된다(**그림 6.3b**). 두 가닥 사슬이 서로 반대 방향을 하고 있는 것을 강조하기 위해, 유전학자들은 이를 "역평행(antiparalle)"이라고 부른다.

3. 당-인산 사슬이 분자의 바깥쪽을 형성하는 데 비뚤린 사다리의 양쪽 수직나무에 해당한다(**그림 6.4c**). 대조적으로 염기들은 사다리에서 밟고 올라가는 수평나무처럼 수직 골격에 서로 마주보며 결합되어 있다(**그림 6.4d**).

4. 염기 중 A는 T와 그리고 G는 C와 서로 염기쌍을 이루고 있다; 이때 A와 T, 그리고 C와 G는 서로 상보적(complementary)이라 한다(**그림 6. 4e**). 상보적 염기쌍들은 이들 염기사이에 수소결합들로 서로 결합되어 있다(**그림 6.4e**).

상보적 염기쌍 구성(complementary base pairing)
핵산에서 아데닌(A)은 티민(T) 또는 우라실(U)과 수소결합을, 그리고 구아닌(G)은 시토신(C)과 수소결합을 함으로써, DNA의 이중가닥구조를 유지해 주며, RNA 분자들이 그 고유의 모양을 갖게 유지해 줌; 유전적 복제, 발현 및 재조합의 기본이 됨

수소결합에 의한 **상보적 염기쌍 구성(complementary base pairing)**은 다음의 3가지 점에서 중요하다:

DNA의 주요 생물학적 활동: 복제와 유전정보 저장

- 첫째, 그것은 DNA의 두 단일 가닥을 서로 결합시켜 이중나선 분자를 유지해주는 힘을 제공한다. 그러나 수소결합은 비교적 약한 결합이므로 수소결합은 60°C 정도에서 쉽게 깨진다.
- 둘째, 수소결합들에 의한 상보적 염기쌍 구성은 앞에서 설명된 세포의 DNA가 동량의 A와 C 그리고 동량의 C와 G를 가진다는 **샤가프**의 발견을 잘 설명해준다: 한 가닥이 하나의 T를 가지면 그 반대 가닥은 반드시 하나의 A를 가지는 식이다. 상보적 염기쌍을 하므로, 아래 보이는 것처럼 24개의 염기에 대한 상보적 염기서열을 적어 넣을 수 있을 것이다:

5′AGGAAAATGAACTCAAGAAAATGG3′
3′TCCT____________________5′

- 셋째, 상보적 염기쌍 구성은 DNA의 주요 생물학적 활동인 복제와 유전정보의 저장에서 매우 중요하다.

그림 6.4
DNA 이중나선구조

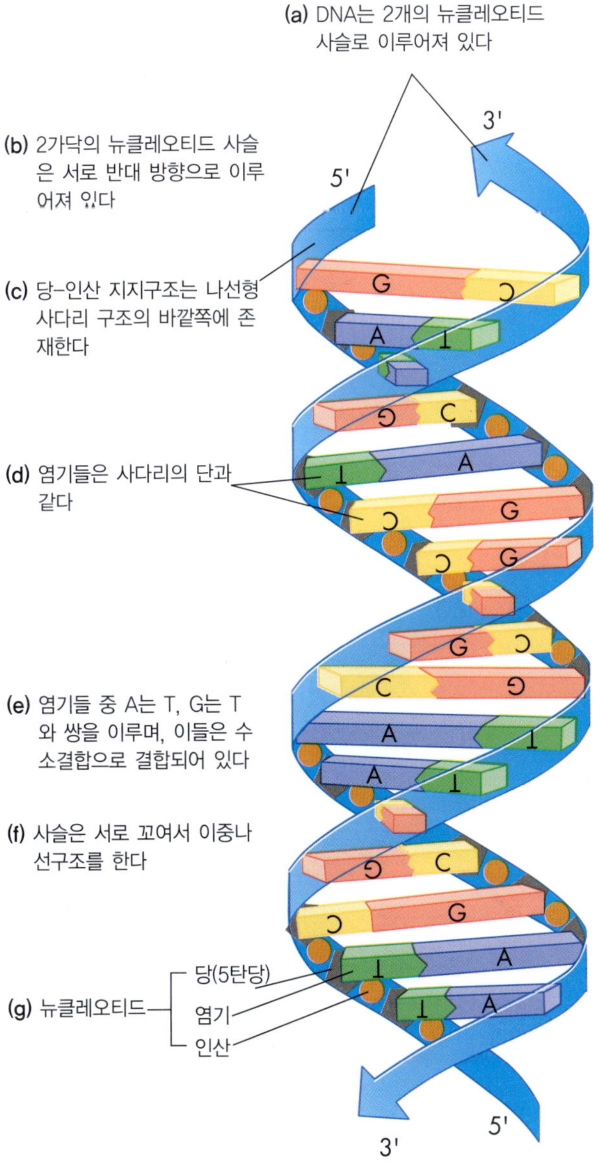

5. DNA구조의 마지막 특징은 DNA 분자의 두 가닥이 꼬여서 이중나선을 형성한다는 것이다(**그림 6.4f**). 이렇게 꼬인다는 것은 적어도 두 가지 DNA의 특징에서 중요하다. 그 하나는 이중나선의 홈(groove)들에 특정 단백질들이 결합하여 세포가 어떤 유전자들을 사용할 것인가를 결정해 주므로 DNA 발현 조절에 결정적이라는 것이다. 그리고 다른 하나는 세포의 DNA는 로프의 한 가닥이 풀리는 것처럼 풀려서 상보적 염기쌍을 짜맞춰 나가기 때문에 DNA 복제에서 결정적이라는 것이다. **그림 6.4**에 뉴클레오티드의 구성 분자들인 당, 염기, 인산을 표시해 놓았다.

염색체들에서의 DNA 포장

고양이털의 모낭(hair follicle)에는 몇 개의 세포밖에 없다. 따라서 **메노티** 박사는 이들 적은 수의 세포들로부터의 DNA 분리와 DNA를 모근의 지질, 탄수화물 그리고 단백질로부터 분리하는데에 미세실험법을 사용할 수밖에 없었다. 단백질들로부터 DNA를 분리해내는 것이 특히 어려운데, 그 이유는 이들 두 종류의 생물 분자들이 염색체 속에서 긴밀히 결합되어 있기 때문이다.

히스톤(histone)

염색체의 감긴 DNA 분자들에 결합된 핵 내의 단백질로서, 매우 긴 DNA 분자들을 세포핵에 압축되어 있게 해줌

뉴클레오솜(nucleosome)

진핵세포 염색체들의 구성 단위; 히스톤 단백질이 두 가닥의 DNA를 두 번 감고 있음

염색질(chromatin)

염색체를 이루는 물질로 DNA와 이에 결합되어 있는 단백질들로 구성

고양이뿐만 아니라 대부분 다른 진핵생물세포 속에서, 각 염색체들은 하나의 길고, 단단히 감긴 DNA 분자로 구성되어 있다. 예를 들어, 초파리의 경우 4개의 염색체 중 가장 큰 DNA 분자의 실제 길이가 2.5 cm 이상인데, 이는 초파리 체구 자체 길이의 약 12배에 해당된다! 이와 같은 분자 길이에도 불구하고 초파리가 가지는 수백만 개의 세포들은 이 염색체 한 쌍씩을 가질 뿐 아니라 나머지 3종류 염색체들도 동일하다. 마찬가지로 고양이는 초파리의 염색체들보다 긴 19개의 염색체를 갖는다. 세포는 어떻게 이와 같이 거대한 유전 분자가 염색체와 같은 작은 구조물에 들어갈 수 있도록 포장할 수 있는 것일까?

진핵세포 안에서 엄청난 길이의 DNA가 되는대로 뭉쳐지는 것이 아니다. 만약 그렇다면, 세포분열 중에 DNA 분자의 분리는 두 가닥의 엉킨 연(kite)의 줄을 푸는 것처럼 어려울것이다. 그러나 그 반대로, 연줄이 실감개에 알맞게 감긴 것처럼 DNA가 질서정연하게 감겨져 있다(**그림 6.5**). 특이하게 DNA는 **히스톤(histone)**이라 부르는 단백질들 실감개 주위를 감고 있다(**그림 6.5d**를 보라). 몇 개의 히스톤 분자를 두 개의 DNA 고리(길이가 140 염기쌍)가 둘러싼 구성된 하나의 실감개를 **뉴클레오솜(nucleosome)**이라고 부른다(**그림 6.5d**). 이웃 뉴클레오솜들이 가까이 모여서 마치 감겨진 전화선처럼 하나의 큰 코일로 포장된다. 이와 같은 전선처럼 된 코일들이 뼈대단백질(scaffold protein)들에 감기고 포장된 것이 염색체를 이루는 유전물질과 단백질이 결합된 구성물인 **염색질(chromatin)**이다.

이와 같은 염색체 내에서의 DNA의 포장과 이미 배운 유사분열 중 염색체 활동과 비교해 보라. 유사분열 전기 동안에 각 염색체들이 보이지 않게 된다는 것을 상기해 보라(그림 4.5와 그림 4.7 참조). 그 이유는 간기 때, DNA와 단백질이 실감개처럼 서로 가까이 포장되지 않고, DNA가 핵 속에 퍼져 있기 때문이다. 이와는 대조적으로 전기에서(그림 4.7 참조), 실감개들이 **그림 6.5d**에서 보는 것처럼 이들이 서로 압축되기 때문에 가시적인 염색체로 되는 것이다(**그림 6.5b**).

단백질 주위로 DNA가 질서정연하게 포장되어 있는 것이 세포분열 중에 DNA 덩어리가 뭉치는 것을 방지해 준다.

그림 6.5
DNA는 염색체 안에 포장되어 있다

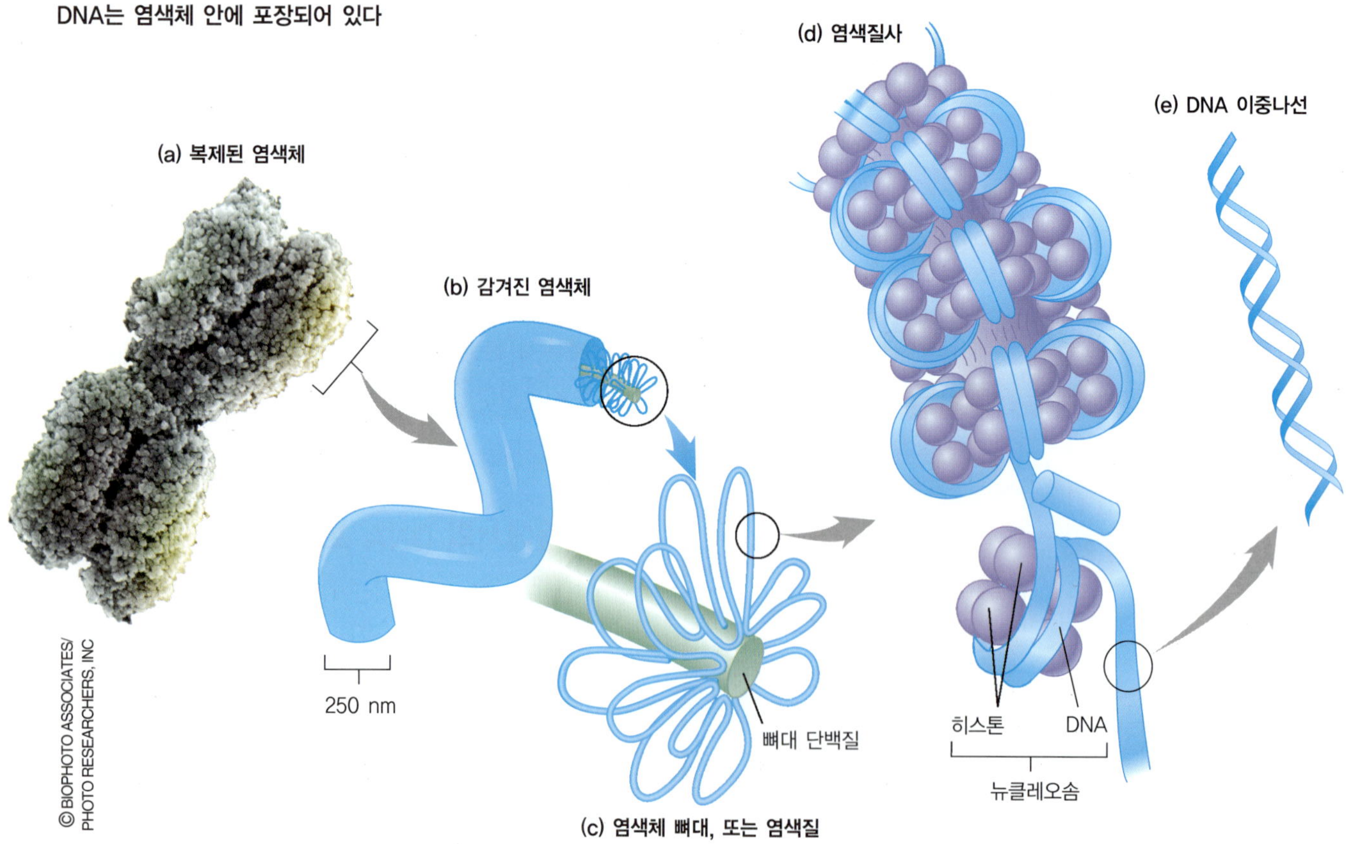

© PATRICK LANDMANN/PHOTO RESEARCHERS, INC.

DNA 연구자인 **메노티** 박사와 같은 분자생물학자가 단백질 구조만 파괴시키고 DNA는 원래대로 남게 하는 특정 용매들을 사용함으로써 이들 단백질 실감개들로부터 유전 분자를 분리할 수 있는 것이다. 이렇게 분리한 다음, **메노티** 박사의 다음 단계는 Snowball 고양이의 염색체들의 특정 부위(DNA)들에 대한 수백만의 복사물을 만드는 것이었다. 그렇게 함으로써 박사는 그들의 유전적 성질, 고양이 털인지의 확인, 그리고 결국에는 **셜리**를 죽인 범인에 대한 미스터리를 해결하는 데 도움이 될 자료를 얻을 수 있는 연구를 할 수 있게 되는 것이다.

목표4 DNA 복제

앞에서 살펴본 대로 하나의 모낭에 있는 DNA 양은 매우 작다. 각 염색체에는 단일 DNA 분자가 있는 것이므로 예를 들어, 어떤 고양이 개체일지라도 단지 한 쌍의 유전자만을 가질 것이다(5장에서 배운 것처럼, 하나의 유전자는 유전의 단위이며 하나의 RNA를 암호화하여 일반적으로 하나의 폴리펩티드 사슬을 만드는 DNA 분자의 한 특정한 부위라는 것을 상기해 보라). DNA 상 유전자의 한 복사본은 어머니로부터 유전된 것이고, 다른 한 복사본은 아버지로부터 유전된 것이다. 앞에서 설명한 대로 **더글러스**의 옷에서 채취한 고양이 털 중에 단지 4개만이 모근세포가 붙어 있었다는 것을 상기해 보라. 그러므로 작업하기에 충분한 DNA를 얻기 위해 **메노티** 박사는 시험관에서의 DNA 복제 방법을 사용하여, 특정 DNA 부위에 대한 많은 복사본을 만들어야만 했다. 먼저 세포가 DNA를 복사(복제)하는 방법과 왜 이것이 중요한가에 대해 알아본다. 이에 대해 이해하게 된 다음에, 우리는 **메노티** 박사가 살인사건을 해결하는 데 도움을 주기 위해 DNA 복제 공정에 어떻게 매달렸는가를 알게 될 것이다.

DNA 복제에 관한 생화학적 과정을 이미 익숙한 세포회로 측면에서 시작해 보자. 4장에서 우리는 생장기(간기)와 분열기(M기)를 통한 세포주기에 대해서 공부한 바 있다(그림 4.5 참조), 간기에는 세포들이 각 핵 DNA 분자의 이중가닥 복사본을 하나 가지는 G_1기, DNA 복제가 일어나는 S기, 그 결과로 각 DNA 분자의 두 개씩의 이중가닥 복사본이 존재하는 G_2기의 세 부분이 있음을 기억해 보라. 유사분열의 마지막 단계에서 이들 두 개의 DNA 복사물이 분리되어 두 개의 딸세포 핵으로 간다. 이제부터 DNA의 복사가 일어나는 시기인 S기에 초점을 맞춰 알아본다.

중합(화) (polymerization)
새로 만들어진 염기쌍을 결합시켜, 원래 DNA 이중나선과 동일한 DNA 사슬을 만들어주는 작용

복제의 단계

DNA 복제는 세포핵에서 일어나며(4장 참조), 상보적 염기쌍 구성 원리를 직접 적용받는다. 복제는 (1) DNA 가닥의 분리, (2) 상보적 염기쌍 구성, 그리고 (3) 결합의 세 단계로 나눌 수 있다. 세포주기의 S기(합성기) 전에 DNA는 이중나선 형태로 존재함을 명심하라(**그림 6.6**).

1. *분리.* 복제가 시작되기 위해서는 먼저 이중나선 가닥이 풀려 서로 분리되어야만 한다(**그림 6.6**의 ① 단계). 세포에서 이 DNA 가닥이 풀리고 분리되는 것을 효소들이 촉매하는데, 효소들이 사다리의 "계단들"이 파괴되는 것을 돕는다. 이들 계단에 해당하는 것이 약한 수소결합들에 의해 결합된 각 가닥의 염기들임을 기억해 보라. **메노티** 박사와 그녀의 연구팀은 시험관 내에서 수소결합들을 부수기["녹이기(melting)" 라고도 함] 위해 열을 가하는 방법을 사용했다. 단시간 열처리 후 분리된 염기들은 쌍을 형성하지 못한다.

2. *상보적 염기쌍 구성.* 쌍을 형성하지 못한 염기들은 유리형 뉴클레오티드들인 아데닌(A), 구아닌(G), 시토신(C), 티민(T)들과 새로운 수소결합을 형성한다(**그림 6.6**의 ② 단계). 한 DNA 가닥의 A 염기는 반드시 유리형 T 염기(당–인산 뼈대를 가진)와 그리고 가닥에 결합되어 있는 C 염기는 유리형 G 염기와만 쌍을 이룬다. 이와 같이 결합해 있는 T 염기들은 모두 A와만, 그리고 결합해 있는 G 염기들은 모두 유리형 C 염기들과만 결합하는 것이다. 따라서 상보적 염기쌍 구성 원리에 의해 원래 가닥이 가진 염기서열과 동일한 염기서열을 갖는 새로운 가닥이 만들어지는 것이다.

3. *결합.* 새롭게 만들어진 염기쌍의 결합을 통해 어버이 DNA 가닥의 상보적 가닥이 결합된 것이므로 새롭게 만들어진 두 개의 이중나선은 원래의 이중나선과 동일하다(**그림 6.6**의 ③ 단계). 새로운 이중나선의 결합(joining) 또는 **중합(polymerization)**은 **DNA 중합효소(DNA polymerase)**라고 하는 효소의 촉매작용에 의한다. 이 효소는 한 뉴클레오티드의 인산기(자동차에 비유했을 때 꽁

DNA 중합효소 (DNA polymerase)

DNA 사슬들의 중합을 촉매하는 효소

반보존적 복제 (semiconservative replication)

DNA 복제의 보편적 모델로서, 어버이 DNA의 두 가닥 중 하나만이 딸 분자에게 전달됨; 이 유전되는 가닥이 이중나선의 반대 가닥 합성의 주형으로 작용함

무니의 트레일러)를 앞 뉴클레오티드의 "그릴"에 결합시킨다.

반보존적 복제

DNA 복제의 세 단계인 가닥의 분리, 염기쌍 구성 및 결합 과정은 DNA 분자의 길이를 따라 계속 반복하여 어버이 것과 동일한 DNA 이중나선이 만들어질 때까지 일어난다. 새롭게 만들어진 각 DNA는 원래 DNA의 염기서열과 동일한 염기서열을 가진다. **그림 6.6**에서 볼 수 있는 바와 같이 딸 DNA 분자의 한 가닥은 원래 어버이 것을 가지며, 다른 한 가닥만이 완전히 새롭게 만들어진 것이다. 딸 분자 내 두 가닥 중 하나는 어버이 분자 중 하나가 원래의 것대로 유전되는 것이므로(보존되는 것이므로), 이와 같은 복제를 **반보존적 복제(semiconservative replication)**라 부른다. 확실히 모든 생명체들은 이와 같은 방식의 DNA 복제를 한다. DNA의 반보존적 복제란 한 장의 인쇄물을 복사기에서 복사하는 것과는 완연히 다르다고 할 수 있다. 복사기는 전체적으로 새로운 복사물을 만들고, 원래의 것이 그대로 존재하는 것이다. 이에 반하여, DNA 복제에서는 원래 분자가 그대로 존재하는 것이 아니고, 원래 DNA

그림 6.6
DNA복제의 개요

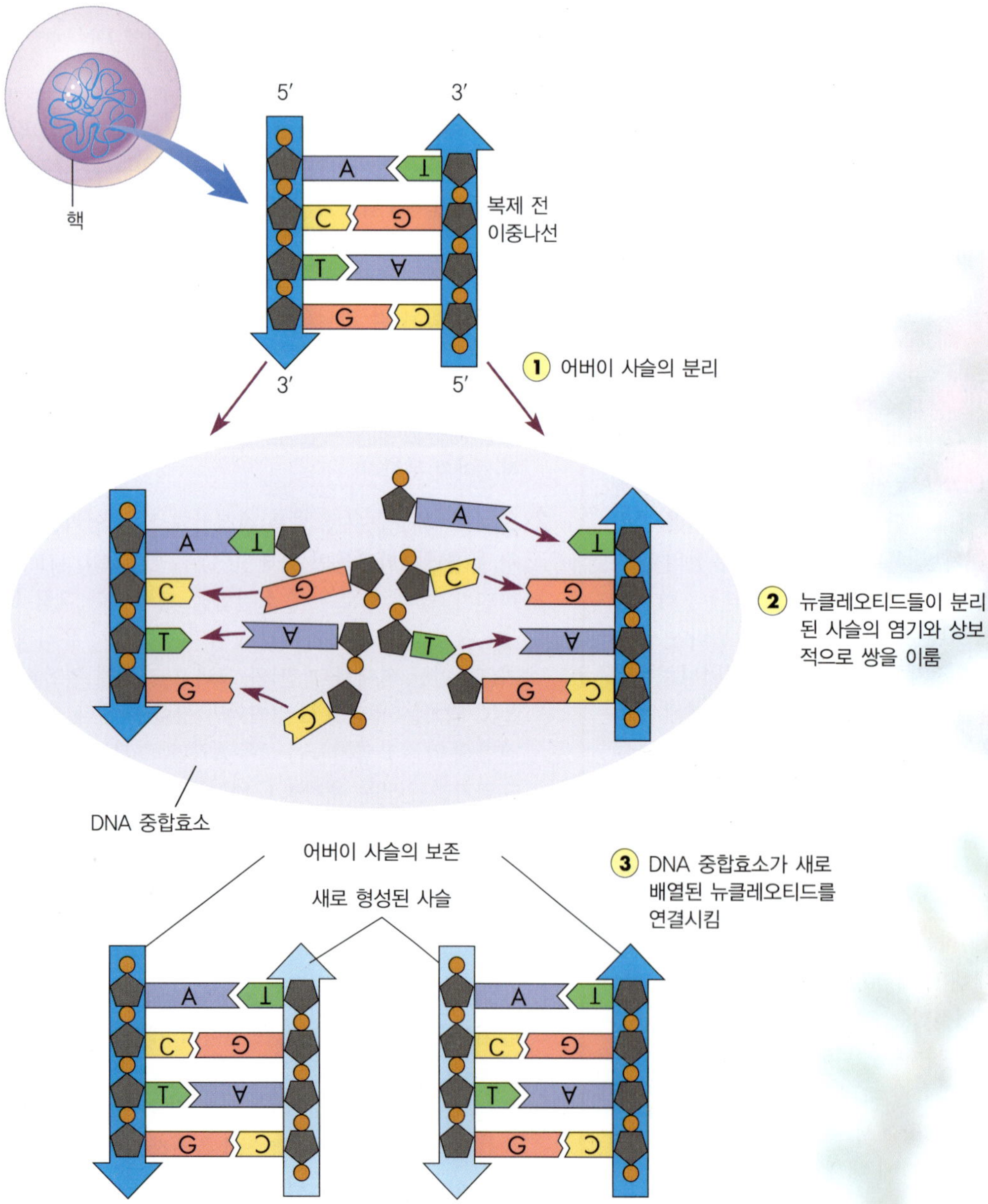

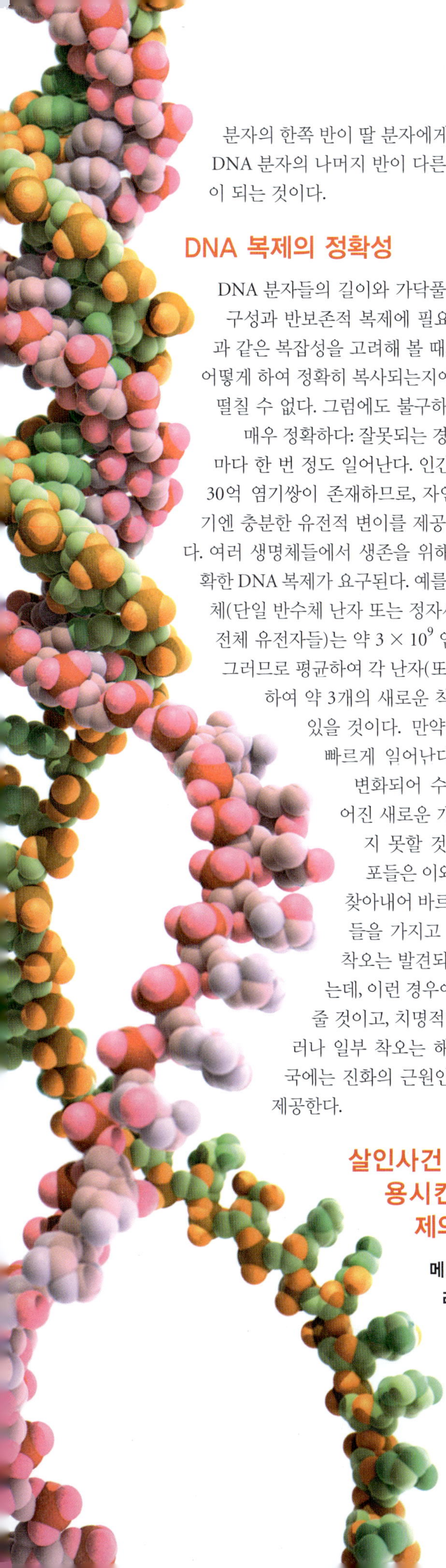

분자의 한쪽 반이 딸 분자에게로, 그리고 원래 DNA 분자의 나머지 반이 다른 딸 분자의 성분이 되는 것이다.

DNA 복제의 정확성

DNA 분자들의 길이와 가닥풀기, 분리, 염기쌍 구성과 반보존적 복제에 필요한 중합화 과정과 같은 복잡성을 고려해 볼 때, DNA 분자들이 어떻게 하여 정확히 복사되는지에 대한 의구심을 떨칠 수 없다. 그럼에도 불구하고 DNA 합성은 매우 정확하다: 잘못되는 경우는 10^9 염기들마다 한 번 정도 일어난다. 인간 유전체에는 약 30억 염기쌍이 존재하므로, 자연선택이 일어나기엔 충분한 유전적 변이를 제공한다고 할 수 있다. 여러 생명체들에서 생존을 위해서는 극도로 정확한 DNA 복제가 요구된다. 예를 들면, 인간 유전체(단일 반수체 난자 또는 정자세포에 존재하는 전체 유전자들)는 약 3×10^9 염기쌍을 가진다. 그러므로 평균하여 각 난자(또는 정자)는 평균하여 약 3개의 새로운 착오가 일어날 수 있을 것이다. 만약에 그 속도가 더 빠르게 일어난다면, 유전정보가 변화되어 수정에 의해 만들어진 새로운 개체는 기능을 하지 못할 것이다. 그러나 세포들은 이와 같은 착오들을 찾아내어 바르게 해주는 효소들을 가지고 있다. 물론 일부 착오는 발견되지 못할 수도 있는데, 이런 경우에는 세포에 해를 줄 것이고, 치명적일 수도 있다. 그러나 일부 착오는 해롭지 않아서 종국에는 진화의 근원인 유전적 변이를 제공한다.

살인사건 사례에 적용시킨 DNA 복제의 원리들

메노티 박사는 **셜리**의 피가 튕긴 **더글러스**의 가죽 재킷 안감에 붙은 털들이 고양이 것임을 긍적적으로 확인하는데 있어서, DNA 구조와 복제에 관련된 원리들을 사용했다. 유전적 "지문채취(fingerprinting)" 과정은 이 장에서 논의한 2가지 원리인 DNA 분자를 이루는 염기서열과 DNA 복제과정에 의한 것이었다.

유전적 표지 (genetic marker)
유전적 교배에서 이루어지는 개체 간의 유전적 차이를 나타내는 표식; 예를 들면, DNA 가닥을 따라 반복적 염기배열을 가지는 부위들

염기서열과 개체의 고유성

여러 생물종들에서 DNA에 자리한 수천 개 염기들 중에 두 종류 뉴클레오티드인 C와 A가 반복적으로 나타나는 부위, CACACACACA가 있다. 물론 그 반대쪽 가닥의 염기서열은 상보적 염기 배열을 하므로 TGTGTGTGTG이다. 그러나 한 가닥의 염기서열을 알면 상보적 염기쌍 구성 원리에 의해 그 반대가닥 염기서열은 알 수 있는 것이므로, 편의상 한 가닥의 염기서열에 대해서만 다루겠다.

고양이 무리는 19쌍의 염색체를 갖는다. 비교를 위해 다른 생물 종들의 염색체 수를 보면, 사람은 23쌍, 초파리는 4쌍, 옥수수는 10쌍을 갖는다. Snowball 고양이 DNA를 연구하면서, **메노티** 박사는 B_3 염색체 쌍 중 하나의 DNA에 한 중요한 부위가 있음을 발견했다. 그녀는 이 115 염기쌍으로 이루어진 부위를 "FCA88"이라 불렀는데 그 염기서열은 다음과 같았다: AGGAAAATGAAGTCAAGAAAATGGCT-TAATCCAAAGTCACACAGTACTTAATGTGTGTGTGTGTGTTTGTGTGTGTGTGTGTGTGTGTGTATGTGT-GTAACGGGAAAAAGAAAA.

이 염기서열에서 "TG" 서열이 반복되어 나타남을 주목하라. 또한, 이 서열은 DNA 이중나선구조 중 한 가닥의 서열을 표시한 것임을 염두에 두라. 반대쪽 가닥에서 반복적 서열로 "읽히는" 염기들은 무엇일까? 여러분의 대답이 "CA"라고 하면, 맞는 답이다!

메노티 박사는 염색체의 이 FCA88 부위의 반복구조에 대해 주의 깊게 연구하였다. 반복적 염기서열을 보이는 부위를 **유전적 표지(genetic marker)**라 부르는데, 그 이유는 서로 다른 개체 간에서 서로 다른 숫자의 반복구조가 나타나며 이것이 개체의 고유성을 말해주는 DNA의 특이한 인식부위 역할을 하기 때문이다. 이어서 피 묻은 재킷에 남겨진 모근세포 DNA로부터 분리한 B_3염색체의 한 복사본에서는 28 부위의 TG 반복구조가, 그리고 B_3염색체의 또 다른 복사본에서는 25 부위의 TG 반복구조를 가짐을 알아냈다(각 개체가 갖는 염색체 쌍 중 하나는 어머니로부터, 다른 하나는 아버지로부터 온 것이라는 것을 생각하면 이 차이를 이해할 것이다). **메노티** 박사가 피 묻은 재킷의 고양이 털 DNA의 "지문"을 보았을 때, 그녀는 그것이 Snowball 고양이의 같은 자리에 있는 TG 반복구조 숫자와 일치함을 결정할 수 있었다. 그녀는 이 "지문"이 공통적인 것인지 유일한 것인지를 검증하기 위

해서, 프린스에드워드 섬에 사는 다른 고양이들에 대한 지문 검사도 실시하였다.

메노티 박사 염구팀은 Prince Edward 섬에 사는 19마리 고양이와 미국의 그 밖의 지역에서 살고 있는 9마리 고양이들의 DNA 검사를 해 봤지만, 그 어느 것도 Snowball 고양이의 것과 관련이 없었다. 방금 본 것처럼 Snowball의 B3염색체의 한 복사본의 FCA88 위치에서 정확히 28 부위의 TG 반복구조가 그리고 B_3염색체의 두 번째 복사본의 FCA88 위치에서 25 부위의 TG 반복구조를 가졌다. 연구자들은 관련성이 없는 고양이(같은 섬에 살고 있는 샵고양이)도 B3염색체의 FAC88 위치에 12부위 또는 29부위의 TG 반복구조를 가짐을 알아냈다. 단지 매우 적은 수의 고양이들만이 증거로 채택됐던 Snowball 고양이 털 DNA에서 발견한 것처럼 FCA88 위치에서 똑같이 25 부위와 28부위의 TG 반복구조를 가졌다. 고양이와 가죽 재킷에서 회수한 DNA의 9자리 부위의 서열 분석을 통한 반복구조 탐색 연구를 하여, **메노티** 박사는 절대적으로 한 마리 고양이에서만 나타나는 한 세트의 서열을 발견하였다. 이를 토대로 그녀는 프린스에드워드 섬에 살고 있는 고양이 2억 2000만 마리 중 219,999,999마리를 제외시킬 수 있었다(실제적으로 이 섬에 살고 있는 고양이 수는 몇 천 마리 정도일 것이므로, 물론 이 숫자는 이론적 수치이다). 또한 그녀는 미국과 캐나다에 살고 있는 7000만 마리의 고양이들 중 69,999,999마리를 제외시킬 수 있었다. 이는 버려진 재킷의 털이 **더글러**스와 그 부모와 함께 살았던 Snowball 고양이의 털이라는 것을 확실히 결정짓게 해주는 것이다.

© MARTIN MUTCH/ISTOCKPHOTO.COM

고양이털 연구 경우가 염색체의 서로 다른 위치에 있는 유일한 반복서열 "지문들"을 가지는 것이 개체 확인에 대한 DNA의 능력을 보여준 것이라 할 수 있겠다. 그렇지만 DNA 이중나선구조의 중요성은 유전적 지문에만 한정되는 것이 아니라 의학계 및 법계에도 크게 기여한다. 두 가닥 뉴클레오티드가 서로 반대 방향으로 감겨져 있는 DNA구조는 그 가닥이 분리되면서 효소들에 의해 어버이 이중나선구조와 동일한 두 개의 딸 분자를 합성하는 능력을 설명해 준다. DNA구조는 또한 "생명의 실"이 생명체들의 신체적 구성과 능력을 조절함을 설명해 준다. 물론 생명체들은 세포들로 이루어져 있으며, 생명체 전체의 외모, 생명체의 물리-화학적 성질들 그리고 그들의 일상적 행동들을 결정해주는 세포들의 집합체이다. 다음 장에서 우리는 DNA에 새겨진 형태와 기능에 대한 청사진들이 실제적으로 어떻게 단백질들과 세포활성들로 나타나게 되는지 그리고 분자생물학자들이 어떻게 이 청사진들을 의학, 농학 그리고 산업 분야에 적용시키는 법을 알게 되었는지에 대해 알아볼 것이다.

누가 알았겠는가?

DNA가 유전정보의 운반체임이 알려진 다음에 그 구조에 대한 지식이 생명의 개체성(유전성)과 생명의 다양성(엄청난 양의 변이)이 어떻게 생기는가를 이해하려고 하였다. 단지 DNA구조를 이해하는 것이 과학자들로 하여금 어떻게 DNA가 복제되는지와 DNA가 어떻게 세포활성들을 지시하여 생물종들 간의 차이를 가지게 하는지에 대해 설명할 수 있게 한 것이다. 그와 같이 중요하고 근본적인 발견을 알게 해주는 것이 여러 연구자들에게 가치 있는 "포상"이라 볼 수 있다.

CHAPTER 7

유전자, 단백질 그리고 유전공학

학습목표

목표1 유전자들이 어떻게 단백질의 아미노산 서열로 명기되는지 설명한다.

목표2 DNA에서 RNA로 복사되는 전사의 과정을 이해한다.

목표3 번역과 폴리펩티드 사슬 합성 과정들을 이해한다.

목표4 유전자들이 어떻게 조절되는 것인지를 설명한다.

목표5 유전학자들이 어떻게 재조합 DNA 분자들을 만드는지 설명한다.

“단백질 합성은 생물학에서 가장 중요한 주제들 중의 하나이다”

우유짜기와 한밤중의 기발한 생각

해리 미드(Harry Meade) 박사는 한 낙농장에서 자랐으며, 아직도 우유를 짜기 위해 고향집에 다닌다. 유전공학자인 **미드** 박사는 사람의 유전자들을 세균에 전달시켜 원하는 인간 단백질들을 다량 생산할 가능성에 대해 흥미를 키워 왔었다. 한 때, **미드** 박사는 혈병(blood clot)을 녹이는 인체 단백질에 대한 일을 한 적이 있다. 그러나 이후 그는 세균에서 단백질 생산은 불가능하다는 것을 알게 되었다. 그래서 그는 공학적으로 만들 수 있는 다른 방법들을 찾기 시작했으며, 당연히 **미드** 박사는 젖을 이용하는 것에 대해 생각해 왔었다.

> **당신은 무엇을 알고 있을까?**
>
> 만약 발암물질들이 돌연변이원이라면, 돌연변이원들이 발암물질들일까?

첫째, 그는 젖에 가장 많이 함유된 단백질인 카세인(casein)의 “프로모터”를 발견해 냈다. **프로모터(promoter)**란 하나의 유전자(이 경우엔 카세인 유전자)를 언제 어디에서 작동시킬 것인가를 명령하는 뉴클레오티드 염기쌍 배열을 말한다. 이어서 그는 이 프로모터를 하나의 사람 유전자—이 경우에서는 혈액 응고를 방지하는 단백질인 AT3의 유전자—에 결합시켜서 그 결합물을 한 동물 숙주 유선사에 끼워 넣었다. 그의 목표는 동물의 젖에서 다량의 인간 단백질을 생산하고자 하는 것이었고, 이러한 목적을 위해 적합한 대상 동물로 염소를 선택하였다. 염소를 “약물 제조농장”으로 선택한 이유는 염소가 소보다는 매우 일찍 수유시기를 갖는 때문이었다.

만약 **미드** 박사 연구팀이 상업적인 제약용 재료로 사용할 수 있는 다량의 항-트롬빈 III (AT3) 단백질을 만들 수 있다면, 의사들은 심장 수술 시 위험한 혈병 형성을 방지해 주기 위해 이 단백질을 환자들에게 주입할 수 있을 것이다.

오늘날 **미드** 박사와 그 동료들은 1,800 마리가 넘는 염소들을 사용한다; 그 중 수십 마리들이 이미 그들 젖 속에 다량의 AT3 단백질을 생산하고 있으며, 수십 마리 이상은 여러 종류의 항체들과 그 밖의 목적하는 인간 단백질들을 생산하고 있다. **미드** 박사는 외양간 동물들에서 약제를 만드는 “약물 농장(drug farming)”이 유용한 단백질을 대량 생산할 수 있는 실질적이고 경제적인 방법이라는 것을 제공한 것이다.

이 장에서는 현대 생물학에서 가장 중요한 두 가지 주제에 대해 탐구해 보고자 한다: 첫 번째는 살아있는 세포들이 유전자에 새겨져 있는 정보들을 세포의 생존, 생장 및 분열에 필요한 단백질 생산을 지시하는 데 사용하는 정교한 방법에 대한 것이다. 두 번째는 생물학자들이 어떻게 새로운 방법들로 유용한 단백질들을 만들기 위해서, 외부 유전자들을 잘라서 생명체들에게 끼워 넣는 기초적 과정들을 알게 되었는가에 대한 것이다. 여러분은 이 장에서 세포가 단백질을 어떻게 만드는지, 세포들이 어떻게 이와 같은 생명유지에 필요한 과정을 조절하는지, 그리고 약물 농장을 포함한 유전공학적 도구와 기술에 대하여 배울 것이다.

그렇게 함으로써 여러분은 아래의 질문들에 대한 답을 알게 될 것이다:

- ☑ DNA가 어떻게 RNA로 복사되는가?
- ☑ RNA는 어떻게 단백질로 번역되는가?
- ☑ 유전자들은 어떻게 조절되는가?
- ☑ 재조합 DNA 기술이란 무엇인가?

프로모터(promotor)
RNA 중합효소가 결합되어 인접한 유전자들의 전사개시를 하게 하는 뉴클레오티드의 일정 부위들

전사(transcription)

한 DNA 분자의 유전정보를 한 RNA 분자로 전달시키는 것; 이 과정은 RNA 중합효소라는 효소에 의해 촉매 됨

번역(translation)

한 RNA 사슬의 정보를 단백질의 아미노산 서열로 전환시키는 과정; 리보솜들에서 일어남

목표1 하나의 유전자는 어떻게 한 단백질의 아미노산 서열로 명기시키는 것일까?

유전자들은 단백질구조의 특성을 갖게 한다. 이 개념은 20세기 후반부에 유전학자들이 그것을 "중심학설(central dogma)"로 부를 만큼 생물학을 이해하는데 매우 필수적이다. 그러므로 유전자들에 저장된 정보가 단백질구조로 나타나는 진리에 대해 살펴보도록 하자.

전사란 복사를 의미한다.

세포에서 정보흐름에 대한 개요

생물학의 중심학설을 간단히 설명하면, 세포들에서 *유전정보는 일반적으로 DNA에서 RNA로 그 다음에 RNA에서 단백질로 흐른다*는 것이다. 첫 번째 단계인 DNA가 RNA로 암호화되는 것을 전사라 하고, 두 번째 단계인 RNA가 특정 단백질구조로 암호화하는 것을 번역이라 부른다(**그림 7.1**). (몇 종류 생명체에서는 정보가 RNA에서 DNA로 흐르는 경우가 있다. 예를 들면, AIDS-유발 바이러스인 HIV가 사람 세포에 감염될 때가 그렇다; 그림 2.15 참조).

DNA에서 RNA로: 전사

정보흐름의 첫 단계인 **전사(transcription)**에서 효소들이 DNA 분자의 한 부위를 RNA 분자로 복사한다. RNA는 정보-저장 분자로서 DNA와 구조가 비슷하다.

RNA에서 단백질로: 번역

정보흐름의 두 번째 단계인 **번역(translation)**에서 한 종류 RNA의 정보 분자(전령RNA라 부름)가 리보솜들에 의해 폴리펩티드를 만드는 특정 아미노산 서열로 번역된다.

전사는 DNA를 RNA로 복사하는 것이므로, 진핵생물의 경우 이 전사과정은 DNA가 존재하는 핵에서 일어난다(**그림 7.1**). 반면에 리보솜들은 세포질에 있으므로 번역 과정은 세포질에서 일어난다. RNA가 핵에서 전사된 후, 핵공을 통해 세포질로 이동한다. 세포질에서 RNA는 리보솜들에 결합한 다음, 단백질 분자로 번역된다. 이어서 단백질들은 세포에서의 이동경로를 통해서(그림 2.13 참조), 그들의 작용을 나타낼 수 있는 장소로 운반된다. AT3 단백질을 만드는 사람의 간세포를 예로 하여 이에 대하여 알아보자. 리보솜들에서 이 단백질이 합성된 다음에, 작은 소포들이 이 합성된 단백질들을 세포막까지 운반한 다음, 그들을 방출시킨다. 이어서 AT3 분자들은 혈액을 따라 우리 몸에서 AT3가 혈액응고를 조절하는 부위들로 운반된다.

이상에서 살펴 본 과정을 요약하면, DNA → RNA→ 단백질로의 과정인데, 이제부터는 각 과정에 대해 상세히 알아보기로 하겠다. 먼저 유전정보가 저장되어 있는 DNA가 핵을 떠나 단백질 합성이 일어나는 세포질로 이동하는 과정인 전사에 대해 살펴보자.

목표2 전사: DNA를 RNA로 복사

RNA들과 DNA의 구조는 유전자의 작용을 이해하는 데 있어서 매우 중요하다. 그러므로 그들의 구조에 대해 비교해 보자.

DNA와 RNA의 비교

DNA처럼 RNA도 당-인산 뼈대에 의해 연결된 긴 뉴클레오티드 사슬로 되어 있다(**그림 7.2**). DNA와는 달리 RNA는 그의 단백질 합성 기능을 위해 핵에서 세포질로 이동할 수 있다. RNA는 또한 다음과 같은 4가지 측면에서 DNA와 다르다.

DNA는 핵에서 RNA로 전사된다; RNA는 단백질로 번역된다.

그림 7.1
정보는 DNA에서 RNA를 통해 단백질로 흐른다

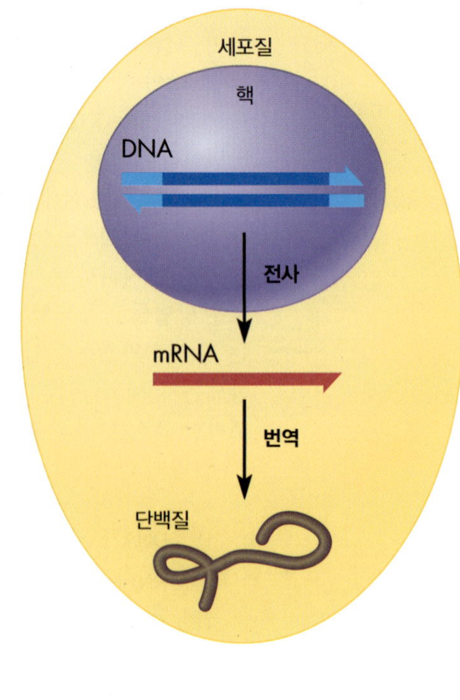

- RNA 뉴클레오티드는 DNA의 당성분인 데옥시리보오스 대신에 리보오스를 갖는다. 데옥시리보오스는 리보오스보다 산소원자 하나를 덜 가진다(**그림 7.2b**). 이것만이 두종류 뉴클오티드 당 분자 간의 차이이지만, 기능면에서는 중요한 차이를 가지게 한다.
- RNA는 DNA가 가지는 티민(T) 대신에 우라실(U)을 갖는다(**그림 7.2b**). DNA에서 티민이 아데닌과 염기쌍을 형성하는 것(A–T)과 같이 RNA에서는 우라실이 아데닌과 염기쌍(A–U)을 형성한다.
- RNA는 일반적으로 단일 뉴클레오티드 사슬로 되어 있으며(**그림 7.2a,b**), 반면에 DNA는 일반적으로 두 개의 사슬로 이루어져 있다. 그러나 어떤 RNA는 단일 사슬 자신이 감기어 짧은 이중–사슬 부위를 가지기도 하는데 이 부위는 상보적 염기쌍을 갖는다.
- RNA 분자들은 염색체를 구성하는 DNA 분자들에 비해 매우 짧다. 각 DNA 분자는 수백 또는 수천 개의 유전자들을 운반하지만, 일반적으로 RNA 분자는 오직 하나의 유전자 정보를 가진다.

전사과정

DNA의 일부분이 RNA로 전사되는 과정은 기본적으로 DNA 사슬의 분리, 상보적 염기쌍 형성, 그리고 뉴클레오티드결합의 세 단계에 의한다. *AT3* 유전자를 DNA의 한 부위로 보고 사람의 간세포에서 이것이 어떻게 RNA로 전사되는지 세 단계에 대해 알아보기로 한다.

1. *사슬의 분리.* 간세포의 핵에서 *AT3* 유전자의 전사가 시작되기 위해서는 효소들이 유전자의 한쪽 끝 부위 가까이 있는 DNA 이중나선을 풀고 분리시켜 준다(**그림 7.3**의 ① 단계). 어떤 유전자이든 간에 두 개의 분리된 DNA 사슬 중 한 사슬만이 상보적 RNA 사슬을 만들기 위한 주형(template; 또는 모델)으로 작용하며, DNA의 다른 한 가닥 사슬은 그대로 있으면서 진행된다. 앞의 서론에서 본 것처럼, DNA의 프로모터라고 부르는 뉴클레오티드의 특정 서열에 RNA 복사효소(RNA 중합효소)가 결합하여 새로운 RNA 복사를 시작할지를 결정지어 준다.
2. *상보적 염기쌍 형성.* 리보오스 당을 가지는 뉴클레오티드가 분리된 DNA 주위로 확산되어 그 사슬에 상보적 뉴클레오티드가 짝을 이루어 나간다(**그림 7.3**의 ② 단계). (이것은 6장에서 다룬 DNA의 복제와 매우 유사하다. 그러나 이때 DNA의 아데닌(A)이 우라실(U)과 염기쌍을 형성하여 RNA로 된다. DNA 복제에서처럼 DNA의 티민(T)은 아데닌(A)과 그리고 시토신(C)은 구아닌(G)과 염기쌍을 형성하여 RNA로 된다.
3. *뉴클레오티드결합.* RNA 중합효소(RNA polymerase)가 두 인접한 뉴클레오티드를 서로 결합시켜 준다(**그림 7.3**

그림 7.2
RNA의 구조

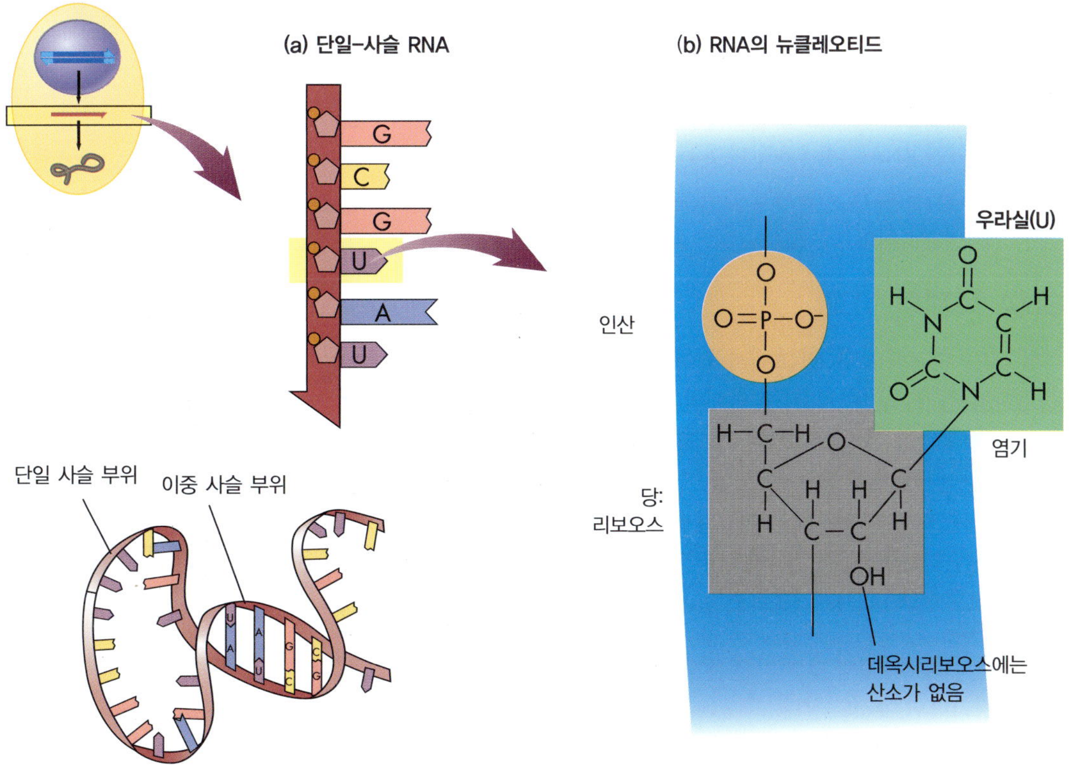

그림 7.3
DNA가 전령RNA (mRNA)로 전사되는 과정

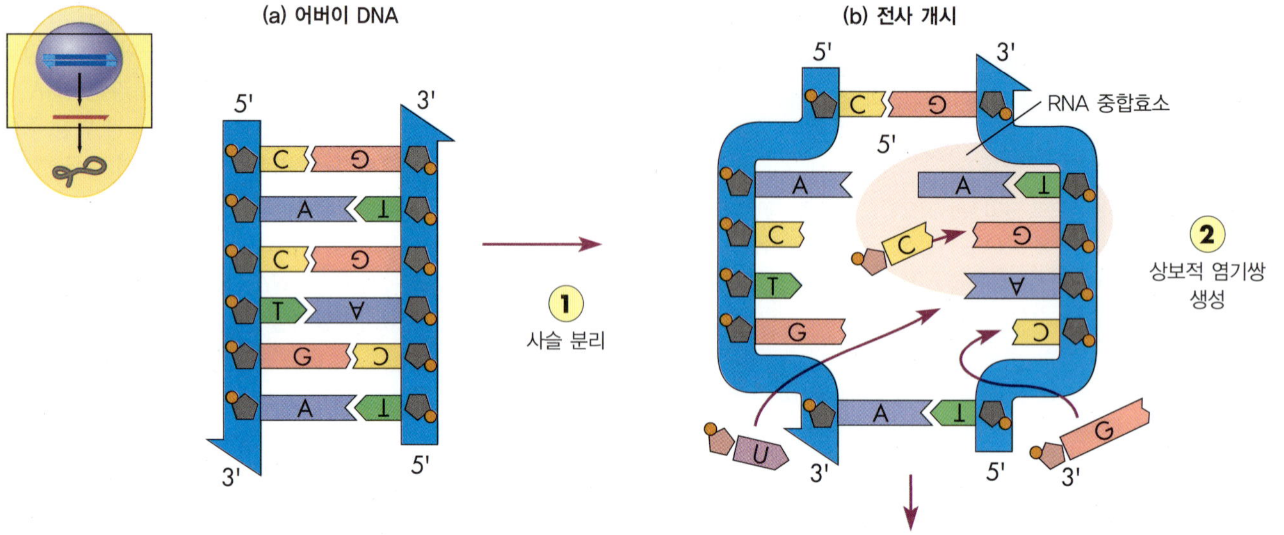

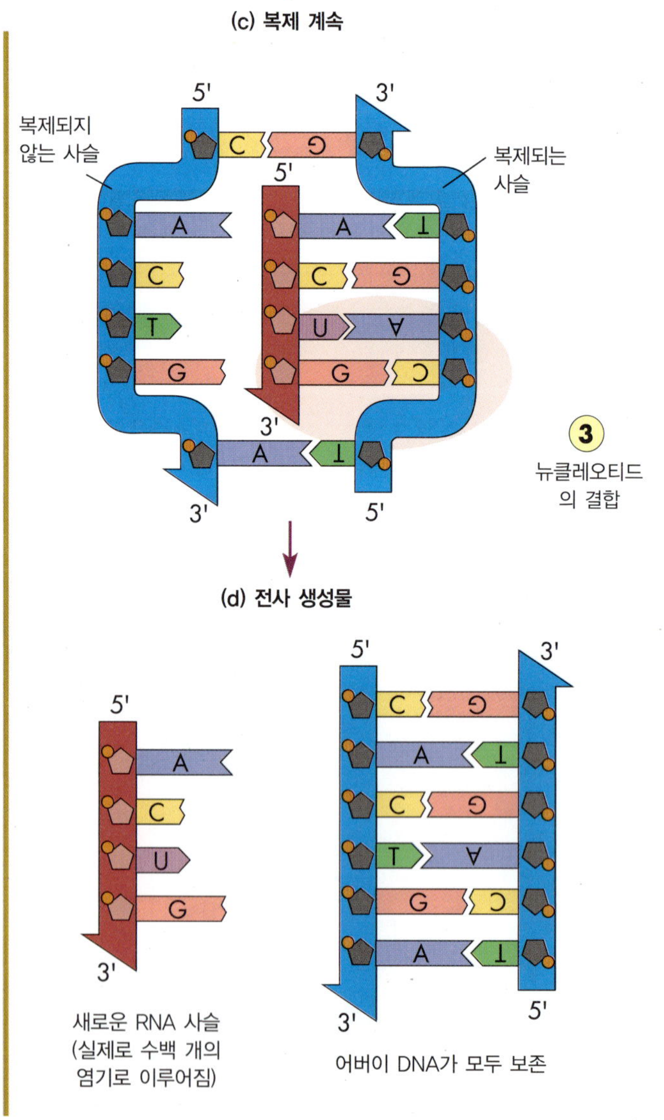

의 ③ 단계). 다른 RNA 뉴클레오티드들도 확산되어 DNA 사슬의 상보적 염기와 쌍을 이룬 다음, 이 효소가 그들을 하나씩 결합시켜 단일 사슬의 RNA를 형성한다. 그림에서는 RNA 분자에서 몇 개의 뉴클레오티드만 보였지만, *AT3* 유전자의 완성된 RNA 분자는 1,389 뉴클레오티드가 될 것이다. 중합효소는 30초에 약 30 뉴클레오티드를 결합시켜 새로운 RNA 형성을 할 수 있다. 따라서 간세포에서 *AT3* 유전자를 단일 RNA 분자로 전사하는데 약 46초가 걸릴 것이다. RNA 중합효소는 DNA의 특정 서열 부위인 "종결 신호"와 만나면 최종적으로 유전자에 대한 RNA 복사를 중지시킨다. 전사가 완성되면 어버이DNA는 다시 감긴다. 이렇게 다시 감긴 DNA는 동일한 RNA 복사본 생산이 더 필요할 경우에 사용될 수 있다. 새롭게 만들어진 RNA(**그림 7.3**의 아랫부분)에 일부 화학적 변형이 생길 수도 있지만, 일단 전사가 완료되면, 그것은 핵을 빠져 나와 세포질로 간다.

전사와 DNA 복제의 비교

그림 6.6과 **그림 7.3**을 비교해 보면, DNA에서 RNA로의 전사는 세포가 분열하기 전에 일어나는 DNA 복제와 어느 정도 유사함을 알 수 있을 것이다. 즉 양쪽 경우 모두에서 두 DNA 사슬들이 풀려서 분리되며, 뉴클레오티드들이 그 부위로 확산되어 염기쌍을 구성하며, 중합효소가 새로 만들어지는 뉴클레오티들을 결합시켜 핵산 사슬을 만든다. 더욱이 양쪽 모두에서 중합효소가 한 DNA 사슬을 따라 같은 방향으로(5′에서 3′으로) 복사한다.

그렇지만 전사는 DNA 복제와 몇 가지 점에서 다른데, 그 차이점을 간단히 정리하면 아래와 같다.

DNA 복제에서는. . .	전사에서는. . .
. . . 전체 DNA 분자—인 수백 개의 유전자—들이 복사된다	. . . 단지 DNA의 한 부분—종종 단일 유전자—만이 어느 특정 시기에만 전사된다
. . . DNA의 두 사슬 모두가 복사된다	. . . 분리된 두 개의 DNA 사슬 중 오직 하나만 복사된다
. . . 각 유전자의 한 복사본만 만들어진다	. . . 단일 유전자가 수천 번 이상 복사될 수 있다. 예를 들어, 세포는 다량의 AT3 단백질 합성이 요구되는데, 그렇게 됨으로써 이 단백질들이 세포를 나가 혈류를 타고 우리 몸 전체로 운반된다.
DNA 복제는 진핵세포 세포 회로 중 S기 때에만 일어난다	전사는 간기 전체인 G_1기, S기 및 G_2기에서 모두 일어난다

인트론과 엑손

해리 미드(Harry Meade) 박사가 사람 *AT3* 유전자를 분리하고 연구한 첫 번째 유전학자는 아니지만, 뒤에 그에 대한 심도 있는 연구를 수행했다. **미드** 박사 전의 연구자들이 이 유전자가 사람의 1번 염색체의 특정 위치에 존재한다는 것을 밝혔다(**그림 7.4a**). 이 유전자는 먼저 19,000 염기를 가지는 RNA 분자로 전사되는데, 이 긴 RNA를 1차 전사체(primary transcript)라고 부른다(**그림 7.4b**). 이어서 초기에 전사된 이 RNA에서 놀라운 일이 발생한다. 즉 효소들이 1차 전사체들을 부분적으로 잘라서 일부 조각들은 제외시키고, 특정 조각들을 연결시켜 이어맞춰진 RNA를 만든다(**그림 7.4c**). 생물학자들은 유전자 중 처음에는 전사되는 유전자 부위이지만 1차 전사체 중에서 이어맞춰진 RNA로 되지 않고 제거되는 부위에 해당하는 유전자 부위들을 **인트론(intron)**이라는 용어로 표시한다. *AT3* 유전자는 다섯부위의 인트론을 갖는다. 생물학자들은 전사 후 잘리고 한데 이어져서 최종적으로 이어맞춰진 RNA에 나타나는 부위에 상응하는 유전자 부위들을 **엑손(exon)**이라는 용어로 표기한다. *AT3*는 6개의 엑손을 갖는다. 인트론들은 유전자에 *끼어들어* 있지만 최종 RNA에는 나타나지 않으므로 그들은 단백질로 번역되지 않는다. 반면에, 엑손들은 *발현되므로*, 실제적으로 그들이 단백질로 번역되는 것이다. 인트론들은 제거되기 때문에 *AT3* 유전자로부터 만들어지는 이어맞춰진 RNA는 1,479 염기로서, 원래 길이인 1차 전사체의 11%이다. 진핵세포들의 대부분 유전자들은 인트론들을 가지는 반면에, 원핵세포들은 일반적으로 그들 유전자에 이와 같은 여분의 유전자 조각들을 갖지 않는다. 인트론들은 엑손들의 교환을 촉진시켜 새로운 기능을 가지는 단백질들로 발전시키기 때문에 중요하다. *AT3* 유전자에서 이어맞춰진 RNA는 양 말단부위에서의 공정을 진행시켜 성숙한 RNA로 된다(**그림 7.4d**). 이어서 RNA는 핵을 떠나 세포질로 가서 AT3 단백질로 번역된다(**그림 7.4e**).

미드 박사는 염소에서 사람 AT3 단백질을 만들 수 있는 새로운 방법을 디자인하기 위해서 인트론, 엑손, RNA 이어맞추기에 대한 상세한 내용들을 명심해야만 했다. 앞으로 그가 이에 대한 일을 어떻게 수행했는지를 알게 될 것이다. 그렇지만 먼저 RNA로부터 시작하는 번역에 관한 상세한 내용에 대한 것부터 알아보자.

인트론(intron)
처음엔 전사되는 유전자 부위들이지만, 1차 전사체 때 제거되는 부분

엑손(exon)
전사되는 유전자 부위들로서, 이 부위들은 잘려진 후 합쳐져 최종 RNA에 나타남

전령RNA (messenger RNA; mRNA)
하나의 특정단백질을 만들기 위한 정보를 나르는 RNA 분자; 전령RNA는 구조유전자들로부터 전사되며 이들은 리보솜들에의해 단백질로 번역됨

전사	*번역*
DNA → RNA → Protein	

목표3 번역: 폴리펩티드 조립

실제로 전사과정에서는 몇 가지 형태의 RNA 분자들을 만드는데, 번역에는 3가지 종류가 관여한다. 이제부터 이 3종류 RNA와 그 기능들에 대해 알아본다.

RNA의 종류

단백질 합성에는 3종류의 RNA인 전령RNA, 운반RNA 그리고 리보솜RNA를 필요로 한다. 3종류 RNA는 모두 핵에서 유전자 전사에 의해 만들어진 다음 세포질로 이동한다.

전령RNA

전령RNA(messenger RNA; mRNA)는 핵의 DNA로부터의 유전정보를 세포질의 리보솜들로 운반하고, 거기서 단백질 합성을 지시한다. 바로 앞에서 본 *AT3* 유전자가 RNA로 전사되는 것이 그 예이다. 이 RNA에서 인트론들이 제거되면 mRNA가 된다(**그림 7.4** 참조). 그 다음, 완성된 mRNA는 세포질에서 AT3 단백질을 합성하기 위해 핵을 떠난다. mRNA는 유전자의 DNA 분자 정보에 상보적인 뉴클레오티드 염기서열을 가지므로, mRNA는 유전자와 동일한 정보(상보적 형태지만)를 운반하는 것이다. mRNA 분자들은 일반적으로 1,000에서 10,000 뉴클레오티드 정도의 길이를 가지며, mRNA는 세포의 총 RNA 중 5% 정도를 차지한다.

그림 7.4
전령RNA (mRNA): *AT3* 유전자로부터 전사됨

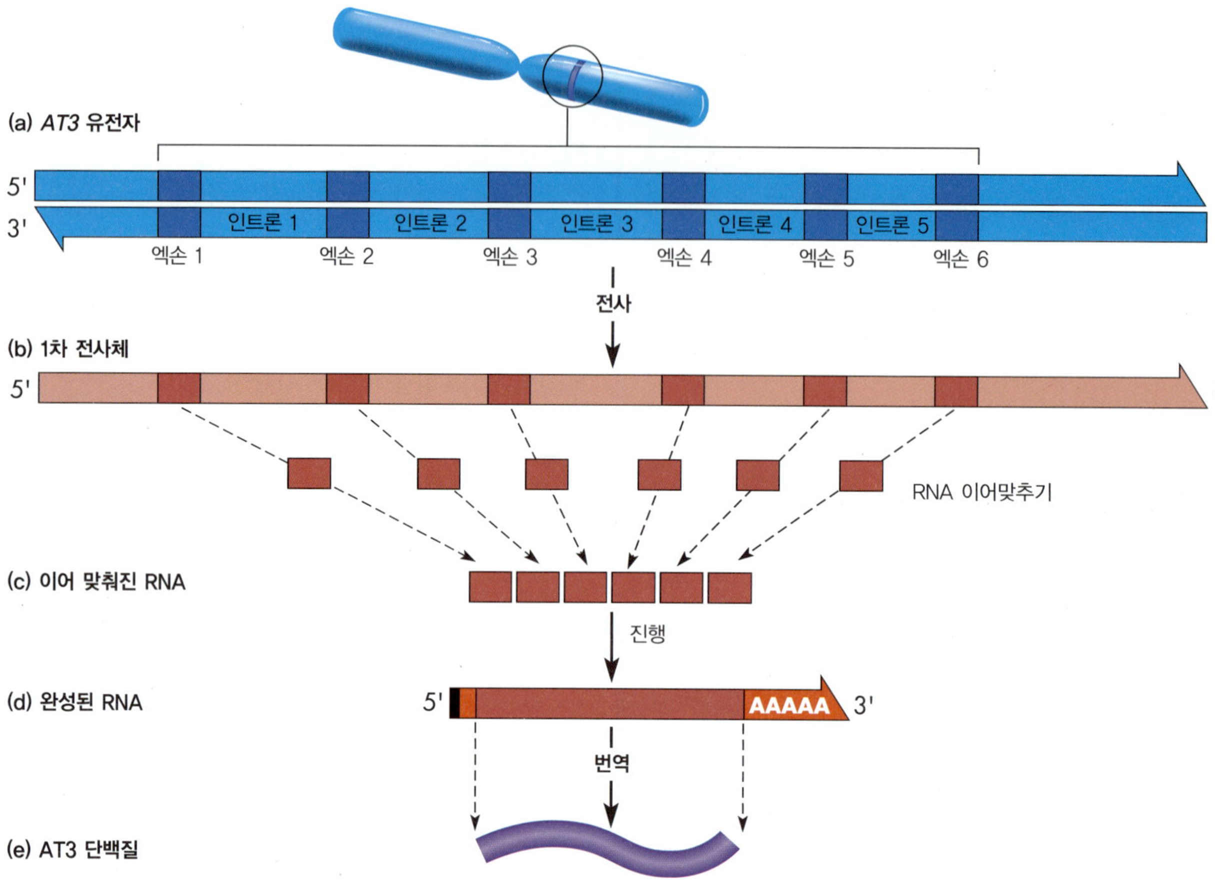

운반RNA

운반RNA(transfer RNA; tRNA)는 세포질에서 먼저 아미노산과 결합한 다음, 리보솜 상에 있는 mRNA 정보의 특이적 서열에 따라서 정렬시키는 역할을 한다. 이러한 기능(아미노산과 결합하고 그들을 정렬시키는)은 tRNA 분자의 서로 반대쪽에 있는 양 끝 부위에서 일어난다. tRNA의 한 쪽 끝에서는 특정 효소 작용에 의해 20종류 아미노산 중 하나가 첨부된다(**그림 7.5a**). tRNA의 다른 한 쪽 끝에서는 한 그룹의 뉴클레오티드가 mRNA의 특정 위치에 결합한다(**그림 7.5b**).

운반RNA (trnsfer RNA; tRNA)
작은 RNA 분자로서 단백질 합성과정에서 mRNA의 코돈을 아미노산으로 번역하는 역할을 함

코돈(codon)
단일 아미노산을 암호화하는 DNA 또는 mRNA의 인접한 3개의 뉴클레오티드 염기들

역코돈(anticodon)
한 tRNA 분자 상의 3개의 염기들로서 mRNA의 특정 코돈과 상보적임

각 tRNA 분자는 오직 한 종류의 아미노산만 운반하는데, 아미노산 종류가 20가지이므로 tRNA 종류는 적어도 20종류일 것이다 (일부 아미노산은 한 종류 tRNA 이상에 의해 운반됨). tRNA 분자들은 약 75 뉴클레오티드로 이루어져 있으며 mRNA보다는 짧다.

코돈과 역코돈 단백질 합성이 이루어질 때, mRNA 상에 연속해 있는 3개의 염기서열이 만들어져 가는 폴리펩티드 사슬로의 특정 아미노산 삽입을 결정지어준다(**그림 7.5b**). 단백질의 특정 위치로의 아미노산을 결정지어주는 mRNA의 3개의 뉴클레오티드 세트를 **코돈(codon)**이라고 부른다. 예를 들어, AT3 단백질 mRNA의 첫 번째 코돈이 AUG, 두 번째가 UAU 그리고 세 번째가 UCC이다(**그림 7.5b**).

tRNA가 mRNA 상의 한 코돈을 인식하므로, tRNA는 코돈의 상보적인 염기서열을 가져야만 한다. 이 부위를 **역코돈(anticodon)**이라고 부르며, 역코돈은 mRNA의 코돈과 결합하는 tRNA의 연속적인 3개의 뉴클레오티드 세트를 말한다(**그림 7.5b**). 예를 들어, 세린(Ser)이라는 아미노산을 운반하는 tRNA는 그 한쪽 끝에 역코돈인 AGG를 가지며, 이 AGG 역코돈이 mRNA의 코돈인 UCC와 짝을 짓는다. 코돈과 역코돈의 짝짓기가 단백질 합성 동안 아미노산들이 바른 서열을 가지게 하는 열쇠이다. 따라서 mRNA에서의 코돈들의 배

그림 7.5
운반RNA(tRNA): 아미노산 운반체

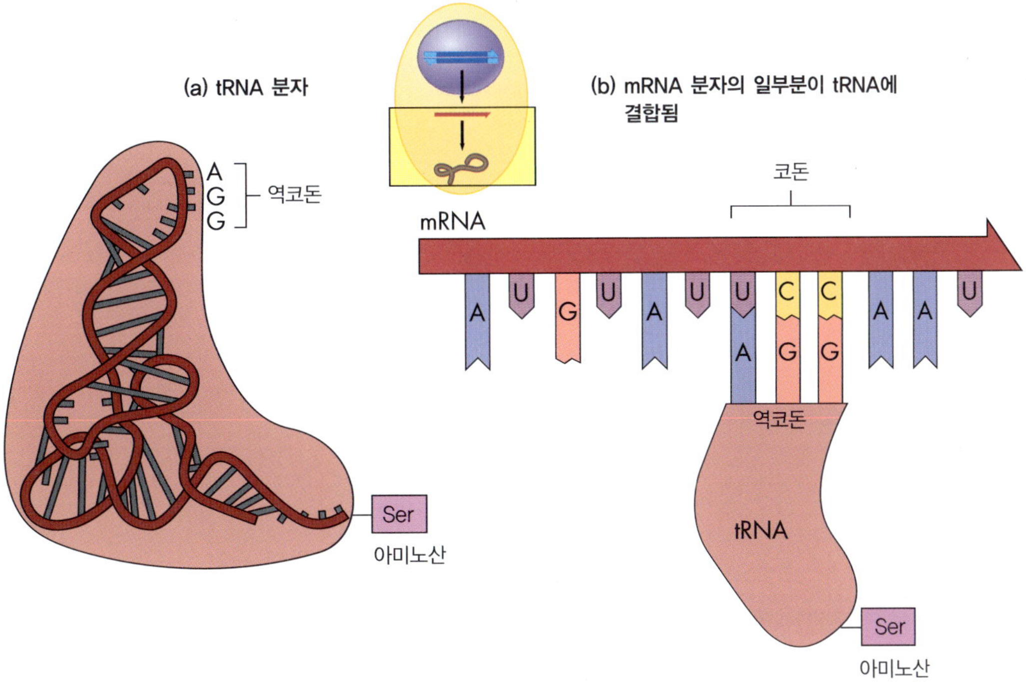

리보솜RNA (ribosome RNA; rRNA)
리보솜의 한 구조성분인 RNA 분자로서 단백질 합성에 관여 함

열 순서가 tRNA로 하여금 어떤 특정 아미노산을 운반해 올 것인가를 결정해주는 것이다. 정렬돼가는 아미노산들은 세 번째 형태의 RNA를 함유하는 리보솜에 의해 서로 결합된다.

리보솜RNA와 리보솜들

리보솜RNA(ribosomal RNA; rRNA)는 리보솜의 중요 성분이며 단백질을 만들어 가는 미시적 "작업대"라 할 수 있다. 리보솜RNA(rRNA)는 전령RNA(mRNA) 및 운반RNA(tRNA)와 함께 작용하여 유전정보를 단백질로 번역한다. 진핵세포 리보솜들은 약 반이 단백질로 그리고 나머지 반이 rRNA로 구성되어 있다. rRNA가 진핵세포 내 RNA의 가장 많은 종류이다(80% 정도).

세포의 작업대로서 리보솜들이 유전정보가 번역되는 동안 mRNA들과 tRNA들을 지지해 준다. 리보솜들은 또한 만들어져가는 폴리펩티드 사슬의 각 아미노산들을 결합해주는 일을 돕는다. 약 75% 정도의 단백질들이 rRNA들 주위를 둘러싸서, 리보솜 구슬 같은 모양의 구조를 형성한다(**그림 7.6**).

각 리보솜은 한 개의 큰 소단위와 한 개의 작은 소단위가 그 중간에 홈(groove)에 의해 분리된 구성을 가진다(**그림 7.6a**). 하나의 mRNA 사슬이 이 홈을 따라 "실처럼" 끼어지고, 리보솜들이 로프의 도르래처럼 mRNA를 따라 이동한다. 그것이 이동하면서, 리보솜이 mRNA 코돈의 특성화된 순서에 맞추어 폴리펩티드에 아미노산들을 결합시켜 나간다. 최신 증거들에 의하면, rRNA 자신이 각 아미노산을 그

그림 7.6
리보솜: 단백질 합성장소

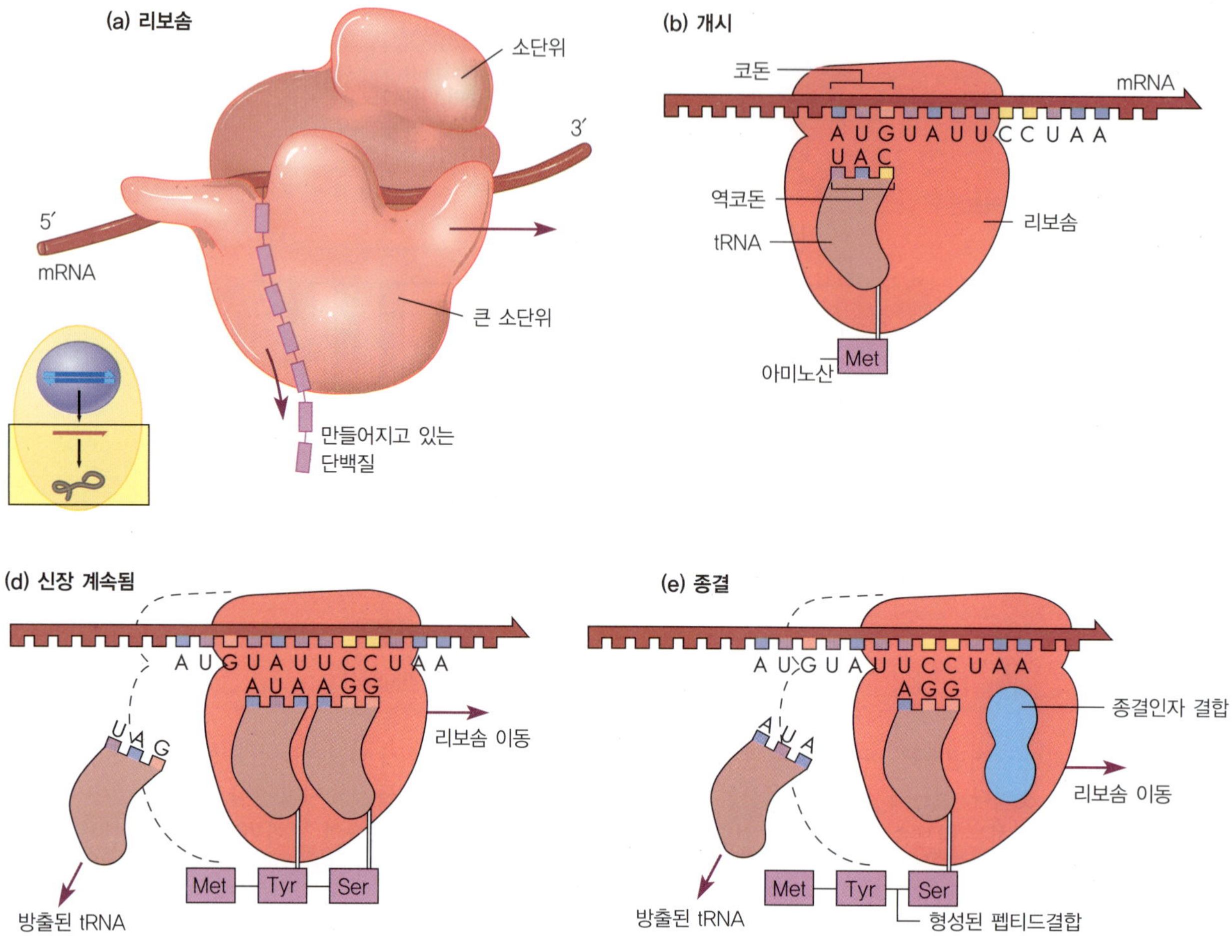

다음 아미노산에 첨가시키는 것을 촉매하는 데 도움을 준다고 한다. 일반적으로, 한 번에 몇 개의 리보솜들이 단일 mRNA 분자를 이동해 가며, 각 리보솜은 하나의 폴리펩티드 사슬을 만든다.

세포들은 수십~수천 개의 리보솜을 함유하므로, 단백질들이 합성되고 있는 곳은 어디든지 존재(위치)한다; 이 장소는 진핵세포들의 경우엔 세포질이며, 원핵세포들인 경우엔 DNA-함유 부위이다(원핵생물에서는 한 쪽 끝에서의 mRNA의 전사가 완전히 끝나지 않아도 번역이 시작된다).

개시(initiation)
단백질 합성의 첫 단계로서, 이때 tRNA가 하나의 리보솜 및 하나의 mRNA와 연합하여 여러 분자들로 이루어진 복합체를 만듦

번역: 단백질 합성

왓슨과 **크릭**이 DNA 이중나선 구조를 발견하였을 당시에는(6장 참조), 분자의 정보저장 능력이 뉴클레오티드 염기서열에 있다는 비밀에 대한 것은 알지 못했다. 그에 대한 것은 그 이후의 연구들을 통해서 DNA로부터 mRNA로 뉴클레오티드 서열이 전사되어 단백질의 아미노산 서열로 결정된다는 것이 밝혀진 것이다. 단백질 합성 과정은 생물학에서 가장 중요한 과제들 중 하나이므로, AT3 단백질을 예로 하여 이에 대한 것을 알아보자.

아래 내용을 읽어가면서, 당신의 간세포들이 DNA의 *AT3* 유전자의 유전정보를 갖는 mRNA가 리보솜들에 기계장치처럼 결합시켜 항–응고 단백질을 만들기 시작한다는 것을 이해하게 될 것이다. 이제부터 그 단계들을 살펴보자.

단백질 합성과정의 단계들

폴리펩티드 생성은 개시, 신장, 종결 그리고 해체의 4단계를 거친다. **그림 7.6b~f**에 이들 각 단계가 도식화되어 있다.

개시(initiation) 단계에서, 단백질 합성을 위한 작업대인 리보솜을 조립한다(**그림 7.6b**). 특이적으로 두 개의 리보솜 소단위가 mRNA에 결합되고, 첫 번째 tRNA가 mRNA로 와서 결합한다. 이 첫 번째 tRNA는 대부분 폴리펩티드의 첫 번

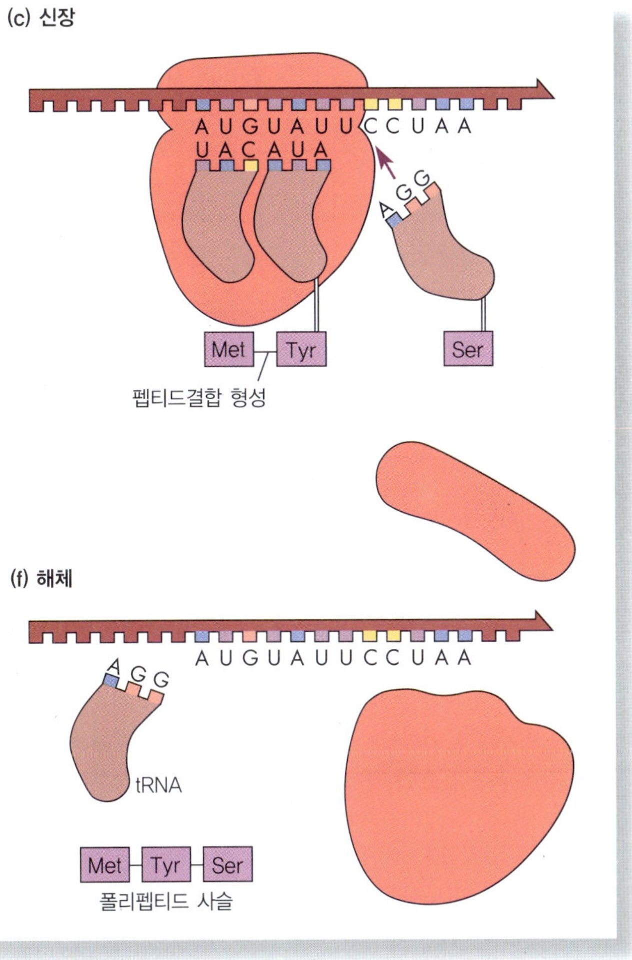

째 아미노산인 메티오닌(methionine, Met)을 운반한다. 이 tRNA가 mRNA의 **개시코돈(start codon)**인 AUG에 결합한다(**그림 7.6b**).

신장(elongation) 단계에서, 그 다음 tRNA가 확산되어 들어와 앞의 아미노산 옆에 배열되고(**그림 7.6c**), 리보솜이 이들 아미노산들을 펩티드결합으로 결합시킨다(**그림 7.6d**). 동시에 첫 번째 tRNA는 리보솜이 mRNA를 따라 한 코돈 앞으로 이동하면서 복합체로부터 방출된다(**그림 7.6d**). 신장 과정이 계속되면서 리보솜은 더 많은 아미노산들을 결합시켜 나간다. **그림 7.6**에는 단지 3개의 아미노산이 결합되는 것을 보여주고 있지만, 간에서 만들어지는 AT3 단백질의 경우엔 신장 단계가 반복적으로 계속되어 폴리펩티드가 464 아미노산이 될 때까지 진행된다. 놀랍게도 여러분의 간세포 리보솜이 이 크기의 단백질을 만드는 데에는 20초 정도밖에 걸리지 않는다.

종결(termination)은 리보솜이 mRNA 상의 종결코돈에 도달했을 때 된다(**그림 7.6e**). AT3의 경우, 종결코돈은 UAA 이다. 이 위치에서 하나의 종결인자 단백질이 tRNA가 아니라 리보솜-mRNA 복합체에 결합하여 폴리펩티드 생성을 정지시킨다.

최종 단계인 **해체(disassembly)** 때, 새로 생성된 폴리펩티드가 리보솜으로부터 떨어져 나가며, 작업대 성분들이 해체된다(**그림 7.6f**).

여러분은 **그림 7.6**의 진행과정을 통해서 중심학설(cental dogma)을 알 수 있을 것이다: mRNA의 뉴클레오티드 염기서열이 특정 종류의 아미노산을 운반해 오는 tRNA를 결정해준다. DNA가 유전암호를 운반하는 것처럼, DNA의 상보적 염기를 가지는 각 mRNA도 동일한 작용을 한다.

유전암호

앞에서 우리는 사람의 간세포가 AT3 단백질을 어떻게 조립하는지를 살펴보았다. 그런데, 만약 **미드** 박사가 사람 AT3 유전자를 염소에 집어 넣었을 때, 염소세포들이 사람의 mRNA를 만들고 번역하여 동일한 단백질로 만들 수 있을까? 다시 말하면 생물종이 달라도 동일한 유전적 언어를 구사할 수 있을까? 유전암호의 성질을 근거로 답한다면 "예"이다.

유전암호(genetic code)는 세포들이 아미노산을 암호화하는 mRNA의 3개의 인접해 있는 염기서열(코돈)로 정의한다. 우리가 배웠듯이 RNA들은 단지 4개의 염기(A, C, G와 U)를 가지는 반면에, 단백질은 20 종류의 아미노산을 갖는다. 이와 같이 4개의 뉴클레오티드 "알파벳"으로 어떻게 단백질에서 발견되는 20종류의 아미노산을 암호화할 수 있을까?

생물학자들은 만약 각 뉴클레오티드가 하나의 아미노산을 암호화한다면, 오직 4개의 아미노산만 가능할 것이라는 이유를 들었다. 만약 2개의 염기가 각 아미노산을 암호화한다면(예로, AU가 한아미노산, CA가 또 다

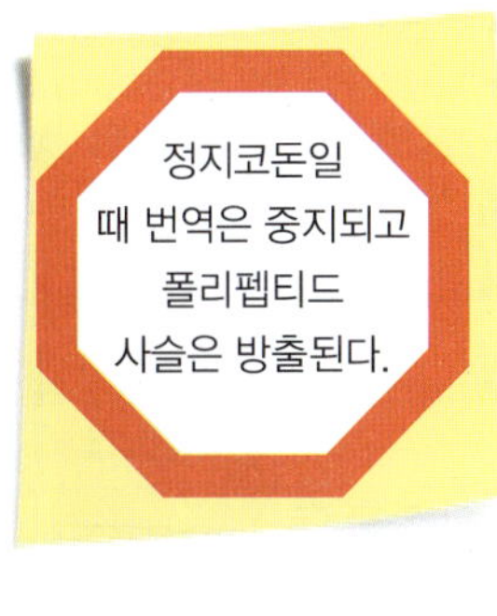

개시코돈(start codon)
DNA와 mRNA에서 한 부위의 번역을 시작되게 하는 신호에 해당하는 코돈

신장(elongation)
단백질 합성의 두 번째 단계로서, 이 시기에 순차적인 효소작용에 의해 아미노산을 첨가시켜 폴리펩티드 사슬을 만들어 나감

종결(termination)
번역(단백질 합성)의 세 번째 단계로서, 이 시기에 리보솜이 정지코돈에 도달하여 폴리펩티드 사슬의 생성을 정지함

해체(disassembly)
단백질 합성의 마지막 단계로서, 이 시기에 새로 형성된 폴리펩티드 사슬이 리보솜으로부터 떨어져 나오고, 리보솜의 "합성장소" 역할을 하던 성분들이 해체됨

유전암호(genetic code)
단백질을 구성하는 각 아미노산을 암호화하는 mRNA의 3개의 특정 뉴클레오티드 서열; 예를 들어, 메티오닌의 유전암호는 AUG임

그림 7.7
유전암호

코돈			아미노산
U	U	U	페닐알라닌
U	U	C	페닐알라닌
U	U	A	류신
U	U	G	류신
U	C	U	세린
U	C	C	세린
U	C	A	세린
U	C	G	세린
U	A	U	티로신
U	A	C	티로신
U	A	A	종결
U	A	G	종결
U	G	U	시스테인
U	G	C	시스테인
U	G	A	종결
U	G	G	트립토판

코돈			아미노산
A	U	U	이소류신
A	U	C	이소류신
A	U	A	이소류신
A	U	G	메티오닌(개시)
A	C	U	트레오닌
A	C	C	트레오닌
A	C	A	트레오닌
A	C	G	트레오닌
A	A	U	아스파라긴
A	A	C	아스파라긴
A	A	A	리신
A	A	G	리신
A	G	U	세린
A	G	C	세린
A	G	A	아르기닌
A	G	G	아르기닌

코돈			아미노산
C	U	U	류신
C	U	C	류신
C	U	A	류신
C	U	G	류신
C	C	U	프롤린
C	C	C	프롤린
C	C	A	프롤린
C	C	G	프롤린
C	A	U	히스티딘
C	A	C	히스티딘
C	A	A	글루타민
C	A	G	글루타민
C	G	U	아르기닌
C	G	C	아르기닌
C	G	A	아르기닌
C	G	G	아르기닌

코돈			아미노산
G	U	U	발린
G	U	C	발린
G	U	A	발린
G	U	G	발린
G	C	U	알라닌
G	C	C	알라닌
G	C	A	알라닌
G	C	G	알라닌
G	A	U	아스파르트산
G	A	C	아스파르트산
G	A	A	글루탐산
G	A	G	글루탐산
G	G	U	글리신
G	G	C	글리신
G	G	A	글리신
G	G	G	글리신

른 아미노산 등), 전체적으로 16개의 아미노산을 암호화 하므로(4 × 4), 아직도 충분하지 않다. 생물학자들은 3개의 뉴클레오티드가 하나의 아미노산을 암호화하여 64개의 가능한 조합(4 × 4 × 4)을 가질 수 있는 RNA "단어"로 인지하였으며, 이는 단백질에서 발견되는 20 종류의 아미노산들을 암호화할 만큼 이상의 충분한 개수이다. 다시 말하면, RNA 알파벳이 4개에 불과하지만 그들을 이용해 64종류의 3자–단어(코돈)를 만들 수 있다는 것이다.

자연계에는 20 종류의 아미노산들이 있으므로, 이 추정치는 옳은 것처럼 보인다. 그러나 정말 옳은 것일까? 생물학자들은 어떤 코돈이 어떤 아미노산을 암호화하는지 밝혀냈을까? 연구자들은 실험실에서 RNA를 이용해 인위적으로 유전적 메시지를 제작한 다음, 이것을 시험관에서 리보솜 및 세균세포들에서 수확한 번역 관여 장치물들과 혼합하였다. 예를 들어, 그들은 인위적 메세지로 UUUUUUUUUUUU를 제작하여 혼합 배양한 결과, 이 "실험장치"에서 그것이 Phe-Phe-Phe-Phe로 번역됨을 보았다. 64종류의 코돈 각각을 사용한 동일한 실험을 통해, 그들은 각 코돈이 암호화하는 특정 아미노산들을 확인할 수 있었다. 이것이 **그림 7.7**에 제시한 것과 같은 유전암호인 것이다.

이 그림을 자세히 들여다보라: 각 아미노산이 하나의 코돈에 의해 암호화되는가? 또는 한 개 이상의 코돈들에 의해 암호화되는 아미노산들이 있는가? 모든 코돈이 아미노산을 암호화하는가? 위의 간단한 물음을 통해, 여러분은 한 예인 세린(Ser)이라는 아미노산이 6종류의 서로 다른 코돈들인 UCU, UCC, UCA, UCG, AGU와 AGC에 의해 암호화됨을 알 수 있을 것이다. 확실히 유전암호는 과다하기 때문에, 그것이 특정 유전적 변이에 영향을 줄 수도 있다. 예를 들어, UCU코돈이 UCC로 변이되면 UCU와 UCC 모두 세린을 암호화하므로 아미노산은 변하지 않는다. 따라서 이러한 변이는 생명체에 아무런 영향을 미치지 않을 것이다.

이 표를 잘 살펴보면 다음 사실에 대해서도 알 수 있겠다: 하나의 아미노산이 한 개 이상의 코돈을 가지더라도, 한 아미노산 이상을 암호화하는 코돈은 없다. 각 코돈은 반드시 한

아미노산만을 "판독"한다. 또한 3종류 코돈인 UAA, UAG 와 UGA은 특정 아미노산으로 번역되는 것이 아니고 "정지"로 판독한다; 이들이 앞에서도 본 바와 같은 정지코돈들이며, 이들이 폴리펩티드 사슬 생성을 종결시킨다(**그림 7.6e** 참조). 역시 앞에서 설명한 것처럼 AUG는 개시코돈이며, 이 코돈은 어느 곳에 나타나더라도 메티오닌(Met)을 암호화한다.

유전적 메시지의 판독

유전암호를 연구하던 유전학자들은 AGCAGCAGCAGCAGC와 같은 반복적 3자-모티프를 갖는 유전적 메시지를 검사하면서 놀라운 사실에 접하였다. 그들은 이 메시지가 하나의 폴리펩티드로 번역될 것으로 기대했었지만, 실제로는 각각 한 종류의 아미노산으로 구성된 세 가지 다른 폴리펩티드, 즉 모두 세린(코돈은 AGC)이거나, 모두 알라닌(코돈은 GCA)이거나, 모두 글루타민(코돈 CAG)으로 번역되어 나타났다. 이 실험결과는 번역이 메시지의 어느 부위에서도 시작할 수 있어야만 가능하다는 것을 의미한 것이다:

...AGC AGC AGC AGC AGC...
...A GCA GCA GCA GCA GC...
...AG CAG CAG CAG CAG C...

이와 같은 실험들을 통해서 번역이 어느 한 지점에서 시작되면, 그 지점부터 염기의 겹침이나 뛰어넘는 일이 없이 세 염기 단위로 읽혀나간다는 것을 증명하였다. 실험들은 또한 번역의 출발 부위가 그 메시지의 의미를 결정짓는다는 것을 보여준 것이었다. 유전 메시지인 AGCAGCAGCAGCAGC는 바로 위에서 본 것처럼 3종류의 코돈들로 나뉠 수 있으며, 다르게 나누어진 각 방식을 **해독틀(reading frame)**이라 부른다. 하나의 해독틀이 메시지의 의미를 어떻게 결정할까? 잠시 "howc hangesi nreadingf ramec ana lterthism essages pelledo utinEnglis hletters" 문장을 생각해 보라.

세포는 어디서부터 "읽기"를 시작하여야 할지, 그리고 번역을 어디에서부터 시작하여야 할지에 관한 특정 코돈을 가져야만, 해독틀이 완성될 수 있다. 이것이 개시코돈인 AUG(메티오닌을 암호화)인 것인데, 물론 AUG는 개시코돈이 아닌 경우에도 메티오닌이라는 아미노산을 암호화한다(**그림 7.6a** 참조). 실제로 메티오닌은 거의 모든 폴리펩티드 사슬의 첫 번째 아미노산이다.

유전암호는 모든 생명체에서 거의 공통적이다

미드 박사의 연구과제로 다시 돌아가 보자. 사람세포와 염소세포는 동일한 유전암호를 갖는다. **미드** 박사는 사람의 *AT3* 유전자가 염소세포들에서 전사되고 번역되어 사람 AT3와 동일한 단백질을 만든다는 것을 관찰하였다. 사람과 염소는 틀림없이 동일한 유전암호를 사용한 것이다. 더욱이 세균, 식물 및 그 밖의 다른 생물들을 사용한 앞의 실험들에서도 거의 모두가 동일한 유전암호를 사용한다(몇 가지 코돈만이 특정 미토콘드리아와 일부 원생생물에서 다름). 사람의 세포들이 세균세포들처럼 동일한 유전적 언어를 "구사한다"는 것이 모든 생명체에 적용된다는 것은 놀라운 사실이다. 각 코돈은 그것이 사람의 간세포에 있든, 염소의 유선(mammary gland)세포에 있든 또는 대장균세포에 있든 모두 같은 아미노산으로 번역되는 것이다. 이와 같은 유전암호의 거의 만능적 특성은 모든 생명체들이 지구 역사 초창기에서 기원한 조상세포들로부터 기원됐음을 떠올리게 해 준다. 유전암호는 틀림없이 생명의 여명기부터 발생된 것이며, 이것이 수십억 년 동안 그대로 유전되어 온 것이다.

> **해독틀(reading frame)**
> 하나의 유전자에서 3개의 뉴클레오티드가 인접하고 겹쳐지지 않은 3개씩의 뉴클레오티드 코돈으로 나뉠 수 있는 방식
>
> **염색체 변이 (chromosomal mutation)**
> 염색체의 큰 부위들 또는 염색체 전체에 영향을 미치는 유전적 변화
>
> **단일-유전자 변이 (single-gene mutation)**
> 단일 유전자 염색체 변이에서의 염기서열의 변화

유전자 변이

미드 박사는 몇 년 동안 AT3 단백질의 대량 생산을 기초로 한 항-응고 약제 개발에 대한 연구를 수행 했었다. 이 약물은 심장 우회수술 환자들에서 혈액 응고를 막기 위해 사용하는 것이었다. 이 약물은 또 *AT3* 유전자 변이를 갖는 사람들에 대한 치료를 포함한 다른 경우에도 역시 사용할 수 있다. 이와 같은 논의들을 고려해 볼 때, 변이(5장 참조)란 생명체의 DNA의 염기서열의 변화라고 정의할 수 있겠다. *AT3* 유전자에 변이를 가진 사람은 AT3 단백질을 만들 수 없고, 그 결과로 부적당한 위치에 혈병이 발생되는 경향을 갖는다. 이 혈병들이 여러 조직으로의 혈액 공급을 차단할 수 있으므로 매우 치명적인 질병들을 일으킬 수 있다.

유전학자들은 변이를 두 종류로 나눈다. **염색체 변이(chromosomal mutation)**들은 염색체의 상당 부분 또는 전체에 영향을 주어 여러 유전자들의 위치를 변화시킨다. 염색체 변이는 염색체의 구조 또는 숫자(다운증후군처럼)에 변화를 일으킨다. **단일-유전자 변이(single-gene mutation)**(또는 단일 유전자 염기서열의 변화)는 개별 유전자를 변화시키는 것으로서, 그 결과에 의해 종종 유전자의 기능을 상실하기도 하지만 전혀 영향을 보이지 않기도 한다.

단일-유전자 변이의 종류들

앞의 4장과 5장에서 여러 종류의 염색체 변이에 대해서 살펴보았으므로, 이 절에서는 단일-유전자 변이에 초점을 맞춰 알아보기로 한다.

그림 7.8
유전자 돌연변이

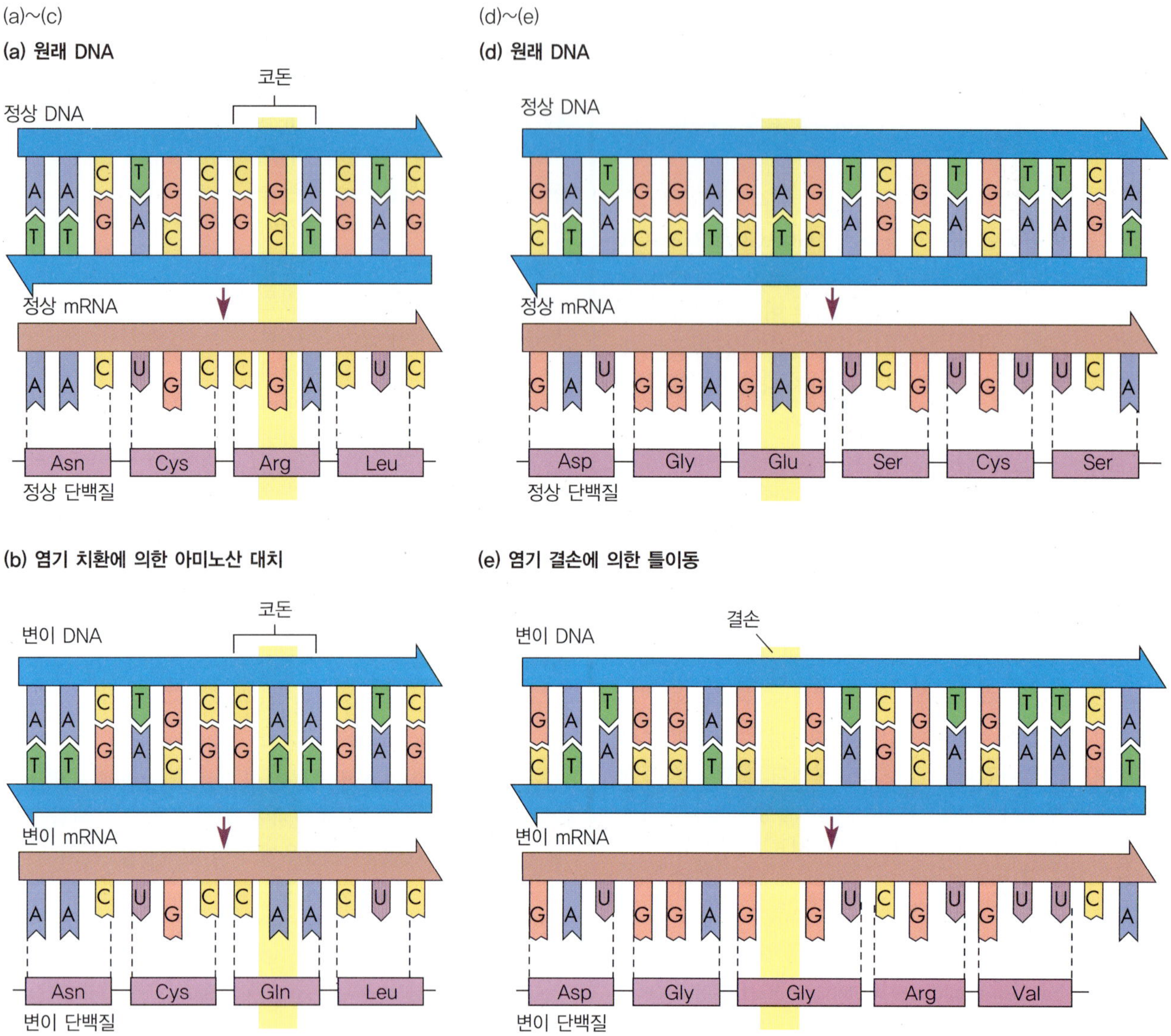

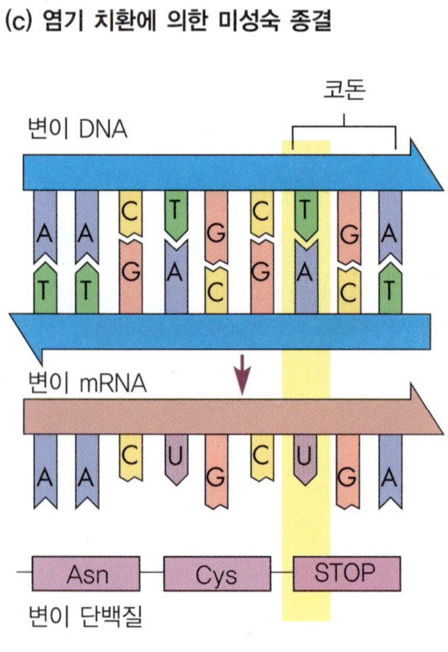

염기치환돌연변이 **염기치환돌연변이(base substitution mutation)**란 하나의 염기쌍이 다른 것으로 바뀌었을 때 일어나는 변이이다. 예를 들어, AT3 단백질을 만들 때, 129번째 코돈은 아르기닌(Arg)으로 번역되는 CGA이다(**그림 7.8a**). 그러나 어떤 가계에서는 이 코돈이 글루타민(Gln)을 암호화하는 CAA로 바뀌어져 있다(**그림 7.8b**). 이 아미노산의 변화가 AT3 단백질의 형태를 변화시켜 이 단백질이 더 이상 혈액응고를 저해시키지 못하고, 따라서 이 가계의 구성원들은 종종 정맥 부위들에 부적절한 혈병을 만든다. 어떤 다른 가계들에서는 같은 종류의 DNA 코돈에서 CGA가 TGA로 바뀐다. 그러면 mRNA의 상보적 코돈이 UGA로 되므로, 이는 종료를 의미한다(**그림 7.8c**). 그러므로 결과로 만들어진 AT3 단백질은 그 작용을 나타내기엔 너무 짧다.

염기결실과 염기삽입 앞에서는 하나의 염기쌍이 따른 염기쌍으로 바뀌는 것이었는데, *염기결실*(base deletion)과 *염기삽입*(base insertion)은 유전자에서 염기쌍이 제거되거나 염기쌍이 추가되는 것을 말한다. 예를 들어, 어떤 사람들에서는 그들의 *AT3* 유전자로부터 하나의 염기쌍이 삭제되어 정상보다 한 개의 염기쌍이 짧은 유전자를 가진다(**그림 7.8d,e**). 이와 같은 변화가 일부 mRNA의 해독틀을 변화시켜서 변이가 일어난지점부터 뒤쪽으로 아미노산 서열을 바뀌게 만든다. 해독틀의 변경은 하나 또는 두 개의 염기쌍의 결손 또는 삽입에 의해 3개일 경우엔 그렇지 않다. 그 이유를 이해할 수 있는가?

돌연변이들의 기원

변이란 확실히 해로울 수 있다. 그렇다면 어떻게 하여 변이가 생기는 것일까? 변이란 DNA가 복제될 때 일어나는 자연적인 잘못에 의하거나 또는 그 후에 물리적 또는 화학적 요인들에 의한 DNA 손상을 통해 일어난다. DNA가 복제되면서 잘못된 염기가 만들어지는 나선구조로 삽입될 수가 있다. 일반적으로 DNA 중합효소들에 의해 이와 같은 잘못은 수선된다. 그러나 종종 **돌연변이원(mutagen)**이라 부르는 물리적 및 화학적 요인들이 DNA구조를 변화시킨다. 돌연변이원에는 태양으로부터 오는 자외선, 담배연기 속의 화학물질들, 심지어 식물들이나 균류들로부터의 천연물질들도 있다. 예를 들어, 곰팡이가 핀 땅콩에서 발견되는 아플라톡신(aflatoxin)이라는 천연물질이 강력한 돌연변이원이다.

우리의 환경에 돌연변이원들이 존재함에도 불구하고, 일반적으로 특정 효소들이 돌연변이원들이 일으키는 DNA 손상을 수선한다. 그러나 이와 같은 효소들이 결손되었을 경우, 그 결과는 끔찍할 수 있다. 일부 사람에서 피부병의 하나인 색소성 건피증(xeroderma pigmentosum)이라는 유전병에 걸리는데, 이 사람들은 DNA 수선효소를 만드는 능력이 차단된 변이를 갖는다. 그 결과로 이러한 사람의 세포들은 변이들을 빠르게 축적하는 것이다. 예를 들어, 한 나바호족 소녀는 이 질환으로 고통받고 있었으며, 태양으로부터의 자외선이 그녀 피부세포들의 DNA를 변이시켜 수십 군데의 피부암을 가졌는데, 그 세포들은 이러한 변이를 수선할 수가 없었던 때문이다.

암을 일으키는 물질을 **발암물질(carcinogen)**이라고 하는데, 이 물질들이 종종 변이를 일으키기도 한다. 만약 하나의 발암물질이 세포생장을 조절하는 유전자에 영향을 미치면 암을 일으킬 수 있는 잠재력을 가지게 된다. 사람과 세균들은 유사한 DNA 대사작용을 가지므로 세균에서 변이를 일으킬 수 있는 거의 모든 것이 사람에서도 변이를 일으킬 수 있다. 이와 같은 연관성 때문에 연구자들은 암을 일으킬 수 있다고 추정되는 화학적 및 물리적 요인들을 세균들에 처리한 다음, 세균들에서 변이율을 측정하는 방법을 통해 암유발 능력을 발견해 왔다. 이러한 실험 방법을 **Ames 검사(Ames test)**이라고 하며, 연구자들은 이 검사법을 통해 수천가지의 물질들의 돌연변이원성과 발암원성에 대한 목록을 작성해 왔다. 이 목록에는 아스베스토스(asbestos), 자외선, 요리 중에 발암물질로 될 수 있는 음식물 내의 질산염, 곰팡이 핀 땅콩의 아플라톡신, 그 밖의 식품 오염물질들이 포함되어 있다. 사람들은 그들 자신이 많은 일조량이나 담배연기 속의 독물질들과 같은 돌연변이원들에 노출됐을 때, 그들의 DNA 수선효소들이 과중한 업무에 놓이게 되고, 암으로 발생될 위험성에 놓이게 된다는 것을 인지해야 하겠다.

만약 **미드** 박사의 회사가 새로운 약품 제조를 위한 충분한 양의 사람 AT3 단백질 생산에 성공하였다면, *AT3* 유전자 변이에 의해 너무 많은 혈병을 만드는 사람들에게 큰 도움이 되었을 것이다. **미드** 박사 연구팀은 사람 *AT3* 유전자 조작법에 대해 확신을 가져야만 했고, 또한 결손단백질이 될 수 있는 새로운 변이가 생기지 않도록 해야만 했다. 돌연변이란 유전자의 작용과 유전자 조작 모두에서 매우 중요한 요소이다. 1장에서도 언급되었고 앞으로도 자주 언급되겠지만 돌연변이는 유전적 변이와 진화적 변화의 근원이다. 그렇더라도 돌연변이가 유전공학의 유일한 난제는 아니다. 유전자작용의 기본적 조절이라는 또 하나가 있는데, 그것은 사람의 간에서 만들어지는 단백질인 AT3가 어떻게 염소의 유선에서 만들어지고 그 젖으로 배출될 수 있는가이다.

염기치환돌연변이(base substitution mutation)
하나의 염기쌍이 다른 것으로 바뀌었을 때 생기는 변이

돌연변이원(mutagene)
DNA구조의 변화를 일으킬 수 있는 물리적 및 화학적 물질들로서, 자외선, 담배 연기 속의 화학물질, 식물들 또는 균류들이 가지는 여러 물질들이 포함됨

발암물질(carcinogen)
암을 일으킬 수 있는 물질

Ames 검사(Ames test)
발암물질로 추정되는 화학적 및 물리적 인자들을 특정 세균에 노출시킨 다음 세균의 변이율을 측정함으로써, 암유발 능력을 검사하는 방법의 하나

목표4 유전자들은 어떻게 조절되는가?

정상적으로는 간이 항-응고단백질인 AT3을 대량 만들어내는 유일한 조직이다. 미드 박사 연구팀은 *AT3* 유전자를 염소 유전자에 이어맞춰 넣기 전에, 세포에서 유전자들이 어떻게 조절되는지에 대해 아주 철저히 이해해야만 했었다. 운 좋게도, 이 팀의 연구자들은 각 유전자가 살아있는 세포에서 그 발현이 어떻게 그리고 언제 시작되고 중단되는가를 조절하는 과정인 **유전자 조절(gene regulation)**에 대하여 광범위한 지식을 가지고 있었다.

원핵생물에서의 유전자 조절

생물학자들은 먼저 박테리아에서의 유전자 조절에 대하여

유전자 조절(gene regulation)
각 유전자가 살아있는 세포에서 그 발현이 어떻게 그리고 언제 시작되고 중단되는가를 조절하는 과정

오페론(operon)
세균세포들에서 전사를 조절하는 한 집단의 유전자들과 한 조절단백질을 지칭하는 총제적 용어

억제인자(repressor)
작동유전자에 결합하여 인접한 유전자의 전사를 차단시키는 단백질

연구한 결과, 유전자 조절에 대해 매우 상세하게 알아냈다. 그들은 박테리아가 합리적이고 세련된 기작으로 유전자 발현에 데한 조절이 일어남을 알게 되었고, 이에 의해 박테리아들이 만드는 단백질들을 자주 그리고 빈번히 변화시킬 수 있게 한다는 것을 알아냈다. 당신의 장 속에서 자라고 있는 *대장균(E. coli)*을 예로 하고, 당신이 방금 한 사발의 요구르트 또는 아이스크림을 먹었다고 하자. 당신의 장 속에 사는 세균들은 우유의 주성분인 젖당(lactose)의 홍수 속에 떠 있을 것이다. 이 당을 사용하기 위해 대장균들은 젖당을 빠르게 분해할 수 있는 효소들을 만들어서, 분해시킨 당을 세균세포들로 이동시켜야 한다.

먹이를 효율적으로 사용하는 세균세포는 빠르게 생장하고 분열할 수 있다. 그러나 필요하지 않은 단백질들—당이 존재하지 않을 때 젖당을 분해시키는 효소들—을 만드는 *대장균*은 세포번식에 에너지와 물질들을 소모해야 하므로, 세균들은 아주 서서히 생장하고 분열한다. 세균세포들은 구조와 기능면에서 단순하므로, 상호협동작용 기능에 의해 조절기능을 가지는 유전자들의 집단인 **오페론(operon)**들을 가진다. 오페론들은 세포들이 요구하는 시기와 장소에 필요로 하는 종류와 양만큼 만들게 한다.

가장 잘 연구된 오페론이 세포가 젖당 분해를 조절할 때 작용하는 오페론이다. 1950년경 생물학자들은 *대장균(E. coli)*에서 β-갈락토오스가수분해효소(β-galactosidase)라는 효소가 젖당을 두 가지 단당류인 포도당과 갈락토오스로 분해시킨다는 것을 알았다. 젖당이 없는 배지(예, 당신이 요구르트 먹기 *전의* 대장)에서 키우는 대장균세포들은 이 효소를 가지고 있지 않다. 그러나 젖당이 존재할 경우(예, 요구르트를 먹은 후)에는 각 세균세포들이 약 20분 이내에 수천 개의 β-갈락토오스가수분해효소를 생산한다. 어떻게 해서든 젖당이 당-분해효소뿐 아니라 기능적으로 관련 있는 두 가지 다른 단백질들을 *유도한다.*

1960년에 프랑스의 뛰어난 유전학자들인 **자코브(François Jacob)**와 **모노(Jacques Monod)**는 대장균이

그림 7.9
세균세포에서의 유전자 조절

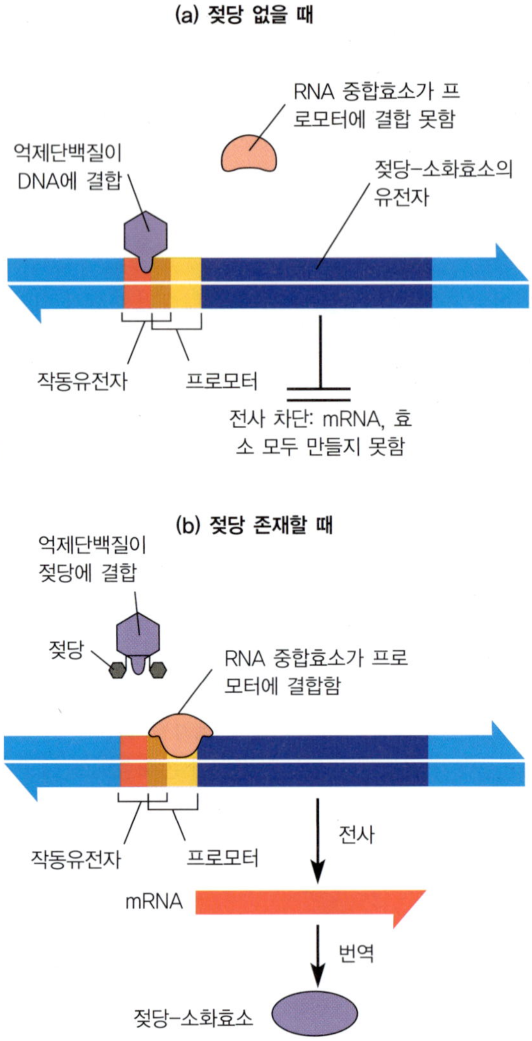

어떻게 β-갈락토스가수분해효소 합성을 조절하는지를 밝혀냈다. 그들은 대장균에서 **억제인자(repressor)**라 부르는 하나의 특정 단백질이 그 환경에 있는 젖당을 감지할 수 있다는 것을 알아냈다. 젖당이 없을 때에는 억제인자 단백질이 β-갈락토오스가수분해효소의 mRNA 전사를 막아준다(**그림 7.9a**). 그러나 젖당이 존재할 때에는 억제인자 단백질이 DNA로부터 이 효소의 mRNA 전사를 허용하도록 해준다(**그림 7.9b**). 이들은 사려 깊은 실험을 통해 억제인자가 DNA에 결합하여 작용한다는 것을 알아냈다. 젖당이 존재하지 않을 때에는 이 억제인자가 특이적으로 젖당-소화효소를 암호화하는 유전자

그림 7.10
진핵세포 유전자 조절: *AT3*와 염소의 젖

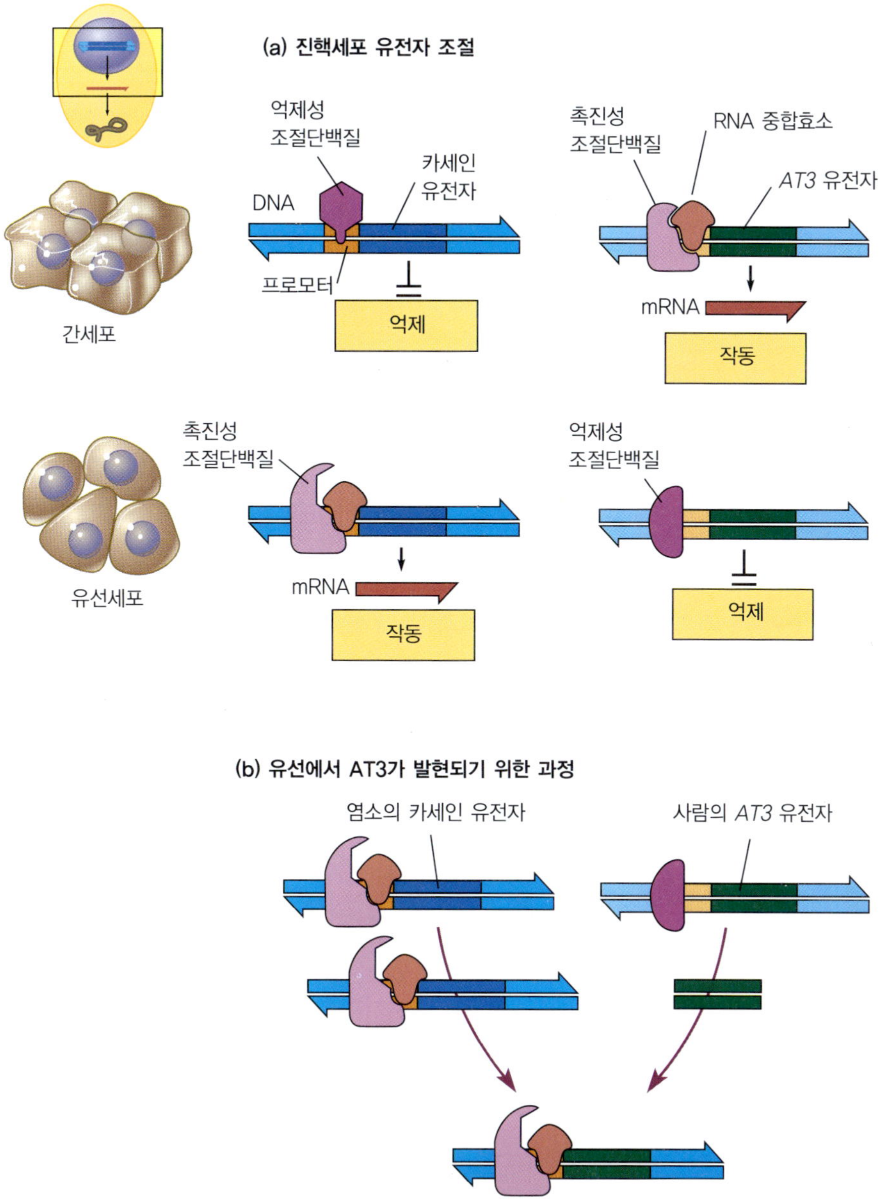

작동유전자(operator)
억제인자 단백질에 결합하는 일련의 뉴클레오티드로서, 결합됨으로써 인접한 프로모터로부터의 유전자의 개시와 전사를 막아 줌

근처의 일련의 DNA 염기쌍을 가지는 **작동유전자(operator)**에 결합한다(**그림 7.9a**). 억제인자가 작동유전자 DNA에 결합하면, 그것이 프로모터 DNA의 RNA 중합효소 결합 부위를 덮어 버린다(RNA 중합효소는 DNA에서 RNA로 복사된 효소임을 상기하라). 따라서 RNA 중합효소가 프로모터에 결합할 수 없으므로, 전사는 일어나지 않는다. 전사 없이는 mRNA도 만들 수 없고, mRNA 없이는 여분의 젖당-소화효소도 있을 수 없는 것이다. 그러나 세균이 젖당에서 생장할 경우엔 그 젖당이 억제인자에 결합하고(**그림 7.9b**), 그 결합이 억제인자의 형태를 변화시켜 억제인자가 더 이상 작동유전자에 결합해 있을 수 가 없게 된다. 이 결과로 프로모터 차단이 해지된다. 그렇게 됨으로써 이제 RNA 중합효소가 프로모터에 결합할 수 있고 유전자를 전사할 수 있게 되며, 이 전사에 의해 젖당-소화효소로 번역된다. 그렇게 됨으로써 세균은 젖당을 생장의 에너지원으로 사용할 수 있게 된다. **자코브**와 **모노**는 이와 같이 결합하는 작동유전자 DNA와 RNA 중합효소가 결합하는 프로모터 그리고 유전체의 단일 RNA와 함께 전사되는 유전자들의 집단으로 이루어진 단백질 신호그룹을 "오페론"이라고 이름을 붙였다. 이러한 업적은 유전자가 어떻게 조절되는지를 이해하는 기초가 되는 것이며, **자코브**와 **모노**는 1965년에 노벨상을 수상했다.

진핵생물에서의 유전자 조절

이제부터는 사람처럼 다세포 생명체들 조직에서의 유전자들은 어떻게 작동되는 가에 대해 알아보기 위해서, 먼저 사람의 AT3 단백질은 여인의 유선이 아니라 간에서 만들고, 우유단백질(카세인)은 그녀의 간이 아니라 유선에서 만들어지는 것을 생각해 보라. 바꾸어 말하면, 여러분 몸의 모든 체세포들은 그 세포핵에 동일한 유전자들이 있는데도 불구하고, 각 세포에서는 특정 유전자들만이 전사가 가능하다. 왜 그럴까? 진핵세포에서도 앞에서 설명한 세균의 경우와 유사한 조절기작을 갖는다는 것이 밝혀졌다: 조절단백질들이 프로모터들, 조절인자들 그리고 증폭자들(enhancers)이라고 부르는 DNA의 특정부위에 결합한다(**그림 7.10a**). 이 결합이 각 세포형에 따라 특이적으로 유전자 전사 작용을 변화시킨다. 따라서 이러한 원리를 진핵세포 유전자 조절에 적용시키면, **미드** 박사가 왜 카세인 유전

그림 7.11
재조합 DNA 제작 방법

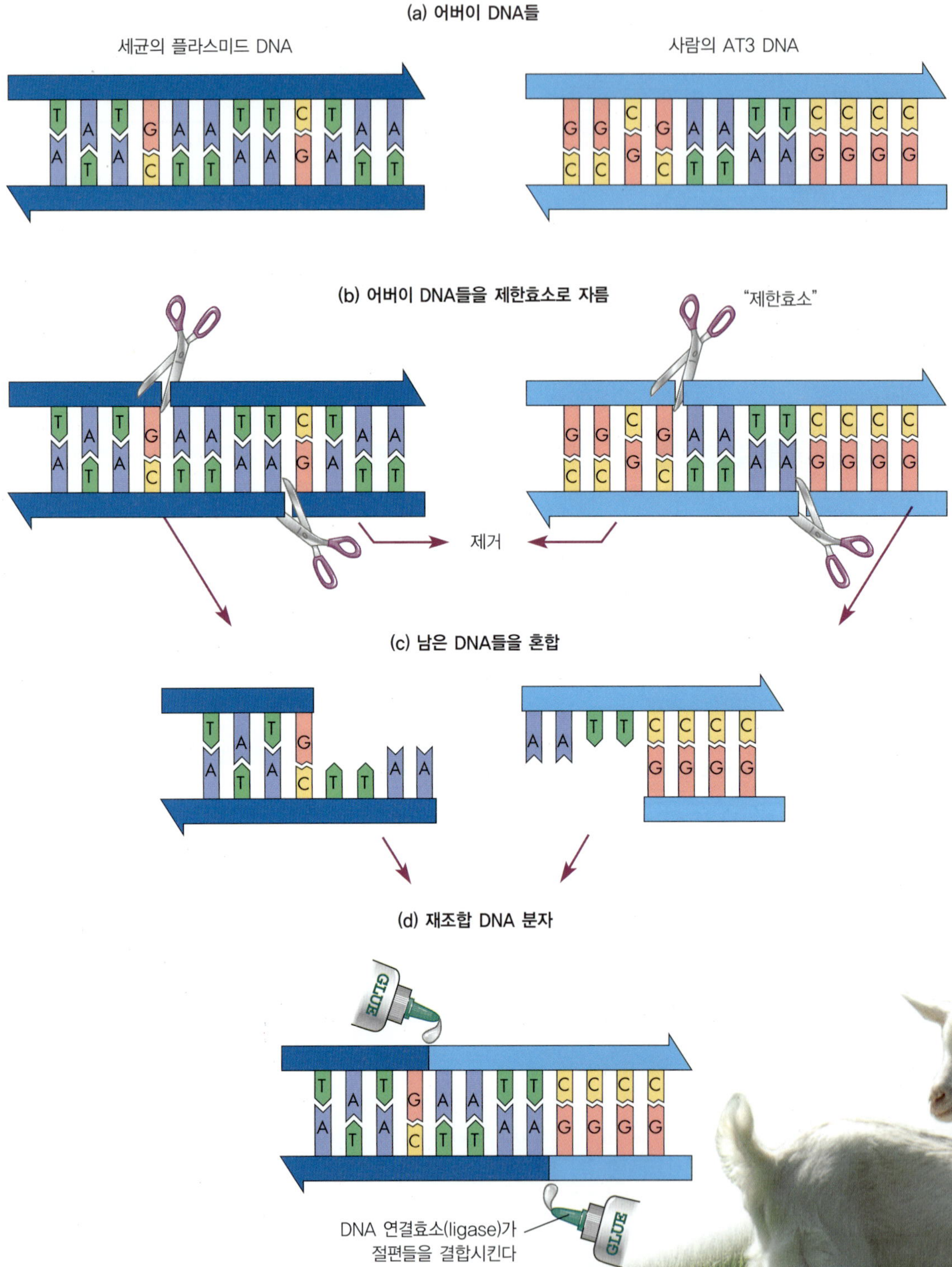

자의 조절부위를 분리해서 *AT3* 유전자의 암호화 부위에 집어넣는 작업을 해야만 했는가를 알 수 있을 것이다(**그림 7.10b**).

이제 우리는 **미드** 박사가 유전자의 기능, 유전자 조절, 그리고 단백질 합성 및 실험실에서 수행하는 DNA절편들을 결합시키는 방법(일반적으로 다른 종 사이)인 **재조합 DNA 기술(recombinant DNA technology)**과 같은 현대적 유전도구에 대한 모든 지식들을 사용할 수 있는 지점에 도착했음을 알 수 있을 것이다. 그는 이와 같은 작업을 어떻게 수행했는지 이제부터 알아보자.

목표5 재조합 DNA 기술

DNA 분자들은 사실상 서로 재조합 할 수 있다(4장). 본질적으로 보면, 그것은 일종의 성행위라고도 할 수도 있다. 그러나 생명체에의 성행위는 *단일 종 내에서* 대응 DNA절편들을 교환하는 것이다. 1970년대 초에 생물학자들은 실험실 내에서 인위적으로 서로 다른 종들의 DNA 분자들을 재조합할 수 있음을 알게 되었다. 이제부터 어떻게 하는 것인지 알아보자.

재조합 DNA들의 제작

서로 다른 종으로부터 재조합 DNA를 만들기 위한 첫 번째 단계는 원하는 DNA 조각을 수백만 개 정도 만드는 것인데, 이렇게 만든 DNA를 **클론(clone)**이라고 한다. 염소의 카세인 프로모터와 사람의 *AT3* 유전자를 결합시키길 원했으므로, **미드** 박사는 분자적 클로닝부터 시작해야만 했다.

분자적 클로닝은 원하는 DNA절편을 바이러스 또는 플라스미드와 같은 **벡터(vector)**에 이어맞추기(splicing)하여 만든다. **플라스미드(plasmid)**는 세균세포 안에서 독자적으로 복제하는 성질을 가진 약 3,500 염기쌍의 단일 원형 DNA이다. 독자적 복제를 한다는 특성 때문에 유전공학자들이 플라스미드를 사용하게 되었고, 여러 유전형질들에 대해 사용했는데, 예를 들면, 테트라사이클린이나 엠피실린과 같은 특정 항생제에 저항성을 가진 세균세포를 만드는 유전자들을 갖는 플라스미드와 같은 것이다. 곧 알겠지만, 이들은 하나의 표지자(marker)로서의 역할을 한다. 또한 플라스미드들은 하나의 세균에서 다른 세균으로 쉽게 이동할 수 있다. 플라스미드는 외부 DNA 조각을 받아서, 운반할 수 있고 그들이 가는 어디에서든 그들을 복제할 수 있다. 따라서 유전학자는 클로닝을 위해 *AT3*와 같은 유전자를 플라스미드에 끼워 넣을 수 있다.

유전학 실험실에서 플라스미드들이 매우 유용한 것이지만, 동일한 성질들을 가진다는 것이 병원에서 재앙을 몰고 올 수도 있음을 명심하는 것이 중요하다. 왜냐하면 항생제-저항성 유전자들을 한 세균 종들에서 다른 종들로 그리고 한 환자에서 다른 환자로 운반할 수 있기 때문이다. 이러한 저항성이 확산되면 항생제들은 질병예방에 대한 효능이 급속히 없어지게 될 수 있다.

플라스미드들과 클로닝은 재조합 공학의 요긴한 두 가지 도구들이다. **미드** 박사팀은 또한 DNA 분자의 특정 부위를 자르고 DNA 조각들을 결합해주는 특수한 효소들을 가졌을 뿐 아니라 외부세포에 새로운 DNA를 삽입시키는 방법도 알고 있다.

DNA 자르기

DNA 분자들을 자르기 위해 연구자들은 세균에서 분리된 **제한효소(restriction enzyme)**라고 부르는 특수한 분자"가위"를 사용한다(**그림 7.11b**). 자연계에서 세균들은 제한효소들을 생산하며 그것을 이용해 특정 바이러스DNA를 조각으로 자르는 데 사용하는데, 이렇게 함으로써 특정 바이러스들이 세균으로 감염되는 것을 차단한다. 하나의 제한효소는 DNA 분자가 어디에 존재하던 관계없이 DNA의 몇 개 특정 염기쌍 서열 부위를 인식하여 자른다. 어떤 제한효소들은 DNA를 비뚤게 자르는데, 이렇게 되면 이중나선 중 한 가닥이 다른 쪽 가닥 바깥쪽으로 튀어 나온다(**그림 7.11b**). 가닥 사이의 수소결합을 파괴시키면, DNA의 각 절편이 분리되어, 양 끝이 튀어 나온 단일 가닥들을 얻을 수 있다(**그림 7.11c**).

재조합 DNA 기술(recombinant DNA technology)
한 유전체로부터 DNA를 잘라서 하나의 다른 외부 유전체에 삽입시키는 기술

클론(clone)
단일 어버이 세포로부터 유래한 모든 세포들; 재조합DNA 기술에의해 만들어진 한 DNA서열의 복제물

벡터(vector)
분자유전학 분야에서는 DNA를 세포로 운반시키는데 사용되는 바이러스 또는 플라스미드; 의학분야에서는 말라리아 원생생물과 같은 질병-유발 미생물들을 운반하는 모기와 같은 생명체도 벡터라 부름

플라스미드(plasmid)
박테리아 세포의 안이나 밖에 존재하는 작은 원형의 DNA로서 박테리아 세포 안에 존재할 때만 번식할 수 있음; 플라스미드는 유전공학 분야에서 외부 유전자들의 운반체로 널리 사용됨

제한효소(restriction enzyme)
특정 위치들에 존재하는 DNA를 절단하는 박테리아 내의 효소

DNA 연결효소 (DNA ligase)
DNA 재조합과 복제 시 새로 합성된 DNA 조각들을 서로 붙여주는 효소

DNA절편들의 연결

생물학자들은 이와 같이 양 끝 가닥이 튀어나온 꼬리 모양을 가지는 부분을 "점착성 말단(sticky end)"이라고 부른다. 이 점착성 말단들은 다른 DNA 분자들의 점착성 말단과 상보적 염기구성을 가지므로 수소결합에 의해 쉽게 결합하는 작용을 한다. 실제로 상보적인 점착성 말단을 가진 두 DNA 분자는 두 DNA 분자들의 나머지 부분들이 연관돼 있지 않을지라도 서로 결합한다. 서로 다른 생물 종들인 사람, 염소, 그리고 세균들의 DNA로부터 이와 같은 점착성 말단을 가진 DNA 조각들을 만듦으로써, 생물학자들은 서론 다른 종들의 DNA 분자들을 재조합 할 수 있다. **그림 7.11c**에서 연한 청색 그림은 사람 *AT3* 유전자의 작은 조작을 *EcoRI*이라고 하는 제한효소로 자른 것을 보여준다. 그리고 진한 청색 그림은 동일한 제한효소로 자른 세균성 플라스미드의 DNA 조각을 나타낸다.

사람 DNA의 AATT 서열은 플라스미드 DNA의 TTAA 서열과 빠르게 수소결합을 형성하여, 두 조각들이 함께 결합한다(**그림 7.11d**). 이어서 생물학자들은 풀(glue)과 같은 역할을 하는 **DNA연결효소(DNA ligase)**라는 효소를 사용해 두 분자의 반대 쪽 끝 부분 사이에 강한 공유결합을 형성하게 함으로써 완성된 재조합 DNA을 만든다(생체 내에서 DNA 연결효소는 손상된 DNA 수선작용을 한다).

젖 속에 사람 AT3 단백질을 만드는 유전자 이식 염소

미드 박사와 그의 동료들은 앞에서 설명한 과정을 통해 재조합 DNA를 완성하였는데, 그들의 작업과정은 세 단계로 나눌 수 있다. 첫 번째 단계에서 그들은 *AT3* 유전자를 클로닝했고, 두 번째 단계에서 사람 *AT3* 유전자를 염소의 카세인 프로모터에 이어맞추기, 그리고 세 번째 단계는 재조합유전자를 염소 세포들에 주입하여 원하는 사람 단백질을 생산하는 것이다.

1단계: AT3 클로닝

AT3 유전자를 클로닝하기 위해 **미드** 박사와 그의 동료들은 먼저 사람의 간세포로부터 RNA를 분리하였다(**그림 7.12**의 ① 단계). 이는 *AT3* 유전자의 mRNA뿐 아니라 긴세포에 의해 만들어지는 알부민과 그 밖의 수천 가지 다른 단백질 유전자들의 mRNA도 포함하고 있다. ② 단계에서 그들은 이 mRNA와 유리 염기들 및 역전사효소와 혼합하였다(2장에서 언급한 역전사효소는 RNA 주형으로부터 DNA 복사본을 만든다는 것을 상기하라.) 그 결과에서 두 가닥으로 이루어진 상보적 DNA 복사본(또는 "cDNA")들이 만들어진다. 다음, 그들은 플라스미드와 cDNA를 제한효소로 잘라서, 열려진 원형 플라스미드에 사람 DNA절편을 삽입한다(③ 단계). ④ 단계에서, 사람 DNA가 편승된 플라스미드를 세균세포

그림 7.12
사람 유전자의 클로닝 방법

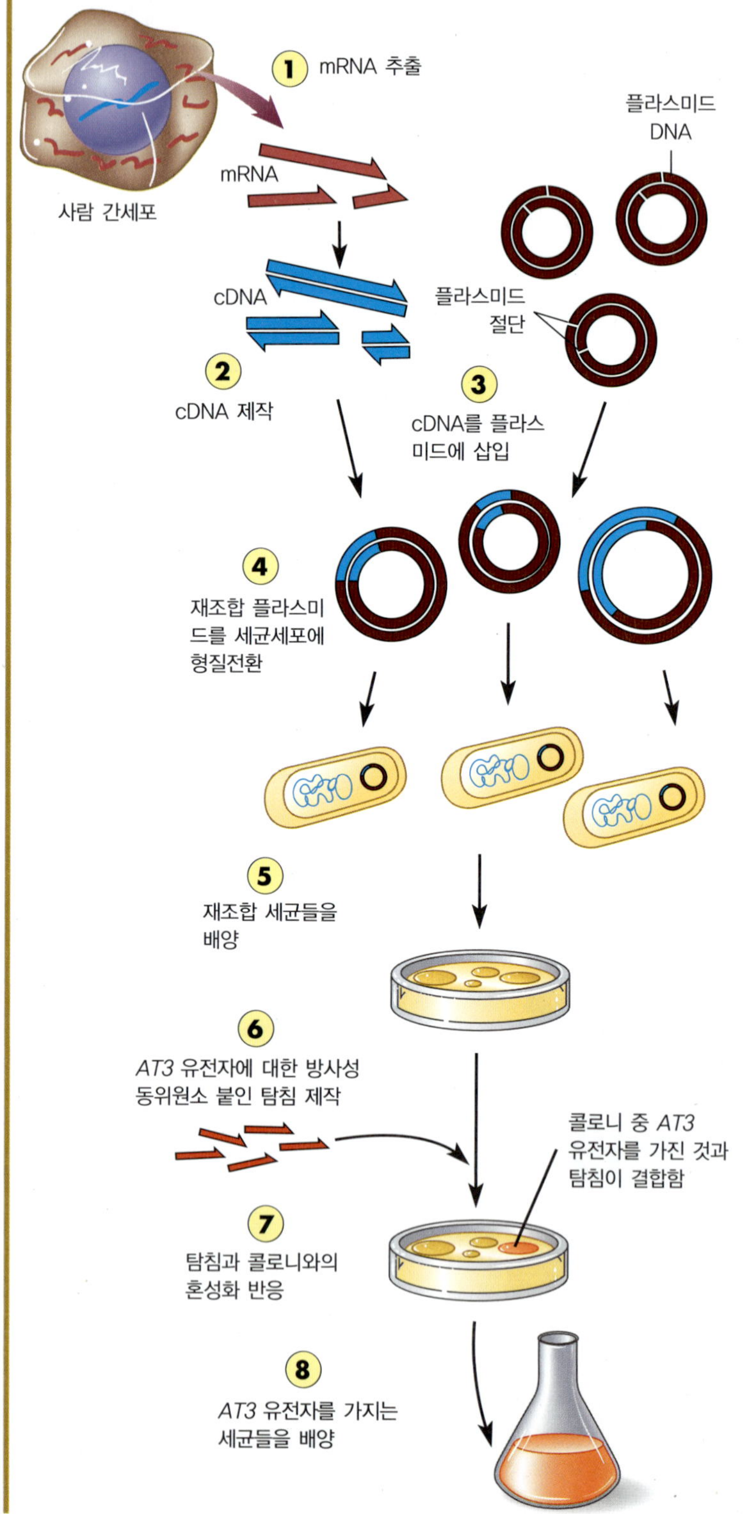

들에게 옮겼는데, 이 과정을 *형질전환*(transfromation)이라고 부른다(그림 6.2 참조). 최종적으로 그들은 세균세포들을 페트리 접시에 배양하였는데, 이제 세균세포들은 사람 DNA와 결합된 플라스미드를 함유한다(**5** 단계). 각 세포는 반복적으로 분열하여 콜로니(colony)를 형성하였는데, 이는 모두 동일한 DNA를 가진 세포의 후손들로서 수백만 개의 동일한 복사물인 것이었다. 간세포에서는 수천 종류의 서로 다른 유전자들이 발현되므로, 각 세균 콜로니는 다른 사람 유전자의 cDNA를 가질 수도 있다. 앞에서 말했듯이 플라스미드들은 항생제 저항성도 운반한다. 이 경우에, 연구자들은 세균배양액에 항생제를 가해줌으로써, 플라스미드를 가지고 있지 않은 세균들은 죽어서 콜로니를 형성하지 못하게 했다.

결국 수천에 달하는 세균 콜로니들이 배양접시에서 자랐고, **미드** 박사팀은 콜로니(들) 중에 *AT3* 유전자를 갖는 것을 찾아내어야만 했다. **6** 단계에서, 연구팀은 유전자에 상보적이고 방사성을 띠는 핵산인 **탐침(probe)**을 만들었다. 그들은 유전자의 정확한 DNA 서열은 몰랐지만, AT3 단백질은 가지고 있었으므로 아미노산 서열은 알고 있었다. 아미노산 서열로부터 역추적한 유전암호를 사용하여, 그들은 AT3 아미노산 서열의 특정부위를 암호화하는 DNA 서열을 구할 수 있었다. 이를 바탕으로 그들은 인공적으로 이 서열에 해당하는 방사성-DNA를 합성하였다. **7** 단계에서 그들은 이 방사선을 띄는 DNA와 콜로니들 중에 *AT3* 유전자만을 특이적으로 생산하는 상보적 DNA와 결합시켜 보았다. 이렇게 하여 결합하는 콜로니들만을 확인하고 분리함으로써(**8** 단계), 수백만 세균세포들의 플라스미드에서 수백만 개의 사람 *AT3* 유전자 복사본을 얻을 수 있었다. 이로써 그들은 유전자를 클로닝한 것이다.

2 단계: 클론된 유전자를 적절히 발현시키기

유사한 방법을 사용하여, **미드** 박사 연구팀은 염소의 프로모터를 포함한 카세인 유전자를 분리하고 클로닝하였다. 분자가위(제한효소)와 풀(DNA연결효소)을 사용해서, 유전자들을 잘라 양 끝에 점착성 말단을 남게한 다음, 그들을 결합시켰다(**그림 7.11 b~d** 참조). 그들에게 운이 따랐다면, 카세인의 조절 서열들이 단백질 합성동안 *AT3* 유전자 발현을 진행시켜서 염소가 젖(젖에 가장 많은 단백질인 카세인 포함)을 만들 때 사람 항–응고 단백질도 역시 만들게 될 것이다.

3 단계: 재조합 DNA를 염소에 주입

다음은 재조합 분자를 살아있는 염소들에게 주입시킬 차례였다. 연구자들은 먼저 세균들로부터 카세인-*AT3* 재조합 유전자를 갖는 플라스미드를 분리한 다음, 매우 가는 주사바늘로 그 재조합 DNA를 빨아내어 미량씩을 많은 수의 단일 세포 상태의 염소의 배(embryo) 세포들에 주입하였다(각 단일 배세포는 아직 2, 4, 또는 8개의 세포로 분열하지 않은 세포임). 이 주사를 위해 그들은 공여자 염소들의 생식관으로부터 배 세포들을 채취하였다. 이어서 그들은 DNA를 주입한 배들을 대리모 자궁에 옮긴 후, 이 배들이 새끼 양이 될 때까지 발생을 진행시켰다. 이어서 그들은 새로 탄생된 새끼 양을 대상으로 주입한 DNA의 존재 유무를 검사하였다. 주입한 DNA는 드물게 그리고 무작위적으로 염소의 염색체들에 결합할 것이므로 재조합DNA를 갖는 대부분의 새끼 염소들은 단일 염색체의 한 지점에 가질 것이며, 따라서 원하는 DNA는 이형접합성일 것이다. 약 5~10% 정도의 새끼들이 재조합 DNA를 가졌으며, 이와 같은 형질전환 동물들을 **유전자이식 동물(transgenic animal)**이라 불렀다. 그들은 유전자 이식동물들을 기른 다음, 그들끼리 교배도 시켰다. 확실히 수컷 염소들은 그들의 자매들처럼 젖을 생산하지는 못했지만, 종자 염소로서는 유용하였다.

유전자 이식동물 암컷들이 임신하고 새끼를 낳으면, 젖을 생산하기 시작하는데, 그중 많은 염소들은 사람 AT3 단백질을 함유한 젖을 생산하였다. 새로 탄생된 염소들 중 일부는 역시 두 배의 재조합 유전자를 가졌는데, 그들은 동형접합성이며 형질전환 2세대인 것이다. 마지막으로, 연구팀은 젖을 먹이는 대리모들로부터 젖을 받아서, 젖으로부터 단백질을 분리하였다. 충분한 양의 AT3 단백질을 확보했으므로 이제는 심장 수술 환자나 다른 환자들에서 생길 수 있는 혈액응고를 차단시킬 수 있는 처방용 약제 생산이 가능하게 되었다고 할 수 있다.

누가 알았겠는가?

발암물질들은 세포생장을 조절하는 유전자들에 변이를 일으켜, 생장이 조절되지 못하게 한다. 따라서 돌연변이원들이 모두 발암물질이 될 수는 없지만, 발암물질들은 돌연변이원들이다; 다른 돌연변이원들은 암을 만들기보다는 세포를 죽일 수 있다.

탐침(probe)
실험실에서 만들어진 한 유전자에 상보적인 구조를 하며 방사능을 가지는 핵산; 클로닝 할 때 사용되는 분자유전학적 도구

유전자이식 동물 (transgenic animal)
연구자들에 의해 재조합 DNA 방법을 사용하여, 끼워 넣은 외부 유전자를 가진 동물

CHAPTER

8

생식과 발생

학습목표

목표1 유성생식을 하는 동물의 교미행동의 역할을 설명한다.

목표2 유성생식에 관련된 신체적 특징들을 기술한다.

목표3 수컷과 암컷 배우자들의 차이점을 대조 비교한다.

목표4 동물 배의 발생 단계의 명칭과 그 특성을 기술한다.

목표5 사람에서의 배아 발생의 과정들을 기술한다.

목표6 탄생 후 계속되는 발생변화들의 종류에 대하여 기술한다.

© KIYOSHI TAKAHASE SEGUNDO/ISTOCKPHOTO.COM

"사람의 성적 특성이 우리의 몸, 행동과 생애의 경험들을 형성시켜 준다"

임신에 대한 의료 혜택

마시(Marcy)와 **스테반(Stephen)**은 한 가지 계획을 가지고 있었던 한 쌍의 부부였다. 그들은 여행도 하고, 집도 장만하고, 경력도 쌓아가기로 계획했었다. 이 부부는 **마시**가 30세가 됐을 때 자녀를 갖자고 생각했었다. 결혼 후 6년 동안 그들은 계획한 대로 모든 일들이 진행되었지만, 그때까지도 그들은 자녀를 갖지 못했다. 결국 그 부부는 불임 전문의사인 **벳저(Frances Batzer)** 박사를 찾아갔다.

> **당신은 무엇을 알고 있을까?**
>
> **왜 미국의 많은 사업가들이 임신관련 연구보다 불임 관련 연구에 더 관심을 보인다고 생각하는가?**

미국의 부부들 중 약 1/5이 아기를 갖는 데 어려움을 겪고 있다(총 530만 쌍 이상의 부부). 불임 부부의 40%에서 여성이 생식의 문제를 갖고 있다; 또 다른 40%에서는 남성이 원인이고; 그 나머지가 부부 모두에 문제점을 가지고 있거나 원인 불명이다. 생식의학계에서는 그들이 임신할 수 있는 방안을 제시하고 있는데, 그것은 유리 접시에서 정자와 난자를 융합시키는 체외수정(*in vitro* fertilization)이다. 체외수정의 원리는 매우 간단하다: 아기를 원하는 어머니(또는 공여자)로부터 난자들을 회수하고, 아버지가 되기를 원하는 남성(또는 공여자)으로부터 정자들을 수집한 다음, 실험실에서 이들 난자와 정자를 수정시킨 후, 수정된 난자(접합자; 4장 참조)가 세포분열을 진행하도록 기다린다. 최종적으로, 초기 배아를 어머니 자궁 또는 대리모 자궁에 옮긴다. 초기 배아가 자궁벽에 착상이 되면, 임신이 시작된 것이다. 이와 같이 난자와 정자로부터 접합자, 배아, 태아, 그리고 마지막으로 아기의 탄생으로의 변화과정은 실로 경이로운 결과라 할 수 있다. 이와 같은 변환과정은 단일세포(수정란)로부터 후손이 탄생되고, 그 아기가 점점 크게 생장하고 복잡한 성인으로 되며 아울러 성적 개체로 되는 과정인 **발생(development)**에 의해 이루어진다. 발생은 그 자체가 매혹적인 주제일 뿐만 아니라 앞에서 살펴 본 유전자들과 앞으로 다룰 전체 기관들과 생명체 사이의 중요한 가교를 형성한다고 할 수 있다. 발생 과정을 풀어나감으로써, 우리는 유전자들이 사람의 뇌, 손 그리고 눈과 같은 중요하고 복잡한 기관들의 형성을 지시한다는 것을 알 수 있다.

매일 매일의 생활들 또는 책자, 영화, 매체 그리고 광고들을 접하면서, 우리 인간들은 성적 매력, 성적 활동 그리고 생식 등에 대해 예민하게 흥미를 가진다. 실제로, 사람의 성적특성이 우리의 몸, 행동 그리고 우리 생애의 경험들을 형성시켜 주는 것이다. 성적특성은 동물계 내의 진화를 반영해 주는 것이므로, 먼저 동물의 생식에 관한 내용부터 알아보기로 한다. 그 다음에 사람 생식기관의 해부와 그에 의한 행동에 대해 살펴본다. 이어서 난자와 정자로부터 아기가 탄생되고, 어린이 시기를 거쳐 성인이 될 때까지의 정상적인 발생 단계에 대해 알아보도록 하겠다. 그렇게 함으로써 여러분은 아래의 질문들에 대한 답을 알게 될 것이다:

- ☑ 동물의 교배활동들이 어떻게 난자와 정자의 결합 기회를 최대화시킬 수 있을까?
- ☑ 남성과 여성 생식계의 주요 부위들과 그 작용 과정은 무엇이며, 어떤 호르몬들이 이를 조절할까?
- ☑ 사람의 수정 때 난자와 정자는 어떻게 결합하는가?
- ☑ 수정란(들)은 어떻게 배(들)가 될 수 있을까?

발생(development)
하나의 자손이 배우자로부터 성체가 될 때까지 체구가 커지며 복잡한 구조로 되는 과정

난자(ovum; 복수, ova)
미수정된 알세포(암컷 배우자)

페로몬(pheromone)
한 개체에서 생성되는 물질로서 멀리 떨어져 있는 다른 개체에 영향을 줌; 예를 들어, 암컷 나방류가 수컷들을 유인하는 페로몬을 방출함

- 배의 기관들은 생체 내에서 어떻게 적절한 장소에 위치하고, 적합한 형태를 가지게 되는 걸까?
- 사람의 임신과 출생과정은 무엇인가?
- 사람의 일생에서 생장, 성숙 그리고 노화는 어떻게 이루어지나?

목표1 유성생식: 교배활동과 수정

얼룩말과 지브라피쉬처럼 서로 다른 동물들에서도 생식활동은 근본적으로 동일하여: 아주 작은 이동성 웅성 배우자(또는 정자, 4장 참조)가 상대적으로 정자보다는 큰 난자(ovum)와 융합하여 새로운 개체로 발생시키는 것이다. 난자와 정자의 만남은 각 개별 생명체가 적절한 시기에 그리고 그 종들의 전형적이고 성공적인 방식을 통해 이루어진다. 각 난자와 정자세포들은 서로 접촉해야만 하고, 생식세포 종류에 따라(배우자, 4장 참조) 일련의 정교한 과정을 통해 융합되어야만 한다. 그렇다면 동물의 어떤 행동이 이와 같은 교배와 융합을 가능하게 할까?

히드라, 편형동물 그리고 해면동물들과 같은 일부 동물들은 대부분의 일생을 늙은 개체들로부터의 재생이나 출아를 통해 새 개체가 만들어지는 생식법인 무성생식을 통해 이 문제를 비켜 나간다. 지렁이나 나새류와 같은 동물들은 *암수한몸동물들*(hermaphrodites)로서, 이들 각 개체는 몸속에 난자와 정자 모두를 가지고 있다. 그러나 그 명칭에서 보듯 자급자족일 것 같지만, 일반적으로 한 쌍의 암수한몸동물들이 짝짓기를 하여 정자를 교환하여 각각의 난자들을 수정시킨다.

지렁이류와 나새류에서는 협동작용과 시기가 매우 중요한데, 이것은 난자와 정자를 같이 가지고 있거나 따로 가지고 있는 다른 동물 종들에서도 의심할 나위 없는 사실이다. 첫째, 적절한 짝들은 시각, 냄새, 또는 소리를 통해 서로를 인지해야 만 한다. 수컷 공작의 꼬리, 사자의 갈기, 코끼리 표장의 긴 코, 그리고 가시고기의 붉은 줄무늬 등이 모두 그 종들의 반대 성을 가진 무리들에 대한 시각적 유인책으로 작용하도록 진화되어 온 예들이다. 귀뚜라미의 울음소리나 새들의 지저귐 등은 청각적 유인책이다. 그리고 포유류와 곤충류들은 **페로몬(pheromone)**이라 부르는 수백 종류의 냄새를 가지는 화학물질을 내도록 진화하여 왔으며, 이 냄새들을 통해 성적 수용성과 성적 유인물로 의사소통한다.

연어나 성게들과 같이 물속에 사는 많은 동물들은 알과 정자를 주위 환경(일반적으로 물속)에 방출시켜, 이들의 일부가 무작위로 만나 융합되므로 수정이 외부에서 일어난다. 개구리나 도롱뇽들은 수컷이 암컷을 올라타 오랫동안 단단히 죄어줌으로써, 이 접촉자극이 암·수가 동시에 배우자를 방출시키게 해준다. 이와 같이 동시에 진행되는 방출이 건강한 난자들과 정자들이 만나도록 해주는 것인데, 그 이유는 미수정란은 짧은 동안만 살기 때문이다. 대부분의 포유류, 조류(birds), 파충류, 곤충류, 그리고 달팽이류 등과 같은 육상동물들은 체내수정(internal fertilization)을 한다: 수컷이 정자들을 직접 암컷의 생식구에 넣어주고, 배우자들이 생식 관이나 생식 방에서 만나게 하는 방식이다. 체내수정은 정자들이 농축될 수 있고, 난자들과 수정이 일어날 때까지 살아있게 해주는 데 도움을 준다.

© ALEXANDRU MAGUREANU/ISTOCKPHOTO.COM

목표2 남성과 여성의 성적 특징들

사람에서는 남성과 여성이 성적특성과 생식작용에 있어서 서로 다른 신체적 특성들을 가진다. 1차 성징이란 한 개체의 유전자들 세트를 다음세대로 전달할 수 있는 능력을 갖는 생식기관들을 일컫는다. 이와는 대조적으로 2차 성징이란 남성에서의 큰 근육들이나 여성에서 유방과 같이 외부적으로 보이는 특징들을 말한다. 이들 2차 성징들은 성교에 직접 포함되지는 않지만, 성적유인, 수유 그리고 그 밖의 성적행동에서 중요한 역할들을 담당한다. 사회적으로 볼 때, 우리는 이미 이와 같은 외부 형질(2차 성징)과 그 개발에 엄청난 관심을 갖고 있다. 따라서 여기서는 생식기관 자체에 대한 것만 중점적으로 다루겠다.

4장에서 배웠듯이, 각 성은 성세포들과 성호르몬들을 만드는 *생식소*(gonad)를 한 쌍씩 가지고 있다. 감수분열을

통해(4장 참조), 남성 생식소인 *정소*(testis)는 정자들을 만들고, 여성 생식소인 *난소*(ovary)는 난자들을 만든다. 두 성은 또한 성세포들을 운반하고 저장하는 여러 관상구조물을 가지며, 여성에서는 발생하는 배가 발육되는 기관도 갖는다. 이 모든 구조물들이 모두 사람의 수정에 관여한다.

남성의 생식계

남자의 생식기관은 정자들을 생산하고 여성의 생식관으로 운반시켜 주는 직접적 업무를 담당한다. 정자세포들을 생산하는 생식소인 정소는 또한 주 남성호르몬인 **테스토스테론(testosterone)**을 분비한다. 테스토스테론은 정자생산에 도움을 줄 뿐만 아니라 남성의 2차 성징들인 얼굴과 몸의 체모 생장, 근육질의 발달, 변성 그리고 공격적 행동(일부 남성에서) 등을 갖도록 조절한다.

정소: 정자-생성 기관

남성들은 체강 안에서 발생하는 한 쌍의 정소를 가지고 있다. 정소는 탄생 직전 넓적다리 사이에 밖으로 튀어나온 주머니 구조물인 *음낭*(scrotum)에 있다(**그림 8.1**). 몸 밖으로 튀어나와 있어서 음낭이 낮은 온도를 갖는 것은 활동성인 정자를 만드는데 필요하며, 만약 음낭의 온도가 올라가면 그 속에 있는 정소에서의 정자의 발생을 일시적으로 정지시킬 수 있다. 예를 들어, 고열은 수천 개의 정자세포들 중 수백 개의 정자세포들을 죽일 수 있다.

각 정소는 길이가 약 4 cm정도이며, 그 안에는 *세정관*(seminiferous tubule)이라고 부르는 약 70 cm 길이의 감긴 관상구조물이 약 400개 정도 채워져 있다. 세정관들의 벽은 정자-생성세포들을 함유하고 있다. 이들 세포들은 염색체 수가 이배체에서 반수체로 되는 감수분열을 한다(4장 참조). 감수분열 결과로 만들어지는 반수체세포들이 남성 배우자인 정자들로 발생되는 것이다. 정자세포들이 세정관 벽에서 발생될 때, 그 부위의 다른 큰 세포들은 정자들을 둘러싸고 지지해 주며, 영양분을 공급해 준다. 이들 지지세포들은 *세르톨리세포*(Sertoli cell)라 부른다(**그림 8.1c**). 세정관들은 *간질세포*(interstitial cell)들로 둘러싸여 있는데, 이들 세포들이 남성의 2차 성징들과 행동을 자극하는 남성 스테로이드 호르몬인 테스토스테론을 만든다.

부속 생식관들과 생식샘들: 정자들의 운반 통로

정자들은 각 정소의 세정관으로부터 정소 상단부에 붙어 있으며, 감겨진 관상구조물인 *부정소*(epididymis)로 이동한다(**그림 8.1**). 여기서 정자들이 성숙하고 이동성을 가지게 된다(**그림 8.1a, b**). 남성이 성적 자극을 받게 되면, 정자들은 부정소로부터 빠르게 관계들(duct systems)을 따라 내려가 몸 밖으로 분출된다. 부정소 벽들의 수축이 정자들을 연결된 정자들의 이동 통로인 *정관*(vas deferens; 길이가 45 cm 정도)으로 밀어내고, 정관도 수축함으로써 정자들을 밀어 내다(**그림 8.1a, b**). 의사(비뇨기과)가 *정관절제수술*(vasectomy)을 할 경우에 이 정관을 절제하는 것으로서, 이 수술은 비록 정소에서 정자 또는 남성호르몬이 생성되더라도, 정자들이 몸 밖으로 이동되는 것을 영구적으로 차단하는 것이므로 불임이 된다(이 경우, 호르몬들의 순환은 정상적으로 일어나며, 배출이 차단된 정자들은 파괴된 후 생식조직에 재흡수된다). 양쪽 정소로부터의 정관들은 사정관에서 하나로 합쳐진다. 생식선들은 완충액들을 분비하며, 이들이 정자들과 합쳐져 정액이 되어 사정되는 것이다. 세정관에서 분비되는 분비물이 정액의 pH를 조절하고, 여성 생식관의 근수축을 자극한다. 밤-모양을 한 쌍의 생식선인 *전립선*(prostate gland)의 분비물은 여성 생식관의 산도를 중화시키는 역할을 한다. 여성 생식관 조직들이 산성을 띄는 것은 미생물들부터의 방어역할을 할 뿐만 아니라 정자들의 이동을 저해하는 경향을 가진다.

생식선 중 마지막 한 쌍인 요도구선(bulbourethral gland)도 정자들에게 알카리성을 부여해주며, 남성의 흥분이 고조되었을 때, 정액은 음경까지 뻗쳐 있는 관구조물인 **요도(urethra)**를 통해 나간다.

테스토스테론(testosterone)
척추동물 수컷의 정소에서 생성되는 호르몬; 배에서의 남성생식기관, 남성의 2차 성징들 및 남성적 행동들의 발달을 자극함

요도(urethra)
방광에서 체외로 소변을 내보내는 관; 수컷에서는 이 관이 정자 수송도 담당함

음경(penis)
포유류와 파충류에서의 교미와 배뇨를 담당하는 기관

음경

음경(penis)은 요를 운반하는 것과 정액을 몸 밖으로 운반하는 두 가지 역할을 하는데, 정액 운반 시에는 발기한다. 성적 자극동안 음경의 발기조직의 실린더처럼 생긴 기둥구조물에 혈액이 채워져, 음경이 물로 채워진 풍선처럼 딱딱한 구조를 한다(**그림 8.1a, b**). 이것은 음경의 세포들이 일산화질소(nitric oxide, NO)를 방출하여 2차 전달자인 뉴클레오티드(2장 참조)를 자극해서, 해면성 발기조직의 근육들을 즉시 이완시키기 때문이다. 이와 같은 근육이완이 음경에 혈액을 채워서 음경을 확장시키고 경직되게 한다. 발기 상태가 유지되기 위해서는, 그 남자는 체내 효소가 뉴클레오티드를 분해시키는 것보다 빠르게 그것을 만들어야만 한다. 그러나 많은 발기부전인 남자들에서는 분해 효소의 작용이 더 빠르다. 이런 경우에 많이 대중화된 약인 비아그라(Viagra)를 사용하는데, 비아그라는 효소의 작용을 잠시 동안 차단시킴으로써 뉴클레오티드의 작용을 지연시켜 발기가 유지되게 해준다.

음경을 통한 사정에 의해 방출되는 평균 정액의 양은 3~4 mL 정도이며, 이 속에는 1억 2,000만~4억 개 정도의 정

그림 8.1
남성의 생식계

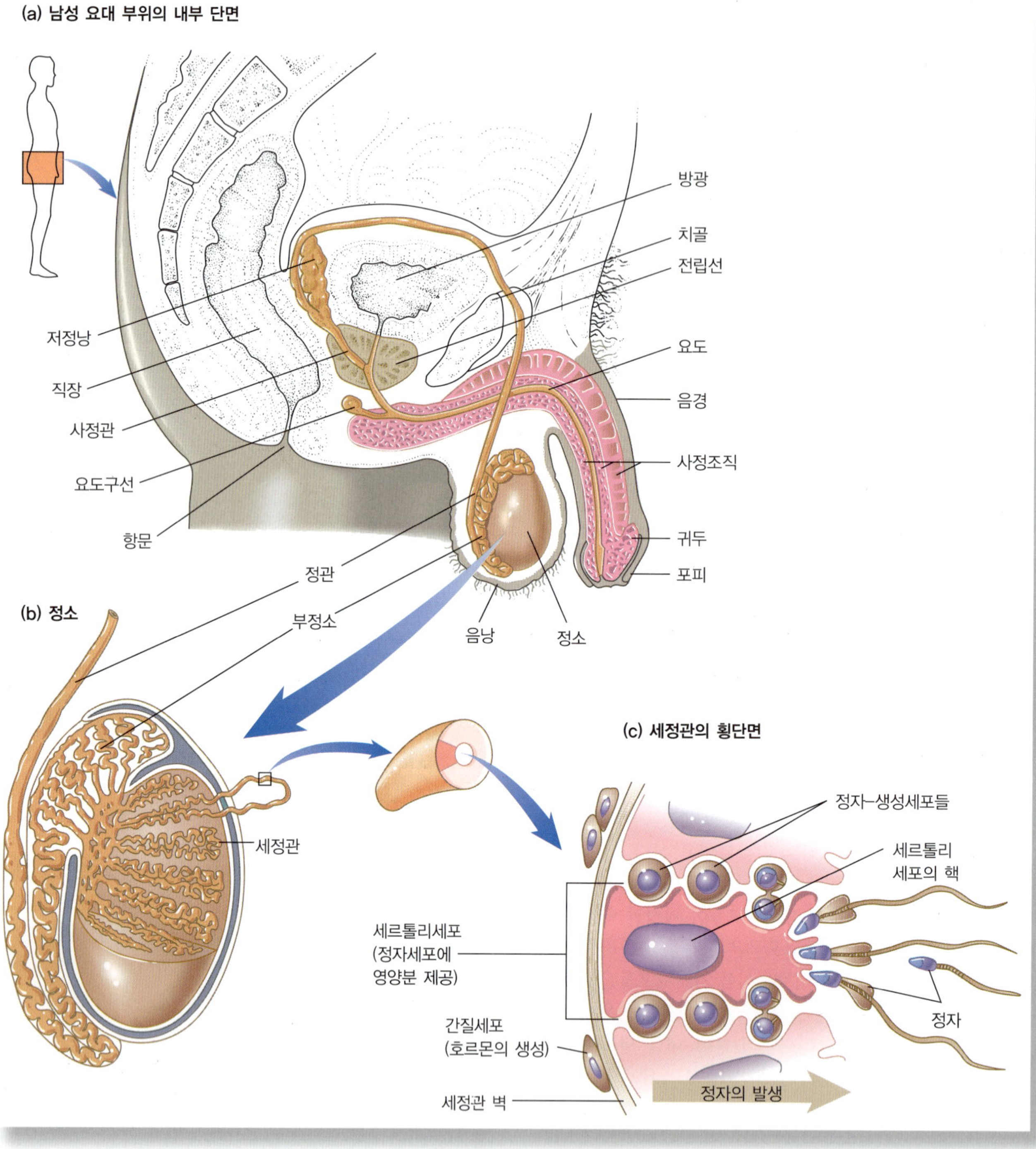

자들이 들어있다. 수정능에 문제가 있는 남성들은 대개 1회 사정 때 1억 개 이하의 정자를 가진다.

정자생산의 조절

뇌와 정소에서 분비되는 호르몬들이 함께 작용하여 정자생산의 시기를 조절한다. 정자들이 사정되었거나 정소에서 배우자들의 생성량이 저하되었을 때:

(1 단계) 뇌가 **황체형성호르몬(luteinizing hormone, LH)** 과 **여포자극호르몬(follicle-stimulating hormone, FSH)**을 혈액으로 분비한다.

(2 단계) 혈관들이 이들 뇌호르몬들을 정소로 운반한다.

(3 단계와 4 단계) 뇌호르몬들이 정소 조직으로 하여금 정자들과 테스토스테론 생성을 증가시킨다.

(5 단계) 테스토스테론 농도(혈류로도 운반됨)가 일정 농도 이상이 되면, 그것이 뇌호르몬들이 더 이상 분비되지 않도록 차단시킨다.

그러면 LH와 FSH의 낮아진 농도가 정소에서의 정자와 테스토스테론 생성을 감소시키게 한다. 사정에 의해 정자들이 배출되면, 이들 호르몬 수준이 다시 한계 수준 이하로 되므로, 앞의 순환 과정을 다시 시작한다. 이와 같은 형식의 순환조절 방식을 *음성되먹임 고리*(negative feedback loop)라 부르는데, 그 이유는 이것이 반대 기작—수준이 올라가면 낮추게 하고, 수준이 낮아지면 다시 올라가게 하는—에 의해 물질(여기서는 테스토스테론)의 수준을 일정하게 유지해주기 때문이다.

여성의 생식계

여성의 생식계는 여러 기능들을 수행해야 하기 때문에 남성의 생식계보다 복잡하다: 난자들의 생산과 적절한 간격으로 그들의 방출; 정자들의 수용, 발생 배아의 운반, 보호 및 그에 대한 영양공급, 최종적으로는 새로운 생명체의 분만 등을 담당한다. 여성의 이 모든 생식작용들의 열쇠는 생식기관의 해부적 구조와 호르몬들에 달려 있다.

난자들의 생산과 이동경로

여자 아기는 탄생되는 날, 그녀의 몸에는 이미 200만 개 정도의 난세포 전구체들을 함유하고 있다. 이 난자들은 허리 바로 아래 체강에 있는 아몬드-모양의 기관인 두 개의 *난소*(ovary)에 들어 있다(**그림 8.2a, b**; 4장 참조). 각 난소는 *난모세포*(oocyte)라 부르는 미성숙 난세포(알세포)들을 함유하며, 이 세포들이 난자(알)들로 발달되는 것이다. *여포세포*(follicular cell)라 부르는 보조세포들이 난모세포들을 둘러싸고 있으며 물질공급을 한다(**그림 8.2c**). 이들 여포세포들로 둘러싸인 한 개 난모세포가 **여포(follicle)**라 부르는 하나의 단위를 구성한다(**그림 8.2c**). 탄생 때, 각 난소는 약 100만 개의 여포를 가지며, 여포 속의 각 난모세포는 감수분열의 초기 분열 단계로 저지되어 있다.

여성이 사춘기(12~13세)에 도달하면, 그녀의 몸은 매 28일 간격으로 일어나는 **배란(ovulation)**이 일어나기 시작하며, 이것은 약 50세까지 지속된다. 여성의 월경주기 동안에 한 난소에서 하나 또는 몇 개의 여포들이 커지며, 난모세포(들)가 성숙하며, 배란시기(일반적으로 주기 중 14일 전후)에 한 개의 여포가 터지면서 성숙된 알인 *난자*(ovum)가 체강 속으로 들어온다(**그림 8.3**)(난자는 매우 큰 구형의 세포이다). 배란은 보통 휴식시기(아침에 잠을 깼을 때)에 체온 상승을 동반한다. 피임을 원하는 여성이 종종 월경주기 중간 시기에 *체온*을 측정하는 것은 배란의 이 지표를 알아보기 위한 것이다.

배란 후 남아있는 여포세포들은 확장되어 **황체(corpus luteum)**라 부르는 새로운 선(gland)을 만든다. 대부분의 피임약들은 배란을 차단시키는 작용을 한다. 어린 소녀도 모든 알세포 전구체들을 몸속에 가지고 있으며, 이 세포들도 그녀의 생애 동안 늙어가는 것이다. 그러나 유전적 과오나 이상 기능을 갖는 세포소기관들은 해가 지나갈수록 축적될 수 있으므로, 이것이 "늙은 알들"이 불임의 중요 요인들 중의 하나임을 설명해준다고 하겠다.

매달 여성의 난소로부터 난자가 배출 된 후, 난자는 술-장식 모양의 개구부를 가진 두 개의 **난관**[**oviduct**; 사람에서는 나팔관(**fallopian tube**)이라고도 부름] 중의 하나로 흘러 들어간다(**그림 8.2b**). 이 관들은 좁은 범위의 이동(운동)을 할 수 있으며, 실질적으로 배란 때 난소를 지나 흘러나오는 알을 받음으로써 착상을 실질적으로 돕는다. 난관 안에는 수백만 개의 섬모들이 나 있는데, 이들이 착상을 도와주는 또 하나의 역할을 한다. 이 섬모들이 배의 노를 짓는 것처럼 작용하여 수정된 난자가 배(embryo)로의 발생을 진행하는 장소이며 두꺼운-벽으로 된 *자궁*(uterus)을 향해 흘러가도록 해준다. 수정은 일반적으로 난관에서 일어나는데, 여기서 한 집단의 수영해 오는 정자들과 만나고 그 중 하나의 정자가 천천히 움직이는 난자로 침투해

황체형성호르몬 (luteinizing hormone, LH)
뇌하수체 전엽에서 만들어지는 호르몬으로서, 난소로 부터의 배란을 자극하고 난소에서의 에스트로겐과 프로게스테론 생성과 정소에서의 테스토스테론 생성을 촉진시킴

여포자극호르몬 (follicle-stimulating hormone, FSH)
뇌하수체 전엽에서 만들어지는 호르몬으로서, 난소에서의 여포의 생장을 촉진하고, 정소에서의 정자 생산을 촉진시킴

여포(follicle)
하나의 난세포(미성숙 난자)와 그것을 둘러싸고 있는 여포세포층들

배란(ovulation)
난소로 부터 하나의 성숙한 난자의 방출

황체(corpus luteum)
난소로부터 하나의 난자가 방출된 다음, 남아있는 여포세포들의 집단; 만약 난자가 수정되면 황체는 난소에 활성상태로 남아 임신을 유지시키는 호르몬들을 생성함; 만약 난자가 수정되지 못하면 황체는 퇴화됨

난관 (oviduct; fallopian tube)
난자가 난소에서 자궁으로 이동하는 관; 일반적으로 수정이 이곳에서 일어나며, 수란관 또는 나팔관이라고도 함

배(아)(embryo)

발생 초기 상태의 개체; 사람의 경우 이 시기가 임신 후 2개월 정도까지인데, 이 시기에 이미 사람의 모든 형태들이 만들어짐; 배아는 이어서 태아로 됨

태아(fetus)

배아기를 지난 후 탄생되기 전까지의 자손을 말하며, 모든 기관들이 아직은 미완성 형태로 진행됨; 사람의 경우 8주 이상 지난 배아를 지칭함

들어온다. 콘돔이나 여성에서의 격막장치(diaphragm)는 이와 같은 난자와 정자의 만남을 방지하는 것이다.

난자가 수정되던 아니던 간에 섬모들은 난자를 근육성이며 배(pear)-모양을 하는 자궁으로 쓸어 내린다. 만약 난자가 수정되면, 그 수정란은 분열하기 시작하며, 아주 초기인 배가 자궁벽에 착상하는 것이고, 그곳에서 **배아(embryo)** 시기를 거쳐 **태아(fetus)**로의 발생이 진행된다. 수태에 어려움을 가진 많은 여성들에서는 난관들이 감염으로부터 생긴 반흔조직(scar tissue)에 의해 차단되어 있다.

거의 모든 여성들의 월경주기 동안에 난자는 미수정 상태이므로 난자는 자궁벽에 착상되지 않고 퇴화한다. 그 밖의 물질들은 자궁으로부터 자궁의 목부에 해당하는 *경부*(cervix)를 통해 배출된다. 경부 바로 아래에 있으며, 성교 중 음경을 받아들이고 자궁분비물들을 운반하며, 출산 때 태아가 지나가는 신장성을 가진 속이 빈 근육성 관구조물이 **질(vagina)**이다.

질의 입구는 외부 생식구조물들이 있는데, 이들에는 보호조직들인 *소음순*(labia minor)과 *대음순*(labia major) 및 *음핵*(critolis)과 같은 성 자극에 민감한 조직들이 포함된다.

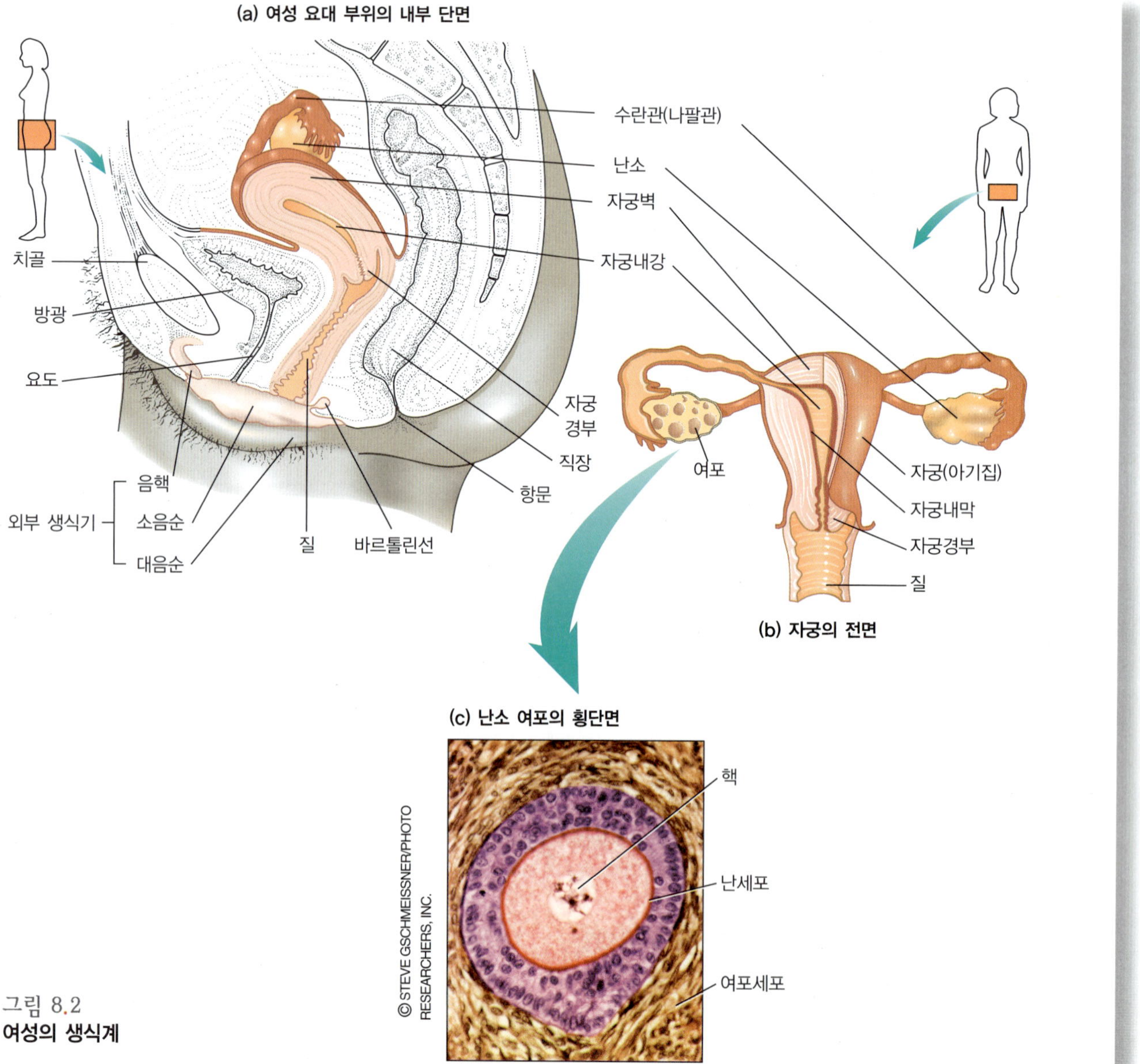

그림 8.2
여성의 생식계

여기에는 또 윤활물을 분비하는 바르톨린선(Bartholin's gland)들도 포함된다(**그림 8.2a**를 보라).

월경주기: 난소들과 자궁의 호르몬 조절

달과 조수가 규칙적이고 자연적인 주기를 갖는 것처럼, 여성의 몸은 *월경주기*(menstrual cycle)라 부르는 매월 규칙적인 주기를 갖는다(**그림 8.3**).

매 월경주기마다, 자궁은 난소에서 하나의 난자가 방출되기 직전에 임신 준비를 위해 자궁 안쪽 면의 *자궁내막*(endometrium)이 두꺼워진다. 배란된 난자가 수정되지 못하면, 자궁내막 층이 떨어져 나오면서 월경성 출혈이 일어나며, 이때부터 새로운 28일 주기가 시작된다.

월경주기의 한 부분으로서, 난소들은 그 수준이 오르내리는 여성의 스테로이드 호르몬들인 **에스트로겐(estrogen)**과 **프로게스테론(progesterone)**을 생산한다. 여성의 뇌도 남성의 뇌에서 만들어지는 것과 동일한 LH와 FSH를 만든다. 이 호르몬들도 함께 매우 규칙적인 월경주기를 갖게 하는 되먹임 고리를 갖는다.

질(vagina)
성교 시 음경을 받아들이는 근육성 관구조물로서, 출산 통로의 일부가 되며, 자궁분비물의 유출 통로

에스트로겐(estrogen)
난소에서 만들어지는 여성의 성호르몬 중의 하나; 자궁이 배아를 받아들일 준비를 하게하고, 여성의 2차 성징이 나타나게 함

프로게스테론(progesteron)
난소의 황체에서 만들어지는 여성의 성호르몬 중의 하나로서, 자궁벽을 두껍게 해주고, 유방관 생장을 촉진시킴

그림 8.3
호르몬들에 의한 월경 조절

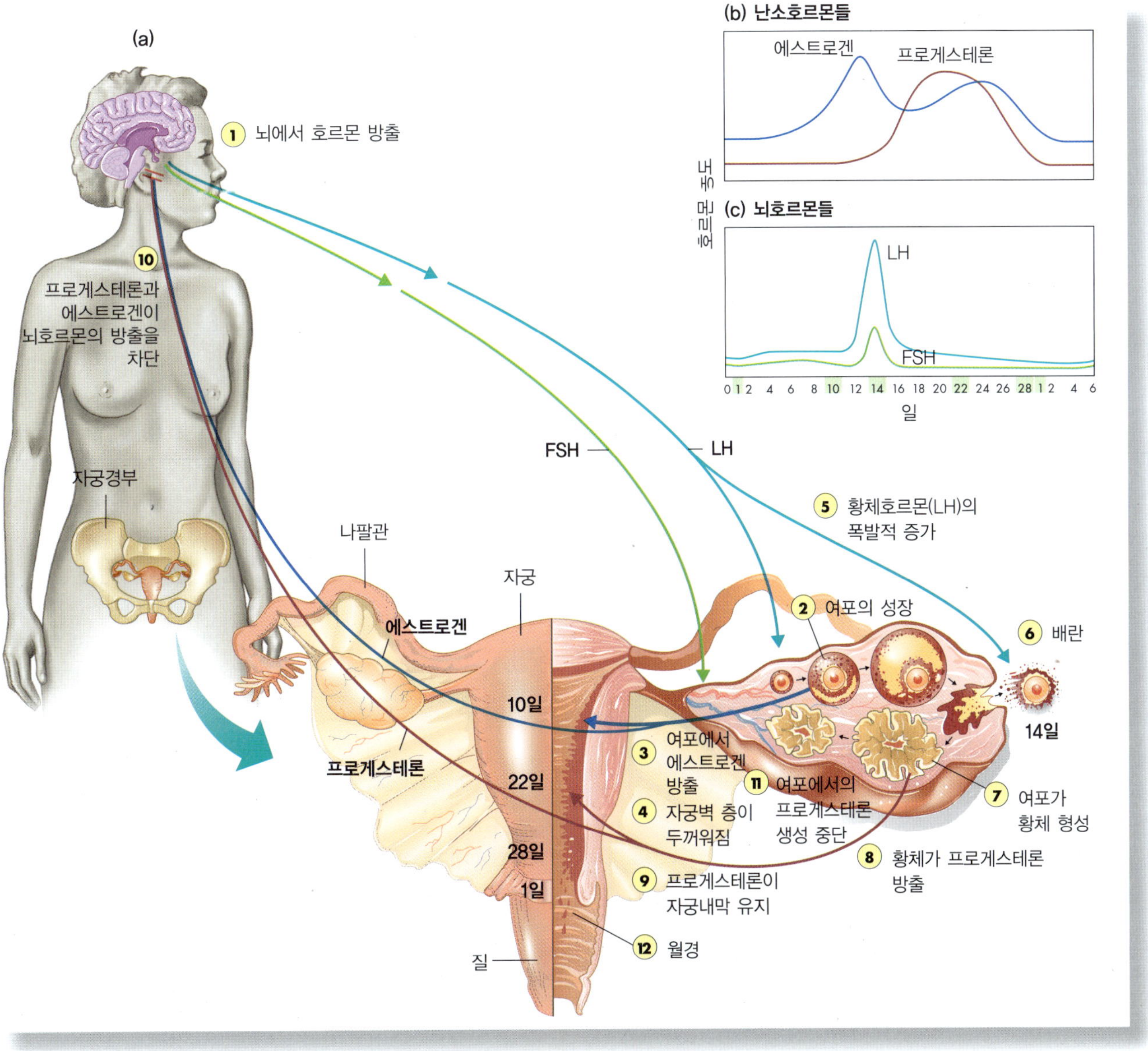

여성의 호르몬 주기는 매우 복잡하지만, 여기서는 그 개요에 대해서 살펴보도록 하겠다. 이제부터 읽어가면서 **그림 8.3**의 번호로 표시된 단계들을 참조하라: 뇌로부터 오는 호르몬들이(LH와 FSH; ① 단계) 난소에서 한 개의 여포생장을 일으키며(② 단계) 에스트로겐을 방출시킨다(③ 단계); 이어서 에스트로겐이 혈류를 타고 이동하여 자궁 내벽층이 두꺼워지게 한다(④ 단계). LH의 폭발적 증가(⑤ 단계)는 이어서 배란을 유도한다(⑥ 단계). 난소의 여포세포들이 성숙하여 황체로 되면(⑦ 단계), 그들이 프로게스테론을 생산하고 분비하여(⑧ 단계), 자궁내벽을 유지시킨다(⑨ 단계). 프로게스테론과 에스트로겐은 또 음성되먹임 고리로 뇌호르몬들의 방출을 차단시킨다(⑩ 단계). 곧 임신이 되지 않으면, 황체는 프로게스테론 생산을 중단하며(⑪ 단계), 자궁내막이 떨어져 나와 월경이 시작된다(⑫ 단계). 프로게스테론 수치가 떨어지면, 뇌는 다시 그 호르몬들을 방출하게 되어, 새로운 주기를 시작한다.

생식 기구에서 남성과 여성 사이에 "차이"가 있음에도 불구하고, 둘 사이는 다음과 같은 호르몬 유사성들을 공유한다: 양 성 모두에서 생식작용을 조절하는 뇌호르몬들을 만든다. 양 성 모두는 난자와 정자 생산을 도와주며 10대들에서 성적 발달을 가져다주는 생식호르몬들을 만든다. 그리고 양 성 모두에서 음성되먹임 고리 기능을 갖는 호르몬들이 배우자 생성을 조절한다.

목표3 사람의 수정: 난자와 정자의 긴 여행

사람의 난자는 여성의 몸에서 가장 큰 둥근 모양의 세포이다. 난자세포가 크다는 것이 난자가 여러 기능들을 수행하는데 도움을 준다:

- 알(난자)은 염색체 한 세트를 가진 반수체 핵을 새로운 배(embryo)에 기부한다. 일부 동물에서는 알의 내부에 존재하는 젤리 같은 단백질 피막, 견고한 수정막, 용액 이 채워진 주머니 구조물들 또는 딱딱하거나 가죽 같은 껍질들을 가지고 있어서 발생하는 배를 보호한다.
- 지질, 탄수화물, 특정 단백질들을 풍부하게 함유하고 있는 *난황*(yolk)이 배에 영양분을 공급하고, 일반적으로 모든 배 미토콘드리아들에게 재료를 공급한다.
- 알(난자)은 수정란(또는 접합자; 4장 참조)에 세포질을 제공하며, 세포분열이 신속히 일어날 수 있도록 새로운 단백질 생산 장치 역할을 한다.

여러 동물에서 알의 세포질은 발생을 조절하는 특정 물질들을 함유하고 있다. 난자는 정자가 유입되자마자 가동되는 프로그램을 돌려 발생을 진행시킬 수 있는 소프트웨어가 장착된 컴퓨터와 같다.

알에 비교할 때, 정자는 수컷 몸에서의 가장 작은 세포들 중의 하나이며, 최상의 침투에 필요한 필수적 요소들 이외의 장치일체가 제외된 구조를 한다(**그림 8.4**). 즉, (1) 빽빽한 반수체 핵; (2) 에너지를 공급하는 소수의 미토콘드리아; (3) 정자를 추진시키는 한 개의 긴 채찍같은 편모(꼬리); 그리고 (4) 알 외부의 보호막들을 뚫고 들어가는 통로를 소화시키는 *첨체*(acrosome)로 되어있다. 일부 남성들은 정자들의 수영(이동)이 늦거나 약하여 거의 불임일 수 있다; 또 일부 사람들에서는 정자들이 비정상적 꼬리 또는 매우 큰 머리 부위를 갖는다거나 정자가 알의 보호막을 뚫고 들어가지 못할 경우 완전 불임이다. 정자의 유선형으로 생긴 작은 크기와 모양이 그 기능인 알(난자)로의 접근, 난자의 피막 투과, 알의 세포질로 반수체 핵(한 세트의 염색체를 갖는)의 전달에 적합함을 반영해 준다. 이러한 침투와 전달 그리고 휴지상태인 알(난자)의 활성화가 합쳐져 수정이 이루어지는 것이다.

수정

적절한 계절이 오고, 교미 행동들이 동물들과 그들의 정자들과 난자(들)를 근접하게 해주고—암컷의 몸 속이나 수계 환경에서—아마도 화학적 유인에 의해 정자의 머리가 알(난자) 속으로 들어간다. 정자의 채찍질 같은 편모의 추진력이 올챙이 모양의 작은 정자에 비해 수백 배나 큰 알의 젤리 같은 피막 속으로 현미경적 구조의 배우자 머리가 들어가도록 해준다. 정자가 알에 접촉하는 순간, 정자 머리부에 있는 첨체가 알 표면의 피막을 침투할 수 있도록 가수분해효소들을 방출한다. 알과

© ISTOCKPHOTO.COM

그림 8.4
정자

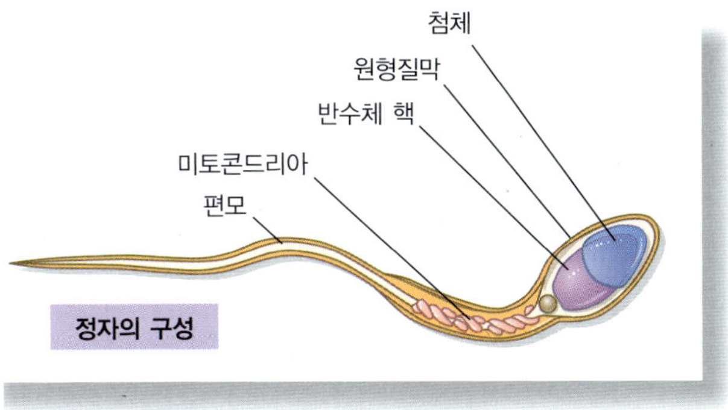

> 정자의 유선형으로 생긴 작은 크기와 모양이 그의 단순한 기능을 반영해 준다: 알(난자)로의 접근, 알껍데기 통과, 그리고 알의 세포질로 반수체 핵(한 세트의 염색체를 갖는)의 전달

정자의 원형질막이 융합된 다음, 정자 머리부에 있는 핵과 중심립(4장 참조)이 알의 세포질 속으로 밀어 넣어진다. 정자의 미토콘드리아를 포함한 꼬리는 알 밖에 그대로 남는다(이것이 왜 알이 배 미토콘드리아의 공급자인지의 이유이다). 정자 침투부위에서의 반응 시작과 함께 분자신호들이 알 전체로 퍼지면서 경계부인 *수정막*(fertilization membrane) 형성을 일으킨다(**그림 8.5** 참조). 이로써 한 개의 정자만이 수정에 승리한 셈인데, 그 이유는 수정막이 더 이상의 정자들 침투를 차단시키기 때문이다. 정자와 알의 핵이 융합하여 이배체의 유전적 조합(두 세트의 염색체를 함유)을 가진 새로운 접합자(zygote)가 된다.

사람에서는 정상적으로는 난자가 난관을 따라 내려갈 때, 정자가 헤엄쳐 올라와서 수정이 이루어진다. 수정 후 새로 형성된 접합자는 계속 난관을 따라 내려가서 4~5일 후에나 자궁에 도달한다. 배란 과정에서 이미 황체형성이 이루어진 상태이므로 프로게스테론 호르몬을 만들고 있고, 이 화학전령(호르몬)에 의해 한 달 동안 만들어진 자궁벽을 유지시켜주고 있는 것이다(**그림 8.3**의 ⑥~⑨를 보라). 그 결과로 수정란은 잘 준비된 자궁에 착상할 수 있게 되고, 이어서 단일 수정란으로부터 발생 기작들을 통해서 복잡한 구조의 생명체(배아시기에 이어서 태아)로의 놀라운 변화가 일어난다.

그림 8.5
수정: 정자와 난자의 융합

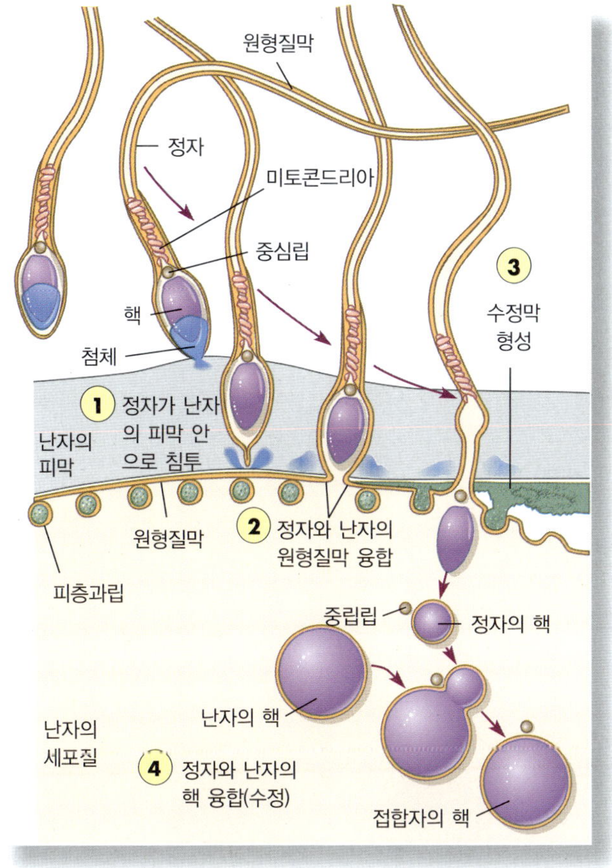

목표4 배 발생

앞에서 정자와 난자의 생성 그리고 이들 사이의 경탄할 만한 수정과정에 대해 살펴보았다. 그러나 수정은 순식간에 일어나는 것이고, 그 다음엔 어떤 일들이 일어날까? 어떤 정교한 생물학적 기작들이 하나의 수정란이 풀리는 데서부터 출발하여 뒤얽힌 작은 귀, 주름진 손, 작은 코, 그리고 세련된 심장과 뇌를 기진 아기로 변화시켜주는 것일까? 여러분은 현미경을 통해서, 하나의 수정란으로부터 복잡한 생명체로의 그 크기와 복잡성이 증가되는 네 단계의 과정인 난할기, 낭배형성기, 기관형성기 및 생장기로 나뉘는 *배 발생*(embryo development) 단계들을 볼 수 있다. 이제부터 각 단계를 보면서, 수정란으로부터 배, 태아 그리고 새끼로 변형시키는 데에 관련된 기작들에 대해 살펴보도록 하자.

그림 8.6에 개구리 발생과정의 주요 단계들을 그림으로 제시하였다. 각 개구리 배는 투명한 젤리 외피 속에서 꿈틀거리는 작은 올챙이로 발생되는데, 각 발생 단계를 쉽게 볼 수 있다. 그러나 이 과정은 지렁이류, 파리류, 개구리류, 사람과 그 밖의 대부분 다른 동물의 배에서도 같다. 사실, 생물학자

그림 8.6
개구리의 발생과정의 개요

들이 사람의 발생에 대해 알게 된 대부분의 내용들은 실험실에서의 동물들 발생에서 먼저 알게 된 것이다.

발생의 4단계

난할기: 세포분열이 시작하다

발생이 한 단계씩 풀려져 나가는 경이로운 광경들을 보고 있을 때, 가장 명백한 것이 세포 수의 증가이다: 한 개의 수정란이 배에서는 수백만 개, 태아에서는 수십억 개 그리고 어린이와 성인에서는 수 조(trillion)개로 된다. 이 엄청난 세포 수의 증가는 일련의 세포분열을 통해 일어난다. 첫 몇 번의 분열주기에서 수정란이 2개의 딸세포로(4장 참조), 이어서 4개로, 그 다음엔 8개의 딸세포 식으로 분열한다. 이렇게 세포들이 분열하여 나누어지는 것에 근거하여, 첫 몇 번의 분열주기를 **난할기(cleavage)**라 부른다(**그림 8.6c**). 많은 동물들에서 난할은 원래 수정란보다는 크지 않지만, 원래 알보다는 작은 많은 세포들로 이루어진 공 모양의 세포집단인 *포배*(blastula)를 만든다(**그림 8.6c**). 원래의 알세포 구성물들이 포배의 서로 다른 세포들로 분배되므로, 배의 모양을 지배할 분자정보가 종종 "공(포배)"의 서로 다른 부위에서 끝나는 경우도 있다. 이와 같은 국부적 정보와 이어지는 배 형태의 조절 때문에, 난할이 기본적인 수준에서 발생의 편성을 돕는다.

낭배형성기: 세 배엽층의 형성과 이동

발생 단계를 보고 있을 때, 여러분은 또 하나의 뚜렷한 변화인 세포의 위치를 볼 수 있다. 배와 새끼들이 형태가 뚜렷하지 않은 세포들의 집단이 아니라 정확한 모양을 가지며, 그들의 세포들이 일정 공간에 정교하게 조직화되어 있다. 이 조직화의 가장 기본적 특징은 초기 배가 모든 기관과 조직으로 발생되고 커지게 하는, 3개의 중요한 층상구조물을 가진다는 것이다. 속이 빈 포배가 3층-구조를 갖는 배로 되는 과정이 **낭배형성(gastrulation)**인데, 이는 단어의 뜻으로는 "위장(stomach)의 형성"이라는 의미이다. 실제로 이 세 층이 한 관 속의 관 모양으로 배열되어 있다. 위와 소화관은 몸 안에 있고; 혈관, 근육, 골격, 신장 그 외의 기관들의 관이 소화관을 둘러싸게 된다; 그리고 그 바깥 쪽 관인 피부가 다른 모든 것들을 둘러싸고 있다. 속이 빈 포배에서의 세포들의 이동에 의하여 세 계열의 관상구조물들을 만든다(**그림 8.6d**).

낭배형성에서의 이 세포들의 이동은 살아있는 조각하기 과정이라 할 수 있다. 포배의 특정 지점에 있는 세포들이 포배의 안쪽으로 들어가기 시작하면서 그 주위의 세포들이 그들을 따라 들어오도록 한다(**그림 8.6d**). 그 결과로 3개의 1차적 조직층이 만들어진다(**그림 8.6d**):

- 안쪽 층인 *내배엽*(endoderm)은 후에 소화관과 간의 일부 그리고 폐 등을 만들게 된다.
- 중간층인 **중배엽(mesoderm)**은 후에 혈관, 신장, 생식기관뿐만 아니라 근육과 대부분의 골격 등을 만들게 된다.
- 바깥층인 *외배엽*(ectoderm)은 후에 피부의 바깥 부분과 신경계 등을 만들게 된다.

배 앞 끝의 세포들은 안으로 치고 들어가 입을 형성한다. 반대쪽 끝의 세포들은 처음엔 속주머니 모양을 하다가 항문으로 된다. 이제 배는 머리와 꼬리까지의 축의 상태와 기본적 배엽층들을 갖추게 되었다. 이러한 과정들을 상상하기란 쉽지 않겠으므로 이제부터 조각되는 과정에 대해 알아보기로 하겠다.

기관형성기: 기관들의 출현

낭배형성기가 끝나면서 만들어진 세 배엽층들은 발생의 다음 단계로서, 적절한 모양과 위치 그리고 기능을 가지는 조직들과 기관들을 형성하는 과정인 **기관형성기(organogenesis)**로 들어간다(**그림 8.6e**). 이 단계는 몇 주가 걸리며, 운동, 소화, 가스교환, 노폐물의 분출, 질병으로부터의 방어를 담당하는 기관 등, 배의 모든 생명체계가 이루어지는 시기이다. 이들 기관들과 생명체계의 정비와 성숙은 발생기간은 물론 소년기와 청년기까지도 지속될 것이다. 세포-세포 소통과정인 유도(induction)가 척수와 뇌 같은 기관이 형성될 지점을 결정하도록 돕는다. 세포-조각하기들의 한 세트라 할 수 있는 형태형성과정(morphogenesis)이 한 번 자리 잡은 기관들의 적절한 모양을 갖게 한다. 예를 들어, 형태형성에 의해 사람의 뇌가 그 특징적 외형을 가지게 하는 것이다. 또한 이에 의해서 중배엽의 조각난 반복적 구조물인 *체절*(somite)들이 등뼈가 되도록 해준다(**그림 8.6f**). 형태형성이 배 전체 부위의 모양을 갖는 것을 가능하게 하므로, 얼굴의 모양과 뇌 부위들의 모양처럼 서로 적절한 관계가 되도록 해준다. 또한 기관 세포들이 서로 다른 과정들을 통해 그들의 특정 기능을 갖게 한다. 예를 들면, 눈의 세포들은 빛을 감지하고 위벽에 있는 세포들은 산을 분비하는 것이며, 그들 서로는 반대의 기능을 수행하지 못하는 것이다.

동물 배의 가장 초기에 이루어지는 기관형성인 척수, 감각기관, 신경과 뇌 등의 신경계의 기원에 대해 알아보자. 이 기관들은 나중에 우리의 활동, 반응, 사고, 감정 등을 통제하겠지

난할기(cleavage)
하나의 수정란이 초기에 빠른 유사분열을 하여 포배라고 부르는 속이 빈 공 모양의 세포집단으로 만드는 발생과정

낭배형성(gastrulation)
배(아)에서 세포들이 이동하여 3층의 배엽층인 외배엽, 중배엽, 내배엽을 만드는 발생과정으로서, 각 배엽들은 나중에 몸의 특정 기관들과 조직들을 만듦

중배엽(mesoderm)
배(아)의 중간세포층; 뒤에 근육, 골격, 결합조직 그리고 생식기관과 배설기관 등을 형성함

기관형성기 (organogenesis)
배(아) 발생과정 중 기관들을 만드는 것

생장(growth)
크기가 커지는 것

착상(implantation)
포배가 자궁벽에 결합하는 것을 말하며, 그곳에서 배반포가 영양 공급을 받으며 발생하여 배아와 태아로 됨

만, 그 시작은 낭배기 직후, 배(embryo) 표면 부위의 한 장의 종이 모양의 불명확한 외배엽세포들에서 시작한다(**그림 8.7a**). 이들 세포들이 불시에 두꺼워지고 접혀져 아주 작고 속이 빈 관모양의 *신경관*(neural tube)을 형성한다. 그 과정은 첫째, 세포층이 마치 침대 시트 양끝에 주름이 잡히는 것처럼 양 옆에서 밀어 접혀든다(**그림 8.7b, c**). 접혀 들어온 두 신경습(neural fold)은 위쪽에서 융합하고, 외배엽으로부터 갈라져 나오는데, 이것이 척수와 뇌로 될 신경관이다(**그림 8.7d**). 신경관을 형성하는 세포들은 쐐기 같은 모양을 하여, 이것이 말리면서 관구조가 되도록 해준다.

사람의 배에서 신경관은 먼저 중간 줄기에서 융합되어 닫힌 후, 앞 쪽으로 먼저 닫혀 올라간 다음에, 뒤쪽으로 닫혀 나간다. 사람 배에서 이 과정은 수정 후 약 29일 경까지도 완성되지 못한다. 만약 신경관이 배의 뒤 쪽 끝에서 완전히 닫히지 못하면, 척추골들이 닫히지 못한 신경관 부위를 감싸도록 자라지 못하여 척수가 틈새로 튀어 나올 수 있다. 이 결과가 *척추파열*(spina bifidia)로서, 신생아에서 가장 심각한 선천성 결손증상의 하나이며, 신생아 2,000명 중 1명꼴로 나타난다.

그림 8.7
개구리 배에서의 신경관 형성

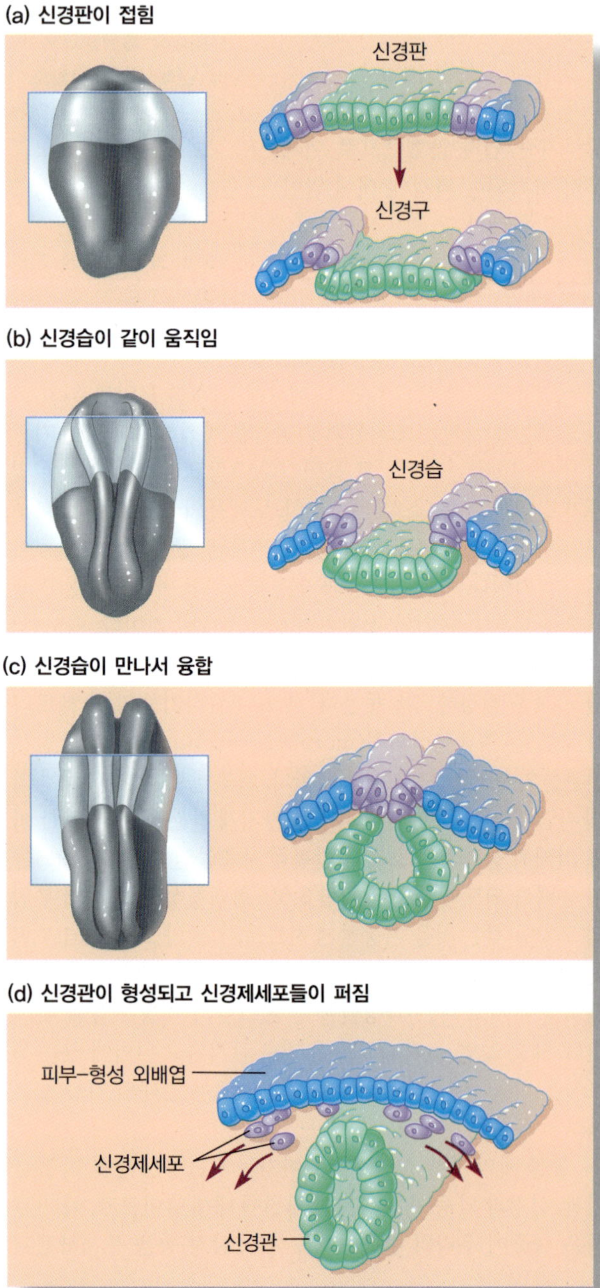

생장기: 생명체가 성체 크기로 확대되는 시기

배에서 기관들의 출현과 더불어 이들은 그 크기가 커지는 **생장(growth)**을 하게 된다. 수정란이 난할되는 것은 배세포분열의 시작일 뿐이다. 세포가 커지며, 세포분열이 빠르게 일어나는 작업은 생명체의 탄생 때까지 지속되며, 어린 시기에도 발생은 계속 이어진다. 예를 들어, 흰 긴수염고래는 하나의 수정란에서 출발한 성체는 2억개의 세포를 갖는다. 고래뿐만 아니라 그 밖의 모든 생명체들에서 생장은 세포가 커져서가 아니라 세포 수가 늘어나는 것에 기인하는 것이다(2장 참조). 생장의 많은 부분이 영양분 공급에 제한을 받지 않고, 확장공간이 제거되지 않는 한 계속된다.

목표5 사람의 발생

자연적인 수정 후, 사람의 수정란은 자궁을 향하여 난관을 따라 내려가면서 분열한다(그림 8.8). 인공 수정인 경우에서는 초기 분열들은 배양접시에서 일어난다. 그렇더라도 양쪽 경우 모두에서 4일 배가 되면 30개 정도의 세포들로 되며, 그 중간에 하나의 공간이 형성된다(④ 단계와 ⑤ 단계). 이때의 배를 배반포(blastocyst)라 부르는데(⑤ 단계), 배반포는 두 종류의 세포집단을 갖는다: (1) **그림 8.6**의 개구리 배에서처럼 배로 발생되는 *내세포집단*(inner cell mass); 그리고 (2) 이것을 둘러싸서 그 주위의 영양조직을 형성하는 *영양세포*(trophoblast)이다.

수정 후 6일째에 내세포집단은 약 100개 정도의 세포들로 구성된다. 이때쯤 배가 자궁에 도달한다; 곧 이 배아는 자궁벽에 붙고, 자궁 외벽층 일부를 분해시키는 효소들을 분비하여 자궁 속으로 들어간다. 이 단계가 모체와 태아가 최초로 신체적 연결이 이루어지는 것이며 이를 **착상(implantation)**이라고 한다(**그림 8.8**, ⑥ 단계). 착상이 자궁에서의 배아의

그림 8.8
경이로운 사람의 발생

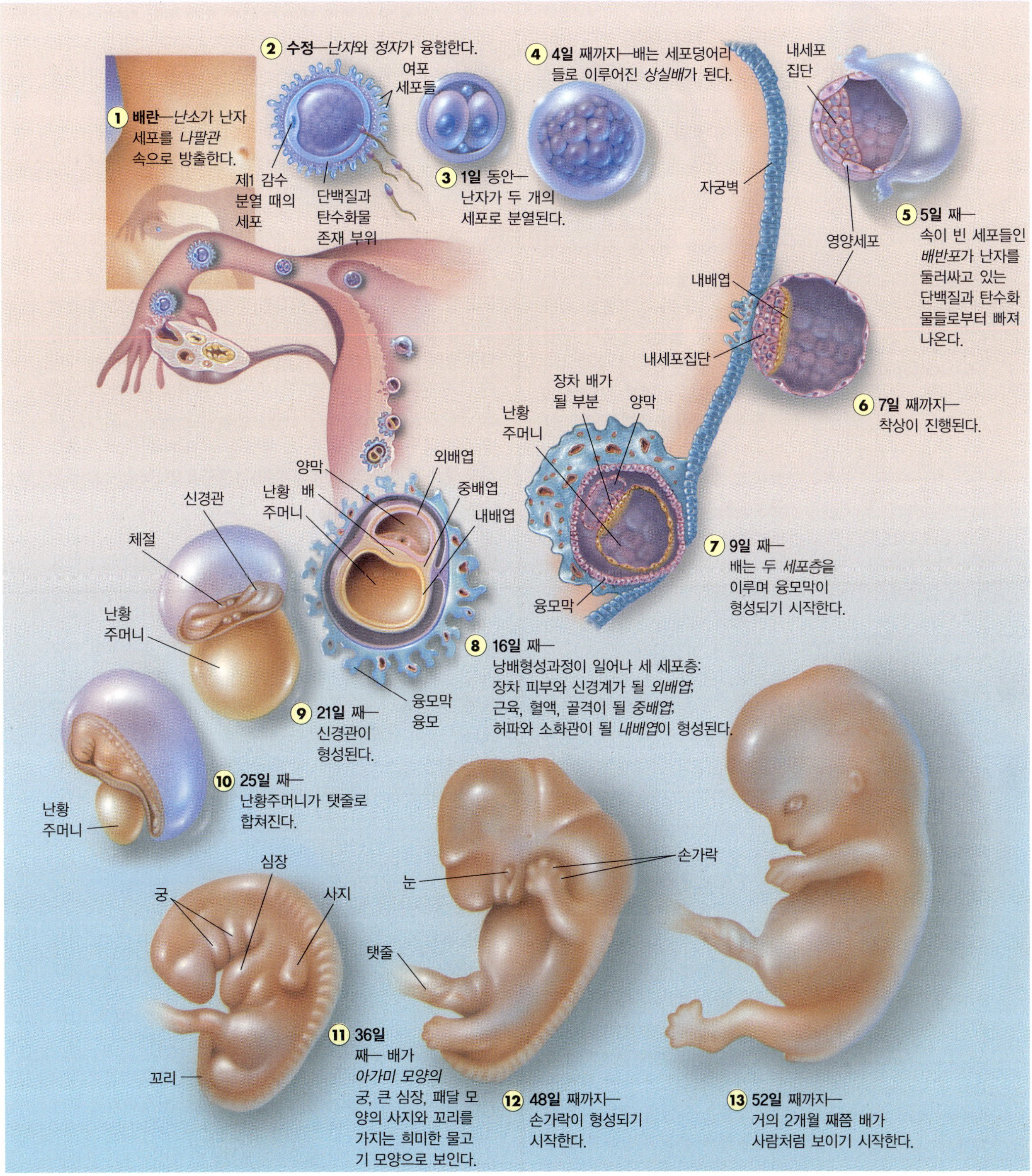

임신(pregnancy)
자궁벽에 발생 배가 착상하는 것에서 시작하여 수정란(접합체)이 영아로 변환될 때까지 모체와 배(아) 사이의 긴밀한 협동작용을 포함한 일련의 발생 과정

융모막(chorion)
파충류, 조류 및 포유류의 배를 둘러싸고 있는 액체가 채워진 주머니구조물; 태반포유류에서 융모막은 태반의 한 부분이 되고 월경을 방지하도록 유지해 주는 호르몬인 사람융모성 생식선자극호르몬(human chorionic gonadotropin, hCG)을 생산함

양막(amnion)
중요한 태아막 중의 하나로서, 속이 빈 공 모양을 함; 공 모양 구조물의 안쪽 공간은 임신 동안 배(아)가 생장하도록 양막액이 채워져 있음

사람융모성 생식선자극호르몬(human cholionic gonadotropin, hCG)
발생 배아의 융모막에 의해 생성되는 호르몬으로서, 난소로부터 에스트로겐 분비를 유지시켜 생리를 막아줌으로써 임신 상태를 유지시켜 줌

양막천자(amniocentesis)
태아의 유전적 이상과 그 밖의 이상을 진단하기 위해 양막액으로부터 태아세포들을 얻는 과정

융모막융모 표본추출법(chorionic villus sampling)
태아의 유전적 결손들을 진단하기 위해 발생 중인 태반의 융모막으로부터 태아세포들을 얻는 과정

태반(placenta)
포유류에서 발생 중인 배(아)가 모체로부터 영양분을 받기 위한 혈관들이 풍부한 해면 모양의 기관

발생, 즉 **임신(pregnancy)**의 시작을 말해주는 것이다.

태아막들과 태반

배아는 두 겹의 액체로 채워진 주머니 모양의 막구조물에 둘러싸여 생존하게 되는데, 바깥쪽 막이 영양 공급을 담당하는 **융모막(chorion)**이고, 안쪽 막이 **양막(amnion)**이다(**그림 8.8** ⑦ 단계, ⑧ 단계). 배아를 둘러싼 영양세포들이 융모막을 형성하는데, 이것은 세 가지 역할을 가진다: (1) 모체 혈액으로부터 영양분을 흡수하여 빠르게 분열하는 배아에 전달하는 역할; (2) 임신 9개월 동안 배아를 지지해 주는 암적색인 해면 형태인 태반의 생성; 그리고, (3) **사람융모성 생식선자극호르몬(human chorionic gonadotropin, hCG)**의 생산이다. 이 호르몬은 새 월경이 시작되지 못하게 해주어 자궁에 착상된 태아가 씻겨 내려가지 않게 막아준다. 가정용 임신검사법으로 hCG 검출이 사용되는데, 이것은 단순하면서도 매우 정확한 검사법이라 할 수 있으며, 이 검사가 양성으로 나타나면 99%가 틀림없는 임신임(임신 2~3주 경과)을 말해준다. hCG가 모체 혈류로 들어가면(수정 10일경부터 시작됨), 이것이 모체에서 배란 후 남아 있는 세포들인 황체로 하여금 계속 에스트로겐과 프로게스테론을 생산하게 한다. 이 호르몬들이 자궁벽을 유지시키고, 월경을 막아주며, 첫 2개월간 임신이 지속되도록 해준다. RU486과 같은 "경구피임약"이나 그 밖의 새로운 피임약들은 자궁에 대한 프로게스테론의 작용을 차단하여 임신이 되지 않도록 하는 것이다.

융모막이 배 주위를 둘러싸는 첫 번째 막 층이지만, 바로 그 안쪽 막 층인 양막과 결합한다(**그림 8.8**, ⑧ 단계). 양막 내 공간이 양막강이 되고, 양막강은 소금기가 조금 있는 액체인 양수(amniotic fluid)로 채워져 있어서 그 속에 있는 발생 배아가 임신 기간 동안 손상 받지 않게 해준다(**그림 8.8**, ⑨ 단계). 배는 세포들을 양수 속으로 벗겨 낸다. 산부인과 의사들은 이들 세포들을 채취하여(임신 15~16주 때) 분석함으로써 유전적 결손들을 진단하는데, 이와 같은 세포 취득 방법을 **양막천자(amniocentesis)**라고 한다. 융모막이 생장하면서 *융모*(villus, 복수는 villi)라 부르는 가는 손가락 모양의 돌기구조물들을 만드는데, 이를 통해 모체 조직을 잡게 된다. 임신 초기(임신 9~12 주)에 **융모막융모 표본추출법(chorionic villus sampling)**이라 부르는 또 다른 진단법을 사용하여, 의사는 이들 융모들로부터 융모세포들을 채취하여 태아의 유전적 또는 염색체 이상들에 관한 검사를 할 수 있다. 융모막이 그물구조물과 모체의 조직들은 암적색의 해면 형태인 **태반(placenta)**을 형성하며, 이 태반이 굵게 뭉쳐진 배아의 혈관들이 자궁 내벽의 혈액으로 채워진 공간과 만나 교환이 일어나는 장소이다. 태반은 모체와 배아 사이에 이산화탄소, 산소, 영양소 및 노폐물 등의 확산을 허용해 주는 하나의 생명 고리이다(**그림 8.9**). 탯줄(umbrical cord)은 배아를 태반과 연결시켜주는 하나의 생명줄이다.

태반에서는 배아의 혈액과 모체의 혈액이 섞이지 않지만, 영양소들과 산소는 모체 혈액으로부터 배아의 혈관벽을 가로질러 배아 혈액에 공급된다. 역 방향으로는 이산화탄소와 그 밖의 노폐물들이 이동한다. 몇 주 후에 태반은 에스트로겐과 프로게스테론 생산을 시작한다. 이들 호르몬이 자궁벽을 유지하며 LH와 FSH 생산을 차단시킨다. 이 차단이 월경을 막아주고 임신이 끝까지 지속되도록 해준다. 이어서 황체가 서서히 퇴화되어 황체에서의 에스트로겐과 프로게스테론 방출이 정지된다. 8주 때에 주 기관계들과 외부구조물들이 형성되는데, 이때부터 배아는 *태아*(fetus)로 불린다. 태아의 발생은 약 9개월까지 계속한다. 임신 기간을 3개월씩 나눈 기간을 *임신3분기*(trimester)라 부른다.

사람 배아의 발생 단계들

임신기간 동안에 신경계와 다른 기관들이 형성되는데, 작은 세포 덩어리들로부터 사람 모양을 갖춘 생명체로 변형되는 것이다.

임신 첫 3개월(제1 임신3분기)

임신 3주 이후부터 신경관이 감겨 올라가면서 기관들의 형성이 시작된다. 이 시기에 원시적 혈구세포들과 혈관들은 이미 만들어진 상태이다. 4주째(**그림 8.8**, ⑩ 단계), 배아의 심장은 뛰기 시작하여 혈액을 펌프한다. 임신 5주째에, 울퉁불퉁한 자벌레처럼 생긴 작은 원시 뇌가 생기는데, 이 세포들은 상상할 수 없을 정도로 빨리 분열하여 1초에 50,000~100,000개의 새

로운 신경세포들이 만들어진다. 이때 지아(limb bud)들이 보이며, 장(intestine)은 단일 관 모양을 한다. 또한 간, 담낭, 이자, 허파, 눈, 코와 뇌 등이 형성되기 시작한다. 비록 배아의 길이가 5 mm 정도이지만, 이 배아는 수정란에 비해 이미 10,000배 정도 커진 것이다.

배아가 8주 째 접어들면 이때부터는 태아라 부르는데(**그림 8.8, ⑬ 단계**), 이때 태아는 대부분의 기관들이 갖추어져 있으며, 나머지 임신기간 동안에는 이들이 단순히 커지며 성숙하는 것이다. 손가락과 발가락들은 앞에서 이미 본 대로 사지발생 기작들에 의해 잘 형성되어 있고, 머리 부위가 가슴으로부터 들어 올려지기 시작한다. 두개골 형성의 첫 징후가 9주째에 나타나며, 그때가 되면 태아는 몸을 구부릴 수 있고, 딸꾹질도 하며, 큰 소리에 대해서는 몸을 많이 움직이는 반응을 한다. 10주 때, 태아는 팔을 움직일 수 있고, 턱을 움직이거나 손발을 펼 수 있다. 이 시기 태아는 몸길이가 약 23 mm 정도이다. 제1 임신3분기는 12주 때 끝나는데; 이때가 되면, 태아의 심장 고동소리도 들을 수 있으며 태아의 신장은 약 40 mm 정도 되고, 태아는 하품, 빨기, 삼키기를 할 수 있고, 접촉에 반응하여 움직이거나 심장박동이 빨라지는 반응을 한다. 1차 성 기관들도 제1 임신3분기에 발생되지만, 이때에는 생식소, 생식관, 외부 생식기 등이 양 성에서 모두 같게 보이므로 아들인지 딸인지를 구별할 수는 없다. 그러나 앞에서 언급됐던 검사법(양막천자나 융모막 융모표본 채취)을 통해서는 이 시기에 성별을 결정할 수는 있다.

임신 3개월~6개월(제2 임신3분기)

제2 임신3분기와 제3 임신3분기에서는 제1 임신3분기 동안 발생된 기관들의 크기가 증가되고 성숙이 이루어진다. 12주 때에 모체는 그녀의 자궁이 커가고 있는 것을 자각한다. 임신 15주 말경이 되면, 태아는 길이가 56 mm 정도 된다. 16주 때에 태아의 얼굴이 "사람"의 얼굴처럼 보인다. 20주에서 24주까지 몸이 솜털로 덮이고, 청진기를 통해 모체의 소리에 반응하여 나타나는 태아의 심음과 반응 소리(심장 박동률과 몸 움직임의 증가)를 들을 수 있다. 양쪽 폐도 형성은 되었지만 아직 그 기능은 발휘하지 않고, 탯줄, 양막낭 그리고 태아 자신의 얼굴, 발가락과 손가락 등 접촉 탐지에 반응하여 잡는 반사를 시작한다.

탄생을 위한 준비

제3 임신3분기 시작 때, 태아의 눈꺼풀이 열리고 눈썹과 속눈썹이 만들어지며, 눈이 빛을 감지할 수 있게 된다. 이때가 탄생까지 2개월 정도 전이지만, 미성숙 상태로 애기가 태어날 수 있는데, 이 미숙아가 살아남을 가능성은 10% 정도이다. 태아의 뇌는 임신 전체 기간을 통해 빨리 생장하여 뇌의 제일 바깥층인 대뇌피질(cerebral cortex)이 두개골의 80% 정도까지 채워지는데, 그 표면부위의 2/3가 정교한 홈으로 들어간 주름이 형성되어 있다. 마지막 2주 동안에는 태아가 너무 커져서 모체의 자궁 공간이 좁기 때문에 태아의 활동이

그림 8.9
태아막과 태반

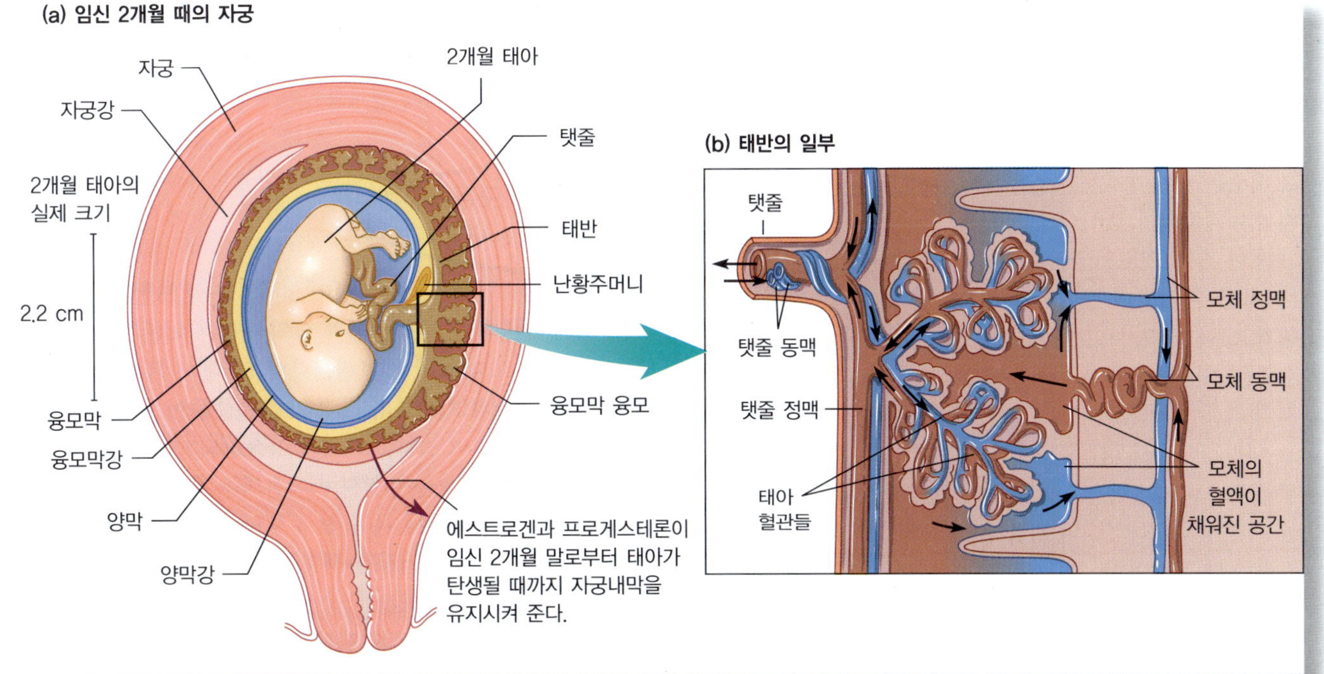

사춘기(puberty)
성 기관의 성숙과 2차 성징(여성의 경우엔 유방, 남성의 경우엔 수염과 변성 등)의 발달 시기

노화(aging)
각 세포들의 최대 기능 수준들과 전체 기관들이 반복 사용에 따라 점진적으로 쇠퇴해 가는 것

노쇠기(senescence)
노화에 의해 세포들과 기관들의 극심한 저하를 나타내는 상태 또는 그 시기

감소된다. 임신 전 모체의 마지막 월경 후 280일 정도에 태아는 다 자라서 임신기간이 끝나고, 태어나게 된다. 모체가 쌍둥이 또는 그 이상을 임신한 경우엔 임신기간이 조금 짧아질 수 있으며, 아기들도 작은 편이다.

출산과 수유

진통이 오고 분만 시기가 가까워지면서, 태아는 자신과 모체에서의 탄생 준비를 한다. 모든 정상 태아들은 따뜻한 자궁으로부터 방출된 후, 열 생산에 사용할 수 있도록 목과 등을 따라 특정 갈색지방을 저장하고 있다. 또 아기가 모유를 빨 수 있을 때까지 영양분 공급을 위해 심장과 간의 특정 저장부위에 탄수화물들을 축적하고 있다. 태반은 모체 유선에서 젖 생산을 준비하도록 호르몬을 분비한다. 모체 자궁의 근육들은 더 흥분되고 주기적으로 수축하여 출산시기에 접근하면서 주기적으로 수축하며 힘이 주어지는 "가성 분만"이 오게 한다.

마지막 임신3분기 동안, 모체의 자궁은 옥시토신 호르몬에 반응하여 100배 정도로 커진다(**그림 8.10**). 옥시토신(oxytocin)은 뇌의 시상하부에서 생산되며, 임신 여성의 뇌하수체 후엽에 운반된 후 방출된다. 옥시토신에 대한 민감성이 역치에 도달하면, 출산을 위해 힘을 주게 되는 일과 자궁 수축이 일어나는 진통이 시작된다. 자궁경부의 신경들이 모체 뇌로 하여금 더 많은 옥시토신 분비를 자극하여, 자궁근 수축이 더 많이 일어나게 한다. 옥시토신은 또 자궁벽에서의 프로스타글란딘(prostaglandin) 호르몬들의 분비를 자극하여 이들에 의한 자궁 수축을 더 지속되게 한다. 이와 같이 양성되먹임 고리가 옥시토신을 더 방출되도록 해주는 일이 아기가 탄생될 때까지 계속되며, 출산이 끝나면 이 조절 고리도 끝난다.

자궁 수축이 더 길어지며, 더 강해지고, 더 규칙적으로 일어남에 따라 경부가 확장된다. 각 수축은 자궁의 상단부 끝에서 시작하여, 점진적으로 경부까지 내려옴에 따라, 아기의 머리가 질(vagina)을 향해 계속 밀고 내려간다. 이 기간이 12시간 또는 더 길 수도 있으며, 몇 분 간격으로 가속화될 수 있다. 자궁 압착이 종국에는 양막낭을 터지게 하고("양수의 방출"), 경부 입구가 10 cm 정도로 열려질 때 분만이 몇 분 이내에 일어난다. 모체 복부 근육들을 강하게 밀어주면, 모체는 아기의 머리가 경부 개구를 더 빨리 지나갈 수 있게 하여 아기의 어깨와 엉덩이가 빠져 나가게 해 준다.

만약 탄생에서 발생이 멈춘다면 모든 사람들은 영구적으로 아기들일 것이다.

그림 8.10
탄생: 자궁 수축과 분만

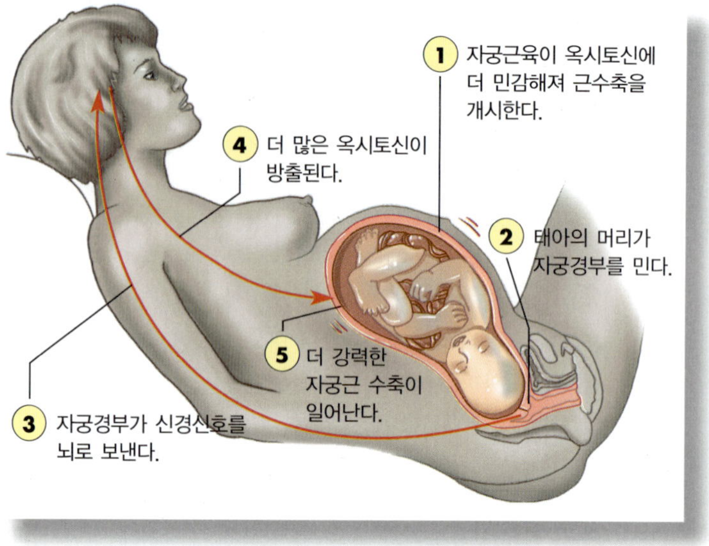

목표6 생장, 성숙 그리고 노화

만약 탄생에서 발생이 멈춘다면, 모든 사람들은 영구적으로 아기들일 것이다. 그러나 실제는 발생과 생장이 유아기와 청년기까지 일어나서 상당한 변화와 성숙을 이끄는데, 뇌와 생식기관들이 특히 더 그렇다. 태어날 때 뇌가 가장 발생이 진행된 기관이지만, 그 무게는 발생이 완료된 성인의 뇌 무게의 25% 정도이다. 3살이 되면 75%에 도달하고 10살이 되면 90%에 도달한다. 체중의 증가율은 뇌 중량에 비해 많이 낮아서, 태어날 때 체중이 성인의 5% 정도인 것이 10살이 되어도 50% 정도이다. 소녀의 경우는 11~13세 때, 소년의 경우는 13~15세 때에 극적인 성적 성숙의 변화를 가지는데, 이 시기를 **사춘기(puberty)**라 하며, 이러한 성적 변화에는 생식계의 발달, 앞에서 언급한 2차 성징들의 발달을 들 수 있다.

현대는 영양조건, 위생조건과 건강관리 등의 향상 덕택에 청년기 말에서 시작되는 신체적 성숙에 의한 성인 생활이 50세~75세 또는 그 이상까지도 지속된다. 신체 기관들 발달의 정점은 일반적으로 20대 초반에서 30대 초반까지 일어나며, 30세 이후 어느 순간부터 각 세포들과 기관들의 최대 기능 수준들이 점진적으로 쇠퇴해 가는 현상인 **노화(aging)**가 가속화되기 시작한다. 50세쯤 되었을 때, 여성들은 월경이 단절되는 폐경(menopose)을 경험할 것이며, 남성들은 사정 유지 능력이 저하됨을 경험하게 될 것이다. 60세(건강한 생활을 유지하는 사람들은 70세 또는 75세)가 넘으면 어느 순간부터 사람들은 **노쇠기(senescence)**로 접어든다. 이때부터 세포들과 기관들의 기능이 점진적으로 더 심하게 떨어진다.

무엇이 노화를 일으킬까?

우리는 우리의 부모와 조부모 심지어 애완동물 조차에서도 노화가 자연적으로 일어나며 피할 수도 없음을 알고 있다. 그렇다면 무엇이 노화를 가져오는 것일까? 생물학자들은 노화에 대하여 두 가지 의견인 유전적 시계 가설과 소모 가설을 제시하고 있다. 많은 전문가들이 유전적 시계 가설을 지지하고 있는데, 이들은 생명체가 노화와 죽음에 대하여 유전적으로 명기된 예정표를 가지고 있다고 주장한다. 유전자들이 기관형성 시기를 조절하는 것처럼, 유전자들이 또한 어떤 기관 기능을 둔화시킬 것인 가에도 영향을 준다는 것이다. 소모 가설을 주장하는 생물학자들은 복제 중의 무작위적 오류의 축적, 단백질 합성을 위한 DNA의 사용, 또는 효소로 작용할 수 없는 단백질이나 그 밖의 단백질들과 지질들과 같은 물질대사 부산물들의 축적에 의해 노화가 일어난다고 주장하고 있다. 정보의 오류들은 햇빛에의 노출, 방사선 또는 화학물질 등과 같은 환경적 요인들에 기인할 수도 있다. 불행하게도, 연구자들이 노화기구를 밝혀내는 데에는 아직도 갈 길이 멀다는 것이 현실이다.

누가 알았겠는가?

전 세계적으로 볼 때 인구과잉이 불임보다 더 심각하다고 할 수 있다. 그러나 미국과 같은 선진국에서는 불임 문제를 해결하기 위해 의료계의 도움을 갈망하는 경제력을 가진 부부들이 더 많다. 또한 미국에는 여인들이 나이 먹을 때까지 임신을 기피하는 것이 보편화되어 있다; 불임이 가장 많은 그룹들이 나이가 든 여성 집단이다.

CHAPTER

9

진화의 기작들

학습목표

목표[1] 진화사상의 출현에 대해서 이해한다.

목표[2] 진화에 관한 증거를 기술한다.

목표[3] 진화적 변화의 경로들을 확인한다.

목표[4] 유전적 돌연변이를 설명한다.

목표[5] 어떻게 유전적 돌연변이가 일어나는가를 이해한다.

목표[6] 진화의 증거들을 확인한다.

목표[7] 자연선택을 이해한다.

목표[8] 새로운 종은 어떻게 나타나는지를 설명한다.

“현존하는 종들이 현재 살고 있는 생물종들의 조상들이 아니다; 조상 종들은 오래전에 사라졌다”

상승하는 저항성

웨인 채드윅(Wayne Chedwick)에게 흔한 세균인 *포도상구균*(*Staphylococcus aureus*)은 그의 생활, 걷는 능력 그리고 그의 발 일부를 앗아가는 보이지 않는 적이다. 어떤 강의실, 영화관 또는 야구장 등에서 관중의 10% 이상이 그들의 코와 목에 아무 증상을 보이지 않고 살아가고 있는 “구균” 집단(population, 개체군)을 가지고 있을 것이다. 그러나 *포도상구균*은 어떤 사람에게는 매개체 역할이나 다른 원인을 제공하여 종기, 궤양성 상처, 골감염 심지어는 패혈증까지 일으킨다.

당신은 무엇을 알고 있을까?

왜 멸종이 어느 종들의 운명이 될 수 있을까?

채드윅은 이들 모든 것을 가졌던 것이다. 물론 그의 주치의는 그에게 여러 가지 항생제들(antibiotics)을 처방하였다. 그러나 **채드윅**의 다리 뼈에 군체(colony)를 형성하고 있는 포도상구균 균주들은 대부분 항생제들을 사용해도 죽일 수가 없었다. 그 이유가 무엇일까? 그가 여러 번 접촉했던 균주가 항생제에 대한 저항성(resistence, 내성) 유전자들을 획득한 것이다. 즉 균이 새롭고 위험한 형질들을 갖도록 진화했던 것이다.

미국 애틀랜타 시 소재 미연방 질병 통제 및 예방 본부의 **텐오버(Fred Tenover)** 박사는 주의 깊게 이들 항생제 저항성에 대한 새로운 사건에 대해 추적하여, 그들을 “성가스럽고” 매우 “위협적”이라고 생각하였다. “매년 2~3백만 명이 병원에 입원했을 때 감염이 되는데, 그중 70% 정도가 한 종류 항생제에 대한 저항성을 가지며, 감염에 의해 매년 90,000 명의 생명을 앗아간다”고 **텐오버** 박사는 설명한다. 이들 사례뿐 아니라 전 항생제들에 대한 저항성은 심각한 의학적 장애가 되고 있고, 마치 1940년대 페니실린이 널리 사용되기 전 세상에서 그들이 했던 것처럼 단순한 감염균들이 살아남고 있는 마술을 부리고 있다고 할 수 있다. 그러나 이와 같은 경우들이 또한 생물학적으로 중요성을 가진다. 그들은 자연선택에 의한 진화의 현대적 예라 할 수 있으며, 이것이 이 장의 주제이다.

이 장을 공부해 가면서 여러분들은 어떻게 자연선택이 항생제 저항성을 가져오게 하는지 알게 되겠지만, 또한 자연선택이 지구에 살고 있는 식물과 동물 생명체들의 놀랄 만한 다양성을 갖게 하는 것에 대해서도 알게 될 것이다. 여러분은 공룡과 빙하기 포유류들을 있게 했던 진화의 양상을 알게 될 것이다. 또한 자연선택이 어떻게 새로운 종을 탄생하게 하고, 적응되지 못한 종들을 제거시키며, 자연선택이 어떻게 항생제에 저항하는 유전자와 같은 성공적인 생존 도구를 준비하도록 생명체들을 도와주는가를 이해하게 될 것이다. 이 장을 모두 공부한 후에 여러분은 아래의 질문들에 대한 답을 알게 될 것이다:

- ☑ 박물학자들은 진화의 개념을 어떻게 발전시켰는가?
- ☑ 진화의 증거는 무엇인가?
- ☑ 진화적 변화의 여러 양상들은 무엇인가?
- ☑ 유전적 돌연변이는 어떻게 생기는가?
- ☑ 집단들에서 유전적 돌연변이의 유전을 지배하는 원리는 무엇인가?

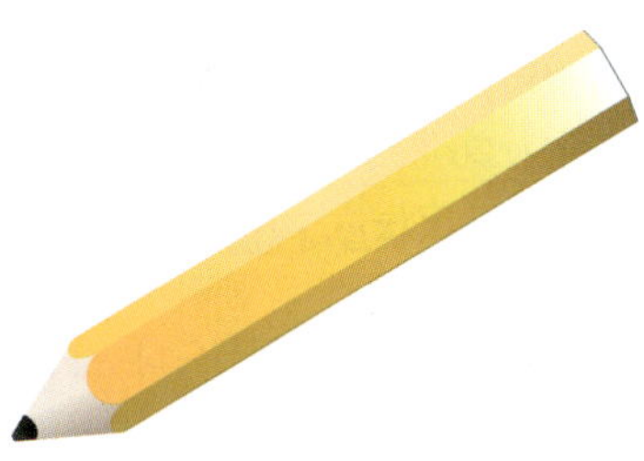

획득형질들의 유전 (inheritance of acquired characteristics)
생명체의 일생 중 생명체의 외모나 기능의 변화가 유전될 수 있다는 개념

- 진화의 기작들은 무엇이며 그 기작들은 어떻게 작용하는가?
- 어떻게 자연선택이 생물 집단들로 하여금 환경에 적합하도록 해주는가?
- 종이란 무엇이며 그들은 어떻게 기원되는가?

목표1 개념으로서의 진화의 출현

세균들에서 항생제 저항성이 어떻게 진화되는가에 대한 설명이 우리들로 하여금 진화 또는 생명체 집단에서의 유전자 빈도의 거듭된 변화에 대해 이해하도록 도와준다. 그런데 다른 생명체들에서도 진화가 동일한 방법으로 일어날까? 그리고 진화가 어떻게 하여 엄청난 생명의 다양성을 가져오게 하는 것일까? 지구에는 수백만 종류의 곤충류, 수백 수천 종류의 식물류 등등이 존재한다. 진화가 이렇게 만든 것일까? 만약 그렇다면 어떻게?

18세기 말에서 19세기 초까지도 대부분의 박물학자들은 생물의 각 종들은 따로따로 창조된 것이며 창조된 이후 현재까지 변하지 않고 살아남은 것이라고 믿었다.

그러나 이 무렵 유일한 창조물이라는 것과 종은 변하지 않는다는 개념을 반박하기 위한 사실들을 규명하기 위하여 자연세계에 대한 과학적 탐구가 이미 시작되고 있었다. 만약 모든 종류의 생명체들이 단일 장소에서 창조되었다면, *왜 지구의 다른 지역들에 다른 종류의 생명체들이 존재하는 것일까?* 만약 모든 종류의 생명체들이 한 시기에 창조되었다면, *왜 고대에 멸종된 생명체들이 현존하는 생명체들과 다를까?* 만약 각 생물종이 개별적으로 만들어져 변하지 않았다면, *어떻게 동일한 기본 골격 구조가 헤엄치기, 비상하기, 그리고 멋진 조작에 적합한 디자인으로 될 수 있었을까?* 그와 같은 수수께끼들에 접하면서, 소수의 박물학자들은 생명체 집단들은 끊임없이 변하고 진화되어 왔을 것이라고 제안하기 시작했다.

라마르크: 진화적 변화의 초기 제안자

프랑스의 박물학자인 **라마르크(Jean Baptiste Lamarck, 1744~1829)**가 종(사람도 포함)이란 다른 종들의 후손이라는 견해에 많이 주목했었던 최초의 기록자였다. **라마르크**는 또한 이러한 변화가 기적이 아니라 자연의 법칙들에 기인한 것이라고 주장하면서, 이러한 변화가 어떻게 생겼는가에 대한 가설적 기작을 제안하기도 했다.

라마르크는 두 가지 점을 제시하였다. 첫째, 그는 한 동물의 신체적 요구가 그 몸이 어떻게 발생될가를 결정한다고 제안하였다. 둘째, 사용하느냐 사용하지 않느냐에 따른 기관 크기의 변화들이 유전될 것이라고 제안하였다. 예를 들어, 높은 나무 위의 잎을 따먹기 위하여 목을 길게 뻗침을 통해 획득된 기린의 목이 그 후손들에게 전달된다는 것이다. 후에 생물학자들은 **라마르크**의 이러한 가설을 **획득형질들의 유전(inheritance of acquired characteristics)**이라고 불렀다.

1800년대 중반의 생물학자들은 아직 유전에 대한 세포기작을 알지 못했었다. 그러나 영국의 두 박물학자였던 **다윈(Charles Darwin)**과 **월리스(Alfred Russell Wallace)**는 지구의 여러 지역을 상세히 관찰함으로써 생명체들이 어떻게 진화하는가에 대한 뛰어나고 놀랄 만한 설명을 고안해 낼 수 있었다.

발견을 위한 항해

다윈과 **월리스**는 과학의 여러 분야가 빨리 발전하던 시기에 살았었다. 흥분시켰던 분야의 하나가 자연계가 변하지 않는다는 신념이 커지고 있었던 시기였었다. 1700년대 말부터 1800년대 초기에 발견되었던 화석들이 여러 과학자들로 하여금 식물들과 동물들이 여러 차례 변화되어 왔다는 것을 확신하게 해주었다. 하나의 실질적 화석이 중생대에 살았었던 멸종된 해양 파충류의 하나인 최초의 사경룡(plesiosaur)과 그 밖의 진화에 관한 논란이 될 수 있던 많은 여러 화석들이었다. 같은 시기의 지질학자들이 또한 성경의 창조론을 반박할 수 있는 물리적 진화의 증거를 발견하였다. 그들은 우리의 지구가 수백만 내지 수천만 년 된 것이며, 서서히 그리고 지속적으로 변화하고 있음이 틀림없다는 것을 증명하기 위해 산맥의 형성, 땅의 부식 그리고 화산폭발 등을 기록하였다.

이와 같이 다양한 사회적 및 과학적 정황이 **다윈**과 **월리스**가 독립적으로 그들의 여행을 통해서 익숙하지 않았던 생명체들을 관찰하게 하였으며, 그 두 사람이 서로의 견해를 모르는 상황이였는데도 불구하고 진화의 기작이 어떻게 일어나야만 했는가에 대하여 거의 비슷한 결론을 끌어냈다.

다윈은 자연사에 대하여 열성적으로 흥미를 가졌었다. 그는 **피츠로이(Fitzroy)** 선장이 HMS *비글* 호를 타고 남아메리카 해안의 지도를 작성하기 위한 항해에 박물학자로서 동승하였다. 항해하는 동안에 그는 남아메리카의 정글, 고원지대 및 산 등을

© KEN BROWN/ISTOCKPHOTO.COM

답사하였다. 여행 중 중간 정박지인 갈라파고스(Galápagos)는 에콰도르 서쪽의 검은 화산섬들로서, 작지만 희귀한 동·식물들이 서식하고 있었다. 그곳에서 **다윈**은 단일 종이 보여줄 수 있는 다양한 모양들과 색깔들을 보이는 생명체들에 감명받고, 그와 같은 다양성이 어떻게 생길 수 있을가에 대해 의문을 가졌다. 항해 후 그는 동·식물에 관한 스케치와 관찰들을 기록한 노트들을 한아름 안고 영국으로 돌아왔으며, 그가 관찰했던 동·식물들이 종의 기원을 밝혀줄 것이라고 확신하였다. **월리스**도 식물들, 곤충들 그리고 다른 생물 표본들을 수집하기 위해 남아메리카를 항해했었다. **다윈**처럼 그도 여행을 통해 각 종의 집단들에서 놀라운 차이를 가진다는 것을 관찰하였다. 또한 **월리스**도 **다윈**처럼 그가 본 것을 설명하기 위해 자연선택에 의한 진화론을 고안해 냈다.

1858년에 **월리스**는 생물종이 공동 조상으로부터 수차에 걸쳐 변화했다는 개념인 자연선택과 적자들만이 살아남았다는 견해를 담은 진화 이론의 일부가 담겨진 몇 가지 논문을 발표하였다. 그 이듬해에 **다윈**은 "*자연선택에 의한 종의 기원에 대하여*"라는 기념비적이고 체계화된 책자를 출간하였다(아래 오른쪽 사진).

다윈과 **월리스**는 그들의 두 가지 중심적 견해를 담은 매우 귀중한 유산을 이 세상에 남긴 것이다: 그것은 (1) **변형된 혈통(descent with modification)**—모든 생명체들은 공동 조상으로부터 변화해 온 후손들이라는 것과; (2) 환경에 더 잘 적응된 개체들만이 생존력과 번식력을 증가시킨다는 **자연선택(natural selection)**의 두 가지이다.

변형된 혈통

다윈은 진화란 가지 친 나무와 같아서, 더 최근에 진화된 생물종들은 바깥쪽 가지의 끝에 해당하며, 오래되었거나 멸종된 종들은 가지의 기부나 낮은 쪽 가지들에 해당한다고 생각하였다. 이것이 **라마르크**나 창조론 지지자들이 예측한 형태와 뚜렷이 대조를 이룬다. **다윈**의 견해는 그 당시 널리 알려진 견해, 즉 진화는 벌레나 물고기와 같은 "하등생물들"로부터 새, 개, 사람 등과 같은 "고등생물들"까지로 구성된 사다리와 같다는 잘못된 견해에 반대되는 주장이었다. 즉 현존하는 종들이 현재 살고 있는 생물종들의 조상들이 아니며, 조상 종들을 오래 전에 사라졌다고 주장하였다. **다윈**과 **월리스**가 제안했던 가장 큰 개념적 발전은 어떻게 변형된 혈통이 생길 수 있는가에 대한 기작이었다.

자연선택에 의한 진화

다윈과 **월리스**가 얻은 남아메리와 갈라파고스 군도와 같은 먼 지역에서의 경험들이 그들로 하여금 진화는 지속적으로 진행되어 왔음을 확신하게 해줬다. 그러나 **다윈**이 영국으로 돌아왔을 때까지도 그는 진화를 일으키는 기작에 대해 숙고하고 있었다. 결국에 **다윈**은 관찰에 근거한 명백한 사실들을 함께 묶어서 오늘날까지 영향을 미치는 결론을 도출해 냈다:

사실 1. 한 집단의 개체들은 여러 가지 형태로 변하며, 이들 변이종들의 일부는 유전될 수 있다.

사실 2. 생물 집단들은 환경의 먹이, 공간 그리고 그 밖의 받쳐줄 수 있는 이점들에 비해 더 많은 후손들을 만들 수 있다. 이것이 동일 집단 내의 개체들이 제한된 자원 안에서 서로 경쟁하게 만든다.

다윈의 결론. 개체들의 유전형질이 그들로 하여금 국소적 환경에 더 효율적으로 대항할 수 있게 해주는 개체들이 그런 유전형질을 갖지 않는 개체들보다 더 잘 살아남으며 번식할 수 있는 것이다. 그 결과로 특정 유전형질들이 여러 세대를 거쳐 한 생물집단에 더 공유하게 되었다.

변형된 혈통 (descent with modification)
모든 생명체는 공동 조상으로부터 변화되어 온 후손이라는 개념

자연선택 (natural selection)
각 개체들의 증대된 생명력과 증식력은 환경에 잘 적응된 것이라는 개념

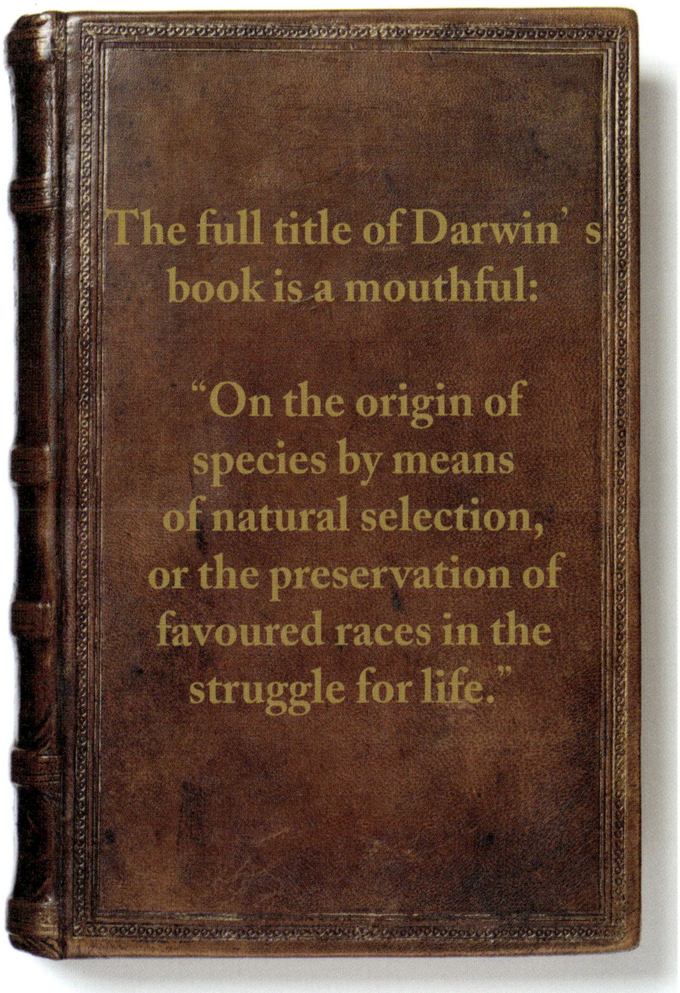

© JOE CICAK/ISTOCKPHOTO.COM

화석(fossil)

그전 지질학적 시대의 생명체들의 흔적이나 잔존물

퇴적암 (sedimentary rock)

모래와 흙들이 수천 년 또는 수백만 년 축적되어 바위 층을 형성한 것으로서, 종종 그 속에 서로 다른 시대의 화석화된 생명체들이 매몰되어 있음

다윈(뒤에 **월리스**도)은 환경 요인들에 의해 가해지는 압박을 "자연선택(natural selection)"이란 용어로 사용하였다. 또 이 용어는 더 잘 적응된 개체들에 의한 번식성공에도 적용하였다. 두 학자는 자연이 다음 세대로 이어 내려갈 유리한 유전형질들을 "선택"하기 때문에 이 용어를 채택한 것이다. 유리한 형질들 또는 *적응들*(adaptations)이란 몸 구성부위들, 행동들 그리고 생명체가 처한 환경에서 살아남을 수 있는 생리학적 과정들을 포함한다. 유리한 형질들은 자연선택의 결과로 변형되거나 유지되는데, 그 이유는 자연선택이 생명체들로 하여금 성공적으로 생존하고 번식할 기회를 개선시키기 때문이다. 현재 생물학자들은 자연에서의 진화에 깔려 있는 주 기작으로 자연선택의 원리를 받아들인다.

종종 사람들은 자연선택이 한 집단 내에 돌연변이의 원인이라고 생각하는 것에 대해 혼란스러워 한다. 그러나 짧은 목이나 긴 목, 항생제 저항성 그리고 집단들 내에 이미 존재하고 있는 그 외의 유전형질들이 돌연변이 또는 종종 세균들의 경우엔 외부 유전자의 취득(즉, 형질전환)의 결과들인 것이다. 자연선택이 단순히 가장 경쟁적인 개체들을 낳게 한다: 환경 조건들에 가장 잘 적응할 수 있는 형질들은 갖는 개체들만이 살아남고 더 많은 후손들을 생산한다는 것이다.

> 자연선택이 단순히 가장 경쟁적인 개체들을 낳게 한다: 환경 조건들에 가장 잘 적응할 수 있는 형질들을 갖는 개체들만이 살아남고 더 많은 후손들을 생산하는 것이다.

뒤에서 자연선택이 어떻게 특정 유전자들을 선호하게 되는가에 대하여 보다 상세하게 설명될 것이다. 그렇더라도 여기서는 먼저 **다윈**, **월리스** 그리고 그들 이후의 생물학자들에 의해 축적된 자연선택에 의한 진화와 관련된 증거들 일부에 대하여 알아보자.

목표2 진화의 증거들

진화는 생물학의 수많은 양상들을 설명할 수 있게 해주는 엄청난 힘을 가지는 것이며 대부분의 생물학자들은 그것을 진실로 받아들인다. 연구자들은 화석 기록들, 동·식물들의 해부, 그리고 생명체들의 지리적 분포 등을 통해 진화를 뒷받침해주는 증거들을 발견해왔다.

화석 기록

화석(fossil)들이란 그전 지질학적 시대의 생명체들의 흔적들이나 잔존물들이다. 화석들은 과학자들에게 과거 생명체들의 외모나 그들의 생존 장소와 생존 시기 등에 관한 실체적 증거를 제공해 준다. 하나의 화석은 먼 옛날 호수나 바다의 진흙 바닥을 헤치며 살았던 한 동물이 암석 속에 보존된 흔적에 불과하다. 다른 화석들은 식물 잎 모형의 자국, 동물들의 발자국, 주물, 외형 또는 종종 부패한 유기물들이 제거되고 광물질들로 대체된 후 암석에 묻힌 유연한 몸 부위 등을 보존하고 있다. 그러나 가장 눈에 흔한 화석들은 딱딱한 껍질, 뼈, 치아 등과 같은 견고하고 부식되기 어려운 구조물로부터 형성된 것들이다.

화석들과 퇴적암

일부 화석이 빙하, 이탄습지, 또는 타르 갱에서 출현하기도 하지만, 화석 수집가들은 대부분의 화석을 모래와 흙들이 수천 년 또는 수백만 년 축적되어 바위 층을 형성하여 만들어진 **퇴적암(sedimentary rock)**에서 발견한다. 새로 형성된 층들이 오래 된 층들을 압축함으로써, 압력과 열이 흙과 점토 그리고 모래 등이 함께 견고하게 만들고 점차 암석으로 변화시킨다.

고생물학자들이 북아메리카 노스다코타(North Dakota) 주와 사우스다코타 국경 가까이에 있는 Badlands에서 가장 풍부한 화석지대의 하나를 발견하였고, 진화과정에 대한 매우 귀중한 자료들을 알게 되었다(**그림 9.1**). 오늘날에도, Badlands 지역은 초원과 고원 그리고 튀어나온 암석들로 이루어져 있다. 그러나 약 7,000만 년 전 이 지역은 얕은 바다 밑층이였다. 따뜻한 바닷물이 껍질을 가진 멸종된 오징어와 문어의 유연 종들의 사체들인 암모나이트들로 빽빽하게 차지하도록 했다. 약 3,000만 년 전 쯤에 바다는 사라지고, 거대한 코뿔소처럼 생긴 동물인 티타노테레(titanothere)들이 육지 위를 돌아 다녔다. 그 후 몇 백만 년 동안 *메소히프스*(*Mesohippus*)라고 부르는 세 발가락을 가지며 무릎이 긴 말의 조상이 티타노테레들이 배회하던 장소에서 풀을 뜯어먹고 살았다. 마지막으로 약 2,500만 년 전까지 양처럼 생긴 오레오돈트(oreodont)들이 많이 살았던 것으로 화석은 보여주고 있다. 고생물학자들은 이들 각 생물종 화석이 특정 암석층에 있음을 발견함으로써, 서로 다른 생물종들이 특정 시대에 살았다는 것을 제시하고 있다.

만약 생명체들이 엄청난 시대 간격을 넘어 진화했다면, 고생물학자들은 오늘날의 주요 생명체 집단의 중간형태 화석들을 찾을 수 있어야만 했다(**그림 9.2**). 그런데 실제로 그런 일이 일어났다. 하나의 유명한(잘 알려진) 예가 1억 5,000만 년 전 까마귀-크기만 한 *시조새*(*Archaeopteryx*) 화석이다.

그림 9.1
지질학적 연대표

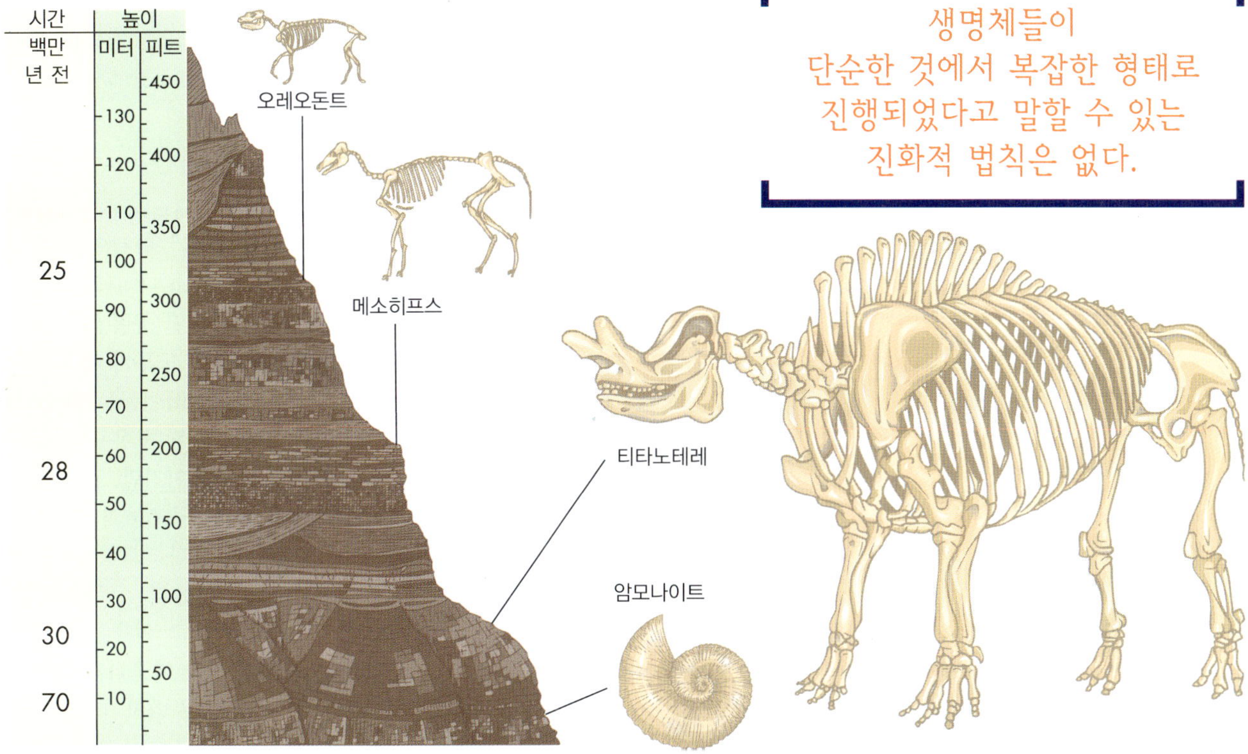

> 생명체들이
> 단순한 것에서 복잡한 형태로
> 진행되었다고 말할 수 있는
> 진화적 법칙은 없다.

이 동물은 거의 모든 점이 공룡과 유사하게 보이지만, 새처럼 날개를 가졌다(**그림 9.2c**). 최근 중국에서 발견된 화석들을 보면 영화 '*쥐라기 공원*'에서 보였던 벨로키랍토르(velociraptor)들과 매우 유사한 동물들이 나타난다. 그러나 동물 꼬리의 끝이 오늘날의 새들에서 날개를 받쳐주는 꼬리의 끝과 같은 모양을 한다. 새 종류와 공룡들 사이의 유사성들에 근거하여 현재 일부 고생물학자들은 조류(birds)를 살아있는 공룡의 한 형태로 분류하기도 한다.

화석 증거들이 여러 면에서 진화를 지지해 준다:

- 서로 다른 지질시대에 서로 다른 생명체들이 살았었다.
- 과거의 생명체들은 현존하는 생명체들과는 달랐다.
- 인접한 암석층에 있는 화석들은 멀리 떨어져 있는 암석층 화석들에 비해 서로 간에 매우 유사하다.
- 시조새와 같은 여러 형태의 생명체들이 나타난 적이 있다.
- 일반적으로 더 오래된 암석들일수록 단순한 형태의 화석들을 가지며, 현대와 가까운 시대의 암석들일수록 더 복잡한 화석들을 함유한다.

그렇지만 앞에서 살펴 본 대로 생명체들이 단순형태에서 복잡한 형태로 진행되었다고 할 수 있는 진화 법칙은 없다. 그 대신에 생물종들이 그들의 환경에 잘 적응했던 종들로부터 더 잘 적응된 종들로 진행되었고, 그렇지 못한 종들은 사라졌다고는 말할 수 있다.

비교해부학적 증거

만약 진화에 의해서 변형된 혈통들로 되었다면 이러한 변화들이 유전되었음을 말하는 것인데, 그렇다면 현존하는 생물종들의 해부적 구조가 약간의 차이는 있더라도 사라진 유연종들과 닮았을 것을 예견할 수 있다. 이것이 생물학자들로 하여금 연구를 통해 두 종류의 해부학적 증거인 상동성 구조와 흔적기관에 대해 알아내게 한 것이다.

상동성: 유사한 기원의 기관들

서로 다른 생명체들에서의 유사한 구조들이 변형된 혈통에 관한 논쟁을 지지해 준다. 잠시 여러 종류 포유류의 앞다리들과 그들이 행하는 기능들에 대하여 생각해 보라: 사람의 손은 컴퓨터 자판, 수술용 도구들, 페인트용 솔 등을 능숙하게 조작할 수 있고; 치타의 앞다리는 시속 116 km의 전속력으로 달릴 수 있게 도우며; 고래의 지느러미 발은 강력하고 우아하게 잠수하게 해주며; 박쥐의 날개들은 날 수 있게 해준다. 이들은 모두 다른 형태와 기능을 갖지만, 각 종류의 앞다리들은 같은 골격 요소들로 이루어져 있다(**그림 9.3**).

화석 증거가 포유류의 변형된 앞다리는 그 조상인 다섯 발가락을 가졌던 양서류의 앞다리에서 파생된 것이며, 이들이 각각 다른 효율적 업무를 할 수 있도록 자연선택에 의해서 변형되었다는 가설을 뒷받침해 준다. 윗부분에 하나, 그

상동요소
(homologous elements)
한 공동 조상의 단일 인자로부터 유래하여 서로 다른 종들이 갖는 인자들(다리, 지느러미 발, 날개 등)

흔적기관
(vestigial organ)
뚜렷한 용도를 갖고 있지 않는 구조물이지만, 있을 법한 조상의 구조물과 매우 닮은 구조물

아랫부분에 둘 그리고 다섯 손가락으로 구성된 한 세트의 골격 구성이(**그림 9.3** 참조) 조작, 달리기, 헤엄치기 그리고 날기 등 모두에 가장 적합한 배열이라는 견해가 대부분 해부학자들에게는 불합리한 것으로 받아들여지는 것 같다. 그들 종의 공동 조상의 단일 요소로부터 유래하여 각각 다른 종들의 요소들(다리, 지느러미 발, 날개 등)로 된 것을 **상동요소(homologous element)**들 이라고 부른다. 상동기관은 서로 다른 기능을 갖지만 그 유전적 청사진은 유사하며, 다른 종들 간에서도 매우 유사한 방법으로 조립될 수 있다.

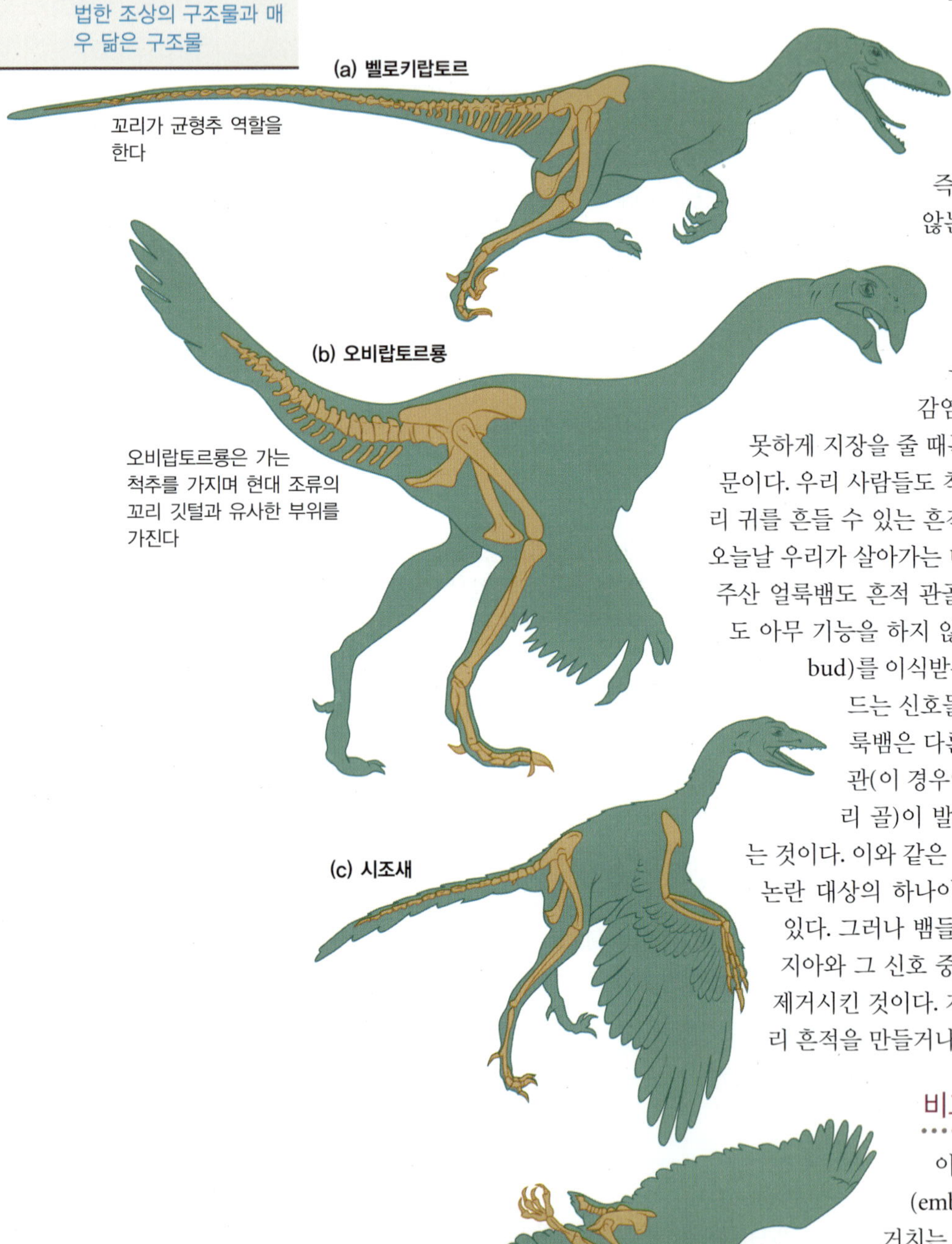

그림 9.2
화석에 나타난 중간 생명체들

흔적기관들

당신의 충수돌기는 당신의 사랑니(wisdom teeth)나 뱀의 관골과 비교할 때 어떤 공통점을 가졌을까? 그 답은 모두가 **흔적기관(vestigial organ)**이라는 것이다. 즉 생체 내에서 뚜렷한 용도를 갖지 않는 미완성 구조물이지만, 있을 법한 조상의 유용한 구조물과 매우 닮은 기관을 말한다. 여러분도 이미 충수돌기와 사랑니를 모두 제거했을 수도 있는데, 그 이유는 전자가 감염되었거나 후자가 어금니가 나오지 못하게 지장을 줄 때는, 있는 쪽이 아무 쓸모가 없기 때문이다. 우리 사람들도 척추골 끝에 흔적 꼬리를 가지며, 우리 귀를 흔들 수 있는 흔적 근육들을 가지고 있는데, 이들은 오늘날 우리가 살아가는 데 무용지물이다. 같은 방식으로 호주산 얼룩뱀도 흔적 관골과 대퇴골을 가지는데, 이들 골격도 아무 기능을 하지 않는다. 신기하게도, 닭의 지아(limb bud)를 이식받은 뱀의 배(embryo)에서 다리를 만드는 신호들을 만들기 시작한다. 이는 닭과 얼룩뱀은 다른 종이지만, 그들은 아직도 상동기관(이 경우엔 닭의 날개와 뱀의 흔적기관인 다리 골)이 발생경로를 공유하고 있음을 보여주는 것이다. 이와 같은 공유가 변형된 혈통에 대한 강력한 논란 대상의 하나이다. 닭들은 아직도 날개를 가지고 있다. 그러나 뱀들과 그의 조상들에서는 자연선택이 지아와 그 신호 중추 형성에 필요한 대립유전자들을 제거시킨 것이다. 지아가 없기 때문에 뱀들은 단지 다리 흔적을 만들거나 전혀 다리를 갖지 않는다.

비교발생학

이상하게 느껴지겠지만, 사람 배(embryo)도 물고기 배와 유사한 단계를 거치는 발생을 하며, 발생과정 중에 우리의 목 부위도 물고기 배의 경우처럼 아가미 틈(gill slit)들과 유사한 고랑과 작은 주머니 구조물들을 형성한다(**그림 9.4 a,b**). 대부분의 척추동물처럼 사람도 폐를 통한 호흡을 하지, 물고기처

그림 9.3
비교해부학이 변형된 동일 계통이라는 것을 지지해 준다

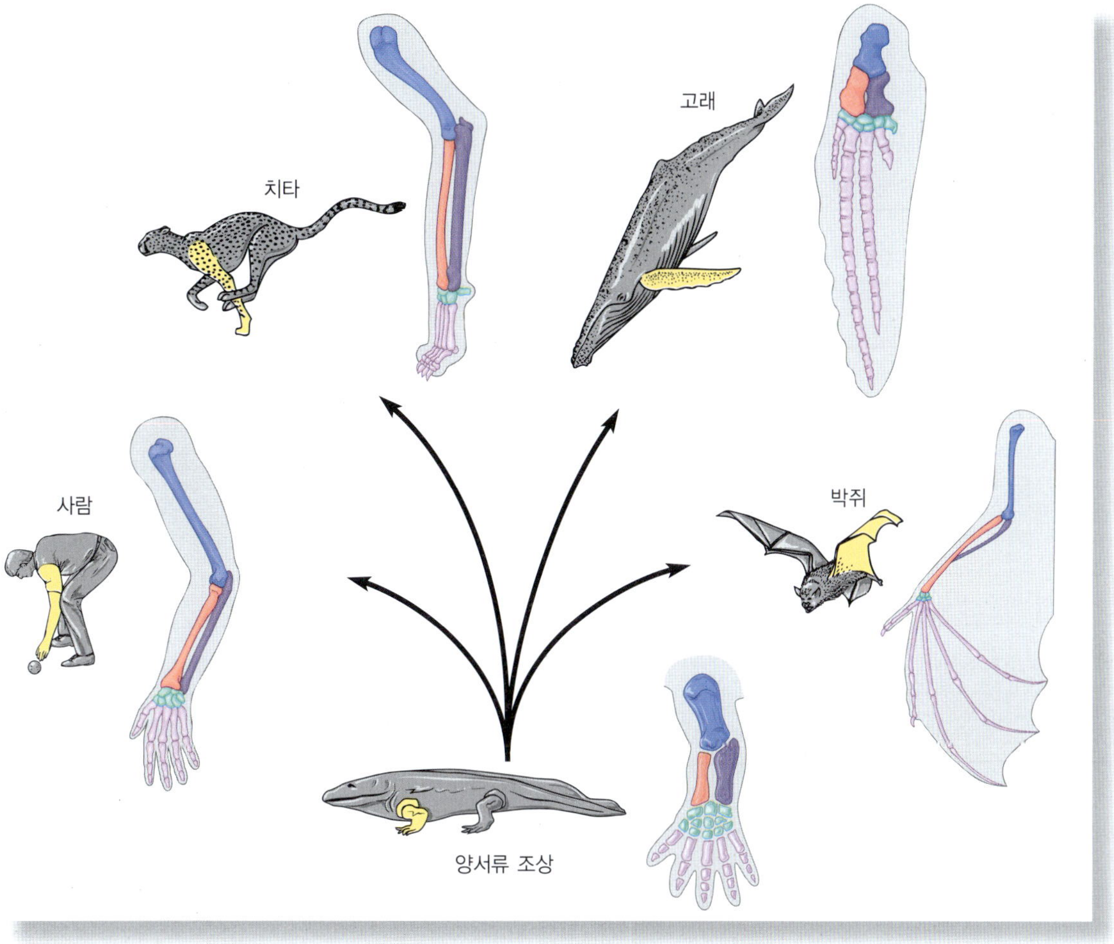

그림 9.4
비교발생학, 아가미 틈과 계통

(a) 어류의 배

(b) 사람의 배

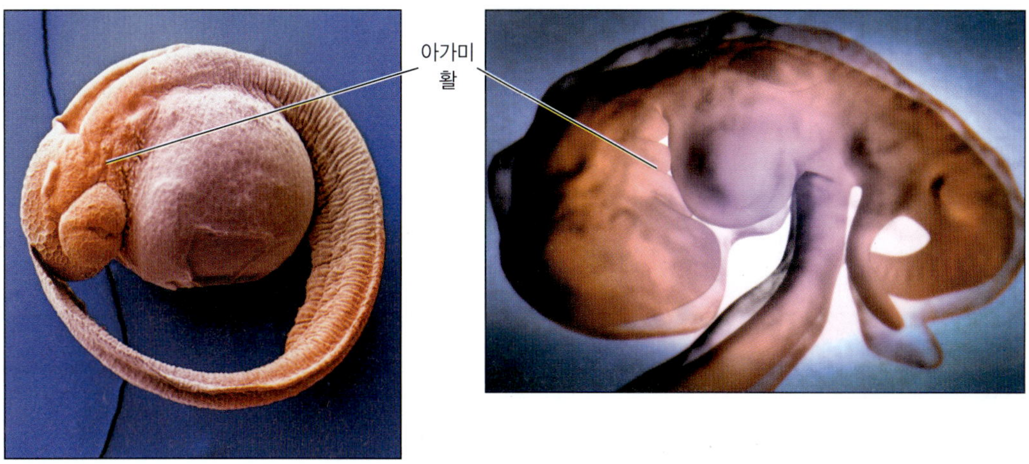

생물지리학(biogeography)
생명체들의 지리적 소재지에 대해 연구하는 학문 분야

럼 아가미 틈으로 호흡하지 않는다. 그런데, 사람의 배는 왜 이와 같은 작은 주머니 구조물들을 만들까? 사람 배의 목 부위 주머니 구조물들은 아가미 틈으로 성숙되지는 않지만 주위 조직들과 함께 유용한 기관들을 형성하는데, 그중 하나가 입에서 귀까지의 관통된 귀인두관(Eustachian tube)을 만드는 것이고, 주머니 구조물 사이의 조직들은 흉선과 편도들을 형성하게 된다. 어떤 사람들에서는 발생 중에 하나의 주머니 구조물이 변하거나 사라지는 경우가 있는데, 이러한 사람들은 물고기처럼 입 안쪽에서 목까지 긴 관을 가지고 태어난다. 이와 같은 이상은 외과적 수술을 통해 바로 잡을 수는 있지만, 아무튼 이것은 적어도 진화의 증거가 된다.

진화론은 왜 모든 척추동물의 배들이 잠시 동안 물고기 배와 유사하게 보이는가(작은 주머니 구조물)를 쉽게 설명해 줄 수 있다. 사람과 조기류(개복치나 농어 같은)의 마지막 공동 조상이 4억 5,000만 년 전에 살았고, 이 조상의 배는 오늘날 사람과 물고기 배의 경우에서처럼 아가미 주머니들을 발생시켰다. 사람 종족으로 나타난 다음, 자연선택에 의한 유전자 빈도의 변화가 이 주머니 구조물과 인근 조직들을 귀인두관, 흉선 그리고 편도선으로 발생되게 한 것이다. 물고기류에서는 자연선택이 동일 배조직들을 효율적인 산소–수집기관으로 변화시킨 것이다. 그러므로 발생학은 생명체들이 종종 고대의 조상 기원의 양상들이 유전되지만 오랜 세월을 통해 유전적으로 변형되었다는 증거를 제공해 주는 것이다.

분자적 증거

만약 모든 생명이 공동 조상으로부터 유래되어 점진적으로 유전적 변화를 해 왔다면, 오늘날의 모든 생명체들은 분자 수준에서 기본적인 양상들을 공유하여야만 한다. 실제로 모든 생명체들은 4종류의 DNA 염기, 단백질을 이루는 20종류의 아미노산, 동일한 유전암호 등을 가진다. 수십 종의 생명체들에서의 동일한 단백질 또는 동일한 유전자를 비교함으로써, 분자유전학자들은 분자적 계통수를 수립할 수 있다. 그와 같은 계통수 위에 그들(분자유전학자들)은 두 종류의 매우 유사한 단백질이나 유전자를 놓아서 두 종류 중 어느 것이 최근에 갈라져 나온 것인지 또는 오래전에 분기된(갈라진) 것인지를 알아낼 수 있다. 생물학자들은 이런 자료를 통해서 유전자들 또는 단백질들이 계통수 상의 분자들처럼 동일한 진화적 연관성을 공유하여 온 것인지를 추정할 수 있다.

완전히 독립적인 분자적 및 화석 데이터들이 현존 종들과 멸종들 사이에 동일한 양상을 보여주고 있기 때문에 분자적 계통수는 진화를 강력히 뒷받침해 준다고 하겠다. 생물학자들은 일부 화석들로부터 DNA를 분리할 수 있었다. 예를 들면, 연구자들이 호박(보석류) 속에 박혀 있는 3,000만년 된 흰개미와 화석화된 고대 구과나무 수액으로부터 DNA를 추출한 바 있다. 화석 흰개미의 DNA와 비슷한 모양을 하는 현생 흰개미의 DNA와는 매우 유사하였고, 전혀 다른 모양을 갖는 현생 흰개미의 DNA와는 전혀 달랐다. 이 결과들은 진화생물학자들이 고대 종들이 오늘날의 일부 종들과는 매우 유사하지만, 다른 종들과는 차이가 난다고 예견했던 것과 일치한다.

생물지리학적 증거

다윈과 **월리스**가 따로따로 외국 지역으로 항해했을 때, 진화에 대한 그들의 첫 번째 실마리는 생명체들의 지리적 분포에 관한 학문인 **생물지리학(biogeography)**이였다. 예를 들면, 갈라파고스 군도에서 **다윈**은 예외적인 동·식물들을 보고 놀랐다: 즉 그는 참새과의 작은 새인 핀치(finch)들이 죽은 나무에서 기어 나오는 곤충의 유충을 잡는 데 선인장 가시를 사용한다는 것; 거북들의 크기가 사는 섬 종류에 따라 다르다는 것; 이구아나가 건조한 땅 위의 흩어져 살고 있는 먹이 대신에 바다 속으로 잠수해 들어가서 조류를 먹고 산다는 것 등을 보았던 것이다. 그러나 그는 개구리나 도롱뇽들은 보지 못했고, 그가 관찰한 토종 포유류로는 몇 개체의 박쥐와 한 종의 생쥐뿐이었다.

다윈은 그가 보았던 갈라파고스 군도의 동·식물들을 아프리카 서쪽 해안에서 떨어져 있는 Cape Verde 군도의 동·식물들과 비교해 봤다. 두 섬들이 비슷한 기후와 크기, 그리고 똑같이 검은 화산토로 이루어져 있는데도 불구하고, 그 섬들의 생명체들은 종, 속 그리고 과에서 전반적으로 달랐다. 동물상(fauna)과 식물상(flora)에서 서로 관련이 있기보다는 각 군도의 생명체들이 그 군도들과 가장 가까운 *대륙*에 서식하는 것들과 유연관계가 더 컸다. 그렇지만 아이러니컬하게 그들 대륙 지역들도 이웃 군도와 비교해 볼 때, 기후, 토양 그리고 그 밖의 생태적 조건들이 매우 달랐다. 그렇다면 왜 군도에 서식하는 동물들이 유사한 군도에 서식하는 동물들보다 가까운 대륙에 서식하는 동물들에 유연관계가 더 클까?

대부분의 19세기 박물학자들은 특이 창조 개념을 받아들였고, 이와 같은 생명체들의 분포는 각 군도가 그 가까운 대륙에서의 각 생명체의 창조와 어느 정도 연관되어 창조되었다고 제안하였다. 그렇다면 왜 이들 대륙에서는 갈라파고스 군도에서처럼 개구리, 도롱뇽 그리고 대부분의 포유류들이 창조되지 않았단 말인가? **다윈**은 창조가 양서류들을 간과한 것 같지 않다고 생각했다. 오히려 갈라파고스 군도는 날거나, 헤엄치거나 또는 뗏목처럼 나무에 걸쳐서 이동할 수 있는 생명체들만이 그 군도에서 가장 가까운 대륙으로부터 부유식물 먹이를 좇아서 이동하여 새로이 형성된 화산섬들로 정착한 것일 거라고 보았다. 새로운 섬에서 어떤 경쟁과도 마주치지 않으므로 이들 "이주 생명체들"은 자연선택을 통해 색다른 군도 환경에 적응함으로써 새로운 종들로 분기할 수 있었다는 것이다. **월리스**처럼 **다윈**도 각 종이 특정 장소에서 창조되었을 것으로 믿으며 그의 여행을 시작했었지만, 그 믿음과 종이 변하지 않는다는 관념을 반박할 수 있는 생물지리학적 증거들을 보게 된 것이다.

갈라파고스 군도와 Cape Verde 군도 여행을 통해서 **다윈**은 또한 환경의 강력한 영향력에 주목하였다. 예를 들어, 양쪽 군도가 모두 근접 대륙에서 자라는 작은 녹색 초본 식물 종들과 군도에서 자라는 수목들이 유연관계가 큰 종들이였다. 그렇지만 공통적인 환경조건들에서 유사한 특징들을 나타내는데도 불구하고 유연관계가 없는 생명체들도 살고 있는 것을 보았다. 예를 들어, 큰 몸통과 긴 목을 가지며 날지 못하는 새인 호주의 에뮤(emu), 남아메리카의 레아(rhea) 그리고 아프리카의 타조가 그것이었다(**그림 9.5**). '왜 타조는 남아메리카에서는 탄생되지 못했는가?' 하고 **다윈**은 의아해 했다. 왜 아프리카의 펼쳐진 초원환경엔 타조가 있는데, 남아메리카에서는 레아가 그리고 호주에서는 에뮤가 있는 것일까? 이들 세 종류의 날지 못하는 새들은 서로 다른 대륙의 초원들이 확실히 충족됐을 때에 만들어지지 않았을까? **다윈**은 변형된 혈통이 유사한 자연선택이라는 압력의 결과로 서로 다른 대륙에서 유사한 신체적 및 행동적 적응을 갖는 서로 다른 종들로 되게 하였다고 제시하였다.

목표3 혈통의 경로들

우리는 고생물학, 해부학, 발생학, 유전학, 그리고 생물지리학 등 분야로부터 진화와 관련된 모든 증거들을 살펴보았다. 이제부터는 증거가 진화의 원리를 어떻게 뒷받침하는가에 초점을 맞춰 알아보자. 이 절에서는 진화적 변화가 오랜 시간에 걸쳐 어떻게 변화되어 왔는지에 대한 것이 그 초점이다. 진화적 변화의 양상들은 무엇인가? 생명체들은 얼마나 빠르게 진화되었는가? 그리고 멸종은 진화에 어떤 영향을 미치는가? 등에 대해 알아본다. 이에 대한 해답들이 오랜 시간을 두고 이루어진 혈통의 여러 경로들을 이해하는 데 도움이 될 것이다.

그림 9.5
큰 조류들과 생물지리학

진화의 양상들

앞에서 살펴 본 **웨인 채드윅**의 발에 감염된 포도상구균이 항생제들에 대해 저항성을 갖게 되기 위해선, 조금씩 여러 단계의 돌연변이들의 축적에 의하거나 또는 이 세균세포들이 다른 세균들로부터 항생제 저항성 유전자들을 획득했다면 단번에 가능하다. 다세포 생명체들에서의 진화 역시 속도도 다르며, 수많은 수렴적, 발산적 또는 방산적 양상들에 의한다.

점진적인 진화의 변화

하나의 종은 한 개체군(집단)에서 유전적 차이들이 서서히 여러 세대에 걸쳐 일어남에 따라 점진적인 변화를 통해 새로운 종으로 된다(**그림 9.6a**). *유공충류(foraminifera)*라 부르는 한 속(*Globoratalia*)의 동물들이 좋은 예이다. 약 1,000만 년 전에서 560만 년 전 사이에 이들 바다 속에 살았던 종들이 분비하는 백악질의 껍질들이 아주 조금씩 모양을 바꿨다. 그 다음 60만 년에 걸쳐 점진적으로 조금은 빠르게 크기를 변화시키고 모양을 바꿔서 새로운 종으로 된 후, 서의 변하지 않은 채로 오늘날의 인도양에 살아남아 있다.

*포도상구균*과 같은 세균에서는 한 종이 낮은 수준의 항생제에 노출되면서 점진적 변화가 일어나고, 한 무작위적 돌연변이의 결과로 하나의 변형된 유전자가 된다. 예를 들어, 이 돌연변이가 페니실린 구조와 관련된 물질의 분해를 돕는 한 효소를 암호화하는 유전자를 변화시킬 수 있다. 그때부터 변화가 서서히 일어나 효소가 항생제를 서서히 분해시키게 됨으로써, 이 세균세포는 낮은 농도의 항생제에 저항성을 가지게 한다. 이 변이된 세포가 분열하여 많은 딸세포들을 만든다. 때가 되면 동일 유전자에 또 다른 변이가 일어나게 되어 효소가 항생제를 더 빠른 속도로 소화(분해)시키게 하며, 이런 방식으로 세균세포들로 하여금 점점 더 높은 농도의 항생제에도 저항성을 갖게 해주는 것이다. 종국에는 딸세포들의 축적된 개체군이 다른 계열의 균주로 분류되는 것이다. 서로 다른 많은 단백질들에서 이와 같은 변화가 생긴다면, 그 세포들은 하나의 새로운 종으로 분류하여야만 한다.

발산진화

때때로 한 단일 개체군이 둘 또는 그 이상의 개체군들로 갈라지고 갈라진 개체군들이 점차 유전적 차이를 축적해 가기 시작하는 경우가 있

발산진화 (divergent evolution)
하나의 생물 개체군이 서로 다른 대립인자를 가지며 생식적으로 서로 격리된 두 종류의 개체군으로 갈라져 나가는 진화; 오랜 지질시대를 거쳐 발산진화가 종분화를 가져옴

적응방산 (adaptive radiation)
단일 조상집단이 서로 다른 서식지에 다양한 형태로 적응하면서 진화적으로 발산되는 것

수렴진화 (convergent evolution)
둘 또는 그 이상의 혈연이 아닌 종들이 비슷한 특성을 가진 개체로 진화하는 것; 유사한 환경에 살고 있는 생명체들에서 발견됨

는데, 이것이 **발산진화(divergent evolution, 분기진화)**이다. 수백만 년 전은 콜로라도 강이 1마일(약 1.6 km) 정도 깊이로 갈라져 현재의 북아리조나의 높은 고원지대를 만들기 전 시기였는데, 이때 이 지역에는 단일 종의 다람쥐들이 살고 있었다. 갈라진 틈이 더 깊어져 그랜드 캐니언(Grand Canyon)이 되면서 건널 수 없는 경계부가 되어서, 다람쥐들은 두 종류의 개체군으로 갈라졌다. 유전적 변화들이 축적되고 두 다람쥐 개체군은 그 후부터 그랜드 캐니언의 마주보는 양 끝자락에 서식하게 된 두 종으로 발산진화된 것이다(**그림 9.6b**).

적응방산

때로는 단일 종인 몇 개의 개체군들이 동시에 다양한 종들로 발산된다(**그림 9.6c**). 이러한 과정을 **적응방산(adaptive radiation)**이라고 하는데, 이것은 한 조상 종들이 새로운 영역으로 침입한 후 다양한 환경을 개척하고 적응하여, 다른 생활방식을 할 수 있음으로써 일어날 수 있다. 하와이 벌새가 그 좋은 예이다. 화려한 색을 가진 새들의 한 조상종이 하와이 군도에 군락을 이루어 약 20여 종의 종으로 적응방산한 것이며, 각 종들은 서로 다른 먹이를 먹고 사는 데 적응한 것이다.

수렴진화

둘 또는 그 이상의 다른 또는 유연관계가 먼 계열의 종들이 서로 닮아가면서 진화하는 것(상어와 돌고래에서 유선형 체구로 되는 것처럼)을 **수렴진화(convergent evolution)**라 한다(**그림 9.6d**). 이러한 진화의 좋은 예가 호주 산림지대에 사는 날다람쥐의 일종인 sugar glider와 유럽, 아시아 및 북아메리카 지역에 서식하는 날다람쥐(flying squirrel)이다. 두 종류 동물들은 모두 손목 부위에서 발목까지 몸 양편에 펼쳐져 있으며 얇게 접혀진 피부를 이용하여 산림 사이를 날아다닌다. Sugar glider는 호주의 모든 토종 포유류들처럼 새끼가 모체의 육아낭에서 생장하는 유대동물류이지만, 날다람쥐류는 태반포유류들이다. 이들 두 혈통은 1억 5,000만 년 전 이전에 발산되었다.

지질학자들은 호주 대륙이 지구의 나머지 대륙들로부터 약 5,000만 년 전 이전에 갈라져 나왔다는데 동의하며, 대륙이 갈라질 무렵엔 태반포유류는 거의 없었던 것으로 인정한다. 태반포유류로부터 경쟁 없이, 호주 대륙에서 유대류들이 매우 많은 수의 다양한 종들로 적응방산한 것이며, 그들 중 상당수가 다른 대륙의 유사한 환경에 서식하는 태반포유류들과 비슷한 모양과 행동을 한다. 이 경우 sugar glider가 활공하는 생활 방식을 가지는 날다람쥐와 관련된 양상들을 닮았지만, 그들의 가장 최근 공동 조상은 1억 5,000만 년 전에 살았었다. 또 수렴진화는 서로 다른 세균종들이 고농도의 항생제를 가진 "환경들"(병원환자들 포함)에 서식할 때도 일어날 수 있다. 포도상구균과 연쇄상구균같이 서로 다른 종의 세균은 각각 독립적으로 변이를 일으켜서, 그들 세균이 하나 또는 그 이상의 약물들로부터 살아남게 해준다. 따라서 그들은 메티실린 또는 밴코마이신에 대응하여 살아나갈 수 있는 항생제-저항성 표현형을 가진 세균들로 독립적으로 수렴진화할 수 있는 것이다.

진화의 속도

옛 종들이 얼마나 빠르게 수렴진화, 발산진화 또는 적응방산을 하여 신종들로 되었을까? 하나의 견해가 모든 혈통들이 장기간에 걸쳐 거의 같은 속도로 변화해 왔다는 것이다. 그러나 최근의 분석들에 의하면 구조적 변화들은 적절한 시기에 가끔씩 일어날 수 있다고 한다.

그림 9.6
계통진화의 양상들

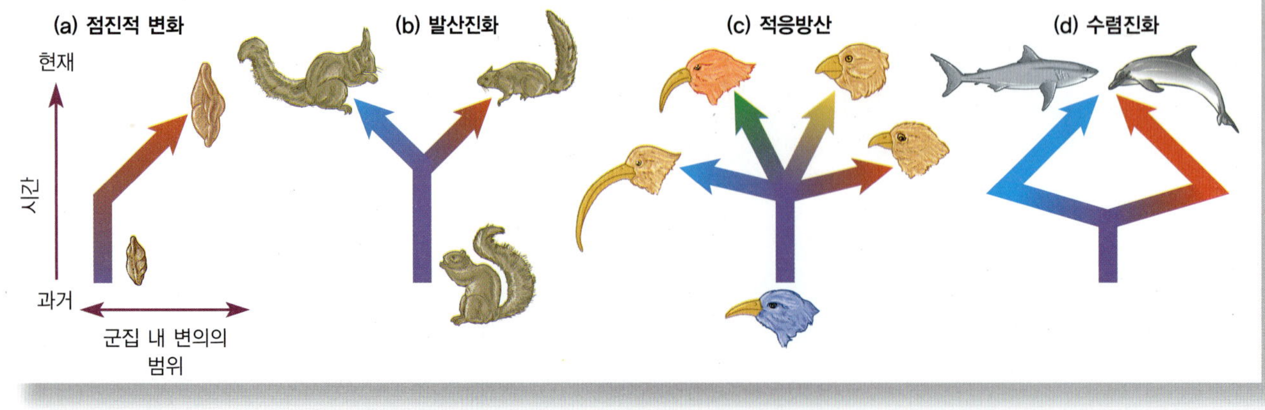

계통적 점진주의설

전통적으로 진화생물학자들은 한 개체군이 둘로 갈라진 다음엔, 자연선택과 유전적 변화들이 거의 동등하며 일정한 속도에 의해 새로운 아집단으로 발산되게 한다고 생각했다. 이 모델을 **계통적 점진주의설(phyletic gradualism)**이라 부르는데, 짧은 목을 가졌던 기린의 조상이 유전적 변화를 점진적으로 축적시킴에 의해 서서히 오늘날의 기린처럼 긴 목 형질을 가지게 되었다는 것이다.

단속평형설

1970년대를 시작으로, 일부 진화생물학자들은 만약 신종이 일반적으로 점진적으로 형성된다면 화석 기록들에서 수없이 많은 중간단계의 종들이 보여야만 한다는 점을 지적하였다. 중간단계의 종들이 틀림없이 발견되긴 했지만, 놀랍게도 고생물학자들이 중간계열의 완전한 연속성을 가지는 점진적 형질전환 혈통을 지지할 수 있는 증거들은 거의 발견하지 못했다. 그 대신에 화석들이 수백만 년 동안 거의 변화 없이 살았던 종들 그리고 이 변화 없는 긴 평형 기간이 매우 큰 표현형의 변화에 의해 중단된 결과로 신종들이 탄생되었음을 보여주고 있다.

이 모델을 **단속평형설(punctuated equilibrium)**이라 부르는데, 이것은 세 가지 주안점을 가진다:

1. 몸 형성의 변화들이 지질시기에 빠르게 진화하였다.
2. **종분화(speciation)** 동안 작은 집단들에서 체형의 변화들이 거의 완벽히 일어나 그들의 조상 종들과 완전히 다른 형태의 종들로 된다.
3. 큰 변화에 의한 종분화 후에는 종들이 그들이 멸종할 때까지(아마도 수백만 년 후) 같은 형태를 유지한다.

모델들의 비교

오카피(okapi)와 기린의 계통수가 두 가설을 비교하는 데 도움이 될 수 있다. 계통적 점진주의설은 소상으로부터 서서히 발산됨에 의해 종국에 오카피와 기린으로 된다는 것을 예견해 준다(**그림 9.7a**). 점진적 변화가 축적됨으로써 두 그룹 간의 이종교배를 막아서, 분리된 두 종을 만들게 해준다. 두 종은 오카피와 기린이 될 때까지 각각의 변화가 점진적으로 계속 일어난다. 이와는 대조적으로 단속평형설은 최초의 진화계열이 반복적으로 갈라져 나가는 분기가 일어남을 예견해 준다(**그림 9.7b**). 이와 같은 분기들은 주 그룹으로부터 작은 집단들로 갈라져 나온 다음, 각각이 폭발적인 진화적 변화를 거친 후, 오랜 기간(멸종될 때까지)을 변화된 새 모양을 유지한다.

실제적으로는 진화가 두 가지 방법으로 진행되는 것 같다. 진화는 한 작은 개

계통적 점진주의설 (phyletic gradualism) 형태적 변화들이 진화과정 동안 점진적으로 일어나지만 항상 종분화와 연관되지는 않는다는 개념; 단속평형설과는 뚜렷이 다름

단속평형설 (punctuated equilibrium) 지질시대에서 형태적 변화들이 빠르게 진화한다는 학설; 작은 개체군에서는 조상 형질과는 뚜렷이 구별되는 신종으로 됨; 신종으로 된 다음, 종들은 멸종될 때까지 같은 형태를 유지함; 계통적 점진주의설과는 뚜렷이 다름

종분화(speciation) 새로운 종의 출현; 종분화는 개체군들이 서로 지리적으로 격리되고, 서로 다른 방향으로 진화된 결과로 생김

그림 9.7
오카피와 기린: 계통진화의 두 모델

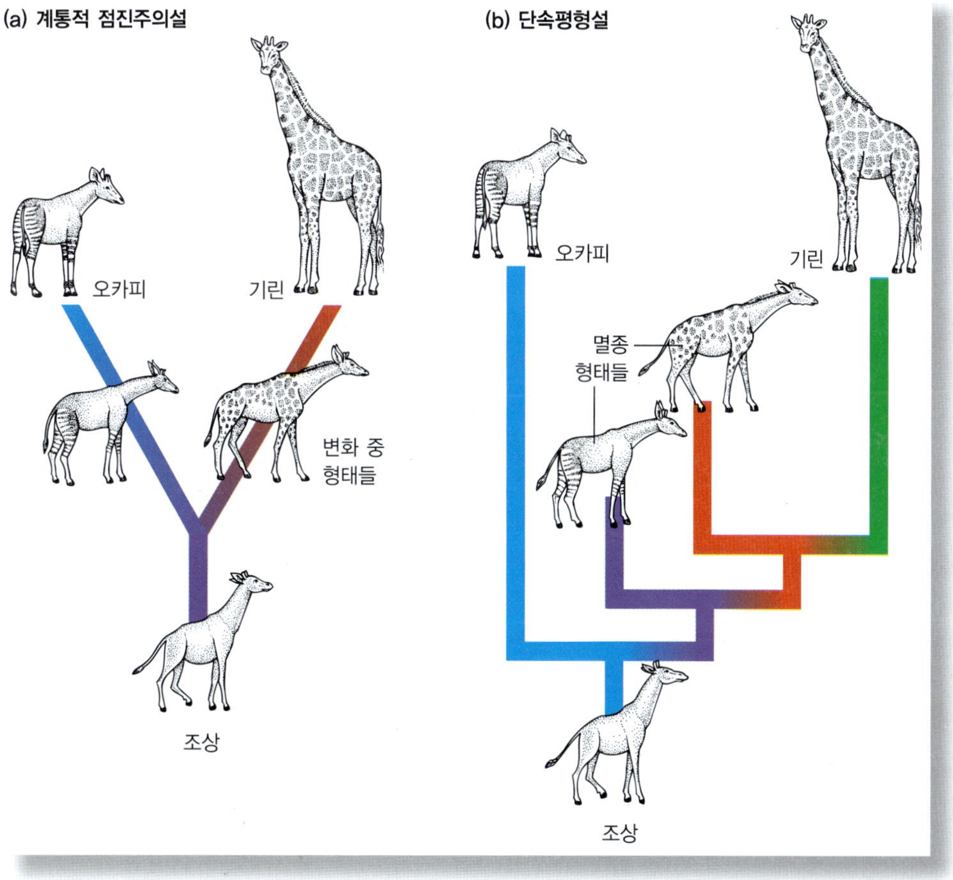

진화의 합성이론 (synthetic theory of evolution)

1930년대와 1940년대에 생물학자들은 진화 이론과 유전학의 원리를 결합하기 시작함; 합성이론은 (1) 유전적 돌연변이가 생식세포들에서 높은 빈도로 일어나 진화를 가져온다; (2) 유전자 돌연변이들이 환경에서 생명체의 생존과 무관하게 무작위적 방향으로 일어난다; (3) 자연선택이 그와 같은 무작위적 돌연변이에 의해 생성된 유전적 다양성에 작용함을 암시한다.

중성돌연변이 (neutral mutation)

유전자의 기능이 기본적으로 변하지 않으며, 생명체에 해롭지도 도움이 되지도 않는 단일 유전자 돌연변이

유전자 중복 (gene duplication)

새로운 기능들을 갖는 새로운 유전자들의 진화를 이끄는 한 방법; 이것은 DNA 복제 또는 DNA 재조합에 의해 두 개의 동일한 유전자로 만들어질 때 잘못이 일어날 기회를 가짐

유전자풀(gene pool)

한 개체군의 구성원들이 갖는 모든 대립인자들의 전체 수; 어떤 개체군에서도 총체적 유전자 가변성이 존재함

체군이 지리적으로 또는 다른 종들과는 생식적으로 격리될 때 종종 일어날 수 있다. 점진적으로, 몇 세대들이 지날 때까지(그렇더라도 지질학적으로는 매우 짧은 기간임), 분리된 집단들은 유전적 변화를 축적한다. 일단 충분한 돌연변이가 일어났고, 신종이 환경에 적응되면, 그 종은 기본적으로 동일한 개체로서 수백만 년을 보낸다.

어떤 특정 경우에 진화가 느리거나 빠르거나 또는 중단할 경우에도 기본적인 원료물질들의 변화 즉, 유전적 돌연변이는 똑같이 일어난다.

목표4 유전적 돌연변이: 진화의 원료물질

1930년와 1940년대에 생물학자들은 진화론과 유전학을 묶기 시작하여 이른바 진화의 합성이론 (synthetic theory of evolution)을 제시하였다. 이 이론은 아래의 사항들을 제안하고 있다:

(1) 유전자 돌연변이들은 진화에 영향을 줄 만큼 매우 충분한 빈도로 생식세포들에서 일어난다.

(2) 유전자 돌연변이들은 생명체들의 환경에서의 생존 요구와 무관하게 무작위적 방향들로 일어난다.

(3) 자연선택은 그와 같은 무작위 돌연변이에 의해 나타나는 유전적 다양성에 작용한다.

현대 생물학자들이 보는 진화 개념에 대해 이해하기 위해서, 우리는 유전적 돌연변이가 처음 일어나는 위치와 집단에서 그것이 어떻게 유지되는지에 대해 이해할 필요가 있다.

유전적 돌연변이의 원인들

새로운 염기쌍 배열들을 일으키고 새로운 유전자 조합들을 만드는 것인 **돌연변이(mutation)**들은 진화에 작용할 수 있는 변화된 유전적 원료물질들이 되게 할 수 있다.

단일-유전자 돌연변이

단일 유전자의 DNA 서열의 변화들은 그 유전자의 기능을 변화시킬 수 있다(**그림 9.8a**).(항상 그런 것은 아님.) 단일-유전자 돌연변이라 부르는 이 변이들의 일부는 **중성돌연변이(neutral mutation)**들이다. 중성돌연변이는 유전자 기능이 기본적으로 변하지 않으며, 생명체에 해롭지도 도움이 되지도 않는다. 다른 돌연변이들은 생명체에 도움이 되는 효과들을 만든다. 그러나 많은 돌연변이들이 생명체에 해롭거나 치명적일 수도 있으며, 생존에 필요한 한 유전자의 기능을 감소, 변형 또는 파괴시키기도 한다.

새로운 기능들을 갖는 새로운 유전자들

돌연변이는 오래된 유전자를 바꿔줄 수 있다. 그렇다면 새로운 기능들을 갖는 새로운 유전자들은 어떻게 생기는 것일까? 한 가지 방법이 **유전자 중복(gene duplication)**을 통해 일어나는 것이다. 종종 DNA 복제 중 생기는 오류의 기회가 한 유전자로부터 두 개의 동일한 복사물을 만드는데, 이들 중 하나 또는 모두에 돌연변이가 있다면 그것이 그들의 뉴클레오티드 서열을 변화시켜서, 한 유전자는 원래의 유전자 기능을 유지하는 반면에, 다른 하나는 새로운 기능을 가지게 된다(**그림 9.8c**).

재조합

돌연변이는 오래된 유전자들의 새 판(새로운 대립유전자)들을 짤 수 있다. *유전자 재조합*은 대립유전자들을 재배치시킬 수 있는 것이다(**그림 9.8b**). 재조합이 다른 유전자들의 유익한 대립유전자(들)을 한데 합쳐줄 수 있는 것이다.

재조합이 단지 기존의 대립유전자들을 새 조합들로 끌어모으는 것뿐만 아니라 그 빈도도 동일하게 해준다는 것인 반면에, 돌연변이는 한 대립인자를 다른 인자로 변화시킴으로써 한 집단의 **유전자풀(gene pool;** 어느 시기의 한 집단의 모든 유전자들)의 대립유전자들의 빈도도 변화시킬 수 있다는 것을 명심하는 것이 중요하다.

유전적 돌연변이가 얼마만큼 나타날까?

20세기 말에 유전학자들은 처음으로 침팬지와 사람의 DNA 서열이 얼마나 차이가 나며 다른가를 알기 위해 상당 부분의 염색체를 비교하였다. 30개체의 여러 지역 침팬지와 여러 나라의 사람 69명을 대상으로 한 분석에서, 유전학자들은 평균하여 두 침팬지 간에는 10,000 염기쌍 중 13부위가 차이를 가지는 반면, 두 사람 간에서는 단지 3.7 부위에서 차이를 보인다는 것을 알아냈다. 이러한 결과는 두 가지를 보여주는 것인데, 첫째는 한 종 내에도 높은 비율의 유전적 돌연변이를 가진다는 것이다. 예를 들면, 여러분과 인척관계가 아닌 사람

그림 9.8
유전적 변화 요인들

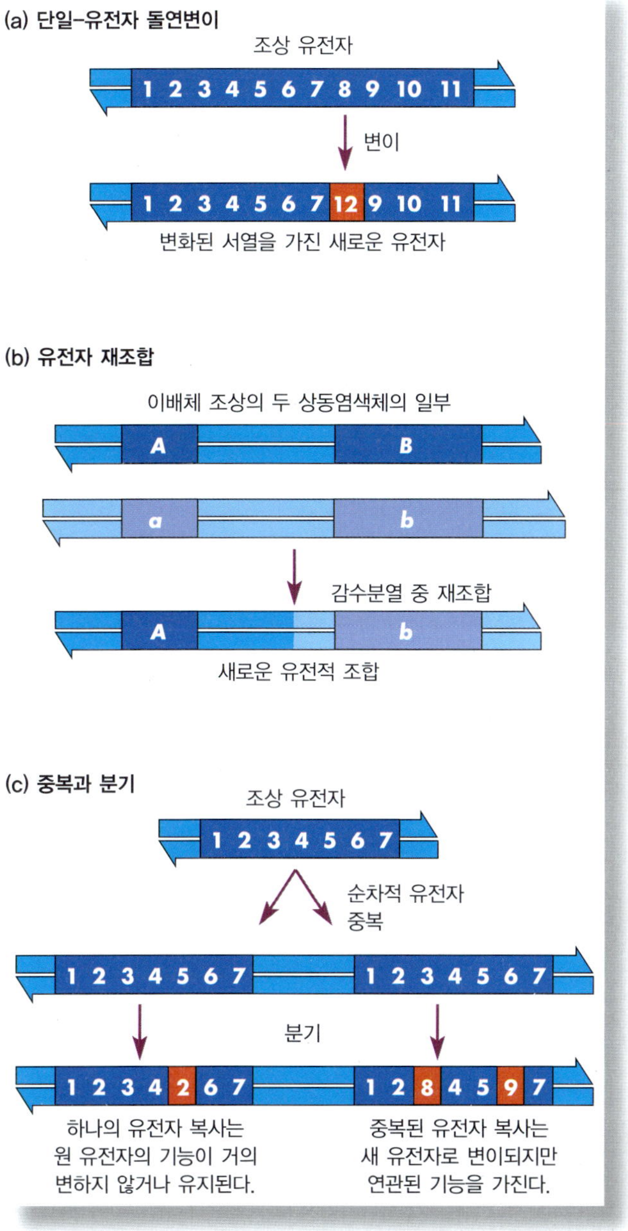

사이에서는 전체 게놈(genome) 중 수백만 염기쌍의 차이가 난다. 이 정도의 유전적 변이는 아마도 자연선택을 위한 원료 제공에 충분하다. 두 번째는 서로 다른 종에서 서로 다른 정도 양의 유전적 변이를 받아들일 수 있다는 것이다. 침팬지는 사람에 비해 4배 정도 돌연변이를 가진다. 같은 속도로 돌연변이가 일어난다고 가정할 때, 위의 결과는 침팬지 집단이 사람 집단보다는 더 먼저의 기원임을 반영해 준다.

일부 동물들은 아주 적은 돌연변이를 가진다. 예를 들면, 지구상에서 가장 빨리 달리는 아프리카 사바나 지역의 치타(cheetah)는 다른 포유류에 비교할 때 매우 적은 돌연변이를 가진다(사람의 경우의 1/100 정도). 이러한 유전적 균일성은 언젠가는 치타류를 멸종되게 할 수도 있다. 각 개체가 유전적으로 그렇게 유사하기 때문에 하나의 새로운 치명적 바이러스들이 모든 치타들을 공격할 시에는 치타 전체를 파멸시킬 수 있는 것이다. 더욱이 유전적 돌연변이는 진화되기 위해선 필연적이므로 치타류는 많은 유전적 다양성을 갖는 생명체들보다 진화적 변화의 기회가 매우 낮은 것이다.

하디-바인베르크 원리(Hardy-Weinberg principle) 집단유전학에서, 외부적 영향이 없는 조건에서 한 집단의 각 대립유전자와 유전자형 빈도는 세대가 바뀌어도 변하지 않는다는 원리

하디-바인베르크 평형(Hardy-Weinberg equilibrium) 외부 압력이 없을 때, 한 집단은 여러 세대에 걸쳐 안정적 대립유전자와 유전자형 빈도를 가지는 상태

목표5 생명체집단들 내에서 돌연변이는 어떻게 유전되는가?

지난 1세기 동안을 생물학자들은 유전자들이 집단들 내에서 어떻게 작용하는지를 나타내는 수학적 모델인 하디-바인베르크 원리(Hardy-Weinberg principle)를 사용하고 있는데, 이는 하디(G.H. Hardy)와 바인베르크(E. Weinberg)가 서로 독립적으로 개발한 모델이다. 이 원리에 의해 생물학자들은 외부 압력이 없는 조건에서 한 집단은 여러 세대에 걸쳐 안정적 대립유전자와 유전자형 빈도를 가지는 **하디-바인베르크 평형(Hardy-Weinberg equilibrium)**에 있다고 말한다. (부록 C는 출발 집단에서 어떤 비율로 일어날 수 있는가를 분석할 수 있는 간단한 수식을 나타낸다.)

하디-바인베르크 평형

외부 영향이 없는 조건에서, 대립유전자 빈도는 세대가 지나도 변하지 않으며, 서로 다른 유전자형들의 빈도도 제1 세대 이후 변하지 않는다.

생물학자들은 하디-바인베르크 원리를 어떻게 사용하는가?

하디-바인베르크 원리를 사용하여 생물학자는 집단의 대립유전자 빈도를 계산할 수 있으며, 이를 근거로 한 집단이 진화하고 있는지 또는 아닌지를 결정할 수 있다(부록 C 참조). 유전자 빈도가 변하지 않음은 외부적 영향들이 없는 한 그 집단이 진화하지 않았음을 말해준다. 여기서 말하는 "외부적 영향들"은 명백히 중요하며 진화의 열쇠이다. 그렇다면 그것들은 무엇일까?

여러 세대 동안 대립유전자와 유전자형 빈도를 일정하게

유전자확산(gene flow)
개체의 이주를 통해 한 집단 유전자들의 유전자 풀이 하나 또는 그 이상의 다른 집단들로 편입되는 것

유전적 부동 (genetic drift)
한 집단에서 집단의 크기가 작은 이유 때문에 일어나는 대립유전자 빈도의 예상치 못한 변화

유지하기 위해서는 5가지 조건들이 지켜져야 한다:

(1) 유전자 돌연변이가 없고,

(2) 집단의 이주가 없고,

(3) 큰 크기의 집단,

(4) 무작위적 교배, 그리고

(5) 자연선택이 없을 것.

위의 다섯 가지 조건이 어떻게 적용되는 것 같으며, 또 어떠해야 한 집단의 대립유전자 빈도가 세대에 걸쳐 변하지 않을까? 즉 진화하지 않는다는 것은 어떨 때일까? 그 값이 0일 때이다. 자연의 집단들은 진화를 하므로, 집단들 내에서의 대립유전자 빈도들은 여러 차례 변한다. 그러므로 하디-바인베르크 원리는 외부 영향을 받지 않는 환경에서의 이론적 집단들에 대응하여 비교할 경우에 이론적인 표준으로 사용할 때에만 유용한 것이다.

목표6 진화의 요인들

하디-바인베르크 공식들이 유성생식을 하는 이배체 진핵생물에만 적용할 수 있는 것이지만 여러분의 피부, 목, 또는 비강 깊숙이 잠복해 있는 *포도상구균* 집단에 대해서도 기본 논리는 같다. 이들 세균세포들도 수없이 많은 돌연변이와 여러 다른 유전형질들을 보일 잠재력을 가질 수 있지만, 돌연변이 단독으로 한 집단 세포들이 항생제 저항성을 갖도록 진화되는 변화를 일으키지는 못한다. 첫째, 어떤 것들이 유전적 원료 물질에 작용해야만 한다. 그 어떤 것들이란 우리가 보아왔던 *돌연변이, 이주, 작은 집단크기로 될 기회, 선택적 교배* 또는 *자연선택* 등 어떤 요인도 될 수 있다. 이 요인들이 단독이던 함께 작용하던, 그에 의해 대립유전자 빈도를 변화시킬 수 있어야 하고, 하디-바인베르크 평형을 벗어날 수 있어야 한다. 이것이 어떻게 일어나는지 이제부터 살펴보자.

진화요인으로서의 유전자 돌연변이

원래의 대립유전자를 새로운 유전자로 변화시키는 돌연변이가 한 집단의 대립유전자 빈도를 변화시킬 수 있다. 그러나 진화하기 위한 돌연변이의 주 중요성은 단지 대립유전자 빈도의 적은 변화가 아니라는 것이다. 대신에 새로운 변이가 가져오는 새로운 표현형이고, 자연선택에 그것에 어떻게 작용하느냐에 달려 있는 것이다.

유전자확산: 이주와 대립유전자들

생명체들이 한 집단에서 가까이 있는 다른 집단으로 이주할 때, 첫 그룹으로부터 대립유전자들을 내보내어 두 번째 그룹에 이동시킨다. 생물학자들은 이와 같은 유전자의 출입에 의한 유전자 빈도의 변화를 **유전자확산(gene flow, 유전자흐름)**이라 부른다.

고생물학자들은 유전자확산 개념을 인류 역사의 수수께끼에 적용시킨다. 몇 십년 전 고생물학자들이 인류가 9,000년 전에 살았으며, 서로 멀리 떨어진 지역인 유럽과 중동에서 어떤 형태의 장식된 도기를 발굴하기 시작했다. 중동 지역의 옛 사람들이 처음 그릇들을 만들었던 것 같다. 그러나 몇 천 년에 걸쳐서 그들의 제작법과 사용법이 유럽으로 퍼져 나갔다. 고생물학자들은 정확히 무엇이 전파되었는가에 대해 의아해 했었다: 단순히 새로운 도기의 제작법과 장식법이였을까? 아니면 중동지역에서 만들어진 도기들 자체가 천천히 대륙을 건너 이동된 것일까? 이에 관한 답을 얻기 위해서 유전학자들은 현재 유럽으로 이주해 와서 살고 있는 다양한 종족 집단들로부터 얻은 95 유전자들의 대립유전자를 살펴 보았다. 그들은 남동쪽에서 북동쪽으로 이동하면서 대립유전자 빈도의 기울기가 나타남을 발견하였다. 이러한 기울기가 중동인들이 이동하는 도중에 그 지역 집단의 다른 종족과 결혼하면서 이주할 때, 도기들 자체가 북동쪽을 향해 이동되었음을 암시하는 것이다. 현재 스페인과 프랑스의 국경지역에 살았었던 한 반항적 종족집단이었던 바스크족은 이주해 오는 중동지역 사람들과의 결혼에 저항적이었다. 오늘날 이들 바스크족은 단일 언어를 구사하며, 예전의 이주 전 유럽인들의 유전자 구성을 가지고 있다.

유전자확산은 세균의 항생제 저항성에 대한 진화에서 특히 중요하다. 많은 항생제 저항성 유전자들은 플라스미드라고 부르는 작은 환상 DNA들에 존재한다. 예를 들어, 이들 환상 DNA들은 한 병원환자를 감염시키는 한 종의 세균에서 벗어날 수 있는데, 그런 다음 더러운 병원 배수 속의 또 다른 세균 집단과 만나서 형질전환(6장 참조) 과정에 의해 두 번째 종 안으로 들어간다. 만약 다른 환자 또는 병원 직원이 수건, 거울 또는 변기를 만지면, 그 사람은 항생제 저항성 유전자들을 가지고 있는 플라스미드를 운반하는 2번째 형태의 세균을 받아들일 수 있다. 실제로는 이들 유전자들이 하나의 새로운 집단으로 되고 유전자 빈도를 변화시키는 것이다. 앞에서 본 대로 이들 신종이 사람의 생명을 위험하게 할 수 있는 것이다.

기회에 기인한 유전적 변화들

유전적 부동(genetic drift)이란 우연히 일어나며 예상할 수 없는 유전자 빈도를 말하는데, 주로 집단들에서 매우 극적으로 일어난다. 두 가지 종류의 유전적 부동이 병목효과와 창시자 효과인데, 이제부터 각각에 대해 알아보기로 한다.

병목효과

유전적 부동은 *집단 병목*이라는 기작에 의해 현실-세계 생

명체들에 영향을 줄 수 있다. 이에 대해 공식적으로 정의하기 전에, 치타에 대해 다시 생각해 보자.

약 10,000년 전까지 치타들은 전 아프리카와 중동지역에 큰 집단을 이루고 서식하였으며 아시아 지역으로도 뻗어나가고 있었다. 그러나 약 10,000년 전에 이 집단은 질병, 가뭄 또는 인간들에 의한 과도한 사냥으로 인해 눈에 띄게 사라져 단지 몇 천 마리만 남았다. 그때부터 치타집단들은 재도약했지만, 살아남은 모든 치타들은 동일 집단의 적은 생존자들로부터 파생된 것이므로 유전적 다양성이 낮게 남아 있게 된 것이다. 생물학자들은 이와 같이 하나의 큰 집단이 후려쳐진 후, 몇 마리의 생존자들로부터 회복되어가는 상황을 **개체군 병목현상(population bottleneck)**이라고 한다. 또 이와 같이 소수의 살아남은 원래 대립유전자들을 기반으로 한 감소된 유전적 다양성을 **병목효과(bottleneck effect)**라 부른다. 만약 살아남은 생존자들에게 남아 있는 대립유전자들이 특정 질병들에 민감한 것들이면, 그 집단의 긴 미래는 보장하기 어려울 수 있다. 코끼리바다표범이 또 다른 병목효과의 예이다. 1800년대에 사냥꾼들이 거의 멸종될 정도로 사냥함으로써 살아남은 한 집단이 겨우 20여 마리뿐이었는데 이들이 현재 수천 마리 정도로 늘긴 했지만, 그들의 유전적 다양성도 매우 제한적이다.

창시자효과

다른 형태의 유전적 부동은 몇몇 개체들이 장기간 격리에 의해 만들어진다. 이와 같은 유전적 부동은 몇몇 개체가 큰 집단으로부터 떨어져 나와 하나의 새로운 집단을 만드는 것이므로 **창시자효과(founder effect)**라 한다. 그렇더라도 두 집단은 모두 존속한다. "창시자"인 작은 집단은 큰 집단의 대립유전자들의 작은 부분만을 가지므로 유전적으로 말한다면 빗나간 표본이라고 할 수 있다.

선택적 교배

한 집단에서의 교배의 경향이 이형 접합체와 동형 접합체의 비를 변화시킬 수 있다. 혈연이 아닌 개체 간의 교배가 아니고 유전적으로 유사한 개체간에 짝짓기 하는 것을 **근친교배(inbreeding)**라 한다. 많은 종들에서, 한 개체는 가까이에서 태어난 종과 교배하는 경향(예를 들면, 같은 연못에서 태어난 개구리들 또는 같은 계곡에서 사는 사람들)이 있다. 이러한 기회는 많으며, 두 개체는 어느 정도는 혈연관계이므로 비혈연인 사이보다는 동일한 대립유전자들은 더 많이 가진다. 그 결과로 동형 접합체가 더 많아지고 이형 접합체가 더 적어지게 될 기회가 많아지는 것이다. 만약 이들 개체들이 해로운 열성인자들인 동형접합이라면, 그 집단은 통상적으로 교배된 집단에 비해 더 많은 부적합 형질들을 가진 개체들을 많이 가지게 될 것인데, 이러한 상황을 **근교약세(inbreeding depression)**라 한다(이형 접합체에서는 이들 대립인자들은 우성인자에 의해 감춰진 채로 있다).

© ERIC ISSELÉE/ISTOCKPHOTO.COM

목표7 자연선택의 재정립

집단들은 그들의 환경요건에 어떻게 더 잘 적응할 수 있을까? 자연선택은 적어도 3가지 다른 방식으로 종들의 진화적 궤도를 변화시킬 수 있다. **방향성 선택(directional selection)**은 한 집단이 하나의 극한적 형태의 형질로 전환하는 것이다(**그림 9.9a**). 예를 들어, 지난 400만 년동안 치타들은 그 크기가 반으로 줄었는데, 이는 자연선택이 아마도 끊임없이 치타의 체중을 낮추는 방향으로 해주는 대립유전자를 택했기 때문이다.

자연선택의 두 번째 유형을 **안정화 선택(stabilizing selection)**이라 하는데, 이것은 극단적 개체들이 생존이나 생식력에서 성공하기 어려움에 따라 중간적 표현형을 가진 개체들을 택하는 것이다(**그림 9.9b**).

개체군 병목현상 (population bottleneck)
한 집단의 아주 적은 수의 개체들만이 생존하고 번식할 때 일어나는 상황; 그 결과로 원래 유전자풀의 소수만이 남게 됨

병목효과 (bottleneck effect)
집단 크기의 급격한 저하 결과로 생기는 감소된 유전적 다양성

창시자효과 (founder effect)
진화생물학에서, 새로운 집단을 형성한 개체들은 조상 집단의 전체 유전자풀의 일부만을 가진다는 원리

근친교배(inbreeding)
혈연이 아닌 개체 간들이 아니고 유전적으로 유사한 개체간의 짝짓기

근교약세 (inbreeding depression)
한 집단에서 정상적 교배 집단에 의하지 않은 많은 개체들을 가질 때 나타나는 약화된 유전적 생존능력을 갖는 상황

방향성 선택 (directional selection)
한 극한적 특성이 다른 모든 개체들에게 선호되는 자연선택의 한 유형

안정화 선택 (stabilizing selection)
중간적 표현형들을 가진 개체들을 갖는 자연선택의 한 유형; 이러한 선택일 경우 극단적 개체들은 생존이나 생식력에서 성공하기 어려움

분단성 선택(disruptive selection) 한 집단에서 두 가지 극한적이고 때로는 서로 다른 표현형이 자주 일어나는 자연선택의 한 유형

생식적 격리(reproductive isolation) 자연의 각 종이 다른 종과는 교배에 의해 후손을 만들지 못하는; 그 결과를 생식적 격리라 함

생식적 격리 기작(reproductive isolating mechanism) 한 종의 개체가 다른 종의 개체와 성공적으로 교배되지 못하게 하는 구조적, 행동적 또는 생화학적 양상들

자연선택의 세 번째 유형은 안정화 선택에 반대로 작용하는 것으로서, **분단성 선택(disruptive selection)**이라 하는데, 이는 한 집단에서 두 가지 극한적인 표현형이 더 빈번히 일어나는 것이다(**그림 9.9c**). 예를 들면, 새들에게 맛좋은 먹잇감인 한 나비종은 새들에게 맛없는 나비종들이 갖는 채색을 모방한다. 맛있는 종들의 일부는 푸른색을 모방하고, 다른 맛있는 종들은 오렌지색을 모방한다. 이와 같은 채색의 모방은 새들에게 잡혀 먹히지 않기 위해서이다. 이와는 대조적으로, 맛없는 나비종의 어느 것도 갖지 않는 중간형태의 종들도 있는데, 이들은 포획자들에게 잡혀 먹힌다. 이런 형의 종은 수차에 걸쳐 중간형 형질의 빈도를 감소시키는 대립유전자들에 의해 생긴다.

지금까지 살펴본 다섯 가지 진화의 요인들인 돌연변이, 이주, 유전적 부동, 선택적 교배 그리고 선택 모두가 집단으로 하여금 하디-바인베르크 평형으로부터 벗어나게 할 수 있다.

목표8 신종은 어떻게 만들어지는 것일까?

현대 진화론에 의하면, 종이란 자연에서 서로 이종교배하여 건강하고 가임성 후손을 만들 수 있는 하나의 집단이라고 정의한다. 신종은 한 무리의 생명체들이 다른 무리들과 **생식적 격리(reproductive isolation)**될 때 생긴다. (다른 종과의 생식으로는 가임성 자손을 만들지 못한다.) 그러나 무엇이 첫 번째로 종을 분리시키는 것일까?

생식적 격리 기작(reproductive isolating mechanism)이 A종 구성원들과 B종 구성원들과의 성공적 교배를 막아주는 생물학적 특징이다. 일부 생식적 격리 기작은 수정 전에 작용하며, 일부는 수정 이후에 작용한다.

수정 전에 작용하는 생식적 격리 기작을 살펴보면, 그 일부는 행동학적이다. 예를 들어, 수십 마리의 개구리들이 같은 지역에 살고 있지만, 한 종만이 흐르는 물에 살며, 또 다른 종은 얕은 웅덩이에 산다.

수정 전에 작용하는 다른 생식적 격리 기작은 기계적 또는 화학적일 수 있다. 예를 들어, 어떤 경우엔 한 종의 정자가 다른 종의 알을 수정시킬 수 없는데, 그 이유는 알들을 둘러싸고 있는 화학물질이 오직 동일종의 정자들과만 결합을 허용하기 때문이다.

그림 9.9
자연선택의 3가지 방식

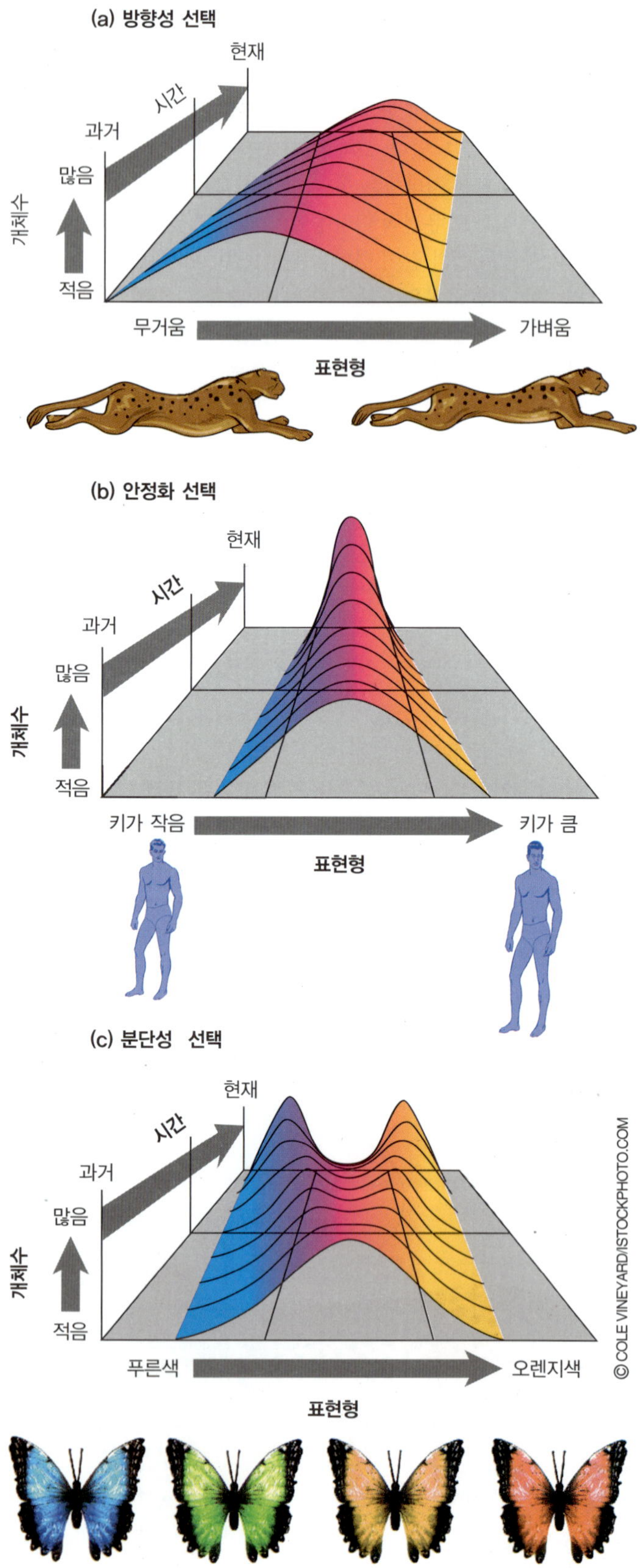

수정 후에 작용하는 생식적 격리 기작을 살펴보면, 어떤 경우엔 서로 다른 종들이 교배를 통해 후손을 만들지만, 그들은 죽거나 불임 개체들이다. 예를 들어, 많은 미국 개구리들이 이종교배를 할 수 있지만, 종들 간의 유전적 차이가 비정상 접합체 또는 성체로 자라지 못하는 올챙이를 만든다. 대조적으로 수컷 당나귀와 암컷 말을 교배시켜 나온 노새는 강한 힘과 지구력을 갖는다. 노쇠들은 다른 노새, 말 또는 당나귀와 교배하여 후손을 가질 수 없는데, 그 이유는 감수분열 동안 염색체들이 정상적인 쌍을 이룰 수 없기 때문이다. 이것이 당나귀와 말 사이의 유전자들의 흐름을 막아주는 것이며 종의 분리를 유지시키는 것이다.

그렇다면 어떻게 생식적 격리 기작들이 생기며 신종을 만들게 하는 것일까?

신종들의 기원

대부분의 생물학자들은 생명체 집단들이 지리적으로 갈라져 나간 다음, 앞에서 설명한 생식적 격리 기작에 근거하여 진화함으로써 많은 종들이 탄생되는 것으로 믿고 있다.

강이나 사막 같은 물리적 장벽 또는 다양한 식생지역들이 단일 종집단들을 분리시킬 수 있으며, 그들 간의 유전자 흐름을 막는다. 갈라져 나온 집단들은 돌연변이, 유전적 부동 및 적응이 일어남으로써 서로 점점 더 차별화되어 원래 집단과 다른 특징들이 축적되게 한다. 결국은, 이러한 차이가 후에 두 집단이 다시 접촉할 경우조차도 교배를 차단시킬 만큼 매우 충분하게 된다. 이러한 기작을 지리적 종분화 또는 **이지역성 종분화(allopatric speciation)**라 한다(**그림 9.10**). 만약 분리된 집단들이 작을 경우엔 창시자 효과가 일어날 수 있어서 평형이 멈출 수 있는데, 이는 갈라진 소집단에서는 안정적인 종들의 출현 전에 진화의 속도가 가속화될 수 있기 때문이다.

집단들이 완전히 분리되었을 때(이지역성), 종들이 어떻게 진화하는 것을 보는 것은 쉽다. 그러나 어떤 지리적 장벽에 의한 집단의 분리 없이도 종들이 진화할 수도 있는데, 이를 **동소적 종분화(sympatric speciation)**라 한다. 하나의 세포에서 염색체 세트 숫자가 증가하는 **배수성(polyploidy)**에 의해 종종 단일 세대에서 신종이 생길 수 있다. *Clarkia*라는 한 야생화 속(genus)이 이와 같은 배수성의 좋은 예이다. 유전학자들은 이 속의 한 종인 *Clarkia concinna*는 이배체가 일곱 쌍의 염색체쌍을 가지는 반면, 다른 한 종인 *Clarkia virgata*는 다섯 쌍을 가짐을 발견했다. 만약 이들 두 종이 교배하면 그 후손 잡종은 한쪽 어버이로부터는 일곱 개의 반수체 염색체를 그리고 다른 어버이로부터는 5개의 반수체 염색체를 얻게 된다. 물론 이 잡종은 두 종류의 다른 염색체들이 감수분열 중에 정상적으로 쌍을 이루지 못하며 바르게 이동할 수 없으므로 불임성이 된다. 그러나 과거 어느 시기에 염색체를 두 배($7 + 5 = 12$의 두 배인 24개)로 가진 **4배체(tetraploid)** 잡종식물이 생겼을 것이다. 새로운 4배체 잡종식물인 *Clarkia pulchella*의 염색체들은 모

이지역성 종분화 (allopatric speciation)
동일 기원 종의 집단들이 지리적 격리에 의해 새로운 종으로 갈라지는 것

동소적 종분화 (sympatric speciation)
동일 지역에 서식하는 소집단 사이에 유전적, 행동적 또는 생태적 장벽을 넘는 유전자 흐름이 일어난 다음에 한 집단에서 두 가지 종으로 갈라지는 것

배수성(polyploidy)
하나의 세포에서 염색체 세트 숫자가 증가하는 것

4배체(tetraploid)
4세트의 염색체를 갖는 상태

그림 9.10
지리적 장벽과 이지역성 종분화

두 짝을 가지게 됐으므로 감수분열은 정상적으로 일어날 수 있다. 이 4배체 종은 2배체인 *C. concinna*나 *C. virgata*와는 생식성을 갖는 잡종을 만들 수 없지만, 자기들끼리는 수정도 가능하며 새 종자들을 만들 수 있다. 이 경우, 지리적 장벽 없이 원래의 집단에서 한 번에 신종이 만들어진 것이었다. 동소적 종분화는 식물들에서 흔하며, 밀, 목화 그리고 그 외 중요한 곡물들 발생에 기여해 왔다.

항체 저항성의 진화적 경로들

이 장을 탐구해 오면서, 우리는 자연선택이 어떻게 높은 계열의 생명체들에서까지도 신종을 만드는지 살펴봤다. 우리는 또 병원에서 고강도의 항생제 사용이 자연선택의 한 요인으로 작용하여 그다음 세대의 세균세포들이 항생제로는 죽일 수도 없는 매우 위험한 세포들로 된다는 것도 알았다. 그렇다면 진화에 관한 우리의 탐구가 항생제 저항성 세균들에 의한 생명–위협 문제를 다룬다는 것이 무엇을 의미하는 것일까?

연구자들은 정상 조건들(항생제들이 없는 환경) 하에서는 항생제–저항성 세균들은 빈약한 경쟁자들이라는 것을 알았다. 세균들은 항생제들의 도전을 받지 않으면 정상 세균세포들 끼리도 경쟁을 할 수 없으므로 실질적으로는 불이익 상황인 것이다. 여러 경우에서 그들은 완전히 퇴화된 눈을 가진 동굴물고기처럼 죽어 사라진다. 이것은 무슨 진화적 의미를 뜻하는가? 그것은 저항에 대항하여 투쟁하는 한 가지 필연적 방법이 매일 우리의 환경에 존재해 있는 항생제들의 짐을 잘라버리는 데 있다는 것이다. 추정해 보건데, 처방된 모든 항생제들의 반 정도가 필요 없는 것이고, 또 의료소비자 자신들도 과다한 항생제 처방 요구를 자제해야만 하겠다. 농부들도 축산동물들의 생장을 위하고 유실수들이 세균성 질병에 걸리지 않게 하기 위해서 다량의 항생제들을 사용한다. 돌연변이들은 어떤 유전자에서든 매 복제되는 유전자 10만~100만 번 당 한 번 정도로 일어난다. 그러므로 100만 세균세포 집단의 1~10은 하나의 항생제 저항성 유전자에 돌연변이를 갖는다. 만약 세균집단들이 철저한 위생 상태에 의해 작은 집단을 유지하게 되면, 돌연변이가 일어날 가능성은 매우 떨어질 것이다.

발과 발톱의 파괴를 위협하는 심각한 골 감염을 가진 **웨인 채드윅**과 같은 환자들에게는 효과적인 항생제들이 생명줄이다. 연구자들은 저항을 갖지 않는 새로운 항생제들 개발을 계속하고 있다. 불행히도 세균들이 그 어떤 항생제들에도 저항성을 갖게 진화할 수도 있을 것이다: 우리는 우리 자신들의 이익을 위하는 자연선택의 원리를 사용함으로써 그러한 경과를 지연시킬 수 있다.

누가 알았겠는가?

종들은 단지 세 가지 가능한 운명 즉 동일 형태로 남기, 변화 또는 죽음을 가진다. 만약 종들이 동일 형태로 남는다면, 이는 보통 불변의 환경을 나타낸다; 그러나 수천 수백만 년에 걸쳐 환경들은 지질학적 과정들과 기후적 변화들에 의하여 필연적으로 변한다. 만약 종들이 변한다면, 수차에 걸친 변화 후에 종국에는 새로운 종으로 될 충분한 자격을 갖게 된다; 원래의 종들은 사라지게 되어 멸종한다. 만약 종들이 갑작스런 환경 변화들에 의한 참변을 당하면, 멸종된다. 이 세 가지 중 어떤 경우든 종국적으로는 멸종이 일어난다.

> "처방된 모든 항생제들의 반 정도가 필요 없는 것이고, 의료소비자 자신들도 과다한 항생제 처방 요구를 자제해야만 하겠다."

© MILOS LUZANIN/ISTOCKPHOTO.COM

CHAPTER 10

학습목표

목표[1] 지구의 생성과 지구 생명체 출현에 대한 증거를 복습한다.

목표[2] 생물학자들은 최초 세포의 출현에 대해 어떻게 생각하는지 설명한다.

목표[3] 어떻게 진핵세포들과 다세포 생명체들이 출현됐는지 설명한다.

목표[4] 과학자들이 생명의 다양성을 어떻게 체계화하는지 이해한다.

목표[5] 역사적 대량멸종에 비추어 현재의 생명다양성의 위기에 대해 복습한다.

생명의 기원과 다양성

© PAUL SOUDERS/DIGITAL VISION/GETTY IMAGES

“지구는 구성, 지질학적 활성, 크기, 그리고 태양으로부터의 거리 등 생명이 탄생하고 번창할 수 있는 좋은 조건들을 갖추었었다”

사라져가는 하와이의 대관식용 보석류

당신은 무엇을 알고 있을까?

만약 생명이 진화하지 않아 왔다면, 오늘날 지구의 물질적 조건은 어떻게 되었을까?

하와이 군도를 방문하여 산길을 하이킹할 때, 여러분들은 이 세계에서 가장 이상한 식물인 할레아칼라 은검초(Haleakala silversword; 아래 사진)들을 볼 수 있는데, 이 식물은 이 지역에서 가장 유명한 멸종위기종 중의 하나이다. 은검초에 관한 역사는 생명의 기원과 다양성에 관한 미스터리에 대한 중요한 해답들을 제공한다.

그 역사는 거의 6백만 년 전 지구의 중심부에서 용암이 솟구쳐 올라 바다 속으로 용암이 대량으로 접히면서 쌓여져 올라가 바다로부터 용암들이 솟구쳐 오르던 때부터 시작된다. 560만 년 전 그러한 용암들이 점점 더 쌓여져 미래의 카우아이(Kauai) 섬이 되었다.

섬이 형성된 후, 카우아이 섬에는 아무것도 살고 있지 않았었다. 이 섬 지역은 땅이 날수 있고, 헤엄칠 수 있거나 이 섬보다 오래된 섬들이나 대륙들에서 나무 등에 매달려 들어오는 식물들과 동물들로 채워지기 시작했다. 어느 시점엔 현재 캘리포니아에서 서식하는 한 마리 새 날개에 우연히 끈적끈적한 식물 씨들이 달라붙었다. 이 씨앗들이 *타위드*(tarweed; 국화과 식물로서 끈적끈적하고 털을 많이 갖는 식물의 총칭)라 부르는 하나의 불명확한 향초의 씨였다. 그 새는 계속 날아서 결국 이 새로운 섬으로 왔고, 타위드 씨들은 새들로부터 용암의 틈으로 떨어졌다. 그곳에서 씨들은 살아남아, 자라서 할레아칼라 은검초를 포함한 은검초 계열의 선조가 된 것이다.

이들 특이한 식물 수천 종들이 화와이 분화구 지역에 한때 서식하였었다. 그러나 항해자들과 정착민들이 염소, 양, 돼지 등을 이 섬들에 풀어 놓아, 이 동물들이 거의 대부분을 먹어 치웠고, 몇십 종들만이 분화구 지역의 높고 깊숙한 절벽에 살아남았다. 은검초 종들의 1/4 정도는 거의 멸종위기에 처해 있다.

식물학자인 **Robert Robichaux**는 이 하와이 운검초 식물 종들을 보호하기 위해 할레아칼라 분화구 지역과 그 외 장소에 씨를 뿌리고 자라게 하는 일에 10여년 이상 헌신해 왔다. 그는 이 식물이 “하와이 식물상의 대관식용 보석으로서, 이들이 생명다양성 진화를 볼 수 있는 유일한 창”이라고 말한다.

이 은검초에 관한 이야기가 이 장의 주제인 생명의 기원과 찬란한 다양성, 그리고 이 다양성에 대한 절박한 위협들을 밝히는 데 도움이 된다. 이 장을 공부하면서 여러분은 아래에 제시된 생물학 분야의 매력적인 수수께끼와 의문에 관한 해답을 얻을 수 있을 것이다:

- ☑ 지구는 어떻게 형성된 것이며, 이곳에 생명은 어떻게 출현하였는가?
- ☑ 최초의 세포들은 어떻게 진화하였는가?
- ☑ 초기의 미생물로부터 다세포 생물이 어떻게 탄생됐는가?
- ☑ 어떻게 오랜 조상들로부터 생명의 웅장한 다양성이 출현하였는가?

© BRAD THOMPSON/ISTOCKPHOTO.COM

- ☑ 생물학자들은 수백만의 생존 종들과 멸종들을 어떻게 분류하는가?
- ☑ 오늘날의 생명다양성 위기란 무엇을 말하는가?

목표1 지구의 탄생과 생명의 출현

여러 가지 면에서 섬들의 탄생은 수십억 년 전 지구에 건조한 육지 생성의 기원과 닮았다. 그러나 원시적 육지의 형성은 우주의 발단 전부터 지구 생성 자체를 포함한 오랜 과정 중 한 단계로 이루어진 것이다.

1989년 발사된 우주탐사(COBE)는 우주는 어떻게 시작되었는가에 대한 이른 바 빅뱅(Big Bang; 우주 대폭발)이라 부르는 우주론 수용을 지지하는 증거들을 제공하였다. 이에 따르면, 약 130억 년 전~150억 년 전에 우주의 대변동이 일어났으며, 그 동안에 우주의 만물이(알 수 없는 과정에 의해 단일 덩어리로 되는) 엄청난 대폭발을 일으키고, 빠르게 확장되기 시작했다는 것이다. COBE 탐사는 오늘날에도 우주 전체에서 확장이 계속되고 있음을 확증해 주고 있다.

빅뱅 후 50억 년에서 70억 년 사이에, 두 종류 가벼운 가스인 수소와 헬륨으로 이루어진 한 거대한 원반이 우리 우주 한 구석으로 돌면서 들어왔다. 원자들 간의 중력이 원반 중앙에 물질 축적을 이루었고, 그 결과 생성된 압축물이 한 항성인 태양을 만든 것이다. 회전 원반의 중심으로부터 여러 위치에 차가운 가스와 초창기 태양으로부터 멀리 떨어진 궤도를 돌고 있는 위성들 사이의 흙먼지들이 응축되어 행성들이 만들어졌다. 이렇게 하여 태양으로부터 세 번째 행성인 지구는 약 46억 년 전에 탄생된 것이다.

지구의 탄생

새롭게 만들어진 지구는 바다와 대기도 없는 거대한 빙하들과 암석들 외에는 아무것도 없었다. 지구는 암석들이 붕괴되면서 나온 방사성 원소들로부터 방출되는 열에 의해 데워지기 시작했다. 중력의 엄청난 분쇄압력과 유성들의 충돌에 의한 화염들 역시 지구를 데워서, 몇 억 년 동안은 차갑지 않을 행성으로 바꿔 놨다. 지구가 식어감에 따라, 암석에 얇은 껍질이 형성됐다. 녹은 용암들이 암석 껍질을 따라 자주 분출되었고, 가스들로 이루어진 구름들이 지구 내부로부터 배출되었다. 화산들로부터의 증발성 구름들에 의해 지구의 첫 대기가 형성되었는데, 대기화학자들은 이 대기가 아마도 이산화탄소(CO_2), 질소(N_2), 수증기(H_2O), 황화수소(H_2S), 그리고 미량의 암모니아(NH_3)와 메탄(CH_4)으로 구성되었을 것으로 생각한다. (2장에서 언급한 생명체를 구성하는 주요 원소들이 탄소, 수소, 산소, 유황(S)과 인(P)이라는 것을 상기해 보라.)

지구 표면과 주변 대기들이 식어감에 따라 대기 중의 수증기가 응축되어 비가 되어서 지구 표면으로 떨어져, 지표면을 더 식혀주고, 광대한 얕은 바다와 용암과 가스들을 내뿜고 있는 날카로운 원뿔모양의 화산들을 만들었다. 태양광의 세기는 오늘날 세기의 1/4 정도였고, 하늘에 희미하게 보였었다. 이와 같이, 공기 중에 산소가 결핍되어 있었던 수계 환경에서 생명은 탄생되었을 것으로 생물학자들은 믿는다.

우리가 알고 있는 것과 같이 탄소화합물과 물에 근거한 생명은 이 두 가지가 충분했던 지구에서만 생길 수 있었던 것이다. 태양계의 행성들 중 지구만 유일하게 적절한 구성, 지질학적 활성, 크기, 태양으로부터의 거리 등 생명이 탄생되고 번창할 수 있는 조건들을 가졌음이 확실하다.

생명의 탄생

생명체의 기본 요소들인 물과 대기 조건을 가져서, 초창기 지구에서 생명체들이 탄생될 수 있었던 것이다. 그렇다면 이들 요소들이 어떻게 생명분자들로 구성되고, 이 생명분자들이 생명체계를 구성하게 되었을까? 생물학자들은 경쟁적으로 여러 이론들을 제창했지만 아직도 정확한 답은 없다. 그러나 그들 모두가 생명은 화학과 물리학적 법칙들을 따른 일련의 작은 단계들을 거쳐 이루어졌다는 한 가지 사실에 대해서는 동의한다. 생물학자들이 거의 50억 년 전에 지구상에 생명이 어떻게 탄생되었고, 어떻게 그들이 극적으로 변화되어 왔는가에 대해 직접 관찰할 수 없으므로, 생명 기원에 대한 것도 생물학의 한 연구 분야로 다룬다. 그들은 실험실에 원시 지구로 추정되는 조건들을 재구성하여 실험들을 수행한다. 그러나 생물학자들은 아직도 물리학과 화학 법칙들을 근거로 사용하여, '생명이 확실히 어떻게 탄생되었다' 보다는 '생명이 어떻게 탄생되었을 것이다' 밖에 보이지 못하고 있다.

최초의 생명-형태들에 관한 직접적 및 물질적 증거를 찾지 못하는 이유는 무엇이며, 원시 생명체들이 어떻게 고대 화석들로 만들어진 것일까? 화학적 사건들의 증거 기록이 40억 년 전에 침전되어 화석으로 되었다. 불행하게도, 태양계 형성 시 남아있던 유성들이 약 38억 년 전까지도 지구 대기상에 자주 불길을 내뿜었고,

> "지구 생성 시기를 하루인 24시간으로 재편성해서 본다면, 그 생성 시기는 자정 바로 뒤이며, 유성 대폭발은 오전 3시 55분에 정지했고, 세포의 진화는 오전 5시 30분 전에 이미 진화된 상태였을 것이다."

그림 10.1
스트로마톨라이트: 원시적 콜로니들

이들이 의심할 바 없이 그 앞의 화석들과 화석들 속에 들어 있는 화학적 증거들의 대부분 또는 전부를 녹여버렸다. 유성들 중 하나는 마치 화성만 한 크기로 거대하였는데, 거기서 떨어져 나온 것이 달(moon)이다. 지구로 소나기처럼 퍼부어 대는 유성들이 달에도 떨어져서, 여러분이 밤에 망원경으로 달을 관찰하면 볼 수 있는 수천 개의 고리 모양의 산들을 만들었던 것이다.

생물학자들은 현생 생명체들의 조상들은 격렬한 유성 폭발이 멈춘 조금 후부터 진화되었을 것으로 생각한다. 그들의 증거는 무엇인가? 고생물학자들이 북극, 호주 그리고 생명체와 매우 유사한 잔존 보존물로서 담배꽁초처럼 생긴 스트로마톨라이트(stromatolite)들에서 약 36억 년 된 화석들을 발견하였다. 스트로마톨라이트는 *남세균*(cyanobacteria)이라 불리는 유색 원핵생물들이 층층이 침착된 광물질들의 덩어리이다(**그림 10.1**). 이 화석들이 생명체들은 지구 탄생 후 초창기에 비-생명성인 재료 물질들로부터 빠르게 진화되어 왔음을 보여준다. 지구 생성 시기를 하루인 24시간으로 재편성해서 본다면, 그 생성 시기는 자정 바로 뒤이며, 유성 대폭발은 오전 3시 55분에 정지했고, 세포의 진화는 오전 5시 30분 전에 이미 진화된 상태였을 것이다.

이제 생물학자들의 관심 대상은 정확히 *언제* 생명이 탄생 되었는가에 대한 것이다. 따라서 다음 의문은 유성들이 퍼부었던 것이 중지된 다음, 첫 몇 억 년 동안에 *어떤* 일이 일어났느냐이다. 첫 번째 단계는 무기화합물들로부터 생명분자들의 형성일 것이다(**표 10-1**).

단순한 유기분자들은 어떻게 형성되었을까?

탄소함유 운석(carbonaceous chondrite)
여러 종류의 유기분자들을 함유한 운석의 한 종류

먼저 생물발생 이전의 화학에 대한 것, 즉 단순 당이나 아미노산과 같은 작은 재료분자들의 기원과 그들이 생명체의 특징인 거대분자들로의 조립에 대한 것에 대해 살펴보자. 1950년대에 23세의 화학전공 학생이었던 **밀러(Stanley Miller)**가 기발한 견해를 제시할 때까지 이와 같은 자연적 형성 가능성에 대해 확신하는 사람은 아무도 없었다. 그는 무기 원료물질들로부터 유기분자가 형성되는 과정을 실험실에서 모사해 보고자 하였다. **밀러**는 대형 플라스크에 그가 당시 원시 대기의 구성 성분들로 생각했던 수소, 물, 소량의 암모니아와 메탄을 채워 넣었다(**그림 10.2**). 약 1주일 후, 밀러는 여기에 빛 자극을 주기 위해 전기 방전을 시켰다.

놀랍게도, 용기에 분홍색 침전물들이 모였고, 이 침전물 속에는 몇 종류의 아미노산들, 젖산, 포름산 및 요소와 미량의 다른 생물학적으로 중요한 물질들이 함유되어 있었다. 대기화학자들은 현재 원시 대기는 **밀러**가 재연한 것과는 달랐을 것으로 생각하며, 이산화탄소(CO_2)가 포함됐을 것으로 본다. 그럼에도 불구하고 이 고전적 실험과 그 후 수정된 결과들인 일부 유기분자들이 비생물적 원료물질들로부터 빛 자극과 같은 물리적 과정들을 통해 만들어 질 수 있다는 것이 아직도 인정되고 있다.

밀러의 역사적 실험 후 수십 년간 우주과학자들은 지구에 생명이 없이 일부 유기화합물들이 만들어질 수 있다는 동일한 견해를 증명할 수 있는 증거들을 우주 밖에서 수집해 왔다. 또 천문학자들은 유기분자들을 함유한 엄청난 양의 성간(별과 별 사이) 구름들을 발견하였다. 그들은 또 다양한 유기분자들을 함유한 운석의 한 종류인 **탄소함유 운석(carbonaceous chondrite)**들을 수백여 점 수집하였다. 1969년에 이와 같이 밀집되고 거무스레한 운석들 중의 하나가 호주에 떨어졌다. 화학자들은 그 속의 지구물질들에 의한 오염물에서 생물종이 보호되어 있지 않았는지를 확인 검출하기 위해 즉시 세밀한 분석들을 수행하였다. 흥미롭게도 태양계 밖의 우주로부터 온 이 물체는 **밀러**가 실험한 플라스크에서 얻었던 분홍색 침전물과 매우 유사한 유기분자들을 함유하고 있었다. 우주로부터의 이 증거는 무기 재료물질들에 일반적 물리학과 화학 법칙들이 작용하여 유기분자들이 형성될 수 있음을 보인 것이다. 실제로, 과학자들은 탄소함유 운석과 그 밖의 운석들이 오랜 동안에 걸쳐 일어난 거대한 유성폭발 중에 지구표면으로 엄청난 양의 유기물질들이 운반되었을 수도 있다고 생각한다.

거대분자들은 어떻게 형성되었을까?

생명기원에 관한 과학역사에서 작은 유기분자들에 이은 다음 단계는 어떻게 거대분자들로 되었느냐 하는 것이다. 생물학자들은 작은 유기물 소단위들이 결합되어, 단백질과 핵산 같은 큰 중합체들이 만들어졌을 것이라고 생각한다. 이들과 같은 긴 중합체들은 특히 물속에서는 부서지기 쉽다. 그러나 화학자들은 이와 같이 물에 녹은 아미노산 용액들을 얼리거나 열로 수분을 날려버리면 즉시 작은 폴리펩티드들을 형성함을 보였다. 지구가 형성된 수십억 년 전의 검은 화산섬(하와이 군도와 같은)의 해안을 그림으로 떠올려 보라. 아마도 바닷물과 용암석 해안들을 따라 형성된 고대 조수 웅덩이들에 유기분자들이 녹아서 이루어진 "원시스프(primordial soup)"를 만들었을 것이다. 태양열이 증발시키거나 또는 밤에 결빙되어서, 이들 전구물질들은 농축될 수 있었을 것이다. 건조와 결빙이 물을 제거시키고, 아마도 에너지를 제공하여 아미노산들의 긴 사슬인 폴리펩티드와 그 밖의 거대분자들을 형성하였을 것이다. 연구자들은 또한 어떤 조건들 하에서 유기분자들이 작은 입자들 표면에 끌려들 수 있음을 보여줬다. 빛에너지나 열에너지 유입에 의해, 이 분자들이 서로 반응하며, 농축되고, 결합하여 거대분자들로 되었다. 같은 방식으로 유기분자들이 황철광에 잡혀 생명재료 물질들인 폴리펩티드, 폴리뉴클레오티드, 다당류, 그리고 아마도 지질까지의 거대 유기분자들을 형성하게 되었다.

자기-복제 체계들

작은 유기분자들이 축적되어 단백질들이나 핵산들로 결합되었을 것(그 거대분자들의 안정성은 약했을 것이고 곧 사라졌을 것이지만)이라고 설명하는 것은 명분이 약하다. 그러나 1장에서 살펴본 대로 자기-복제는 생명 화학의 또 다른 기본적 특징이다. 따라서 생명의 기원에 대해 연구하는 사람들은 원시 유기사슬 화합물들이 어떻게 스스로 복사하기 시작했는가에 대한 설명이 되어야 한다. 이제부터 가장 잘 알려진 설명에 대해 알아보겠다.

RNA 촉매들

오늘날의 세포들은 단백질 효소들의 도움 없이는 핵산들이 복제될 수 없다. 그러나 단백질들은 그 합성에 핵산들을 필요로 한다. 이것이 자기-복제 분자들 진화에 관해 해결해야 할 중심적 과제이다. 즉 단백질과 핵산 중 어느 것이 먼저 만들어졌는가와 그들이 함께 또는 각각이 어떻게 자기-복제를

표 10.1
생명 진화의 단계

사건		10억 년 전	결과들
다양한 생명체들이 존재		0.5	완전한 오존막층; 오늘날과 같은 대기; 20% 산소; 어류와 육상식물들 왕성
껍질에 쌓인 동물들과 초기 육상 식물들의 출현		0.55	화석 기록에 생명 다양성 확실; 대기에 10% 산소
다세포 생명체들의 출현		0.67	화석들과 흔적들의 생성; 대기에 약 7% 정도까지 산소와 오존의 축적
최초의 진핵세포들의 출현	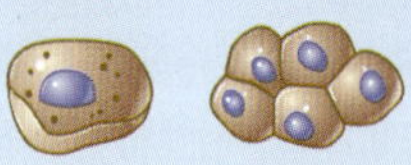	2.1	유사분열, 감수분열, 유전자 재조합과 유기호흡의 시작; 대기의 산소는 2% 정도
산소-내성 청록조류들의 출현	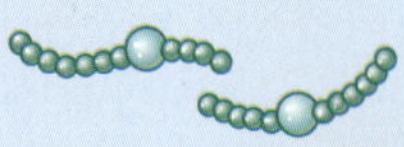	2.0	오존막층 형성 시작; 지각에 철 침착의 개시
광합성 생명체들 출현의 강력한 증거		2.8	대기로 산소가 출현되지만, 아직은 1% 미만
자가영양생물체, 메탄생성 세균들, 유황 세균들의 출현; 광합성 증거들	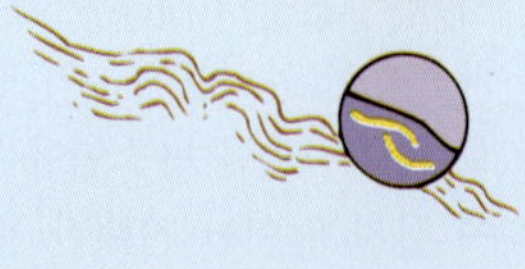	3.6	대기의 미약한 변화
생명의 기원		3.8	산소가 없었던 원시대기

그림 10.2
전기방전 장치 실험: 지구의 원시 조건들 모방의 시도

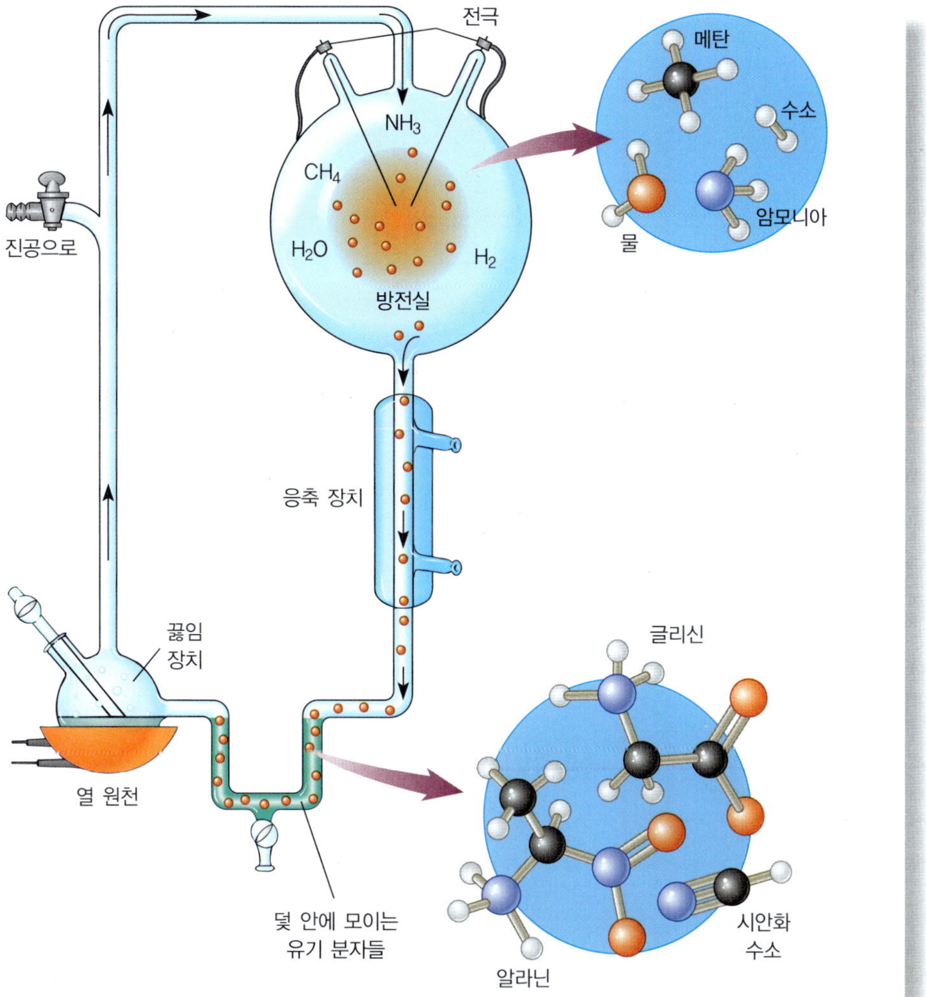

자기-복사 분자들과 자연선택

생물학자들은 자연선택이 지질 연대(eon)를 거치며 이루어져 왔으며, RNA 분자들이 자연선택에 의해 그 안정성과 신속한 복제능을 갖게 되었다고 생각한다. 결국에는 더 안정한 형태인 DNA가 RNA의 정보저장 능력을 인수 받게 되었고(**그림 10.3d**), 단백질이 세포 내에서의 보편적인 촉매로 되었다는 것이다(**그림 10.3e**).

목표2 최초의 세포들

생명 진화에서 우리는 단지 자기-복제 유기분자들에 관한 것만 살펴본 것이지, 아직 세포 수준까지 알아본 것은 아니다. 앞에서 수차례 보아 온 것처럼, 세포들은 난백실을 암호화하는 유전자들을 가지며, 원형질막으로 둘러싸여 있고, 복잡한 대사 경로들을 가진다. 그렇다면 이 모든 특징들이 어떻게 RNA 세계에서 아니면 어떤 다른 시나리오를 통해 자기-복제 분자 체계들을 만들 수 있었을까?

시작했느냐에 대한 것이다.

많은 생물학자들은 자기-복제 분자들의 첫 번째 체계는 핵산인 RNA에서 비롯 됐을 것으로 확신한다(**그림 10.3a**). 1980년대에 수행되었던 실험들이 특정 종류의 RNA가 촉매로 작용할 수 있다는 것을 보였다. 리보자임(ribozyme)이라고 불리는 이들 RNA 촉매들은 그 자신을 둘로 잘라 뉴클레오티드들이나 다른 RNA 분자들에 결합할 수 있다(**그림 10.3b**). 더 최근의 실험들에서 연구자들은 현대 세포들 안에 있는 리보솜RNA(rRNA)가 아미노산들을 단백질로 만드는 것을 촉매할 수 있음을 보인 바 있다(**그림 10.3c**). 이러한 연구들이 일부 생물학자들로 하여금 생명 진화의 한 단계에 RNA 세계가 있었음을 제시하게 하였는데, 이 개념은 RNA 분자들이 그 자신의 복제뿐 아니라 아미노산들을 결합시켜 단백질로 만드는 것도 촉매하였다는 것이다.

막들의 진화

살아있는 모든 세포들은 유연하고, 반투과성인 지질들로 구성된 원형질막에 쌓여 있다. 이 막이 해로운 물질들은 밖으로 그리고 유용한 화학물질들은 안으로의 이동을 통제한다. 예를 들면, 막이라는 울타리 안에서 단백질이 특정 RNA 분자에 근접하게 해줌으로써, RNA 복제의 속도를 높여주는 것이다(**그림 10.3e**). 이와 같은 경계부위가 없다면, 단백질들은 흩어져 RNA 복제에 몰두할 수가 없는 것이다.

살아있는 세포들에서 막들은 어버이세포에 이미 존재하는 막으로부터 만들어진다. 그렇다면 생명이 시작되기 전에 막들은 어떻게 만들어졌을까? 연구자들은 폴리펩티드들과 인지질들을 함께 넣고 가열한 결과, 즉시 막 같은 종이모양의 구조물들이 형성되는 것을 보았다. 이들 구조물은 어떤 조건을 해주면, 그들끼리 뒤집어 접혀서 닫혀진 막과 같은 모양을 하고, 나누어지기까지도 한다. 자기-복제한 RNA들이 그와 같은

그림 10.3
생명의 기원: "RNA 세계" 가설

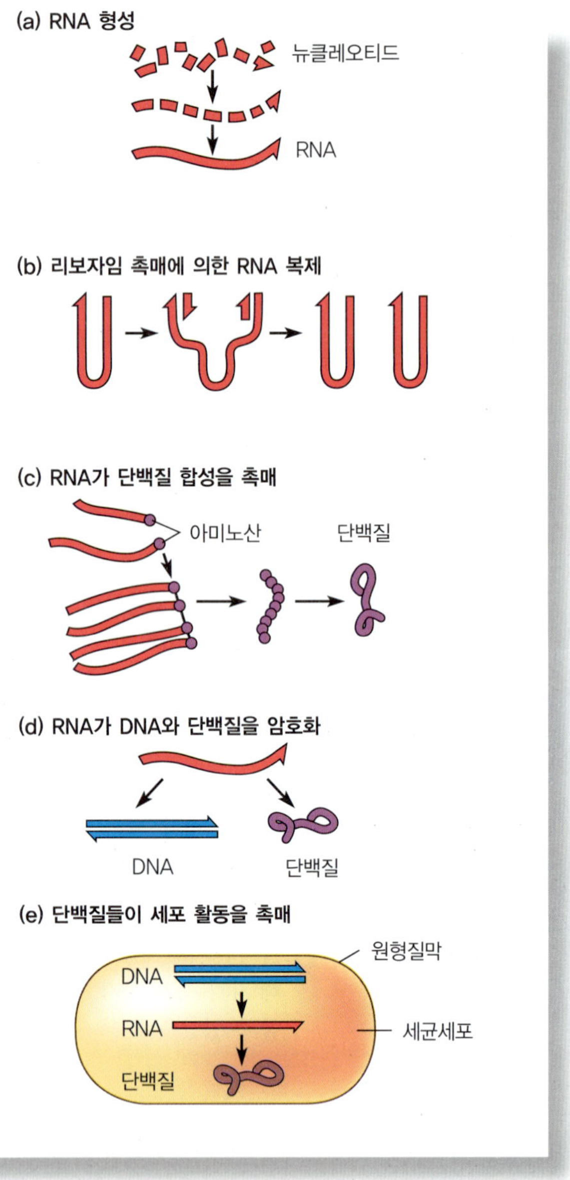

막에 갇혔다고 상상해 보라: 그렇게 되면 RNA는 더 많은 RNA들을 만들고, 더 빠르게 나누어지며, 더 많은 보호막들을 만들 것이다. RNA 분자들이 그 주위에 막들을 갖게 되면서, 원시 자연선택 기작에 의해 막들의 개선이 촉진되었을 것이다.

타가영양생물 (heterotroph)
동물, 균류, 및 대부분의 원핵생물들과 원생생물들처럼 외부로부터 미리 형성된 영양분을 섭취하는 생명체

대사경로들의 기원

막이 만들어진 것과 같은 동일한 선택 과정들을 통해서 (물질)대사경로(metabolic pathway)들이 만들어졌을 것이다. 생물학자들은 초기의 원시적 자기-복제 담당 구획들이 뉴클레오티드들, 아미노산들, 지질들 등과 같이 필요한 모든 물질들을 원시스프로부터 얻었을 것으로 추정한다. 그렇지만 결국 일부 물질들은 고갈되기 시작했을 것이다. 그런데 막에 싸여진 RNA가 우연히 풍부한 물질 Y에 작용하여, 필요하지만 희귀했던 물질 X로 바꿔줄 수 있는 한 단백질을 암호화시켰다고 생각해 보자. 그렇게 되면 이 막에 갇힌 단위는 틀림없이 선택적인 이점을 갖게 되는 것이다. Y물질이 소모되면, 또 다른 유전적 변화와 자연선택에 의해 Z물질로부터 Y물질로 변화시킬 수 있는 단백질(효소)이 만들어졌을 것이다. 이와 같은 선택적 압력을 통해서 Z → Y → X와 같은 대사경로들이 진화되어 왔을 것이다. 어느 시점에 어느 위치에서 복제, 단백질합성 및 물질대사들이 막으로 싸인 구획들에서 서로 가까이 통합되어 살아있는 세포들에서 구분하기 어려운 단위들로 된 것이며, 그 시기에 지구에 생명이 시작되었던 것이다.

원시스프의 유기분자들로부터 있을 법한 최초의 세포들이 형성되는 과정은 하나의 경로가 생기는 데도 수백 만 년이 걸릴 정도로 매우 길고 복잡한 여정이었다. 현대 실험들로 생명이 어떻게 진화되어 왔는가를 정확히 설명할 수는 없지만, 생명의 기원이 화학과 물리학적 법칙들과 40억 년 전 지구의 환경 조건들에 의해 이루어졌음을 보인 것이다.

생명이 지구를 변화시킨다

초기 생명체들은 지구 자체에서 극적으로 그 물질적 상태를 바꾼 다음, 나중에 생명-형태로 포장된 것 같아 보인다.

지질학자들이 가장 초기에 화석화된 세포 물질들일 것으로 추정되는 유기탄소 침착물을 함유하는 암석들을 발견하였다. 이 암석들은 운석들이 원시적 사건들의 모든 잔재들을 제거시켰던 직후인, 약 38억 년 전 바다 속 침전물들에서 형성된 것이다. 앞에서 살펴본 바와 같이, 원시 대기에는 유리산소가 결핍되었던 시기였으므로, 초창기 세포들에서 물질대사는 무기적이었을 것이다. 또 이들 초창기 생명체들은 아마도 **타가영양생물(heterotroph)**들이었을 것이다. 즉 그 당시 생명체들은 스스로 먹이 분자들을 합성하는 대신에 영양소들을 외부로부터 얻었다는 것이며, 이 영양소들은 운석 형태로 지구상에 떨어졌거나 햇빛이 처음 지구에 형성된 대기를 통과해 도달했을 때 형성되었던 탄소-함유 유기분자들이었을 것이다.

결국에는, 엄청나게 많은 타가영양생물들이 당시 수계 환경으로부터 유기분자들을 제거함으로써 공급 물량이 다 없어지게 되었는데, 이들 모든 유리형 유기화합물들이 생명 분자들로 통합된 것이다. 이 시기가 얼마 지나지 않아 생명체들은 처음으로 그들의 환경을 변화시켰을 것이다.

자가영양생물들의 진화

타가영양생물들이 원시 해양의 유기화합물들을 고갈시킴에

따라 그들에게는 탄소와 에너지원들이 부족해져 갔다. 자연선택은 메탄과 이산화탄소와 같은 단순한 무기 전구체들로부터 유기분자들을 생성할 수 있는 생명체인 **자가영양생물(autotroph)**들이 되게 한 것이다.

자가영양생물의 한 아군인 **화학자가영양생물(chemoautotroph)**들은 유기분자들을 만들 수 있고 황화수소나 철과 같은 무기물들을 사용하여 에너지를 얻어낼 수도 있다. 화산 분출구(Pele's Vent)나 심해의 열수 지역에서 수집한 생명체들 연구를 통해서, 생물학자들은 현존해 있는 생명체들의 공동조상이 아마도 물의 비등점 근처의 온도에서 살았던 원시 화학자가영양생물이라고 결정지었다. 이 고대 전구체들은 아마도 이산화탄소를 탄소원으로 그리고 유황과 수소 가스를 에너지원으로 사용했을 것이다(광합성 세포에서처럼 빛과 물을 사용하는 것보다는). 생물학자들은 화학자가영양생물들은 무-산소(무기적) 환경들에서만 살 수 있고, 확실히 그들은 지구표면으로부터 충분히 깊은 해양, 호수 그리고 온천 등에 서식함으로써, 그 물 층이 복잡한 생물분자들을 파시킬 수 있는 고에너지의 자외선을 차단시킬 수 있었다고 결론짓고 있다.

비록 오늘날에도 일부 환경들에서 화학자가영양생물들이 잘 살고는 있지만, 지구표면에 도달하는 태양광이 풍부하고 유용한 에너지원을 제공한다. 생명역사의 이른 초기 과정에서 자가영양생물들은 이와 같이 풍부한 태양에너지원을 잡아내기 시작했다. 잔존물에 대한 화석 증거가 광합성 세포들이 이미 36억 년 전에 이미 진화됐음을 보여주고 있는데, 놀랍게도 이 시기는 유성 폭발기가 끝난 몇 천 년 후 이다. 광합성 남세균들이 현존하는 가장 간단한 광합성세포이고, 과학자들은 가장 초기의 이 세균세포 잔재들을 35억 년 된 침전 암석들에서 찾아냈다.

광합성 생명체들이 대기를 변화시킨다

초기의 광합성생물들은 매우 간단한 세포들로서, 아마도 황화수소와 수소 가스를 그 에너지 대사의 전자공여체로 사용한 것 같다(3장 참조). 그러나 이들 원료물질들도 어느 시기에 고갈되었지만, 물은 기본적으로 무한정이었고 어떤 생명체도 물로부터 전자들을 추출해 낼 수 있다는 것이 여러 환경조건들에서 생명체들이 번성하게 해 줬다. 오늘날의 남세균들도 광합성 시 물로부터 전자를 거둬들이고 노폐물로 산소를 방출한다. 현존 남세균들과 매우 닮은 화석세포들을 근거로 하여, 생물학자들은 광합성 동안 물을 분해시켜 전자를 얻고 노폐물로 산소를 방출하는 능력을 가진 남세균들이 28억 년 전에 진화되었다고 추정한다.

이 대사적 발달이 지구 환경을 변화시켜 생명체들이 살아갈 수 있게 해준 극적인 계기가 된 것이었다.

자가영양생물 (autotroph)
식물처럼 그 자신이 먹이를 생산할 수 있는 생명체

화학자가영양생물 (chemoautotroph)
단순한 무기반응으로 에너지를 얻어내는 생명체

산소의 허용과 호기성 세포들

산소를 생성하는 광합성세포들이 진화된 이후, 10억 년 동안은 대기에 산소가 조금밖에 축적되지 않았거나 거의 없었다. 그 대신에 고대 해양에 펼쳐져 있던 철 화합물들이 광합성세포들이 방출한 유리산소들과 반응하여 녹슬어서(산화철이

미국 와이오밍주 옐로스톤 국립공원의 온천

세포내공생설(endosymbiont hypothesis)
원핵생물들 기원의 미토콘드리아와 엽록체가 유핵세포와 융합되었다는 견해

캄브리아 폭발기(Cambrian Explosion)
약 5억 년 전 캄브리아기 시작 당시의 백만 년 동안에 오늘날 우리가 볼 수 있는 주 영역의 모든 동물들이 화석 기록으로 남기 시작한 시기; 그 이후 몇 백만 년 동안 어떤 새로운 생명체도 나타나지 않았음

녹) 수천 톤씩 바다에 형성되었다는 증거가 있다. 바닷물 속의 대부분 철은 이와 같이 산소에 결합된 후에 대기 중의 산소가 형성된 것이다. 아이러니컬하게도 산소는 혐기성 세포들에게는 유독하기 때문에, 이와 같은 형성이 초기 타가영양생물들과 광합성생물 자체에게도 해가 되었을 것이다.

약 20억 년 전 산소 수준이 점차 커지면서, 산소에 의한 손상에 저항할 수 있었던 두꺼운–외벽을 가진 세포들이 슈피리어 호수(미국 최북부에 소재)에 살았다가 죽었다. 이들 세포의 화석들에서 남세균들이 방출하여 해양과 대기에 축적되고 있는 산소의 독작용을 피할 수 있는 기작들(이 경우엔 두꺼운 외벽층)이 진화되기 시작됐다는 것을 말해주고 있다.

산소의 형성이 두 가지 결과를 더 가져왔다. 첫째, 산소가 최종 전자수용체가 되는 호기적 호흡(3장 참조)에 의한 에너지 경로를 취하는 자연선택의 중개자 역할을 했다는 것이다. 둘째, 대기층 상부에 산소축적에 의해서 오존장막을 형성함으로써 지구환경에 대한 큰 충격을 차단시켜 주었다는 것이다. 태양광이 산소(O_2)에 작용하여 오존(O_3)이 되고, 오존은 자외선을 흡수한다. 이 장막이 DNA에 손상을 줄 수 있는 자외선으로부터의 위험을 차단하여 생명체들을 보호해 주어서, 세포들이 깊은 바다 속 구멍들에 숨어살지 않고 지구표면 가까이 살기 시작하도록 해주었다.

목표3 진핵세포들과 다세포 생명체의 진화

생명체들이 36억 년 전에 발생했고, 그중 80%의 생명역사가 현재까지 지구에 이어져 왔다. 그 시기의 반 이상에서 가장 복잡한 생명체가 전핵세포들이였다. 21억 년 전까지도 진핵세포들이 출현하지 않았었다. 동물, 식물 그리고 대부분의 진균 등과 같은 다세포 생명체들은 9억 년 전에 진화되었다.

생물학자들은 첫 번째 진핵세포들로의 진화, 즉 단일–세포군으로의 다양화에 이어서 그 자손들인 진핵생명체로의 진화에 이르는 단계적 변화들을 주의 깊게 조사해 왔다. 일부 생물학자들은 가장 초기의 진핵세포들은 견고한 세포벽 생성능력을 잃었지만, 핵막과 세포골격과 같은 다른 구조물들로부터 견고성을 획득했을 것이라는 가설을 제시한다. 이러한 방식에 의해 그들 세포들로 하여금 원형질막의 주머니 속으로 먹이 입자들을 집어삼키게 해 주었을 것이라는 것이다(2장 참조). 핵막은 원형질막이 함입되어 세포에 노출되어 있던 DNA를 둘러싸서 보호하는 주머니로 되었다는 주장이다. 화석 기록들은 이러한 막들의 출현이 26억 년 전에 시작되었음을 보여준다(**그림 10.4a,b**).

진핵세포들은 약 25억 년 전에 미토콘드리아와 엽록체 전구체들을 아마도 빨아들인 것이라 본다(**그림 10.4c~e**). 이러한 일들이 어떻게 이루어졌는가를 설명하기 위하여, 생물학자들은 **세포내공생설(endosymbiont hypothesis)**을 제안하고 있다. 이 견해는 미토콘드리아와 엽록체는 각각 자유롭게 살고 있던 세균세포들 기원인데, 그 당시 형성되었던 조상세포들이 그들을 "삼켜", 숙주에 적응하며 적절한 배열을 하면서 그 이점을 갖게 된 하나의 생명체를 형성했다는 것이다. 비광합성 원핵생물들이 삼켜지면 이들은 미토콘드리아로 진화한 반면에(**그림 10.4d**), 광합성 원핵생물들이 삼켜지면 엽록체로 진화되었다는 것이다(**그림 10.4e**).

그리하여 19억 년 전쯤 세포들은 미토콘드리아와 엽록체를 가지게 됐다. 그러나 단일–세포 생명체들로의 그들의 방산(radiation)은 그 이후인 약 10억 년 전에 일어났다. 일부 생물학자들은 성의 진화가 다양성을 밀어붙이게 되었다고 제시한다. 감수분열 중 유전물질의 재조합과 수정이 더 많은 유전적 변화를 가능하게 했다. 그리하여 유성생식이 진화의 속도를 상당히 빠르게 내도록 해 주었다.

단순한 동물들의 출현

화석 기록에 의하면, 약 5억 8,000만 년 전에 최초로 단순 동물들이 나타났다. 고생물학자들은 이러한 다양성의 급증이 대기 중 산소 수준이 높아진 것과 일치하였다고 추정한다. 최초의 화석 동물들은 유연한–몸을 가진 것들이었다. 유연한–몸을 가진 동물들이 5억 8,000만 년에 화석이 되었다는 것과 그 이후 생명체들은 부드러운 몸 부위들이 드물게 화석화된 것을 고려해 볼 때, 조금은 모호하다고 할 수 있겠다. 일부 고생물학자들은 이 시기에는 사체를 먹어치우는 동물들이 없었기 때문에, 동물 사체들이 해양 바닥에 흩어져 오늘날의 경우보다 더 오랜 세월을 보낼 수 있었기 때문에 더 쉽게 화석이 되었을 것으로 추정한다. 약 5억 4,000만 년 전에 이 모든 것의 변화되는 시기가 오는데, 이를 **캄브리아 폭발기(Cambrian Explosion)**라 부르며, 이때 견고한 신체부위들을 가지는 동물들이 출현하고 더 많은 화석들이 남겨졌다. 캄프리아기 동물들이 방호 피복을 가지게 됐다는 것은 바다에 육식동물들이 돌아다니기 시작했다는 것을 암시해 준다. 단단한 피부와 껍질을 가진 동물들이 부드러운–몸을 가진 동물들보다 더 적게 육식동물들한테 잡혀 먹혔을 것이다. 그러므로 방호 피복을 가진 동물들이 더 효과적으로 번식하여 더 많은 후손들을 남겼다.

그림 10.4
세포내공생설

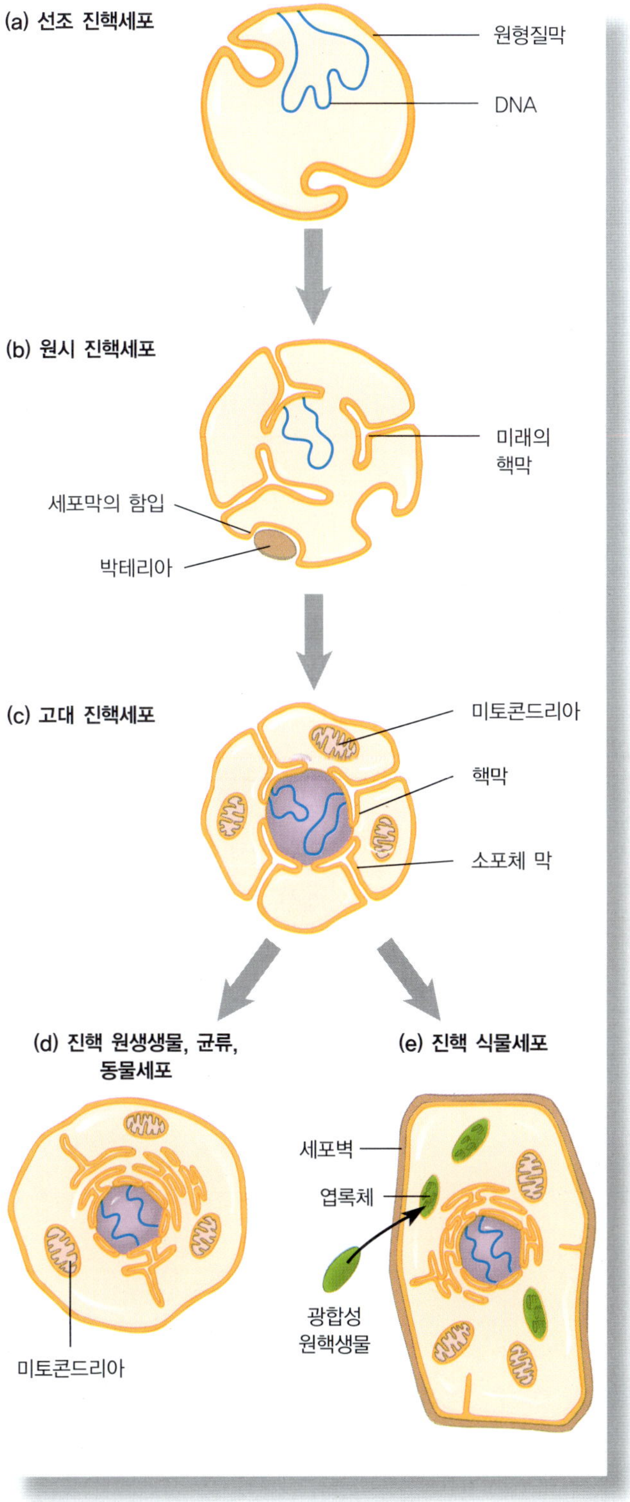

대형 식물들과 동물들의 출현

4억 년 전쯤의 대기는 오늘날의 경우처럼 산소 함량이 20% 정도였다. 오존층 막은 더 확대되어 자리 잡았고, 복잡한 생명-형성체들이 다수 나타나기 시작했다. 큰 물고기들이 고대 해양을 헤엄쳐 다녔고, 원시 육상식물들이 축축한 해안을 따라 자라기 시작했다. 그 후 2억 년 동안에 절지류, 양서류, 파충류, 조류 그리고 포유류들이 대륙 위를 거닐게 되었고, 캘리포니아 타위드와 하와이 은검초와 같은 큰 구과류 수종들과 현화식물들이 풍부하게 자랐다.

시생대(Archean Era)
지구 탄생으로부터 약 25억 년 전까지의 지질학적 시대

원생대 (Proterozoic Era)
약 25억 년 전부터 약 5억 8,000만 년 전까지의 지질학적 시대

고생대(Paleozoic Era)
약 5억 8,000만 년 전부터 약 2억 4,500만 년 전까지의 지질학적 시대

지질학적 변화가 생명에 영향을 미치다

생명체들의 진화가 대기를 변화시키고, 고대 해양의 철을 녹슬게 하고, 오존층을 만들었다. 동시에 지구는 그 자체의 지질학적 변화를 일으켜서 생명체들의 진화와 다양화에 영향을 미쳤다. 지질학자들은 화석 기록들을 근거로 이러한 변화들인 지구의 역사를 이언(eon; 1이언은 100억 년), 대(era), 기(period), 그리고 세(epoch)로 나눈다. 그러나 생물학에서는 아래의 다섯 시대가 중요함을 기억하는 것이 유용하다:

1. 시생대–가장 오래된 지질 계
2. 원생대
3. 고생대
4. 중생대
5. 신생대

이제부터 각 지질시대에 대해 알아보기로 한다(**표** 10.2).

시생대와 원생대

지구의 생성과 **시생대(Archean Era)** 개시 사이의 5억 년 동안은 아마도 유성충돌들과 화산 활동들이 생명의 출현을 막았을 것이다. 사실, 일부 과학자들은 그와 같은 초창기의 지옥 같은 환경시기를 "지옥대(Hadean)"라고 표현하기도 한다. 그에 비해서 시생대는 바다로부터 대륙들이 생성되기 시작한 평화로운 시기였다. 약 25억 년 전에 시작되는 **원생대(Proterozoic Era)**에서는 산악지대가 형성되기 시작된 단계로서 거의 20억 년 동안 지속되었다. 이 시기에 진화된 초기 생명체들의 다양화가 시작되었다.

고생대

약 5억 8,000만 년 전 **고생대(Paleozoic Era)**가 캄프리아 폭발기(Cambrian Explosion)와 함께 갑자기 시작되었다. 거의

표 10.2

지구의 역사

대	기	세	기의 시작 (100만 년 전)	생물학적 사건들
신생대	신 제4기	완신세	0.01	인류
	신 제3기	선신세	7	유인원
		중신세	26	
		점신세	38	영장류 출현,
		시신세	54	포유류 다양화,
		효신세	65	삼림들의 확장
중생대	백악기		136	대량 멸종 최초의 태반 포유류들; 큰 공룡들
	쥐라기		195	거대 공룡들의 출현 최초의 현화식물; 최초의 포유류와 조류
	트라이아스기		245	침엽수 우점, 공룡류 출현
고생대	페름기		280	전 세계적 대량 멸종
	석탄기	펜실바니아 지역	321	최초의 침엽수림; 최초의 파충류와 곤충류
		미시시피 지역	345	
	데본기		395	최초의 양서류, 최초의 경골어류, 최초의 종자식물
	실루리아기		435	최초의 악구어류, 최초의 육상-식물 화석
	오르도비스기		500	최초의 척추동물, 무악 견갑어류; 무척추동물들의 번성
	캄브리아기		580	무척추동물 화석, 연체동물, 갑각류, 극피동물
원생대	전캄브리아기		3000	최초의 화석동물들과 식물들; 원생동물, 해면동물,
			4600	최초의 화석세균

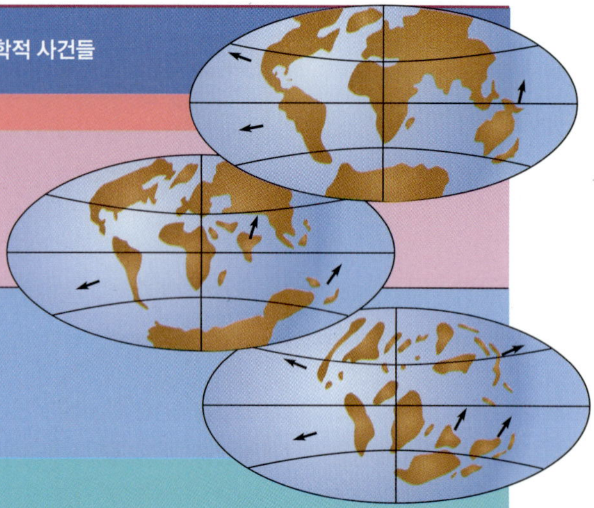

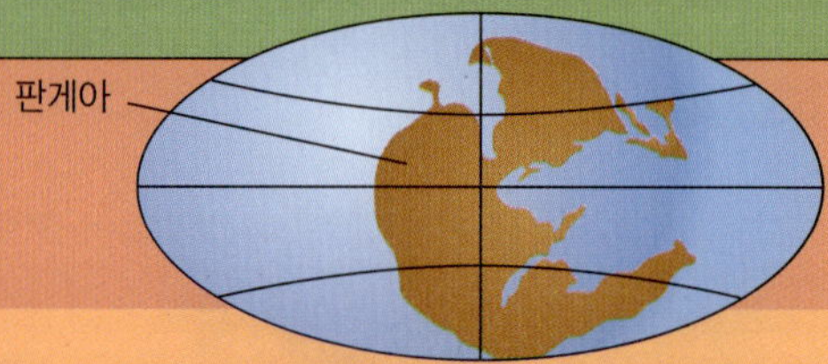

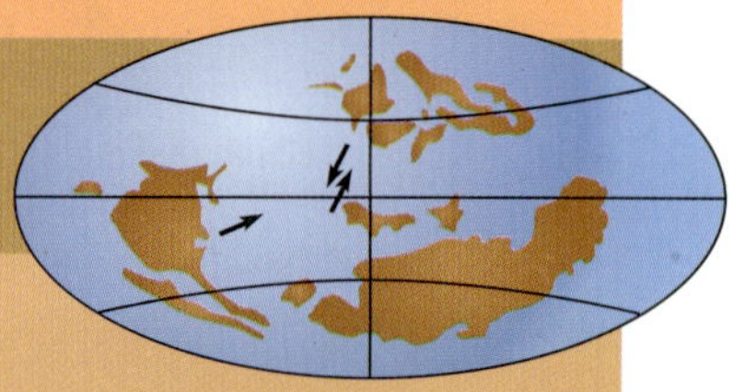

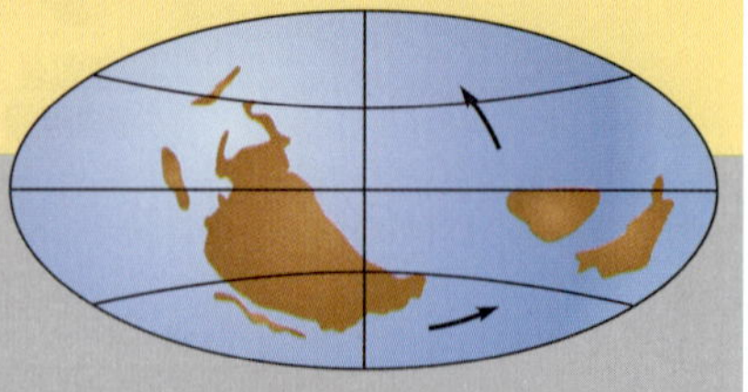

동일한 시기의 화석 기록들이 현존하는 주요 동물상을 보여 주고 있다. 이 갑작스러운 생명–형태들의 출현 얼마 전에 해저의 확장과 침강에 의해 지각판 위의 대륙들이 이동하는 과정인 **판구조(plate tectonics)**가 시작되었다(**그림 10.5**).

약 2억 4,500만 년 전, **판게아(Pangaea)**라 부르는 단일 태곳적 대륙이 만들어졌다(**표 10.2** 참조). 지각 판이 감겨짐에 따라 대륙들이 죄어지고 내질러져서 거대한 산악지대도 세워지고; 따듯하고 얕은 내해들이 흐르게 되고; 해양지역의 크기와 위치들이 변화되었다. 그 결과로 생긴 기후의 변화들이 바다동물들과 육상동물들에게 재앙이 되었다. 약 75%의 양서류들(도롱뇽과 그 유연 동물들), 80%의 파충류(악어, 뱀들과 그 유연 동물들), 그리고 96%의 모든 해양 종들이 사멸되었다. 고생물학자들은 이 대재앙을 **페롬기말 멸종(end-Permian extinction)**이라 부르는데, 그 이유는 이 시기가 고생대 페롬기가 끝나가는 시기였고, 지구역사 중 가장 큰 대량멸종이 일어났기 때문이다.

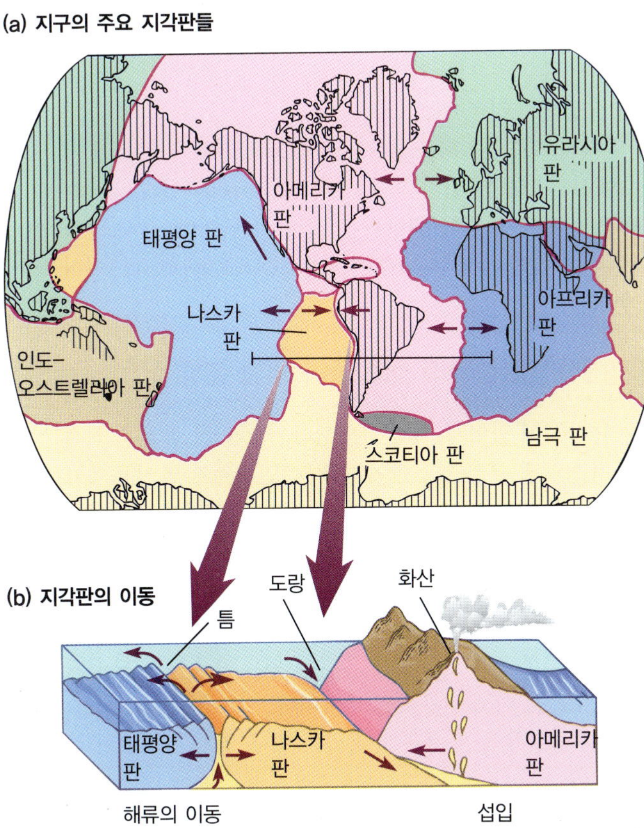

그림 10.5
판구조론: 대륙들의 충돌

중생대

판게아가 2억 4,500만년 전에서 6,500만 년 전 사이인 **중생대(Mesozoic Era)**는 생명체 집단들의 분리와 진화적 변화를 크게 해주는 기회를 제공하였다. 예를 들어, 판게아가 일어날 때 포유류들은 자궁 내에서 배아에 영양을 공급하는 기관인 태반이 아직 진화되지 않았었다. 대신에 자손들이 매우 이른 발생시기에 태어난 다음, 어미의 육아낭(marsupium)에서 젖을 먹었다. 작은 원시적 유대포유동물들이 판게아 전 지역뿐 아니라 주 대륙에서 떨어져 나온 호주대륙에서 번창하였었다. 호주대륙을 제외한 다른 대륙들에서는 태반을 가진 수천 종의 포유류들로 진화되었다. 태반 포유류들과의 경쟁없이 호주대륙의 유대류들은 캥거루, 코알라 및 웜뱃(wombat)과 같은 다양한 유대류들로 풍부하게 방산되었다. 그 밖의 대륙의 유대류들은 태반류들과의 경쟁에 져서 사라졌다. 예를 들어 북아메리카의 주머니쥐(opossum)가 유일하게 살아남은 유대류 후손이다.

판게아 붕괴와 더불어 가장 큰 육상동물이었던 공룡류들의 출현과 다양화가 이루어졌다. 또한 지구 전체의 따듯한 기후가 큰 열대식물들과 나무들, 현화식물, 조류, 포유류들이 생기게 하였다.

판구조(론) (plate tectonics)
지구표면 위 지각판의 지질학적 이동과 생성 과정(에 관한 지질학적 이론)

판게아(Pangaea)
2억 4,500만 년 전 지구상에 존재했다고 하는 단일의 태곳적 대륙

페롬기말 멸종 (end-Permian extinction)
약 2억 1,300만 년 전인 페롬기 말에 일어났던 대량멸종

중생대(Mesozoic Era)
약 2억 4,500만 년 전부터 약 6,500만 년 전까지의 지질학적 시대

신생대(Cenozoic Era)
약 6,500만 년 전부터 시작한 지질학적 시대

신생대

중생대의 대재앙이 끝나고 약 6,500만 년 전에 현 시대인 **신생대(Cenozoic Era)**가 시작되었다. 이 시기에 지구 역사상 두 번째 대량멸종에 의해, 공룡류들을 포함해 지구 생명체 종들의 반 정도가 사라졌다. 현재의 연구에서는 그 당시 유성이 멕시코 만 연안에 충돌했을 것으로 제안한다. 그 결과 공중을 떠 있던 잔해들이 지구 위 하늘을 어둡게 했고, 지구 기후를 춥게 만들어 멸종되게 한 것이다. 하늘이 맑게 되자 조류(birds), 포유류와 현화식물류들 등의 다양한 종집단들로의 다양화가 계속되었다. 신생대에서도 지각변동은 계속되어 현재의 대륙구조와 같이 되었다(**표 10.2**). 또 이 지각변동들이 생명체 집단들의 분리가 계속되게 하였고, 새로운 동·식물 집단들이 출현되도록 해주었다.

이명법(binomial nomenclature)
각 생물종의 명칭을 속명 뒤에 종명으로 구성된 두 단계 이름을 붙이는 체계

속(genus)
공동 후손들의 매우 유사한 종들을 묶은 분류학적 집단

종(species)
구성원들이 매우 유사한 구조적 형질들을 가지며 서로 교배가 가능한 개체들로 이루어진 생명체들의 분류학적 집단

과(family)
유사한 속들을 묶은 분류학적 집단

목, 정열(order)
유사한 과들을 묶은 분류학적 집단; 구조적 단위들과 활성들의 정교한 배열

강(class)
유사한 목들을 묶은 분류학적 집단

문(phylum)
계 바로 밑의 주 분류학적 집단으로서 유사한 강들로 이루어지며, 모두가 동일한 몸 체계를 가짐; 식물에서는 division이라고도 부름

부/문(division)
같은 문에 속하는 유사한 강들을 묶은 분류학적 집단으로서, 식물계나 균계에서는 phylum 대신에 division이라 부름

계(kingdom)
유사한 문들로 구성된 분류학적 집단으로서, 동물계, 식물계, 균계, 원생생물계 등이 있음

영역(domain)
유사한 계들로 구성된 분류학적 집단

계통학(phylogeny)
서로 다른 생물 집단들의 진화적 역사를 연구하는 학문

목표4 생명다양성의 형성

200년보다 더 전에, 스웨덴의 식물학자인 린네(Carolus Linnaeus)가 점점 커져가고 있는 각 생물종을 일반적이고 모두 아우를 수 있는 분류체계를 개발하였다. 그와 그 동료들은 생명체들의 크기, 모양, 색깔 및 그 밖의 실체적 형질들의 유사성 등의 관찰을 통해 분류하였다.

린네는 또 각 생명체의 이름을 두 단계로 나누어 표시하는 체계인 **이명법(binomial nomenclature)**을 일관적으로 사용하기 시작하였다. 이명법은 각 종을 두 단어로 표기하는데, 예를 들어 사람은 *Homo sapiens*로, 하와이 은검초는 *Argyroxiphium sandwicense*로 기재한다(**그림 10.6**). 생물명의 첫 번째는 유사한 종들을 묶은 것을 의미하는 **속(genus)** 명칭이며, 두 번째는 같은 속에서 한 종류 생명체의 명칭인 **종(species)**의 명칭이다. 종(species)이란 하나의 속(genus)에서 동일한 구조적 형질들을 가지며, 실질적으로 동일종 개체들 간의 생식작용을 성공적으로 할 수 있어야만 한다. 속(genus)은 최근 조상을 가지며, 유사한 신체적 형질들을 공유하는 공동 조상의 후손들로 구성된 매우 유사한 생명체들의 집단을 말한다.

모든 속명은 대문자로 시작하며, 속명과 종명은 모두 이탤릭 또는 밑줄을 그어 표기한다. 생물학자들은 처음으로 종명을 말하거나 표기할 때, 일반적으로 완전한 학명을 일단 사용한다. 그러나 그 다음 종명을 다시 부를 때는 *A. sandwicense* 또는 *H. sapiens*처럼 속명을 약자로 나타낼 수 있다.

분류의 계층성

각 생명체는 공유 특징들을 근거로 일련의 분류군들로 묶는다. 분류 단계는 공유형질들의 범위가 커지는 순서로 계층성을 가지는데, 그 순서는 **종(species), 속(genus), 과(family), 목(order), 강(class), 문(phylum 또는 division), 계(kingdom)**, 그리고 **영역(domain)**이다. 이 계층성이 어떻게 이루어지는가를 이해하기 위해서 **그림 10.6**에 제시한 은검초(*A. sandwicense*)와 사람(*H. sapiens*)의 분류 단계를 살펴보라.

분류의 기준

분류 작업은 생명체들의 공유형질들에 의해 나누는 작업이므로 쉬워 보일 수 있다. 그러나 분류학자들은 어떤 특징적 형질들을 사용할까? 꽃의 색깔이 좋은 기준이 될까? 예를 들면, 노란색 민들레와 노란색 장미처럼 노란색 꽃을 가지는 모든 식물들을 모두 한 분류군으로 묶어도 되는가? 또는 꽃의 크기로 볼 때, 은검초류와 해바라기류는 모두 작은 꽃들이 모여 이루어진 큰 꽃을 갖는데, 이들을 동일 분류군으로 묶어도 될까? 생물학자들은 서로 다른 두 종간의 교배가 현실적으로 가능한지를 자주 검사하므로, 종이란 하나의 개관적 기준이어야 한다. 그 이유는 생물학자들이 종종 서로 다른 두 종간의 교배가 현실적으로 가능한지를 검사한다. 그러나 그 위의 분류 수준인 속(genus), 과(family) 등등은 높은 식견을 가진 분류학자들임에도 불구하고 견해 차이를 가질 수 있다. 그렇다면 속이나 과로 나누려면 무엇이 포함되어야 하는지를 어떻게 결정하는 것일까?

일반적으로 분류학자들은 생명체들의 진화적 역사인 계통수에서의 그들의 위치, 즉 **계통학(phylogeny)**을 반영하는 방법으로 한데 묶기를 원한다는 것이 그 답이다. 다시 말하면, 이런 방법을 *계통학적 접근*(phylogenetic approach)이라고 한다.

분지분석: 공유 유래 형질들에 의한 분류

계통수 작성에 있어서, 가장 유연관계가 가까운 종들은 인접한 가지들의 끝 부분에 놓아야 하고, 유연관계가 먼 생명체들은 계통수의 아래쪽 가지들 끝에 두어야 한다. 그래야 생물학자들이 최근의 공동 조상과 공유하는 생물군들을 쉽게 알아볼 수 있고, 그렇게 함으로써 그들은 **분지분석(cladistics)**에 쉽게 이용할 수 있다. 분지분석이란 하나의 조상으로부터 만들어진 분류학군과 그로부터 유래된 모든 후손들인 **단일계통군(clade)**에 대해 연구하는 분야이다.

몇 종류 동물들인 개구리, 하와이 벌새, 염소 그리고 박쥐에 대하여 계통수 작성을 위한 분지분석적 접근에 대해 알아보자(**그림 10.7**). 분지분석자들은 이 동물들에서 보이고 있는 공유형질과 파생형질들을 찾아낸다. 이 4종류 동물 모두가

켄은 정말로 프랜시스의 예쁜 셔츠에 커피를 쏟았을까?

[영역, 계, 문, 강, 목, 과, 속, 종]

앞다리와 뒷다리를 가진다(**그림 10.7의 ① 단계**). 그러므로 분지분석자들에게 사지의 존재 유무가 이 네 가지 동물들의 유연관계를 결정하는 좋은 특징은 되지 못한다. 이 경우, 모두 사지를 가진다는 것은 이들 집단 모두가 공동의 고대 조상에 나타나는 특징인 **조상형질(ancestral trait)**을 가진다는 것을 말해준다. 우리는 알고자 하는 분류 집단의 모든 구성원들이 나타

분지분석, 분지론 (cladistics)

어떤 특정 생물 집단 내에서만 진화되었다고 생각되는 유전형질이나 특성들을 사용하여 혈통을 재정립하는 분석법의 하나; 예를 들어, 털은 포유류에서만 진화되었음

단일계통군(clade)

하나의 조상 생명체와 그로부터 유래한 모든 후손들로 이루어진 분류학적 집단

조상형질 (ancestral trait)

하나의 조상 생명체들로부터 유래한 한 가지 형질

그림 10.6
분류의 계층성

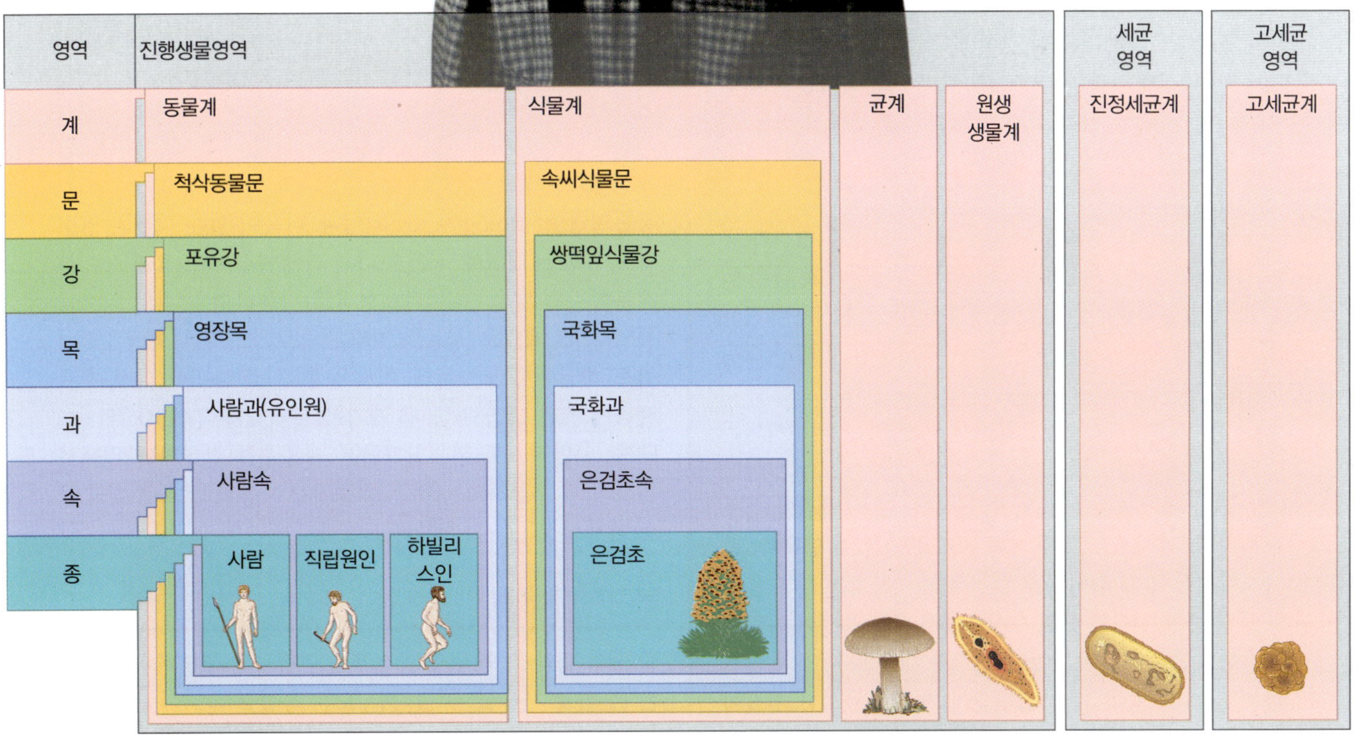

조상형질 (ancestral trait) 하나의 조상 생명체들로부터 유래한 한 가지 형질

외군(outgroup) 알고자 하는 분류 집단의 모든 구성원들이 나타나기 전에 파생된 매우 관련성이 큰 종들; 조상형질을 추론하는 데 사용됨

파생형질(derived trait) 새로 나타난 유전적 변화

유사형질 (analogous trait) 두 종류 다른 집단이 가지는 유사한 형질이지만, 이들 집단의 조상들은 갖고 있지 않았던 형질

상동형질 (homologous trait) 마지막 공동 조상에서의 유전에 의해 두 종이 공유하는 유사한 형질

그림 10.7
분지 분석: 공유 파생형질의 확인

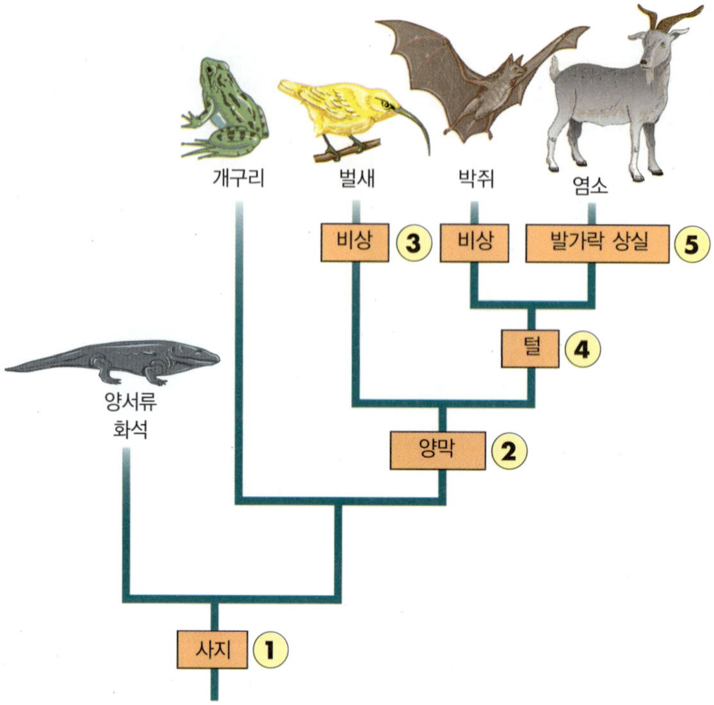

나기 전에, 갈라져 나온 매우 관련성이 큰 종인 **외군(outgroup)**을 살펴봄으로써 조상형질들을 추론해 낼 수 있다. 위 예에서는 멸종된 개구리 화석이 외군 역할을 할 수 있으며, 사지는 조상으로부터 유래된 것이라고 결론지을 수 있다.

하나의 조상형질과는 대조적으로, 분지분석자들은 진화에 의해 새롭게 만들어져 유전된 형질인 **파생형질(derived trait)**을 찾는다. 예를 들면, 벌새, 박쥐 및 염소는 모두 보호막인 양막에서 배 발생이 이루어진다(8장 참조). 반면에, 개구리는 양막이 없다. 따라서 양막은 벌새, 박쥐 및 염소가 공유하는 형질이며, 이것은 개구리 계열로부터 갈라져 나온 이후에 파생된(진화된) 것이다. 파생형질인 양막을 공유하는 벌새, 박쥐 및 염소 집단들은 같은 개체군인 것이다(**그림 10.7의 ② 단계**).

다음, 분지분석자는 동물 종들에서 가지는 의문시되는 그 밖의 공유 파생형질들을 찾는다. 박쥐와 새는 모두 날아다니므로 동일 개체군으로 묶을 수 있을까? 또는 박쥐와 염소는 모두 털을 가지므로 동일 개체군으로 묶을 수 있을까? 공유 파생형질들의 개념이 특정 형질을 제외시키는 데 도움이 된다. 화석 증거가 새와 박쥐 조상들에서 나는 특성이 독립적으로 진화되었음을 보여준다. 그러므로 새가 나는 것과 박쥐가 나는 것은 두 종류 다른 집단들이 가지는 유사한 형질이지만, 그 집단들의 마지막 조상들은 갖고 있지 않았던 형질인 **유사형질(analogous trait)**이다(**그림 10.7의 ③ 단계**). 어떤 은검초와 어떤 장미 집단들이 가지는 노란색 꽃잎도 또 다른 유사형질의 예이며, 돌고래 집단과 상어 집단의 유선형 체구도 이러한 예에 속한다.

나는 형질과 대조적으로, 털이라는 형질은 분지분석에서 계통수를 작성하는 데 좋은 형질이 된다(**그림 10.7의 ④ 단계**). 체모는 공동 조상으로부터 유전되어 온 동일한 형질인 **상동형질(homologous trait)**이다. 더욱이 털은 박쥐와 염소가 공유하는 계열에서 온 하나의 파생형질이다. 그러므로 분지분석자는 털을 공유 파생형질로 사용하여 박쥐와 염소를 동일 분류 계열로 묶는다. 마지막으로, 또 다른 파생형질이 염소 계열에서 보이는데, 이들은 원래 각 다리에 다섯 개로 갈라져 있는 발가락 중 세 개가 상실되었다(**그림 10.7의 ⑤ 단계**). 일반적으로 분류학자들은 계통수를 작성하기 위해서는 그들이 분류하고자 하는 종들에서 가능한 많은 종류의 공유 파생형질들을 확인하려고 한다.

분자적 계통들

발가락, 털과 그 외 뚜렷한 신체적 형질들은 생명체를 분류하는 데 바로 사용할 수 있지만, 모든 동물들이 발가락은 말할

그림 10.8
분자적 계통발생: 강력한 새로운 접근

(a)

은검초	M G R G R V E T R K I E N N T N R Q V T Y S K R R N G I F K K A H E L T V L C D A K V P L I M F S N T G K F H E Y
과꽃	M G R G K I E I K K I E N N T N R Q V T Y S K R R N G I F K K A H E L T V L C D A K V S L I M F S N T G K F H E Y
토마토	- - - G K I E I K K I E N S T N R Q V T Y S K R R N G I F K K R K E L T V L C D A K I S L I M L S S T R K Y H E Y
애기장대	M A R G K I Q I K R I E N Q T N R Q V T Y S K R R N G L F K K A H E L T V L C D A R V S I I M F S S S N K L H E Y
금어초	M A R G K I Q I K R I E N Q T N R Q V T Y S K R R N G L F K K A H E L S V L C D A K V S I I M I S S T Q K L H E Y
벼	M G R G K I E I K R I E N A T N R Q V T Y S K R R T G I M K K A R E L T V L C D A Q V A I I M F S S T G K Y H E F

* 20 종류의 아미노산 기호로 표시함

(b)

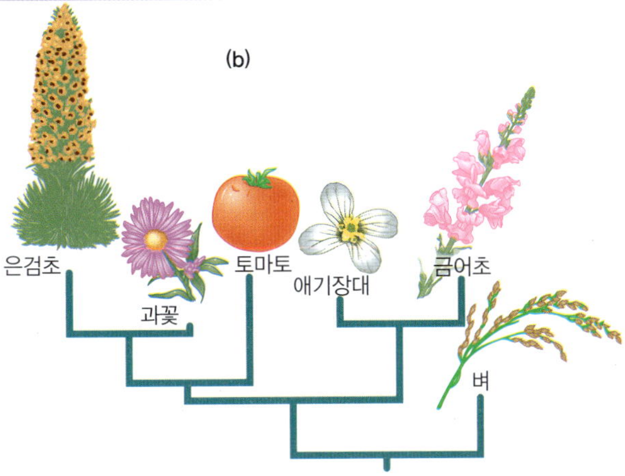

것도 없고, 사지를 가지고 있는 것은 아니다. 그러나 모든 생명체는 DNA와 단백질을 가지고 있으므로, 최근에는 생물학자들이 DNA 또는 단백질 구조들을 비교하여 계통수를 작성해 오고 있다. 그리고 발가락 수를 세는 대신에, 그들은 뉴클레오티드 서열이나 아미노산 서열과 같은 분자적 형질들을 본다. 물론, 생물학자들은 아직도 공유 파생형질들의 순서를 찾고 있다. 예를 들면, 생물학자들은 은검초 꽃잎 형성을 조절하는 유전자인 *apetala-3*를 분리하여, 그 유전자가 암호화하는 단백질을 알아내고, 그 아미노산 서열의 일부를 다른 식물들의 꽃잎-생성 단백질들의 것들과 비교한다(**그림 10.8a**). 그들은 가장 동일한 서열부위(그림에서 어두운 부분)를 알아내는데, 몇 개의 아미노산은 식물들 사이에서 달랐다. 은검초의 꽃잎 단백질 아미노산 서열은 과꽃의 것과 유사하므로, 생물학자들은 계통수에서 함께 집단으로 묶는다. 그들은 금어초를 조금 아래쪽 가지에 놓고, 유사한 서열이 가장 낮은 벼를 계통수의 기부 가까운 쪽에 뻗은 가장 아래쪽 가지에 놓는다. 이와 같은 유전자 계통분류는 하와이 은검초와 가장 유연관계가 큰 식물은 캘리포니아와 북서 태평양 지역에 서식하는 과꽃 과(familty)의 현화식물인 타위드라는 것을 밝혔다.

계통수(생명의 나무)

200여 년 전 위대한 분류학자인 **린네**는 모든 생명체는 동물류 또는 식물류일 것으로 생각했다. 그러나 더 많은 생물학자들이 세포와 유전자 구조들에 대해 연구해감에 따라, 그들은 동·식물계들 외의 더 많은 종들을 발견하게 되었다. 모든 생명체들의 유연관계를 이해하는 데 가장 큰 비약적 발전에 공헌한 것의 하나가 리보솜RNA(rRNA) 서열들의 비교 분석이었다. rRNA 염기쌍 서열(7장 참조)이 단백질의 아미노산 서열들보다 계통수 작성에 유용한다. 그 이유는 rRNA는 모든 생명체들에서 발견되며, 진화의 속도도 늦어서 연구자들이 서열변화를 추적할 수 있고 먼 과거에 일어났을 분지들을 결정하는 데 적합할 정도이기 때문이다. 이것이 그들로 하여금 더 정확한 계통수들의 작성을 가능하게 해준다. rRNA 연구는 현재 살고 있는 모든 생명체들은 생명나무의 3개의 주 줄기로부터 뻗어져 나온 가지들에 위치한다는 것을 확실히 해줬다(**그림 10.9**). 이 3개의 큰 계열을 *영역*(domain)이라 부르는데, 그것은 **세균영역(Bacteria), 고세균영역(Archaea)** 그리고 **진핵생물영역(Eukarya)**이다.

세균영역과 고세균영역의 생물들은 핵막을 갖고 있지 않는 세포인 원핵세포들로 이루어진 단일세포 생물이다. 원생생물류, 식물류, 균류 및 동물류들은 모두 진핵세포들을 가지고 있으므로 진행생물영역에 속한다.

세균영역(Bacteria)
단일세포로 된 원핵생물을 포함하는 하나의 생물계 영역 중의 하나

고세균영역(Archaea)
세포막과 그 밖의 생화학적 및 유전학적 형질들이 세균영역의 그것들과 다른 단일 세포성 원핵생물들을 포함하는 생물계 영역

진핵생물영역(Eukarya)
진정 핵과 그 밖의 막결합 세포소기관들을 가진 세포들로 이루어진 모든 생명체들을 포함하는 생물계 영역

원생생물계(Protista)
일반적으로 핵을 가진 단일세포로 이루어진 생명체들로서, 짚신벌레나 아메바가 그 예임

균계(Fungi)
버섯류나 곰팡이류뿐 아니라 다른 생물 조직을 분해시키는 단일 세포성 효모와 같이 다세포성 타가영양생물들로 이루어진 생물계

식물계(Plantae)
이끼류, 고사리류 그리고 현화식물들처럼 다세포성 광자가영양생물들로 이루어진 생물계

동물계(Animalia)
동물들로 이루어진 생물계

진핵생물영역 제일 아래쪽에는 **원생생물계(Protista)**라고 하는 하나의 다양한 집단이 있다. 원생생물들은 일반적으로 단일–세포생물 종들로서 연두벌레, 짚신벌레, 아메바들이 이에 속한다. **균계(Fungi)**는 다세포성 타가영양생물들로서, 버섯류, 곰팡이류, 그리고 단일 세포성인 효모류가 포함된다. 균계 생물들은 다른 생명물질들을 분해시키며, 포자가 발달되고, 편모는 갖지 않는다. **식물계(Plantae)**는 다세포성 광자가영양생물(photoautotrph)들로서, 일부 조류(algae), 이끼류, 양치류, 그리고 현화식물류가 포함된다. 마지막으로 **동물계(Animalia)**는 다세포성 타가영양생물들로서, 셀룰로오스를 갖지 않으며, 일반적으로 운동성을 갖고 배로부터 발생된다. 동물계에 속하는 것에는 해면류, 곤충류, 조개류, 조류(birds) 및 포유류 등이 있다.

그림 10.9를 보고 놀라운 사실이겠지만, 고세균영역과 진핵생물영역의 유연관계가 그 각각의 세균영역과의 유연관계보다 더 가깝다. 이것은 일부 원시 고세균세포가 아마도 진핵세포의 핵 또는 적어도 유전정보 공정을 조절하는 핵의 유전자들을 일으킨 것으로 믿게 함을 반영하는 것이다(**그림 10.4** 참조). 또 다른 호기심을 갖게 하는 사실은 우리가 매일 친숙하게 볼 수 있는 새, 나무, 풀, 꽃, 개, 버섯, 파리 등의 생명체들이 계통수의 각가지 끝에 놓여 있다는 것이다. 분자적 분석들을 통해 결정된 진화적 다양성의 엄청난 확장이 단일–세포 생명체들에 있다. 일반적으로 그와 같은 단순 생명체들은 동물, 식물, 균류들과 같은 큰 생명체들에 비해, 서로 유전적으로 더 다양하다.

뒤에 나오는 세 절에서 생물계와 영역에 대해 상세히 살펴볼 것이다. 여기서는 멸종에 관한 매우 심각한 문제에 대해 알아보기로 한다.

그림 10.9
영역, 계와 계통수

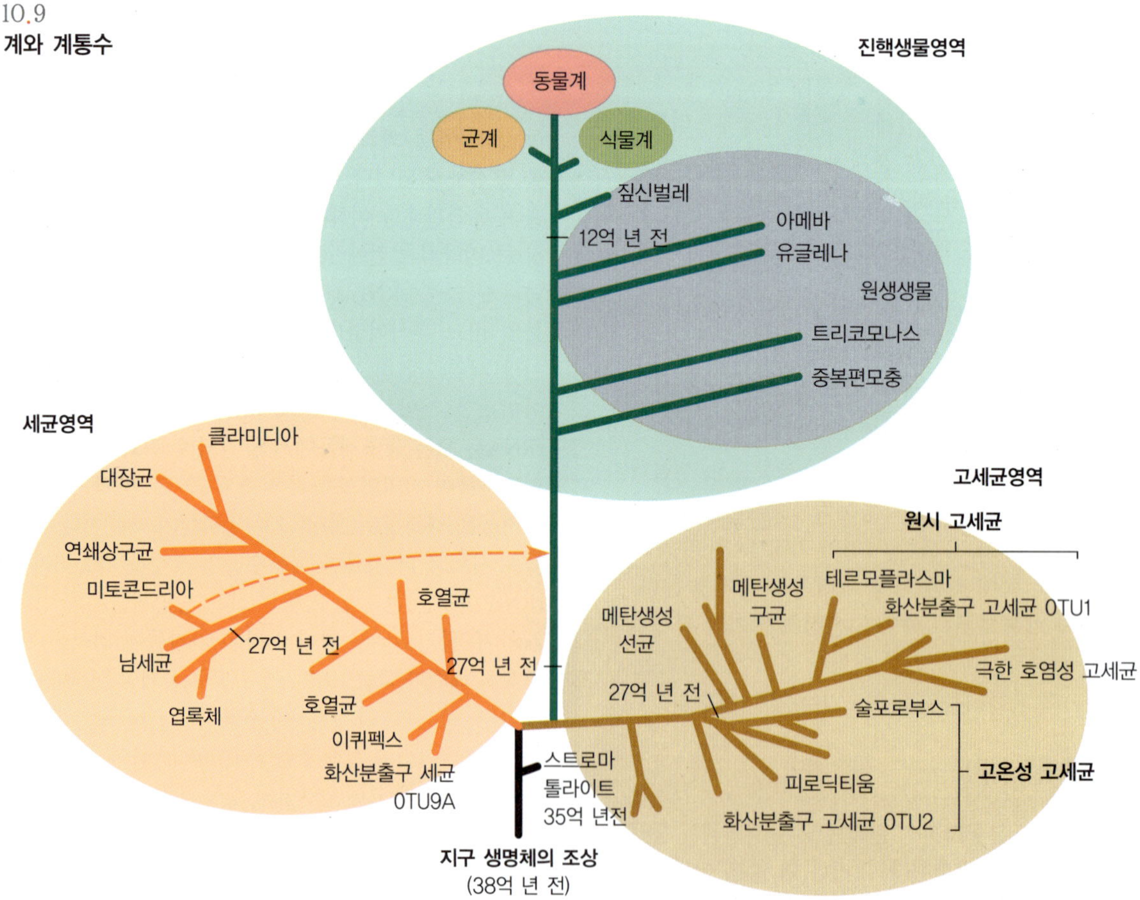

목표5 생명다양성의 위기

지난 230여 년에 걸쳐 생물학자들은 약 200만 종의 생명체들을 발견하고, 명명하며 기록해 왔다. 이것은 박물학자들이 어느 곳에서 죽었고, 그들이 흥미를 가졌던 수집 대상은 무엇이며, 그들이 알지 못했던 새로운 생명체 연구에 얼마나 많은 시간과 자금을 투자했는지 등을 근거로 해온 것으로서, 기본적으로 계획성 없이 조사를 해온 것들이었다. 현재까지 발견된 200만 여 종들의 약 5% 정도가 단세포–원핵생물류와 단세포–진핵생물류이며, 22% 정도가 균류와 식물류이다. 그리고 약 70%가 동물류이다(**그림 10.10**). 그리고 동물류의 대부분이 무척추동물들이다. 해안 유역은 다양한 무척추동물 집단의 서식처이다. 현재, 육지에 살고 있는 동물들 중 가장 많은 종들을 가지는 것으로 명명된 것이 수백만에 달하는 곤충류이다. 우리 지구는 육생 곤충들의 행성이라 할 수 있으며, 아직도 수백만 종의 곤충류가 발견되고 분류될 것이다.

그림 10.10
생명의 다양성: 곤충의 세계

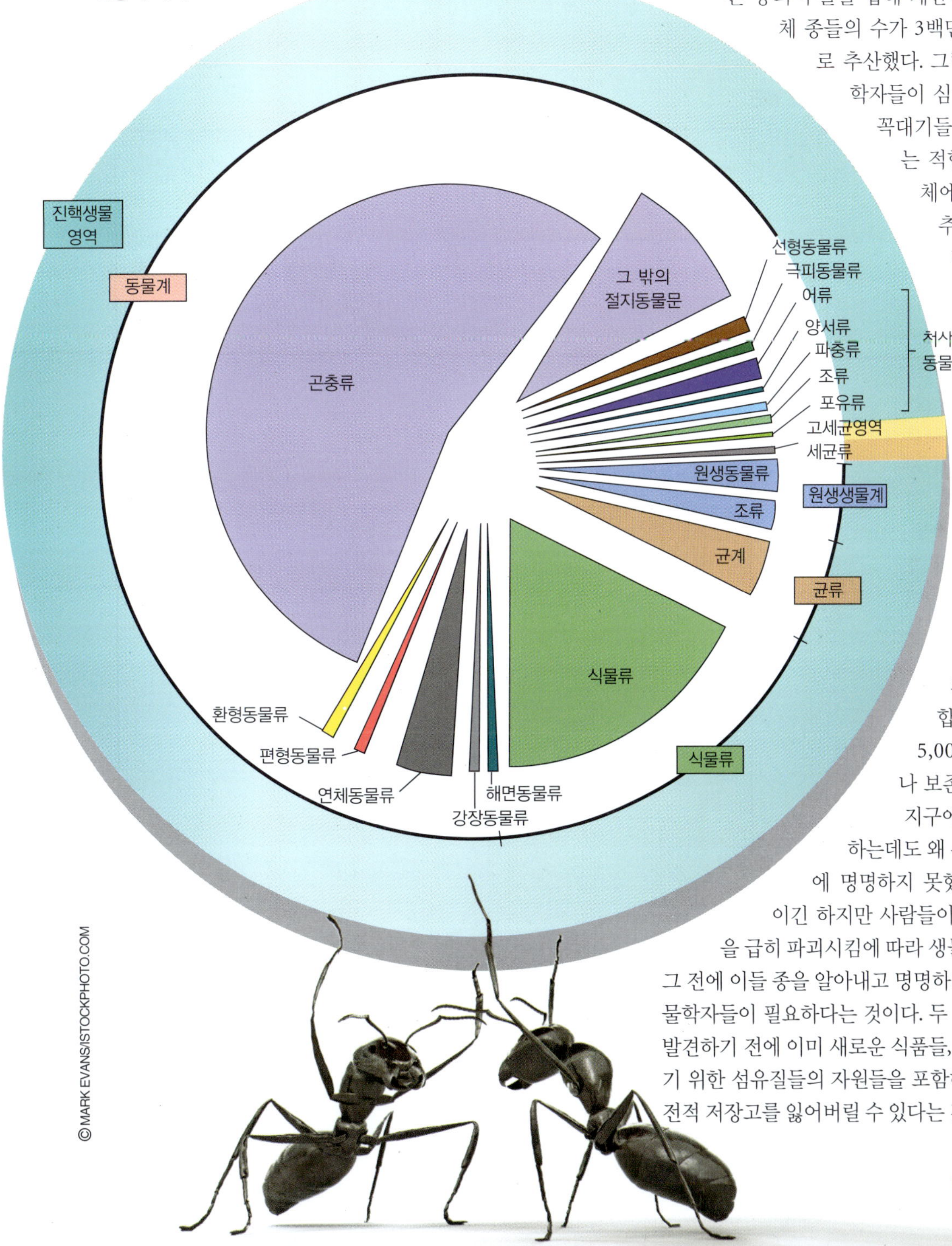

수십 년에 걸쳐 생물학자들은 온대지역에서의 다양한 종(species)의 수와 열대 지역에서의 2제곱 수만큼 생길 수 있는 종의 수들을 합해 계산하는 모델에 근거하여, 전체 종들의 수가 3백만~5백만 종이 있을 것으로 추산했다. 그렇지만 이 추산치는 생물학자들이 심해 바닥과 열대우림 나무 꼭대기들을 대상으로 연구할 때에는 적합하지 않다. 열대우림 자체에만도 곤충류와 다른 무척추동물들의 종수가 3,000만 종이 됨을 쉽게 추산할 수 있으며, 현재 이들 종 대부분이 아직 미기록 종들이다. 여기에 열대식물들과 해저 생명체들과 열대지역 이외의 미발견 종들 모두를 합하면, 그 숫자는 무려 5,000만의 신종들의 발견이나 보존이 가능하다.

지구에 5,000만 종 이상이 존재하는데도 왜 우리는 단지 200만 종들밖에 명명하지 못했을까? 첫째, 구차한 이유이긴 하지만 사람들이 열대우림의 넓은 지역들을 급히 파괴시킴에 따라 생물들이 멸종되고 있으므로 그 전에 이들 종을 알아내고 명명하기 위해서 더 많은 수의 생물학자들이 필요하다는 것이다. 두 번째, 우리는 생물 종들을 발견하기 전에 이미 새로운 식품들, 약품들, 종이와 옷을 만들기 위한 섬유질들의 자원들을 포함하여, 대치시킬 수 있는 유전적 저장고를 잃어버릴 수 있다는 것이다. 세 번째, 우리는 이

대량멸종 (mass extinction) 수많은 생물종이 사라짐

와 같은 큰 다양성이 생명체들 간의 상호 의존적인 생활 안정에 얼마나 중요한지를 모르기 때문에, 미래에 엄청난 재앙을 갖게 될 것이다. 엄청난 수의 종이 생태계가 기능을 발휘하는 데 중요할까? 왜 적은 수의 종들보다 많은 수의 종들로 구성된 생태계가 더 안정적이고 오래 지속되는 것일까? 우리는 생태계가 깨지기 전에 얼마나 많은 종들이 있어야 하고 또 얼마나 많은 종들이 사라질 수 있는지 모른다.

멸종의 위협

생물학자들은 하와이와 그 밖의 태평양 섬들이 지구상에서 가장 큰 빈도의 생물다양성을 가지는 작은 지역인 25개의 "중요 지점"에 포함된다고 생각한다. 또 다른 중요 지점들에는 열대지역인 안데스 산맥, 지중해 유역 및 인도네시아와 그 주변 섬들이 있다.

사람들이 농장경영을 하고 토지개발 하는 것과 돼지와 염소들의 방목에 의해 하와이의 여러 은검초 종들이 위협 받는 것처럼, 인간의 활동들이 다른 24지역의 중요 지점에서의 생물다양성을 위협하고 있다. 열대우림지역들, 산호초 지역들, 건조지역들 그 밖의 지역들 모두에서, 사람들은 과학자들이 생물종들을 탐구하고 기록하는 것보다 빠르게 생물 서식지들을 파괴하고 있다. 서식지 파괴는 상호 연관이 있는 식물류, 균류 및 세균류뿐만 아니라 동물들의 먹이와 보금자리인 지역들을 앗아가는 것이다. 마지막 한 종의 식물 또는 마지막 번식종이 살아지게 되면 그 종은 멸종하는 것이다. 작은 지역보다 넓은 지역이 더 많은 생물종들을 가지고 있기 때문에, 대량 서식지의 상실은 바로 멸종으로 이어진다고 직설적으로 표현해도 된다. 일부 생물학자들은 앞으로 30년 후에는 열대지역과 아열대지역의 인구 집단이 두 배가 되므로 지구 생물종들의 20% 이상이 사라질 것으로 예상한다. 종들이 사라지는 것은 경고 속도로 일어난다(14장에 상세히 설명함). 사실상 멸종의 크기는 선사시대의 거대한 멸종 에피소드 일부에 접근에서 시작할지도 모르겠다. 주된 차이점은 우리는 현재 이에 대한 원인을 만들고 있는 것이고, 또한 현재 우리는 과거의 멸종사태 때보다 떠 빠른 속도로 생물종들을 죽여 없애고 있다는 것이다. 그러나 과거 멸종사태가 중지될 수 없었던 반면에, 현재 우리는 피해갈 수 있는 육지, 바다 및 대기에 대해 심한 변화를 만들어가고 있다는 것이다.

물론 우리는 비교적 짧은 지질시기 동안에 많은 생명체

그림 10.11
멸종과 방산

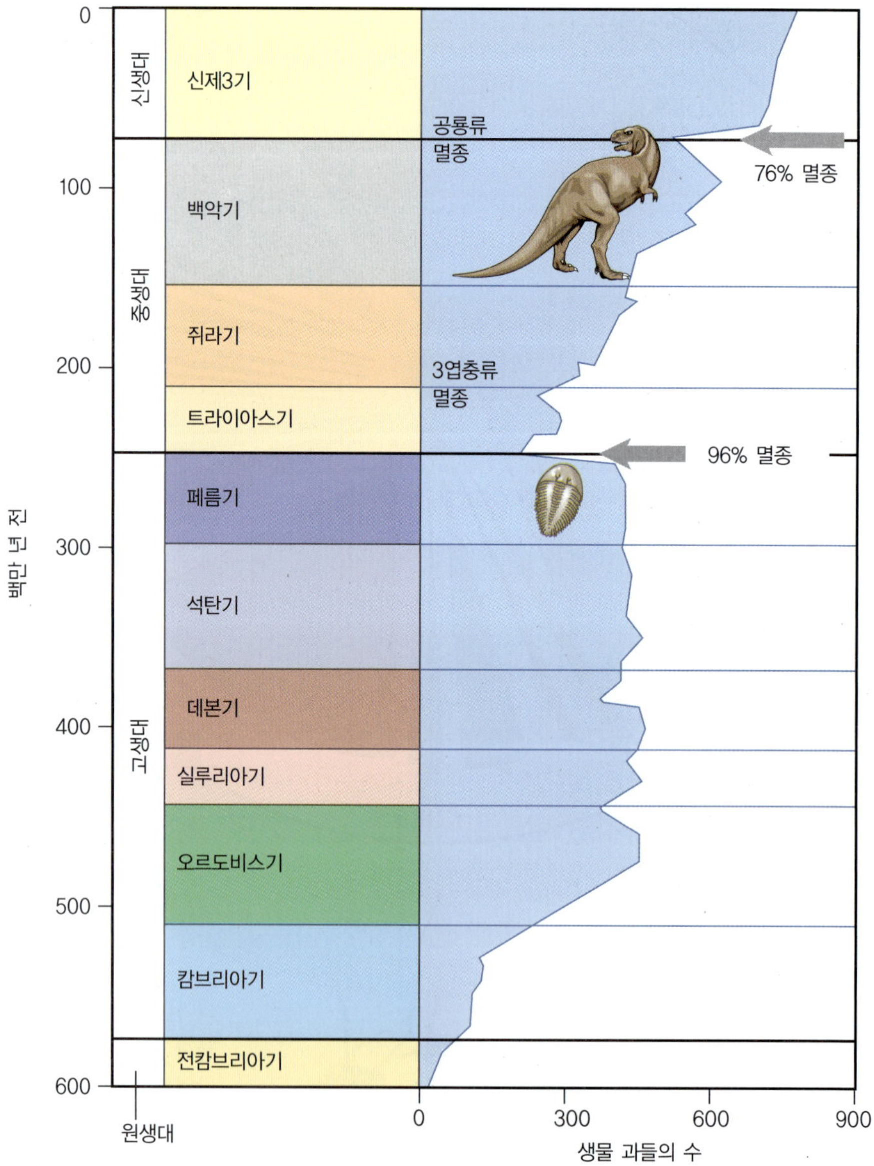

집단들이 사라진 사건인 **대량멸종(mass extinction)**들의 역사를 통해 배울 수가 있다. 이 멸종사건들이 현 생물다양성 위기 동안이나 그 후에 무엇을 예견할 수 있는가에 대한 모델이 될 수 있다. **그림 10.11**은 생명 역사를 정지시켰던 일련의 대량멸종 사건들을 보여주고 있다. 각 멸종에 이어서 진화적 폭발이 많은 신종의 생성을 초래해 주어 멸종들을 대체해 줬다. 그 좋은 예가 공룡이 사라짐에 이어서 일어난 포유류들의 방산(radiation)이다. 과거 멸종들은 또한 우리에게 대량으로 죽어 사라지는 동안에 종들이 모두 제멋대로 사라지는 것은 아니라는 교훈을 준다. 마지막 빙하기 이후인 10,000년 전에 일어났던 멸종에서, 매머드(mammoth), 마스토돈(mastodon) 및 검치호(saber-toothed tiger) 등과 같은 큰 몸집을 가진 육상동물류들이 작은 몸집의 육상동물류들보다 더 빠르게 죽어 없어졌다. 이는 오늘날의 멸종위기도 우리와 친숙한 대형 동물류들인 코뿔소, 기린, 판다곰과 여러 고래 종들이 먼저 멸종할 것임을 예견해 주고 있다.

과거로부터 얻을 수 있는 또 다른 교훈은 여러 넓은 지역들에서 살고 있는 속(genus) 집단들이 대량멸종에서 생존할 경향성이 큰 반면에, 특정 좁은 지역들에 서식하고 있는 속 집단이 감소되기 쉽다는 것이다. 만약 어떤 한 속(genus)이 할레아칼라 화산지대가 원산인 은검초류처럼 지구의 한 작은 지역에 국한되어 있다면, 이 좁은 지역의 변화가 중요 서식지들을 제거시키고 속에 포함되는 생명체 집단을 위험에 처하게 하거나 쓸어버릴 수 있는 것이다. 드물고, 국부적으로 적응된 종들은 우리에게 유용한 약품들이나 식품들의 원료들인 경향이 크다.

멸종에 대한 화석 기록에서 우리가 얻을 수 있는 마지막 교훈은 향후 50여 년 정도 안에 우리가 원인이 되어 일으킬 수 있는 영구적 손실들은 수백만 년이 지나도 회복되지 않을 것이라는 것이다.

향후 50여 년 정도 안에 우리가 원인이 되어 일으킬 영구적 손실들은 수백만 년이 지나도 회복되지 않을 것이다.

분류학의 중요성

생명체계의 변화들과 함께 우리가 공해, 서식처 파괴 그리고 식용, 가축, 기념물 목적의 생명체 살생 및 목재 취득 등으로 생태계에 파괴를 가해온 것은 우리에게 분류학의 중요성을 다시 생각하게 해준다. 우리의 생존과 우리가 현재 처해 있는 위기는 생물종들이 죽어 사라지고 대치되면서 지구 생태계가 어떻게 변하는가를 잘 이해하는 데 달려 있다. 그렇더라도 방금 우리가 살펴본 바와 같이, 생물종의 종류와 그들이 어떻게 살고 죽으며, 환경에서 어떻게 작용하는가에 관한 완전한 목록은 말할 것도 없고, 얼마나 많은 생물종들이 존재 하였는지를 대충 추산하는 데에도 빠진 것들이 있다.

또한 위에서 언급한 것처럼 발견, 분류하기 그리고 신종들에 대한 연구가 순수 생물학적 이해를 떠나 실질적인 중요성을 가진다. 연구자들은 희귀식물들의 화학 성분들로부터 여러 가지 항암 약제들과 그 밖의 현대 의약품들을 개발해 왔다. 현재 지구상에서는 의심할 바 없이 영양가 있는 과일들, 뿌리들 및 종자들이 명확하지 않은 곳에서 잘 자라고 있으며, 그들 중 일부는 미래의 좋은 식량자원이 될 수 있을 것이고 또한 전 생물종들이 생존을 의지할 수 있는 30~40여 종의 주요 작물로 적합한 것들일 수 있다.

자연보존협회, 세계 야생동물기금, 국립과학재단과 그 밖의 여러 기관들이 생물다양성의 중요 지점들에 대한 지도와 연구지원을 하고 있다. 그러나 정부와 사설 단체들이 인구과잉, 공해 그리고 서식지 파괴에 대항하여 투쟁할 수 있도록 더 많은 재원을 투자해야만 한다. 또한 시민으로서 우리도 기금을 내고, 우리 스스로가 정보를 알며 직·간접적으로 동참해야 하겠다. 아마도 'LIFE' 잡지 구독자들 중 일부는 분류학을 공부하게 될 계기가 될 수도 있겠다. 분류학은 정말로 넘을 수 없는 선을 가진 과학이다.

누가 알았겠는가?

생명체들의 활동에 기인하여 일어난 변화들이 산소-생성 광합성의 진화와 연결 지어질 수 있다; 이러한 변화들에는 바닷물로부터의 철의 침전, 자외선을 흡수하는 오존층의 생성, 그리고 현대 대기에 비교적 높은 농도의 산소 분자가 만들어진 것 등이 있다. 생명이 없었다면 철은 아직도 바닷물 속에 풍부할 것이며, 지구 표면을 자외선으로부터 보호해줄 오존층도 없었을 것이고, 대기 중에는 실질적으로 유리산소가 없었을 것이다.

CHAPTER 11

단일-세포 생명

학습목표

목표[1] 원핵생물들의 생물학적 특성들과 다양성에 대해 서술한다.

목표[2] 살아있는 세포들과 비세포성 실체들의 관계를 확인한다.

목표[3] 원생생물들 상호간과 원생생물들과 식물류, 동물류 및 균류와의 관계에 대해 확인 한다.

목표[4] 단일-세포 생명체 형성물들이 질병 대항에 어떻게 기여하는 지 설명한다.

© WIM VAN EGMOND/VISUALS UNLIMITED/GETTY IMAGES

“많은 원핵생물들이 질병을 일으킬 수 있지만, 그들은 환경과 우리 몸에 더 많은 이득을 준다”

교활한 징벌: 말라리아

나이지리아에서 자원봉사 교사로 일하던 **마크(Mark)**는 “한밤중에 나는 내려치는 두통 때문에 일어났다. 나는 어떤 사람이 망치로 내 머리 속을 내려치는 듯한 아픔을 느꼈다. 실제로 움직일 수 없을 만큼 고통스러웠다! 내 이마는 타는 듯했지만, 온몸은 떨리며 오한을 느꼈다. 나는 지나온 날들을 돌아보기 시작했다.”라고 그는 그가 죽어가고 있음을 확신하는 사람처럼 말했다.

당신은 무엇을 알고 있을까?

왜 항생제들은 세균에 대해서는 효과적이지만, 바이러스에 대해서는 그렇지 못한가?

마크는 아픈 몸을 질질 끌며 가까이 있는 막사로 가서, 자고 있던 친구이자 간호사인 **린다(Linda)**를 깨웠다. **마크**의 증상들을 들은 후, 그녀는 졸리는 목소리로 “말라리아가 틀림없네.”라고 말했다. 혈액 검사를 해 본 결과 **마크**의 혈액에 말라리아 기생충들이 들어 있음이 확인되었다. 일주일간을 그는 고전적인 말라리아 처치법이며, 그가 늘 “소변을 보게 하며, 귀에서 소리가 들리게 하는 매우 쓴 기분 나쁜 물질”이라고 주창하던 키니네(quinine) 치료를 받았다. 결국 감염병은 완치됐지만, 그는 직전에 2년간을 약속했던 새 봉사업무를 접어야만 했었다.

마크는 나이지리아 시골 마을에서 그가 직접 보았고, 사실 대부분의 아프리카 전역과 아시아 일부 지역에서의 말라리아 위험성에 대해 알고 있었다. “매 1주일 또는 2주일마다 일부 학생이나 교사들이 말라리아로 쓰러지고, 한 학생의 어린 딸이 합병증세로 죽었지” 하고 그는 돌이켜 생각해 보았다. **마크**가 발견한 놀라운 사실은 그가 매주 예방약을 먹었음에도 불구하고, 두 번이나 말라리아에 걸렸었다는 것이다. 그가 먹은 약은 “아마도 90% 정도 효과뿐이며”, “또 대부분의 아프리카인들은 그렇지 못하지만, 내가 기거하던 집은 방충망도 잘 되어 있었고 매일 밤 모기장을 치고 잤었다”고 **마크**는 말했다. 그랬음에도 불구하고 그는 두 번이나 말라리아에 걸렸던 것이다.

“이 질병은 아프리카의 큰 재앙이다”라고 저명한 말라리아 연구자인 **골드버그(Daniel Goldberg)** 박사는 말한다. “말라리아는 아프리카와 그 밖의 지역에 살고 있는 거의 5억 명에 달하는 사람들을 괴롭히고, 대부분이 어린아이들이지만 매년 약 200만 명을 죽인다”고 그는 말한다. **골드버그** 같은 연구자들은 피할 수 없는 말라리아 기생충인 *말라리아열원충(Plasmodium falciparum)*이 역사적으로 모든 성인 죽음의 약 반을 차지하며, 인류에 대한 큰 징벌이 되게 한 것이다.

어떻게 하나의 단일-세포 생명체가 그렇게 거침없이 사람을 죽게 하고, 허약하게 만들 수 있을까? 이 장의 주제인 단일-세포 생명체들의 진화와 다양성을 탐구해 가면서, 여러분은 그 해답을 알게 될 것이다. 여러분은 말라리아열원충은 수백만 종의 미생물 중의 한 종에 불과함을 알게 될 것이며, 이 종과 다른 원생생물들, 원핵생물들 그리고 바이러스들과의 상호 관계 및 차이점들을 배울 것이다. 이와 같은 대부분 현미경적 분야의 생명들을 살펴본 다음, 여러분들은 아래 질문들에 대한 답을 할 수 있을 것이다:

- ☑ 왜 원핵생물들이 지구 생명세계에 매우 중요한가?
- ☑ 바이러스는 단일-세포 생명체들의 계통수에서 어느 위치에 넣는 것이 적합한가?
- ☑ 말라리아 기생충과 원핵생물들 또는 다른 원생생물들이나 큰 생명체들과는 어떻게 관련되어 있는가?

생물적 환경정화 (bioremediation)
세균들에 의한 환경 오염 물질들의 분해

☑ 원핵생물과 원생생물들에 관한 지식은 연구자와 의사들이 인류의 가장 큰 적들과 싸우는 데 어떻게 도움이 되는가?

목표1 원핵생물들과 그들의 지구 생명세계에서의 중요성

말라리아 기생충은 매력적이고 다양한 생명계의 한 구성원인 진핵생물의 하나이며, 단일-세포 생명체인 원생생물(protist)이다. 특히 *말라리아열원충(Plasmodium falciparum)*과 같은 원생생물들을 완전히 이해하기 위해서는 먼저 원핵생물(prokaryote)이라 부르는 단일-세포 생물들에 대한 것부터 알아보아야 한다. 원핵생물 집단들은 그들의 유전학적, 생화학적 특성과 서식처 측면에서 볼 때 원생생물 집단들에 비해 더 다양하여, 이 집단을 각각 세균영역과 고세세균영역으로 나눌 뿐 아니라 여러 계(kingdom)로 나눈다(**그림 11.1**). 많은 원핵생물들이 병을 일으키지만, 그들은 환경과 우리 몸에 더 많은 이득을 준다. 한 종류는 말라리아로부터 사람을 구해주기까지도 한다.

원핵생물들은 유전물질이 핵막으로 둘러싸여 있지 않다(그림 2.10 참조). 원핵세포들은 일반적으로 진핵세포들에 비해 매우 작다. 예를 들면, *대장균(Escherichia coli)* 과 같은 장내세균은 말라리아 기생충에 비해 크기와 부피가 1/1,000 정도밖에 되지 않는다. 크기가 작음에도 불구하고 원핵생물들은 환경, 의학 및 산업에 매우 중요하다. 그들의 중요성에 대해 먼저 알아본 다음에, 그들의 생물학적 특성들과 다양성에 대해 살펴보도록 하겠다. 책을 배워나가면서, 여러분은 과거에는 생물학자들이 모든 원핵생물들에 "세균(bacteria)"이라는 용어를 붙였지만(이때 영문표기 시 소문자 "b"를 썼음), 현재 생물학자들은 "원핵생물류"를 두 개의 영역인 세균영역(Bacteria)과 고세균영역(Archaea)의 두 그룹으로 나누며, 세균영역를 표기할 때에 대문자 "B"로 표기한다는 것을 기억해 두라(일부 생물학자들은 세균영역을 진정세균영역(Eubacteria)으로 표기하기도 한다).

원핵생물들의 중요성

원핵생물들은 막대한 생태학적 영향력을 발휘하고 있다. 토양, 물 그리고 공기의 각 m^2 마다 존재하는 수십억의 원핵생물 세포들은 대기 중으로 산소를 방출하고 탄소, 질소와 그 밖의 원소들을 재순환시키고 있다. 원핵생물들은 엄청난 양의 동물사체, 균류, 식물물질, 그리고 사람과 동물의 노폐물들을 소모한다.

수십 년 동안, 생물학자들은 원핵생물들에 의한 엄청난 자연 순환에 대해 기록해 오고 있다. 극히 최근에는 현장 연구자들이 세균들에 의한 환경 공해물질들의 분해 공정인 **생물적 환경정화(bioremediation)** 방법들을 개발하였다. 오일이 해양에 누출된 후에, 청소요원들은 오염된 해안선에 질소와 인을 함유하는 "비료"를 뿌린다. 영양소들과 해안선에 펼쳐진 기름찌꺼들의 유기화합물들이 함께 국지적 원핵생물들로 하여금 기름투성이의 탄화수소들을 자연적 먹이로 하여 성장이 촉진됨으로써, 몇 주 안에 더럽혀졌던 지역들이 극적으로 개선된다.

원핵생물들은 거대한 환경적 역할에 더하여, 의학적인 면에서도 음성적 또는 양성적으로 매우 중요하다. 그들은 포도상 구균들과 연쇄상 구균들에 의한 감염성 질병들, 패혈증, 파상풍, 성병과 충치 등을 포함한 수백 가지의 사람 질병뿐만

그림 11.1
원핵동물의 계통수

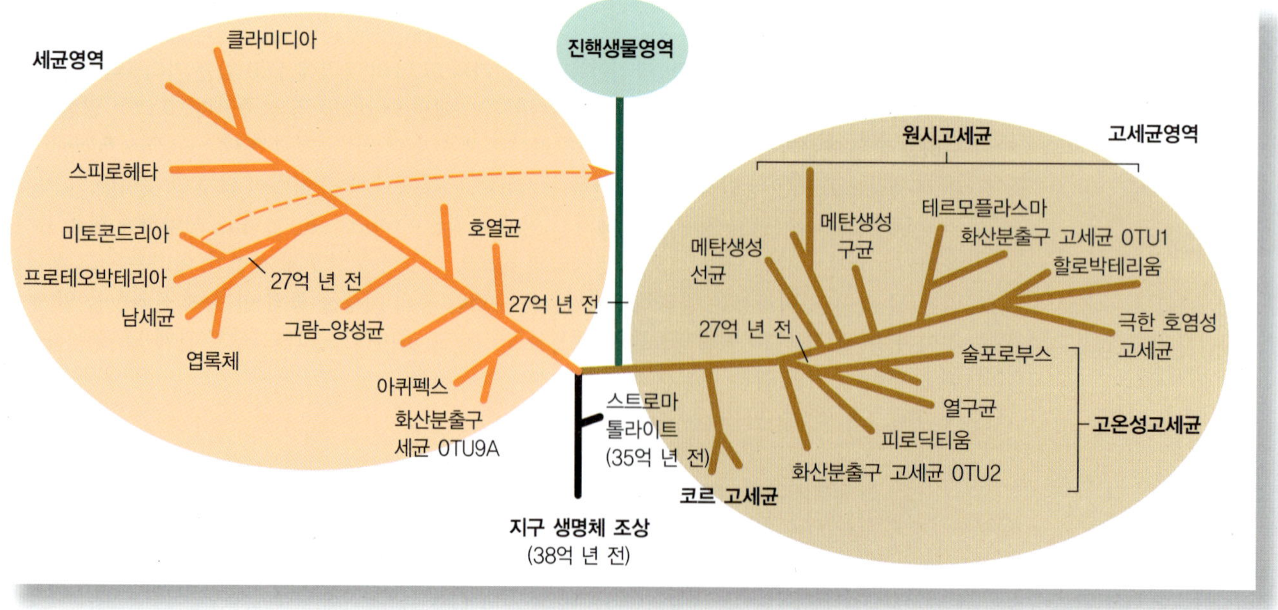

아니라 다른 동·식물들한테도 수천 가지에 달하는 병을 일으킨다.

이와 같이 우리에게 무서운 의학적 충격을 주는 안 좋은 작용을 보이지만, 해롭거나 병원성을 가지는 종들은 모든 원핵생물들의 일부에 지나지 않으며, 많은 단일-세포 생명체들은 우리의 건강과 생존에 없어서는 안 되는 물질들을 공급한다. 예를 들면, 사람의 장에 서식하고 있는 여러 세균들과 함께 대장균들이 비타민 K와 비타민 B_{12}, 리보플라빈, 비오틴 및 여러 가지 보조인자들을 만드는데, 이들은 흡수되어 이용된다. 또한 대장균과 같은 세균들이 장 내벽을 담요처럼 두껍게 덮어 싸주어, 다른 위험한 미생물들이 혈액 속으로 들어오는 것을 차단시킨다. 소, 양, 토끼, 코알라, 흰개미 등의 대부분 초식동물들은 그들의 장 속에서 셀룰로오스를 분해시키는 원핵생물들 없이는 풀, 나뭇잎 그리고 목질들을 소화시킬 수 없다. 여러분이 감염병 치료를 위해 다량의 항생제들을 복용한 적이 있다면, 여러분 자신이 가진 세균생물상(의사들은 이를 장내 세균총이라 부름)의 중요성을 실감해 봤을 것이다. 그 약들은 아마도 여러분의 장들과 생식계에 살고 있는 유익한 세균들도 죽이므로, 일시적이지만 정상적으로 세균들이 서식하게 되어 다시 평형을 찾을 때까지는 소화불량이나 설사를 일으키고, 경우에 따라서는 효모균 감염(구강, 질 등에)까지도 시킨다.

단일-세포 생명체들이 식품이나 화학 산업계에서도 활용되는데, 즉 치즈, 요구르트, 피클, 간장, 초콜릿 등이나 그 밖의 식품 생산에 도움을 주며, 부틸알코올, 과당, 리신 등과 같은 화학물질 생산에 이용되는 것이다. 이와 같은 상업적 이용들을 떠나서, 세포 기능에 관한 많은 학술적 내용들은 원핵생물들 연구를 통해 밝혀진 것이다. 원핵생물들은 작은 유전체를 가지며 분열 속도도 빠르며, 실험실에서 키우기가 쉽다. 이와 같은 작은 형질들의 세포들로 이루어져 있으므로 그들이 생화학, 분자생물학 그리고 유전공학 연구를 하기에 적합한 것이다. 따라서 모든 영역의 연구들이 세균들로부터 얻은 효소, 염색체, 플라스미드 및 그 밖의 화합물들에 의존한 것이다(7장 참조). 그와 같은 미시적 연구과제들 수행이 없었다면, 생물학자들의 현재 연구 수준은 몇 십 년 뒤에나 가능했을 것이다.

이제부터는 모든 원핵생물들의 일반적 특성에 대해 알아보자. 또 그들에 의한 환경과 다른 생명체들에 대한 중요성에 관해서도 알아보자.

그림 11.2
원핵세포

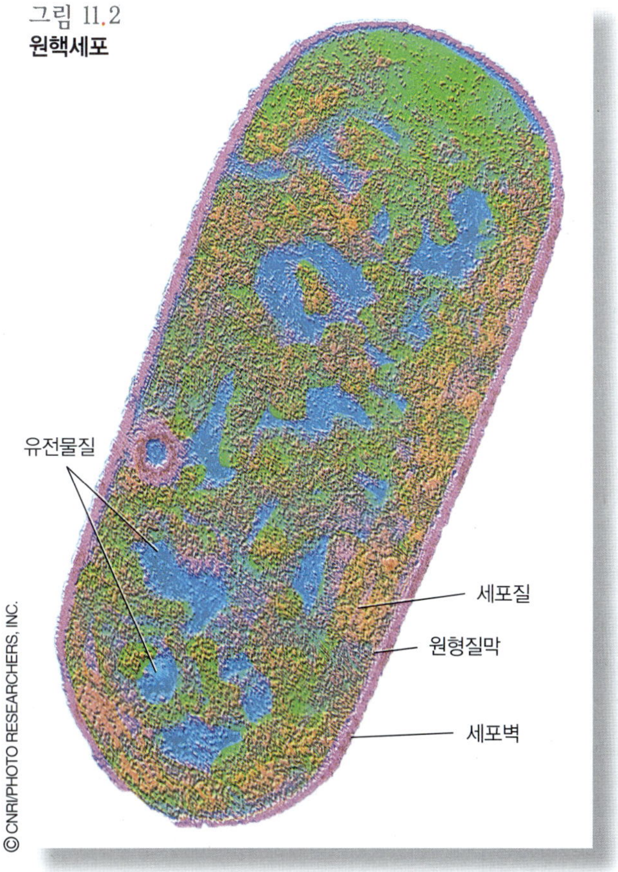

원핵세포들의 구조

생물학자들은 수천의 원핵생물 종들을 밝혔으며, 그들을 세균영역과 고세균영역의 둘로 나눈다(**그림 11.1**). 이 두 영역은 기본적으로 다르지만, 그들이 공유하는 형질들에 근거하여 그들을 원핵생물로 정의한다.

세포구조

원핵세포는 원형질막 외부가 세포벽으로 둘러싸여져 있다(**그림 11.2**). 막 안에는 리보솜들이 흩어져 있는 구획화되지 않은 세포질로 채워져 있다. 원핵세포들은 핵막을 비롯한 막에 쌓인 세포소기관들을 갖지 않는다. 진핵세포 염색체들은 단백질이 실패처럼 감은 복합체의 밀집된 구조를 하는 것과는 달리(그림 6.5 참조), 원핵세포 염색체는 세포질에 흩어져 있는 구형의 DNA 사슬이다.

원형질막

원핵세포들의 원형질막 부위들은 진핵세포들의 특이 세포소기관들이 수행하는 역할들을 한다. 예를 들면, 세포호흡이 미토콘드리아에서 일어나지 않고, 세포 안쪽으로 접혀져 있는 원형질막 일부에서 일어난다. 마찬가지로 광합성도 독립적인 엽록체들에서 일어나지 않고 안으로 접혀진 원형질막에서 일어난다. 원형질막 자체도 역시 진핵세포 원형질막과는 달라, 고세균 영역 생명체들에서는 막지질들이 분자의 3-탄소 두부(head)에 다르게 연결되어 있다(그림 2.11 참조).

세포벽

원핵세포의 세포벽은 진핵세포의 세포골격이 수행하는(그림 2.10 참조) 기능들을 한다. 세균영역의 종들에서 원핵세포의 벽은 단단하지만 유연한 물질들이 덮고 있는데, 이것이 주로 당

펩티도글리칸 (peptidoglycan)
전핵세포 벽에 존재하는 단백당질 복합체

그람-양성 세포 (gram-positive cell)
단일층의 펩티도글리칸을 함유하는 원핵생물; 그람 염색약을 흡수함

그람-음성 세포 (gram-negative cell)
펩티도글리칸 층 밖으로 단백질과 지질당질들로 된 외피를 가지는 원핵생물; 그람 염색약을 흡수하지 못함

그람 염색약 (Gram's stain)
그람-음성균과 그람-양성균을 판별하는 데 사용하는 특수 염색약

구균 (coccus; 복수, cocci)
공 모양을 하는 세균세포

간균 (bacillus; 복수, bacilli)
막대 모양을 하는 세균세포

나선균 (spirillum; 복수, spirilla)
나선 모양을 하는 세균세포

비브리오균 (vibrio; 복수, vibrios)
굽은 막대 모양을 하는 세균세포

타가영양생물 (heterotroph)
동물, 균류, 및 대부분의 원핵생물과 원생생물 등처럼 외부로부터 미리 형성된 영양분을 섭취하는 생명체

질-단백질 복합체들로 이루어진 **펩티도글리칸(peptidoglycan)**이다. **그람-양성(gram-positive)** 생명체들에서는 이 펩티도글리칸 층이 단일 층인 반면에, **그람-음성(gram-negative)** 생명체들에서는 이 펩티도글리칸 층 밖으로 단백질과 지질당질(지방과 당의 복합체)들로 이루어진 외피를 갖는다. 고세균영역의 종들도 다당류, 단백질 또는 당단백질(glycoprotein)로 구성된 세포벽을 갖지만 펩티도글리칸은 전혀 갖지 않는다.

이와 같은 세포벽의 차이와 변화 때문에 그들은 투과성의 차이를 보여서, 그람-양성 세포들은 **그람 염색약(Gram's stain)**으로 염색시키면 보라색을 띠며, 그람-음성 세포들은 붉은색으로 나타난다(**그림 11.3**). 이 염색기술은 한 미생물학자가 새로 발견한 원핵생물을 확인하는 데 사용하였던 초창기 검사법의 하나이다. 그람 염색법은 미생물학자들이 원핵생물 종들을 확인하고 분류하는 데 큰 도움이 되므로 중요하다. 또한 그람-양성 및 그람-음성 세균들이 일반적으로 여러 종류의 항생제들(한 미생물이 만드는 화학물질들로서 다른 미생물의 생장을 늦추거나 죽일 수 있음)에 대한 감수성이 다르게 나타나므로 중요하다.

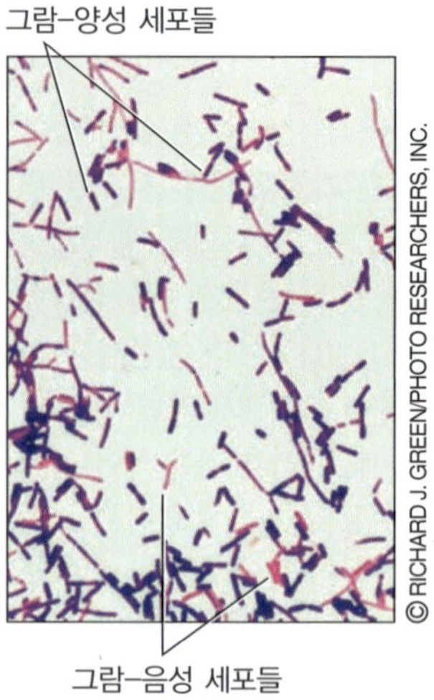

그림 11.3
그람 염색과 원핵세포벽

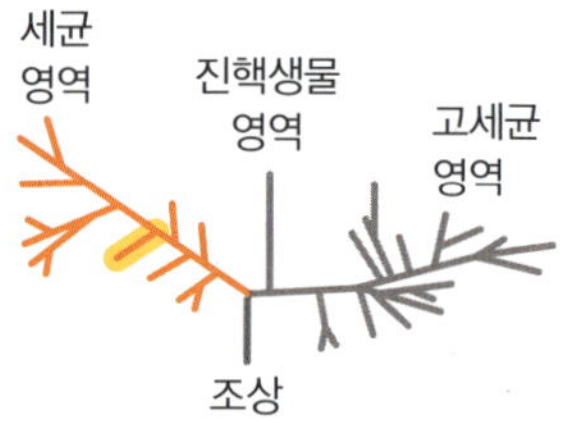

그람-양성과 그람-음성 세균들은 일반적으로 여러 항생제들에 대한 감수성이 다르다.

세균세포들의 형태들

일반적으로 원핵세포들은 공 모양[**구균(cocci)**이라 부름], 막대 모양[**간균(bacillus)**이라 부름], 나선 모양[**나선균(spirillum)**이라 부름], 또는 굽은-막대 모양[**비브리오균(vibrio)**이라 부름]의 형태를 가진다(**그림 11.4**). 원핵생물의 명칭은 이와 같이 그 모양에 따라 붙이기도 한다. 예를 들어, (a) *장내구균*(*Enterococci*)은 공 모양이고, (b) 탄저병을 일으키는 *탄저균*(*Bacillus anthracis*)은 막대 모양, (c) *렙토스피라균*(*Leptospira*)은 굽은 나선 모양, (d) 콜레라를 일으키는 *콜레라균*(*Vibrio cholerae*)은 굽은-막대 모양(콤마 모양)이다.

원핵생물들의 영양

원핵생물들 전체를 놓고 볼 때, 그들은 큰 생태학적 다변성을 가져서, 생물학적 물질과 메탄과 같은 유기물질들; 황화수소와 같은 무기물질들; 폐유나 농약과 같은 산업 화학물질들; 염화비닐과 폴리염화비페닐(polychlorinated biphenyl, PCB)과 같은 발암성 노폐물들에 이르기까지 다양한 물질을 에너지원으로 사용할 수 있다. 그들은 또한 공기, 토양, 물, 그리고 얼음에서도 살며, 지표면에서 몇 km 이내 깊이의 바위 속에서도 살고, 모든 생명체들의 몸속에서도 산다.

대부분의 원핵생물들은 환경으로부터 유기영양분을 획득하여 살고 있는 **타가영양생물(heterotroph)**들이다. 또 많은 종류의 원핵생물들은 죽었거나 죽어가는 생물들을 먹고

그림 11.4
세균들과 고세균들 모양의 다양화

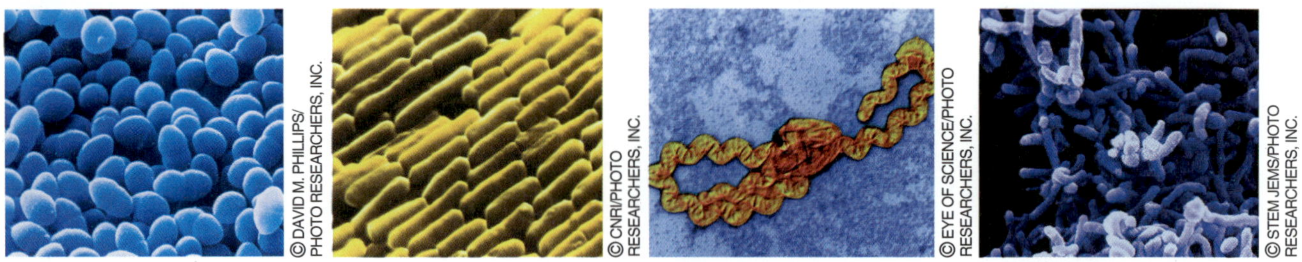

(a) 구형 (구균)　(b) 막대형 (간균)　(c) 나선형 (나선균)　(d) 굽은 막대형 (비브리오균)

살아서 분해자(decomposer) 역할을 하는 **부생미생물(saprobe)**들이다.

수천 종의 원핵생물들은 다른 생명체들에 붙거나 몸속에서 함께 살고 있는 **공생체(symbiont)**들이다. 사람의 장 속에서 살고 있는 세균들은 유익한 공생체들이다. 대부분의 병원성 세균들은 그들 숙주에 해를 끼치는 **기생생물(parasite)**들이다.

약간의 원핵생물들은 자가영양생물이어서 환경에 있는 무기물질들을 재료로 하여 자신이 필요로 하는 유기 영양소들을 만든다. 여기에 속하는 것 중의 하나는 빛으로부터 에너지를 획득하는 **광자가영양생물(photoautotroph)**들이 있는데, 이에 해당하는 것이 녹자색 광합성세균들과 남세균들이다. 또 다른 자가영양생물에 해당하는 것이 특정 화학물질들로부터 에너지를 획득하는 **화학자가영양생물(chemoautotroph)**들인데, 유황세균과 메탄세균들이 이에 해당되며 이들은 이산화탄소로부터 탄소원을 얻을 수 있고, 수소가스, 황화수소 유황, 철 그리고 특정 질소화합물과 같은 무기화학물들의 결합에너지를 에너지원으로 사용할 수 있다. 10장에서 언급한 것처럼, 심해 열수분출구 주변에서 사는 화학자가영양생물들은 지구의 원시 생명체들과 많이 닮은 것 같다.

원핵생물들의 생식

원핵생물들은 일반적으로 자신을 똑같은 크기의 둘로 나누는 무성생식법인 **이분법(binary fission)**에 의해 생식한다. 이분법은 매우 빠르고 효율적이어서, 매 20분마다 한 번씩 일어난다. 예를 들어, 하나의 *대장균(E. coli)*과 그 자손들이 20분마다 분열을 계속한다면, 48시간 후에 세균 양은 지구 질량의 4,000배가 될 것이다. 물론 이런 일은 일어나지 않는데, 그 이유는 영양분과 산소의 유용성과 그 외 제한요인들이 그들의 생장을 제한하기 때문이다.

원핵생물들이 보통은 둘로 갈라지지만, *접합*(conjugation)을 포함한 여러 형태의 유전적 재조합을 통해서도 분열되기도 하는데, 이 경우 두 세포가 연결되어 DNA를 직접 교환하거나, 형질도입이나 형질전환과 같은 간접적 방법에 의해 이루어진다. *형질도입*(transduction)은 바이러스를 통해 한 세균으로부터 다른 세균으로 유전자들을 전달하는 것이고, *형질전환*(transformation)은 주변 매개체들로부터 직접 DNA를 섭취하는 방법에 의해 유전자들을 전달하는 것이다. 6장에서 우리는 생물학자들이 어떻게 재조합 DNA를 다른 숙주세포들에 집어넣는지를 살펴본 바 있다.

또 다른 형태의 원핵생물 생식법이 있는데, 이 생식법은 불리한 조건들에서도 그들을 살아남게 해준다. 보툴리누스 식중독, 가스 괴저병 및 탄저병을 일으키는 세균들과 같은 일부 세균 종들은 두꺼운-세포벽에 쌓여 있는 불활성 상태의 세포인 **내생포자(endospore)**들을 형성한다. 내생포자의 형성은 나빠진 환경 조건들에 의해 유발된다. 내생포자들은 극한적인 고열, 저온, 건조 환경이나 방사선 하에서도 오랜 동안 살아남을 수 있다; 환경 조건이 개선되면, 내생포자들은 새로운 세균세포들로 생장한다. 내생포자들 때문에 수술도구들을 고열과 고압으로 멸균하는 것이며, 통조림으로 된 음식들은 바로 소비해야만 한다.

고세균영역

원시 생존세포들과 가장 유사한 생명체들이 고세균영역의 생물종들이다. 대부분의 고세균들은 **혐기성세포(anaerobe)**들로서, 이들은 산소 존재 하에서는 살지 못한다. 많은 고세균들은 또 지구상의 가장 좋지 않은 환경들에서 서식하여 극한적 환경 조건에서도 살아남는 습성을 가진다. 생물학자들은 이러한 생명체들을 **호극한균(extremophile)**이라 부른다. 호극한균들은 온천의 뜨거운 물, 매우 짠물의 호수 그리고 높은 산성이나 알카리성의 물이나 토양과 같은 극한 환경에서도 살 수 있다. 일부 고세균들은 불가사의한 생화학적 성질들을 갖는다. 예를 들면, **메탄생성균(methanogen)**들은 그 대사의 필수 성분으로 메탄(CH_4)을 만든다. 메탄생성균에는 소의 소화관에 살고 있는 종인 *Methanobacterium ruminantium*을 들 수 있다. 소들은 이 균들이 만든 메탄가스를 대기 중으로 내뿜으며, 이것이 온실효과 가스 상당부분을 차지해서, 지구의 기후변화 문제를 가중시키고 있다(15장에서 상세히 설명함).

부생미생물(saprobe)
분해되는 유기물질에서 사는 생명체

공생체(symbiont)
다른 생물종과 긴밀한 관계를 갖고 사는 생명체

기생생물(parasite)
그 숙주인 다른 생명체를 희생하며 이득을 얻은 약탈자 생물의 하나; 기생생물은 일반적으로 숙주보다 작으며, 신체적으로 숙주와 매우 긴밀하게 생활하고, 숙주를 철저히 죽이기보다는 숙주의 생기를 빼어 냄

광자가영양생물(photoautotroph)
태양으로부터 에너지를 획득하는 생명체

화학자가영양생물(chemoautotroph)
단순한 무기반응으로 에너지를 얻어내는 생명체

이분법(binary fission)
세포 또는 몸을 똑같은 크기의 둘로 나누는 무성생식법

내생포자(endospores)
환경 스트레스 동안 여러 종류 세균세포들에서 형성된 두꺼운 세포벽으로 덮인 불활성 상태의 세포

혐기성세포(anaerobe)
에너지 수확에 산소를 필요로 하지 않는 세포

호극한균(extremophile)
지구의 가장 극한적 환경에서 살고 있는 원핵생물

메탄생성균(methanogen)
대사노폐물로 메탄을 생산하는 고세균류의 하나

© AMY STEBBINS/ISTOCKPHOTO.COM

호열균(thermophile)
매우 뜨거운 환경조건에서 잘 자라는 원핵생물

호염균(halophile)
매우 높은 농도의 염에서도 잘 견뎌내며 살 수 있는 고세균

방선균(actinomycete)
항생물질들을 생산하는 단일-세포 생명체

마이코플라스마(mycoplasma)
자유로운 생활을 하는 가장 작은 세포의 하나로서, 세균영역에 속하는 이들 생명체는 세포벽이 없고, 동물, 식물 및 때때로는 그 밖의 단일-세포 생명체들 속에서 산다. 이들 세균은 폐렴을 일으킬 뿐만 아니라 비뇨관과 그 밖의 기관에 감염된다.

스피로헤타(spirochete)
뚜렷한 나선 모양을 하는 세균

클라미디아(chlamydia)
동물세포 속에서 살며 스스로 ATP를 만들 능력이 없는 세균; 성적 접촉에 의한 질병들을 일으킴

남세균(cyanobacterium; 복수, cyanobacteria)
청남색 조류의 일종; 광합성을 하며, 산소를 생성하고 질소-고정을 하는 원핵생물

프로테오박테리아(proteobacteria)
세균영역에서 가장 크고, 가장 다양한 집단

리케차(ickettsia)
아주 작고, 먹대-모양을 갖는 기생성 세균

캡시드(capsid)
바이러스를 둘러싸고 있는 단백질 껍질

고세균의 다양성

고세균영역의 생물은 3가지의 *계*(kingdom)로 구성되어 있다(**그림 11.1** 참조):

- 코르 고세균계(Korarchaeota)—끓는 온천수에서 발견된 DNA 절편들을 통해 알려짐; 계통수에서 제일 아래쪽에 위치하며 지구상의 모든 생존 종들의 가장 최근의 조상과 유사한 것 같다.
- 고온성 고세균계(Crenarchaeota)—그들의 에너지 대사에서 산소보다는 유황을 전자 수용체로 사용하는 **호열성균(thermophile)**들이 포함된다.
- 원시 고세균계(Euryarchaeota)—*메탄생성균(methanogen)*들과 염도가 높은 지역에 서식하는 고세균들인 **호염균(halophile)**들이 있다.

고세균영역의 종들은 다양하며, 생명의 고대 영역이지만, 좀 더 많이 알려진 세균영역의 종들과 그 다양성 면에서 라이벌 관계에 있다.

세균영역

생물학자들은 세균영역을 약 12가지의 진화계열로 나눈다(**그림 11.1**에는 모두 나타나 있지는 않음). 가장 중요한 12 계열의 세균은 RNA 유전자들을 근거로 나눈 것이며, 아래와 같다:

- 원시세균 계열
  - *Aquifex*(아퀴펙스)—가장 원시적 고세균들처럼 호극한성임; 물질대사에서 수소 또는 유황을 환원시킴
  - Thermotoga(호열균)—뜨거운 열 환경들에서 삼
  - *Deinococcus*—높은 선량의 방사선에 대한 저항성을 가짐
- 그람-양성 세균 계열(아래에 기재되어 있지 않은 모든 세균들은 그람-음성 세균들임)
  - *Streptococcus mutans*—치아 부식을 일으킴
  - *Streptococcus pyogenes*(*화농성 연쇄구균*)—화농성 인후염 일으킴
  - *Staphylococcus aureus*(*황색 포도상구균*)—감염질환들을 일으킴
  - **actinomycetes(방선균류)**—경쟁대상 미생물들의 타격을 피하는 물질인 항생물질들을 생산
  - **mycoplasmas(마이코플라스마류)**—가장 작은 자유생활을 하는 단일-세포 생명체로, 이들은 세포벽을 갖지 않고, 동물, 식물 및 때로는 그 밖의 단일-세포 생명체들 속에서 산다; 폐렴을 일으킴
  - *Bacillus thuringiensis*—말라리아를 치료할 수 있는 새로운 치료제로 사용될 수도 있음; Bt라 불리는 단백질에 대한 유전자를 가지는데, 이 단백질 독소는 아주 작은 결정(crystal)이며 이것을 먹는 곤충들을 죽일 수 있음
- **spirochetes(스피로헤타류)**—라임병과 매독을 일으키는 물질을 함유하고 있음
- **chlamydia(클라미디아류)**—북아메리카에서의 대부분 성병을 일으킴
- **cyanobacteria(남세균류)**—이전에는 '청록조류'라 불렸음; 광합성 때 빛을 흡수하는 색소인 엽록소 *a*를 함유함; 대기 중으로 수백만 톤(ton)의 산소를 방출함으로써, 생물학적으로 유용한 질소와 탄소를 환경으로 방출함. 고대의 남세균이 진핵세포로 들어와 공생관계를 유지하다가 녹색조류들의 엽록소로 진화된 후, 식물체들로 진화함
- **proteobacteria(프로테오박테리아류)**—세균영역에서 가장 크고, 가장 다양한 집단
  - *Rodospirillum*—자주색을 띠우며, 식물세포들에 들어 있는 엽록소와는 다르게 광합성을 함. 고대의 자주색 세균이 진핵생물들의 미토콘드리아로 진화된 듯하다(그림 10.4 참조).
  - *E.coli*(*대장균*)—일반적인 장내 세균
  - *Rhizobium*(*리조비움*)—콩과식물들에서 질소 고정
  - **Rickettsias(리케차류)**—진드기, 벼룩과 이 등에 의해 전염되는 기생성 세균들; 발진티푸스, 로키산 홍반열 및 그 밖의 심각한 감염질병들을 일으킴

목표2 비세포성 생물적 실체들

현재까지 우리가 살펴본 생명체들의 대부분은 세포들로 이루어진 것이었다. 이 절에서는 1장에서 기술한 것처럼 살아 있지는 않으며, 세포를 이루지도 않는 생물적 실체들인 바이러스, 바이론 및 프리론 등에 대해 알아본다. 이 실체들은 그들로부터 진화한 것으로 추정되는 살아 있는 세포들 위에 또는 세포들 속에 존재하는 비생명적 기생물들이다.

바이러스: 외피를 갖는 감염성 유전자들

바이러스들은 *B. thuringiensis* 또는 다른 원핵생물들에 비해 1/1,000~1/10,000 정도로 작은 유전체 집합체들이다. 하나의 바이러스 입자는 DNA 또는 RNA의 작은 집합체들이 **캡시드(capsid)**라 불리는 단백질 외피로 쌓여져 있다(어떤

경우엔 캡시드가 다른 성분으로 되기도 함). 바이러스들은 감염세포의 외부 세포벽 또는 원형질막에 캡시드 일부를 결합시킨 다음, 그 세포 안으로 들어가거나, 단순히 캡시드는 남기고 그들의 DNA(또는 RNA)를 세포 안으로 들여보낸다. 세포 안으로 들어온 바이러스 유전자들은 그 숙주세포의 단백질-합성 기구를 강제적으로 빼앗는데, 어떤 경우에는 세포의 단백질 합성들은 모두 중단시키고 새로운 바이러스 입자들 생산기구로 대체하기도 한다. 결국, 세포는 터져서 죽거나 또는 살아남아서 점차 수천의 새 바이러스들을 방출하며, 방출된 바이러스들은 또 다른 세포들로 감염된다. 대부분 생물학자들은 바이러스는 자기-번식 기구를 갖지 않으므로 비생명체로 취급한다.

바이러스성 질병의 치료

바이러스는 세포가 아니므로, 대부분의 질병-유발 원핵생물들을 통제하는 항생제들에 의해 바이러스들을 죽일 수 없다. 현재로서는 바이러스성 질병들에 대한 의학적 치료법은 실질적으로는 없다고 할 수 있다. 현대 의학의 가장 큰 도전적 과제들 중의 하나가 바이러스들을 물리칠 수 있는 신약들을 개발하는 것이다.

바이로이드: 감염성 RNA

바이로이드(viroid)는 식물세포 속에서 사는 기생물로서, 단일 분자(RNA)로 구성되어 있다. 그들은 가장 작은 바이러스보다 아주 작다. 바이로이드 RNA들은 숙주세포 리보솜들에 결합하여 숙주세포의 단백질 합성을 붕괴시킨다. 감자, 오이, 감귤나무 그리고 돼지감자 줄기의 일부 질병들은 바이로이드 감염으로 생긴다.

바이로이드(viroid)
식물에 영향을 미치는 세포내 기생물로서 단백질 외피가 없으며 작은 RNA 분자들만으로 구성됨

프리온(prion)
단백질로만 구성되어 있고, 유전물질을 갖지 않으며 병을 일으키는 작은 물질

프리온: 감염성 단백질들

바이로이드와 마찬가지로 **프리온(prion)**도 단일 분자로 구성되어 있지만, 프리온들은 RNA 가 아니라 하나의 단백질로 되어 있다. 프리온들은 한 동물에서 다른 동물로 전염될 수 있는 질병을 일으키는 가장 작은 물질들이다. 광우병을 포함한 뇌와 신경의 심각한 질병들이 이것과 연루된다. 생물학자들은 프리온들이 어떻게 재형성되며, 병을 일으키는지에 대해서 확실히 알고 있지 않으므로, 현재로서 이들에 대한 주 방어책은 프리온들을 가질 것으로 추정되는 동물 물질들을 먹지 않는 것이다.

목표3 원생생물들: 단일-세포 진핵생물들

생물학자들은 분자유전학적 연구를 기반으로 하여, 생명체들을 세균영역, 고세균영역 그리고 진핵생물영역의 세 영역으로 나눈다(그림 11.5와 10장). 우리와 가장 친숙한 생명체 종들을 가지며, 가장 유전적 다양성이 큰 생명체들이 현미경적인 단일-세포 계열들이다. 바로 앞에서 세균영역과 고세균영역의 원핵생물들에 대해 알아보았다. 나머지 미세한 생물들이 진핵생물영역의 원생생물계에 속하는 원생생물들이다. 말라리아 기생충과 그 분자적 특성들이 원생생물들의 특성들을 대변해 준다. 따라서, 먼저 원생생물계와 그 다양성을 살펴본 다음에, 말라리아와 관련된 특정 생물들에 대해 알아보기로 한다.

그림 11.5
원생생물계와 계통수

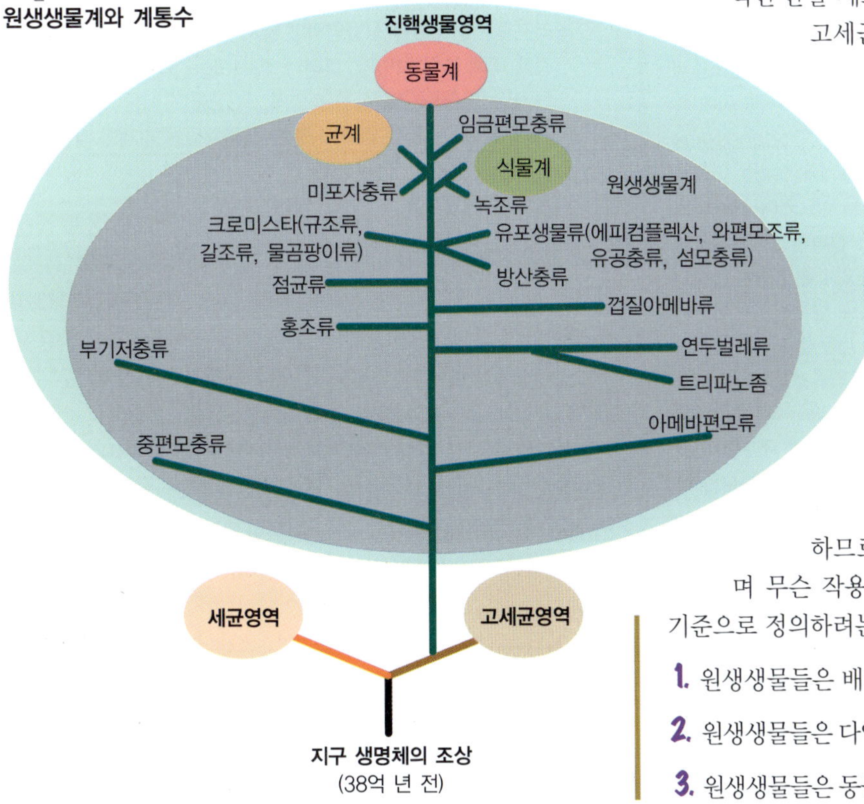

원생생물이란 무엇인가?

원생생물들에는 다양한 형태들이 존재하므로, 생물학자들은 원생생물들이 무엇이며 무슨 작용을 하는가보다는 어떤 생명체들인가를 기준으로 정의하려는 경향이 있다:

1. 원생생물들은 배(embryo)로부터 발생하지 않고;
2. 원생생물들은 다양한 세포형태들로의 분화를 하지 않으며;
3. 원생생물들은 동물들도, 식물들도 그리고 균류들도 아니다.

중복편모충류 (diplomonads)
사람의 기생충의 하나인 편모충을 포함하는 원생생물의 일종

아메바편모류 (amoeboflagellates)
물, 토양에 사는 단일-세포 원생생물로서, 일반적으로 위족을 가짐

위족(pseudopodia)
다리 모양의 세포돌출물로서, 원생생물들과 특정 혈구세포들이 이동하고 먹이를 먹는 데 사용함

부기저충류 (parabasalians)
흰개미 장에 사는 생명체와 같은 고대의 원시 원생생물

운동핵편모충류 (kinetoplastids)
긴 채찍 모양의 편모를 가진 원시 원생생물류; 아프리카 수면병을 일으키는 원생생물이 여기에 속함

유글레나(euglenoids)
녹색이며, 길죽한 모양의 원생생물로서 안점을 가짐

안점, 암술머리(stigma)
[1] 유글레나류의 아주 작고 빛에 민감한 안점; [2] 꽃가루를 받는 끈끈한 암술 꼭대기 부위

진정 점균 (true slime mold)
변형체 특징을 갖는 곰팡이 모양의 원생생물로서, 이배체 핵들을 둘러싼 하나의 큰 원형질막을 갖는 연속적 세포질 덩어리 구조를 함

변형체(plasmodium)
큰 아메바처럼 천천히 움직이며, 하나의 원형질막으로 둘러싸인 연속적 세포 덩어리인 진정 점균의 하나; 말라리아 기생충의 속(genus)이기도 함

세포성 점균 (cellular slime mold)
곰팡이 같은 원생생물로서 보통은 자유 생활을 하는 아메바 세포처럼 존재하지만, 번식용 포자를 만들기 전에는 다세포성 자실체로 응집됨

고대 원생생물 계열들

10장에서 살펴본 세포내공생설을 기억해 보라. 이는 최초의 진핵세포들에서 핵이 만들어진 다음에, 하나의 간단한 세균이 세포에 자리 잡은 후, 미토콘드리아로 되었다는 견해이다. 그 후 얼마 지나지 않아 고대 진핵생물들은 원시해양들에 살기 시작하고, 그들로부터 수많은 원생생물 계열들이 갈라져 나와 다양화되었다.

- **중복편모충류(diplomonads)**—소독되지 않은 물에서 발견되며, 사람의 기생충의 하나인 *편모충*(*Giardia*)이 이에 속함
- **아메바편모류(amoeboflagellates)**—물, 토양에 살며, 일반적으로 이동하고 먹이를 취하는 데 필요한 **위족(pseudopodia)**을 가짐
- **부기저충류(Parabasalians)**—목재 성분인 셀룰로오스를 분해하여 포도당으로 되게 하는 효소인 셀룰라아제(cellulase)를 만들고 분비하는 세균들이 이에 속함(흰개미들에게 목재 소화 능력을 제공)
- **운동핵편모충류(Kinetoplastids)**—세포를 이동시키는 긴 채찍 모양의 편모를 가짐; 이에 속하는 한 종인 *Trypanosoma brucei gambiense*는 아프리카 수면병을 일으키며, 체체파리에 물려서 전파됨; 이 기생충들은 그들의 외피를 변화시켜 숙주의 면역계로 침투할 수 있음(외피에 대한 것은 말라리아 기생충 설명 때 언급할 것임)
- **Euglenoids(유글레나류)**—운동핵편모충류처럼 세포를 이동시키는 긴 채찍 같은 편모를 가짐; *유글레나*(*Euglena*)를 인용해 붙여진 이름으로서, euglena란 그리스 단어인 "좋은 눈"이라는 뜻인데, 각 유글레나는 **안점(stigma)**이라 불리는 광수용체를 가지는데, 이 안점이 빛을 쫓아 유글레나를 이동시킴으로써 광합성이 최대로 일어나게 함

다세포성 원생생물들로의 진화

대부분의 원생생물들은 단일-세포 생명체들이지만, 모두 그렇지는 않다. 일부 원생생물들은 최초의 원시 진핵생물들이 다세포 생물들인 식물, 동물, 균류들과는 완전히 독립적으로 다세포성 원생생물들로 진화된 것들이다. 가장 대표적인 것이 점균류와 홍조류이다.

- 점균류(slime molds)—소화효소들을 유기물질에 분비하여 먹이와 에너지를 획득하며, 소화시킨 물질들을 세포로 흡수함
  - **진정 점균—변형체(plasmodium)**라 부르는 평평하며, 부채-모양의 세포 덩어리처럼 생김; 큰 아메바처럼 이동함; 수천 개의 이배체 세포핵들을 둘러싼 단 하나의 원형질막을 가지는데, 이 핵들은 유사분열 때 동시에 분열함
  - **세포성 점균(cellular slime mold)**—진정 점균들같이 아메바처럼 이동함; 유기물질로 소화효소들을 분비하기보다는 세균들을 능동적으로 삼켜서 소모함. 먹이가 부족할 때에는 세포성 변형균 세포들끼리 결합되어 다세포성의 **자실체(fruiting body)**들을 만드는데, 자실체는 일종의 번식 구조물로서 마치 굽어진 티 위에 놓여진 골프공처럼 생겼다(**그림 11.6**). 이 자실체 머리(골프공)에서 포자들이 만들어지며, 포자들은 바람이나 빗물에 의해 흩어져, 새로운 장소로 가서 성장함으로써 종을 퍼뜨리는 것이다. 아이러니컬하게도 최근의 분자적 증거가 세포성 점균(예, *Dictyostelium discoidum*)들은 원생생물계보다는 균류(fungi)에 더 가까이 연관되어 있다고 한다.
- **홍조류**(Rhodophyta; **red algae**)—화려한 부채 모양을 하는 많은 세포들로 구성된 가는 필 라멘트 또는 넙적한 종이 모양으로 생긴 작고 섬세한 생명체들임(**그림 11.7**); 일부 홍조류는 단일-세포 또는 여러 세포들이 모인 군체(colony)로 자라기도 함; 여러분들은 홍조류를 식물영역에 넣지 않고 원생생물영역에 넣은 것에 대해 놀랄 것이다. 그러나 **조류**(alga, 복수는 **algae**)란 라틴 어원의 "해초"에서 온 것이며, 그 생물이 식물이든 아니 든 간에 물속에서 사는 엽록체-함유 생명체들을 기재할 때 사용하는 말이다.

여러분은 진핵생물 계통수 가지들에서 홍조류만 유독 식물류와의 유연성이 멀리 있음을 볼 수 있을 것이다. 홍조류는 일반적으로 깊은 열대성 해수에 살고 있으며, 일부 종들은 약 270 m 깊이에서 산다. 이들 심해 서식생물들은 그들 세포에 붉은색 색소를 가지고 있어서 그 깊이의 바다 속까지 관통할 수 있는 청녹색 파장의 빛을 흡수한다. 붉은색 색소들은 그 빛에너지를 흡수하여 그 일부를 광합성에 필요한 엽록소로 전달한다(3장 참조). 홍조류는 몇 가지 상업적 용도를 가지는데, 김은 아시아 지역에서 요리의 재료이다. 홍조류는 한천(agar)이라 부르는 실험실에서 사용하는 배양액의 강인한 바닥을 만들 수 있는 겔-같은 단백질을 만드는 재료로 사용된다. 홍조류는 또한 *카라기난*(carrageenan)이라고 부르는 점착력이 좋은 물질을 만드는데 이용되는데, 이 물질은 일부 화장품류와 페인트 종류의 재료에 사용되며, 일부 아이스크림과 푸딩에 포함되기도 한다.

그림 11.6
점균류

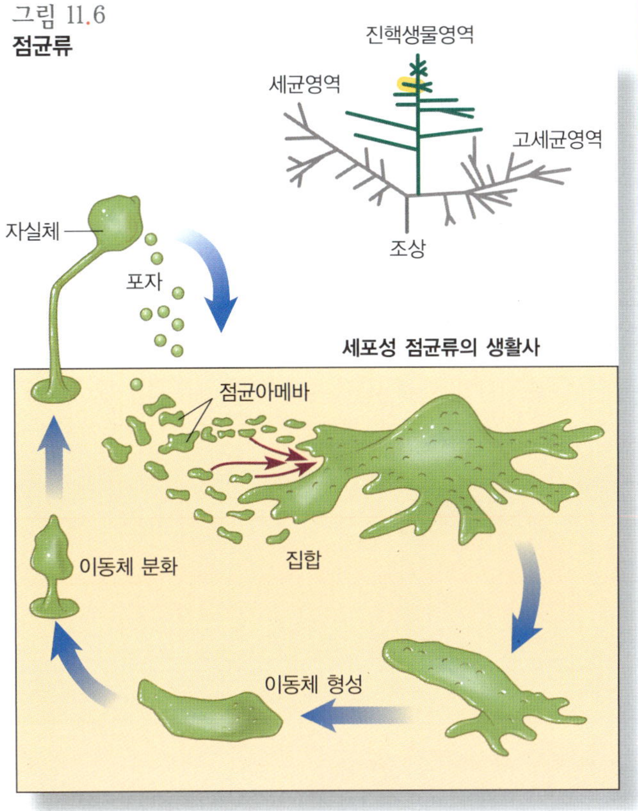

단단한 껍질을 가지는 해양 세포들인 와편모조류(dinoflagellates)와 유공충류(foraminiferans) 그리고 작은 약탈자 인 섬모충류(ciliates)가 이에 속한다. 유포생물이란 명칭은 이들이 공통적으로 세포 구조인 원형질막 안쪽에 막성 주머니들인 **소포(alveoli)**들을 갖기 때문에 붙여진 것이다. 말라리아를 일으키는 *말라리아열원충(Plasmodium falciparum)*도 유포생물류의 한 소집단인 에피컴플렉산류의 하나이다.

- 에피컴플렉산류—말라리아 기생충들; 세포들 끝 부위에 고리와 관 형태의 복잡한 구조물을 가진다. **그림 11.8**에서 말라리아 기생충의 이들 구조(정단 복합체)를 볼 수 있다. 에피컴플렉산류는 또 세포들에서 이동수단이 결핍된 경우엔 포자 같은 단계를 갖는다. 여러분은 이것이 이 원생생물들의 이동이니 숙주로의 감염을 감소시킬 것으로 생각하기 쉽겠지만, 실제는 이러한 단계가 말라리아열원충을 돕는다. **그림 11.9** 에 제시한 이 원생생물의 복잡한 생활사를 따라가 보자. 여러 다양한 형태의 단계를 거치는 이 단일-세포 원생생물이 모기의 중장(midgut)으로부터 침샘으로 이동된 다음, 사람의 혈류 속으로 들어가는 과정은 실로 놀랄 만하다. 혈류를 타고 그것은 간으로 이동하여 증식된 다음, 적혈구들로 들어가서 혈색소를 소비함으로써 적혈구 세포들을 파괴시킨다. 말라리아가 에피컴플렉산이 일으키는 가장 안 좋은 질병이지만,

자실체(fruiting body)
여러 균류에서 포자를 생성하는 번식구조물

홍조류(red algae)
작고 섬세한 수생 원생생물의 하나로서, 가는 필라멘트 또는 넙적한 종이 모양으로 생겼으며, 붉은색 색소를 생산함

조류(alga; 복수, algae)
엽록소를 함유하는 간단한 생명체로 종종 단일-세포인 경우도 있음; 육상 식물의 조상이었을 수도 있음

유포생물류(alveolates)
에피컴플렉산, 와편모조류, 유공충류, 섬모충류들을 포함하는 원생생물들

소포
(alveolus; 복수, alveoli)
원생생물에서 원형질막 아래에 있는 작은 막성 주머니 구조물

복잡한 진핵생물들: 진핵생물 계통수의 상부 가지들

이제 다시 말라리아를 일으키는 원생생물들과 그 밖에 방금 살펴본 원생생물들보다 나중에 계통수 가지로 들어간, 복잡하고 아름다운 원생생물들에 대해 알아본다.

- **유포생물류(alveolates)**—최근에 밝혀진 원생생물 집단들로서

그림 11.7
홍조류: 심해 서식자

그림 11.8
말라리아 기생충: 어느 계에 속할까?

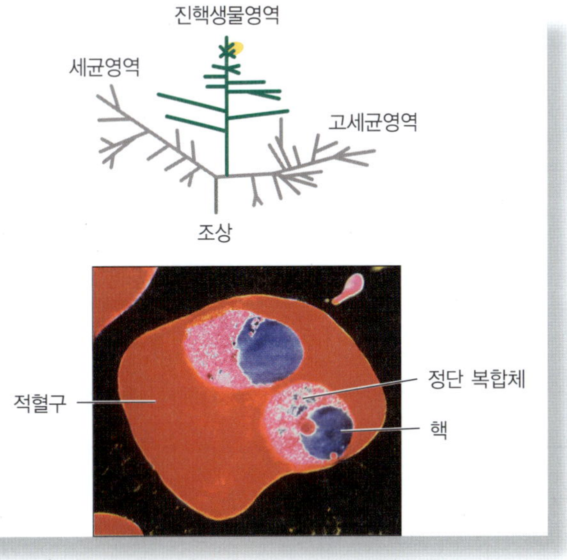

와편모조류 (dinoflagellates) 갑옷 같은 덮개와 하나의 편모는 벨트 모양을 하며, 다른 하나는 꼬리 모양을 하는 2개의 편모를 가지는 원생생물; 자주 적조를 일으킴

적조(red tides) 특정 와편모조류들이 물 위에 빽빽하게 밀집되어 있어서, 물을 붉게 하며 치명적 독소들을 생산함

이 집단의 다른 종들도 임신한 여인이 기형아를 낳게 할 수 있는 질병인 톡소플라스마증(toxoplasmosis)을 비롯하여 사람과 동물들에서 심각한 질병들을 일으킨다. 말라리아가 어떤 감염병보다 인류에게 가장 심각한 피해를 입히기 때문에 이 에피콤플렉산은 가장 중요한 유포생물이다.

- **와편모조류(dinoflagellates)**—해양 원생생물들로서, 두 개의 편모로 수영해서 빠르게 이동함(*와편모조류*란 "편모로 추진하는 세포"라는 의미임). 하나의 편모는 세포 중간쯤 홈에 벨트 모양으로 감겨져 있어 회전을 일으키게 하고, 다른 하나는 두 번째 홈에 꼬리 모양을 하는 편모로서 전진력을 발휘한다. 어떤 와편모조류들은 갑옷 같은 내부 덮개를 가지는데, 이것은 단단한 셀룰로오스로 채워진 정밀하게 장식된 작은 주머니 모양의 구조물이다. 와편모조류들은 빽빽하게 집단들이 모여서 물을 붉게 보이게 하며, 신경 독들인 치명적 독소들을 생산하는 **적조(red tides)**를 일으킨다. 독들이 어패류로 들어가 그들을 죽이며, 이러한 어패류를 먹은 사람들에게도 독작용을 일으킨다. 미국 해안지역들의 공무원들은 종종 5월에서 8월 사이에 적조가 생기면 패류의 채취와 먹는 것을 금지시킨다.
- **유공충류(foraminiferans)**—*유포동물류*의 세 번째 집단이 유공충류인데, 이들은 바다에 사는 섬세한 모양을 갖는 원생생물들로서, 앵무조개 모양처럼 보이는 흰색의 칼슘염-껍질들을 분비한다. 이들 원생동물들은 아주 풍부하여 그들이 죽은 다음 껍질들이 쌓여서 유명한 영국 도버의 흰 절벽들과 같은 두꺼운 석회암이나 규석 퇴적물들을 형성한다. 작은 껍질들이 종종 암석층 속에 화석으로 잘 보존되어 있어서, 우리에게 빙하기 때나 현대 지구기후의 변화에 대한 것까지의 정보들을 알게 해준다: 지질학자들은 유공충 껍질들에서 산소동위

그림 11.9
말라리아 원생생물의 생활환

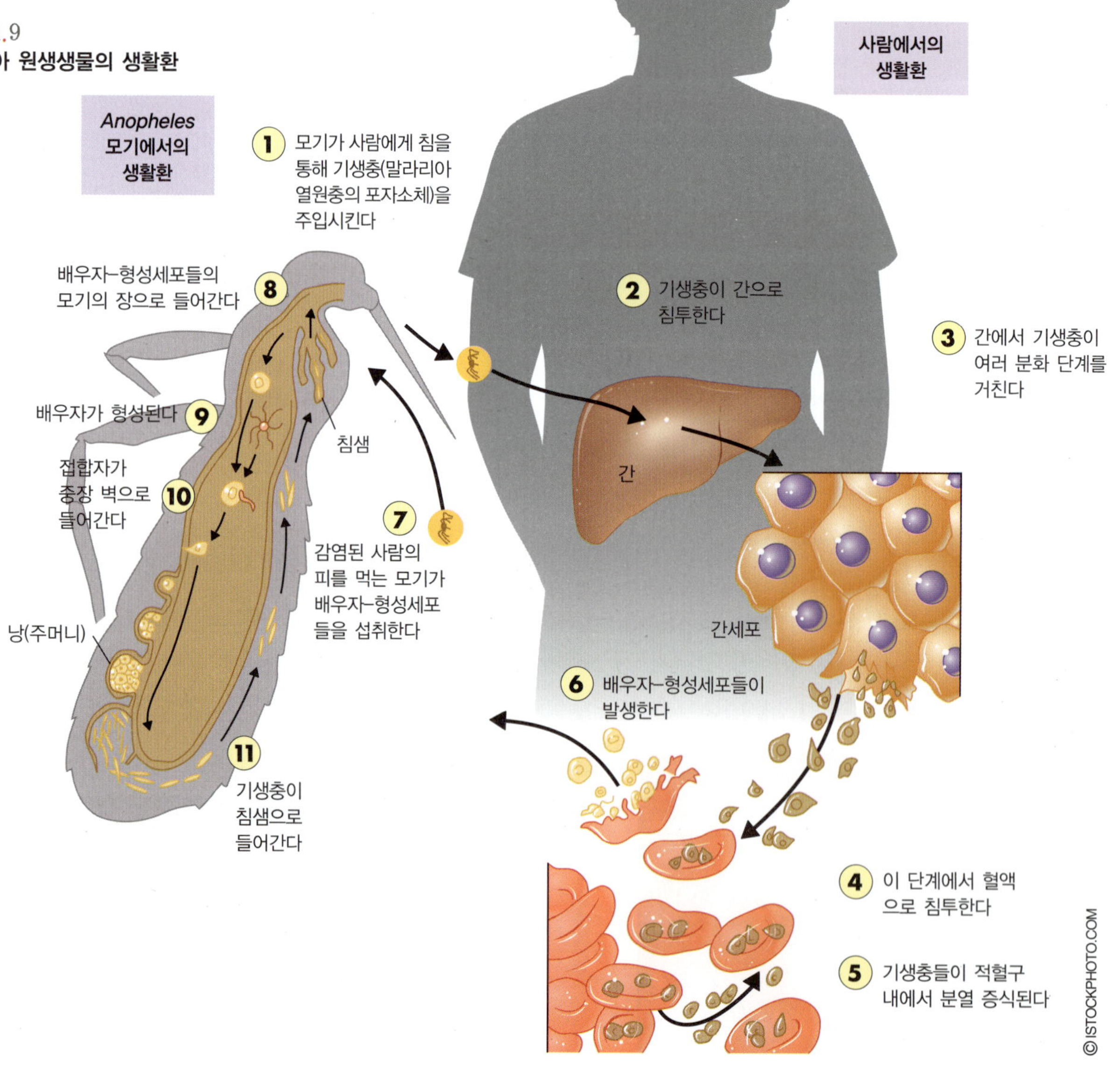

그림 11.10
유포생물의 다양성

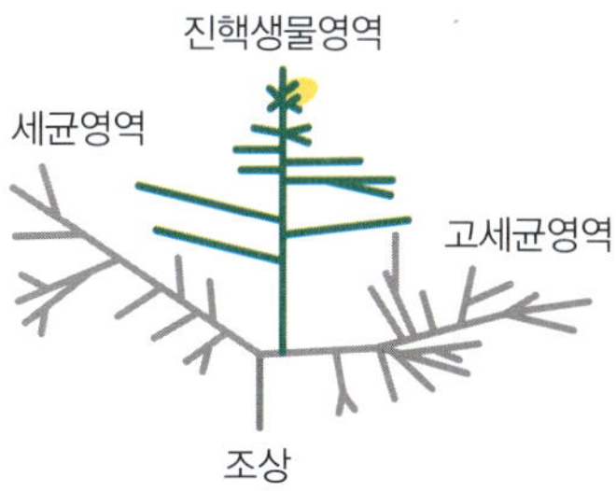

섬모충류: *디디니움*과 짚신벌레(포획자와 피포획자)

© EYE OF SCIENCE/PHOTO RESEARCHERS INC.

원소들을 측정하여 이를 바탕으로 지난 10만 년간 지구 온도의 변화를 추정하는 데 사용하기도 한다.

- 섬모충류(ciliates)—유포생물류의 네 번째 집단이 지구의 단일-세포 생명체 중 가장 복잡 한 구조를 갖는 것 중의 하나인 **섬모충류**이다. 섬모충류는 짧은 속눈썹-모양의 운동기관인 수백 개의 섬모들로 덮여 있다. 섬모는 마치 노를 젓는 것같이 움직여서 세포를 전진시키거나 먹이입자를 입속으로 쓸어 넣는 데 사용한다(**그림 11.10**). 섬모충들은 동물의 기관들과 유사한 기능을 가지는 몇 가지 세포기관들을 가지고 있다: 항문공은 노폐물을 배출하고, 미세필리멘트들과 미세소관들은 마치 골격과 근육들처럼 몸을 지탱해 주며 수축하는 작용을 한다. 작은 독침인 **자세포(trichocyst)**들은 먹이를 찔러서 마비시킨다. 식포에는 효소들이 들어 있어서 소화기관처럼 작용한다. 각 섬모충은 배수체의 **대핵(macronucleus)**을 가지는데, 이것은 여러 세트의 염색체들을 가져 세포활동들을 관리한다. 또 한 개나 그 이상의 이배체 **소핵(micronucleus)**을 가지는데, 이것은 유성생식 동안 감수분열을 하여 염색체들을 교환한다.

이제까지 말라리아 기생충을 비롯한 유포생물류에 대해 알아보았다. 그러나 원생생물계에는 진핵생물 계통수의 상부 가까이에 끼어들어 갈 두 계열이 더 있는데, 이에 대해 간략히 알아보겠다.

- **방산충류(radiolarians)**—작은 유리 장식품처럼 생긴 아름다운 실리콘-유래의 단단한 껍질들을 만드는 단일-세포 원생생물류이다(11장 표지 사진을 보라). 방선충류 껍질들의 여러 가지 모양은 고생물학자들이 암석의 연대를 알아내는 데 중요한 실마리들을 제공해 준다.
- **크로미스타**(**chromista**; *Stramenopila*라고도 함)—주로 색소를 갖는 원생생물류: 대부분 종들은 황금색, 갈색, 그리고 녹색 색소 분자들을 가져 광합성을 하는 데 도움을 준다. 규조류, 갈조류, 그리고 물곰팡이류가 모두 크로미스타이다.
  - 규조류—**규조류(diatoms)**는 크로미스타류 중 가장 보편적인 생물들로서, **식물플랑크톤(phytoplankton)**의 가장 정교한 아름다움을 나타내는 생물류이다. 대부분의 규조류는 엽록소 외에 황금색 색소인 카로티노이드도 갖는다. 그들의 세포벽은 셀룰로오스 대신 실리카(2산화규소; 창유리의 주성분)를 함유한다. 규조류는 또 전분 성분들보다는 기름(oil)들을 저장한다. 많은 사람들은 그들의 보석같이 생긴 유리 모양의 껍질 때문에 규조류들에 대해 잘 알고 있다. 이 껍질들이 바다 바닥으로 떨어져 축적되어 부서지기 쉬운 하얀 침전물들로 된 것을 **규조토(diatomaceous earth)**라 부르는데, 이 규조토는 치약, 수영장의 필터 및 그 밖의 응용 제품들 생산에 사용된다. 현존하는 규조류들이 지구의 각 지역에 풍부해서, 생물학자들은 그들이 대기 중으로 발생시키는 산소의 양이 모든 육상식물들이 발생시키는 양보다 많을 것으로 추산한다.
  - 갈조류—크로미스타의 또 다른 집단이 차가운 근해 바닷물에

다양한 규조류

© STEVE GSCHMEISSNER/PHOTO RESEARCHERS, INC.

유공충류(foraminiferans)
섬세한 모양을 하는 원생생물로서, 바다에 살며, 일반적으로 칼슘염의 하얀색 껍질들을 분비함

섬모충류(ciliates)
운동과 먹이입자를 입속으로 쓸어 넣는 데 사용되는 섬모들이 몸 외부에 배열된 세포를 가지는 원생동물의 한 종류

자세포(trichocyst)
먹이를 찔러서 마비시키는 아주 작은 독침으로서 원생생물에 있음

대핵(macronucleus)
섬모충들에 존재하는 하나의 큰 핵으로서, 세포 활성들을 조절하는 여러 세트의 염색체를 가짐

소핵(micronucleus)
섬모충류에 존재하는 여러 개의 작은 핵들로서, 유성생식 동안 감수분열을 하고 유전자 교류가 일어남

방산충류(radiolarians)
실리콘-유래의 아름답고 단단한 껍질들을 만드는 단일-세포 원생생물류의 하나

크로미스타(chromista)
황금색, 갈색 및 녹색 색소들을 가진 원생생물들

규조류(diatoms)
크로미스타의 하나이며 일반적으로 황금색 색소를 함유하는 식물성플랑크톤

식물플랑크톤(phytoplankton)
광합성을 하는 미세-생명체로서 해수와 담수 표면 근처에서 생활함

규조토(diatomaceous earth)
규조류 껍질들로 이루어져 부서지기 쉬운 하얀 침전물

갈조류(brown algae)
육지 가까운 차거운 바다물에 서식하며, 황갈색에서 암갈색 및 검은색을 띠는 크로미스타

켈프(kelp)
갈조류 중 가장 많은 개체수를 갖는 집단중의 하나; 갈조류

엽상체(frond)
갈조류 개체에서 잎모양의 구조물로서, 빛을 모으고 당을 생산함; 양치식물에서 크게 갈라진 잎도 엽상체라고 부름

엽병(stipe)
조류들이 수평으로 서는 것을 지지해주는 줄기 모양의 구조물

부착기(holdfast)
조류가 바다 속 바위와 같은 기질에 결합되게 해주는 뿌리처럼 생긴 닻 모양의 구조물

물곰팡이(water mold)
곰팡이(균류) 같은 원생생물의 하나로서, 공통 세포질에 여러 개의 핵을 가져 비교적 큰 부동성 알세포를 형성함; 난균문의 한 종류

균사(hypha; 복수, hyphae)
세포들이 가지는 여러 개의 긴 필라멘트 중의 하나로서 다세포성 곰팡이의 구조물

서 서식하는 다세포성 조류인 **갈조류(brown algae)**이다. 이 집단의 생물체들은 대부분 작지만, **켈프(kelp)**라 부르는 갈조류는 100 m 크기까지 자랄 수 있으며 마치 나무처럼 수직으로 바다에 떠 있다. 카리브해 북부 대서양에 있으며, 조해(the Sargasso Sea)라 불리는 곳에는 아직도 거대한 갈조류인 *모자반속(Sargassum)* 갈조 집단들이 대량 서식하고 있다. 이 켈프 숲들이 각종 물고기들과 갑각류 동물들의 번식지 및 피난처를 제공하는 것이다.

갈조류는 황갈색, 암갈색 그리고 검은색을 띠고 있다. 또한 그들은 녹색의 엽록소 *a*와 엽록소 *c*를 함유하지만, 황갈색 카로티노이드 색소가 세포들의 색을 띠게 한다. 카로티노이드들이 갈조류에서 바다 속까지 관통해 들어온 파랑색과 보라색 파장의 빛을 수집함으로써 다른 생명체들에게 매우 어두운 바다 속 환경을 가지게 한다.

켈프와 그 밖의 갈조류들은 그들이 육상식물들의 구조와 유사한 부위들을 갖고 있기 때문에 놀랍게도 종종 식물들처럼 보인다; 식물 잎처럼 생긴 **엽상체(frond)**들은 빛을 모으고 당들을 생산하며; 줄기 모양의 **엽병(stipe)**이 이들 갈조들이 수평으로 설 수 있게 지지해 주며; 뿌리처럼 생긴 **부착기(holdfast)**가 갈조들이 바위에 뿌리를 내려 붙어 있게 해준다. 관처럼 생긴 특이 전도세포들이 엽상체들에서 만들어진 당들을 켈프의 깊은 부위까지 운반한다. 이 관들이 육상식물들 안에서 물질들을 운반해 주는 특수 조직들처럼 기능을 가지지만, 그들이 유연관계를 가지는 건 아니다. 사실, 분자유전학적 분석 결과들이 놀랍게도 식물류는 갈조류 보다는 동물류와 더 많은 유연관계를 가진다는 것을 보여주고 있다!

∘ 물곰팡이류 — **물곰팡이류[water molds**; 또는 Oomycota(난균류)라고도 함**]** 개체들과 같은 일부 크로미스타들은 유색 색소들을 갖지 않으며 광합성도 하지 못한다. 그럼에도 불구하고 그들 유전물질들에 대한 연구들은 물곰팡이류가 다른 크로미스타류들과 가까운 유연관계를 갖는다는 것을 보여주고 있다. 물곰팡이류는 토양과 물에 살며; 일부는 단일-세포 생물이지만, 다른 것들은 **균사(hyphae)**라 부르는 솜털 모양의 가지를 친 필라멘트들을 갖는 구조를 한다. 진정 점균류들처럼 물곰팡이류도 한 세포질 안에 여러 개의 핵들을 가져 큰 부동성 알-모양의 세포를 형성하고 있으므로, 그 명칭도 라틴 어원의 난균류라 한 것이다. 수정 후 그들은 유영하여 퍼져 나가는 포자들을 형성한다(이를 유쥬자라 함). 1845년~1847년에 한 종의 기생성 물곰팡이들이 아일랜드에 재난을 가져온 적이 있다. 이 물곰팡이들이 자라고 있는 감자 넝쿨을 빠르게 부식시키고 죽이는 질병인 *감자잎마름병*(potato bright)을 일으켰다. 아일랜드 사람들은 주식으로 감자에 의존도가 매우 컸으므로 감자들의 고사가 밀어닥치자 수백만 명이 굶주림에 허덕이게 되고, 150여만 명이 이민 길에 올랐는데, 대부분이 북아메리카로 이민을 갔다.

원생생물류는 식물류, 동물류 그리고 균류와 근연이다

가장 친숙한 생명계를 이루는 식물계, 동물계 그리고 균계가 진핵생물 계통수에서 가장 위 자리에 위치하고, 복잡하며 다핵세포-생명체들인데, 이 생명체들은 바로 앞에서 살펴본 여러 단순생명체들과 비교해 볼 때 비교적 최근에 진화되었다. 그러나 같은 계열에서 갈라져 나와서 식물계, 동물계, 그리고 균계로 된 것들이므로 이들은 원생생물계와 여러 유사점들을 갖는 근연 관계에 있다.

녹조류

녹조류(chlorophyta 또는 **green algae)**는 식물류와 매우 가까운 연관을 가지는 원생생물류이다. 12장에서 우리는 녹조류를 식물류로 고려해 볼 것인데, 그 이유는 이 두 식물류는 계통수 상에서 단지 한 가지 차이로 나타나며, 많은 식물학 강좌에서 이 두 계열의 생물들을 식물계로 대치하기 때문이다.

미포자충류

미포자충류(microsporidia)는 균류와 매우 근연이며, 진핵세포들 중에 가장 단순한 형태이다. 이 작은 생명체들은 오직 동물세포들 속에서만 산다. 포자충류는 가장 작은 진핵 유전체를 가지는(실제로 여러 세균 유전체들보다 작음) 생물류에 속하며, 미토콘드리아, 골지복합체및 페르옥시솜 등의 세포소기관들을 가지지 않는다. 어떤 생물학자들은 포자충류들은 진

거대한 켈프(갈조류)

핵생물들이 미토콘드리아를 얻기 전인 원시 단계의 진핵세포의 흔적으로 생각한다(그림 10.4 참조). 그러나 메뚜기 몸안에서 살고 있는 포자충인 *Nosema locustae*의 단백질들 연구를 통해서, 생물학자들은 균류(fungi)와 근연인 생명체로 알아낸 것이다. 아마도 포자충류는 기생생활에 적응하기 위해 여러 유전자들과 세포소기관들을 잃은 것 같다.

입금편모충류

입금편모충류(choanoflagellates)는 동물류와 근연인 원생생물류이다. 그들은 단일-세포성 또는 군체를 이루는 원생생물들로서 담수와 해수에 산다(13장 참조). 이들이 가지는 깃(collar)은 작은 손가락 모양의 세포 돌출물들인 미세융모들이 가까이 모여 고리로 형성된 것으로서 편모를 둘러싸고 있다. 편모의 움직임으로 물의 흐름을 일으켜서 원핵세포들이 끈적끈적한 깃과 접촉하게 한다. 입금편모는 가장 간단한 동물인 해면동물들의 깃세포(collar cell)와 매우 닮았다(그림 13.3 참조). 이것과 분자유전학적 증거들이 입금편모충류—유사 조상들로부터 모든 동물들이 유래되었음을 강력히 시사해 준다.

목표4 인류의 가장 큰 살인자들과의 투쟁

말라리아만이 인류를 가장 많이 죽이는 유일한 살인자가 아니고, B.C. 5세기경에 히포크라테스의 의학 잡지들에 기록되었던 오래된 질병들 중의 하나일 뿐이다. 말라리아와의 투쟁 노력들도 역시 오랜 역사를 가진다. 1600년대 중간쯤 경에 페루 리마의 원주민들은 이미 이 병을 치료하기 위해 안데스 산의 운무림 중 한 나무의 껍질을 사용하기 시작했다. 스페인 외교관들은 이 나무껍질을 가지고 유럽으로 돌아갔는데, 그것이 키니네(quinine)임을 알게 되었고, 제2차 세계대전 때까지도 이것이 1차적 치료제로 사용되었으며, 그 당시 연구자들이 이와 유사한 클로로퀸과 다른 대체 합성약품들을 개발하였다. 불행하게도, 치명적 원생생물인 말라리아열원충(*Plasmodium falciparum*) 집단들이 다양한 항-말라리아 약품들에 대한 내성을 갖게끔 진화되었다(**그림 11.11**). 또한 이 열원충 집단들의 주 숙주인 아노펠레스(*Anopheles*) 모기들도 이미 DDT나 그 밖의 살충제들에 대한 내성을 갖게끔 진화되었다. 그 결과로 20세기 말에 들어와서 말라리아 발병률이 극적으로 증가하기 시작했다.

원핵생물들에 관한 상세한 지식이 말라리아 퇴치에 도움이 될 수 있다. 예를 들면, 그람-양성 세균인 *Bacillus thuringiensis*를 모기를 죽이는 데 사용할 수 있다. 말라리아 기생충들이나 또는 말라리아-전염 모기들을 특이적으로 죽일 수 있는 바이러스들이 어딘가에는 있을 것으로 상상되지 않는가? 그러한 바이러스들을 찾기 위해서 생물학자들은 어떻게 하여야 할까?

말라리아에 대한 연구가 생물학 분야의 가장 활발한 연구 분야 중 하나이며, 여러분들도 이제는 그 대상자들인 원핵생물과 진핵생물에 대해 이해한 것이다.

녹조류(green algae, chlorophyta)
녹색 색소를 가진 원생생물로서, 식물에 가까움

미포자충류 (microsporidia)
가장 간단한 진행세포 중의 하나로서, 동물세포들 안에서 살고 있음

입금편모충류 (choanoflagellates)
단일-세포성 또는 군체를 이루는 원생생물들로서 담수와 해수에 산다; 각 개체는 미세융모 고리에 의해 형성된 깃 구조물을 가짐

그림 11.11
약-저항성 말라리아 기생충들의 확산 상태를 보여주는 지도

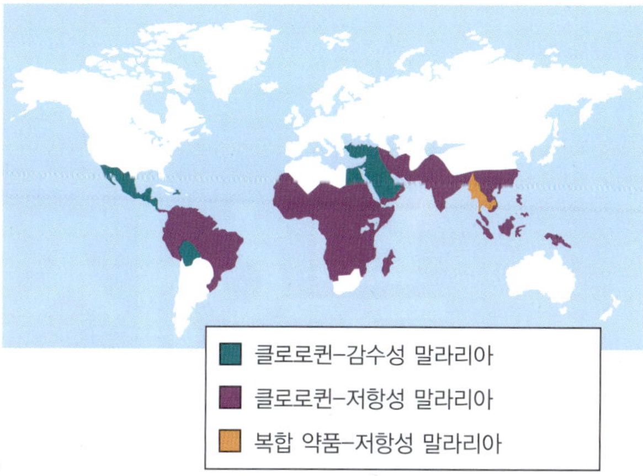

누가 알았겠는가?

항생제들은 원핵생물들의 물질대사를 간섭하는 화학물질들로서, 흔히 세포벽을 파괴 또는 세포벽이나 다른 물질들의 합성을 방해한다. 바이러스들은 세균의 세포벽 같은 벽 구조물을 갖지 않으며 또 자신들의 물질들을 합성하지 않으므로, 항생제들은 바이러스에 대해 아무 효과를 볼 수 없다.

COURTESY OF JAMES GATHANY/CDC

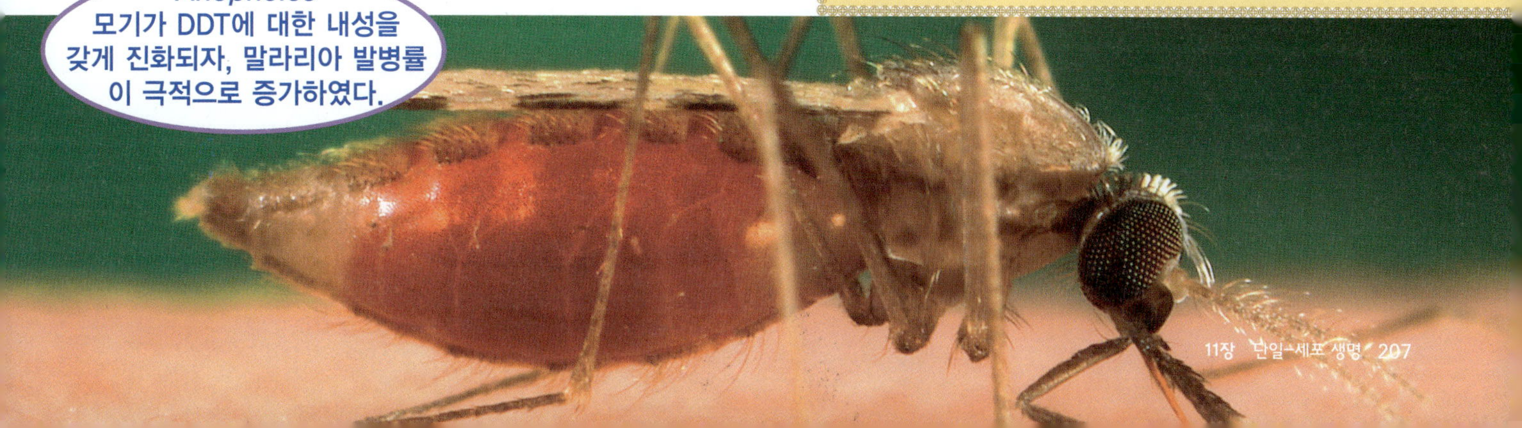

CHAPTER

12

학습목표

목표[1] 균류들의 형태와 기능 및 균류와 식물들과의 상호관계를 확인한다.

목표[2] 식물류와 녹조류의 특성을 기술한다.

목표[3] 식물들의 생활사들을 비교 설명한다.

목표[4] 현화식물들의 성공적 적응들에 대하여 이해한다.

균류와 식물: 분해자와 생산자

> “식물학자들은 고추의 매운맛은 새들을 끌어들이고 포유류를 배척하기 위한 적응으로 진화되었다고 믿는다”

© JONATHAN BUCKLEY/GAP PHOTOS/GETTY IMAGES

매운맛의 매력

연녹색과 붉은색 피망에서 가장 매운 고추에 이르는 모든 칠레산 고추들은 모두 같은 고추 속(*Capsicum*)에 들어간다. 현재 남아메리카와 중앙아메리카에 사는 사람들은 10,000년 전부터 칠레고추 종들에 익숙해 있다. 오늘날, 식물 재배자들은 수백 여 가지 다양한 칠레 고추나무를 재배하지만, 모두는 원래 한 종인 *Capsicum annuum*에 속한다. *Capsicum annuum*이라는 고추 종은 세계 곳곳으로 가장 널리 퍼진 종인데, 그 이유는 칠레고추들이 요리 양념으로 가장 널리 사용되기 때문이다.

> **당신은 무엇을 알고 있을까?**
>
> **왜 꽃피는 식물(현화식물)들이 다른 식물군들에 비해 더 다양하겠는가?**

고추속(*Capsicum*) 식물의 진화와 대중성은 매우 아이러니컬하다. 이 속은 “가지”과(family)의 유독식물인 *Solanaceae*의 하나로서, 이에 속하는 것에는 담배, 감자, 그리고 토마토 등인데, 이 식물들은 그들의 잎과 (또는) 과일에 독 물질을 만드는 것으로 알려져 있다. 칠레 고추나무들은 이러한 독들은 만들지 않는다. 대신에 그들은 고추 열매조직에 *캅사이신*(capsaicin)이라 부르는 매운 맛을 내는 알칼로이드(alkaloid)들을 만든다. 새들(birds)은 이 자극성 맛을 느끼지 못하므로 고추 열매와 씨를 즐겨 먹으며, 씨에 아무 장애를 주지 않고 씨들은 똥에 섞여 배설된다. 이와 같이 하여, 새들이 고추씨들을 퍼뜨리는 매개자 노릇을 한 것이다. 그와는 반대로 포유류들은 매운맛을 느끼므로 조금 뜯어먹은 후 매운맛을 알아 고추 먹는 것을 늘 피하는 것이다. 이것이 또한 고추 식물들의 이점인데, 그 이유는 새들의 소화기관과는 달리 포유류들의 위장에는 고추씨들을 죽일 수 있는 산이 분비되기 때문이다. 식물학자들은 고추의 매운맛이 새들을 끌어들이고, 포유류를 배척하기 위한 적응으로 진화되었다고 믿는다. 그런데 우리 인간들은 비교적 매운 고추인 칠레산 jalapeño에서부터 이 세상에서 가장 매운 고추인 하바네로(habanero; 40배 정도 매움)까지 다양한 매운맛을 즐기고 있으니 이 또한 얼마나 아이러니컬한 것인가! 뒤의 내용들을 읽으면서 여러분은 많은 사람들이 왜 매일 고추의 매운 맛에 익숙하고, 때때로는 갈망하기까지 하는지를 알게 될 것이다.

고추식물에 관한 것이 이 장의 주제인 식물의 다양성과 진화에 관한 역사를 이해하는 좋은 예가 된다. 이 장의 목표는 빵곰팡이, 효모균 및 버섯 등이 포함되는 균류들(fungi); 조수웅덩이들에서 물결치는 듯 살고 있는 여러 종류의 녹조류들(algae); 그리고 이끼, 고사리, 소나무 및 고추식물 등과 같은 현화식물 등이 포함되는 식물류(plants)에 관해 탐구하는 것이다. 먼저 고대의 단일-세포 조상들로부터 식물로의 진화에 대해 알아보고, 이어서 그들 간의 상호관계들, 그리고 유기물질의 분해자 및 생산자로서의 그들의 환경적 역할들에 대해 살펴본다. 비록 고추식물 계열들이 이 거대하고 다양한 균류와 식물류 안에서 하나의 작은 집단에 불구하지만, 고추식물 집단들이 주목받는이유들은 다음과 같다: (1) 이들은 유익한 쪽과 해로운 쪽의 여러 면에서 균류들과 관련이 있

균계(fungi)
다른 생물 조직들을 분해시키는 버섯들이나 곰팡이들 같은 다세포성 타가영양생명체들로 구성된 생물계

다. (2) 식물류는 수생생활 식물들에서 육상생활 식물들로 진화하였는데, 고추식물 집단들은 대부분 육상 생활에 적응하였다. (3) 많은 식물들은 동물들과 공진화하였는데, 고추씨들을 퍼뜨리는 매개 역할을 새들에 의존했다는 것이 그 좋은 예이다.

여러분이 고추식물 집단들과 균류, 녹조류 및 식물류의 서식지에 관한 내용들을 탐구하게 되면, 다음 질문들에 대해 답을 할 수 있을 것이다.

- ☑ 균류들은 어떻게 살아가며, 그들의 생식은 어떻게 일어나는가?
- ☑ 그들이 진화하여 대부분의 육상을 점유하게 된 육상식물들의 특징들은 무엇인가?
- ☑ 무엇이 고추식물들을 포함한 현화식물들을 매우 번창하게 만들었을까?

목표1 균류들의 생활

여러분이 고추나무를 뿌리째 뽑아서 관찰해 보면, 그 뿌리에 실 같은 구조물들이 뻗어 있는 것을 볼 수 있을 것이다. 더 자세히 살펴보면, 이들 실 같은 구조물들은 뿌리 부위가 아니라 토양 속에서 자라는 다른 생물적 실체들이 식물 뿌리에 붙어 있는 것이다. 이 미세한 실 같은 구조물들은 실제로는 계통수에서 단일 가지를 이루고 있는 한 생물계인 **균계(fungi)**에 속하는 생명체들의 부분들이다(**그림 12.1**). 이 균류 계열에는

그림 12.1
계통수 상의 균계

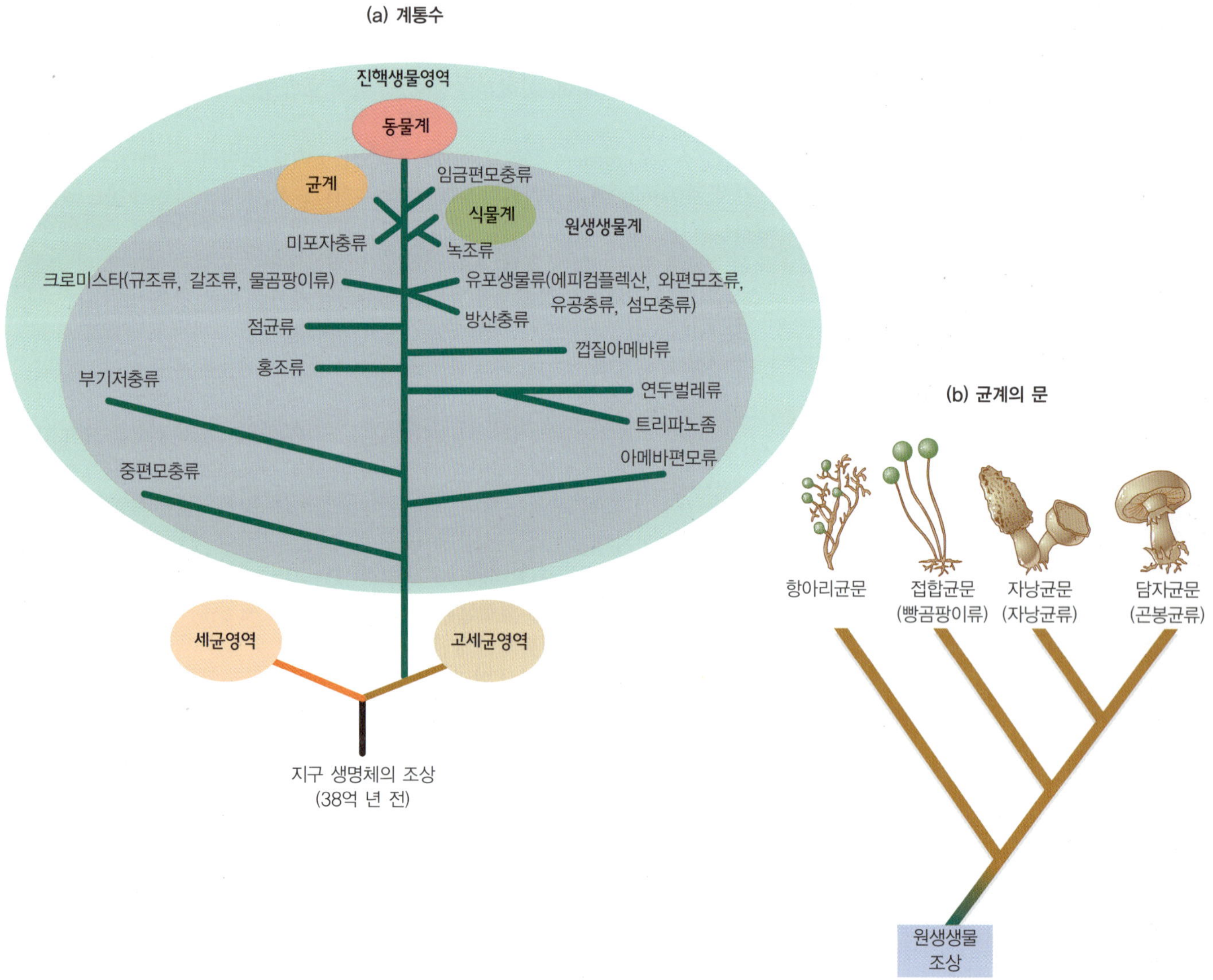

그림 12.2
균류의 몸

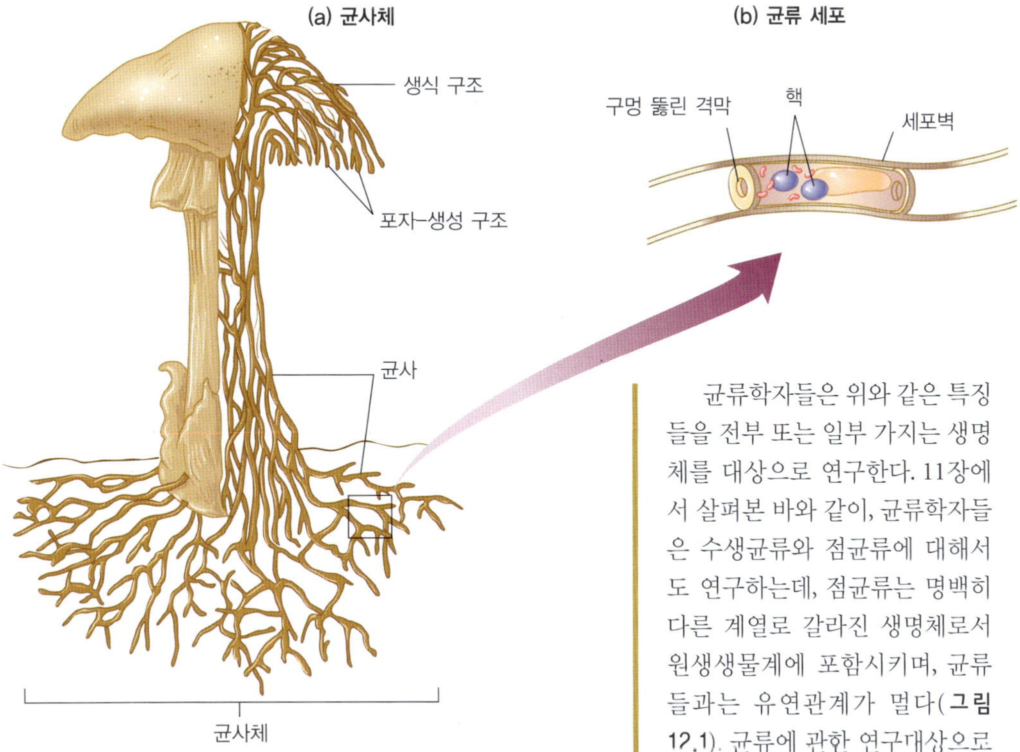

진균류(Eumycota)
계통수 상에서 "진정 진균" 계열의 가지

균사
(hypha; 복수, hyphae)
다세포성 진균 세포들에 나 있는 여러 길고 가는 필라멘트들 중의 하나

균사체(mycelium)
진균을 덮고 있는 균사들 덩어리

효모균(yeast)
출아에 의해 번식하는 단일–세포 진균류

키틴(chitin)
특정 균류들 세포벽을 형성하는 질소함유 다당류 복합체; 곤충류와 일부 절지동물들의 외골격 및 일부 다른 무척추동물들 큐티클의 주성분

버섯류, 효모균류 및 이들과 체제가 유사한 생명체들이 포함되며, 각 균류 집단들이 식물들보다는 동물들과 더 가까운 관련성을 갖는다. 그렇다면 고추 뿌리에 있는(때로는 고추 내에도 있음) 필라멘트들은 무슨 일을 하는 것일까? 그들은 고추나무의 생장과 고추열매가 만들어지는 데 도움이 될까 또는 해가 될까? 생물학자들은 이러한 질문들에 대한 답을 얻고자 실험들을 수행해 오고 있다. 그러한 실험결과들을 완벽히 이해하기 전에, 균류의 체제와 생활방식에 관한 일반적 배경에 대해 아는 것이 필요하다. 그런 다음 이 절에서는 균류의 몸체에 대해 살펴보고 이어서 그들의 에너지 취득, 생식에 대해 알아본 다음, 마지막으로 고추들과 다른 식물들과의 상호작용에 대해 알아보도록 하겠다.

균류의 몸체

고추나무 뿌리에 붙어 있는 길고 가느다란 실 모양의 물체들은 아마도 *Glomus intraradices*일 것이며 이것이 균류의 몸체제의 전형적인 예이다. 이 실 구조물들은 아래의 특징들을 갖는다:

- 그들은 진핵세포들로 이루어진 진핵생물들이다.
- 그들은 타가영양생물들이다.
- 그들은 가지를 치고, 흩어진 관 모양의 몸체로 발생한다.
- 그들은 포자에 의해 번식한다.

균류학자들은 위와 같은 특징들을 전부 또는 일부 가지는 생명체를 대상으로 연구한다. 11장에서 살펴본 바와 같이, 균류학자들은 수생균류와 점균류에 대해서도 연구하는데, 점균류는 명백히 다른 계열로 갈라진 생명체로서 원생생물계에 포함시키며, 균류들과는 유연관계가 멀다(**그림 12.1**). 균류에 관한 연구대상으로 자주 사용되는 것이 버섯류, 독버섯류, 말불버섯류 및 그 밖의 친숙한 균류들인데, 이들은 모두 계통수의 단일 가지(계)를 차지하는 **진균류(Eumycota)**이다. 이 장에서는 진균류만 다루도록 하겠다.

일반적으로 균류는 **균사(hypha)**라 부르는 실모양의 가느다란 필라멘트들로 이루어져 있다. 이 균사들은 마치 기차의 객차들이 연결되어 있는 것처럼 세포와 세포가 연결되어 있다(**그림 12.2b**). 균사들은 서로 엉켜서 강철 솜처럼 보이는데, 이것을 **균사체(mycelium)**라 부른다(**그림 12.2a**). 여러분은 냉장고에 넣지 않은 빵 위에 녹색 또는 회색의 둥근 원들이 퍼져나가는 것을 볼 수 있는데, 이것이 균사체들이다. 연구자들은 최근에 단일–세포 균류이며, 이분법으로 번식하는 **효모균(yeast)**들도 기아조건 하에서는 균사를 형성한다는 것을 알아냈다.

균류세포의 구조는 원핵생물들(11장 참조)뿐 아니라 동·식물들의 세포와도 다르다. 균류의 세포는 세균류나 고세균류와 달리 핵이 막으로 둘러싸여 있다. 균류세포들은 또 동물세포와는 달리 세포벽을 가진다. 그러나 균류의 세포벽은 식물의 세포벽과 다른데, 식물의 세포벽은 셀룰로오스가 주성분인데 반하여, 균류의 세포벽은 주로 질소함유 다당류인 **키틴(chitin)**이 주성분이다. 세포벽의 단단한 키틴이 그들이 열이나 건조한 상태에서도 잘 견딜 수 있게 해주므로, 모든 진핵생명체들 중 가장 복원력이 강력한 생명체들이 된 것이다. (곤충류의 외골격도 주성분이 키틴임.) 균사에서 이웃 세포

자실체(fruiting body)
여러 균류들에서 포자를 만드는 생식기관

가장 큰 것은? 그에 대해 알아본다!

한 균류 개체가 엄청나게 거대할 수 있다. 균류학자들은 워싱턴 주 Mount Adams 근접 지역에서 1,500에이커(약 600만 m^2)에 달하는 숲을 덮고 있으며, 그 무게가 9,000 kg 정도 되며, 400~1,000년 정도 되는 하나의 균류를 발견했다. 1990년대 초에 균류학자들은 이 하나의 균류 개체가 이 지구상에서 가장 큰 생명체로 인정해도 좋다고 제안하였다. 뒤에서 언급되겠지만, 식물학자들은 재빠르게 이에 대해 이의를 제기하였었다.

들과 연접된 세포벽에는 작은 구멍들이 뚫어져 있다(**그림 12.3**). 이 작은 구멍들은 한 세포의 세포질과 이웃 세포들의 세포질과 직접적으로 접촉이 가능하게 해준다.

많은 세포들끼리 서로 연결되어 있더라도, 대부분 균류의 몸체는 구조가 단순하여, 식물의 구조처럼 뿌리, 줄기 및 잎들을 갖지 않는다. 그러나 균류들은 자주 특수한 번식구조물을 만든다. 그 예가 **자실체(fruiting body)**로서, 샐러드나 피자 요리에 사용되는 버섯(양송이)에서 쉽게 볼 수 있다.

버섯의 몸체가 단단해 보이지만, 실제로는 마치 털들이 모여 말꼬리를 이룬 것처럼 많은 균류 필라멘트들이 빽빽하게 뭉쳐져서 이루어진 몸체이다. 몸체 밑으로는 느슨한 균사체들이 토양 밑으로 깊게 뻗쳐서 몸체를 받쳐주고 있다.

균류의 균사들은 매우 빠르게 자라는데, 뒤엉켜져 있는 한 균사체의 모든 균사 끝들을 함께 심어주면 하루 만에 거의 1 km 정도의 새로운 균사들이 자란다. 이것이 어떻게 버섯들이 통나무나 토양에서 하루 만에 싹이 트는지를 말해주는 것이다. 그물 같은 필라멘트(균사)들의 구조가 한 균류의 표면적 대 용적 비를 크게 해주는 것이므로 매우 큰 버섯도 빨리 자랄 수 있도록 충분한 영양분을 흡수하고 소화할 수 있게 해준다.

분해자: 균류의 생활

균류들도 식물들처럼 육지에서 자라지만, 식물들은 자가영양생물인 반면에, 균류들은 타가영양생물이다. 식물들은 물리적 환경으로부터 직접 에너지와 분자재료들을 추출해 내며, 여러 종류의 원핵생물들도 그러하다. 그러나 균류들은 다른 생명체들에 의해서 먼저 부패되고 있는 분자들로부터 에너지와 물질들을 얻어야만 한다. 동물들처럼, 균류들도 식물들 또는 식물을 먹는 동물들의 분자들을 소화시켜서 영양분을 획득한다. 그리고 여러분의 소화계 세포들처럼 균류들도 큰 유기분자들을 작은 분자들로 분해시키는 강력한 효소들을 분비한다(**그림 12.3**). 또 여러분의 내장세포들처럼 균류들도 그들의 세포막을 통해 작은 영양소 분자들을 흡수한다. 이와 같이 균류들의 먹이 섭취 전략은 동물의 그것과 같은 것 같다. 그러나 무슨 차이가 있는 것일까 그 답은 간단하다. 먹이를 먹는 방법에서 차이가 있다. 대부분 동물들은 식물이나 다른 먹이들을 입에 넣은 다음, 그것들을 소화시키기 전에 내장관 속으로 이동시킨다. 그와는 다르게 균류들은 몸체 밖에서 영양물질들을 소화시킨다.

대부분의 균류들은 살아있지 않은 다양한 범위의 유기물질들을 분해시킨다. 균

그림 12.3
균류는 어떻게 살아갈까?

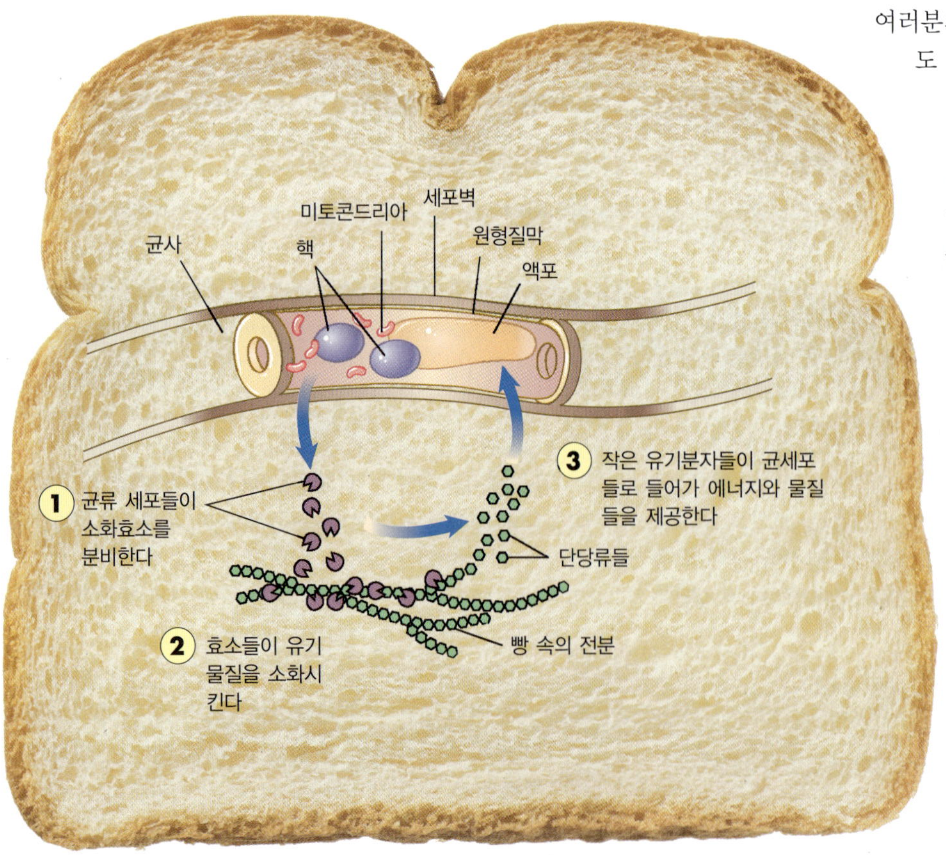

류들은 가죽이나 옷을 비롯하여 종이, 목재, 페인트 및 그 밖의 물질들인 낡아가는 오래된 건물, 책, 구두, 조각난 유물들에 이르기까지 모든 것을 소모한다. 분해를 통해 균류들이 살아나가는 것은 그들이 재활용의 무한한 숙련자라 할 수 있겠다. 그러나 균류들의 일부는 오랜 진화 동안에 비-생명조직의 분해자인 **부생생물(saprobe)**들이나 다른 생명체들 생존에 영향은 주지 않으면서 그 생명체들 몸 밖이나 몸속에서 살아가는 생명체인 **기생생물(parasite)**들로 진화하였다. 오늘날 기생성 균류들이 식물의 질병들을 일으키는 주요 원인이며, 약 5,000여 종의 균류들이 들녘, 정원 및 과수원에서 자라는 작물들에 기생하고 있다. 뒤에 나오겠지만, 그 밖의 기생성 균류들이 사람과 동물들에 침투하여 무좀, 버짐, 질(vagina)의 효모균 감염질환 등을 일으킨다.

확실히 균류들의 먹이 습성은 까다롭지 않다. 그러나 그들의 활동들이 자연계의 생태 순환들의 평형 유지에 필수적이고 중요하다. 예를 들어, 식물들과 광합성 세균들은 공기 중의 탄소를 잡아 탄수화물로 전환시키므로 탄소를 제거한다. 만약 이들만이 지구상의 생명체들이라면 모든 탄소는 곧 그들의 세포 속과 그 잔존물에 모두 갇히게 될 것이다. 그러나 이러한 일은 일어나지 않는데, 그 이유는 다른 생명체들(주로 균류들과 세균들)이 식물의 물질과 유기 노폐물뿐만 아니라 죽은 생명체들의 잔존물들까지 모두 분해시키기 때문이다. 이처럼 균류들은 탄소, 인 및 그 외 생명에 필요한 원소들을 함유하는 작은 물질들을 환경으로 방출시키며, 방출된 물질들이 생태계로 재투입되고, 결국에는 살아 있는 세포들로 다시 순환되어 들어온다.

균류의 생식

하나의 균류 군체(콜로니)가 한 조각 빵이나 바구니에 오래 놔둔 오렌지에 돌발적으로 생기는 것은 놀랍다. 균류들은 어떻게 이들 격리된 곳으로 들어가는 것일까? 균류들은 **포자(spore)**라 부르는 특이한 현미경적 생식구조물들에 의해 번식하며 퍼진다. 각각의 작은 포자는 균사를 발아시켜 새로운 균류 군체(균사체)로 발생된다. 포자들은 생존을 위한 적응들을 가지는데, 그들은 건조, 열, 혹한과 같은 극한 환경에서도 잘 견디고, 바람이나 물을 따라 먼 거리로 퍼질 수 있으며, 환경조건이 좋아질 때 다시 새로운 균류로 된다.

일부 포자들은 무성적으로 만들어진다. 이들 무성포자들은 유

그림 12.4
균류의 생활환

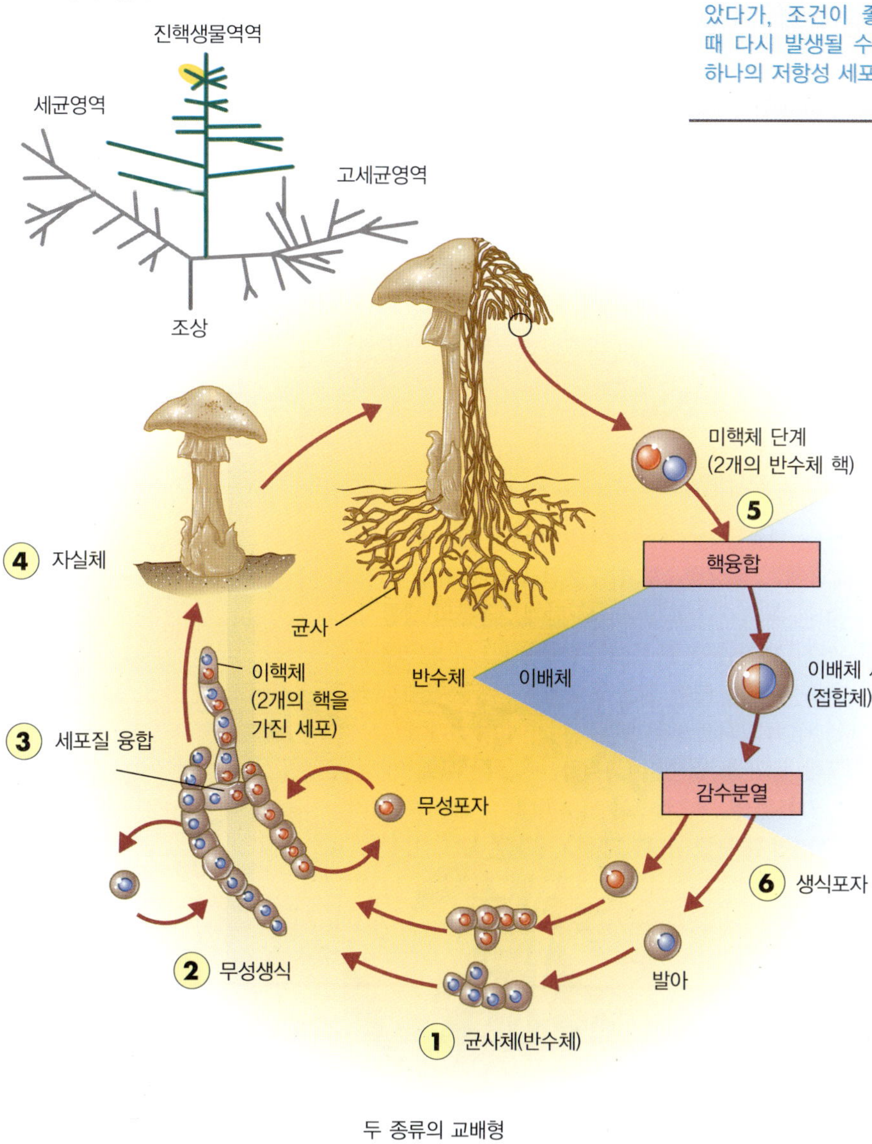

부생생물(saprobe)
부패하는 유기물질에서 살고 있는 생명체

기생생물(parasite)
다른 생명체인 그 생물의 숙주에서 이득을 얻으며 살고 있는 일종의 약탈자 생물; 기생생물은 일반적으로 숙주보다 작으며, 신체적으로 매우 밀접해 있으며 숙주를 죽이기보다는 숙주의 원기를 빨아먹음

포자(spore)
진핵생물에서, 유사분열을 통해 새로운 개체를 만드는 생식세포의 일종; 원핵생물에서는 가혹한 환경조건들에서 살아남았다가, 조건이 좋아질 때 다시 발생될 수 있는 하나의 저항성 세포

+/－교배형 (plus/minus mating type)

균류는 웅성도 아니고 자성도 아니지만, 각 반수체는 교배형인 ＋형 또는 －형 중의 하나임

이핵체(dikaryon)

균류에서, 하나의 세포질 속에 두 개의 반수체 핵을 가지는 세포를 말하며, +교배형인 반수체 세포와 －형 교배형인 반수체 세포의 융합에 의해 만들어짐

성적 융합(핵융합) [sexual fusion (nuclear fusion)]

두 개의 반수체인 핵의 융합을 통해 이배체 세포(접합체)를 만드는 과정; 균류에서 이 과정은 자실체 안에서 일어남

균근 (mycorrhiza; 복수, mycorrhizae)

식물의 뿌리와 한 균류의 결합체; 균류는 그 식물이 물과 영양분을 얻도록 도와주며, 식물로부터는 탄수화물들을 얻음

전적으로 어버이와 동일하며, 어버이 균사의 변형에 의해 만들어진다. 균류는 또한 유성포자들도 만든다(**그림 12.4**). 균류들은 자성(female)도 웅성(male)도 아니지만, 각 반수체 개체가 두 종류 교배형인 **＋형** 또는 **－형** 중의 하나이다(**그림 12.4의 ① 단계**). 각 반수체 교배형은 균사로 자라서, 무성포자들을 만든다(② 단계). 결국에는, ＋교배형인 반수체 세포와 －교배형인 반수체 세포가 융합되어 한 세포질 내에 두 개의 반수체 핵을 갖는 단일 세포인 **이핵체(dikaryon)**로 된다(③ 단계). (이핵체는 두 개의 독립적 핵에 반수체 염색체를 갖는 반면에, 전형적인 이배체 세포는 두 세트의 반수체 염색체를 단일 핵 속에 갖는다는 것을 기억해 두라.) 두 개의 핵을 갖는 이핵체 세포들은 분열할 수 있어서 균사를 형성하며, 이들 실 같은 구조물들은 서로 결합되어 생식기관인 자실체가 된다(④ 단계). 우리가 산림이나 들에서 볼 수 있는 전형적인 버섯들은 지상으로 자실체가 있다. 자실체의 속의 특이 구조들에서, 이배체 핵이 융합되어 이배체 세포인 접합체를 형성한다[이 과정을 **성적 융합(sexual fusion)** 또는 **핵융합(nuclear fusion)**이라고 함. ⑤ 단계]. 이배체 접합체는 통상적으로 감수분열을 하여 유성 포자들을 만들며, 이 회로가 완료된다(⑥ 단계). 균류의 생활사에는 여러 가지 변화들이 많아서, 균류의 종류에 따라 다른 생식회로를 가진다. 그러나 이들 생활사에는 기본적인 특징들이 있다: 반수체 단계가 주로 우위를 점하고; 이배체 단계는 흔히 단일 세포인 접합체에서 일어나며; 그리고 유성생식과 무성생식 모두가 포자들에 의해서 일어난다는 것이다.

균류들과 식물뿌리들

균류들은 다른 생명체들과 매우 가깝게 상호작용하는데, 칠레고추 뿌리들에 있는 가는 균사들이 그 한 예이다. 어떤 경우엔 이들 균류와의 상호작용이 유익할 때가 있는 반면에, 어떤 때는 해로워서 동·식물들에 병을 일으키는 원인이 된다. 칠레고추들에서 발견되는 균류들은 어떠한가? 그들은 해로운가 아니면 유익한가? 이에 관해 알아보기 위하여 연구자들은 한 화분의 토양은 멸균하여 모든 균류들을 죽이고, 다른 한쪽은 멸균하지 않은 다음(대조군이지만, 아직도 약간의 균류는 가짐), 양쪽에 모두 칠레 고추나무를 심었다. 이어서, 연구자들은 각 화분을 각각 둘로 나누어 한쪽에는 인을 함유한 비료를 첨가하였고, 다른 한쪽에는 비료를 주지 않았다. 네 개의 화분에서 칠레 고추나무들이 자랐을 때, 연구자들은 각 식물을 건조시켜 질량을 측정해 보았다.

연구자들은 인 비료를 첨가시킨 경우 균류–감염 토양에서 자란 고추나무의 건조질량이 멸균토양에서 자란 고추나무의 건조질량과 거의 동일하였다. 그러나 비료를 첨가시키지 않은 화분토양에서 그들은 극적인 차이를 볼 수 있었다. 균류가 감염된 토양에서 자란 고추나무의 건조질량이 멸균토양에서 자란 나무의 건조질량에 비해 91배 무거웠다. 이 실험 결과들에서 여러분은 어떤 결론을 내리겠는가? 연구자들은 토양 속에 자연적으로 함유된 인의 수준이 제한을 받을 때, 균류들이 식물 생장에 필수 성분인 인이 흡수되도록 도와준 것으로 추론하였다. 그러나, 연구자들이 인 비료를 첨가하였을 경우 이 원소가 충분하므로 더 이상 인이 생장의 제한 요인일 수 없으므로, 균류들의 존재 유무가 아무 차이를 보일 수 없었던 것이다.

이 실험은 여러 식물에서 나타나는 균류–식물뿌리의 결

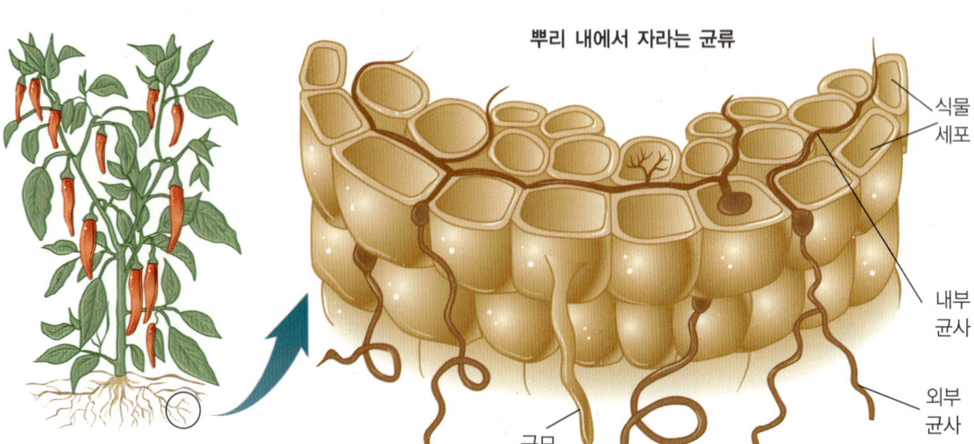

그림 12.5
근균류는 식물 생장에 어떻게 도움을 주나?

합체인 **균근(mycorrhiza)**들을 보여주고 있다. 이 연구를 통해 연구자들은 균근들이 칠레 고추나무 생장에 매우 유익하다는 것을 보여준 것이다. 뿌리 균류들과 고추나무의 상호관계는 일종의 **공생(symbiosis)** 관계로서, 두 종이 서로 유익한 관계를 갖고 있는 것이다. 앞에서 본 것처럼 균류는 그 식물이 물과 영양분을 얻도록 도와주며, 자신의 생장에 필요한 물질들을 식물뿌리들로부터 얻음으로써, 식물과 균류에게 모두 유익한 것이다. **그림 12.5**는 균류와 식물 뿌리세포 사이의 밀접한 결합 관계를 보여주고 있다: 고추나무 뿌리의 일부인 균근 균류들은 실제로 식물세포들로 침투하여 식물로부터 당이나 그 밖의 탄소함유 분자들을 직접 얻는다. 어떤 뿌리들에서는 균류들이 뿌리 바깥쪽으로 나와 있다. 어떤 경우에서든, 식물은 균근 균류들이 유기 영양분을 얻도록 도와주며, 균류들은 식물이 인을(아마 물도) 얻을 수 있게 도와준다. 생물학자들은 아마도 90% 정도가 모두 육상식물들인 수백 종의 식물 뿌리와 관계된 균군들을 발견하고 명명해 왔다. 가장 오래전의 고대 육상식물들 화석에서도 뿌리에 있는 화석화된 균근들이 나타나므로, 식물학자들은 균류–식물의 상호작용이 식물들로 하여금 수생생활에서 육상생활로 변화하는데 도움이 됐을 것이라 생각한다.

지의류들: 더 나은 상호 이득

여러분은 고목의 껍질이나 오래된 묘비석의 옆을 자세히 살펴본 적이 있는가? **그림 12.6a**에서 보는 것처럼 나무껍질이나 묘비석이 종종 회색, 오렌지색 또는 녹색을 띠는 물체들이 뭉쳐져 있는 것을 볼 수 있다. 이들이 균류와 녹조류(진핵생물) 또는 남세균(원핵생물)의 실질적 공생적 결합체들인 **지의류(lichen)**이다.

색깔을 보이는 지의류는 밀집된 균사들 바탕에 광합성을 하는 조류(algae) 또는 남세균 세포들이 결합되어 있는 것이다(**그림 12.6b**). 바탕에 펼쳐진 균류들은 광합성 세포들에게 보호역할과 수분 공급을 해주며, 반대로 지의류 균사들은 광합성 세포들이 만들어 내는 탄수화물들을 얻는다. 지의류들은 그들이 서식하는 곳에서는 거의 아무 영양분도 취하지 않으며, 그들은 흘러내린 용암이나 새로이 노출된 암석들에 처음으로 자주 나타나는 생명체들이다. 그러나 그들은 매우 천천히 자란다. 우리는 여러 세대의 묘비들에서 보이는 가장 큰 지의류의 직경을 측정하여, 그것을 비석에 새겨진 사망일과 비교해 봄으로써 그 지의류의 생장 속도를 추산할 수 있다. 지의류들은 황량한 환경조건들에서 살아남을 수 있지만, 그들은 산업 오염물인 이산화황에 특히 민감하다. 그러므로 생물학자들은 지의류들이 사라지는 것이 대기오염의 초기 지표가 될 수 있음을 알아냈다. 지의류의 두 종 모두가 동시에 번식되어야 하므로, 뚜렷한 진화적 해답을 기대할 수 있는데, 실제로도 그런 측면이 있다. 많은 지의류들은 작은 균사들 망에 적어도 하나의 조류세포를 함유하는 작은 구형체들을 방출하여 번식한다. 그 생식구조물들이 땅에 닿으면, 그것이 새로운 지의류로 자라난다.

최근에 분자유전학적 연구들이 균류와 광합성 녹조류가 지의류–유사체로의 결합이 10억 년을 지속하다가, 식물학자들이 화석을 근거로 인정했던 시기보다 몇 억 년 전에 지구에 군체를 이루었을 것으로 추정됨을 제시하고 있다. 이러한

공생(symbiosis)
서로 다른 두 종간의 밀접한 상호관계

지의류(lichen)
하나의 균류와 조류의 결합체로서, 서로 공생관계에 있음

그림 12.6
지의류: 균류와 조류의 협동작용

(a) 나무에 있는 지의류 (b) 조류세포들이 균사들로 감싸인 지의류

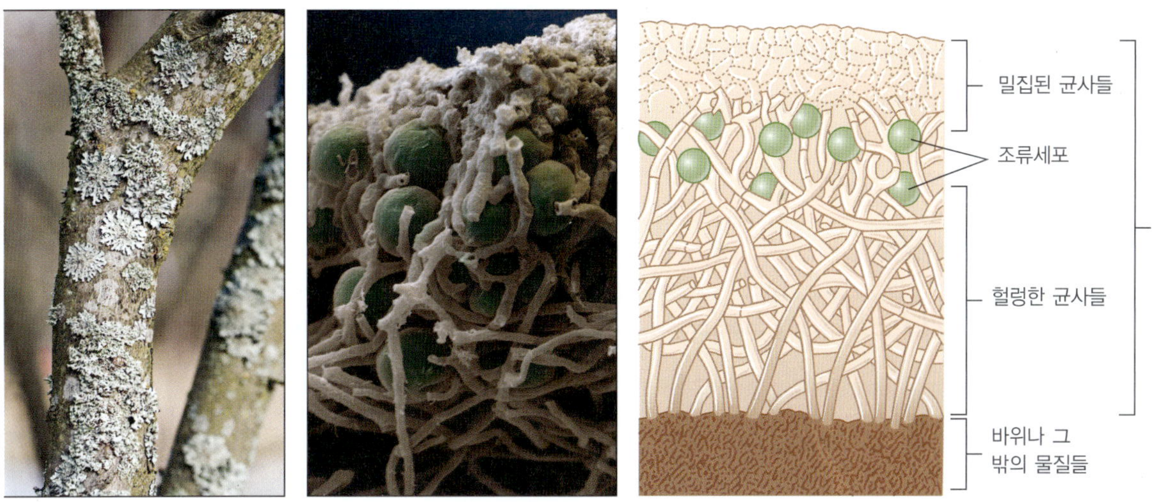

문(division)
같은 문에 속하는 유사한 강들을 묶은 분류학적 집단으로서, 식물계나 균계에서는 phylum 대신에 *division*이라 부름

결합들이 지구의 대기로 기후를 변화시켜 선캄브리아기(Precambrian period)에 동물과 식물들의 폭발적 진화에 박차를 가했을 것이다.

의학적 균학

균류들은 발병과 치료의 의학적 측면 모두에서 중요하다. AIDS(후천성면역결핍증후군) 환자들은 점막에 효모균 감염 질환의 하나인 아구창에 걸리기 쉬운데, 이 효모균인 *Pneumocystis carinii*는 지금은 하나의 균류로 생각되고 있다. 앞에서 언급된 질의 효모균감염질환들, 무좀 및 그 밖의 여러 피부병들은 건강한 면역계를 갖는 사람들에서 조차도 잘 생긴다. 긍적적 측면에서 볼 때, 페니실린과 같은 여러 세균들을 죽이는 항생제들은 이식 조직이나 기관의 이식거부를 억제해 주는 작용을 하는데, 이들은 균류에서 분리해 낸 것이다. 의학 연구자들은 그와 같이 의학적으로 유용한 물질들로 전환할 수 있는 희망을 가지고, 여러 균류들을 알아내는 데 초점을 두고 지속적으로 연구하고 있다.

균류의 다양성

생물학자들은 균류를 그들의 모양과 생식포자–생산구조에 의해 분류한다. 포자들이 균류가 새로운 지역으로 퍼질 수 있는 유일한 방법이므로 그것이 제일 중요하다고 할 수 있다. **표 12.1**에 균류의 몇 가지 주요한 **문(division)**과 불완전 균류 및 지의류의 종류들을 제시하였다. 표에는 그들의 포자 형성 방법과 몇 가지 특징들을 열거하였다. [식물계나 균계에서는 **division(문)**이 다른 생물계의 phylum(문)에 해당된다.] 표

표 12.1
균류: 거대한 분해자들

	문	예	특성
	지의류	적색, 회색 및 황색 종들이 바위 위에서 발견됨	균류(자낭균류나 접합균류)와 조류 두 생물체의 공생체; 바위를 분해시켜 흙을 만듦; 공해의 민감한 표지자
	불완전균 아문 ("불완전균류"; 25,000종)	페니실린 생성 균류	유성생식능을 상실하여서, 다른 균류와의 유연관계가 불명확; 무성포자로 번식; 약품, 치즈, 간장 제조에 사용
	담자균문 (곤봉균류; 25,000종)	일반 버섯류, 거대관모버섯류, 말불버섯류, 독버섯류 등	곤봉–모양의 담자기를 만듦; 성숙한 개체가 매우 유독성인 독버섯임
	자낭균문 (자낭균류; 30,000종)	분홍색 빵곰팡이, 빵 효모, 그물버섯, 송로류	컵 모양의 몸체에서 나온 자낭 속에 포자를 가짐; 효모들이 이 문에 속하므로 경제적으로 가장 유용; 곰팡이 가루가 유실수나 곡류에 노균병을 일으켜 해로움
	접합균문 (빵곰팡이류; 600종)	일반 검은 빵곰팡이,	이배체 포자를 만들고 빵, 곡류 또는 그 밖의 음식물이나 유기물에 솜 모양의 균사 메트를 만듦
	항아리균문	감자 사마귀병을 일으킴	다른 균류들의 아균; 대부분 수생; 배우자들은 편모를 가져 유영이 가능하게 함(다른 균류들은 편모가 상실됨)

에 제시된 일반 균류들에 대해 살펴봄으로써, 여러분들은 빵곰팡이류, 효모균류, 곰버섯류 및 송로버섯류 등을 포함한 여러 부류의 균류에 대한 상세한 내용들을 알 수 있을 것이며, 진정 버섯류와 곤봉균류 그리고 불완전 균류에 관한 차이점들을 이해할 수 있을 것이다.

목표2 식물들: 녹색생물계

칠레고추식물, 양치식물, 이끼 및 수천 가지 형태의 식물들은 진핵생물 계통수에서 균계, 동물계 및 클로미스타류(Chromista)와 같이 상위 가지에 있다(11장 참조). **식물(plant)**들은 다세포성 진핵생물로서 광합성을 하며 배(embryo)로부터 발생한다. 곧 보겠지만, 식물들은 또한 다세포성 반수체(haploid) 세대와 이배체(diploid) 세대를 가지는 세대교번을 한다. 모든 식물들은 계통수에서 단일 가지를 점유한다. 그 가지 앞쪽에 있는 녹조류는 진정한 식물류는 아니지만 여러 특징들이 식물류와 유사하다. 이 장에서는 녹조류와 식물류를 함께 다루겠는데, 그 이유는 이들이 한 공동 조상으로부터 기원됐기 때문이다(**그림 12.1**과 **그림 12.7** 참조). 먼저 녹조류에 대해 살펴본 다음에, 칠레 고추나무를 포함하며 더 복잡한 형태인 식물류에 대해 알아보기로 한다.

식물(plant)
광합성에 의해 에너지를 획득하며, 배로부터 발생되는 다세포성 진핵생물

녹조류(green algae)
녹색 색소를 가진 원생생물로서, 식물에 가까움; Chlorophyta라고도 부름

녹조류: 육상식물들의 조상

여러분이 호수가나 냇가를 거닐거나 또는 조수웅덩이를 헤쳐 나갈 때, 여러 종류의 녹조류를 본 적이 있을 것이다. 식물들과는 달리 **녹조류(green algae; Chlorophyta)**는 대부분 단

그림 12.7
녹조류와 식물류의 진화 경향과 계통

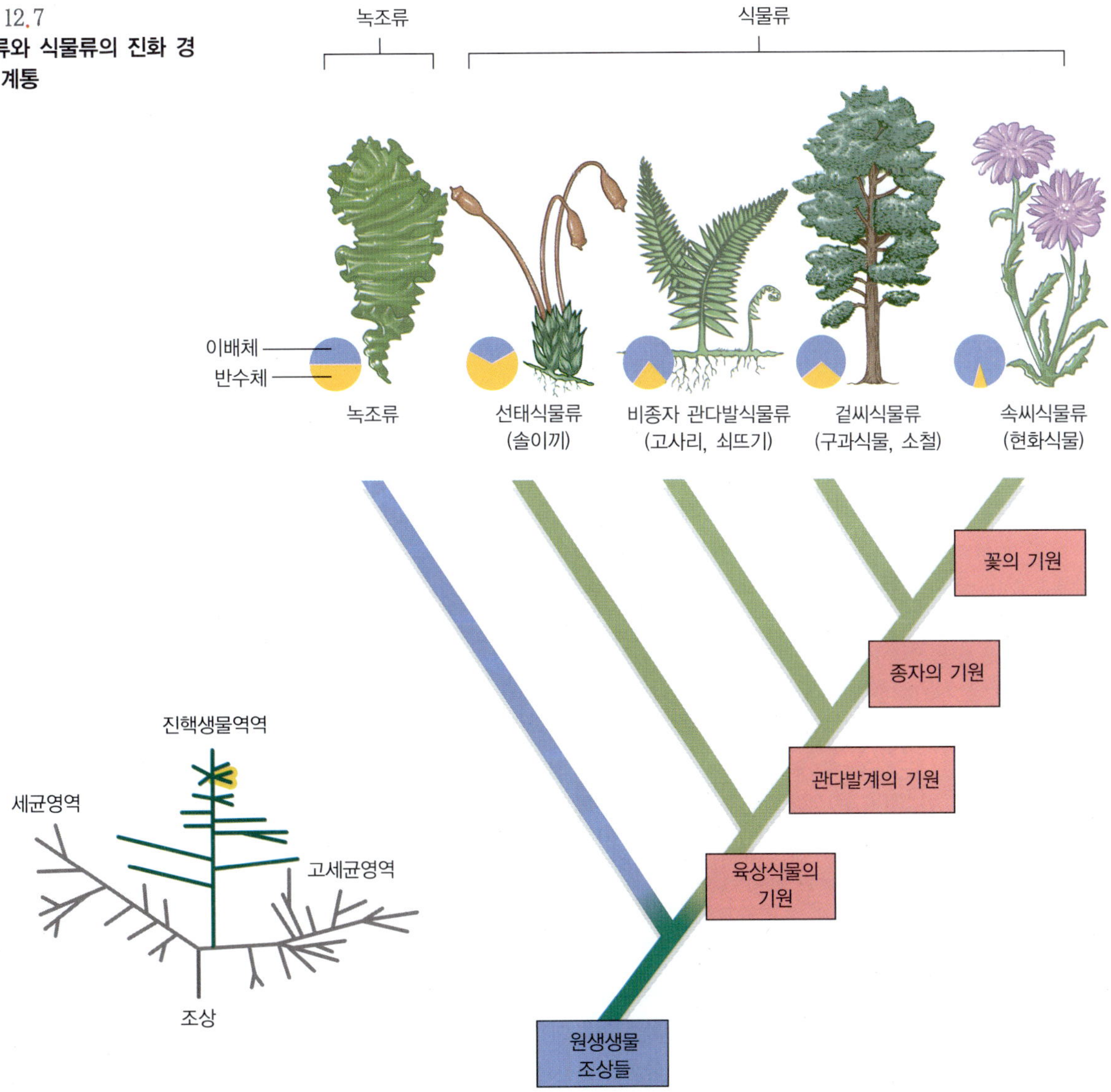

세대교번(alternation of generations)

한 식물의 생활사에서 다세포 개체들에서의 두 가지 서로 다른 세대인 반수체 세대와 이배체 세대가 교대로 일어나는 것

포자체(sporophyte)

여러 식물들의 생활사에서 이배체인 포자를 생성하는 단계

배우체(gametophyte)

식물 생활사에서 반수체인 배우자를 생성하는 단계

배(아)(embryo)

발생의 초기 단계들에 있는 생명체; 사람에서는 임신 개시 때부터 2달 정도까지를 배아(embryo)라 부르는데, 이때 사람의 모든 구조들이 형성되며, 이 후부터는 태아(fetus)라고 부름

일 세포형태이다. 그러나 어떤 경우엔 다세포성인 실 모양의 필라멘트 형태, 속이 빈 공 모양, 또는 넓적한 종이 모양을 하는 것도 있다. 대부분의 녹조류 종들은 얕은 담수 환경 또는 습기 찬 바위, 나무 및 토양에서 산다. 몇 종들은 낮은 해수에 서식하며, 여러 종류들과 함께 파도를 따라 움직인다. 녹조류들은 식물류가 가지는 것과 동일한 종류의 엽록소(엽록소 a와 b)와 카로티노이드들이 섞인 색소들을 가져, 녹조류와 식물류로 하여금 공기나 얕은 물을 뚫고 오는 태양광을 효율적으로 흡수하게 해준다. 그러나 녹조류는 식물들처럼 배(embryo)로부터 발생되지 않는다. 그리고 녹조류의 이배체 세대와 반수체 세대는 동일한 모양을 보이는 경향이 있는 반면에, 식물류에서는 반수체 세대와 이배체 세대가 다른 형태를 만드는데, 이에 대해 간단히 알아보겠다.

일부 녹조류들은 단일-세포 형태이다. *클라미도모나스*(*Chlamydomonas*)는 단일-세포이며, 이 종은 교배에 관한 유전자 조절, 세포를 추진시키는 편모의 이동, 광합성의 생화학적 상세기구, 그리고 유기호흡 등 연구에 잘 사용되는 실험용 생물이다. *클라미도모나스*는 담수 웅덩이나 습한 토양에서 두 개의 편모운동을 통해 빠르게 이동하는 타원형 세포이다. 섬세한 모양의 *볼복스*(*Volvox*) 같은 다른 녹조는 군체를 이루며 자란다. 그리고 *갈파래*(*Ulva*)와 같은 다른 녹조류 종은 조수웅덩이에 서식하며 녹색 셀로판지를 닮은 두 개의 세포 두께 정도의 몸체를 가진 섬세한 잎 모양처럼 자란다(**그림 12.8**). 갈파래의 포자들은 *클라미도모나스* 개체의 것과 매우 유사하여서, 매우 가까운 진화적 연관을 가짐을 암시해 준다.

녹조류인 *갈파래*의 생활주기(life cycle)는 다세포성의 반수체 세대와 이배체 세대가 교대로 일어나는 **세대교번(alternation of generations)**을 한다(**그림 12.8**). 그 과정을 살펴보면, 먼저 생활주기 중 이배체 세대는 여러 세포들로 이루어진 얇은 잎 모양의 구조로 이루어져 있으며(① 단계), 이 얇은 잎 구조물 속의 특정 세포들이 감수분열하여 반수체 포자들을 만든다(② 단계). 이배체 세대가 포자들을 만들므로 이것을 **포자체(sporophyte)** 세대라고 부른다. 반수체 포자들은 유사분열을 통해 이배체 세대에서와 같은 얇은 종이 모양의 다세포 몸체들로 된다(③ 단계). 이때에는 몸체 내에 가진 특이 세포들이 반수체 배우체를 만들므로, 이를 **배우체(gametophyte)** 세대라고 부른다(④ 단계). *갈파래*에서 두 종류의 배우체는 똑같게 보인다. 이것은 서로 다른 모양을 하는 식물의 정자와 알에 대조된다. *갈파래*의 두 반수체가 융합되면(⑤ 단계), 그들은 이배체의 접합자(zygote)가 되며(⑥ 단계), 이들은 유사분열을 통해 자라서 또 다른 얇은 잎 모양의 이베체인 포자체로 된다(① 단계).

다른 종류의 녹조류들에서 보이는 세대교번은 식물의 경우처럼 정교하게 일어나기도 한다. 식물학자들은 고대 수생 녹조류들이 아마도 간단한 육상식물로 된 것이며, 아직은 생식을 물에 의존하는 형태였을 것으로 생각한다. 이제부터 여러 차례에 걸쳐 일어났던 신체적 변화를 통해 육상에 살 수 있게 된 경과에 대해 알아보도록 하자.

목표3 식물들: 녹색이며, 배 생산자들

식물들은 밝은 빛깔의 칠레고추처럼 작고 예쁜 빛깔의 열매를 가진다. 식물들은 태평양 연안의 삼나무처럼 클 수도 있다. 또 연못 위로 아른거리는 녹색 수초들처럼 작은 것도 있다. 씨없는 식물들(stone plant)처럼 담갈색 위장을 하는 경우도 있다. 그러나 이와 같은 차이가 있음에도 불구하고, 식물들은 앞에서 제시한 것처럼 공통적인 특징들을 가지며, 그것들에 더해서 식물은 발생 초기 단계의 미성숙 형태인 **배(embryo)**로부터 발생된다.

이배체의 다세포성인 배는 반수체인 모계 식물에 의해 지지되고 있다. 식물 배들은 성적 융합의 결과로 생긴 것이며, 대부분의 식물들은 유성생식을 한다. 예를 들면, 예쁜 색깔을 띠우는 칠레 고추식물도 유성생식 결과 만들어진 종자형 배들을 가지고 있다. 식물세포들은 또한 태양 에너지를 당으로 전환해 주는 녹색의 세포소기관인 엽록체들(3장 참조)을 가진다. 균류나 동물들은 엽록체나 그 관련 소기관들을 갖지 않

녹조류

© ANDREW SYRED/PHOTO RESEARCHERS, INC.

는다. 크로미스타(11장 참조)들도 엽록체들을 갖기는 하지만 이 엽록체들은 녹조류의 엽록체들과는 그 진화적 기원이 다르다. 식물세포들은 주성분이 셀룰로오스인 세포벽을 갖는다. 균류들도 세포벽을 가지지만, 그 세포벽은 성분이 달라 일반적으로 키틴질로 되어 있음을 상기해 보라(11장 참조).

식물들은 생태학적으로 매우 중요한 역할을 담당한다. 그들은 대부분의 육지를 우점하고 있다. 그들은 먹이, 에너지 연료 및 서식처 제공 등과 같이 사람을 비롯한 모든 동물들의 삶을 받쳐주고 있다. 또한 동물들을 포함한 호기적 생명체들이 유기호흡에 사용할 수 있도록 산소를 방출하고 있다. 마지막으로, 식물들은 생명체들의 에너지 수집과 생식에 직접 필요하지는 않지만, 식물이 동물들, 균류들 및 심지어 다른 식물들로부터 방어를 위해 필요한 물질들인 **2차 대사산물(secondary metabolite)**을 엄청나게 만들어 내고 있다. 고추들이 만드는 캅사이신이 2차 대사산물의 하나이며, 커피 열매 속의 카페인과 담배잎 속의 니코틴도 그러하다. 앞에서 살펴본 것처럼, 캅사이신들은 아마도 포유류 소화관에서 종자들이 죽는 것으로부터 방어하기 위한 것이다. 카페인과 니코틴도 역시 특정 약탈자 동물들에 대해 방어한다.

식물의 생활사

일부 녹조류에서처럼 식물들의 생활사도 다세포성 반수체 세대와 이배체 세대의 규칙적 세대교번을 갖는다. 이 세대교번이 식물학을 이해하는 열쇠이다. 많은 식물들에서 반수체 세대와 이배체 세대는 분리되어 있으며, 각 세대는 독립적인 다세포 형태이다. 어떤 식물들에서는 배우체가 눈에 잘 띄지 않을 정도로 단지 몇 개의 세포들로 이루어져 있는 반면에, 포자체들은 큰 다세포기관이다. **그림 12.9**는 이끼 생활사의 세대교번을 보여주고 있다.

2차 대사산물 (secondary metabolite)
에너지 수집과 생식에 직접 필요하지는 않지만, 식물이 동물들, 균류들 및 심지어 다른 식물들로부터 방어를 위해 필요한 물질들

습한 서식지를 덮고 있는 짧은 솜털 모양의 푸른색 이끼는 그 생활사에서 반수체의 배우체 단계이다(① 단계). 자성배우체는 반수체 알을 만들며, 웅성배우체는 반수체 정자를 만든다(② 단계). 이들의 수정에 의해 이배체 접합자를 만들며(③ 단계), 이것이 유사분열에 의해 자라서 이배체 배아가 되어 모체 배우체 식물 조직들에 의해 보호받는다. 배아는 생장하여 이배체인 포자체로 되는데, 이 시기가 생활사 중 포자–생성 단계이다(④ 단계). 이끼의 포자체는 작은 가로등처럼 생기고 갈색을 띠는데, 배우체에서 생장한다. *갈파래*에서처럼 이끼 포자체의 특수 세포들이 감수분열에 의해 반수체 포자들을 만든다(⑤ 단계). 이어서 이들 포자들이 발생하고, 유사분열에 의해 자라서 다시 배우체 세대로 되는 것이다(① 단계). 이끼와 다른 식물들의 생활사에서 뚜렷한 차이점을 주목하라: 사람이나 동물들에서는 감수분열 결과로 알이나 정자와 같은 반수체 세포들인 배우자가 된다. 이에 반하여, 식물들에서는 감수분열 결과에서 직접 배우자가 되지 않고, 분리되어 다세포성 반수체 개체들로 자란 다음에 배우자들을 만든다.

그림 12.8
녹조류: 식물류의 조상

갈파래(해조류)

세대교번

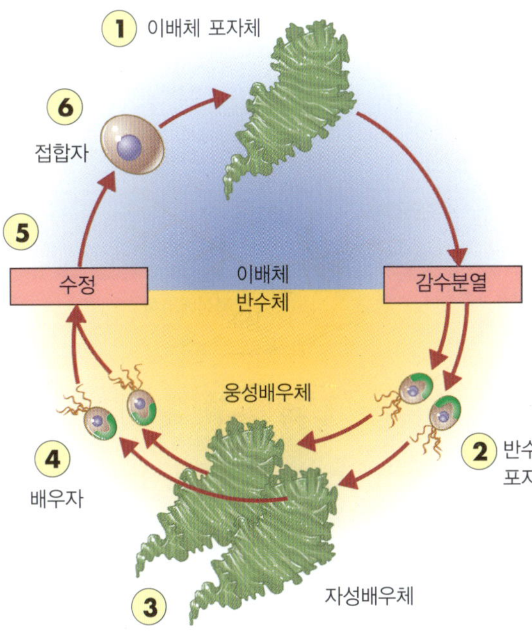

관다발조직 (vascular tissue)
액체를 식물체 전체에 전달하여 뿌리, 줄기 및 잎을 증강시켜 주는 식물의 조직으로서 물관부와 체관부 세포들로 구성됨

선태식물문(bryophyte)
이끼류, 우산이끼류, 붕어마름류 등이 포함되는 식물계의 한 문

식물류는 고대 녹조류에서 진화되었으므로 식물 생활사에서 포자체 세대는 점점 더 두드러졌다(**그림 12.7** 참조). 갈파래에서 본 것처럼 녹조류에서 포자체와 배우체는 거의 같아 보인다(**그림 12.8** 참조). 그러나 식물들에서는 이끼의 생활사에서 본 것처럼 포자체 세대와 배우체 세대가 항상 다르게 보인다: 이끼를 예로 볼 때, 두 단계가 항상 다르게 보여서, 이끼의 배우체는 녹색이며, 더 오래 유지되며, 복잡하고, 포자체보다 더 많은 세포들로 구성되어 있다. 그러나 포자체는 대체로 갈색이며, 가느다란 줄기 끝에 "머리"처럼 주머니 구조를 하여 반수체 포자들의 분산을 촉진시킨다(**그림 12.9**). 칠레고추, 코코야자, 하와이무궁화(hibiscus) 같은 복잡한 육상식물들의 경우 이배체인 포자체 세대가 우세하므로 우리가 쉽게 볼 수 있다.

그림 12.9
식물의 생활환: 세대교번

솔이끼의 생활환

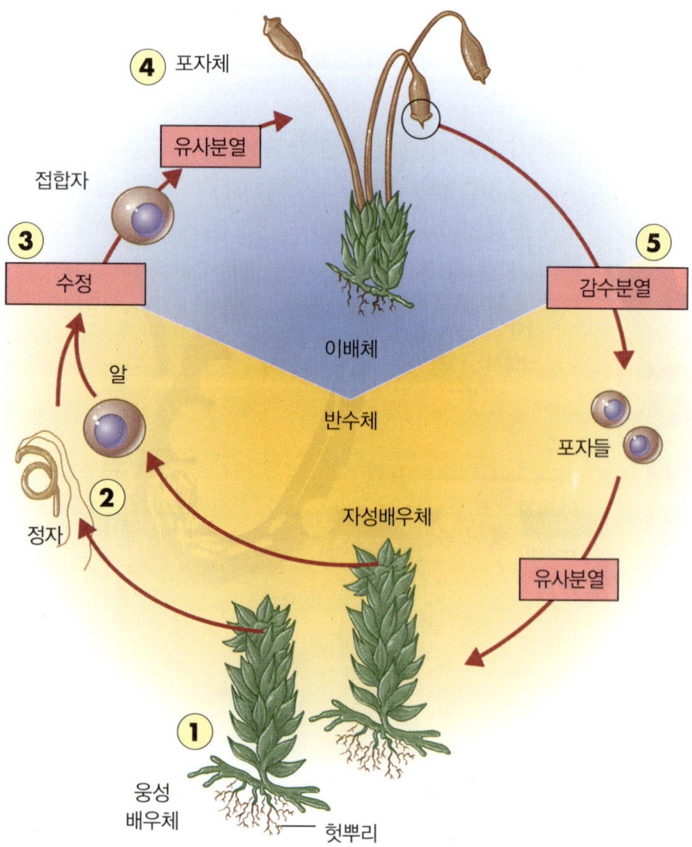

식물 진화의 경향들

화석뿐 아니라 식물유전자 증거들이 식물들은 고대 녹조류로부터 기원됐음을 암시해 준다(**그림 12.7**). 수생 지역으로부터 육지로의 변천은 약 4억 5,000만 년 전 고대 해양으로부터 연안 습지에 살기 시작했을 것으로 본다(표 10.2 참조). 그 시기 대륙은 비교적 편평했을 것이며, 수평면은 아마도 계절이 바뀌고 기후 주기가 길어짐에 따라 극적으로 변했을 것이다. 일부 최초 육상 이주 식물들은 운이 좋은 대립유전자들의 조합을 가져서, 식물체가 건조되는 것을 이겨낼 수 있게끔 적응하게 되었다. 이와 같이 적응된 개체들이 대립유전자들의 조합 없이도 변동하는 환경들에서 더 성공적으로 번식하는 경향을 갖게 되었다. 건조되는 것에 대항하는 적응에는 기체교환을 할 수 있는 구멍을 가진 밀랍의 외피층과 건조에 견딜 수 있는 생식구조물들이 포함된다. 이와 같은 적응들이 해양 가까이의 습지들을 점령할 수 있는 거대한 식물 개척자들의 시대를 열게 한 것이다. 태양광은 충분하였고, 토양에는 무기질 영양분들이 풍부하였으며, 그 당시 육지에는 식물을 먹고 사는 동물들도 없었다.

생물학자들은 육지로 최초 식물들이 정착한 다음에, 또 다른 진화적 사건들이 일어났을 것으로 생각한다. 즉 **관다발조직(vascular tissue)**을 갖게끔 진화됨으로써, 물과 영양분들을 식물체 전체에 효과적으로 이동시킬 수 있게 되었다는 것이다(이에 대한 것은 뒤에서 다룸). 이어서 어떤 식물들에서는 종자들의 형태가 변하고, 또 꽃의 형태도 변화를 가지게 되었다. 종자들과 열매들이 어린 식물들을 새로운 지역들로 더 넓게 퍼지도록 하게 해주었고, 꽃들이 화분립들(pollen grains)과 알들(eggs)과의 성공적 수정 기회를 갖게끔 도움을 주었다. 앞에서 식물들은 일반적으로 이배체 세대(포자체)가 우세한 경향으로 간다는 것을 이미 언급하였다. 건조에 대한 저항성, 물과 영양분의 이동, 종자의 산포와 수정 등에 대한 혁신과 더불어 이러한 경향성이 오늘날 우리가 볼 수 있는 엄청난 다양성의 식물들이 있게 해준 것이다. 이와 같이 하여 관다발 조직을 갖지 않으며 작게 자라던 단순 식물류인 이끼류에서 관다발을 가지며, 꽃과 종자 그리고 특이한 고추 열매를 갖는 칠레고추식물들이 형성된 것이다.

단순한 육상식물들: 아직도 물과 연관성을 가짐

오늘날에도 숲을 거닐다 보면 살아남은 육지의 초창기 식물들과 유사한 식물들을 볼 수 있다. 그에 해당되는 식물들이 이끼류, 우산이끼류, 붕어마름류 등이 속하는 식물계의 한 문인 **선태식물문**

(bryophyte)이다. 이 식물들은 육지의 낮은 지역에서 자라며 그들 생식(번식)에는 물방울들이 요구된다. 이들과는 대조적으로, 고사리류(양치류), 속새류 및 석송류 등의 **비종자 관다발식물(seedless vascular plant)**들은 내부 운반계가 곧게 뻗어 있어서 그들이 선태식물류보다는 더 크게 자랄 수 있게 해준다. 이 비종자 관발식물들이 키가 크긴 하더라도, 이들의 생식에도 아직 물이 요구된다(예를 들어, 고사리 정자는 알로 가기 위해 물을 따라 헤엄쳐야 함). 그러다가 어느 시기에, 비종자 관다발식물들은 **종자-형성 관다발식물(seed-forming vascular plant)**인 **겉씨식물(gymnosperm)**과 **속씨식물(angiosperm; 현화식물)**들로 진화하였다. 겉씨식물들과 속씨식물들은 모두 견고한 종자(씨) 들을 가짐으로서, 처음으로 생식하는데 환경의 물을 이용하는 것에서 벗어난 것이다. 최종적 주요 진화적 혁신은 **꽃(flower)**들로서, 이들은 벌, 나비, 나방 및 벌새 등의 꽃가루를 운반시켜 주는 동물들을 유인하는 구조물을 갖는다. 이와 같이 특정 동물들에 의한 꽃가루의 운반 현상이 현화식물(속씨식물)들로 하여금 수천 종의 예쁜 꽃을 갖는 식물종들로 다양화하게 되었다. 유전적 및 화석 자료들이 고대 녹조류들로부터 육상식물로의 변화 그리고 그 후 이끼류 그리고 비종자 유관속식물로 다양화되었음을 말해준다. 이어서 비종자 유관속식물들로부터 종자-형성 식물들인 겉씨식물과 속씨식물들로 진화한 것이다(**그림 12.7** 참조).

식물들이 건조한 땅에서 번성해지기 위해서 그들은 다음 기능들을 갖을 수 있게 여러 가지 새로운 적응들이 필요하였다:

1. 건조됨을 피하기: 주위에 물이 없으므로 식물들은 증발작용을 최소화시켜야 했지만, 산소와 이산화탄소의 출입은 허용되어야만 했다.
2. 지주: 주위의 물에 의한 부력이 없으므로, 식물들은 몸체 유지를 강력한 내부지주계가 필요했다.
3. 운반: 식물의 지상부들에서는 토양, 진흙 또는 모래로부터 물과 무기물들을 흡수하는 구조들과 물과 무기물들을 몸 전체로 전달시켜 줄 수 있는 관 모양의 구조물들이 필요했다.
4. 생식: 바다, 호수, 강 또는 연못 등으로 직접 배우자를 흘릴 수 없으므로, 육상식물들은 대기 중에서 생식할 수 있는 방법을 개발하여야만 했었다. 뒤에서 보겠지만 육상식물 각 집단들의 상대적 성공은 어느 정도는 어떻게 앞에 열거된 도전들에 적합하도록 특별한 적응을 하였는가에 달려 있다.

선태식물들: 육상생활의 개척자들

현대 선태식물은 이끼류, 우산이끼류 그리고 붕어마름류들을 포함한다. 현화식물류 다음으로 종수가 가장 많은 선태식물류는 키가 3 cm 정도 이하의 작은 식물들이다(**그림 12.9**와 **표 12.2**). 이 식물류는 새로운 지역에 제일 먼저 군체를 형성하는 식물들에 속하며, 대부분 종들에서 포자체(이배체임)가 잎을 가진 배우체(반수체임)로부터 마치 소형 가로등처럼 자란다. 이들 작고 단순한 식물들은 그들이 건조되지 않도록 방수 외피들을 가진다. 선태식물류는 작지만 바로 설 수 있게 해주는 상당히 견고한 조직들을 갖는다. 그렇지만 이끼류, 우산이끼류 그리고 붕어마름류들은 내부로 물을 흡수하고 이동시키는 운반계들이 없어도 될 만큼 작으며 견고하다. 실질적 뿌리 대신에 선태식물류는 털같이 생긴 **헛뿌리(rhizoid)**들을 가지는데, 이들은 이 식물들을 정착시켜 주는 역할만 하며, 일반적으로 수분이나 무기물질들을 모두 흡수하지 않는다. 수분은 마치 종이 타월이 흩어진 물을 빨아드리는 것처럼, 식물체 전체에서 서서히 확산에 의해 각 세포들에 도달한다. 이와 같이 확산에 의존하므로 식물들은 크기에서 제한을 받는 것이며, 그들이 그늘지고 습기 찬 장소들에서만 흔히 자랄 수 있는 것이다. 더욱이 선태식물들은 적어도 계절적으로 습한 곳에서만 유성생식을 할 수 있는데, 그 이유는 배우체나 많은 녹조류들의 체세포들이 하는 것처럼 정자들이 편모를 사용해서 유영할 수 있기 때문이다. 선태식물의 정자는 식물이 물에 흠뻑 젖을 때에만 알에 도달하여 수정할 수 있다.

대부분 이끼류 종들의 생활사는 뚜렷한 배우체 세대(녹색의 "이끼"식물 형태)와 잘 보이지 않는 포자체 세대(여러 이끼류에서 붉거나, 노란색 또는 갈색의 "가로등" 형태)의 세대교번을 한다. 많은 선태식물 종들이 습한 서식지에서 살아남아 온 반면에, 이들 개척자적 집단들이 더 복잡한 다른 육상식물들로는 진화하지 못하였다.

비종자 관다발식물(seedless vascular plant)
내부 운반계를 갖지만 종자들을 만들지 않기 때문에 생식하기 위해서는 물을 필요로 하는 식물; 속새류와 고사리류가 이에 해당함

종자-형성 관다발식물(seed-forming vascular plant)
내부 운반계를 가지며 또한 종자들을 만드는 식물; 겉씨식물들과 속씨식물들이 이에 해당함

겉씨식물(gymnosperm)
구과식물류와 그 동류종 식물들; 종자들이 씨방에 쌓여져 있지 않은 원시적 씨를 가짐

속씨식물(angiosperm)
현화식물

꽃(flower)
심피와 적어도 한 개의 수술을 가지는 생식 구조물

헛뿌리(rhizoid)
선태식물류, 일부 조류 및 균류에서 털처럼 생긴 구조물로 다른 물체 표면에 정착함

관다발식물들

선태식물류가 습하고 어두운 서식지 정착에 일반적으로 성공한 식물류이지만, 정원사들은 정원에 여러 종류의 채소류나 약초류들이 정원에서 더 자라게 할 수 있음을 알고 있다.

관다발식물
(vascular plant)
영양분과 물을 운반하는 체관부와 물관부 같은 내부 운반계를 갖는 식물

왜냐하면 이들 식물 종들은 "뿌리가 젖은 상태로 있는 것을 싫어하기" 때문이다. 이는 칠레 고추나무들에도 똑같이 적용되는 사실이다. 고추나무들은 어떻게 해서든 수분을 땅에서부터 무릎-높이에 있는 그들의 잎, 꽃 그리고 열매에까지 보급시켜줘야 하는데, 이러한 것은 어느 정도 수직으로 서 있는 모든 식물들에 모두 적용된다. 수직 식물들은 중력에 거슬러서 수분을 이동시켜야 하는 어떤 도구가 필요했던 것이며, 이의 해결책이 약 4억 년 이전쯤 전에 진화된 관다발계인 것이며, 이 시기는 육상에 처음으로 곤충들이 나타난 시기였다.

양치식물류, 소나무류(겉씨식물), 그리고 칠레 고추나무류(속씨식물) 등을 포함한 **관다발식물(vascular plant)**들은

표 12.2
녹조류와 주요 식물분류군들

(왼쪽 괄호: 배-생성 식물 — 속씨식물부터 선태식물류까지; 관다발식물 — 속씨식물부터 비종자 유관속식물까지; 종자식물 — 속씨식물부터 소철문까지)

분류군	예	특징	
속씨식물 (현화식물)			
외떡잎식물 (50,000종)	백합, 옥수수, 양파, 야자, 수선화	잎은 평행맥들을 가짐; 종자가 하나의 떡잎을 가짐; 꽃잎은 일반적으로 3장이나 3의 배수임; 종자는 영양분이 많은 배젖을 가짐	
쌍떡잎식물 (225,000종)	장미, 사과, 콩, 들국화	잎은 그물맥을 가짐; 꽃잎은 4장 또는 5장의 배수임; 종자는 영양분이 적은 배젖을 가짐	
겉씨식물			
마황류문 (70종)	웰위치아	서남아프리카 원산이고, 저지대에 살며 열매를 만들고, 길고 넓적한 감긴 잎들을 가짐	
구과식물문(소나무문) (600종)	소나무, 세쿼이아, 전나무	구과에서 종자를 만듦; 일반적으로 바늘 모양의 잎을 가짐; 화분을 만듦; 잘 발달된 관다발계; 포자체가 우세하며 배우체를 받쳐 줌; 생산물로 많은 수의 구과를 수확할 수 있음	
은행나무문 (1종)	은행나무	암그루는 둥근 은행 열매 가짐; 잎은 매년 황금색으로 변한 다음 떨어짐	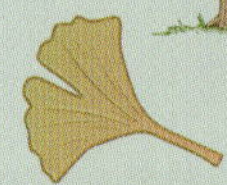
소철문 (100종)	소철류	2억 년 전에 번창; 구과 위 열려진 생식 표면의 종자들	
비종자 유관속식물 (양치식물문, 석송문; 13,000종)	고사리류, 속새류, 석송류	관다발 조직; 근경들, 줄기들과 엽상체들을 가짐; 배우체는 작은 독립적 식물로 되거나 포자부터 자라날 수 있음; 습하고 울창한 숲의 음지 바닥에서 자람	
선태식물류 (선태식물문; 24,000종)	솔이끼, 우산이끼, 뿔이끼	땅 위나 뿌리 모양의 헛뿌리 위에 수직으로 성장하기 적합하도록 방수 표피와 견고한 조직을 가짐; 반수체 세대(배우체)가 우세; 최초의 식물체들이 종종 군락을 이룸	
녹조류 (7,000종)	갈파래, *클라미도모나스*	육상식물처럼 카로틴과 엽록소를 생산함; 많은 종들이 뚜렷한 반수체 세대와 이배체 세대를 가짐; 육상식물들의 조상; 담수에 서식	

물, 무기질들 및 당류들(광합성 생산물들)을 식물체 전체로 운반시킬 수 있는 문제를 해결하기 위한 특이 액체 전달계 장치들을 갖는다(**그림 12.10a**). 이 운반 관들은 거의 트럭보다 더 넓은 줄기를 갖는 나무인 세쿼이아(sequoia) 나무처럼 거대한 나무 전체를 지탱해줄 정도로, 각 식물세포벽을 단단하게 해주는 물질인 **리그닌(lignin)**을 함유하는 길쭉한 세포들로 이루어진 견고한 구조를 가진다. 이와 같은 내부 운반계와 지지계 외에 초기 관다발식물들은 그 표면에 **기공(stoma)**들을 가졌는데, 이 기공들을 통해서 식물들은 이산화탄소(CO_2)를 세포 안으로 받아들였다. 이러한 적응들이 관다발식물들로 하여금 선태식물들보다 더 효과적으로 건조한 서식지에서 견뎌낼 수 있게 해주어, 육지의 새로운 지역들로 더 널리 퍼져나가게 해준 것이다. 또 관다발식물들의 포자체들은 선태식물들에서는 식물체 아래쪽에서 자라던 것을 식물체 끝에서 자랄 수 있게 진화하였다. 따라서 이배체 식물들이 가지를 치고 사는 것이 가능하게 되었고, 그 결과로 많은 포자-형성 기관들의 생성이 가능하게 되었으며, 이는 더 많은 포자들을 퍼뜨릴 수 있게 해주어 생식력을 더 크게 해준 것이다.

리그닌(lignin)
세포와 조직들이 힘을 갖게 하고, 단단하게 해주는 식물 성분

기공
(stoma; 복수, stomata)
식물의 잎과 줄기에서 두 공변세포에 의해 둘러싸인 작은 구멍, 기공은 기체들을 통과시킴

비종자 관다발식물들: 속새식물들과 양치식물들

양치식물들이 비종자 관다발식물들 중 아마도 가장 친숙한 식물들로서, 이 식물들은 관 모양의 운동계를 가지고 있지만, 종자(씨)들은 만들지 않는다. 비종자 관다발식물들에 속하는 식물들에는 속새류, 석송류 및 고사리류 등이 있다(**표 12.2** 참조). 약 4억 년 전쯤인 고생대 때에 열대 기후조건에서는 이 최초의 관다발식물들이 거대한 원시 산림을 이루었는데, 그 점령 지역이 오늘날 고사리류들이 차지하는 지역보다 더 넓었다. 그러나 약 2억 4,500만 년 전인 중생대에 와서 기후가 점차 추워지고 건조해감에 따라 이들 거대한 수목들은 사라지게 되어, 각 식물 집단의 작

그림 12.10
비종자 관다발식물

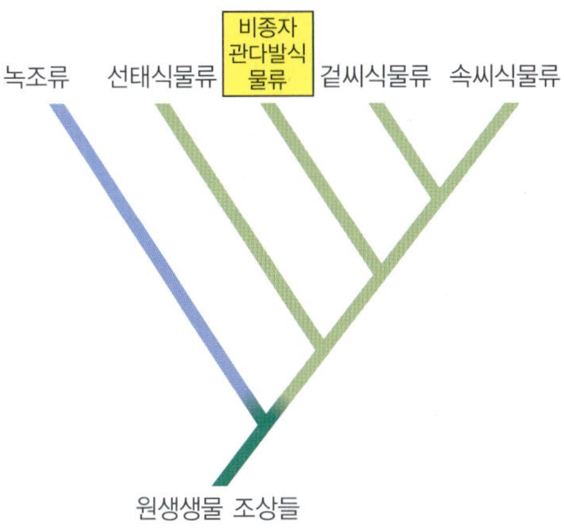

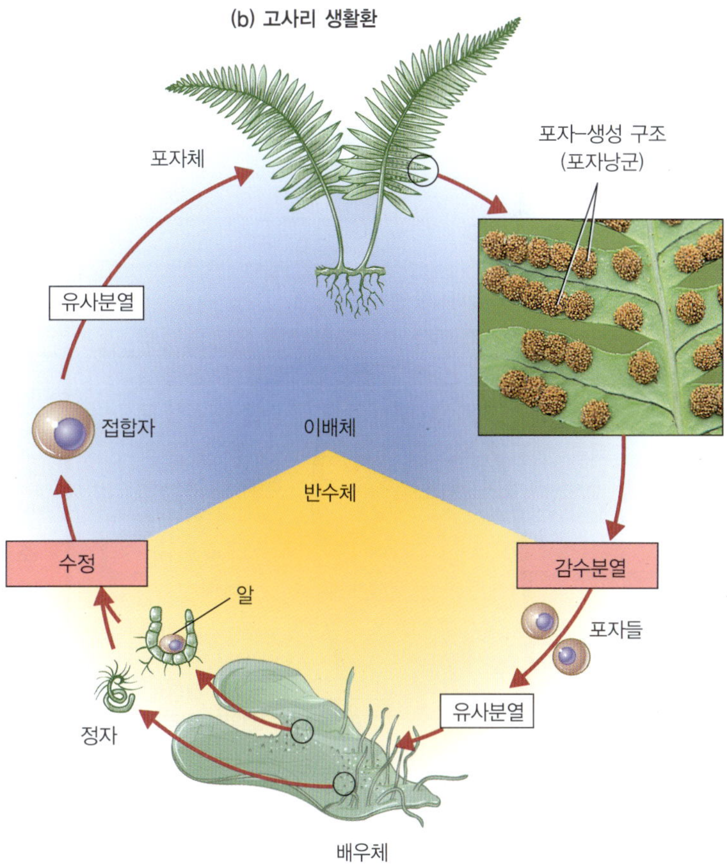

뿌리줄기(rhizome)

지하로 길게 뻗은 수평형 줄기

진정줄기(true stem)

관다발 조직을 보통 수평으로 지지해 주는 기관

엽상체(frond)

조류(alga)가 빛을 모으고 당을 생산할 수 있도록 해주는 잎 모양의 구조물; 양치식물에서 크게 분열되는 잎도 엽상체라 부름

아진 개체들(예, 현대 속새류)만 남게 된 것이다. 다른 흔적으로는, 사라진 거대 수목들의 몸체들이 균류들과 세균들에 의해 부분적으로 분해되었고; 이 잔해 유기물질들이 수백만 년에 걸쳐 석탄으로 변하여 묻히게 된 것이며 사람들은 이것을 채굴하여 연료로 사용한다.

일부 비종자 관다발식물들은 **뿌리줄기(rhizome)**라 부르는 수평적 줄기들을 가지는데, 이 뿌리줄기들은 땅 표면 위나 바로 밑에 있으며 매년 살아남는다(**그림 12.10a**). 각 뿌리줄기로부터 위로 솟아난 것들이 똑바로 선 많은 잎줄기들이다. 속새류와 석송류에서는 똑바로 선 부분들이 **진정줄기(true stem)**들이지만, 고사리류에서는 이 부분들이 **엽상체(frond)**라고 하는 큰 잎들의 중앙 줄기들이다. 각 생장시기(계절)가 끝날 때 줄기들과 잎들은 죽고, 그다음 오는 계절에 서서히 새로운 지역으로 뻗어나간 뿌리줄기들로부터 새로운 상층부(줄기와 잎)들이 자라 나온다. 이와 같은 대체가 비종자 관다발식물들이 무성생식으로 번식해 가는 방법이다. **그림 12.10b**는 고사리의 유성생식 단계들을 보여주는 것이다.

속새류, 석송류 및 고사리류들은 이배체 세대가 우세하는 쪽으로 변하는 경향을 가진다(**그림 12.7** 참조): 이들 비종자 관다발식물들에서 포자체들은 뚜렷이 잘 보이는 성체이며, 배우체는 작으며 자유형인 녹색식물이다. 이끼류들처럼,

그림 12.11
종자의 창조: 3세대-가족

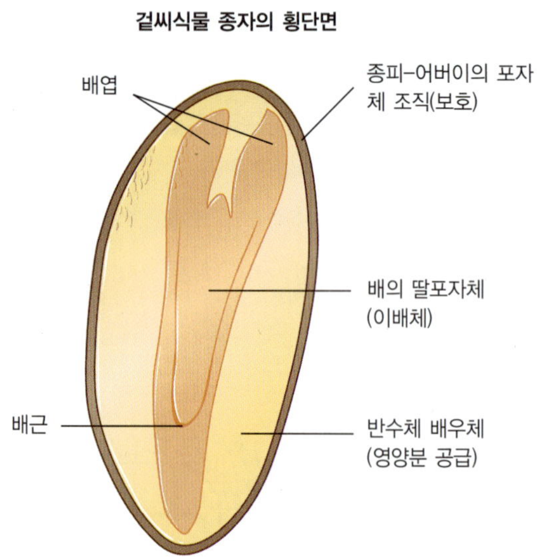

고사리류, 속새류 및 석송류도 유영 정자(swimming-sperm)를 가지므로 유성생식에는 물이 필요하다. 어떤 의미에서는 비종자 유관속식물들은 동물로 친다면 개구리, 도롱뇽 및 그 밖의 양서류처럼 건조한 육지 위에 살지만, 그들이 알을 낳기 위해서는 물이 꼭 필요한 것과 대등하다고 볼 수 있겠다. 흥미롭게도 거대한 양서류들과 비종자 관다발식물들은 따듯하고 늪이 많았던 고생대 동안 우세했던 육상생명체들이였다.

종자의 탄생

여러분이 정원이나 테라스 화분에 고추나무 심기를 원한다면, 여러분은 봄에 종자 판매가게에 들려서 선반 위에 있는 고추 종자(씨) 봉투를 사가지고, 집에 돌아와 말랑하고 노란색을 띠는 고추씨들을 꺼내서 사용하면 된다. 종자들에 대해 여러분은 무심히 생각하겠지만, 종자들은 놀라운 장치들을 가진다. 씨들은 선반 위에 놓여서도 몇 년을 살 수 있으며, 종자를 촉촉이 적셔주면 터져서 그 안에 저장된 영양분과 종피(seed coat)로 보호되어 있던 작은 배(embryo)가 자라서 새로운 식물로 된다(**그림 12. 11**). 종자들의 출현이 생물학적 혁명에 박차를 가하여 지구의 경관들을 극적으로 바꾸어 놓았다.

종자식물에는 겉씨식물과 속씨식물의 두 집단이 있다. 주목과 소나무가 포함되는 겉씨식물에서는 종자들이 식물의 포자-형성 기관(솔방울 속)의 표면에 노출되어 있다. 고추나무나 그 밖의 꽃피는 식물들이 포함되는 속씨식물(*현화식물*)에서는 모체 조직들이 종자들을 둘러싸서 *열매(fruit)*들을 만든다. 여러분이 의아해 할지 모르겠지만, 겉씨식물들이 먼저 진화하였다.

겉씨식물들

약 2억 4,500만 년 전에 중생대가 시작되면서, 거대한 대륙의 분리 현상인 판게아(Pangaea)가 일어나 해양들이 줄어들며, 높고 건조한 육지들이 새롭게 형성되면서 식물들과 동물들에게 펼쳐진 것이다(표 10.2 참조). 비종자 관다발식물들이 축축한 저지대 늪지, 강기슭, 연안 개펄 등으로 접근해 왔고, 일부 식물계열들은 생식 창조물인 종자들을 갖도록 이미 진화하였으므로, 이제 이들이 육지에서 우세하게 될 수 있었다. 이러한 식물체들이 겉씨("벌거벗은 씨"라는 의미)식물들이였다. 겉씨식물들에는 현재는 사라진 소철양치류뿐 아니라 소철류, 은행나무류 및 주목, 소나무, 전나무, 세쿼이아, 미국삼나무 등의 구과류(conifer)들을 포함한다(**표 12.2**). 이 식물들의 생식적 혁신은 다음들을 포함한다:

1. 화분립
2. 종자
3. 이배체(포자체) 세대 우세 쪽으로의 변화

우리에게 친숙하고 큰 소나무가 겉씨식물의 포자체 세대의 좋은 예이다(**그림 12.12**). 포자체가 작은 웅성 구과(솔방울)들을 만드는데, 이 구과는 수백 개의 부위를 가지며, 또 각 부위에는 수백 개의 포자-형성 세포들을 갖고 있다. 이른 초봄에 이들 포자-형성 세포들은 감수분열을 통해 작은 반수체 포자들을 만든다. 세포분열은 각 포자에서 일어나 4개의 세포들로만 구성된 작은 배우체들을 만드는데, 이것이 **화분립(pollen grain)**이다. 화분립 속의 세포들 중 하나가 정자로 발달된다. 바람이 그 속에 정자를 가진 화분을 어버이 식물로부터 멀리 날려 보내어 난자와 만날 수 있게 한다. 포자체인 거대한 소나무에 비해 이 배우체가 얼마나 작은가를 주목하라(배우체는 이 책 한 페이지 두께 정도임). 이와는 대조적으로 이끼의 포자체와 배우체 비교에서는, 배우체가 더 큰 식물체이다(**그림 12.9** 참조).

겉씨식물의 알(난자)은 웅성 구과에서 정자 형성과정과 거의 유사한 과정으로 만들어진다. 즉 자성 구과의 세포들이 감수분열을 통해 반수체 포자들을 만들지만, 이 포자들이 웅성 구과에서 만들어지는 포자들보다 크다. 식물학자들은 웅성배우체를 만드는 포자를 **소포자(microspore)**라 부르며, 자성배우체를 만드는 포자를 **대포자(megaspore)**라 부른다. 이와 같이 다른 모양의 포자들의 생산은 겉씨식물들에서뿐만 아니라 고추나무를 포함하는 현화식물들에서까지도 일어난다.

> 종자들과 껍질에 싸인 알들이 식물들과 동물들 모두가 물-의존성으로부터 벗어나게 해줬다.

소나무에서 자성배우체는 작게 남아 있으며 광합성을 할 수는 없지만, 이들이 알세포를 만든다. 알세포는 모계배우체 세포들로 둘러싸여 있는데, 그것이 또 **밑씨(ovule)**라 불리는 모계배우체 세포들로 둘러싸여 있다. 알이 수정될 때 밑씨가 종자(씨)로 된다(**그림 12.12**). 알과 정자가 만나 수정되어 접합자(zygote)가 되며, 그 다음부터는 이배체의 포자체 세대인 것이다. 따라서 하나의 종자는 부계 이배체 포자체인 외부 보호층, 반수체 배우체의 영양세포들, 그리고 그다음 포자체 세대의 이배체 접합자(= 새로운 소나무)의 세 식물세대 세포들을 가진다.

중생대에서 육상의 우점 동·식물들인 겉씨식물들과 파충류들이 육지에서 거의 유사한 생식 전략들을 가지게 된 것은 의아스럽다. 두 생물 집단에서, 수정에 필요한 물은 빗물 방울이나 고인 물에서라기보다는 어버이의 조직들이나 생식관이 갖는 습기에 기인한다. 더욱이 그들의 견고한 종피들과 배(embryo)가 사용할 영양분들을 함께 가지고 있는 것은, 겉씨식물 종자들이 파충류 알들과 유사하다고 보겠다. 파충류 알들도 역시 단단한 껍질과 내부 영양공급원(난황)을 가지며, 이 알들은 육지 위에 낳아서 부화할 수 있다. 종자들과 껍질에 싸인 알들은 이들 동·식물들이 이보다 더 고대의 선태류 식물들과 양서류 동물들인 생명체들이 (아직도 존재하지만) 가지는 성질인 물-의존성으로부터 벗어나게 된 것이라 할 수 있겠다.

겉씨식물의 다양성

겉씨식물들은 특정 유전형질들을 공유하는데, 그중 대표적인 것이 그들의 종자가 씨방(ovary)에 싸여 있지 않다는 것이다. 그럼에도 불구하고 이 겉씨식물 집단이 계통수에서 단일 가지에 위치하는 것은 아니다(**표 12.2**). 그 대신에 그들은 소철문(Crycadophyta), 은행나무문(Ginkophyta), 마황류문(Gnetophyta)

화분립(pollen grain)
종자식물들에서의 웅성배우체

소포자(microspore)
특정 관다발식물들에서 웅성배우체를 만드는 화분립

대포자(megaspore)
특정 식물들에서, 자성배우체를 만드는 반수체 포자

밑씨(ovule)
알을 가지고 있는 구조물로서, 성숙되면 식물 종자로 됨

그림 12.12
겉씨식물의 출현

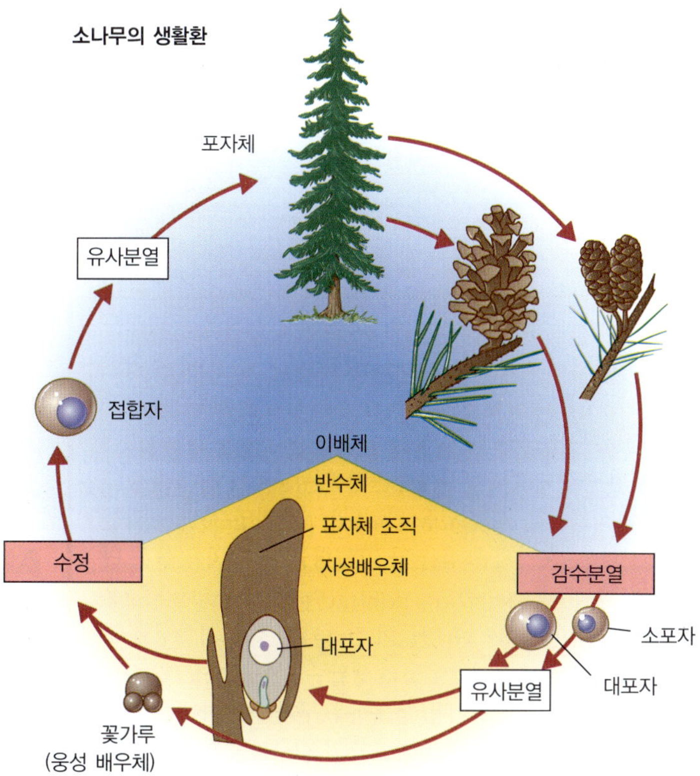

구과식물(conifer)
구과를 갖는 식물

각피(cuticle)
식물이나 일부 무척추동물에서 표피세포들을 덮고 있는 비세포성 밀랍으로 구성된 방수성 외피층; 기생성 편모충류에서는 각피가 숙주의 장에서 소화 당하지 않게 해준다; 곤충류에서는 외골격임

심피(carpel)
꽃의 자성 구조물; 심피는 종종 포도주 병 모양을 하며 밑씨들이 들어 있는 씨방을 가지고 있고, 그 위에 꽃가루들이 붙어서 발생이 진행될 수 있는 끈끈한 암술머리를 가짐

씨방(ovary)
알-생성 기관

수술(stamen)
쌍떡잎식물 또는 외떡잎식물의 꽃에서 꽃가루를 생성하는 구조물; 각 수술은 꽃가루 주머니를 가지는 꽃밥(anther)과 지지 필라멘트를 가짐

열매(fruit)
현화식물들이 갖는 익고 성숙된 씨를 갖는 씨방

종자, 씨(seed)
겉씨식물 또는 속씨식물들에서 수정되어 성숙된 밑씨로서, 식물 배를 함유함

및 구과식물문(Coniferophyta)의 네 문(division)으로 구성되어 있다. 소철류들은 종려나무처럼 생겼고 열대지역들에서 볼 수 있으며, 그중 한 종만이 미국 토산종으로서 한때는 많이 있었지만 지금은 거의 사라지고 플로리다 주에서만 드물게 볼 수 있다. 은행나무류는 부채-모양의 잎을 가지는 관상용 식물로서 가을에는 황금색 잎들로 변한다. 많은 한방약 제조자들이 "기억력 증진"이나 그 밖의 용도로 은행나무 추출물들을 사용한다. 마황류들은 열매를 가지는 것과 관다발계 특징들과 같은 현화식물들이 가지는 특성의 일부를 보이는 비종자식물 집단이다(**표 12.2** 참조).

구과식물들: 친숙한 상록수들

구과를 가지는 식물들을 **구과식물(conifer)**이라 부르며, 이들이 겉씨식물들 중 가장 잘 알려져 있고 또 가장 많이 잔존해 있는 식물 집단으로서, 이들은 생태학적 및 경제적으로도 중요한 식물 종들이다. 수백만 에이커에 달하는 산악지역에 소나무, 가문비나무, 전나무 및 삼나무 등이 우점하고 있으며, 이들의 상당 부분을 목재, 종이 및 수지 제작용으로 거둬들인다. 주목, 솔송나무, 노간주나무 및 낙엽송 등과 같은 작은 구과식물들은 빌딩이나 공원 등의 우아한 조경용 나무들로 사용된다. 마지막으로, 큼직한 세쿼이아들과 미국 삼나무들도 역시 구과식물들일 뿐만 아니라 거대 생명체 시기였던 중생대로부터 살아남은 잔존 생물이기도 하다.

구과식물들은 가는 잎을 가진다는 것(침엽수)과 구과들을 가진다는 두 가지 특징을 가진다. 바늘-모양의 잎들은 방수성인 **각피(cuticle)** 층으로 덮여 있다. 또 바늘-모양은 용적 대 표면적이 작으므로 잎들이 건조되는 것에 저항성을 갖게 해준다. 봄철에 구과식물들의 생활주기가 시작될 때 큰 소나무들은 수천 개에 달하는 부드러운 구과들이 아래쪽 가지들에 돋아나며, 그보다 크고 견고한 자성 구과들은 위쪽 가지들에서 돋아난다. 이 구과들의 세포들이 화분립과 알을 생산하여 소나무 종자들을 만든다.

구과식물들은 다음과 같은 특징들을 획득하게 됨으로써, 중생대 동안 대륙들에서 큰 군체들을 형성할 수 있고 건조 환경에서도 견딜 수 있었던 것이다:

- 건조-저항성 잎들
- 종자 보호기능을 갖는 종피들
- 반수체 웅성배우체들을 만듦으로써, 적은 수의 세포로 대기 중으로 발산시키는 화분립을 만듦
- 자성배우체들도 밑씨 속에 보호되는 알들을 만드는데, 적은 수의 세포들로 충당
- 목재를 만들고 줄기, 가지 및 뿌리들을 단단하게 해주는 잘 발달된 관다발계
- 앞에서 본 대로 균류와 연계하여 균근 연합체들과 같은 것을 만들려는 경향
- 때로는 몇 세기들에 달하는 생존능력과 후손들을 만드는 능력

육상생활을 위한 이와 같은 변형들 때문에 구과식물들은 아직까지도 성공적인 식물 집단으로서, 600종 이상이 현존 종들이다. 그럼에도 불구하고, 최종적 진화의 변화들은 칠레고추의 역사를 포함한 현화식물들에 이르게 됐으며, 아직까지는 현화식물들이 가장 성공한(진화된) 식물들이라 할 수 있다.

목표4 현화식물들: 현대의 성공 이야기

칠레 고추나무에 대해 생각할 때 여러분은 보통 붉은색의 매운 고추만을 생각할 것이다. 칠레 고추나무 열매의 그와 같은 구조가 가장 최근의 식물집단들인 *속씨식물*(angiosperm)들로 진화하게 만든 중요한 혁신들 중의 하나이다. 당연히 꽃이 다른 혁신들 중의 하나이다! 이 식물들은 *현화식물*(Anthophyts)이라고도 부르는데, 이 식물들은 건조하고 차가웠던 대륙들이 좀 더 완화된 시기인 약 1억 6,500만 년 전에 출현하였다. 신생대 동안에 현화식물들이 육상식물들의 우점 종들이 되었고 현존하게 된 것이다(**그림 12.7** 참조).

현화식물들이 지상을 우점하게 됨에 따라 포유류 동물들도 육상의 우점 종들이 되었다. 두 생명체 집단들은 모두 발생하는 배를 보호하고 영양을 줄 수 있는 생식 구조들을 갖게끔 진화하였다. 포유동물들은 태반과 자궁을 갖게 진화한 반면에, 현화식물들은 새로운 생식구조인 꽃을 갖게 진화하였는데, 꽃은 자성 부위로 밑씨를 보호하며 감싸고 있는 모계 조직인 **씨방(ovary)**을 적어도 한 개 갖는 **심피(carpel)**와 웅성배우체인 화분(꽃가루)을 생산하는 **수술(stamen)**을 적어도 한 개를 가지는 구성을 한다. 현화식물들은 또한 **종자(seed)**들을 함유한 씨방이 성숙하여 익은 **열매(fruit)**들을 가지게 진화하였다. 꽃들은 수분이 되도록 도우며, 열매들은 종자의 분산을 촉진시킨다. 또 현화식물들은 일반적으로 넓적한 잎들을 가져 효율적으로 햇빛을 모은다. 꽃들, 열매들 그리고 넓은 잎들과 신속한 생활사 모두가 현화식물들로 하여금 다른 모든 식물 집단들을 합한 수보다 더 많은 종들로 퍼

"우리가 챔피언들이다!"

오늘날, 현화식물들이 지구상의 열대와 온대 지역들에서 가장 흔하고 눈에 잘 띄는 종들이다. 따라서 일부 생물학자들은 균류 클론들이 가장 큰 생명체라 주장하지만, 일부 식물학자들은 그에 지지 않고 현화식물이 실질적인 챔피언이라고 주장하는 것이 놀랄 일은 아니다. 그들은 유타 주에 있는 거대한 미루나무를 지목하고 있다. 이 나무는 단일 종자로부터 생긴 나무인데, 그 차지하는 면적이 106에이커(약 429,000 m^2)에 달하고 무게가 6,000톤(약 544만 Kg)이나 되며, 각 줄기가 하나의 거대한 뿌리로부터 뻗어 나온 것이다. 이 거대한 식물은 균류 클론들보다 무게가 더 나간다. 그러나 경쟁은 계속되고 있다.

져나가게 하였던 것이다. **그림 12.13**은 현화식물의 생활사를 요약한 것이다.

열대와 온대지역들에서의 성공적 현화식물들이 실질적으로 우리들의 모든 농작물들(밀, 쌀, 옥수수, 콩류, 과일들과 채소들)과 기호식품들(커피, 홍차, 콜라, 및 발효음료들)뿐만 아니라 양념류들(파프리카, 고춧가루), 의복, 의약품들, 목재들, 장식용 식물들 등과 물론 미의 상징인 꽃들을 사용할 수 있게 함으로써 인류 역사를 통해 새로운 삶을 누리게 해주었다. **표 12.2**에 현화식물의 두 중요 집단인, 단일 배엽을 가지는 **외떡잎식물(monocot)**과 두 개의 배엽을 가지는 **쌍떡잎식물(dicot)**의 주요 특성들을 제시하였다.

외떡잎식물(monocot)
monocotyledon의 줄인 표기, 속씨식물(현화식물)의 두 강(class) 중 작은 쪽으로서, 배가 한 개의 떡잎을 가지고, 보통 3개의 꽃잎을 가지며, 일반적으로 평행맥 잎을 가짐

쌍떡잎식물(dicot)
dicotyledon의 줄인 표기, 속씨식물(현화식물)의 두 강(class) 중 큰 쪽으로서, 두 개의 떡잎을 가지고, 보통 4~5개의 꽃잎을 가지며, 일반적으로 망상맥 잎을 가짐

꽃들과 열매들, 그리고 식물들과 동물들의 공진화

칠레 고추나무들은 여러 가지 면에서 전형적인 현화식물인데, 이들은 다양한 크기와 색깔의 꽃들과 녹색, 황금색, 붉은색 또는 갈색의 현란한 색을 띠는 크고 작은 고추열매들을 갖는다. 또 다른 공통적 특징은 칠레 고추나무의 같은 꽃 내에서

그림 12.13
속씨식물의 출현

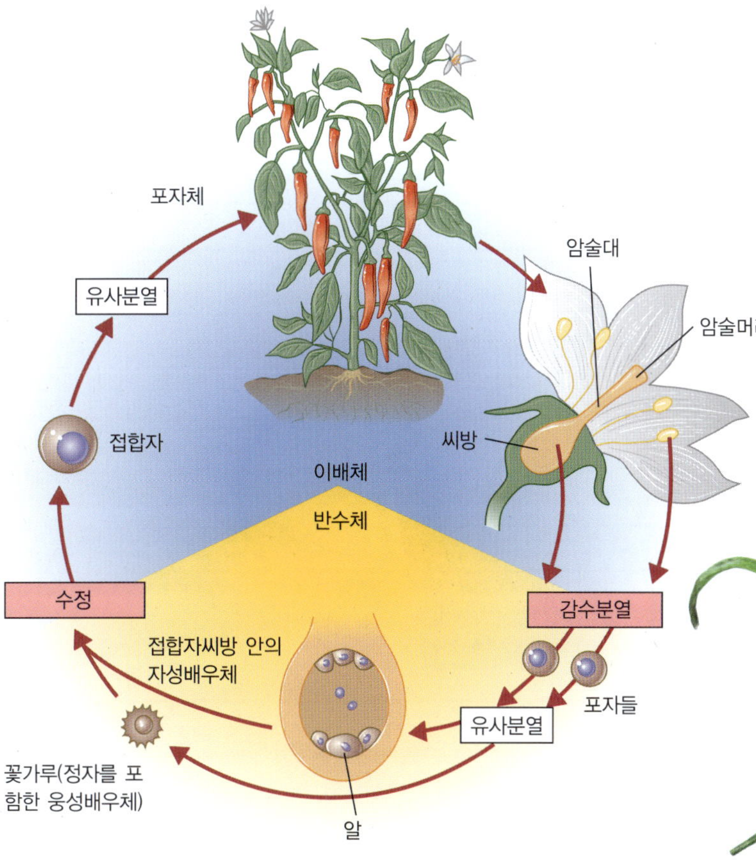

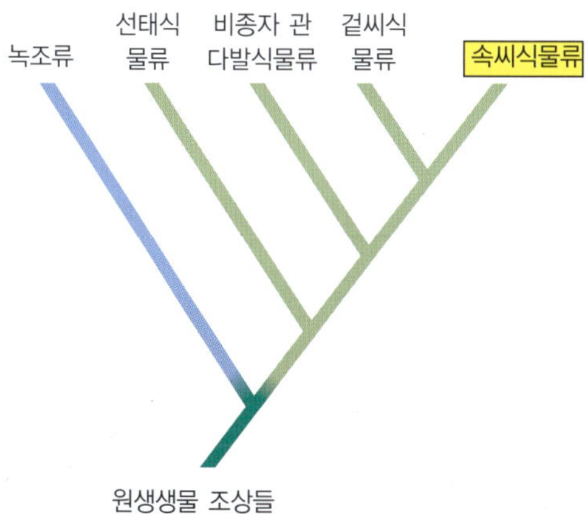

자가-수분
(self-pollination)

같은 꽃 내에서 알이 수정될 수 있게 수분되는 것; 일종의 자가-수정 형식

수분(pollination)

꽃가루들이 꽃의 암술에 전달되는 것

꿀(nectar)

나비, 진딧물, 개미 및 그 밖의 동물들을 유인하기 위한 꽃들이 만드는 단맛의 액체

알이 수정될 수 있게 수분되는 능력인 **자가-수분(self-pollination)**을 한다는 것이다. 칠레고추나무들은 다른 **수분(pollination)** 방법도 갖는다. 칠레 고추나무 꽃가루는 바람에 의해 한 개체에서 다른 개체로 날아가 수분되는, 개체 간의 교차-수분도 일어날 수 있다. 그리고 여러 많은 현화식물들처럼 칠레 고추나무 꽃들은 동물들을 유인할 수 있어서 겉씨식물들에서는 일어날 수 없는 교차-수분을 우연히 일으킬 수 있다.

보통 칠레 고추나무 꽃들은 작지만 나비, 진딧물, 개미 및 그 밖의 동물들을 유인하기 위한 꽃들이 만드는 단맛의 액체인 **꿀(nectar)**을 만든다. 일반적으로 여러분이 밝고 현란한 꽃들을 가진 식물을 볼 때, 꽃의 현란함이 곤충, 새 또는 포유류 수분자들을 유혹할 것으로 추측할 것이다. 그러나 그렇지 않다. 이 "수분자들"은 그들의 식량인 달콤한 꿀 또는 단백질이 풍부한 화분립들을 찾아다님에 따라 뜻하지 않게 꽃가루를 한 식물에서 다른 식물로 운반시켜 주게 되는 것이다. 고추나무 꽃, 야생 장미 또는 사과 꽃이던 상관없이, 날아 다니거나 걸어 다니는 동물의 몸에 꽃가루가 묻은 상태로 다른 꽃으로 먹이를 찾아 이동했을 때 수분 기회가 증가되는 것이다.

수분과 수정 후 종자들은 발생을 시작하며, 씨방 벽은 결국 열매로 성숙된다. 열매들은 종자들을 둘러쌀 뿐만 아니라 배고픈 동물들을 유인함으로써 종자들이 퍼져나가는 데 도움이 된다. 동물들은 자주 열매의 채색된 껍질이나 과일 향기에 의한 식욕 자극 등에 끌려서 열매들을 먹는 것이며, 다른 새로운 지역에서 동물의 변과 함께 종자들이 배설된다. 고추 열매들도 새들을 유인하기 위하여 현란한 색들을 띠게 진화해야만 했을 것이다. 동시에 그들은 아마도 포유류들의 접근을 막기 위해 몹시 매운 캅사이신 물질을 갖도록 진화하였을 것이다. 고추씨가 포유동물 소화관을 지날 때 씨는 죽지만, 일부 야생 및 대부분의 양념용 고추들의 용해된 맛을 포유동물들은 싫어한다(사람은 예외!). 왜 우리들은 고추의 자극성을 좋아할까? 통증이 생기면 우리 몸에서는 체내 아편물질들 중의 하나인 *엔도르핀*(endorphin)이 분비되는데, 이 물질이 통증을 덮어주면서 동시에 그 부위에 즐거운 기분을 느끼게 한다. 사람들이 아편에 빠지는 것처럼 자신의 엔도르핀에 대해서도 습관성을 가져서, 음식에 후추를 쳐서 먹는 것처럼 규칙적으로 먹을 때 차별되는 물질로 느끼지 않게 되는 것이다. 새들이 고추를 먹는 이유는 더 단순하다: 새들은 그들의 통증 수용기들이 미묘하게 달라서 캅사이신의 매운맛을 느끼지 못한다. 그리고 이들에게 고추 열매들은 열량과 비타민들이 풍부한 완벽한 먹이들인 것이다. 새들이 고추 열매들과 씨들을 먹었을 때, 종자들은 새들의 소화관을 지나면서 발아할 준비가 된 상태이며, 이들은 새로운 고추나무들로 생장하기 적당한 새로운 지역으로 떨어진다.

공진화:
식용 과일 + 굶주린 새 =
종자의 분산

공진화:
끈적한 나무 + 배회하는 소 =
종자의 분산

공진화:
꿀이 채워진 꽃 + 목마른 새 =
교차-수분

© AMIT EREZ/ISTOCKPHOTO.COM

공진화:
꿀이 채워진 꽃 + 벌꿀들 =
교차-수분

누가 알았겠는가?

현화식물들의 가장 중요한 적응은 물론 꽃이라고 할 수 있다. 꽃들은 수분매개자들을 유인하여 교차-수분의 성공률을 높임으로써, 유전적 다양성을 증가시킨다. 꽃들은 또한 열매들을 만들어 종자 분산자들을 유인함으로써, 원래 종자들이 모체 식물이 살고 있던 자리에서 멀리 떨어져 자리 잡도록 하여, 햇빛, 물, 영양소들에 대한 경쟁을 낮춰주고, 아마도 종들의 지리적 영역도 증가시키는 것이다. 새로운 유전자 조합들을 갖는 종자들을 함유한 열매가 한 지역에 자리 잡아 새로운 식물이 적응하게 되면, 신종으로서의 성공률이 증가되는 것이다. 이러한 일들이 반복하여 된 증가들이 합해져서 현화식물들의 놀라운 다양화를 이루게 한 것이다.

현화식물들이 수분매개와 종자들의 분산을 동물들에 의존하고, 동물들에게는 영양원을 공급하는 이와 같은 상호 의존성이 **공진화(coevolution)**의 한 예이다. 식물들은 달콤한 꿀, 강한 향기 또는 밝은 색깔을 지배하는 유전자들을 가짐으로써, 더 많은 동물들이 먹이감을 찾아 이들 식물들을 찾고, 꽃가루를 운반시켜 줌으로써 매우 많은 수의 개체들이 생존해 온 것이다. 새로운 먹이원에 끌린 동물들 역시 매우 많은 개체들이 생존하게 했을 것이므로, 이 두 생명체들 간의 상호 의존성은 영구적일 것이다.

공진화는 식물들과 동물들 모두에서 먹이의 제공과 수분 및 종자 분산의 맞교환이 확실히 일어나기 위한 특이한 신체 구조를 가지는 결과를 가져왔다. 벌, 나비, 나방, 새, 그리고 박쥐까지에 이르는 다양한 동물들의 입 부분이 그들이 찾는 꽃들의 꿀이나 화분을 채취하기 적합한 모양을 가진다. 예를 들면, 벌새는 붉은색을 가장 잘 보며, 길고 가는 부리를 가지고, 냄새 감각은 저조하므로, 벌새들에 의해 수분이 되는 꽃들은 푸크시아(fuchsia)처럼 밝은 적 색을 띠며, 길고 날씬한 모양을 하고, 향기는 내지 않는다. 반대로 벌에 의해 수분되는 꽃들은 노란색이나 푸른색을 띠며 매우 향기로운데, 이는 벌들의 시각에 적합하고 벌이 잘 감지하는 향기들이다.

공진화(coevolution)
한 종이 다른 종과 함께 진화하는 것으로서, 그 결과로 생물군집 내에서 상호관계를 깊게 됨

식물들은 종자 분산에 다른 기작도 가지도록 진화했는데, 종자들을 바람에 의해 위로 날아 올라갔다가 지나가는 동물 털에 달라붙는 "낙하산" 형이 그 하나이다. 종자 분산을 위한 여러 기작들은 수천 가지의 색깔, 크기, 그리고 고추처럼 매운맛을 갖게 하는 등 매우 다양하다고 하겠다.

공진화:
굶주린 원숭이 + 달콤한 오렌지 =
종자의 분산

© YOKE LIANG TAN/ISTOCKPHOTO.COM

공진화:
먹이 종자들 또는 날아다니는 종자들
= 종자의 분산

© FRANK LEUNG/ISTOCKPHOTO.COM

© IVAR TEUNISSEN/ISTOCKPHOTO.COM

공진화일까?
당신은 어떻게 생각하는가?

CHAPTER 13

진화와 동물의 다양성

학습목표

목표[1] 공유 특징들에 근거하여 동물들을 분류한다.

목표[2] 동물 체형들의 차이점들을 비교 설명한다.

목표[3] 척색동물의 진화와 혁신들에 대해 설명한다.

목표[4] 인류를 포함한 영장류들의 기원에 대해 기술한다.

> “오늘날 살아 있는 생명체는 다른 어떤 살아 있는 생명체의 조상일 수 없다”

보통 취미는 아니다

부루스 길(Bruce Gill)은 식탁에서는 토론할 수 없는 주제인 쇠똥구리에 관해서 말하는 취미를 가졌다. “자연에서 똥 치우는 역할을 하는 쇠똥구리(dung beetle) 없이는 이 세상은 매우 냄새나고 더러울 것이다.”라고 그는 서슴없이 말한다. 캐나다 생물학자인 **길**은 거대한 채식동물인 공룡들의 똥 화석 조각들 중에서 쇠똥구리들의 증거를 발견한 학자로 잘 알려져 있다. 그 증거가 발견되기 전까지, 과학자들은 3억 년 전 딱정벌레 계열의 진화 흔적을 찾았었지만, 똥을 먹는 벌레들은 400만 년 전에 살았었던 딱정벌레들이였었다. 그와 같이 비교적 최근 지질시대에는 이미 포유류들이 대륙들을 누비며 배설물을 배출시킨 후였다. **길**의 증거가 가장 오래 된 쇠똥구리가 7,600만 년 전에 있었으며, 또한 이들이 공룡 퇴적물의 관리자로 정착된 것임을 말해주는 것이다.

당신은 무엇을 알고 있을까?

많은 동물학자들이 새를 “날아다니는 공룡”이라고 설명하는 이유는 무엇일까?

확실히, 동물 배설물들을 잘 먹는 분해자들인 지렁이류, 파리류, 곰팡이류 및 세균류들도 있다. 이들 모두는 생내석 순환에 필수적 생명체들이다. 그러나 어느 생명체도 쇠똥구리가 먹어치우는 속도나 세련됨에 비교될 수 없다. 북아메리카의 한 목장 노동자가 가축무리들을 한 방목지로부터 다른 방목지로 옮긴 후, 48시간 정도 지나면 이동 전 방목지의 모든 분뇨 얼룩들은 11종의 쇠똥구리들에 의해 말끔히 사라진다. 이와는 대조적으로, 호주의 방목자들은 캥거루들만이 목초를 뜯고 난 메마른 초원들에서 소들을 기르려고 했었다. 호주의 쇠똥구리들은 작고, 유대류의 배설물들에 적응되어 있으므로 큰 소똥들은 처리하지 못했었다. 따라서 소똥들이 초원에 쌓여서 들판에 더덕더덕 나뒹굴어, 초원을 단단하고 건조하게 만들어 풀의 생장을 억눌렀었다. 더 크고 배고픈 쇠똥구리들을 방출하여 초원을 개선시킴으로써 비로소 호주에서 목장주들이 소들을 키울 수 있게 되었다.

쇠똥구리들에 관한 것이 이 장의 좋은 역사적 예가 될 수 있는데, 그 이유는 그들이 우리 지구가 육생 곤충들의 행성이라는 것을 상기시켜 주기 때문이다: 현재까지 발견된 매 세 종 중 두 종이 사라져가고 있고, 생물학자들은 “벌레들”이라고 부르고 있으며, 모든 생물 종들 중 약 절반이 벌레들이다. 이 생물집단에서 우리는 동물의 체형, 동물의 진화, 동물의 다양성, 주요 동물집단 간의 관련성, 그리고 사람이나 다른 동물 종들에 대해 언급할 것도 없이 지구의 벌레들에 의한 여러 가지 위협들에 관해 많은 것을 배울 것이다. 이 장에서는 동물들의 생활에 관해 탐구해 나갈 것인데, 탐구가 끝나면 여러분들은 다음 질문들에 대해 답을 할 수 있을 것이다.

- ☑ 모든 동물들이 공유하는 일반적 특징들은 무엇인가?
- ☑ 동물의 체형들에는 어떤 것들이 있는가?
- ☑ 척삭동물들은 어떻게 진화한 것이며 그들의 혁신적 변화에는 어떤 것들이 있는가?
- ☑ 사람을 포함한 영장류들은 동물 종들 중에 어느 위치에 놓는 것이 적합한가?

목표1 동물의 일반적 특징들

무엇이 쇠똥구리를 식물이나 균류라 하지 않고, 동물로 분류하게 하는가? 생물학자들은 아래의 특성들에 관한 것을 찾는다:

- **동물들은 다세포성이다.** 쇠똥구리는 수백만 개의 세포들을 갖는다(대부분의 원핵생물들과 원생생물들은 단일-세포 생명체들이다).
- **동물들은 타가영양생물들이다.** 쇠똥구리는 자신의 먹이를 만들 수 없고, 대신에 다른 생명체들이나 그들의 부산물들을 소모하여 영양분을 얻는다.
- **동물들은 스스로 이동한다.** 쇠똥구리들은 그들 생활사의 어느 순간까지 그들의 몸을 움직여서 위험을 피하거나, 배우자와 먹이들을 찾는다(식물들과 균류들은 그들 스스로의 힘으로가 아니라, 수동적으로 움직일 수 있는 포자들을 갖는다).
- **동물의 몸은 이배체(diploid)로서 배로부터 발생한다.** 각 동물처럼 쇠똥구리들은 모든 동물처럼 접합자가 여러 뚜렷한 단계들인 배 발생과정을 거쳐 성체가 된다.

동물 진화의 혁신들

동물 연구에서 흥미를 끌게 하는 것들 중의 하나가 머리, 꼬리, 날개, 다리, 등뼈, 내부기관 등등에서 어떤 특징들을 가지느냐 하는 것이다. 이 특징들은 단순한 것에서부터 복잡한 것으로, 그리고 고대에서 현대로 진화해 온 것인데, 근본적으로 모든 형질들은 아래의 4가지 주요 해부학적 및 생리학적 혁신들이었다고 할 수 있다(**그림 13.1**):

1. 다세포성. 동물들은 단일-세포 원생생물들로부터 진화하였으며, 매우 이른 시기에 그 세포들이 서로 붙어서 군체들을 형성하는 능력을 얻었다.
2. 조직들의 기원. 군체 내 세포들이 바깥 조직층과 안쪽 조직층(내배엽과 외배엽, 8장 참조)으로 특수화뿐 아니라 신경세포들이 생기게 되었다. 이와 같은 초기 특수화가 점차 자주 방사대칭성(radial symmetry) 몸체로 체계화되었다(둥글고 종종 넓적한 모양).

그림 13.1
동물군과 진화 계열

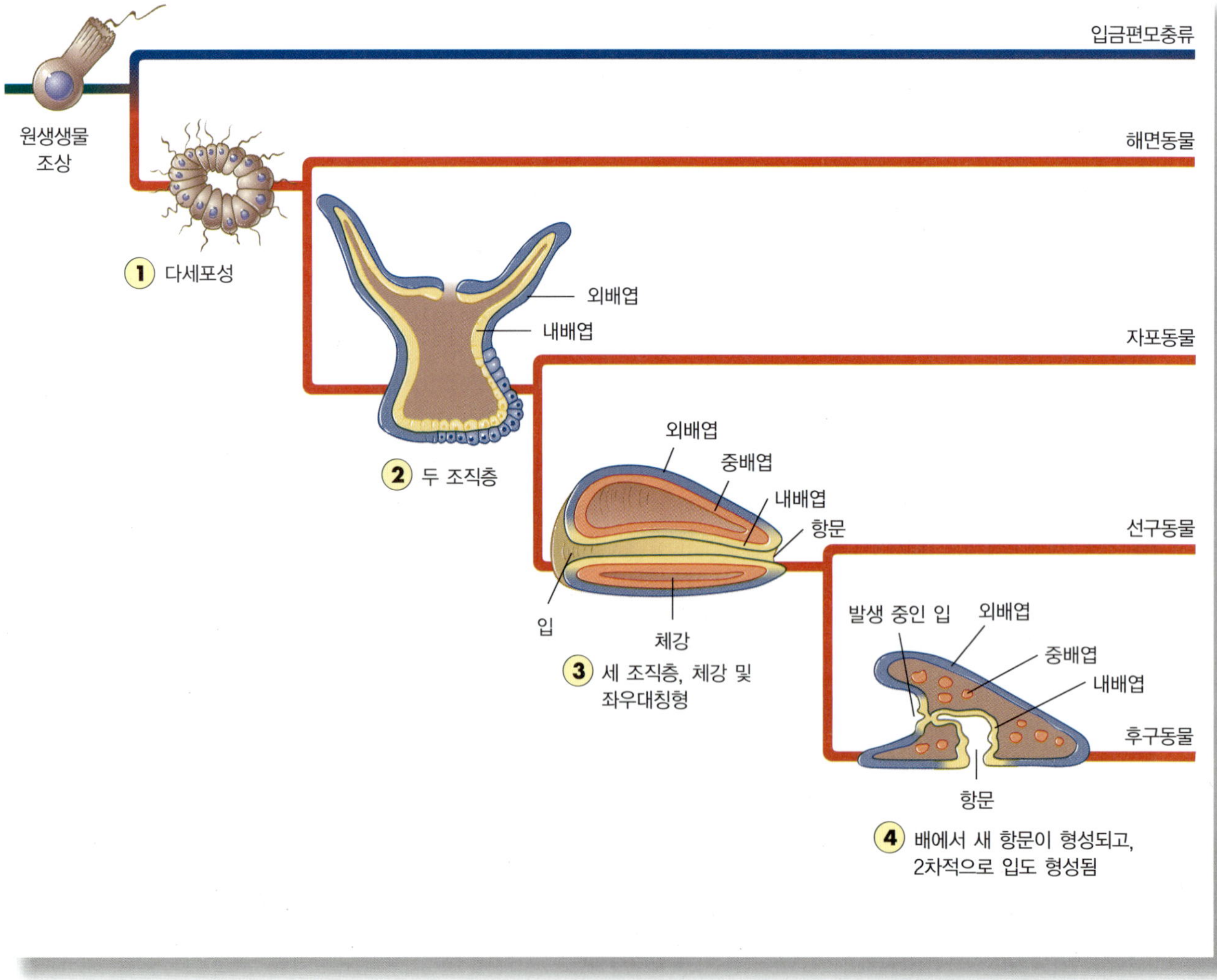

3. 좌우대칭 몸체에서 세 조직층의 기원. 안쪽 조직층과 바깥 조직층 사이에 중간 조직층이 형성되었다(중배엽, 8장); 그 중간층에 체강이 형성되었고; 몸체는 모든 면이 동일한 방사형 체형이라기보다는 앞부분과 뒷부분을 가지며, 왼쪽 면과 오른쪽 면을 갖는 **좌우대칭성(bilateral symmetry)**으로 발생되었다.

4. 배 발생의 특수한 양상들의 기원. 매우 초기 배에서 세포분열의 양상을 포함하여 새로운 양상들이 일어났다(8장의 난할을 상기해 보라); 중간 조직층이 몸체 내 체강 형성에 관여하게 되었고; 배에서 입과 항문이 만들어졌다(낭배형성, 8장).

이들 네 가지 혁신들이 진화하는 동물들로 하여금 그들 환경에 효율적으로 대처하게 해주었고, 놀라운 체형들과 부속기관들을 발생시켰으며, 생명의 역사들을 바꿔 놓게 하였다. 오늘날, 이들 혁신이 단순한 체계의 해면동물에서부터 고도로 체계화된 쇠똥구리 및 그 밖의 수백만에 달하는 동물 종들을 분류할 수 있게 도와주는 틀을 짤 수 있게 해준 것이다.

동물의 기원

모양이나 복잡성의 광범위한 다양성에도 불구하고, 모든 동물들은 세포구조와 유전자 서열에서 유사성을 공유하므로, **동물학자(zoologist)**들로 하여금 모든 동물들이 고대의 조상 원생생물에서 기원된 단일 계열에서부터 유래되었음을 확신하게 해준다. *황금편모충류*(choanoflagellates)라고 하는 원생생물들(11장 참조)이 동물들과 가장 근연인 살아 있는 생명체들이다.

최초의 동물들이 진화한 무렵에, 광합성을 하는 생명체들의 작용으로 대기 중 산소의 양이 급격히 증가하게 해 주었다. 이것이 동물계의 거대한 진화적 *방산*(radiation)—다양한 체형을 가진 엄청난 수의 동물 종들 기원의 빠른 형성—을 허용하게 해 주었다. 모든 동물들은 이와 같은 방산의 생산물들이라 할 수 있다. 적어도 35종류의 다양한 체형들이 진화되어서, 우리는 이들을 뚜렷한 **문(phylum; 복수, phyla)**으로 분류한다. 이들의 대부분은 아직도 현존하는 종들이다. 이와 더불어, 100만 종 이상으로 추정되는 동물 집단이 보존되고 있다. 이 전체는 그 이전 수들의 10배는 더 되는 것이다.

동물의 관련성들

생물학자들은 동물들 간의 (1) 체형의 비교, 또는 (2) 유전자 서열 비교를 통해 진화적 관련성을 탐구한다. 체형의 비교가 유용하기는 하지만, 서로 다른 문(phylum) 동물들 간에서 차이가 너무 심해서 무엇을 비교해야 할지 어려운 문제점을 보이는 경우가 있다. 예를 들면, 쇠똥구리의 더듬이를 가진 "이마" 부위가 사람의 이마와 유사한지 또는 지렁이의 이마와 유사한지 하는 문제이다. 이 경우 핵산 서열과 단백질 서열 비교가 더 확실하므로 일반적으로 적용하는 도구인데, 현대 생물학자들은 여러 동물 집단들 사이의 관련성을 재정립하는 데 자주 사용한다.

그림 13.2에 제시된 진화적 계통수(evolutionary tree)는 체형과 분자적 자료들에 근거하여 동물들의 관련성을 보여주는 것이다. 이 그림은 뒤에 설명하는 내용들에 대한 가시적 안내를 제공한다.

좌우대칭성 (bilateral symmetry) 몸의 좌 · 우 면이 서로 거울상을 하는 체형

동물학자(zoologist) 동물에 관해 연구하는 학자

문 (phylum; 복수, phyla) 동물분류 단계에서 계(kingdom) 아래의 집단을 말하며, 유사한 강(class)들로 이루어짐; 같은 문에 속하는 동물들은 모두 동일한 체형을 가짐; 식물 분류에서의 division과 같음

목표2 동물 체형들의 놀라운 다양성

이 절에서는 동물 문 사이의 진화적 유연관계와 어떻게 새로운 모양과 기능이 생길 수 있는지에 초점을 두고, 주요한 체형(body plan)들에 대해 알아보기로 한다. 정돈되고 직선적인 사람 몸의 구성에 대한 이해가 다른 체형을 아는 데 도움이 될 수도 있겠지만, 이는 한 생명체 형태에서 다른 생명체를 낳는 것이므로 오해의 소지를 남길 수 있다. 사실상, 오늘날 살아 있는 생명체는 다른 어떤 살아 있는 생명체의 조상일 수 없다. 모든 현생 생명체들은 아무리 단순하더라도 동물 계통수 가지들의 끝에 위치한다. 실제로 동물 계통수 대부분 가지들 상의 동물들은 생겨난 다음 사라지는 일을 수백만 년 동안 반복한 후에 나타난 독특한 종들인 것이다. 또 다른 오해의 소지는 진화가 "더욱 커지고 더 좋아지는" 생명체들로 되는 단순히 일방적 경로인가 하는 것이다. 사실상, 현존 동물계열들이 고대 선조동물들이 가졌던 특징들을 잃어버린 예들은 많다. 오늘날의 생존 종들은 현 환경요건들에 가장 잘 적응한 것들이지만, 전반적으로 그들이 "더 좋아졌다"고 말할 수는 없다. 마지막으로, 진화적 혁신들은 "계획"이나 "목표" 또는 "방향성" 어느 것도 가진다고 할 수 없다. 그 시기에 따라서 자연선택이 각 개체들이 특정 유전형질들을 더 많이 자손에게 줄 수 있는 방향으로 생명체 집단들에 작용한 것이다. 우리는 여러 동물 집단들에서 성공적 혁신들을 확인할 수 있지만, 그러한 혁신들은 일반적으로 생존에 유리한 쪽으로 될 수 있는 유전적 변화들을 통해 일어났던 것이다. 이 모든 것들을 마음에 두고, 가장 단순한 동물들인 해면동물류에 대해 알아보자(**표 13.1**).

해면동물문(Porifera)
해면류들이 속하는 동물 문

고착성(sessile)
동물류에서 고정된 표면에 영구적으로 부착된 것

해면동물: 조직들을 갖지 않는 불규칙한 몸체

해면류들은 간단한 동물모델이다. 그들의 몸에는 여러 개의 작은 구멍들이 뚫려져 있고, 이들은 **해면동물문(Porifera)**에 속한다. 그들은 보통 비대칭성이며, 뚜렷한 조직들을 갖지 않는 수생 생명체들이다. 수세기 동안을 사람들은 그 성체가 **고착성(sessile)**이어서 바위, 나뭇가지, 말뚝, 식물 또는 다른 동물 등에 영구적으로 부착하므로, 해면동물들을 식물로 생각했었다. 그러나 해면류들은 **그림 13.1**의 ①에서 보이는 것과 같이 유영하는 유생을 가지는 다세포성 동물들이고, 이들은 물을 여과하여 그 속의 작은 먹이입자들을 탐식한다. **그림 13.3**은 해면동물의 중요한 특징들을 요약한 것이다.

그림 13.2
주요 동물문의 진화적 유연관계

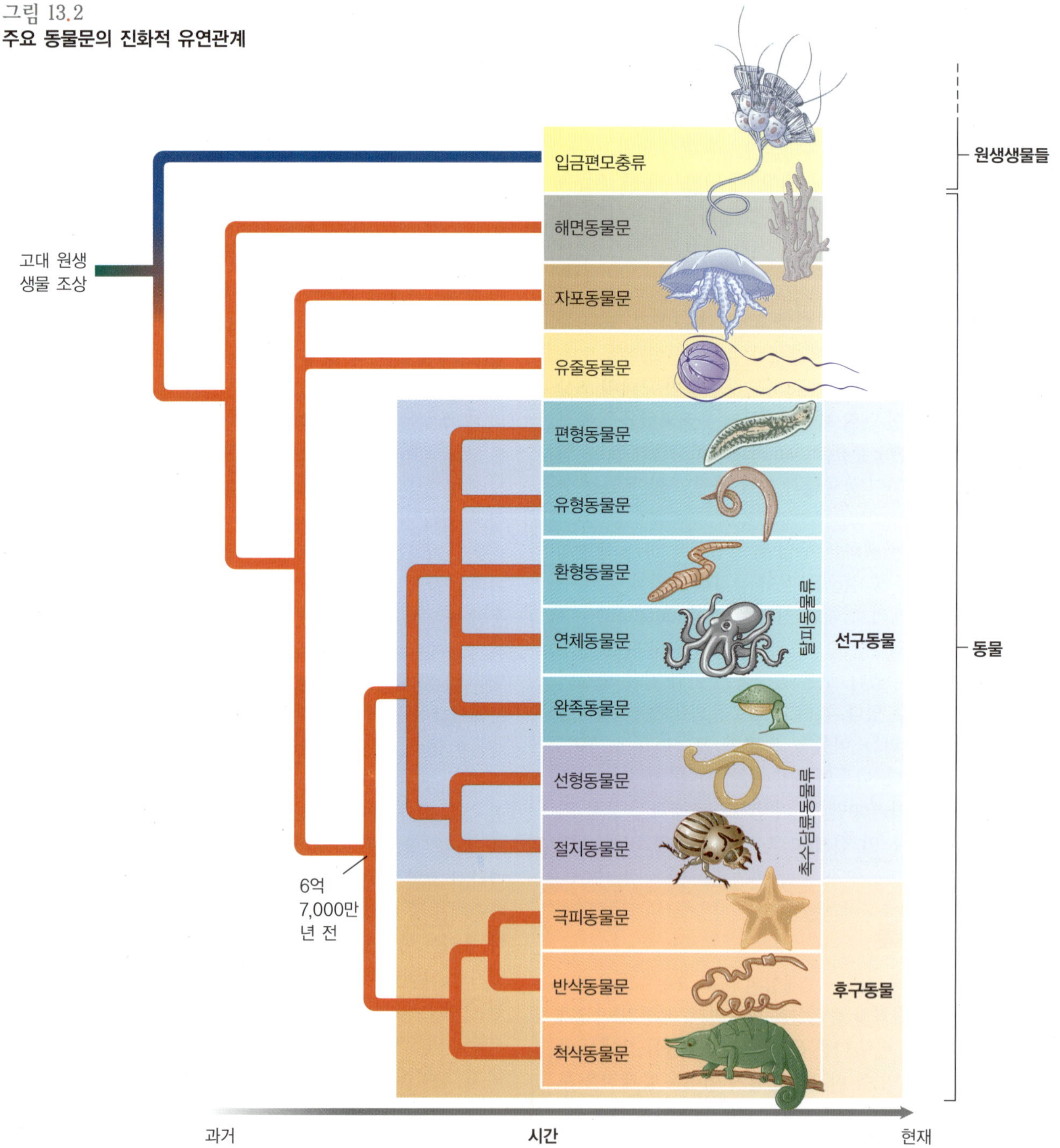

표 13.1

주요 동물문의 특징

동물문	예	종 수	특징
해면동물문 	해면	10,000	비대칭성 주머니 모양의 몸; 몸체 중심에 빈 공간; 체벽에 출수공 가짐; 골편; 진화적 후손 없음; 조직이 없음
자포동물문 	해파리, 히드라, 산호, 말미잘	10,000	방사대칭형; 폴립형 또는 메두사형으로 자람; 이배엽성; 위수강 지님; 신경세포와 자포를 가짐; 플라눌라 유생; 체강 없음
유즐동물문 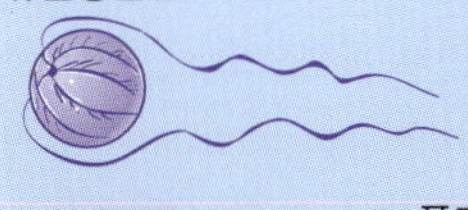	빗해파리	100	방사대칭형; 섬모열과 촉수 가짐; 이배엽성 조직층; 일반 플랑크톤류
편형동물문 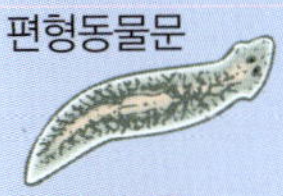	플라나리아, 촌충, 흡충	15,000	두부를 가진 좌우대칭형; 삼배엽성 조직층; 기관과 기관계 가짐; 일반적으로 생활사가 복잡하고 2~3 숙주를 거침; 체강 없음
유형동물문 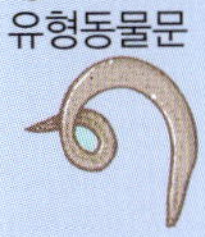	끈벌레	900	좌우대칭형; 두화 됨; 기관계 가짐; 특수 주둥이(먹이 포획을 위해 튀어나올 수 있음); 재생; 해양 서식
환형동물문 	지렁이, 다모류, 거머리	18,000	두부와 장관을 가지며 좌우대칭형; 선형의 체강; 체절화된 몸; 정수골격; 강모를 이용한 이동; 모이주머니와 모래주머니; 폐쇄순환계
연체동물문 	달팽이, 조개, 문어, 오징어, 군부	120,000	두부와 장관을 가지며 좌우대칭형; 선형의 체강을 가지며 삼배엽성 조직층; 아가미; 패각; 개방순환계; 육상, 해양 및 담수에 서식
완족동물문 	꽈리조개	300	2개의 패각; 조개류와 유사; 촉수관을 통한 먹이를 섭취하고 강장 가짐; 선구동물
선형동물문 	회충	20,000	두부와 장관을 가지며 좌우대칭형; 의체강을 가지며 삼배엽성 조직층; 정수골격; 토양에 서식하며 동식물에 기생하여 삶
절지동물문 	거미, 진드기, 이, 전갈, 노래기, 지네, 곤충, 바닷가재, 새우	100만~3,000만	두부와 장관을 가지며 좌우대칭형; 선형의 체강; 분절; 지지와 보호를 위한 외골격; 특수화된 체절과 관절을 가진 부속지 가짐; 기관 또는 아가미 호흡; 민감한 감각기; 동물계에서 가장 다양한 문
극피동물문 	불가사리, 성게, 해삼	7,000	장관과 선형의 체강; 일부 유생과 성체에서 두부 가짐; 분절되 있지 않음; 내골격; 수관계를 이용한 이동; 일부 종은 성체에서 방사대칭형
반삭동물문 	의삭류	85	좌우대칭형; 배발생은 극피동물과 유사; 완전한 아가미; 아가미 틈; 등쪽 신경삭
척삭동물문 	어류, 양성류, 조류, 파충류,포유류 등의 척추동물들	50,000	두부와 장관, 선형 체강, 분절을 가지며 좌우대칭형; 척삭; 등쪽 관상 신경삭; 아가미 틈

금세포(choanocyte)

해면동물인 스펀지들 체벽에 구멍들을 가진 세포; 금세포는 구멍으로 물을 끌어들이는 편모를 가지며 끈적한 깃세포를 가져서, 물에 떠다니는 세균, 원생생물 및 그 밖의 작은 유기입자들을 잡는다; 깃세포(collar cell)라고도 부름

골편(spicule)

해면류에 있는 이산화규소 또는 탄산칼슘으로 이루어진 가는 대못구조같이 생긴 구조물로서 부드러운 벽을 지지해 주며 적으로부터의 방어 기능을 함

자포동물(Cnidaria)

방사형 체형을 가지며 자세포(자포)를 가지는 동물 문

방사형 체형 (radial body plan)

중심축을 중심으로 차바퀴 살처럼 방사형을 띠는 구조를 갖는 체형

실질적 조직들이 없으므로, 해면류들은 본질적으로 서로 협력하는 세포들의 집합체이다. **금세포(choanocyte)** 또는 **깃세포(collar cell)**라 부르는 특수세포들과 나란히 체벽에 구멍들이 뚫어져 있다. 이 세포들은 편모를 가지고 있어서 물을 구멍 속으로 끌어들이며, 끈적끈적한 깃세포가 물속에 들어 있는 먹이들인 세균, 원생생물 및 그 밖의 유기입자들을 잡아낸다. 이어서 물은 몸체 꼭대기에 있는 하나의 구멍을 통해 나간다. 체벽 안쪽의 젤라틴 층은 몇 가지 다른 종류의 운동세포들을 가지는데, 이들 중 일부가 배우자들로 분화한다. 중간층에는 털 단백질에 관련된 섬유들 또는 산화규소나 탄산칼슘으로 이루어진 가늘면서 끝이 뾰족한 **골편(spicule)**들과 같은 골격구조물을 가진다. 불규칙한 모양의 황갈색 목욕용 스펀지는 해면이 죽은 다음 남은 것으로서, 단단하며 섬유 모양의 골격들이다. 앞에서 언급한 대로, 깃세포는 입금편모충류와 매우 닮았다.

자포동물과 유즐동물: 조직들의 기원과 방사형 체형들

동물들은 다세포성이다. 이것이 두 번째의 혁신들인 방사형 대칭성과 조직층들을 가능하게 하였다. 두 대표적 동물 문인 자포동물문과 유즐동물문 동물들이 이러한 체형을 보여준다.

자포동물: 쏘는 가시를 가진 동물들

가장 수명이 짧고 아름다운 동물들의 일부가 오래된 문(phylum)인 **자포동물(Cnidaria)**문에 속하는 동물들이다. 이 동물 문은 계통수의 깊은 쪽에 분기해 있으며, 히드라, 해파리, 말미잘 및 산호 등이 이에 속한다. 대부분이 바다에 살지만, 히드라와 같은 일부 종들은 담수에서 서식한다.

자포동물의 체형

자포동물들은 중심축을 중심으로 차바퀴 살처럼 방사형을 띠는 구조인 **방사형 체형(radial body plan)**을 갖는다(**그림 13.4a** 참조). 자포동물 체벽의 횡단면은 두 조직층을 보이는데, 바깥 층이 외배엽에서 기원한 **표피층(epidermis)**이고 안쪽 층이 내배엽 기원이며, 중간에 위수강을 가지는 위층(gas-

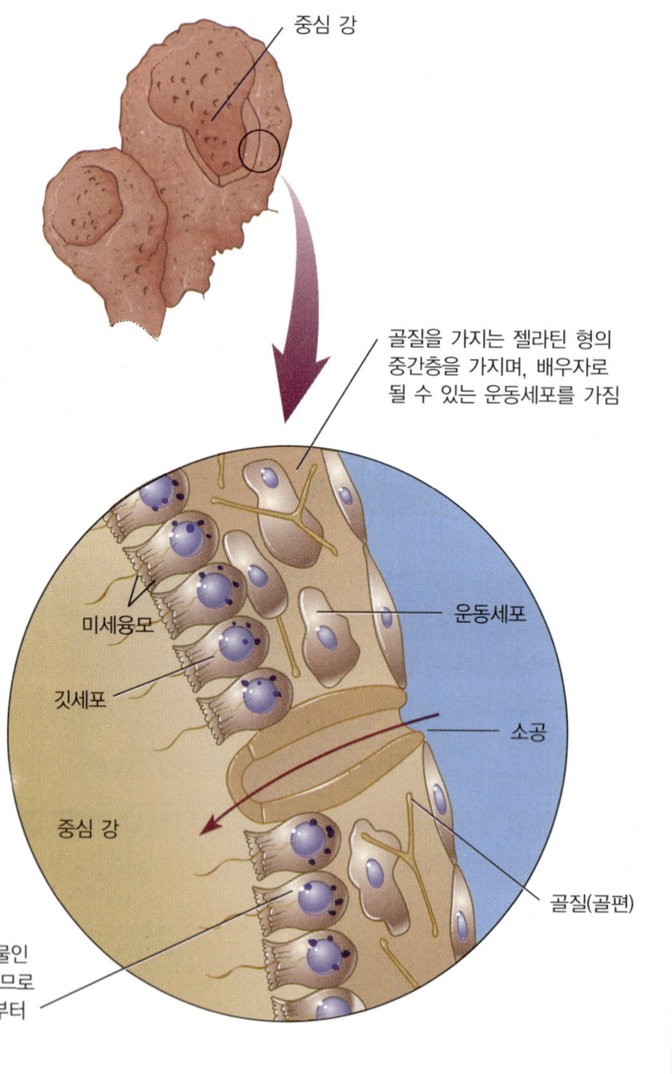

그림 13.3
해면동물류: 가장 간단한 동물들

trodermis)이다. 두 조직층 사이에는 **중교(mesoglea)**라 불리는 젤리 같은 물질이 들어 있다. 해파리는 매우 두꺼운 중교를 가져서 마치 젤리처럼 생겼다. 위수강(gastrovascular cavity)은 단일 개구를 가져서 입과 항문의 두 역할을 한다. 촉수들은 먹이를 위수강으로 집어 넣어주며, 위수강에서 먹이가 소화된다.

자포동물에는 그 생활사에 따라 두 가지 기본형으로 나눈다: (1) 속이 빈 항아리 같은 몸체를 하여 바닥으로부터 곧게 설수 있으며, 위쪽 가까이에 촉수로 둘러싸인 입을 가지는 **폴립형(polyp)**(**그림 13.4b**)과, (2) 폴립형이 뒤집혀 우산 모양을 하며 입과 촉수들이 아래쪽으로 향한 형태인 **메두사형(medusa)**이다(**그림 13.4b**). 말미잘, 산호 및 대부분의 히드라 동물들은 성체가 폴립형인 반면에, 해파리류는 메두사형이다.

자포동물의 세포 형태들

자포동물들은 해면동물류들에서는 볼 수 없는 몇 가지 특수화한 세포들을 가진다. 자포동물 촉수들 표피층에 박혀 있는 것들이 **자포(nematocyst)**라 부르는 관 모양의 세포들이다. 가벼운 자극에도 이 자포들은 양말 안팎이 뒤집히는 것처럼 뒤집힌다. 자포의 날카로운 끝은 먹이를 관통시키고 마비시키는 독소를 방출한다. 덩치가 큰 여러 열대성 해파리들이 포함되는 속인 *Chironex*들의 자포에 찔려 여러 사람들이 죽은 적도 있다.

자포동물들과 이 초기 조상동물 계열로부터 극히 최근에 분기된 모든 동물들도 근육세포와 신경세포와 대등한 세포들인 수축세포들을 갖는다. 이러한 세포들이 자포동물들로 하여금 먹이를 찾고, 몸을 움직이며, 그리고 희생물을 잡아 그것을 위수강으로 이동시킬 수 있게 도와준다. 자포동물에서 신경세포들은 중심화되도록 배열되어 있지 않고, 풀린 연락망 구조를 함으로서 모든 방향에서 오는 정보들을 전달하고, 신체 활동들을 조정한다.

특수한 세포들이 위수강에 배열되어 효소들을 생산함으로써, 외부에서 들어온 먹이들을 분해시키는 것을 돕는다. 이와 같은 세포외소화 작용이 동물들로 하여금 큰 먹이 조각들을 소화하게 해주며, 따라서 대부분의 원생생물들과 해면동물들에서 매우 작은 먹이 조각들만 소화시키는 세포내소화와 비교할 때 먹이 대상을 확장시켜 주는 것이라 하겠다.

유즐동물: 빗해파리류

대부분 해변에서 약 1 km 정도 떨어진 바다 표면 밑에 병을 담근 후 끌어보면, 여러분은 작고 투명하며, 두 개의 촉수를 갖고 빗 모양을 하는 여덟 개의 섬모를 갖는, 일반적으로 둥근-모양의 동물인 **유즐동물(ctenophore; 예, 빗해파리)**을 잡을 수 있을 것이다. 유즐동물 종의 수는 비교적 적지만, 이들은 바다의 일부 지역에서는 상당 부분의 플랑크톤들이다.

좌우대칭성 체형의 기원

동물 진화에서 세 번째 혁신에 해당하는 것이 세 조직층과 좌우대칭성(bilateral symmetry)의 출현이다. 이런 특징들을 갖는 동물들은 놀랄 만큼 성공을 거두었고 분기되었는데, 촌충류, 쇠똥구리류, 조개류, 불가사리류 그리고 물론 인류도 이에 해당된다. **그림 13.2**에서 좌우대칭형 동물들이 초기 배발생의 두 가지 다른 양상에 의해 구별되는 두 진화적 가지인 선구동물류와 후구동물류로 갈라짐을 보여주고 있다. 8장에서 배운, 동물 배들이 일반적으로 속이 빈 공 모양의 세

표피(층)(epidermis)
생명체의 바깥 층 세포들

중교(mesoglea)
해파리와 같은 자포동물들에서 표피와 위수강 사이에 존재하는 젤리처럼 생긴 물질들

폴립형(polyp)
자포동물 생활사 중 정지 단계의 형태; 실린더 모양의 생명체로서, 위쪽 끝에 촉수들로 둘러싸인 입을 가짐; 말미잘과 히드라가 그 예; 산호는 군체성 폴립형이다.

메두사형(medusa)
자포동물 생활사에서 해파리처럼 유영생활 단계의 형태; 폴립형이 뒤집힌 우산 모양을 하며 입과 촉수들이 아래쪽으로 향한 모양을 함

자포(nematocyst)
자포동물들에서 볼 수 있는 쏘는 작은 주머니 구조물로서, 자극을 받았을 때 독물질을 가지는 가는 침을 쏘아서, 먹이 또는 약탈자를 죽이거나 마비시킴

유즐동물(ctenophore)
일반적으로 *빗해파리류*로 알려진 동물군

히드라

해파리

말미잘

산호

선구동물(protostome)
배시기에 첫 개구(이를 원구라 함)가 입이 되는 반면에, 두 번째 개구는 항문이 되는 좌우대칭형 동물; 발생 시 나선형 난할을 함; 환형동물, 연체동물, 절지동물 등이 포함됨

후구동물(deuterostome)
배시기에 첫 개구(이를 원구라 함)가 항문이 되는 반면에, 두 번째 개구는 입이 되는 동물; 극피동물과 척삭동물 등이 포함됨

체강(coelom)
여러 동물에서 몸에서, 그 안에 내부 기관들을 가지는 중배엽 층 사이의 공간

포들인 포배를 형성한다는 것을 상기해 보라. 이 포배의 세포들이 안으로 접혀 들어가 소화관이 된다(그림 8.6 참조). 쇠똥구리와 같은 무척추동물이 포함된 진화 분기에서는, 둥근 배의 처음 접혀 들어간 부분이 입이 되며(**그림 13.5a**), 이 진화 가지에 속한 동물들을 **선구동물(protostome)**이라고 부른다. 척추동물이 포함되는 다른 진화계열에서는 처음 접혀 들어간 부분이 항문이 되지만, 두 번째 개구가 입이 된다(**그림 13.5b**). 이러한 동물들이 **후구동물(deuterostome)**들이다.

입에 관한 배 기원의 차이를 보이는 것 외에, 두 동물계열 후손들은 다른 차이점들을 가진다: 첫째, 선구동물의 알들은 자주 나선형 난할 양상을 보이는 반면에, 후구동물의 알들은 방사형 난할을 한다. 둘째, 두 동물계열들에서 체강 형성 양식에서 차이를 보이는데, **체강(coelom)**이란 적어도 한 부분이 중배엽과 접하는 내부 공간을 일컫는다. 선구동물에서는 중배엽의 단단한 조각들로부터 갈라져서 체강을 이루지만, 후구동물에서는 중배엽이 발생하는 내장 전구체로부터 주머니 구조물을 만든 다음, 그것이 닫혀져서 체강이 된다. 방사성 체형을 가지는 동물인 자포동물들과 유즐동물들은 체강을 갖지 않는다. 그러나 체강을 가진 동물들은 여러 이점을 가질 수 있다. 체강 내 공간이 있으면 생식기관과 소화기관이 더 복잡한 형태와 기능들을 가지게 진화할 수 있게 해준다. 이 액체로 채워진 방이 장관이나 그 밖의 기관들의 쿠션 역할을 하여 그들을 보호한다. 그리고 장이 체강 속에 들어 있음으로 해서 동물들의 외체벽의 활성이나 불활성에 관계없이 방해를 받지 않고, 소화가 일어날 수 있다. 이제부터 동물 진화의 두 큰 가지인 선구동물과 후구동물들에 대해 살펴보자.

그림 13.4
자포동물류: 가시를 가진 동물들

a) 자포동물류는 마치 자동차 바퀴의 살 모양처럼 중심축을 따라 규칙적으로 배열된 체형을 가진다.
b) 자포동물은 폴립형과 메두사형의 2가지 체형을 가진다: (1) 폴립형은 상부의 입 주위에 촉수들이 둘러싸고 있는 속이 빈 항아리 모양을 한다. (2) 메두사형은 폴립형을 반대로 뒤집어 놓은 것과 같은 우산 모양의 체형을 하며, 입과 촉수가 아래쪽으로 향하고 있다. 자포동물은 두 종류의 조직층을 가지며 약간의 특수 세포들을 가진다.

(a) 방사대칭성 체형

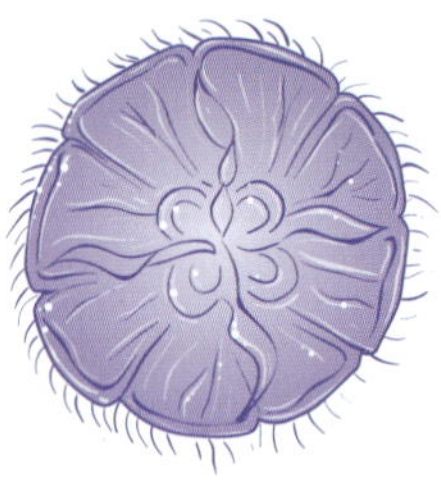

해파리(위에서 본 것)

(b)

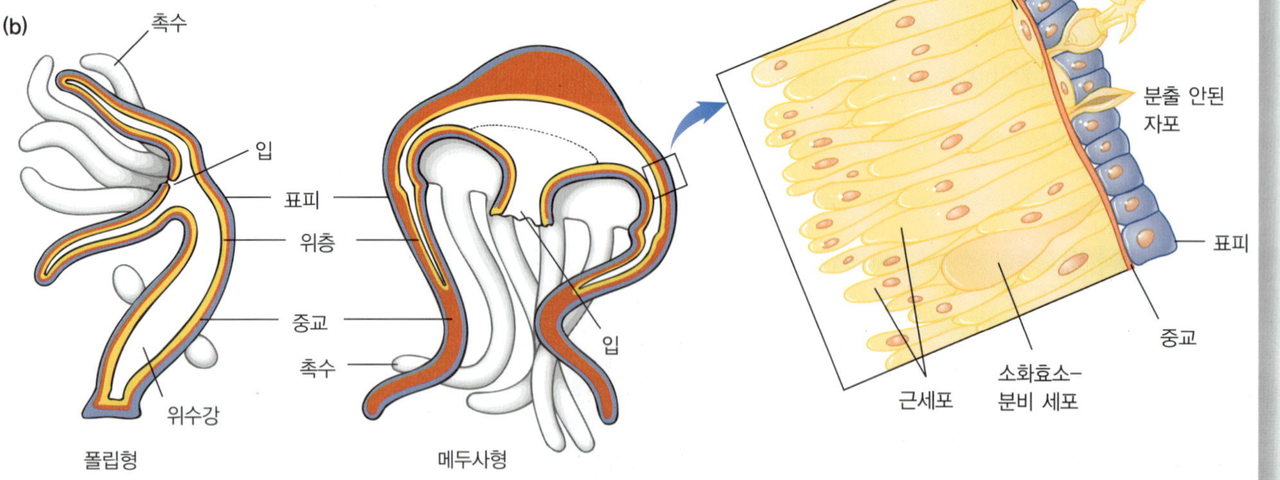

그림 13.5
좌우대칭형 동물의 두 계열: 선구동물과 후구동물

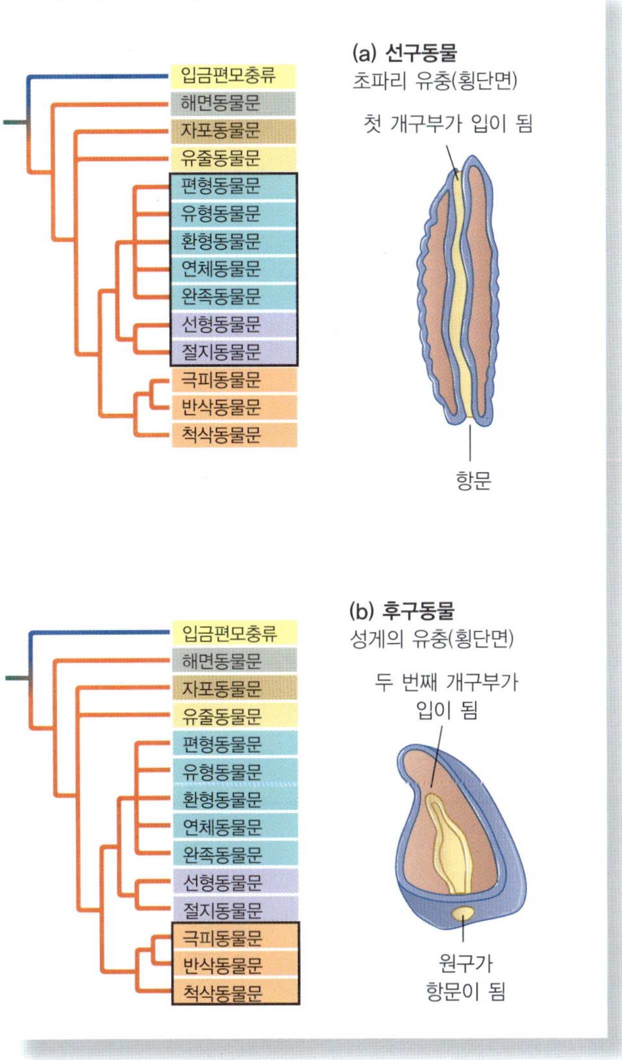

선구동물: 다양한 무척추동물들

지구상에 존재하는 수천의 쇠똥구리 종들과 수백만에 달하는 다른 곤충류들 그리고 그 밖의 여러 동물 문에 속하는 동물들이 선구동물들이다. **동물학(zoology)** 연구 역사에서 학자들은 전체적인 신체적 형질들을 비교하여 이 다양한 동물 문들 간의 상호 연관성을 추론해 왔다. 그러나 최근의 분자유전학적 증거가 동물학자들로 하여금 리보솜RNA를 암호화하는 유전자들을 근거로 한 발생을 조절하거나 세포골격 부위를 지배하는 등의 유전자계통도 작성에 조심스럽게 접근하게 해 주었다. 현재까지의 자료들에 의해 촉수들로 이루어진 특수한 먹이 포획기관인 **촉수관(lophophore)**을 가지거나 특수한 유생형태인 **담륜자(trochophore)**를 가지는 모든 동물들을 포함하는 하나의 큰 선구동물들이 있음을 제시하고 있다. 이 때문에 이러한 동물들을 **촉수담륜동물(Lophotrochozoan)**이라 부르며, 이에는 몇 종류의 벌레들(편형동물들)과 모든 연체동물들(달팽이류, 조개류, 오징어 등)이 포함된다. 두 번째 선구동물 계열에는 **탈피동물류(Ecdysozoa)**가 있는데, 이들은 단단한 외골격을 가지는 동물들로서 이들은 주기적인 탈피를 통해 껍질을 벗는다. 탈피동물에는 절지동물들(쇠똥구리와 가재 같은)과 선형동물들이 포함된다.

촉수담륜동물: 먹이포획용 촉수 또는 특수한 유생을 가지는 동물들

앞에서 설명한 대로 촉수담륜동물은 *촉수관*이라는 먹이포획용 촉수들을 갖거나 *담륜자*라 부르는 섬모를 가지는 특수한 유생들을 가지는 등의 몇 가지 다른 문들을 포함하는 동물계열을 말한다. 먹이 포획용 촉수들은 체강으로부터 확장된 한 부위와 작은 먹이 입자들을 수집하고 동물의 입속으로 넣어주는 것을 돕는 섬모들을 가지고 있다. 특수 담륜자 유생들은 특징적인 배열을 갖는 섬모들의 띠들을 갖는다. 동물학자들은 촉수담륜동물 내에서 어떻게 서로 다른 문들이 관련이 있는 것인지에 대해 밝혀내려고 노력하고 있다. 그러나 우리는 이 계열의 동물들과 그들의 관련성에 대해 알려진 내용들을 탐구할 수 있다.

편형동물

편형동물문(Platyhelminthes) 동물들은 그들의 특징적인 체형을 갖는다(**그림 13.6**). 일부 편형동물들은 자유-생활을 한다. 예를 들어, **플라나리아(planarian)**들은 호수, 강, 또는 염수에 서식한다. 그러나 흡충과 촌충들을 포함한 대부분 편형동물들은 숙주 체내에서 살고 있는 기생충들이다. 편형동물들은 변형된 담륜자로 인정되는 특수한 유생을 가진다. 많은 촉수담륜동물들처럼 편형동물들도 방사형 난할을 한다.

동물학(zoology)
동물들에 관한 연구를 하는 학문 분야

촉수관(lophophore)
선구동물의 한 집단들이 갖고 있는 먹이를 포획할 때 사용하는 특수한 기관

담륜자(trochophore)
몇 종류의 편형동물들과 연체동물들 모두가 포함되는 선구동물들에서 나타나는 특수한 유생형태

촉수담륜동물 (Lophotrochozoan)
먹이 포획용 특수 장치인 *촉수관* 또는 특수한 유생형태인 *담륜자*를 가지는 동물들; 몇 종류의 편형동물들과 연체동물들이 포함됨

탈피동물류(Ecdysozoa)
단단한 외골격을 가지는 동물들로서, 절지동물들과 선형동물들이 포함됨

편충(flatworm)
편형동물문의 하나로서, 좌우대칭형 체형과 두화를 보이는 단순한 동물

플라나리아(planaria)
담수인 호수, 강 또는 염수에 서식하는 편충류의 하나

두화(cephalization)

체형 형성 과정의 하나로서, 몸의 한쪽 끝이 신경이 풍부한 부위인 머리가 되는 것

중배엽(mesoderm)

배(embryo)의 중간 세포층; 중배엽은 근육, 골격, 결합조직 및 생식기관과 배설기관 등으로 발생됨

무체강(acoelomate)

동물에서 체강이 없는 상태

좌우대칭성과 두화 다른 좌우대칭형 동물문들의 동물들처럼, 편형동물은 거울상의 좌우대칭성을 갖는다(**그림 13.6a**). 그러나 앞과 뒤 부분의 양 끝은 달라서, 그들의 복부와 배부는 다른 모양을 한다. 또한 편형동물들은 몸의 한쪽 끝이 일반적으로 이동을 주도하고 신경 다발들이 모여 있는 뇌와 빛, 화학물질 및 압력들을 감지하는 특수 부위를 가지는 머리부를 가지는 이른바, **두화(cephalization)**를 나타낸다. 좌우대칭형 동물이 앞으로 이동할 때, 감각기관과 뇌를 가진 머리가 새로운 환경에 처음 접하게 되는 것이다. 머리가 수집한 자료들에 의하여, 동물이 전진할 것인지 또는 다른 방향으로 돌아갈 것인지를 판단할 수 있다. 이와 같은 진화적 적응이 매우 성공적이어서, 편형동물들보다 더 복잡한 모든 동물들은 머리를 갖는다.

조직들, 기관들과 기관계들 편형동물들은 모든 좌우대칭형 동물들에서 볼 수 있는 것과 같이 두 가지의 추가적 발전인 3가지 뚜렷한 조직층을 가진다는 것, 그리고 실질적 기관들 및 기관계들을 가진다는 것이다. 편형동물들과 그 밖의 좌우대칭형 동물들에서는 바깥 세포층인 외배엽과 안쪽 세포층인 내배엽 사이에 자포동물들이 갖는 젤리형의 중교와는 달리, 중간 세포층인 **중배엽(mesoderm)**을 갖는다는 것이다. 중배엽은 근육, 혈액 및 그 밖의 조직들로 발생되므로 중요하다. 편형동물들은 또한 **그림 13.6b**에서 볼 수 있는 것처럼 기관들과 기관계들을 갖는다. 이와 같은 다세포성 구조물들이 동물들로 하여금 먹이를 먹고 소화시키며, 노폐물을 배설하며, 생식작용을 하는 데 도움을 주는 것이다. 편형동물들은 중배엽과 접한 공간 부위인 체강을 갖지 않으므로, **무체강(acoelomate)** 동물이라 부른다.

그림 13.6
편형동물류: 원시적 기관계를 가지는 단순 동물들

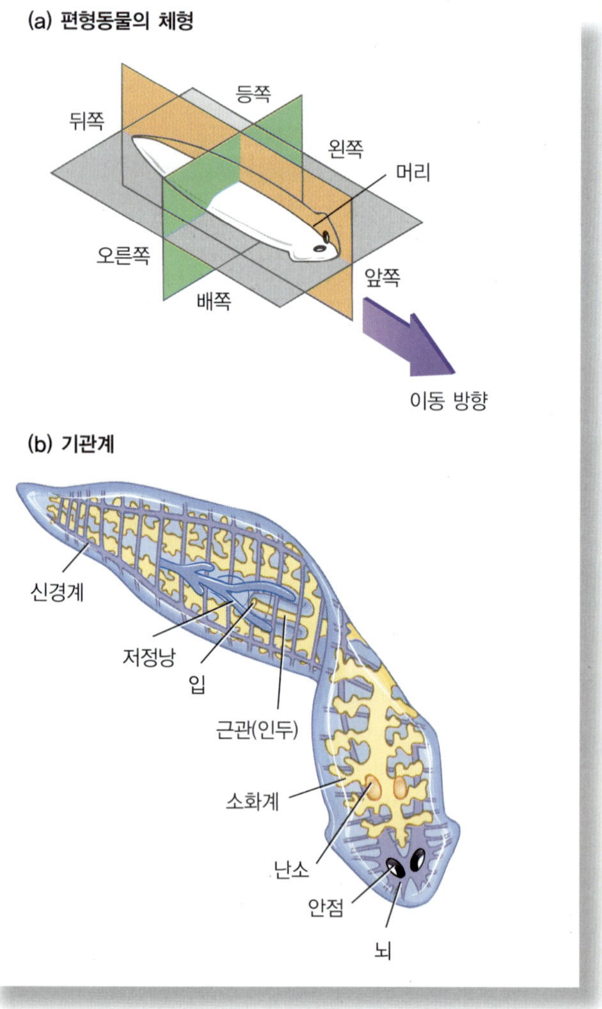

기생성 편형동물들

자유생활을 하는 플라나리아 동물들과는 달리, 흡충류나 촌충류 같은 기생성 편형동물들은 그들의 숙주(들)로부터 필요로 하는 모든 요구의 대부분을 제공받고 있는 이른바, 보호받고 있는 생활을 한다. 편형동물의 머리를 두절(scolex)이라 부르는데, 두절의 입부분에 갈고리 또는 흡반과 같은 구조물을 가져서 이를 통해 숙주 조직들에 달라붙는다. 그들의 몸은 거의 백여 개에 달하는 개별적 생식 단위들을 갖는다. 촌충들은 소의 장에 감염 후 배(embryos)들로부터 부화된 유충을 보호하는 포낭(cyst)으로 둘러싸서 장의 근육들에 있게 한다. 만약 사람들이 이 포낭들이 들어 있는 쇠고기를 덜 익혀 먹는 경우, 포낭에 싸인 유충들은 그 사람(2차 숙주)의 장에서 새로운 촌충들로 자랄 수 있는 것이다.

유형동물: 끈벌레들

끈벌레들(ribbon worms)은 대부분 사람들에게 익숙하지 않은데, 그 이유는 이들이 주로 바다의 바닥에 살고 있기 때문이다. 끈벌레들은 몸의 길이가 1 cm 이하의 것에서부터 큰 것은 60 m에 이르는 것도 있다. 끈벌레들의 일반적 모양은 편형동물들과 유사하여, 좌우대칭성, 두화 그리고 기관계들을 갖는다. 그 외에 유형동물들은 특이한 기관인 주둥이(proboscis)를 가지는데, 이것이 이 동물들을 다른 동물 문과 구별하는 특징이다. 끈벌레들은 주둥이를 몸속 체강에 넣고 있다가, 먹이가 보이면 주둥이를 쭉 벋어 잡는다. 작은 손톱-모양처럼 생긴 구조물인 문침(stylet)이 먹이를 꿰뚫은 다음, 주둥이가 먹이를 끌어당겨 입 속으로 넣는다. 또한 윤형동물들은 엄청난 비율로 재생할 수가 있어서, 끈벌레를 20조각으로 내더라도, 각 절편이 새로운 완전 성체로 자랄 수 있다.

그림 13.7
연체동물류: 체형의 변화

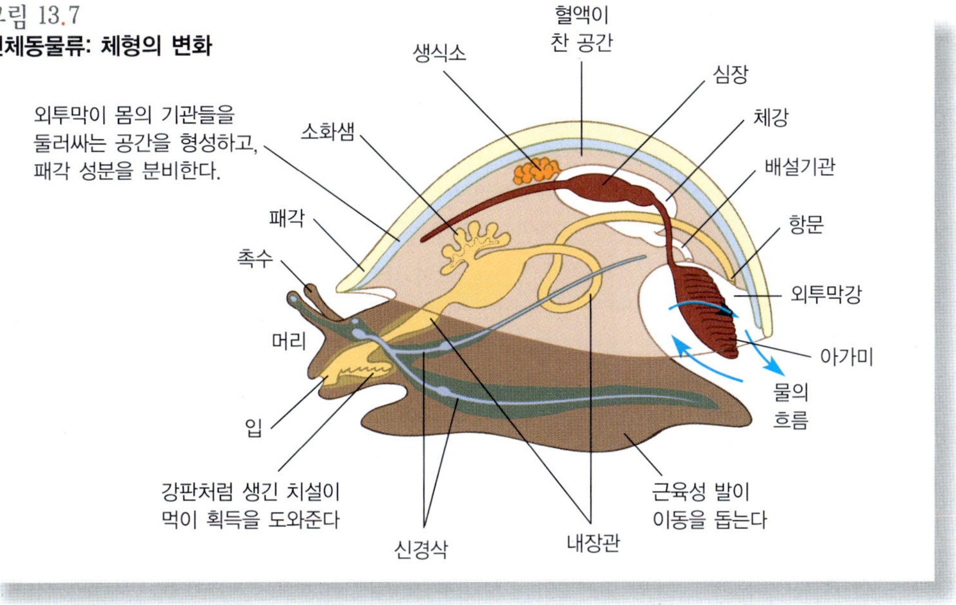

환형동물문(Annelida)
몸 외부에서 가는 고리 모양이 보이는 절편들을 갖는 동물 문

연체동물문(Mollusca)
연체류가 속하는 동물 문

연체류(mollusk)
연체동물문에 속하는 동물들로서, 달팽이, 민달팽이, 대합조개, 굴, 오징어, 문어 등이 포함됨

머리(head)
동물에서 감각기관들이 모여 있으며, 동물이 이동할 때 처음으로 환경과 접하는 부위

발(foot)
연채동물들의 이동 기관; 넓고 편평한 근육으로 되어 있음

외투막(mantle)
연체동물에서 내장 뭉치를 덮고 있는 두꺼운 소식들로서, 일부 연체동물들은 껍질(패각)을 분비함

내장 뭉치(visceral mass)
내부 기관들을 외부로 발과 외투막을 뻗을 수 있는 몸 구조물로서 연체동물 몸의 대부분을 차지함

치설(radula)
식물 물질조각들을 입의 단단한 표면으로 문지를 수 있는 연체동물들의 긁는 기관

아가미, 균습(gill)
[1] 수계에 사는 동물들에서 가스교환을 하는 특수 기관; [2] 균류에서 갓 아래 부분에 있는 얇은 수직판을 균습이라 함

환형동물: 체절화된 벌레들

갯지렁이류, 육상 지렁이류 그리고 거머리류 등이 모두 체절화된 동물들로서, **환형동물문(Annelida)**에 속하는 동물들이다. 환형이란 "가는 고리"라는 의미이며, 이 문에 속하는 동물들에서 겉으로 체절들이 보임을 말해 준다. 환형동물문에는 3개의 강(class)이 속해 있다. 가장 큰 강이 바다의 진흙이나 모래에 땅을 파고 사는 다양한 색을 띠는 동물들로서 뻣뻣한 털과 같은 강모(britle)들을 가지는 다모강(class Polychaeta)이다. 잘 알려진 붉은색의 지렁이들은 빈모강(class Oligochaeta)에 속한다. 습한 땅속에 살고 있는 이 동물들은 1에이커(약 4,000m^2)당 50,000마리 정도 되고, 밀집된 토양을 헤젔고 다니며 먹이를 섭취하고 작고 검은 퇴적물들을 배설하는 특성 때문에, 토양 속에 공기가 침투할 수 있게 하고, 토양을 뒤섞어주어 토양을 비옥하게 해 준다.

주로 민물에 살고 있는 거머리류들은 질강(class Hirudinea)에 속한다. 거머리들은 다른 동물들의 피를 빨아먹음으로써 그 동물들을 마비시킨다. 한 마리의 거머리는 자기 체중의 3배만큼 피를 빨아먹을 수 있어서, 다음 피를 빨 때까지 9개월 정도를 견딜 수 있다.

연체동물: 부드러운 몸을 가진 동물들

달팽이, 민달팽이, 가리비 그리고 오징어를 머릿속에 그려보라. 그들은 매우 다른 형태를 가지는 동물들처럼 보이겠지만, 그들은 유사한 체형들을 가지는 **연체동물문(Mollusca)**의 **연체류(mollusk)**들이다. 이 문의 명칭은 라틴어원인 "부드러운"에서 따온 것이고, 여러분이 달팽이나 굴을 먹어본 적이 있다면, 단단한 껍질을 제외하고 모든 부분의 흐물흐물하다는 것을 느꼈을 것이다. 연체동물들도 선구동물이며, 촉수담륜동물 계열의 몇 가지 문에 속하는 동물들에서처럼, 자유 유영을 하는 작은 담륜자 유생 단계를 거친다(**그림 13.2** 참조).

연체동물의 특징들 다양한 연체동물들은 뚜렷한 체형을 공유한다. **그림 13.7**에서 볼 수 있는 것과 같이, 연체동물은 (1) 입, 뇌와 감각기관이 모여 있는 **머리(head)**; (2) 모래 위나 모래 속을 기어다닐 수 있는 넓고 편평한 근육성 기관인 **발(foot)**; (3) 두껍게 접혀진 조직으로서 단단한 껍질(패각)을 만드는 탄산칼슘을 분비하는 **외투막(mantle)**; 그리고 (4) 몸의 대부분을 차지하며 내부 기관들을 가지는 **내장 뭉치(visceral mass)**로 이루어져 있다. 이 문에 속하는 동물들은 **치설(radula)**이라고 하는 특이한 구강기관을 갖는다. 이 벨트-모양의 구조물은 아주 작은 이빨들이 배열되어 있는 것으로서, 마치 치즈 강판처럼 생겼고, 먹이 모서리를 깎아 낸다. 먹이는 입에서 장을 지나 항문까지 이동한다.

연체동물 순환계의 혈관들이 동물의 가스교환 기관인 **아가미(gill)**를 통해 산소를 받은 다음, 심장에 도달 후 펌핑작용에

혈체강(blood-filled cavity; hemocoel)
연체동물에서 내부 기관들과 조직들이 혈액에 의해 담겨져 있는 부위

개방순환계(open circulatory system)
거미류, 곤충류 및 그 밖의 무척추동물들에서 혈림프(hemolymph)라고 부르는 맑은 혈액이 일부는 혈관을 따라 흐르고 또 일부는 관이나 혈관들을 순환하지 않는 체액운반계

복족류(gastropod)
연체동물문의 복족강에 속하는 동물들로서, 달팽이, 정원 민달팽이 및 해양 민달팽이 등이 포함됨

비틀림(torsion)
배 발생 과정 중에 몸 덩어리가 속에서 비틀리는 것

이매패류(bivalve)
2개의 판 또는 2개의 패각으로 쌓여져 있는 연체동물 중의 하나; 대합조개와 홍합이 이에 속함

여과섭식동물들(filter feeders)
물에 섞여 있는 작은 먹이 입자들을 걸러서 모을 수 있는 먹이섭취 방법을 갖는 수생 동물들

두족류(cephalopod)
연체동물문의 두족강에 속하는 동물들로서, 오징어, 문어, 낙지 등이 포함됨

수관(siphon)
특정 연체동물들에서 외투막의 확장부위인 관(입수관과 출수관)을 통해 물을 안으로 흡수하였다가 방출하는 관상 구조물로서, 이 과정을 통해 여과섭식을 함

완족동물문(Brachiopoda)
꽈리조개가 포함되는 동물문

의해 혈액을 포함하는 공간인 **혈체강(blood-filled cavity; hemocoel)**으로 가며, 그곳에서 내부 기관들과 조직들이 혈액으로 적셔진다(**그림 13.7**). 대 부분의 연체동물들은 앞에서 설명한 것처럼 혈액이 몸의 특정 부위에서만 혈관 내에 있고, 혈액이 개방된 공간으로 흘러들어가 그곳에서 직접 조직들을 적시는 **개방순환계(open circulatory system)**를 가진다. 이와 같이 호흡과 혈액 순환을 담당하는 특수한 기관들과 기관계들이 앞의 동물들에서는 볼 수 없는 진화적 발전임을 말해준다.

연체동물의 강들 연체동물문의 중요한 세 강(class)인 복족강(class Gastropoda), 이매패강(class Bivalvia), 및 두족강(class Cephalopoda)에 대해 알아보자: **복족류(gastropod)**들에는 달팽이, 정원 민달팽이 및 해양 민달팽이 등이 있다. 대부분의 달팽이류들은 나선형으로 꼬인 그들의 패각과 배 발생 과정 중에 몸 덩어리가 꼬이는 현상인 **비틀림(torsion)**에 의해 확인할 수 있다.

이매패류(Bivalves)는 몸을 덮고 있는 2개의 패각을 가지는 동물들로서 굴, 대합조개, 홍합 등이 이에 속한다. 이매패류에는 강력한 근육들이 탄력성 인대에 의해 2개의 판(vlave)에 연결되어 있어서 패각을 열거나 닫아준다. 닫힌 패각은 대부분의 약탈자들로부터 이 동물들을 보호해 준다. 근육이 이완하면, 패각이 열린다. 패각이 빨리 닫히는 것이 가리비 조개로 하여금 수류 분사를 일으켜 이 동물을 추진시킨다. 연체동물의 패각이 열렸을 때, 입자들이 들어와 외투막의 연조직을 자극하면, 진주층(농축된 탄산칼슘)을 그 입자 둘레로 분비하는 반응을 보여 축적됨으로써, 흥진주, 백진주 또는 흑진주 등이 만들어지는 것이다.

이매패류들은 **여과섭식동물(filter feeder)**들인데, 그들은 아가미를 통해 산소를 얻고 이산화탄소를 방출하는 외에, 물에 섞여 있는 작은 먹이 입자들을 걸러서 모을 수 있다. 아가미를 통해 들어오는 물을 섬모가 뒤섞어 주면, 점막층이 입자들을 잡아내어 입속으로 이동시킨다. 한 생물학자가 추산해 본 바에 의하면, 매주 샌프란시스코 만의 모든 물이 이 만의 모래와 침적토에 반쯤 묻혀 사는 이패류들에 의해 걸러진다고 한다.

두족류(Cephalopod)에는 오징어, 문어 그리고 낙지 등이 있다. 두족류가 가장 복잡한 연체동물로서, 깊은 바다에서 빠르게 유영할 수 있는 포식성 동물들이다. 두족류의 발은 8개 또는 10개를 가지며, 촉수가 변형된 각 발에는 흡반들이 나 있으며, 그 끝은 **수관(siphon)**에서 끝난다. 그러므로 두족류에서는 이 발이 이동과 먹이 사냥, 유영 및 먹이 수집 기능을 담당할 수 있도록 특수화된 단일 기관이다. 두족류 외투막이 근육 덮개를 형성하며, 그것이 확장하여 물을 외투막 공간 안에 채운 후, 수관을 통해 물을 내뿜으로써 연체동물은 제트-추진식으로 후진한다. 이러한 폭발적 기동력이 이 동물을 천적으로부터 안전하게 벗어나도록 해주거나 흡반으로 먹이를 재빨리 움켜쥐게 해준다. 두족류들은 큰 폐쇄순환계를 가져 혈액을 빠르게 순환시켜 줌으로써 활동적인 포식자 생활 습성을 뒷받침해 준다.

완족동물: 꽈리 조개류

완족동물문(Brachiopoda) 동물들은 해양 바닥에서 단독생활을 하는 동물이다. 완족동물들도 몸이 2개의 패각으로 덮여져 있다[패각 모양이 고대 램프처럼 생겨서, 속칭 "꽈리 조개(lamp shell)"라 함]. 2개의 패각을 갖는 것이 대합조개나 다른 이매패류들과 유사해 보이지만, 완족동물의 두 패각은 서로 크기가 다르며, 그 경첩부위가 이매패류의 것과는 매우 다르다(패각이 아래 위가 아니라 양 측면으로 덮여져 있음). 완족류들은 체강에서 뻗은 섬모가 나 있는 촉수들로 구성된 촉수관으로 먹이를 취하는데, 섬모들의 운동으로 먹이를 포함하는 물을 체강 안으로 가져온다. 현재 지구상에는 300여 종만 서식하고 있지만, 고생대에 매우 풍성했던 동물들에 포함되는 것으로서 많은 화석종들이 보고되었다.

탈피동물

이제부터 쇠똥구리를 포함해 주기적으로 외골격을 벗겨내는 동물들인 탈피동물류(Ecdysozoa)에 대해 알아보자. 탈피동물에는 두 성공적 동물문인 선형동물과 절지동물이 포함된다.

선형동물: 회충류

절대적 개체 수로 볼 때, 지구상에 가장 풍부한 동물이 **선형동물문(Nematoda)** 동물의 하나인 **회충류(roundworms)**이다.

회충들은 그 영어 이름에서 알 수 있듯이, 횡단면이 둥글고, 대부분 종들이 매우 작다. 토양 1 m^3 속에 30억 마리의 선형동물들이 들어 있을 수 있다. 환경조건이 나빠지면, 선형동물들은 몸을 웅크리고, 몸의 수분을 빼고, 대사를 중단한 채로 30년까지도 버틸 수 있다. 환경 조건이 좋아지고 수분이 돌아오면, 이들은 다시 몸에 물을 넣어 원상복구하며 되살아난다.

회충류의 특징들 회충류들은 절편화되어 있지 않고, 좌우대칭형 체형을 가지며, 세 조직층과 부분적으로 중배엽으로 덮여 있는 체강인 하나의 **위체강(pseudocoelom)**을 가진다. 이 위체강을 갖는 특징 때문에 한때 이들을 조상동물로 생각했었지만, 현대 분자유전학 자료들에 의해서(동물 유전체 서열 분석을 처음 실시한 동물이 선형동물이었음), 선형동물들이 계통수 상에서 상위로 분기되었음을 명백히 해주었다. 선형동물들은 단순한 체형을 가지므로 그 조상들이 가졌던 특징들을 많이 상실한 것으로 보인다.

선형동물들과 환경 수십 종류의 자유 생활을 하는 선형동물들이 부패한 식물과 동물들을 먹어 치운다. 또 적어도 1,000종의 선형동물들이 나무들에 기생해 살며, 일부 생태학자들은 매년 수확하는 농작물의 10%를 선형동물들이 소모한다고 추산한다. 거의 50종에 달하는 선형동물들이 사람에서 기생생활을 하는데, 이들은 음식이나 오염된 물 또는 노출된 피부를 통해 들어온다.

절지동물

쇠똥구리류가 지구상에서 가장 큰 문(동물들에서가 아니고 전체 생명체들 중)인 **절지동물문(Arthropoda)** 동물 중의 한 종류이다. 절지동물문은 탈피동물의 또 하나의 주요 문이며, 그 구성원들을 **절지동물(arthropod)**이라고 부르는데, 절지동물에는 화석 삼엽충류, 거미류, 진드기류, 전갈류, 지네류, 노래기류, 가재류, 게류, 딱정벌레류 및 그 밖의 모든 곤충류가 있다. 곤충류의 놀라운 다양성과 성공은 그들의 체형에 근거한다: 그들은 좌우대칭형으로서 머리, 일방향성 내장, 그리고 완전히 구분된 체강을 가진다. 절지동물들은 그 밖의 공유 특징들을 갖는데, 외골격(주기적으로 탈피하는), 특수화된 체절, 정밀한 감각계, 그리고 빠른 운동성과 특수 호흡구조들에 의한 물질대사를 한다는 것 등이다. 이 모든 것들이 그들의 놀라운 진화적 성공을 하는 데 기여한 것이다.

절지동물의 외골격 선형동물이나 그 외 탈피동물들처럼 절지동물들도 몸 외부의 보호층인 각피(cuticle)를 가지며, 이것은 탈피한다. 절지동물의 **외골격(exoskeleton)**은 동물 몸을 완전히 덮어서, 보호기능과 강력한 지지 역할을 하며, 그 안쪽 표면 부위 근육들에 의해 끌어당겨지지 않는 견고한 표면이다. 이 두껍고 견고한 각피는 다당류인 키틴(2장 참조)과 당-단백질 복합체들, 밀랍 및 지질들을 함유하며, 몸체를 싸고 있는 방수체이다. 게, 가재 및 새우 등이 속하는 갑각류들에서는 외골격에 탄산칼슘 결정들을 더 가져서 외골격을 더 단단하게 해주며, 구부러지지 않는 갑옷 같은 역할을 한다. 이 외골격은 적으로부터의 방패 같은 역할을 하는 보호작용과 손상에 대한 저항성을 가지는 것 외에, 내부 조직들이 건조되는 것을 막아준다. 이 점이 절지동물들로 하여금 육상 생활을 하는 데 있어서 매우 중요하다.

그러나 외골격은 단점이 있는데, 그것은 동물들이 더 크게 자라기 위해서는 주기적으로 껍질을 벗고 더 큰 외골격을 만드는 *탈피*(molting) 과정을 거쳐야 한다는 것이다. 이전의 외골격 껍질을 벗고, 새로운 외골격을 만들어 견고하게 될 때까지의 기간 동안 그 동물은 몸체가 부드럽고 공격받기 쉽다. 절지동물 외골격은 관절부위들에서는 얇고 유연하다. **관절(joint)**을 가지는 부속지들을 갖는다는 것이 이 동물들로 하여금 재빠르게 움직일 수 있고, 짧고 억센 다리나 강모를 가져서 직접 땅 위로 몸을 끌거나 기어 다니는 것보다는 지상이나 물 위를 효과적으로 걸어다닐 수 있게 해준다.

특수화된 절지동물의 체절들 절지동물들은 몸과 다리가 체절로 되어 있지만, 그들의 체절 구조가 환형동물의 것들과는 다르다. 환형동물의 각 체절은 기본적으로는 그 문의 다른 동물들의 것들과 동일하지만, 절지동물의 체절은 그 문의 동물들 간에서 매우 다르며, 고도로 변형되어서 이 동들들 활동성에 매우 다양한 면모를 가지게 한다. 몸의 체절들은 일반적으로 몇 가지 주요 부위들로 융합되어 있는데, 예를 들면, 쇠똥구리나 다른 곤충류들은 두부(head; 머리), **흉부(thorax**; 가

선형동물문(Nematoda)
회충이 속하는 동물문이며, 지구상에 가장 풍부한 동물들

회충(roundworm)
선형동물 중 하나

위체강(pseudocoelom)
중배엽으로 부분적으로만 덮여져 있는 '거짓' 체강

절지동물문 (Arthropoda)
지구상에서 가장 큰 동물문; 관절화된 다리, 키틴으로 만들어진 외골격, 그리고 두부(머리), 흉부(가슴), 복부(배)의 세 종류 체절(두흉부와 복부를 가지기도 함)을 가지는 동물들이 포함됨

절지동물(arthropod)
관절화된 다리를 가지는 동물로서, 곤충류, 거미류, 진드기류, 지네류, 가재류 및 게 종류들이 절지동물임

외골격(exoskeleton)
절지동물의 두꺼운 외피층으로서 키틴이 주성분임

관절(joint)
두 골격 사이의 연결 부위

흉부(thorax)
절지동물이나 척추동물에서 머리 부위와 복부(배 부위) 사이의 중간 부위

승) 및 **복부(abdomen;** 배)의 세 부위를 가진다. 이와는 대조적으로 거미류나 갑각류들은 두부와 흉부가 합쳐진 **두흉부(cephalothorax)**와 복부를 가져서 몸의 체절이 줄어져 있다.

진화과정에서, 절지동물들은 실제로 스위스 군대용 칼처럼 생긴 부속지들을 갖도록 진화하였고, 각 종에 따라서 걷기, 유영하기, 그리고 날기에 적합한 형태로 변형되었다. 또 어떤 절지류들에서는 먹이 사냥과 먹이 섭취를 촉진해 주는 집게가 발달하였다. 머리에는 먹이를 씹거나 빨 수 있게 해 주는 구강 부위들과 냄새나 진동을 감지할 수 있는 *더듬이*들과 같은 다른 부속 기관들이 나와 있다. 이 장의 서두 사진에 보인 쇠똥구리도 수저용 칼처럼 생긴 구강 부위들이 똥 덩어리를 쪼개서 먹기에 적합하도록 특수화된 구강부를 가지며, 천적들과 싸워서 제거할 수 있는 뿔을 갖는다. 수백만 종에 달하는 절지동물들이 이와 같은 다양한 변화를 통해서 각 동물들로 하여금 매우 다양한 환경조건들을 개척해 나가게 해준 것이다.

주요 절지동물의 주요 강들 성공적이고 매우 다양한 절지동물문 동물들은 수많은 강(class)들로 나누어지는데, 여기서는 매우 익숙한 강들에 대해서만 알아보기로 한다.

지네류(centipede)들은 순각강(class Chilopoda)에 속하는 동물들로서, 머리와 각각 1쌍씩의 관절형 다리들이 나 있는 넓적한 여러 체절들로 이루어진 몸통을 가져서, 다른 곤충들, 벌레들, 작은 연체동물들이나 그 밖의 먹이들을 찾아 재빨리 움직일 수 있다. 지네류는 몸통의 첫 번째 체절 위에 있는 독발톱으로 먹이를 잡아 죽인다. 일부 거대한 열대성 지네류는 사람에게도 위험하지만, 돌이나 나무 밑의 축축한 곳에 잠복해 사는 대부분의 지네류는 사람에게 해롭지 않다.

노래기류(Millipede)들은 배각강(class Diplopoda)에 속하는 동물들로서, *지네류*와는 반대로 서서히 움직이는 절지동물들이다. 이 동물들은 체절당 각 2쌍씩의 다리를 가지며, 둥근 몸통을 하고, 살아 있는 먹이들보다는 썩어가는 채소들을 더 좋아한다.

갑각류(Crustacean)들은 갑각강(class Crustacea)에 속하는 동물들로서 게, 새우, 바닷가재, 따개비, 가재 등이 포함된다. 이 동물들은 서로 다른 모양을 하므로, 다음 두 가지 일반성만 적용한다:

1. 거의 대부분이 칼슘염을 함유한 외골격인 **갑각(carapace)**이라는 보호 껍질로 덮여 있다는 것과,
2. 모두 2쌍의 더듬이를 갖는다.

거미류(Arachnid)들은 거미강(class Arachnida)에 속하는 동물들로서, 거미, 진드기, 응애, 전갈 등이 포함된다. 거미류 동물들에는 더듬이가 없으며, 두흉부를 가지며, 체절화된 복부를 가지고, 보통 6쌍의 부속지를 가진다. 거미에서는 첫 번째 쌍의 부속지는 독을 뿜는 *협각*(chelicerae)으로 변형되어 먹이를 죽이거나 자신을 방어하는 데 사용한다. 두 번째 쌍의 다리로 먹이를 잡고 독(또는 효소들)을 넣는다. 나머지 네 쌍이 거미들이 이동할 때 사용하는 다리들이다. 또한 거미들은 복부 뒤쪽에 강철보다 강력한 탄력성을 갖는 실을 뽑아내는 기관인 **방적돌기(spinneret)**라는 기관을 가진다.

곤충류(insect)들은 곤충강(class Insecta)에 속하는 동물들로서, 지구상에서 가장 크고 가장 성공적인 동물 강이다. 대부분의 곤충류들은 열대지방에서 극지방에 이르는 육지에서 서식한다. 많은 동물학자들은 곤충들의 성공은 앞에서 설명한 절지동물들이 갖는 형질들에 기인하지만, 그에 더하여 곤충들의 크기가 작다는 것과 나를 수 있다는(많은 종에서) 능력이 있기 때문으로 생각한다. 몸체가 작은 것이 광범위한 미세서식지들—나무껍질, 나뭇잎의 뒷면, 동물들의 밀집된 털, 쌓여 있는 동물의 변 또는 광대한 상공 등—에서 살 수 있게 해준다는 것이다.

특이한 몸체의 구성 또한 곤충들의 성공을 도왔다. 많은 곤충들이 몸의 여러 부위에 후각, 촉가, 미각, 시각 및 청각 등을 담당하는 기관들을 가진다. 곤충의 머리에는 1쌍의 더듬이가 나와 있으며; 흉부에는 3쌍의 다리를 가지며, 일반적으로 1쌍 또는 2쌍의 날개를 가지며; 복부에는 부속기관들을 갖지 않는다. 변형된 체절들과 구강부가 곤충들로 하여금 먹이를 효율적으로 먹을 수 있게 해준다. 앞에서 살펴본 대로 쇠똥구리는 다목적 "절단용" 구강부를 가진다. 모기는 피부를 뚫고 피를 빨 수 있는 뾰족한 침돌기(stylet)를 가진다. 메뚜기와 같은 곤충은 식물 잎을 재빨리 씹을 수 있는 입을 가진다.

곤충들은 외골격으로 제한을 받고 있음에도 불구하고 다양한 방법으로 생장하도록 진화하였으며, 계절이 바뀜에도 불구하고 번성할 수 있는 여러 방법을 갖는다. 메뚜기나 바퀴

복부(abdomen)
절지동물의 몸에서는 뒤쪽 부위; 척추동물의 몸에서는 복부가 가슴부위와 요대 사이에 위치함

두흉부(cephalothorax)
일부 절지동물들에서 머리 부위와 가슴 부위가 합쳐진 부위

지네류(centipede)
각각 1쌍씩의 다리들이 나 있는 넓적한 체절들을 갖는 절지동물들

노래기류(millipede)
각각 2쌍씩의 다리들이 나 있는 긴 체절들을 갖는 절지동물들

갑각류(crustaceans)
보호성 패각과 2쌍의 더듬이를 가지고 있는 절지동물들; 게, 새우 및 가재 등이 여기에 속함

갑각, 두흉갑(carapace)
여러 절지동물에서 두흉부를 덮고 있는 외골격; 거북과 아르마딜로(빈치목)의 몸을 덮고 있는 단단한 껍질

거미류(arachnids)
더듬이가 없고, 보통 8개의 다리를 가지고 있는 절지동물들; 거미, 응애, 진드기, 전갈 등이 이에 속함

방적돌기(spinneret)
거미에 있는 관 모양의 부속 기관으로서 거미줄을 만들며, 명주실을 풀어내는 일부 곤충들에도 있음

곤충(insect)
곤충강에 속하는 동물들; 곤충들은 머리, 가슴, 배의 3부위를 갖고, 3쌍의 다리들과 일반적으로 2쌍의 날개를 가짐; 동물영역에서 제일 큰 강(class)임

벌레와 같은 일부 곤충들은 배(embryo)가 날개와 생식기관만 없는 축소판 성체로 나타난다. 이 어린 새끼가 먹이를 먹고 자라며 5~6번 탈피함으로써, 점진적으로 몸 크기와 특징들을 갖는 성체로 된다. 그러나 파리, 나비, 쇠똥구리를 포함하여 대부분의 곤충들은 배가 미성숙 형태인 **유충(larva)**으로 된 후 게걸스럽게 먹은 다음, **번데기(pupa)**로 되는데, 일부 곤충들은 번데기 시기에 고치에 쌓여 있다. 이어서 번데기 외골격 안에서 형태가 완전히 변화하는 과정인 **변태(metamorphosis)**가 일어난다. 최종적으로, 탈피를 통해 생식적으로 성숙된 성체가 나타난다(**그림 13.8**). 변태를 하는 곤충들에서는 유충들과 성체들이 매우 다른 먹이와 환경조건에 적응할 수 있는 것이다. 이 성공적인 진화적 해결책이, 유충들로 하여금 먹이 섭취와 에너지 획득을 가능하게 해줬고, 성체가 생식적 면에서 특수화되게 해준 것이다.

절지동물에서 가장 흥미 있는 것은 아마도 흰개미류, 개미류, 벌류와 같은 **사회적 곤충(social insect)**들이 있다는 것이다. 이들 곤충 종들의 대부분은 역할에 따른 큰 집단들로 나뉘는 **계급(caste)**을 가지는데, 계급 집단에 따라 외모와 행동이 다르며, 그와 같은 곤충 집단들은 매우 성공적인 것이다. 이런 사회적 곤충 집단들은 어떤 의미로 볼 때, 단일 생명체로서 집을 짓고, 도시들을 형성하며, 스스로 적들과 대적할 수 있고, 먹이를 거둬들이며, 생식할 수 있는 능력들을 가진 협조적 체제를 가지므로 고도로 진화한 기능들을 가졌다고 볼 수 있다.

여기까지는 다양한 선구동물들에 대해서 공부한 것이고, 이제부터는 배에서 첫 개구가 항문이 된 다음 두 번째 개구가 입이 되는 동물들인 후구동물들에 대해 알아보도록 하자.

그림 13.8
애벌레에서 딱정벌레까지: 호르몬이 변태를 일으킴

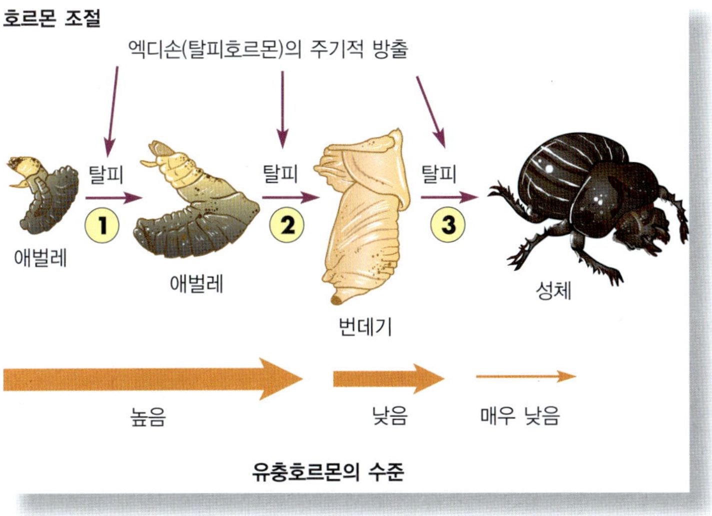

후구동물

그림 13.2의 계통수에서 볼 때, 또 하나의 동물계열이 후구동물이다. 계통수 줄기로부터 해면동물들과 방사형 동물들이 분기된 다음, 좌우대칭형 동물들로 진화하여 앞에서 살펴본 여러 선구동물들과 후구동물들로 나뉘었다. 후구동물은 세 문(phylum)인 극피동물, 반삭동물 그리고 우리 인류가 포함되는 척삭동물로 나뉜다.

극피동물: 최초의 내골격 동물

극피동물문(Echinodermata)에는 불가사리(**그림 13.9**), 거미불가사리, 성게, 해삼 그리고 바다백합 등이 있다. 해양의 바닥 가까이의 생체량의 90% 정도가 극피동물로 구성되어 있다. 극피의 의미는 "가시 있는-피부"란 뜻이며, 이 문의 동물들 대부분이 가시 같은 돌기 구조물을 가짐으로써, 천천히 움직이는 이들 동물들을 천적들로부터 방어하는 데 도움을 준다. 이 가시 구조물들은 내부 체계를 지지해 주는 **내골격(endoskeleton)**들로부터 뻗어 나온 칼슘 함유물이다. 내골격을 가진다는 혁신 외에, 극피동물들은 **수관계(water vascular system)**라 부르는 유압계를 가지는데, 이것은 체강으로부터 만들어진 것이며 개체의 이동을 촉진시킨다. 극피동물들은 다른 형질들의 복합체를 갖기도 한다. 한편, 배설계 및 호흡계가 없는 일부 종들은 더 복잡했던 조상 종들에서 2차적으로 상실된 것으로 추정한다.

극피동물들의 유생은 좌우대칭성이지만, 여러 종들의 성체는 머리와 뇌 부위가 없고, 두화의 상실에 의해 다섯 방향의 방사대칭성 또는 좌우대칭성을 가진다. 신경 축들은

유충(larva)
곤충을 비롯한 여러 동물들에서 미성숙 형태

번데기(pupa)
완전 탈피를 하는 곤충들에서, 유충과 성충 사이인 시기의 단계; 나방과 같은 일부 곤충들에서는 고치에 쌓여 있음

변태(metamorphosis)
배 발생동안 뚜렷이 형태가 변화하는 과정; 곤충류에서는 애벌레 같은 유충시기로부터 나비와 같은 성충으로 바뀌는 것을; 양서류에서는 올챙이로부터 개구리로 바뀌는 것을 변태라 함

사회적 곤충(social insect)
개미, 벌, 흰개미들과 같은 곤충집단에서, 상관있는 개체들이 군체를 이루어 복잡한 사회적 행동을 하는 곤충

계급(caste)
사회적 곤충들 중 외모와 행동이 다른 아집단

극피동물문(Echinodermata)
불가사리, 거미불가사리, 성게, 해삼 등과 같이 "침 모양의 피부"를 가진 동물들 문의 하나

내골격(endoskeleton)
척추동물의 뼈대들과 같은 내부 지지 구조물

수관계(water vascular system)
극피동물들에서 관족(tube feet)이라 부르는 다른 물체에 붙어서 이동이나 먹이 잡는데 사용하는 액체가 채워진 관상 구조물

반삭동물문(Hemichordata)
의삭류들이 포함되는 동물 문의 하나

척삭동물(Chordata)
척삭이나 때로는 척주를 가지는 동물들이 포함되는 동물 문

척주(vertebral column)
등뼈

척추동물(vertebrate)
척주(등뼈)를 가진 동물

척삭(notochord)
척추동물의 등뼈 위치를 표시하는 척삭동물 배에 있는 중배엽성 세포들의 막대형 구조물

그림 13.9
극피동물류: 가시-피부를 가진 해양 서식자들

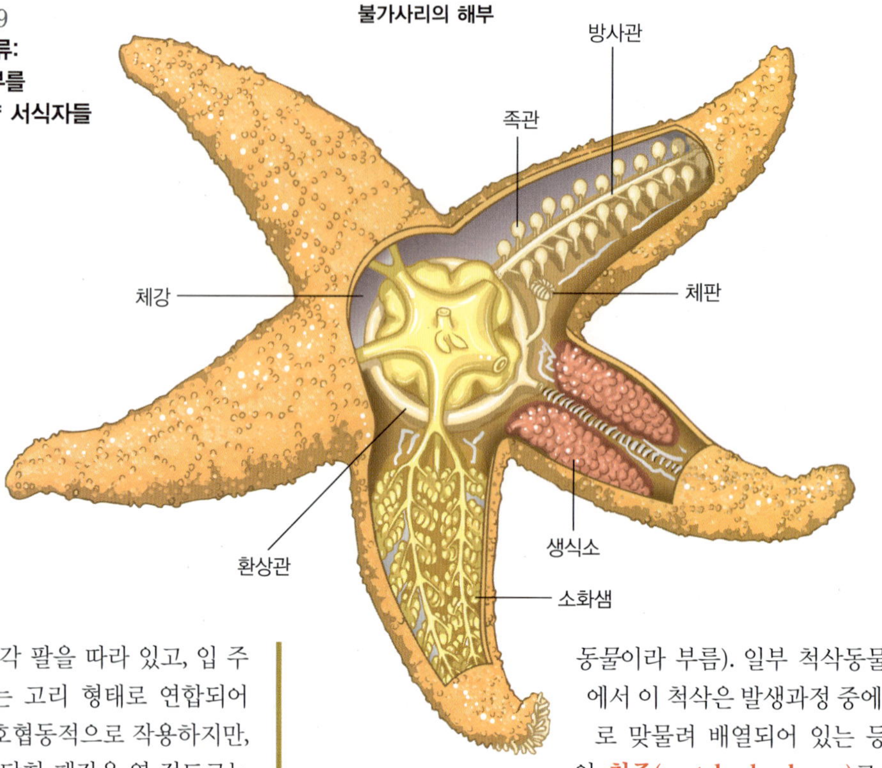

성체의 각 팔을 따라 있고, 입 주위에서는 고리 형태로 연합되어 있다. 이와 같은 단순한 체계가 상호협동적으로 작용하지만, 천천히 움직이는 사지들의 운동이 닫힌 패각을 열 정도로는 충분하다.

반삭동물: 벌레 같은 후구동물들

작은 **반삭동물문(Hemichordata)**은 바다 진흙 속에 구멍을 파고 살며, 배(embryo)가 극피동물의 것과 매우 유사한 방법으로 발생하는 몇 백 종의 벌레들로 구성되어 있다. 가장 일반적인 반삭동물이 의삭류(acorn worm)들이다. 최근의 분자유전학적 증거를 근거로, 동물학자들은 반삭동물이 척삭동물보다는 극피동물과 근연임을 밝혔다(**그림 13.2** 참조).

반삭동물들은 완전한 소화기관을 가지며 몇 가지 특징들은 척삭동물과 유사하다. 반삭동물들은 물고기나 사람 배아의 아가미궁(gill arch)과 유사하게, 인두에서 열려 물을 통과시키는 아가미 틈들을 가진다(그림 9.4 참조). 더욱이, 그들은 하나의 등쪽 신경삭을 가질 뿐 아니라(이는 척삭동물과 공유), 하나의 배쪽 신경삭을 가진다(척삭동물에는 없음).

목표3 척삭동물의 진화

척삭동물(척삭동물문)들은 지구상에서 우리와 가장 친숙하며 복잡한 동물들이다(그림 13.10). 이 동물 집단에는 우리 인류를 비롯해, 애완동물들, 가축들, 그리고 가장 대중적인 자연에 관한 영화나 사진 촬영의 대상들이다. 불가사리나 의삭류처럼 척삭동물도 후구동물이다. 그러나 앞의 두 문(phylum)의 단순한 동물들과는 달리 척삭동물들은 그들 등 쪽에 쭉 뻗은 단단하면서도 구부릴 수 있는 척삭을 가진다(그래서 척삭동물이라 부름). 일부 척삭동물들에서 이 척삭은 발생과정 중에 서로 맞물려 배열되어 있는 등뼈인 **척주(vertebral column)**로 바뀌어서, 이들이 몸체의 내부 지지대 역할을 한다. 이와 같은 척주를 가지는 동물들을 **척추동물(vertebrate)**이라 부른다. 그리고 무척추동물은 수백만 종이 있는데 비하여, 척추동물에는 50,000여 종만 있지만, 척주를 갖는다는 것이 가장 성공적인 진화적 설계로서, 이로 인해 이들 동물로 하여금 지구상에서 가장 빠르게 달릴 수 있게 하며, 가장 높이 나를 수 있게 하며, 가장 물속 깊이까지 수영할 수 있게 하며, 가장 민첩하게 기어오를 수 있게 하고, 또한 닥쳐오는 문제들을 가장 잘 해결할 수 있는 능력을 부여해 줌으로써, 가장 큰 부류의 동물들로 자리 잡게 해준 것이다.

척삭동물의 특징들

모든 척삭동물들은 주요 동물학적 혁신들을 보여주고 있는데, 그것들은 좌우대칭성 체형, 두화, 완전히 구분되는 체강 그리고 들어오는 곳과 나가는 곳이 뚜렷한 일방향성 소화관 등이다. 이러한 혁신들 중 가장 대표적인 것이 척추동물들은 그들 스스로가 척삭, 신경삭, 아가미 틈, 근절, 꼬리와 같은 매우 활동적이며 능숙한 형질들로 방산하게 해 주었다는 것이다.

척삭과 신경삭

척삭동물들은 새로운 구조물인 **척삭(notochord)**을 가지는데, 이것은 단단하면서도 구부릴 수 있는 막대형 구조물로서 내부 지주 역할을 하며, 일반적으로 배(embryo) 시기에서부터 성체까지, 뇌로부터 꼬리 위까지 뻗어 있다(**그림 13.11**). 척삭동물들이 가지는 두 번째 혁신적 구조물이 등 쪽에 있는

그림 13.10
척삭동물문

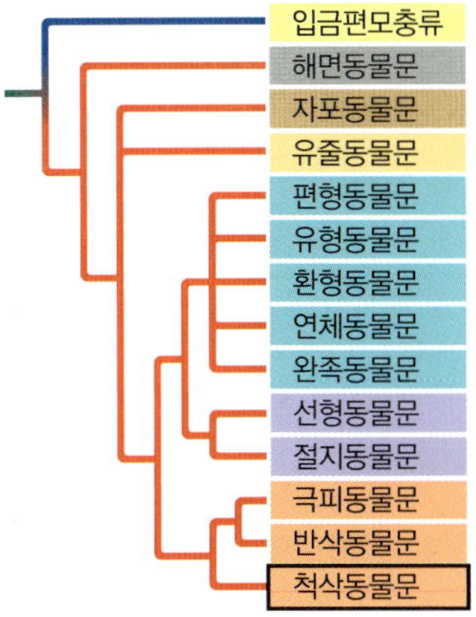

> 척주가 이들 동물들로 하여금 지구상에서 가장 빠르게 달릴 수 있게 하며, 가장 높이 나를 수 있게 하며, 가장 물속 깊이까지 수영할 수 있게 하며, 가장 민첩하게 기어오를 수 있게 하고, 또한 닥쳐오는 문제들을 가장 잘 해결할 수 있는 능력을 부여해 줌으로써, 가장 큰 부류의 동물들로 자리 잡게 해준 가장 성공적인 진화적 설계이다.

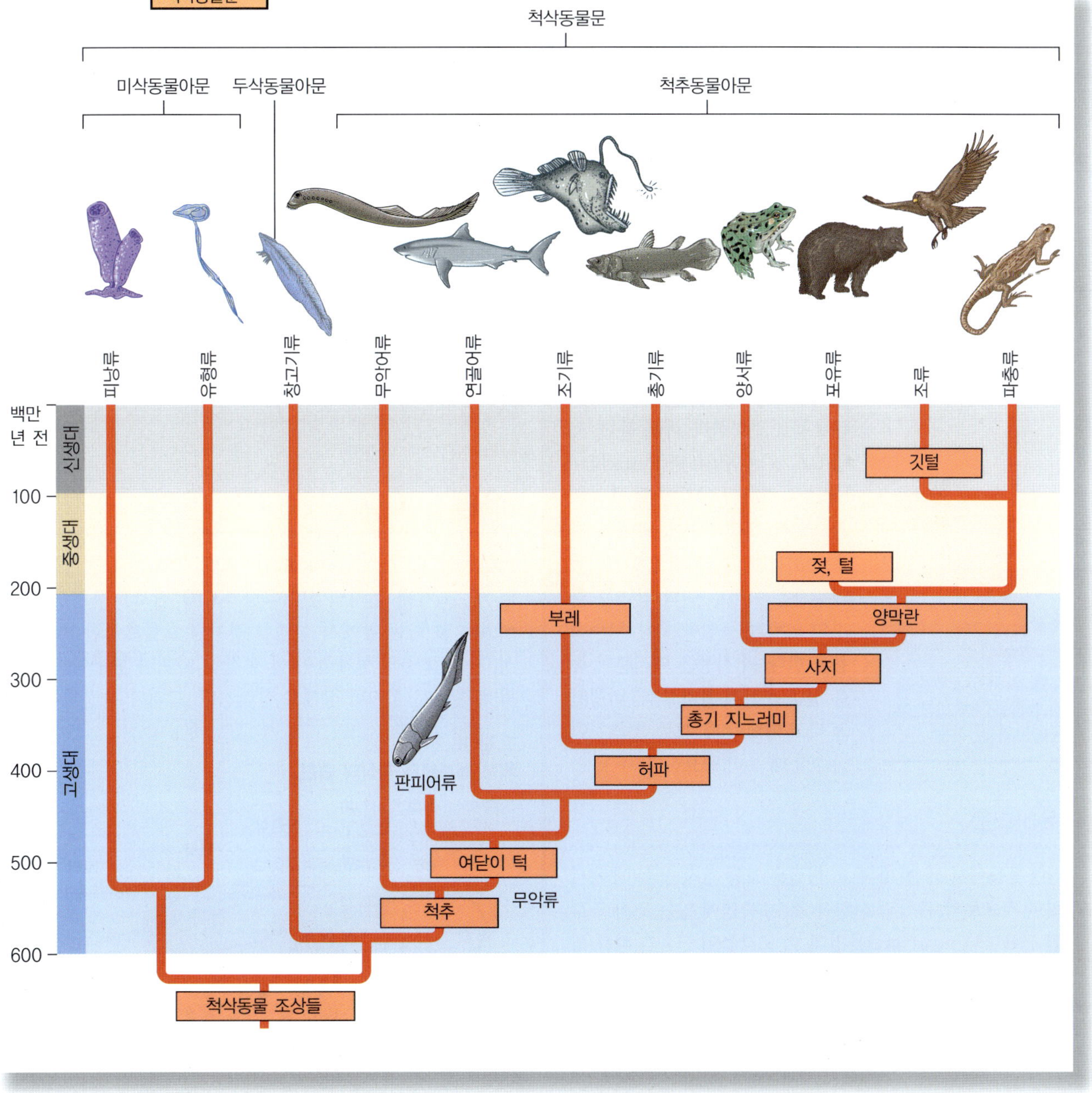

척수(spinal chord)
척추동물에서 척삭 바로 위에서부터 등 쪽으로 쭉 위로 뻗어 있는 신경조직들의 관상구조물

인두(pharynx)
[1] 척추동물에서는 코와 입에서부터 후두와 식도까지 연결시키는 관 구조물; 호흡 때에는 공기의 전달 그리고 음식을 목으로 삼켜주는 역할을 함 [2] 편형동물에서는 입과 장을 연결시켜 주는 짧은 관 구조물

아가미 틈(gill slit)
척삭동물에서 인두부터 외부 쪽으로 열려 있는 몇 쌍의 개구부

근육마디(myomere)
배 조직 또는 유충조직의 조각들로서 근육과 뼈를 생산함

미삭동물아문(Urochordata)
멍게가 속하는 척삭동물문의 한 아문으로서, 유충은 척삭의 다섯 가지 특징들을 가짐

두삭동물아문(Cephalochordata)
창고기가 속하는 척삭동물문의 한 아문으로서, 성체는 척삭의 다섯 가지 특징들을 가짐

척추동물아문(Vertebrata)
척주를 가지거나 척주를 가진 동물들이 속하는 척삭동물문의 한 아문

척수(spinal cord; 신경삭이라고도 함**)**인데, 이것은 신경조직의 관상 구조물로서 동물 몸 길이만큼 척삭 위로(등 쪽으로) 뻗어 있다. 척수는 마치 중심적 "중계선"처럼 신경충격을 운반해 줌으로써, 몸의 이동들과 감각들을 통합해 주는 역할을 한다. 대부분의 척삭동물들에서 신경삭은 배 시기로부터 성체 시기까지 전 기간을 통해 존재한다.

아가미 틈

척삭동물들의 세 번째 혁신이, 소화관들의 앞부분에 해당하는 **인두(pharynx)**까지 나 있는 쌍으로 된 **아가미 틈(gill slit)**들이다. 우렁쉥이(또는 멍게라 부름)와 같은 간단한 척삭동물은 물에 들어 있는 먹이 입자들을 여과하는 데 아가미 틈들을 사용한다. 어류들은 가스 교환 하는 데 아가미 틈들을 사용한다. 대부분의 파충류, 조류(새 종류) 및 포유류 동물들에서는 아가미 틈들은 배 시기에만 보이는 흔적기관이거나 아가미 틈들이 다른 구조물로 변화한다. 예를 들면, 사람에게 있는 귀인두관(Eustachian tube)은 하나의 아가미 틈 흔적기관으로서, 사람의 목구멍에서 가운데 귀까지 연결되어 있다. 이 귀인두관은 여러분 귀의 압력을 환경의 압력과 동일하게 해주는 작용을 한다. 이 작용은 여러분이 높은 산을 운전해 올라갈 때, 비행기를 타고 여행할 때, 또는 물속 깊이 잠수할 때 특히 중요하다.

근육마디들

척삭동물들에서 네 번째 주요 형질은 보통 유생 또는 배에서 뚜렷한 것으로서, 축삭과 신경삭(척수) 측면에 있는 조직 조각들인 **근육마디(myomere)**들인데, 이 조각들이 근육과 뼈를 생성한다. 근육마디들이 척삭동물에서 분절화의 주 신호들이다. 여러분이 생선을 먹을 때, 근육마디에서 유래된 먹음직스러운 근육층(생선 살)들을 쉽게 볼 수 있을 것이다. 또는 여러분 자신의 갈비뼈들을 느낄 수 있을 것인데, 갈비뼈 각각이 여러분이 배아 시기일 때 생기는 근육마디들로부터 만들어진 것이다.

꼬리

척삭, 신경삭(척수) 그리고 근육마디들은 척삭동물의 다섯 번째 특징인 꼬리까지 뻗어 있다. 사람을 포함한 척삭동물들은 발생과정 중 어느 시점에서 꼬리가 항문 뒤쪽까지 튀어나온다. 대부분의 척삭동물들은 평생 동안 하나의 꼬리를 가진다. 그러나 사람의 경우엔 성체에서 꼬리가 없고, 꼬리는 단지 배아 시기에서만 잠시 나타난다.

척삭동물 특징들의 중요성

척삭동물들이 가지는 척삭, 척수, 아가미 틈, 꼬리 및 근육마디들과 같은 새로운 특징들은 극적인 진화적 영향을 갖게 하였다(**그림 13.12**). 척삭과 그 후 척주에 의한 신체적 지지가 공룡이나 고래와 같은 큰 척삭동물로 성장할 수 있게 해 주었다. 등 쪽의 신경삭이 신경의 상호작용을 집중화시키고 정확한 감각과 지능을 갖도록 진화하게 해준 것이다. 이것들로부터 민첩함과 음성적 의사전달을 포함한 광범위한 행동들을 발달시켰다. 꼬리는 이동, 평형유지 및 의사소통 등을 가지는 주요 기관이 되었다.

척삭동물 계열의 세 가지 주요 가지들

생물학자들은 모두 50,000여 종에 달하는 척삭동물들을 세 가지 아문(subphyrum)인 **미삭동물아문(Urochordata)**, **두삭동물아문(Cephalochordata)**, 그리고 **척추동물아문(Vertebrata)**으로 나눈다.

미삭동물: 피낭류

미삭동물은 *피낭류*(tunicates)라고도 불리는데, 척삭동물 계열 중 초기에 분기되었다(**그림 13.10** 참조). 우렁쉥이(sea squirt; 멍게)는 앞에서 설명한 것처럼 흐물흐물한 피낭류로서, 자루 모양의 성체들이 물에 잠긴 바위나 항구에 박힌 말뚝에 붙어서 정지한 상태로 살아간다. 그러나 우렁쉥이 유생

그림 13.11
체형 체계에서 척삭의 출현

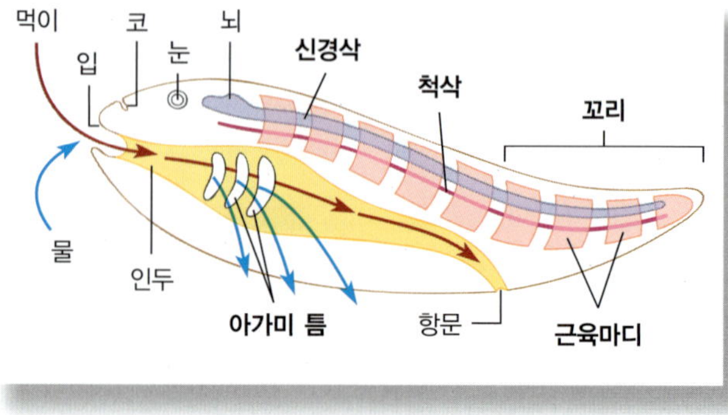

그림 13.12
척삭 체형에 기초한 진화체계

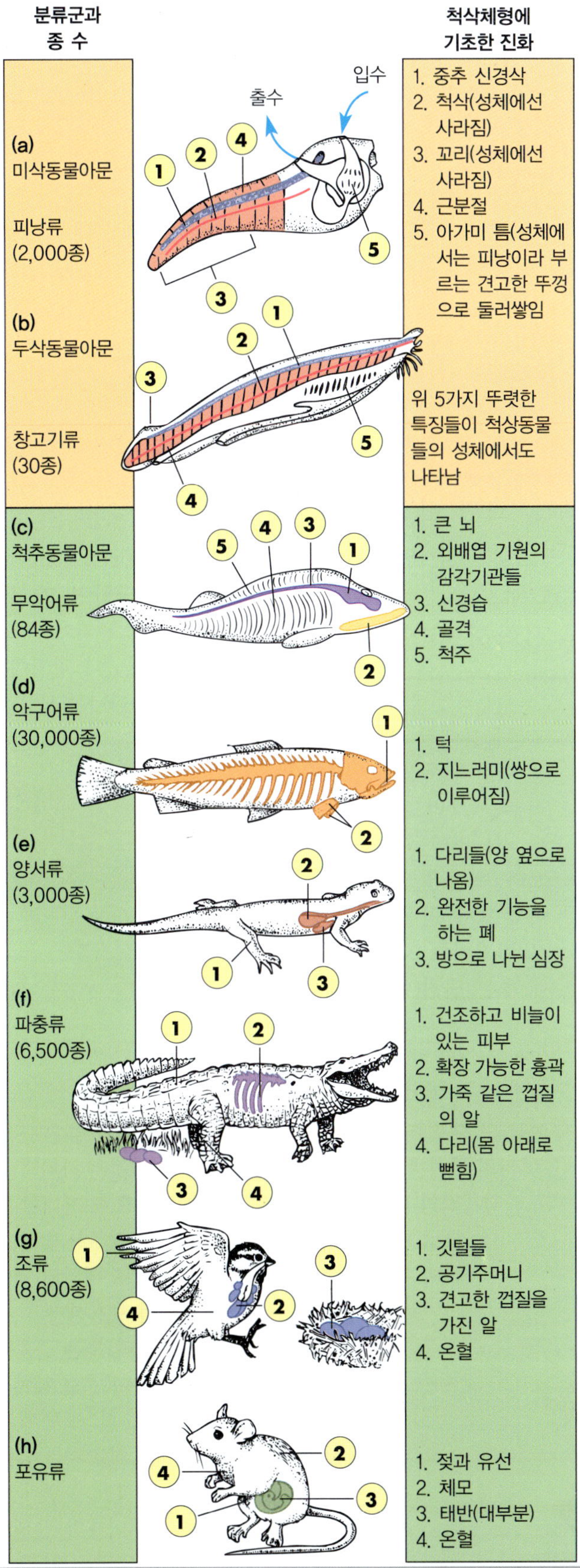

창고기(lancelet)

작고, 유선형 몸을 가지며, 물고기처럼 생긴 해양동물로서, 몸의 반 정도는 모래에 묻고 있는 두삭동물의 한 종

들은 자유 생활을 하여, 몸통의 근육마디들과 꼬리가 유영할 수 있는 힘을 내며, 나중에 꼬리 자체는 척삭에 의해 굳어진다. 신경삭이 유생들의 운동을 일정하게 해주고, 유생들은 아가미 틈들을 통해 물을 여과하여 먹이를 얻는다(**그림 13.12a,b**). 유생들은 종국에는 정착하여, 물에 잠긴 바위에 달라붙고, 극적인 변태과정을 통해 정지형의 성체가 되는데, 이때 그 꼬리는 척삭과 신경삭으로 흡수된다. 성체는 수백 개의 아가미 틈들로 구멍이 나 있는 인두를 가지는 피낭(tunic)으로 둘러싸이게 된다[이 때문에 미삭류(urochordate)라는 이름 대신 피낭류(tunicate)라는 통속 명칭을 가진 것이다]. 때때로 그들은 강제적으로 물을 몸 밖으로 분출시키므로, 바닷물총이라는 통속명으로도 불린다.

우렁쉥이들과는 대조적으로 미삭동물 아문의 다른 강에 속하는 유형류(larvaceans)는 성체에서도 척삭동물의 5가지 특징을 갖는다. 이들 동물이 척삭동물 연구에서 중요한데, 그 이유는 어류 조상이 아마도 미삭류-유사 유생에서부터 진화하였기 때문이다. 생물학자들이 진화과정에서 어떻게 새로운 형질들이 출현하였는가에 관한 연구방법 중의 하나가 미삭류와 어류의 유전자들을 비교하는 것이다.

두삭동물: 창고기류

척삭동물의 두 번째 집단에서는 척삭이 머리의 앞 분분으로부터 뻗어 나오므로 이 동물들을 *두삭류*(cepharo-chordate)라 부른다. **창고기(lancelet)**라고 부르는 두삭동물은 몸집이 작고, 그 체장이 5 cm 정도인 유선형의 해양동물이다. 이들은 얕은 해안이나 만의 모래에 꼬리를 먼저로 하여 몸의 반쯤을 묻고 산다. 우렁쉥이는 성체에서 척삭, 신경삭 및 꼬리를 잃지만, 창고기는 전 생활사에서 척삭동물의 5가지 특징을 유지한다. 그러나 우렁쉥이류처럼 창고기류도 여과섭식자이다. 창고리류는 입 주위에 섬모 같은 구조를 가지며 인두에 먹이를 잡는 끈적끈적한 점막 부위를 갖는다. 먹이가 불충분한 경우엔 창고기들은 묻힌 자리에서 나와 먹이가 많은 부위로 이동한다. 이와 같이 창고기가 먹이를 찾아 움직일 수 있는 이동 능력이 정지되어 사는 우렁쉥이에게는 없는 것이다. **그림 13.10**의 계통수에서 두삭동물이 척추동물의 바로 아래 집단임을 주먹하라.

척추동물: 등뼈를 가진 동물들

약 5억 5,000만 년 전인 고생대 개시기에 두삭류 중 사나

무악류(agnathan) 턱이 없는 물고기들

무악어류(jawless fish) 턱이 없는 물고기류; 무악류

유악어류(jawed fish) 턱이 있는 물고기류

판피어류(placoderm) 고대에 살았던 턱이 없는 어류(악구어) 집단으로서, 이들로부터 현대 어류들로 진화함

운 종들은 고대 바다를 헤엄쳐 다니기 시작했음이 화석 기록으로 남아 있다. 이들 새로운 동물들은 먹이를 찾고 덫을 놓아 잡아먹는 방법들을 향상시킨, 사납고 교활한 약탈자들이었다. 이러한 동물들이 첫 번째 척추동물인 어류(fishes)이다.

어류 초창기 어류는 고대 해양의 진흙 바닥에서 살며, 유선형 몸체를 가진 여과섭식자들이었다. 그들은 약 30 cm 정도의 체장을 가졌으며, 고정적이고 원형 모양의 턱이 없는 입을 가져서 단지 섬모들의 작용보다는 근육 펌핑운동에 의해 먹이 찌꺼기들을 여과하였다. 이러한 물고기들을 턱이 없다는 의미의 **무악류(agnathan)**라 부른다. 고대의 무악 어류들이 모두 현대 어류로 된 것이지만, 그들은 또한 양서류, 파충류, 조류 및 포유류를 낳게 하였다. 이들 후손 집단들에 대해서는 뒤에 설명하기로 하고, 이제부터 어류 진화의 주요 네 계열인 (1) 무악어류, (2) 연골어류, (3) 조기어류, 그리고 (4) 총기어류에 대해 알아본다.

> "어류는 두개, 골격, 교합 턱, 쌍으로 된 지느러미 및 척추 등의 중요하고 새로운 적응들을 갖도록 진화하였다."

무악어류(jawless fish)는 척삭동물의 공통적 특징 외에 4가지 주요 특징들을 더 가지는데, 이에는 (1) 큰 세 부위의 뇌; (2) 배에서 외배엽이 두꺼워져 고도로 한 쌍씩의 특수화된 감각기관들(눈의 수정체, 귀, 코)로의 발생; (3) 발생 배에서의 이동성 세포집단들로서 아가미 판(gill bar), 일부 호르몬-생성 세포들 및 효과적인 내장기능을 가지게 하는 일부 신경세포들 집단인 신경관(그림 8.7 참조); 그리고 (4) 칼슘, 인 및 기타 광물질들에 의해 견고해진 세포들과 단백질들의 망상체 구조물인 골격 등이다. 견고한 골판들이 초창기 어류의 뇌를 둘러싸 보호해 주는 갑옷처럼 작용함으로써, 이것이 고대 어류를 거대한 바다전갈과 같은 무척추동물의 공격에 대한 방패 역할을 했다. 오늘날에도 칠성장어와 같은 무악어류가 있지만, 이들은 골판들을 상실하였다. 신경관 세포들은 아가미 틈 사이에 활모양의 막대형 받침 뼈를 만듦으로서, 이러한 지주역할과 강력한 근육들의 작용이 합해져 어류들로 하여금 어류 이전의 동물들이 섬모들을 사용했던 것보다는 더 강하게 아가미들과 인두를 통해 물을 끌어드리게 해줬다. 이 강력한 수류를 통해 무악어류들이 많은 양의 먹이를 섭취할 수 있게 해주어, 몸체가 6~30배 더 크게 자랄 수 있게 해준 것이다. 칠성장어나 먹장어와 같은 현대 무악어류들은 매우 유연성을 갖는 내부 연골성 골격들을 가진다. 칠성장어들은 그들의 먹이에 달라붙어서 영양분을 빨아먹는 기생성 동물이다. 칠성장어가 일단 달라붙으면, 그 먹이의 몸통을 날카로운 혀로 문질러서 조직들을 소화시킨 다음, 액체화된 물질들을 먹어 소모한다. 그러나 일부 칠성장어류들은 성체들이 기생성이 아니고, 일단 성적으로 성숙한 개체로 변태한 다음에는, 전혀 먹이를 먹지 않고서 생식작용을 끝낼 때까지 산 다음 죽는다.

유악어류(Jawed fishes)는 화석 기록에 의하면 약 4억 7,000만 년 전에 **판피어류(placoderm)**로 나타났다. 판피어류들은 그 후에 나타나는 모든 척추동물들에서 유용한 3가지 새로운 혁신적 특징들인 교합 턱, 척추들 그리고 쌍으로 된 지느러미들을 가진다. 턱들은 무악어류에서 처음으로 아가미를 지지해 주는 골격(아가미 판)들로부터 온 것이다(**그림 13.13**). 이 교합 턱이 판피어류들로 하여금 큰 갈조류 잎들, 조개류들 및 다른 어류들과 같은 큰 덩어리의 먹이를 먹을 수 있게 해준 것이다. 이것은 하나의 큰 경쟁적인 이점이었으며, 일부는 신체적으로 거대한 턱으로 되었던 것이다. 두 번째 특징인 척주는 발생 중에 척삭이 크게 대치된 연속적으로 배열된 뼈들로서, 아치 모양을 하며 척수를 보호한다.

이렇게 만들어진 척주(등뼈)들은 근육이 결합할 수 있는 부위를 제공하여, 물을 헤치고 더 강력히 추진할 수 있게 해준다. 세 번째 특징인 쌍으로 된 지느러미들이 헤험치는 방향, 속도 및 잠수 깊이를 더 잘 조절할 수 있게 해준다. 판피어류들로부터 현대 어류가 탄생되

그림 13.13
어류: 가장 다양한 척추동물류

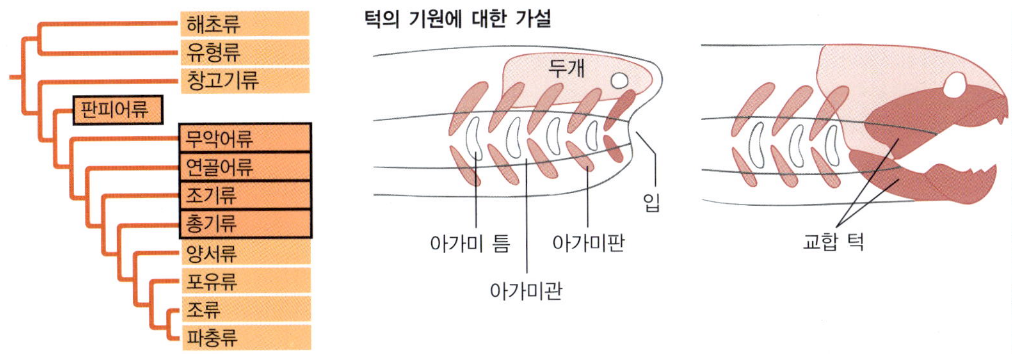

연골어류 (cartilaginous fish) 두개, 척추 및 그 밖의 골격부위들이 경골 대신 연골로 구성된 물고기; 홍어와 가오리가 이에 속함

경골어류(bony fish) 단단한 뼈를 가지는 어류

총기어류 (lobe-finned fish) 경골어류 중 가장 오래된 종; 폐어와 실러캔스 등이 이에 속함

폐어(lungfish) 아가미 외에 허파처럼 생긴 기낭을 가져 공기호흡을 하는 총기어류 중의 하나

실러캔스(coelacanth) 총기어류 중의 하나

조기어류 (ray-finned fish) 지느리미들이 뼈를 덮고 있는 피부 망들로 이루어진 어류

경골어류(teleost) 현대의 단단한 골격을 가지는 어류; 대부분의 물고기들이 이에 속하며, 부레와 단단한 지느러미들을 가짐

양서류(amphibian) 수생의 아가미호흡을 하는 유생으로부터 변태를 통해 공기호흡을 하는 성체로 되는 냉혈의 척추동물들; 개구리, 두꺼비, 도롱뇽 등이 이에 속함

었으며(**그림 13.13**), 데본기(약 3억 3,950만 년 전~3억 4,500만 년 전)를 어류시기라고도 부르는데, 그 이유는 이 시기에 지구상 호수와 바다에 어류들이 우점하였기 때문이다. 오늘날의 대부분 어류들은 두 계열인 연골어류와 경골어류로 나눈다.

연골어류(cartilaginous fishes)는 판피어류들이 가졌던 무거운 골판들을 상실하고, 그들의 두개, 척추 밑 그 밖의 골격들이 모두 유연한 기질에 섬유성 단백질들을 가지는 연골로 이루어져 있다. 연골어류에는 상어, 홍어 및 가오리 등이 있다. **경골어류(bony fishes)**는 오늘날 우리가 민물고기들과 바닷물고기들 처럼 쉽게 접할 수 있는 모든 물고기들로서, 총기어류와 조기어류의 두 계열로 나뉜다. **총기어류(lobe-finned fish)**는 약 4억 년 전에 출현했으며, 식물의 잎맥처럼 생긴 큰 근육성 지느러미들을 가지는데, 이 지느러미들이 얕은 만의 바다 바닥을 기어 다니게 해준다. 그들은 또 공기호흡을 가능하게 하는 폐를 가졌다. 수면이 낮아질 때, 이러한 적응이 그들로 하여금 공기호흡을 할 수 있게 해줬고 다른 만들의 지역으로 이동할 수 있게 해준 것이다. 오늘날의 총기어류에는 **폐어(lungfish)**와 **실러캔스(coelacanth)**가 있다.

두 번째 어류 집단이 골격들과 턱을 가진 어류들인 **조기어류(ray-finned fishes)** 또는 현대의 **경골어류(teleosts)**인데, 이들은 그들 조상이 가졌었던 살찐 지느러미들을 상실하였지만, 섬세한 골격 줄들 위에 피부 망을 가지는 매우 다용도의 지느러미들을 발달시켰다. 그들의 폐낭(lung sac)이 외부와의 연결능력을 상실하고 부레를 가지게 진화하였는데, 부레는 등뼈 밑에 있는 내부 공기주머니로서 그 용량 조절에 의해 이 동물이 수영할 수 있는 깊이를 조정하게 해준다. 조기어류들은 하나의 큰 그룹으로 방사하였으며, 현재 기록종이 약 30,000종으로서 척추동물 중에 가장 큰 집단이다. 그러나 대부분 물고기들은 물속 생활에 대한 그들의 해부구조를 물려받은 것이다. 거대한 대륙들은 다른 척추동물들인 초창기 총기어류의 후손들이 우점하고 있다. 그럼에도 불구하고, 어류는 두개(skull), 골격, 교합 턱, 쌍으로 된 지느러미들 및 척추와 같은 중요한 새로운 적응들을 갖도록 진화한 것이다.

고대 어류들 후손인 척추 동물들

화석 탐구자들은 데본기에 공기호흡을 하는 총기어류를 포함하여 하나의 새로운 동물집단들이 분기한 강력한 증거를 발견하였다. 이 새로운 동물집단이 육지와 물 모두에서 살 수 있 었던 **양서류(amphibian)**이다.

양서류 약 3억 7,500만 년 전, 최초의 양서류들은 육지생활에 적응할 수 있는 어려운 문제들인 좀 더 효율적으로 걸을 수 있는 방법, 호흡 수단, 습기에 머물 수 있기 등을 극복하였다. 현재 지구상에 있는 양서류는 약 3,000종이며, 개구리류, 두꺼비류, 도롱뇽류 및 벌레 모양의 영원류(apodans) 등이 있다.

초창기 양서류들에서는 총기어류들이 가졌던 근육질 지느러미들로부터 단단한 골격과 강력한 근육을 가진 앞 · 뒤 다리들로 변형되었다. 몸통 옆으로 뻗어 나오므로 해서, 다리들이 동물의 체중을 총기어류의 지느러미들보다 더 잘 받쳐줄 수 있었고, 이로 인해 이 동물이 물의 부력 없이도 육지에서 더 먼 거리를 이동할 수 있게 해 주었다(**그림 13.14**). 도롱뇽 골격들은 아직도 2억 8,000만 년 전 총기어류들이 가졌었던 특징적 양상을 보인다.

그러나 힘을 주어 걷는 것은 먹이를 통한 상당양의 에너지가 요구되었다. 양서류들은 이를 위해 유기호흡에 필요한 많은

파충류(reptile)

껍질을 갖는 큰 알들을 품어 태어나며, 비늘을 가지고, 폐호흡을 하는 냉혈의 척추동물들; 중생대에 우세했던 동물 집단임; 악어류, 뱀류, 도마뱀류, 거북류 등이 이에 속함

양의 산소와 더불어 이러한 에너지가 필요하였다. 양서류의 부드럽고 축축한 피부는 이 동물이 필요로 하는 대부분의 산소를 흡수하고, 이산화탄소를 방출시킨다. 화석증거는 나머지 필요한 가스교환, 즉 초창기 양서류들은 단순하면서도 완전하게 기능을 하는 폐(또는 기낭)를 가져서 가스교환 역할을 제공하였던 것임을 보여준다. 최초의 양서류들은 아마도 오늘날의 개구리나 두꺼비가 하는 것과 매우 유사하게, 삼키는 운동들을 통해 공기를 받아들였을 것이다. 양서류들은 또한 세 방으로 이루어진 심장과 그 밖의 순환적 변화를 통해, 산소-함유 혈액을 조직에 공급하고, 조직으로부터의 탈산소 혈액을 심장으로 이동시키도록 해주는 분리된 심혈관계를 가지게 진화하였다. 이와 같은 심혈관계 분리가 악어류, 포유류 및 조류에서 더 완전하게 되었고, 그에 따라 더욱 더 활발한 활동 수준들을 발휘하게 해 주었던 것이다.

양서류 피부는 가스교환을 위해 그대로 유지되어야만 했기 때문에, 이 동물들은 항상 물기가 있는 장소 또는 물 가장자리 가까운 곳에 서식하여야만 한다. 또한 양서류는 투명한 젤리-모양의 피막을 가진 알들을 낳으므로 이들도 젖은 상태로 있어야만 하며, 그렇지 않으면 알들로부터 물고기처럼 생긴 올챙이들로 태어나기도 전에 죽는다. 대부분 양서류들은 대때로 물 밖으로 나오지만 번식을 위해서는 항상 물로 돌아가야만 한다. 이러한 측면에서 볼 때 양서류는 정자들이 알을 유영해 가야만 하는 이끼류, 고사리류 및 그 밖의 고대 유상식물들과 유사하다.

오늘날, 개구리, 두꺼비, 도롱뇽 집단들과 영원류라 부르는 다리가 없는 동물들이 양서류강 동물 중 유일한 살아남은 종들이다.

파충류 고온다습하고 광대한 석탄기 늪지에서는 수많은 양서류들이 기어 다녔지만, 그들만이 아니었다. 다른 종류의 네-다리를 가진 육상동물인 **파충류(reptile)**들도 역시 육중하게 걸어다녔다(**그림 13.15**). 초창기 파충류들은 겉으로 보기엔 오늘날의 악어를 닮았고, 마치 초창기 종자식물들이 고인 물로부터 벗어나 서식지를 넓혀간 것과 매우 유사하게, 젖은 환경-의존성으로부터 벗어나 육지 생활에 적응하기 위한 4가지 중요한 혁신들을 갖게 진화하였다:

1. 그들의 건조하고 비늘 모양의 피부가 증발을 방지하는 장벽 역할을 하여 체내 수분을 유지하게 해 주었다. 이로 인해 가스교환의 주요 부위였던 피부 표면이 제외되게 되었다.
2. 그들의 확장된 흉곽이 마치 풀무처럼 많은 양의 공기를 끌어드리게 해주었다. 이들의 심혈관계가 양서류에 비해 산소함유 혈액과 무산소 혈액이 더 완전히 분리되도록 잘 변형됨으로써, 여분의 공기가 몸 전체에 잘 분배될 수 있었다.

그림 13.14
육지로의 이주

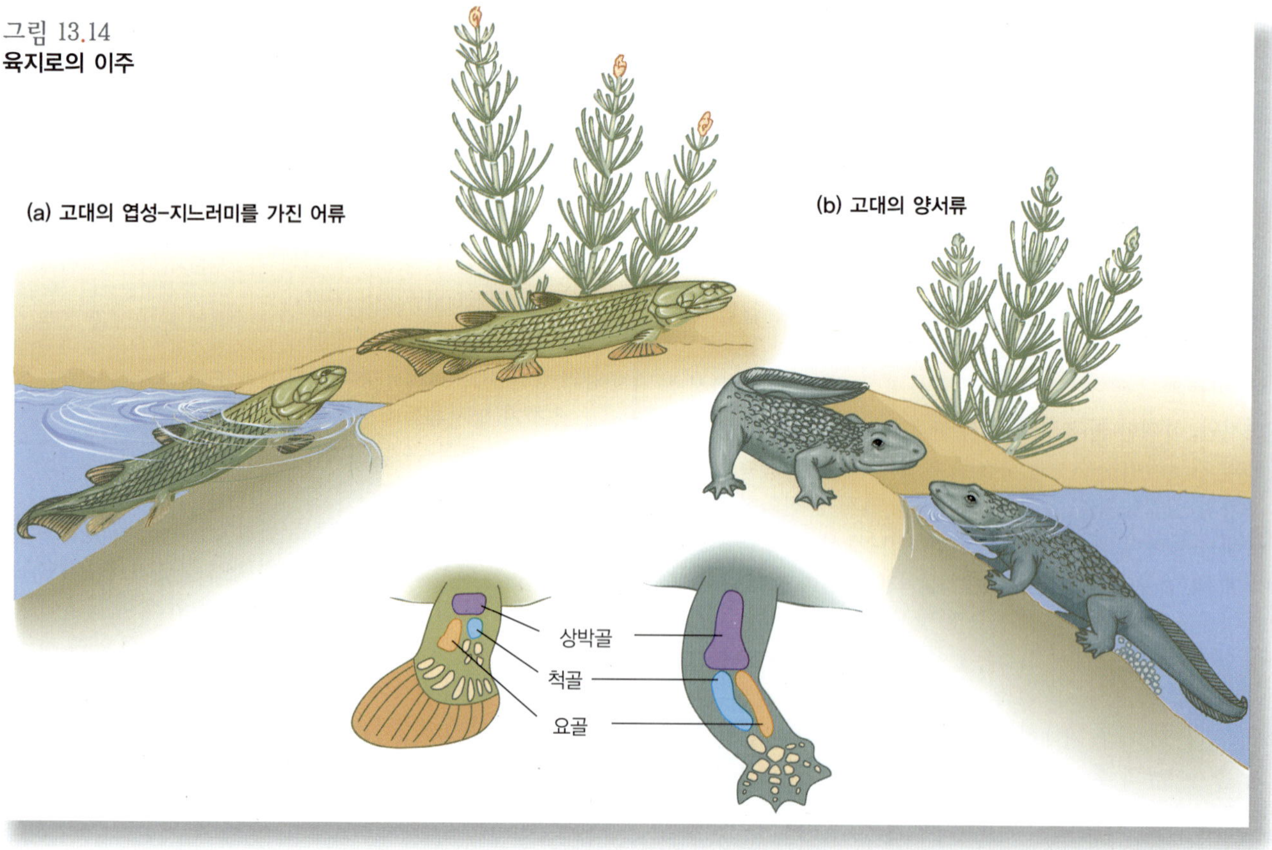

3. 생식방법의 혁신이 물에 의존하던 번식에서 벗어나게 해 주었다. 암컷이 이른바 **양막란(aminiotic egg)**들을 만들게 된 것이다. 이 알들은 근본적으로 액체가 들어 있는 주머니 구조물인 양막낭(amniotic sac) 속에서 배 발생이 일어난다. 알들은 또한 그 속의 배와 막들의 영양원인 난황(yolk)을 함유하게 하였고, 가죽같이 질긴 알껍질이 둘러싸서 알이 깨지거나 건조되지 않게 방지해 주게 되었다. 또한 알들이 있는 물 주위로 정자를 뿌려 수정하는 체외수정과는 달리, 수컷들은 교미기관을 가져서 정자를 직접 암컷 몸속으로 전달할 수 있게 되었다(체내수정).

4. 마지막으로, 양서류에서는 다리가 몸 옆으로 뻗어 나간 것과는 달리, 초창기 파충류의 다리들은 몸 아래로 직접 뻗혀 나갔다. 이와 같은 다리의 배열이 몸체를 더 잘 받혀주고 쉽게 달릴 수 있도록 해준 것이다.

이와 같은 새로운 특징들이 모두 현대의 파충류들인 악어, 거북, 도마뱀, 거북, 뱀 그리고 고대 도마뱀처럼 생긴 튀어타러(뉴질랜드 주위 섬들에서 서식) 등으로 진화하는 데 결정적인 것들이었다. 또한 이러한 특징들은 조류와 포유류들이 출현하는 데 중추적 역할을 하였다(이에 관한 것은 뒤에서 다루겠음).

가장 최초의 악어처럼 생겼던 파충류들은 두 다리로 걷는 작은 도마뱀으로서, 공룡으로 진화했던 동물인 **조생치류(thecodont)**와 작지만 사납고, 체격이 좋았으며 이빨을 가졌던 동물로서, 포유류로 진화했던 **수궁류(therapsid)**의 두 집단이였었다.

가장 크고 사나웠던 파충류가 **공룡(dinosaur)**들이었다. 따듯했던 백악기(1억 4,400만 년 전~6,500만 년 전)가 육식성인 *티라노사우르스*(*Tyrannosaurus*)와 초식성인 *아파토사우르스*(*Apatosaurus*)와 같은 공룡들의 전성기였다. 파충류들은 거의 1억 5,000만 년 전까지 지구의 전 지역에서 수영하는 것, 나르는 것 그리고 육중하게 기어 다니는 동물 등으로 광범위하게 방사하였으므로, 중생대 전 시기를 파충류 시기라는 속칭으로 부를 정도이다. 그러나 이와 같이 다양하고 거대했던 파충류들은 백악기 말경에 대량멸종으로 죽어 없어졌다.

겨우 몇 종류의 작은 파충류만이 멸종으로부터 살아남아서, 약 6,500만 년 전에 시작된 신생대(현 지질시대)에서 다시 한 번 방산되었다. 오늘날, 파충류는 약 6,500종이 있다.

조류 가축동물들을 제외하면 우리 주위에서 가장 눈에 잘 띄는 척삭동물이 **조류(birds)**이다. 일부 생물학자들은 최근에, 동물학적 견지에서 볼 때 조류들은 실제적으로는 일종의 공룡류라고 볼 수 있다고 제안하고 있다. 최초의 날개를 가진 척추동물은 거대하며, 나를 수 있는 익룡(pterosaur)으로서(**그림 13.15**), 논리적으로는 이들이 새들의 조상으로 보이지만, 익룡들은 새들로 진화되기 전에 모두 멸종되었다. 그 대신에 작고, 두 다리를

양막란(amniote egg)
배(embryo)가 액체와 난황으로 채워진 양막으로 싸여진 알

조생치류(thecodont)
두 다리로 걷는 작은 멸종 도마뱀으로서, 공룡으로 진화했었음

수궁류(therapsid)
사납고, 체격이 좋았던 파충류의 한 멸종으로서, 포유류로 진화했었음

공룡(dinosaur)
멸종된 거대한 파충류; 쥐라기와 백악기 동안에 우세했던 육상 척추동물

조류(birds)
깃털, 기낭 및 네-방 심장을 가지며, 날개를 가지는 척추동물

그림 13.15
파충류와 그 후손들, 조류와 포유류

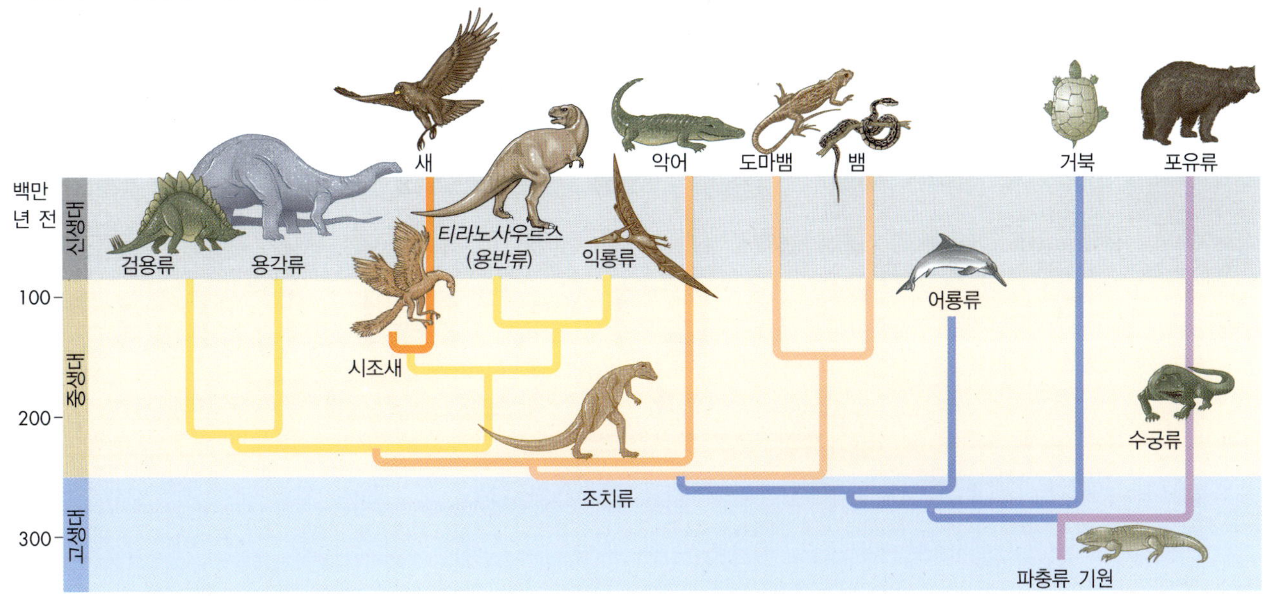

깃털(feather)

조류가 갖는 납작하고, 가벼우며, 방수성인 표피 구조물; 단열과 비상 기능을 함

온혈성(homeothermic)

일정한 체온을 유지할 수 있는 "따듯한 혈액"을 가지는

기낭(air sac)

폐들의 확장에 의해 이루어진 얇은-벽 구조물; 조류에서는 호흡동안 공기가 폐와 기낭들로 흐름

4-방 심장 (four-chambered heart)

4개의 방으로 나누어진 심장으로서, 산소헤모글로빈 혈액과 탈산소헤모글로빈 혈액이 뚜렷이 나뉨

갖는 도마뱀처럼 생긴 조생치 동물들이 조류들의 실질적인 선조들로 나타났다. 고생물학자들은 가장 오래된 조류 화석의 하나인 6개의 화석골격을 쥐라기 후기(약 1억 5,000만 년 전)로 추정되는 암석의 다른 부위들에서 찾아냈는데, 이것이 까마귀-크기 정도인 *시조새*(*Archaeopteryx*)이다. 화석 기록들은 이 동물이 실직적인 중간 형태의 동물이었음을 보여준다: 시조새는 비늘로 덮힌 피부, 굽은 발톱, 길고 관절로 연결된 꼬리 그리고 파충류의 것들과 같은 날카로운 이빨을 가졌지만, 두 앞발 위에 새의 것들과 유사한 날개들을 가졌다.

대부분 조류들의 진화적 적응들이 그들을 효율적으로 날 수 있게 하였다. **깃털(feather)**은 놀라울 정도로 가벼운 구조물로서 케라틴 단백질을 함유하는 죽은 세포들로 이루어진 것이다. 또 조류들은 몸체가 가볍고, 속이 빈 뼈들과 칼날-모양의 뼈대 받침에 강력한 가슴 근육이 붙음으로서 날개를 접었다 펴기 쉽게 할 수 있는 확장된 가슴뼈(흉골)를 가진다. 작아진 피부, 골격 및 힘줄(건)들로 이루어진 두 다리는 마치 비행기의 착륙 장치처럼 접어 올릴 수 있어서, 비상 중에 끌리는 힘을 감소시킨다.

난다는 것은 근육과 그 밖의 조직들의 유기호흡을 위한 많은 양의 산소가 요구되는 활발한 활동이므로, 조류는 적절한 산소 공급을 위한 세 가지 변형을 가진다. 첫째, 조류는 **온혈성(homeothermic)** 동물이다. 그들은 외부 온도나 수온의 변화에 관계없이 사람의 체온보다 약간 높은, 일정한 체온을 유지한다. 이 일정성이 세포호흡 동안 안정적인 ATP 에너지 생산에 도움을 주어, 날개와 다리 근육들 활동에 필요한 에너지를 제공해 주는 것이다. 사실상, 초창기 날개들은 비상의 보조역할보다는 단열재 역할로서 더 유용했을지도 모른다. 대부분의 어류, 양서류 그리고 파충류들은 체온이 변온성인 결과로 인해, 이들 동뮬류는 따듯한 환경에서는 활동적이지만, 추운 환경에서는 활기차지 못하다. 둘째, 조류는 산소와 이산화탄소의 교환이 효과적으로 일어날 수 있게, 한 방향으로 흐르게 하는 여러 **기낭(air sac)**들과 연결된 폐를 가진다. 그리고 세 번째, 조류는 **4-방 심장(four-chambered heart)**을 가져, 산소헤모글로빈 혈액과 탈산소헤모글로빈 혈액을 완전히 분리시켜 줌으로써, 산소헤모글모빈 혈액만이 체 조직에 도달되게 해준다.

마지막으로, 깃털들, 일정한 체온 및 기낭들과 같은 진화적 양상들에 더하여, 조류들은 가죽 같은 알껍데기보다 더 단단한 알껍데기로 싸인 양막란들을 만든다. 이러한 혁신이 조류들로 하여금 파충류의 가죽 같은 알들처럼 번식에 약간의 물에 의존하는 것에서 완전히 벗어나게 해 주었고, 알껍데기가 더 완벽한 저항성을 가지므로 그 속에 들어 있는 배를 더 잘 보호하게 해준 것이다.

조류들의 진화적 혁신들이 지난 신생대 몇 백만 년 동안 매우 성공적이어서, 8,600종 이상을 가진 매우 다양한 강(class)으로 방산되어 나무, 해변, 호수 그리고 빙산에서조차 생활할 수 있도록 특수화되었다.

그림 13.16
포유류의 계열

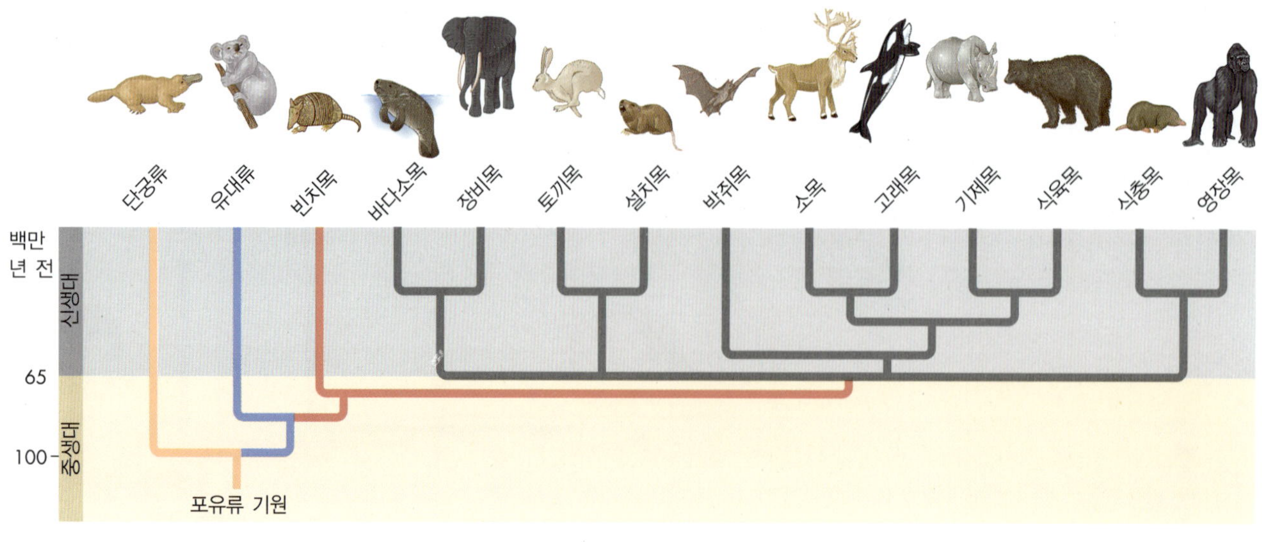

포유류 파충류의 두 번째 계열의 동물들인 사납고, 체격이 좋았던 수궁류로부터 포유류가 생겨났는데(**그림 13.16**), 그들은 1억 8,000만 년 전에 그들만의 독특한 형질들을 발생시켰다. 백악기 말까지의 초창기 포유류들은 뒤쥐(shrew)와 닮았었는데, 아마도 그들은 큰 공룡들 주위를 쇠똥구리와 함께 맴돌았던 것으로 생각된다. 이들 포유류 조상동물들은 다른 동물과 함께 약 6,500만 년 전 공룡들의 대량멸종 때까지 살았었고, 그 후 약 5,000종의 현존 포유류들로 방산되었다. 현 지질시대인 신생대(Cenzoic era)는 사실상 포유동물들의 시대라 할 수 있다.

포유류(mammal)들도 조류들처럼 온혈동물이고, 4개의 방으로 된 심장을 가진다. 그러나 이 두 가지 형질이 포유류에서는 아마도 독립적으로 진화하여 두 포유류 계열로 된 것 같다. 포유류는 그들 집단에만 독특한 두 가지 형질인 **젖(milk)**과 모피를 더 가진다. 지방질과 단백질이 풍부한 액체인 젖은 **유선(mammary gland)**에서 만들어지며 갓 태어난 새끼들을 기르는데 사용한다. 많은 포유류들은 **모피(fur)**라 부르는 두꺼운 털가죽으로 몸 전체가 덮여 있다. 특정 원숭이들과 사람들은 드문드문 난 체모를 가진다. 고래나 물개 종류들을 포함한 몇 종들은 몇 부위에만 매우 듬성듬성한 털들을 가진다. 대신에 이들 해양 포유류들은 방열제 역할을 하는 **해수유(blubber)**라 부르는 두꺼운 지방층을 가진다. 포유류 두개골도 역시 큰 차이를 보인다.

젖과 털(또는 모피)에 더하여, 대부분 포유류들은 **태반(placenta)**이라는 특이한 생식 구조물을 가진다(**그림 13.12h**). 이 스펀지성 기관이 배가 전체 발생단계를 거쳐 새끼로 태어나기 전까지 생장하게 해주는 것을 지원해 준다. 태반 포유류는 매우 초창기 때의 포유류에서 분기된 한 후손 중의 하나이며, 분기된 두 종류의 다른 후손들로는 단공류와 유대류가 있는데, 이들은 전혀 다른 방법으로 배를 성장시킨다. **단공류(monotreme)**들은 새끼가 부화될 때까지 가죽 같은 껍질을 가진 알들을 따듯하게 품어서 새끼를 부화시킨 다음, 이들에게 젖을 먹여 기르는 포유류를 말한다. 현존 단공류는 오직 3종뿐인데, 그중 한 종이 오리너구리이고, 다른 2종이 개미핥기 종인데, 이들 모두는 호주와 뉴기니아에 서식한다. **유대류(marsupial)**는 강낭콩보다 크지 않은 미성숙 상태의 새끼로 태어난다. 이 새끼가 출생 관으로부터 나온 다음, 이것이 어미 복부에 있는 탄력성 피부로 이루어진 주머니인 **육아낭(marsupium)**으로 바른 자세로 기어 나와 젖꼭지에 붙어서 젖을 빨기 시작하며, 몇 달 동안을 그 육아낭 속에서 발생을 계속한다. **유대류(marsupial)**에는 호주 대륙에 서식하는 캥거루, 코알라 및 웜뱃(wombat) 종들과 미국에서 서식하는 주머니쥐를 포함한 몇 십종이 있다.

생물학자들은 이따금 현화식물들을 포유류(특히 태반류)에 비유한다. 생식기관으로서 꽃을 진화시킴에 따라, 신생대 동안 현화식물들이 평행적으로 방산하였다. 포유류들도 육지, 해양 등에서 살 수 있는 크고 다양한 강(class)들로 방산하였고, 조류를 제외한 동물 강들 중 가장 특수한 지위를 차지하게 되었다.

목표4 인류의 기원

포유류 계열 중 하나가 ***사람(Homo sapiens)***을 포함하는 목(order)인 **영장류(Primata)**로 분기되었다. 인간은 체모, 온혈, 유선 그리고 출생 양식을 가지는 포유류 강(class)의 하나이다. 그러나 우리 인간들은 특이한 행동능력들의 조합인 말하기와 기록하는 언어, 문화 그리고 광범위한 도구 사용능력 등을 가져서, 인류 들 전의 어떤 동물들도 할 수 없었던 환경의 지배자가 되게 해준 것이다. 인간이 가지는 진기한 능력에도 불구하고, 과학자들은 인류가 포유류들 중에서 영장류 목으로 최근에 분기되었음을 증명해 주는 화석적 및 유전학적 많은 증거들을 가지고 있다. 더욱이, 인류의 분기는 침팬지 계열로부터 단지 600만 년 전에 일어났다. 인종학자인 **모리스(Desmond Morris)**는 인류를 "벌거벗은 원숭이"라고 불렀는데, 실제로 그런 것 같다. 우리 인류도 앞 장들에서 논의했던 자연선택과 유전적 부농을 포함한 진화적 압력을 받는 대상이다. 인간은 계통수 상의 영장류 가지에 속하므로, 그 계통수의 모양과 크기가 우리 자신에 대한 이해를 도와준다(**그림 13.17**).

영장류의 계통수

분류학자들은 150여 종류의 현종 영장류를 **곡비원아목(Strepsirhini)**과 **직비원아목(Haplorhini)**의 두 아목으로 나눈다(**그림 13.17**).

포유류(mammal)
포유류 강(class)에 속하는 척추동물들로서 일반적으로 몸이 털로 덮여 있고, 새끼들을 젖을 먹여 키우며, 보통은 작은 새끼로 태어남; 사자, 고래, 토끼, 캥거루 등이 포유류임

젖(milk)
새끼들을 키우기 위해 포유류들의 유선에서 만들어지는 지방과 단백질이 풍부한 액체

유선(mammary gland)
포유류에서 젖을 만드는 선

모피(fur)
털로 덮인 신체

해수유(blubber)
고래, 돌고래 및 물개 등에서 방열재 역할을 하는 두꺼운 지방층

태반(placenta)
포유류에서 발생하는 배(아)가 모체로부터 영양분을 공급받을 수 있게 해주는, 혈관들이 풍부한 스펀지성 기관

단공류(monotreme)
파충류 같은 여러 특성들을 지니며 알을 품는 포유류; 유일한 생존 종이 오리너구리와 가시 개미핥기임

유대류(marsupial)
작고 미발생 상태의 새끼를 넣고 다니는 주머니 구조물을 갖는 포유류 중의 하나; 주로 호주에서 많이 발견되며, 미국에도 몇 종 있음; 캥거루, 주머니쥐, 코알라 등이 이에 속함

육아낭(marsupium)
새로 태어난 유대류 새끼를 넣는 탄력성 피부로 이루어진 주머니 구조물

사람(Homo sapiens)
사람의 학명(속명–종명)

영장류(Primata)
포유류의 한 목(order)으로서, 원숭이, 유인원 및 사람이 이에 속함

곡비원아목(Strepsirhini)
대부분 나무 위에서 사는 영장류들이 속하는 아목(suborder)의 하나로서, 여우원숭이와 광대원숭이가 이에 속함

직비원아목(Haplorhini)
영장류들이 속하는 아목(suborder)의 하나로서, 안경원숭이와 진원류들(신세계 원숭이, 구세계 원숭이, 유인원 및 인류)이 이에 속함

진원류(anthropoid)
영장류목의 진원아목에 속하는 동물들로서, 인류, 유인원, 신세계 원숭이 및 구세계 원숭이가 그 예임

곡비원아목

곡비원아목 동물들은 작으며, 대부분이 나무 위에서 사는 영장류들로서, 발톱과 긴 코(주둥이) 그리고 초창기 포유류들에서처럼 얼굴 옆으로 난 눈을 가진다. 대부분 종들이 꿀, 과일, 나뭇잎 그리고 때때로는 곤충들을 먹고 산다.

직비원아목

직비원아목에는 안경원숭이와 **진원류(anthropoid)**들이 포함된다. 안경원숭이는 매우 크며, 직시할 수 있는 눈을 가진다. 독특하게, 그들의 꼬리도 긴 발목뼈로 인해 길다. 진원류에는 신세계 원숭이, 구세계 원숭이 그리고 인원류[hominoids; 꼬리없는 원숭이들(유인원류)과 사람]이 등이 있다.

신세계 원숭이(New World monkey)들은 멕시코 남부와 남아메리카 지역 산림에서 살며, 콧구멍이 크게 떨어져 있는 넓적한 코를 가진다. 거미원숭이와 올빼미원숭이와 같은 일부 큰 몸체의 신세계 원숭이들은 **쥐어 잡기 적합한(prehensile)** 꼬리를 가진다. 이 꼬리에는 털이 나 있지 않으며 그 끝에는 촉감에 민감한 깔개같이 생긴 바닥을 가져서, 마치 다섯 번째 손가락을 가진 손처럼 가까운 나무 가지들 사이로 옮겨 다니는 것을 도와 준다.

구세계 원숭이(Old World monkey)들은 아프리카에서 인도 및 남아시아에 걸친 동반구의 열대 산림과 사바나 지역에 집단을 이루고 살며, 아래쪽으로 향한 콧구멍을 가지며, 쥐어 잡는 꼬리는 없다(**그림 13.17**).

인원류(hominoids)에는 긴팔원숭이, 오랑우탄, 고릴라, 침팬지, 보노보 그리고 사람이 포함된다.

영장류 진화의 경향

화석 기록은 초창기 영장류들이 열대우림의 높은 그늘 지역에 서식했음을 암시하고 있다. 이들 초창기 영장류들이 하나

그림 13.17
영장류 계통수에서 생존군 및 멸종군

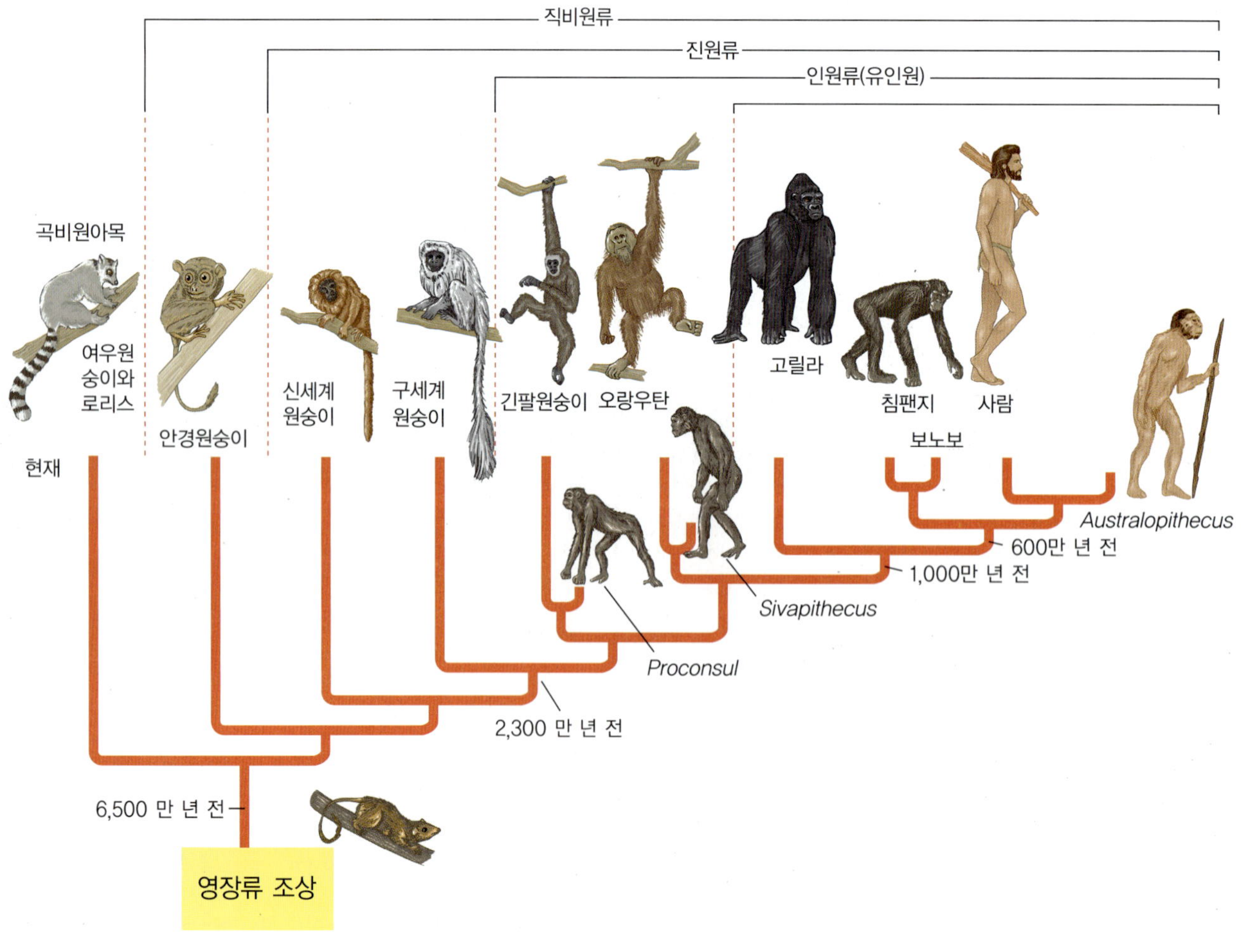

의 집단을 이루고, 사람의 신체적 특징들을 가진 생명체로 성공할 수 있도록 해주는 몇 가지 중요한 특수 형질들을 가지도록 진화하였다. 이러한 형질들에는 손재주, 직립자세, 정확한 시력, 큰 뇌, 장기간에 걸친 육아, 그리고 변형된 치아 등이 포함된다.

손재주

자연선택은 높은 나뭇가지들을 따라 이동하는 것을 실수하거나 서툴게 하는 개체들은 도태시키는 경향을 가진다. 영장류들은 손가락을 넓게 펴서 그들의 엄지가 다른 네 손가락들과 닿을 수 있는 능력을 갖는 **대향 엄지손가락(opposable thumb)**을 가지게 진화하였다. 이것이 그들로 하여금 나뭇가지 주위를 감아서 단단히 잡을 수 있게 해줄 뿐 아니라 과일 조각이나 연필이던 간에 대상물을 꽉 잡을 수 있게 해주는 것이다.

직립자세

손들은 만약 체중이 가해진다면 대상물을 조작할 수 없다. 우리 인간들은 일관되게 두 다리로 걸을 수 있는 직립자세를 하는 유일한 영장류이다(사람은 **두발 동물**임). 그럼에도 불구하고 많은 원숭이류들과 유인원류(apes)들은 수직 자세보다는 수평 자세를 더 많이 취한다. 고릴라와 침팬지들은 네 발과 그들 손의 관절로 땅을 짚으며 걷고, 그들의 팔뚝들이 너무 길어서 몸의 각도가 아직 똑바로 선 자세를 취할 수 없다. 직립자세가 동물의 보는 능력을 향상시키며, 손들로 다른 활동을 하도록 해준다.

정확한 시력

동물들의 나무 위 생활은 펄럭이는 나뭇잎들, 태양빛의 반사점들 그리고 뒤엉킨 나무 가장자리 등을 볼 수 있도록 이들 동물들에게 시야를 넓혀준다. 이들은 과일이나 곤충들과 같은 먹이에 초점을 맞출 수 있어야만 하며, 만약 목표로 하는 대상 먹이의 정확한 위치를 잘못 판단하면 밑으로 떨어질 수도 있다. 따라서 자연선택은 영장류들에게 깊이도 감지할 수 있는 **입체적 시각(stereoscopic vision)**을 갖도록 해주었다. 깊이의 감지는 동물이 좌우 눈을 가지고 동일한 물체를 약간 다른 각도로 봄으로써 가능한 것이다. 어떤 물체를 손가락으로 들어 팔을 뻗은 길이만큼 놓고, 한 눈을 감고 보도록 해보라. 그런 다음, 당신의 손가락이 어느 정도 위치로 바뀐 것처럼 보이는지 주목해 보라. 뇌는 이러한 차이점을 해석해 줌으로써, 환경의 대상들에 대한 실질적인 3차원적 그림을 만들어 내는 것이다. 영장류의 색에 관한 시각도 또한 종의 이웃 개체들을 인지하고, 익은 과일을 알아내며, 먹을 수 있는 어린잎들을 찾아내며, 숨어 있는 먹이와 매복해 엎드려 있는 천적들의 위치를 파악할 수 있게 해준다.

신세계원숭이 (New World monkey)
멕시코 남부와 남아메리카 지역 산림에서 살며, 쥐어 잡기 적합한 꼬리를 가진 영장류

쥐어 잡기 적합한 (prehensile)
꽉 잡기에 적합한(일부 원숭이들에서 꼬리처럼)

구세계 원숭이 (Old World monkeys)
쥐어 잡는 꼬리가 없었던 원숭이들로서, 아프리카, 인도, 동남아시아에 살고 있음

인원류(hominoid)
원숭이류와 사람류를 포함하는 영장류 집단

대향 엄지손가락 (opposable thumb)
서로 반대쪽 엄지손가락을 잡을 수 있는 엄지; 일부 영장류의 특징

두발 동물(bipedal)
두 다리로 일정하게 걸을 수 있는 영장류

입체적 시각 (stereoscopic vision)
눈에 들어온 빛 감각을 그들의 뇌와 연계하여 인지할 수 있는 시각

대형 유인원(great ape)
오랑우탄, 고릴라, 인류 및 2종의 침팬지(일반 침팬지와 보노보 침팬지)가 속하는 동물계열

매우 큰 두뇌

계통수들에서 생명의 진화는 뇌의 특정부위들의 확대를 동반한다. 예를 들어, 한 붉은털원숭이의 뇌는 같은 크기 개의 뇌에 비해 매우 크다. 체중에 대한 g 값으로 비교할 때, 원숭이류와 사람의 뇌는 그 크기, 신경세포 수 및 신경들의 연결 등에서, 다른 어떤 포유동물들의 것보다 복잡하다.

동물학자들은 영장류 진화 동안에 뇌 크기와 지식의 증가를 설명하는 몇 가지 가설을 제시한다. 정치학적 가설에서는 영장류의 복잡한 사회적 상호작용들이 뇌 크기 증가의 주된 추진력이라고 주장한다. 크고, 더 영특한 뇌들이 동물들로 하여금 무리 안에서 서로 잘 의존하도록 해주고, 아마도 더 높은 사회계층을 이루어 내어, 결과적으로 더 많은 후손들을 남기게 하는 것이다. 먹이가설은 커진 뇌가 영장류들이 산림 하에서 충분한 먹이를 얻게 해주고, 더 나은 신체조건을 지속시켜 주며, 더 효과적으로 생식하게 해준다고 제시하고 있다. 이 가설에 따르면 먹이들을 잡고 다루는 면에서 민첩해진다는 요지이다. 정치학적 가설과 먹이가설 모두가 의미는 있으며, 사실상 영장류들의 지식 증진에 동일한 역할을 해온 것이다.

새끼돌보기

대부분의 다른 포유류들과 비교해 볼 때, 영장류들은 작은 새끼들(대부분 한 번에 한 새끼)을 낳는다. 바로 태어난 새끼들은 스스로 어떻게 할 수가 없어서, 오랜 기간 그 어버이의 양육에 의존해 성장한다. 일반적으로, 지능이 뛰어난 종일수록 부모가 새끼를 돌보며 양육하는 데 더 많은 시간을 가지며, 새끼가 성체로서 성공할 수 있는 다양한 솜씨들을 갖게 한다. 영장류들에서 부모의 새끼돌보기에 투자가 크면 클수록, 그 후손들의 생존율을 더 크게 한다.

치아

영장류들은 몇 가지 형태의 치아를 가져서, 육식과 채식을 모두 할 수 있는 잡식형으로 변형되었다. 초창기 영장류들은 채식을 더 많이 하기 시작하였으므로, 개체들은 폭이 넓고 평평한 치아들(어금니들)을 사용함으로써, 더 효율적으로 식물 먹이를 씹을 수 있었다. 대부분 다른 영장류들에서 턱의 치아 배열 선이 V자 형태인 것이, 사람에 와서는 U자 모양으로 되었다.

현대 영장류들의 위기

유전학적 연구들과 화석 골격들 증거에서 원숭이류와 유인원류(꼬리없는 원숭이류와 사람)는 약 4,000만 년 전~3,500만 년 전에 초창기 영장류 조상들로부터 탄생됐음을 말해주고 있다(**그림 13.17** 참조). 원숭이들은 신세계 원숭이 계열로 분기된 반면, 유인원들은 구세계 원숭이류를 통해 다양한 생태학적 지위들을 갖도록 방산하였다.

약 2,000만 년 전경, 원시 구세계 유인원들은 여러 종들로 방산하였다. 이들 유인원 중의 하나가 *Proconsul africanus*로서, 이들은 나무에서 살며, 과일을 먹었던 아프리카 유인원으로서 네 발로 걸어 다녔다. 이 집단 안에서 적응방산(adaptive radiation)한 것이 오늘날 우리가 **대형 유인원류(great apes)**라 부르는 모든 종들이 포함되는 계열을 이끌었는데, 이에 속하는 것들이 오랑우탄, 고릴라, 인류, 그리고 두 종의 침팬지인 일반 *침팬지*(*Pan troglodytes*)와 작은 피그미 침팬지[*보노보*(*Pan paniscus*)라고 함]이다.

생물학자들은 DNA들의 비교분석을 통해서 대형 유인원들 간에 유연관계가 매우 가깝다는 것을 발견하였다. 침팬지와 사람 사이의 유전적 거리는 침팬지와 고릴라 사이의 유전적 거리와 거의 같거나 약간 작음이 밝혀졌다. 이는 침팬지가 유전적으로는 고릴라보다는 여러분과 더 가깝다는 의미이다!

사람과 침팬지 계열의 분리는 지질학적 역사로 볼 때에는 매우 짧은 기간인 약 600만 년 전에 일어났다. 지구의 형성이 자정에 시작됐다고 볼 때, 생명은 오전 4시 10분에, 첫 번째 척추동물은 오후 9시 35분에, 그리고 첫 번째 인류는 자정 38초 전에 생겨난 것이라 할 수 있다. 이제부터 마지막 38초에 일어났던 사건들에 대해 알아보자.

사람(*Homo sapiens*)의 출현

사람과 침팬지의 유전자 서열은 98.5%가 동일하다. 이 1.5%의 유전적 차이에 대응하는 인간의 능력들이 엄청난 충격적 영향을 가져온 것이다. 인간의 진화는 유인원으로부터 사람까지 사다리 식으로 따라올라 온 것이 아니라, 인류 계열은 진화적 관목 중 독자적으로 생존한 가지이다. 인류의 진화에 관해 이해하기 위해서, 우리는 몇 가지 의문점에 대해 탐구하여야 한다. 그것들은, 무슨 변화가 사람으로 이끌었을까? 그와 같은 변화는 얼마 전에 일어났을까? 그리고 어떤 힘들이 그와 같은 변화를 낳게 하였을까? 등이다.

인류 진화의 혁신들

적어도 4가지 중요한 혁신들이 유인원-유사 조상으로부터 인류로의 진화를 일으켰다:

1. 두 발 보행의 기원. 이것은 600만 년 전~400만 년 전, 인류 계열이 하나의 현대적 유인원으로부터 분기되었을 때였다.
2. 동물 뼈들에 붙은 살을 베어내거나 뼈 속에 들어 있는 영양가 있는 골수를 얻기 위해 뼈를 부수기 위한, 돌로 만든 도구와 같은 도구제작의 혁신. 최근 발견들이 도구제작은 약 250만 년 전에 시작되었음을 보여준다.

3. 침팬지와 고릴라들의 뇌 크기에 비해 극적으로 확장된 인류의 뇌.

4. 예술적, 언어적, 기술적 및 그 밖의 역량들을 포함한 사고를 요약할 수 있는 뇌 지능의 사용. 이것은 몇 만 년 전에 시작했으며, 이로 인해 인류가 지구 세계에서 우위를 점하게 해주었다.

인류 진화 관목의 뿌리

1990년대 중반에, 고생물학자들이 동아프리카에서 그들이 *Ardipithecus ramidus*라 부르는 약 440만 년 된 한 종의 화석들을 발견하였다. 이 화석들은 부드러운 과일들이나 채소들을 먹고 살았었음을 암시하는 큰 송곳니와 비교적 크기가 작은 어금니들을 포함하여, 침팬지와 인류 형질의 혼합성을 보인다.

이어서 고생물학자들은 앞의 것보다 약간 최근(420만 년 된)의 직립보행을 보여주는 골격 화석을 발견하였다. 이 동물들을 *Australopithecus anamensis*라 부르는데, 아직은 오늘날의 사람만큼 완전한 직립은 아니었으며, 따라서 걷는 모양도 역시 차이가 있었다.

루시와 그녀의 종족

1970년대 중반에 고생물학자들은 동아프리카에서 *아프리카 원인*(*Australopithecus afarensis*)이라고 이름을 붙인 한 여성 종의 화석들을 발견하였다. 그들은 이 화석의 온전한 골격을 "루시(Lucy)"라고 이름을 붙였다. *아프리카 원인*(*A. afarensis*)은 유인원의 것과 매우 같은 두개골과 이빨들, 침팬지의 것보다 약간 큰 뇌, 그리고 긴 팔과 짧은 다리를 가졌다. 그럼에도 불구하고, 그녀의 머리는 유인원에서처럼 앞으로 튀어나오지 않고, 사람에서처럼 등뼈 위에 놓여 있었으며, 손들이 뚜렷이 사람의 것 같았다.

첫 번째 도구제작자들은 누구였을까?

약 250만 년 전, 얕은 호수가 내려다보이는 한 평원 위에서, 사람처럼 생긴 개체가 그가 만들어 가지고 다니는 돌망치를 꽉 쥐고, 영양(antelope)의 아래 다리뼈를 두 번 내려쳐 부숴진 뼈 속에서 나오는 지방질의 영양가 있는 골수를 빼내어 게걸스레 먹었다. 그는 또한 동물의 턱뼈에 굽어진 도구로 자국을 남기고 혀를 잘라내어, 아마도 가족에게 양식으로 주기 위해 들고 갔다. 고생물학자들은 앞 이야기의 배경이 되는, 1 m보다 작은 새로운 종의 화석들에서 부숴진 다리뼈와 자국이 난 턱뼈를 발견했다. 이 사람처럼 생긴 화석 뼈들은 루시보다 더 발전된 것이었고, 아마도 영양 학살자에 속하는 것 같았다. 이 새로운 종인 *Australopithecus garhi*는 확실히 사람은 아니었다. 그러나 이 종은 우리 자신인 인간 속(*Homo*)의 소상 후보일 수는 있다. 이 화석은 또한 도구 사용이 250만 년 전에 시작되었음을 보여준다.

*A. garhi*가 알려지기 전까지는, 인류의 특징을 갖는 *Homo*

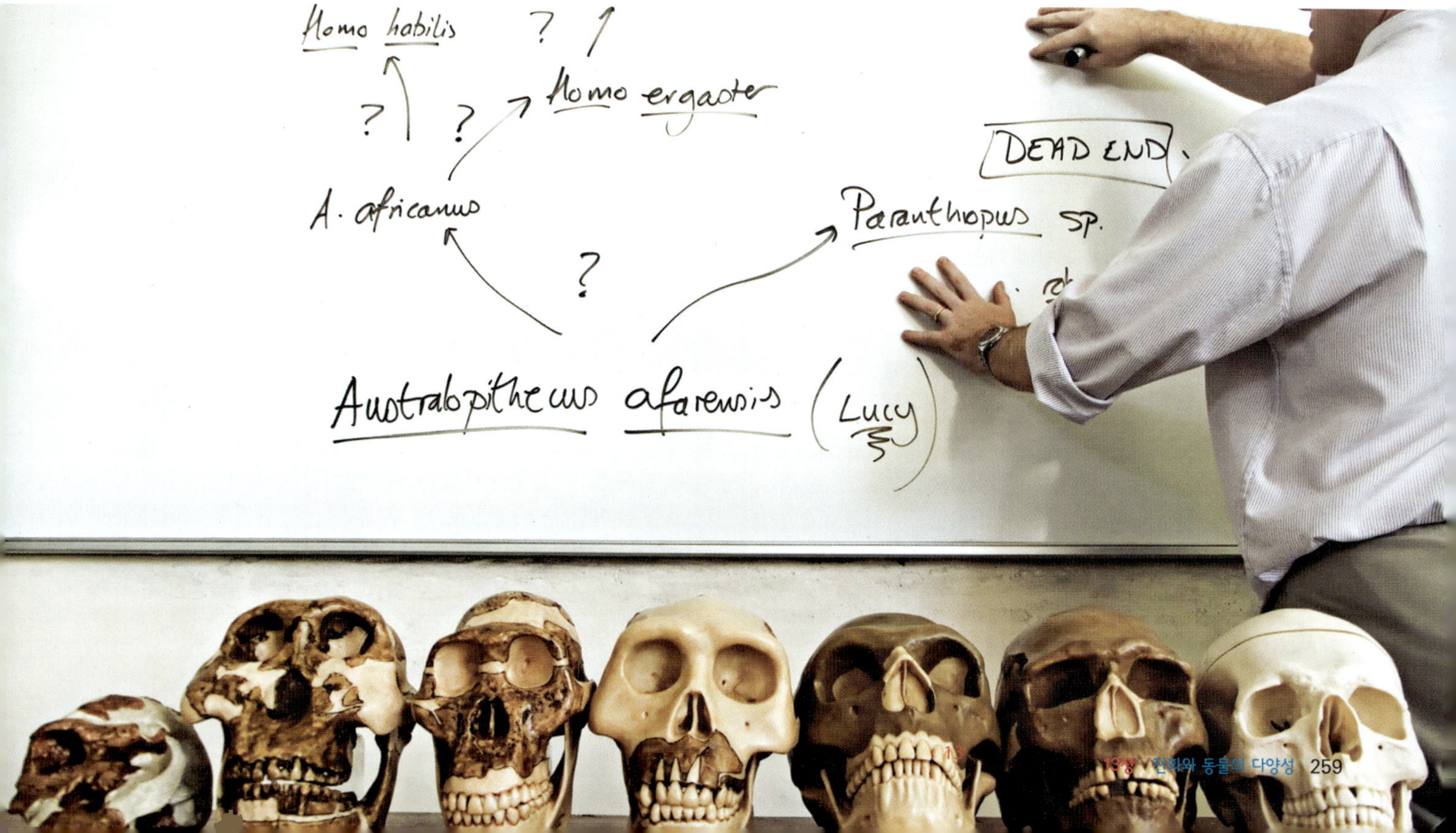

직립 원인
(Homo erectus)
"똑바로 선 인간"으로, 180만 년 전에 진화했던 인류의 종으로서, 도구를 사용했고, 북아프리카로 퍼졌음

*habilis*를 약 200만 년 전, 최초의 도구사용자로 생각하고 있었다. 이 인간 속인 *H. habilis*들은 큰 얼굴, 큰 치아 그리고 큰 안면을 가졌었고, 직립보행에 완전히 적응된 몸통과 다리를 가졌었다. 그러나 1.5 m 키의 *H. habilis* 개체들은 원인(*Australopithecus*) 속(genus) 개체들보다 컸으며, 뇌도 50% 정도 더 컸었다. 그렇더라도 *H. habilis*의 뇌는 아직도 사람 뇌의 반 정도 크기였었다. 그러나 뇌 크기의 증가는 지능의 실질적 증가와 손재주 정도와 그에 따른 사회적 역량의 강화를 암시해 준다. *H. habilis* 개인들은 암석을 깨트리고 조각내어 자연 그대로의 도구들을 만들었고, 날카로운 끝을 가진 도구로 단단한 동물 가죽을 자르고 베껴내어 고기를 거둬들였던 것으로 나타났다. 최초의 기술 출현인 도구를 만드는 능력이 그 이후 인류 진화를 우세하게 만들었다.

인류의 분산

도구를 사용했던 *H. habilis*들은 아프리카 사바나와 삼림지대에 남아 있었지만, 화석증거들은 아프리카에서 새로운 인류 종이 생긴 다음, 이주했던 것을 보여주고 있다. **직립 원인(Homo erectus)**이 180만 년 전에 진화한 다음, 북아프리카와 그 외 지역으로 퍼져 나갔다. 직립 원인 화석들은 새로운 종류의 돌연장인 손도끼와 뒤섞여 있었다. 이 연장은 아직은 단순하였지만, 그 전 인류 속(*Homo*)들이 사용했던 망치, 고기 베어내는 도구 및 깎는 도구 등 보다는 그 제작 기술이 더 섬세하였음을 말해 준다고 하겠다.

서식영역의 지리적 확대와 새로운 연장들의 효율적 사용이, 직립 원인들로 하여금 극한적 기후에 대한 대처와 변화하는 식량자원 획득 면에서, 그 이전 인간들보다 더 잘 해낼 수 있었다. 화석증거가 이 직립 원인들이 상호협동적 무리를 이뤄 대규모 사냥을 하고, 모닥불에 고기를 요리해서 먹었던 것으로 제시한다. 직립 원인이 약 50만 년 전, 최초로 불을 사용한 인간 종족으로서, 이들은 유럽과 아시아 지역들로 퍼져 나갔다.

현대 인류는 언제 그리고 어떻게 *직립 원인*을 밀어내고 대신했을까?

지금부터 약 50만 년 전에, *직립 원인*(*H. erectus*)보다 작아진 얼굴, 작아진 치아, 그리고 큰 뇌를 가진 *사람*(*Homo sapiens*)이 출현했다. 아프리카, 유럽 및 아시아 지역에 정착하였던 직립 원인 집단들은 결국은 모두 사람들이 대신하게 되었다. 그러나 인류학자들은 사람이 오늘날 서로 다른 인간 종족들이 살고 있는 지역들에서 직립 원인들로부터 직접 사람으로 출현된 것인지, 또는 사람이 한 지역에서 직립 원인으로부터 생긴 다음 세계 각 지역으로 이주하여, 현대 아시아인, 아프리카인 그리고 유럽인 등과 같이 지역적 특징들을 갖는 종족들로 발달한 것인지에 대해서는 아직도 논쟁하고 있다.

생물학자들은 위의 두 가설을 검증하기 위해 미토콘드리아 DNA 분석을 해오고 있다. 여러분 세포들의 모든 미토콘드리아 DNA는 어머니의 난자로부터 온 것이지 아버지의 정자에서 온 것이 아니다. 따라서 여러분의 미토콘드리아 DNA 분석을 통해 여러분의 어머니, 할머니와 같이 그 전 수백 수천 년 이전의 모계 유전자들을 추적할 수 있다. 전 세계 각 지역 사람들의 미토콘드리아 DNA의 유전적 변이들을 분석하고, 변이율을 추정하는 방법을 통해, 일부 진화유전학자들은 오늘날 살고 있는 모든 사람들은 약 20만 년 전, 아마도 아프리카 지역에서 살았던 소규모 인류 집단의 여성 계열을 통해 내려온 후손들일 것으로 확신하고 있다. 현재 대부분의 인류학자들은 이 견해를 수용하고 있다.

누가 알았겠는가?

조류들을 "날아다니는 공룡들"이라고 부르는데, 그 이유의 일부는 두 동물군이 뚜렷한 유사점을 갖기 때문이다. 조류와 공룡을 포함한 조생치 파충류 사이의 분류학적 유연관계에서, 조류들은 다른 파충류 계열들보다는 악어-형 파충류와 더 유사하다. 분류학적 범주는 진화적 유연관계 정도를 반영하므로, 일부 생물학자들은 파충강을 아예 제외시키기도 한다. 만약 분류에서 파충류를 제외한다면, 조류와 공룡류를 함께 묶어 분류하기 쉬울 것이다.

네안데르탈인

고전 영화에 나타나는 "동굴인"은 별도의 인류 종인 *네안데르탈인*(*Homo neanderthalensis*)을 보여주는 것으로서, 이 인류 종도 유럽과 중동의 동일 지역에서 *사람*(*H. sapiens*)과 함께 몇 만 년을 살았었다.

사람과 네안데르탈인이 동시에 동일 지역에서 살았었던 것이지만, 그들 중 일부만이 아마도 이따금 만났던 것으로 보인다. 더욱이, 현대 연구자들은 네안데르탈인 화석으로부터 DNA를 분리할 수 있으므로, 위 두 종족 간의 실질적 교배가 없었다는 것을 입증할 수 있었다. 네안데르탈인들은 아마도 사람들과의 경쟁에서 짐으로 인해, 인류의 계통수에서 34,000 년 전 경에 멸종된 것으로 보인다.

CHAPTER 14

생태학: 개체군과 군집

학습목표

목표1 환경에서의 생명체들의 분포와 상호 작용을 이해한다.

목표2 한 생물 개체군의 위치에 영향을 미치는 제한요인들을 확인한다.

목표3 한 생물 개체군의 크기에 영향을 미치는 제한요인들을 확인한다.

목표4 장기간에 걸친 인간 개체군의 경향을 확인하고, 미래 생장을 예측한다.

목표5 한 군집 내 생명체들 간의 생활사 측면에서 상호관련성을 확인한다.

“생태학적 견해들은 인류 생존에 매우 중요하다”

붕괴와 충돌

당신은 무엇을 알고 있을까?

노랑꼬리 가자미의 서식지와 그 생태적 지위 사이의 차이에 대해 설명해 보라.

20세기 중반까지만 해도, 아무도 물고기 개체군들이 유지될지 또는 위험에 처할지에 대해서 아무도 걱정하지 않았다. 메사추세추 주 케이프코드(Cape Cod)와 메인 주 연안에 거쳐 펼쳐져 있는 조지스 뱅크(Georges Bank) 앞바다의 넓은 대륙붕 지역에는, 늘 풍부한 물고기들이 있었기 때문에 사람들에게 영양공급 해주기에 충분했었다. 바다에서 저인망 조업을 통해, 어부들은 한 번에 수천 파운드의 물고기들을 잡을 수 있었다. 대부분 어종들은 매년 수백~수천 개의 알을 낳으므로, 물고기 집단들은 매우 빨리 회복될 수 있었다.

1960년대에, 거대한 다른 나라 어선들이 조지스 뱅크 앞바다로 몰려와 저인망으로 매년 수백만 톤의 고기들을 잡아가기 시작하였다. 그와 같이 엄청난 양의 물고기들을 잡아간 몇 년 후, 일부 어종 개체군들이 감소되기 시작하였는데, 이는 물고기 남획이 그 지역의 자연적인 생태적 평형에 손해를 끼치는 징후였다.

1976년, 미국은 영토 한계를 해안 밖 200마일까지 확장하자, 대형 어선단들은 오지 못했다. 외국 어선단들 접근이 금지된 후, 미국 어선단들이 커졌고, 어부들은 전자식 항해 기술과 위성을 통한 기후 정보와 같은 기술적 개선에 힘입어, 대서양산 대구 또는 노랑꼬리 가자미와 같은 표적 어류들이 많이 모이는 지역을 알아내는 데 큰 도움을 받게 되었다. 또한 건강을 의식한 미국 소비자들의 어류에 대한 요구의 급상승으로 인하여 어선단 확장에 박차가 가해졌다.

1990년대 초, 다시 한 번 물고기 남획에 의한 많은 피해가 일어나게 되었고, 어류 저장량은 낮은 수준으로 떨어져 버렸다. 어류 저장량 측면에서 볼 때, 적어도 어류 집단의 1/2 내지 3/4이 매년 없어졌다.

최근에는 기획관리 당국에서 상업적 어부들의 접근도 제한한다. 관리당국은 특정 계절에 어장을 폐쇄하고, 그물의 종류와 그물눈의 크기를 단속하고, 고기잡이 횟수도 엄격히 제한하며, 어선당 하루 어획량도 제한을 두어 왔다. 그 결과로, 어류 저장량은 어느 때는 빨리 그리고 어떤 때는 서서히 회복되어 가고 있는 중이다. 현재로서의 과제는 과거의 잘못을 되풀이하지 말고, 어획량을 조심스럽게 늘리면서 관리하여야 한다는 것이다.

이상 살펴본 뉴잉글랜드 해역에서의 고기잡이, 남획 그리고 야생동물 보존에 관한 주제가 이 장의 이상적인 사례가 된다. 이 장의 주제는 생물 개체군(집단)들이 특정시간에 특정 지역에 어떻게 분포하는가에 관한 것과, 같은 지역에 서식하는 생물집단들 종간의 상호작용이 어떻게 일어나는가에 대해 연구하는 **개체군과 군집의 생태학(ecology of population and community)**에 관한 내용이다. 이 장의 내용들인 개체군과 군집에 관한 내용들을 탐구함으로써, 여러분들은 다음 질문들에 대해 답을 할 수 있을 것이다.

개체군과 군집의 생태학(ecology of population and community)
생물 집단(개체군)들이 특정 시간과 특정 지역에서 어떻게 분포하는가에 관한 것과, 같은 지역에 서식하는 생물종들 간의 상호작용이 어떻게 일어나는가에 대해 연구하는 것

- ☑ 생명체들은 생태학에서 어떤 수준들로 상호작용하는가?
- ☑ 한 종이 생활하는 장소를 제한하는 요인들은 무엇인가?
- ☑ 개체군의 크기를 제한하는 요인들은 무엇인가?
- ☑ 군집 내에서 종들은 어떻게 상호작용하는가?

목표1 생태학: 상호작용의 수준들

한 어부의 생활은 고기의 서식지들을 아는 데에 달려 있다: 노랑꼬리 가자미 또는 다른 어족들이 바다의 어느 지역에 살고 있을까? 일 년 중 어느 시기에 물고기들을 잡는 것이 가장 좋을까? 어느 깊이에서 물고기들이 먹이를 먹을까? 그 물고기들은 무엇을 먹는가? 간단히 말하면, 어부들은 효율적으로 물고기의 위치를 알아내고, 효율적으로 물고기를 잡는 것과 관련된 가능한 많은 정보를 알아야만 한다는 것이다. 1장에서 간략히 소개한 대로, 생태학은 생명체들의 분포와 풍부도에 관한 것과 생명체들은 개체들 사이 및 비생명의 환경과 어떻게 상호작용하는가에 관해 연구하는 것이다. 생태학적 견해들은 인류의 생존에도 매우 중요하다. 그 이유는 우리들의 식량, 우리들의 거처, 우리가 먹는 물의 질 외에 우리가 호흡하는 공기나 지표면의 온도와 같은 근본적 인자들조차와 어느 정도는 기후에 이르기까지, 이들 모두가 생명체들이 어디에 살며 그들 생명체들이 어떻게 상호작용하는가에 달려 있기 때문이다.

생태학 정의에서의 핵심 단어는 "*상호작용*"이다. 생명체들은 그들 상호 간에도 서로 작용하며 비생명인 주위환경과도 상호작용을 한다. 한 마리의 노랑꼬리 가자미를 놓고 볼 때, 생활환경에는 그 가자미가 먹이로 하는 벌레들과 그 밖의 작은 무척추동물들, 먹이 경쟁을 하는 다른 종 가자미, 자기 유생을 잡아먹는 고등어, 그리고 그의 몸에 기생하여 그 몸을 약화시키는 기생충들 등이 포함된다. 물리적 환경에는 수온, 염도, 바닷물 깊이; 바다 바닥이 모래인가 자갈인가 아니면 진흙인가 하는 것; 그리고 폭풍과 해양 용승의 연주기(annual cycle) 등이 포함된다.

이와 같이 각 생명체에게는 다른 생명체들 및 물리적 환경처럼 상호작용하는 대상이 많으므로, 생물학자들은 생태학 연구를 4가지 단계적 수준인 개체군(집단), 군집, 생태계 및 생물권으로 나눈다.

- *개체군*(집단, population)이란 일정한 지역에서 서식하며 상호작용하는 동일 종 개체들의 한 그룹을 일컫는다.
- *군집*(community)은 동일 지역에서 서식하는 둘 또는 그 이상의 종들로 구성되어 있다.
- *생태계*(ecosystem)는 생명체 군집 및 그와 상호작용하는 환경의 물리적 인자들로 구성되어 있다.
- *생물권*(biosphere)은 지구상의 모든 생태계들로 구성된 것을 말하므로, 살아 있는 생물종들을 안고 있는 지구의 부분이라고 할 수 있다. 생물권은 대기, 해양 및 생명체들이 살고 있는 토양뿐 아니라 생명체들의 생활에 영향을 주는 기후 양상, 바람의 흐름, 영양소 순환과 같은 전체 지구적 변화도 포함한다.

이 장과 다음 장(15장)에서는 생태학의 단계적 수준을 따라가면서 생태학적 상호작용들에 관해 살펴본다. 먼저 개체군의 위치와 크기에 대하여 시간적 및 공간적으로 영향을 미치는 요인들에 대해 알아본다. 그 다음에, 군집생태학에 관해 살펴봄으로써, 생명체들이 어떻게 상호작용하는가에 대해 토론해 보도록 하자.

목표2 무엇이 한 생물종이 살아가는 장소를 제한하는가?

일부 종들은 전 세계에 고르게 흩어져 살고 있기도 하며, 어떤 종들은 특정 지역에만 살기도 한다. 무엇이 한 생명체로 하여금 지구의 어떤 특정 지역에만 살도록 제한하는 것일까?

지구 생명체들 분포에 대한 제한요인들

한 생명체의 생활 범위가 이 세계의 한 지역에만 국한되고, 다른 지역에는 서식하지 않는다는 것은 인류에게도 중요한데, 특히 그 생명체들이 식량이나 식재료 물질들이거나 사람, 가축 또는 애완동물이나 농작물들에 질병을 일으킬 경우엔 더욱 그러하다. 일반적으로 3가지 조건이 하나의 특정 생명체가 발견되는 장소들을 제한하는데, 그것은 물리적 요인들, 종들 간의 상호작용 그리고 지리적 장벽들이다.

물리적 요인들

적절한 햇빛, 물, 기온, 무기 영양소, 또는 물리적이거나 화학적 요구들 중 어느 것이 결여된 지역인 경우엔 생명체들이 없을 수도 있다.

종들 간의 상호작용

다른 종들이 한 개체군의 분포를 차단시키거나 제한할 수 있다. 만약 특정 종들이 이미 한 지역에 굳건히 확립되었다면, 그들은 먹이 공급을 독점하거나 또는 약탈자들이나 기생생물들로 작용함으로써, 새로운 종의 침입을 막는다.

지리적 장벽들

하나의 지리적 장벽이 어떤 종의 접근을 차단함으로써 특정 지역에 그 종이 없을 수도 있다. 바다, 사막 그리고 산악 지역들이 매우 넓거나 높아서 어떤 생물 종이 기어가거나, 헤엄치거나, 날거나 또는 표류하는 경우들에서는 이러한 장벽들을 넘을 수 없다. 예를 들면, 1890년 유럽에서 미국으로 건너온 조류 애호가들이 인위적으로 지리적 장벽에 다리를 놓아서, 그 당시 약 80마리의 찌르레기들을 뉴욕 시 센트럴파크(Central Park)에 들여왔다. 현재는 수백만의 찌르레기들이

그림 14.1
대서양 장벽을 넘는 것이 찌르레기가 북아메리카 전역으로 확장되는 것을 허용했다

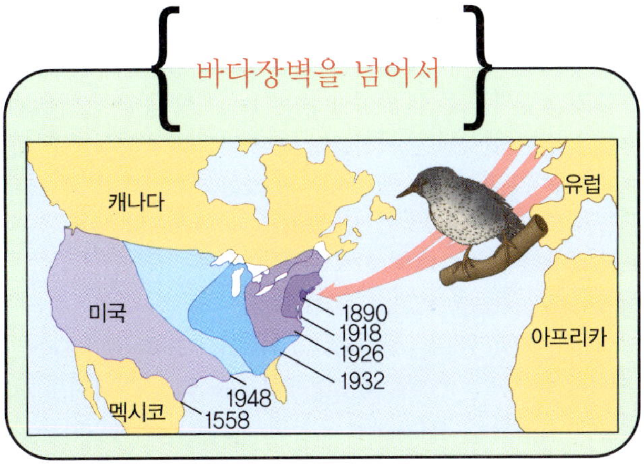

미국 전 지역의 도시와 시골에서 지저귀고 있다. 이 새들이 대서양을 횡단할 수 없었기 때문에 그 전에 북미에서는 그 새들의 분산이 중지되었던 것이다(**그림 14.1**).

목표3 어떤 요인들이 개체군의 크기를 제한하는가?

뉴잉글랜드 어류 관리본부에서 근무하는 연구자들의 목표 중 하나가 노랑꼬리 가자미와 그 밖의 어종들이 적정 수준으로 유지됨으로써 조지스 뱅크 지역에 이 동물들이 건강한 개체군들로 살아남을 수 있게 하는 데에 있다. 노랑꼬리 가자미 개체군의 계측치의 하나가 연간 어획량 무게이다. **그림 14.2**를 살펴보라. 1962년~1996년 사이에서 노랑꼬리 가자미 개체군에 어떤 일이 일어났는가? 홍어와 돔발상어의 경우는 어떠한가? 연구자들은 어떤 요인들에 노랑꼬리 가자미 개체군의 극적인 붕괴를 일으킨 것인지, 그것이 홍어와 돔살상어의 증가와는 어떻게 관련되는지, 그리고 각 어류 개체군들의 안정적 어획량을 유지하기 위한 원래의 상태로 복원하려면 어떻게 해야 하는지에 관해 알기를 원한다.

생태학의 이 실제적 측면이 일정 공간에 존재하는 개체군의 개체수(예, 조지스 뱅크에서 연간 어획량 톤 수)인 밀도(density)와 관련이 있다. 개체군 밀도를 보고할 때에는 그 종의 서식지를 고려하는 것이 도움이 된다—조지스 뱅크의 노랑꼬리 가자미는 모래 바닥에만 살며 특정 나비 종은 주로 노랑 해바라기 꽃 주위에 모인다. 인간 개체군들은 무리를 이루고 산다. 지구 전체로 볼 때 인간 개체군의 밀도는 평균하여 1명/km^2보다 낮다. 대부분의 사람들은 해안, 강기슭 및 호수 등에서 가까운 지역에 거주하므로, 그러한 지역들에서의 밀도는 평균치보다 크다.

개체군생장정지 (zero population growth)
한 개체군 내에서 각 개체들이 획득하는 개체수와 잃는 개체수가 동일한 경우의 생장

개체군 크기에 영향을 주는 요인들

호기심이 많은 생물학자들은 시간 경과에 따라 개체군 밀도가 어떻게 변하며, 그러한 변화를 일으키는 요인들은 무엇인지 알고자 한다. 개체군 크기는 개체들이 그 개체군에 합류되던지 또는 떠날 때 변할 수 있다. 명백히, 들어오는 개체수가 떠나는 개체수보다 많을 경우 개체군은 커질 것이고, 반대로 더 많은 개체수가 들러오기보다는 떠날 때 그 개체군은 위축될 것이다. 개체들의 개체군 내로의 유입은 출생 또는 이입(immigration)에 의할 수 있고, 유출은 사망이나 이출(emigration)에 의할 수 있다. 만약 한 개체군에서 획득하는 개체수와 잃는 개체수가 동일할 경우 그 개체군은 **개체군생장정지(zero population growth)**를 보인다. 사람의 경우, 한 부부당 평균 2.1명의 자녀를 가질 때, 개체군생장정지를 가져온다.

이제부터 개체수들이 사망에 의해 개체군을 떠나거나, 출생에 의해 개체군에 합해지는 것이 어떻게 개체

그림 14.2
노랑꼬리 가자미 개체군의 붕괴

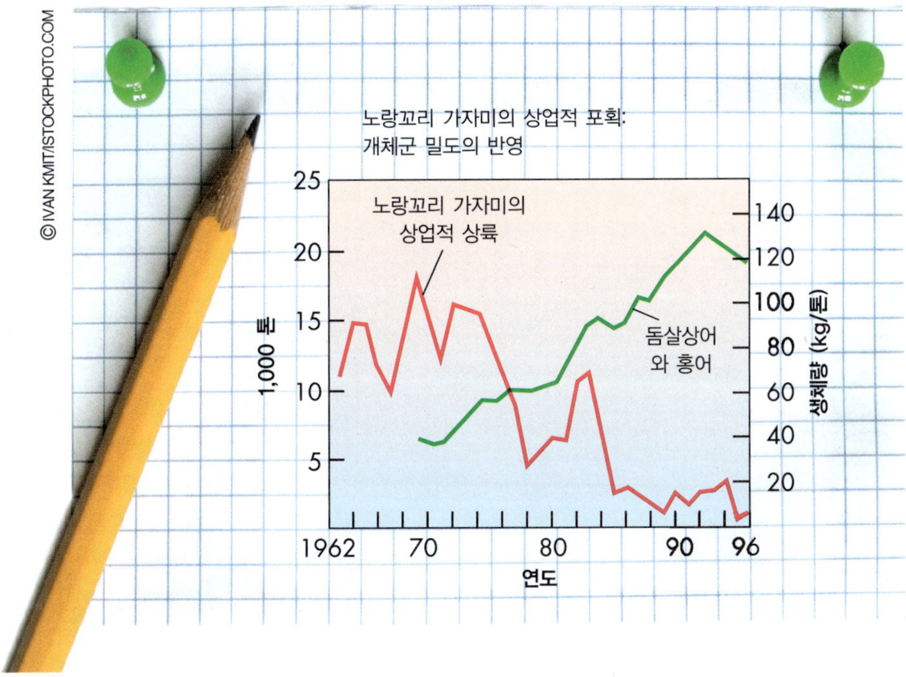

생존곡선 (survivorship curve)
한 개체군이 특정 나이까지 살 수 있는 비율을 나타내는 자료의 도표

말기-손실 생존곡선 (late-loss survivorship curve)
생존곡선 도표에서 생명체의 기대수명이 해가 지나면서 감소되는 것

초기-손실 생존곡선 (early-loss survivorship curve)
생존곡선 도표에서 한 개체군의 대부분 개체들이 어린 시기에 죽는 것

군들 변화를 일으키는가에 대해 알아보도록 하자. 이입과 이출 효과가 일정하게 유지되면 그 개체군 크기는 동일한 것으로 생각할 것이다.

연령에 따른 생존율의 변화

사망과 출생은 확실히 개체군 크기에 영향을 미친다. 많은 종들에서, 개체의 사망은 연령에 의존한다. 노랑꼬리 가자미에서 볼 때, 새로운 새끼들의 숫자가 매우 많을 때에는 죽을 기회가 있지만, 각 개체들이 성체가 된 다음에는 죽는 숫자가 작아진다. 이와 같이 한 개체군이 특정 나이까지 살 수 있는 비율을 나타내는 자료의 도표가 **생존곡선(survivorship curve)**이다(**그림 14.3**). 먼저 인간의 생존곡선을 살펴보자. 90세 노인이 1년 더 살 수 있는 가망성은 20세 청년이 1년 더 살 수 있는 가망성보다 매우 낮다. 이와는 대조적으로, 노랑꼬리 가자미들은 부화 후 이 새끼들이 바다로 나가서 고등어, 청어 그리고 크릴새우 등의 먹이가 되는 1~2개월 동안에 대부분 죽는다. 일단 살아남은 새끼들이 바다 바닥에 정착하여 성체들이 되면, 그 후부터는 매월 죽는 숫자는 감소한다. 그러므로 인간은 **말기-손실 생존곡선(late-loss survivorship curve)**을 보이는 반면에, 가자미는 **초기-손실 생존곡선(early-loss survivorship curve)**을 따른다.

생존곡선을 만드는 데 사용된 숫자들의 표를 생명표라고 부르는데, 이 표는 **기대수명(life expectancy)**과 각 나이별 개체들의 사망률을 보여준다. 보험회사들은 보험가입자들의 보험료 책정에 이와 같은 생명표를 사용한다. **그림 14.3**에 제시한 생존곡선으로부터 여러분은 보험회사들이 80세 남성

그림 14.3
생존곡선

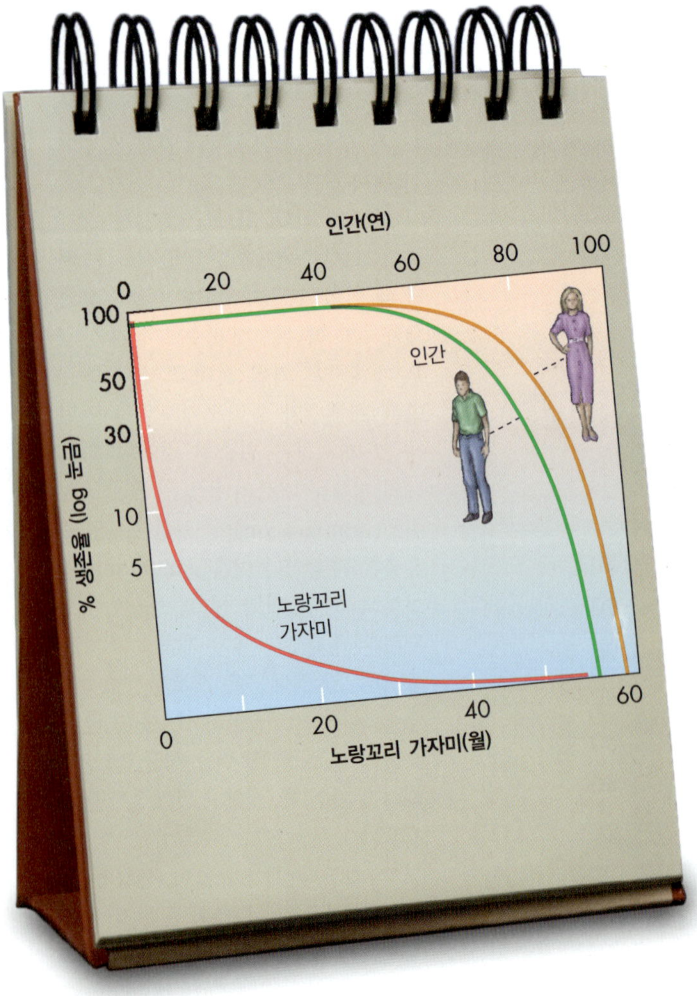

그림 14.4
인간의 생식력 곡선

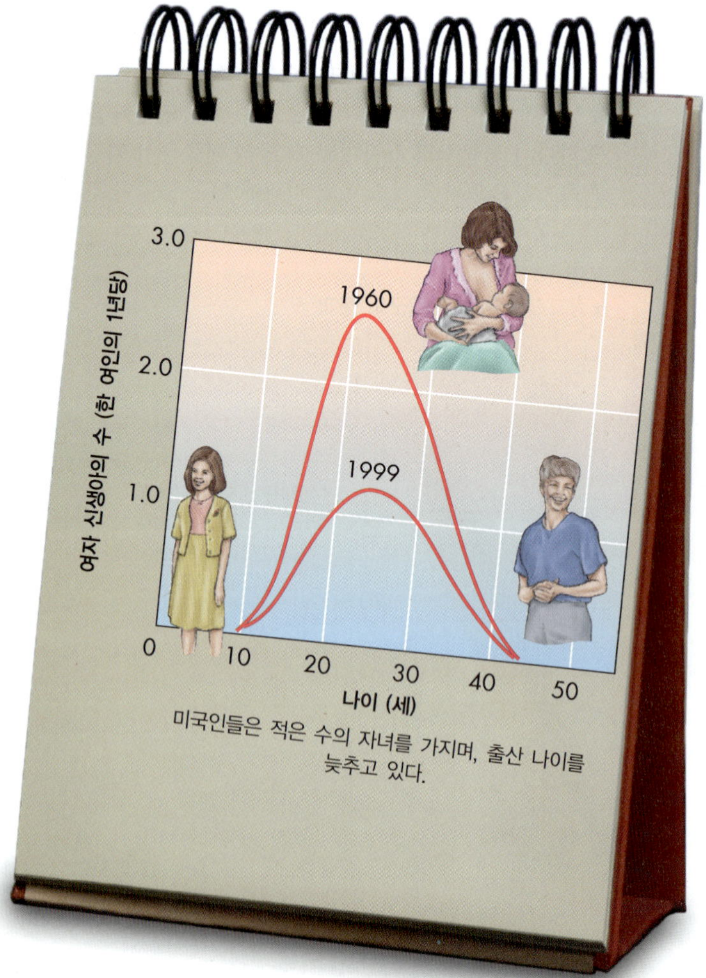

미국인들은 적은 수의 자녀를 가지며, 출산 나이를 늦추고 있다.

의 보험료를 80세 여성에 비해 더 많이 부과하는지 이해할 수 있을 것이다. 그 이유는 그 나이 남성이 여성에 비해 빨리 죽기 때문이다.

연령에 따른 생식력의 변화

생존곡선은 각 연령대 별로 얼마나 많은 개체들이 사망으로 개체군으로부터 사라지는지를 예측하는 데 도움이 된다. 사망에 반대로 작용하는 것이 새로운 개체의 출생이다. 사망률처럼 출생률도 연령에 의존적이며, 이러한 사실은 개체군 암컷 개체들의 나이에 따른 생식(번식)률을 나타낸 **생식력 곡선(fertility curve)**에서 알 수 있다.

그림 14.4에 제시된 인간의 생식력 곡선은 미국 여성에서는 20세보다 젊거나 30세보다 많을 경우 생식력이 낮음을 보여준다. 1960년과 1999년의 생식력 곡선에서 차이가 있음을 주목하라. 생식력 곡선은 그 자체 또는 개체군의 연령구조와 함께 미래의 개체군 생장을 예측할 수 있기 때문에 중요하다. 예를 들면, 20대 여성이 30대 여성보다 많은 개체군은 이들 주 수태 연령층 여성을 적게 가진 개체군에 비해 매우 빠른 속도로 생장하게 될 것이다. 자료에 따르면 어떤 해에는, 20세에서 25세 사이의 미국 여성 매 100명당 12명이 딸을 낳았다고 한다.

개체군은 어떻게 생장하는가?

출생률과 사망률이 개체군 크기 변화에 빈번히 영향을 미치는 요인들이다. 이 두 요인을 결합시켜서(이출과 이입을 계산하지 않고) 생태학자들은 개체군이 어떻게 생장하는가에 관한 모델을 만들 수 있다. 풍부한 영양소, 공간, 서식지, 물, 좋은 기후, 그리고 약탈자나 질병이 없다는 이상적 조건이라면, 모든 생명체들이 선천적인 생식력이 높기 때문에, 각 개체군은 무한히 생장할 것이다. 이상적 조건들 하에서 한 생명체가 갖는 생식능력, 즉 **생명력(biotic potential)**은 놀랄 만하다.

빠른 개체군 생장은 **그림 14.5**와 같은 그래프로 나타내면 이해하기 쉽다. 수명이 긴 생쥐 종 개체들이 어떤 해에 생식 연령이 됐다고 보고, 수컷 숫자를 무시하더라도 그 개체군이 처음 10마리의 암컷으로 구성되었고, 각 암컷이 매년 평균 한 마리의 새끼를 낳는다고 가정해 보자. 첫해가 끝날 무렵, 개체군은 20마리의 암컷(10마리 모체와 그 각각의 딸들) 생쥐를 가질 것이다. 만약 앞의 각 암컷이 다음 해에 1마리씩을 더 낳는다면, 2년째 말에 암컷 생쥐는 40마리가 될 것이며, 3년째 말에는 80마리 식으로 될 것이다. 이와 같은 폭발적인 개체수의 증가는 **지수적 생장(exponential growth)**을 말해주는 **J자-형 생장곡선(J-shaped curve)**으로 나타난다.

여러분은 어떤 요인들이 **그림 14.5**에 보인 J자-형 생장곡선에 영향을 미칠 것으로 생각하는가? 두

기대수명 (life expectancy)
하나의 개체가 살 수 있는 최대 나이

생식력 곡선 (fertility curve)
암컷 개체들의 나이에 따른 생식률을 그린 도표

생명력 (biotic potential)
생장과 생존의 이상적 조건들 하에서 한 생명체가 갖는 생식능력

지수적 생장 (exponential growth)
아무 장애 없이 일어나는 한 개체군의 생장; 이 개체군은 지속적 생장률을 보임

그림 14.5
개체군의 지수적(J자-형) 성장

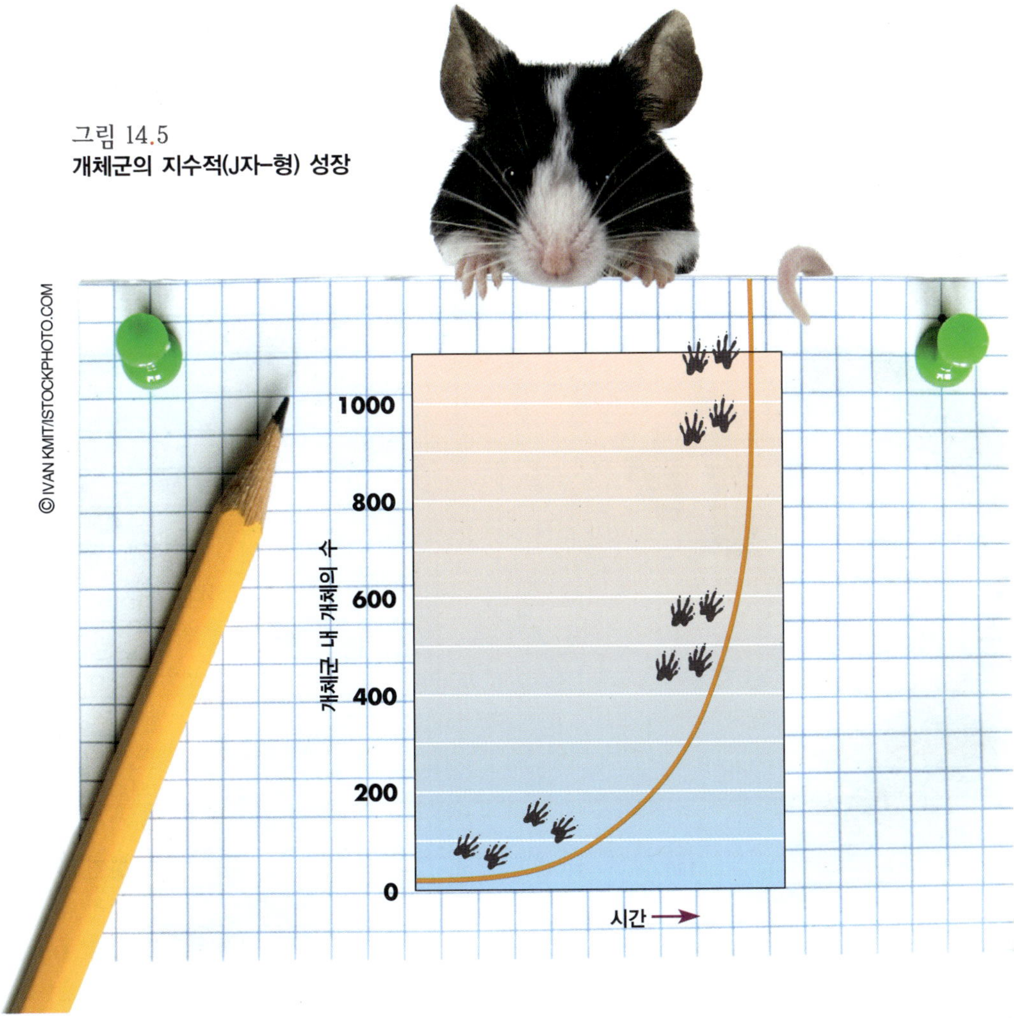

J자–형 생장곡선 (J-shaped curve)
지수적 생장을 나타내는 위로 굽는 모양(J형)의 개체군 생장곡선

S자–형 생장곡선 (S-shaped curve)
개체군 생장곡선에서, 처음에는 편평하다가, 점차 증가된 후, 다시 편평하게 끝나는 형태를 나타내는 것으로, 이러한 생장을 로지스트 생장이라 함

로지스트형 생장 (logistic growth)
개체군 생장에서 환경에 의해 최대 개체군 형성이 제한되는 생장

가지 요인이 관여됨이 밝혀졌는데, (1) 개체당 생식률과 (2) 초기 개체군의 크기가 그것이다. 만약 개체당 연 생식률이 암컷생쥐 1마리당 1마리가 아니고 2마리이면, 개체군의 크기는 더 빨리 생장할 것이다. 생태학자들은 개체당 생식률을 기호 r로 표시한다. 인간 개체군들에서 개인당 생식률은 매우 다를 수 있다. 매 여성은 30명의 아기를 가질 수는 있지만, 그렇게까지 능력을 발휘하는 여성은 거의 없다.

개체당 생식률이 J자–형 생존곡선을 가지게 하는 하나의 중요 인자이지만, 또한 초기 개체군 크기도 중요하다. 앞의 예에서 보인 대로, 만약 초기 개체군에 암컷이 10마리가 아니고 단지 5마리의 암컷이고, 각 암컷이 매년 1마리씩 새끼를 낳는다면, 1년째 말에는 10마리가 아니고 5마리가 추가될 것이다. 이것이 다른 모든 인자들이 동일한 경우, 초기 개체군이 클 때보다 작을 때에 늘어나는 개체수가 작은 이유이다.

지금까지 우리가 논의한 인위적 이상 조건들 하에서는, 만약 출생률이 사망률을 조금이라도 초과하면 어떤 개체군도 지수적 생장을 나타내는 J자–형 생장곡선을 보일 것이다. 다행히 자연 상태의 실제 생명체들은 J자–형 생장 양상을 따르지 않으며, 따르더라도 잠시일 뿐이다. 자연의 생명체들은 먹이 공급과 서식 공간의 제약 때문에 생식력을 최대한 발휘하는 제한 없는 생장을 지속할 수가 없다. 따라서 우리의 지구가 특정 종의 생물들로만 뒤덮이는 것이 아니다. 수요와 공급의 실체들이 생명체들의 생식 능력에도 불구하고 개체군 생장에 대한 이와 같은 구속력을 가진다는 것을 설명해 준다.

제한된 자연 자원들이 개체군 생장을 제한한다

J자–형 생장곡선은 생태학자들에게 실제 개체군들의 생장 측정에 대한 이론적 표준을 제공한다. 실제 개체군 생장에 관한 고전적 예의 하나가 19세기 초 호주 남쪽에 위치한 태즈메이니아(Tasmania) 섬에 사는 양에 관한 것이었다(**그림 14.6**). 영국으로부터 온 이민자들이 최초로 새로운 환경에 양을 들여왔을 때, 자원들이 풍부하여 양 개체군들은 몇 십 년을 거의 지수적으로 확장되었으므로, 이 시기에는 J자–형 생장곡선을 보였다. 섬에 양의 밀도가 올라감에 따라 제한된 자원들에 대한 경쟁이 증가됨으로써, 1830년부터 양들은 작아진 먹이와 서식 공간에 직면하게 되었다. 이러한 결과로 개체들은 살아남는 수가 줄어들며 죽는 경우가 많아졌고, 개체들의 생식 기회도 작아졌다. 1850년부터 총 생장률은 감소되었고, 개체군 크기는 평균 160만 마리 수준을 오르락내리락 하였다.

그림 14.6
태즈메니아 섬의 양: 실질 군집성장이 종종 S자–형 곡선을 보인다

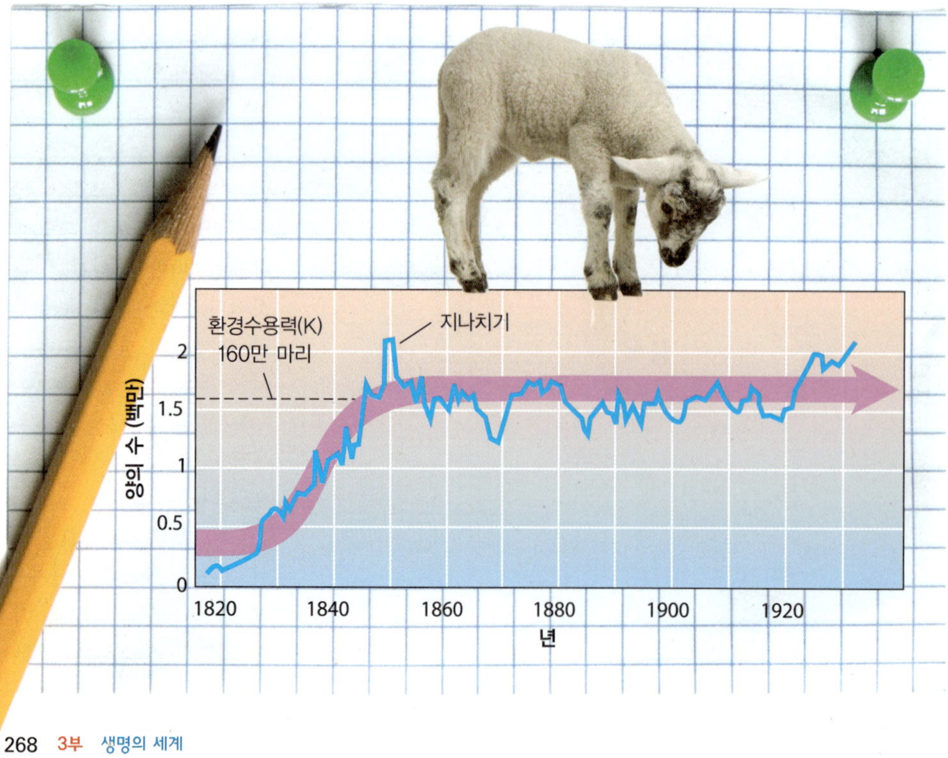

그림 14.6이 보여주는 것과 같이, 이 그래프가 개체군 생장이 J자–형 곡선으로 시작되는 것으로 나타나지만, 그 후 편평해져서 **S자–형 생장곡선(S-shaped curve)**으로 나타나는 로지스트형 생장을 보인다. **로지스트형 생장(logistic growth)**이란 동일 지역에서는 작은 개체군보다는 큰 개체군에서 더 서서히 생장되는 것을 말한다. 생장하는 개체군 밀도가 떨어진 것—태즈메이니아 섬에서의 160만 마리 —을 **환경수용력(carrying capacity)**이라 하는데, 생태학자들은 이 환경수용력을 약자인 K로 표시한다. 환경수용력은 환경이 일정 기간 동안 지지해 줄 수 있는

개체수라 할 수 있다. 환경수용력 하에서, 개체들은 그들이 활용할 수 있는 모든 자원들을 사용한다.

환경수용력은 각 종의 개체수나 환경면에서 일정한 것이 아니다. 여러분은 **그림 14.6**에 나타난 양의 환경수용력 주변에서 기복이 있음을 보면서 이를 이해할 수 있을 것이다. 환경은 계절에 따라서 변하며, 날씨 조건에 따라서도 변하고, 군집 내 종 구성에 따라서도 변하므로 환경수용력은 개체군들이 초기밀도로부터 더 높아지거나 낮아질 수 있는 경향성에 한계가 있음을 알아야 하겠다.

개체군의 붕괴

개체군 생장은 태즈메이니아 섬의 양에서처럼 종종 늦어지거나 일정 수치에 도달할 수 있는 반면에, 일부 종들에서는 왕성한 개체군 생장에 이어서 급속히 감소하여, 밑바닥까지 떨어질 수도 있다. 알라스카 남서 해안에서 떨어진 한 섬에 도입된 순록의 생장이 자주 인용되는 예이다(**그림 14.7**). 1891년 순록 개체군 25마리로 시작하여, 목동들이 1938년 2,000마리까지 길러냈지만, 1950년에는 8마리로 뚝 떨어졌다. 이와 같은 붕괴는 환경수용력으로 쉽게 설명될 수 있다. 순록이 처음 도입되었을 때에는 이끼와 그 밖의 먹이 자원들이 풍부해서 약탈만 없으면 몇 세기도 갈 정도로 축적되어 있었으므로, 이 섬의 환경수용력은 컸었다. 그러나 순록들이 널려 있던 먹이를 먹은 후, 매년 이끼의 생장 시기인 짧은 여름 동안 이끼들이 서서히 자람으로 인해 먹이가 고갈되어 갔다. 그와 같은 환경수용력의 변화가 순록 개체군의 붕괴를 일으킨 것이다.

생장에 대한 환경의 제한

실제 개체군의 제한적 생장은 제한적 먹이공급, 제한적 서식 공간, 그리고 다른 생명체들과의 상호작용과 같은 요인들에 기인한다.

환경수용력 (carrying capacity)
환경자원들의 제한에 기인하여 한 개체군 생장이 중지될 때의 개체군 밀도

개체군 밀도의 역할

개체군 생장의 일부 제한은 개체군 밀도에 의한다. 예를 들면, 드물게 집단생활을 하는 프레리도그(prairie dog) 개체군에서 벼룩에 의해 전염되는 선페스트(bubonic plague)병의 발병률은 낮다. 그러나 프레리도그들 집단의 밀도가 커지면, 이 질병이 종종 전체 개체군을 휩쓸어 버린다. 또 제한된 자원에 대한 동일종들 간의 경쟁이, 밀도가 개체군 크기를 조절할 수 있는 또 다른 방법이다. 예를 들어, 한 숲에 살고 있는 모든 다람쥐들은 같은 도토리를 놓고 경쟁을 벌여야만 한다.

어떤 요인들은 개체군 밀도와 상관없이 개체군 확장을 제한한다. 예를 들어, 매우 추운 겨울 날씨가 사슴 개체군의 25%를 밀도에 관계없이 죽일 수 있다. 실제로 개체군 밀도에 의한 영향을 다른 요인들과 분리하기란 어려운데, 이와 같은 상호작용이 생태학자들로 하여금 개체군 생장을 제한하는 기작이 개체군의 내적 기원인지 또는 외적 기원인지를 고찰하게 한다.

그림 14.7
제한 자원의 과잉개발이 개체군의 파괴로 이끌 수 있다

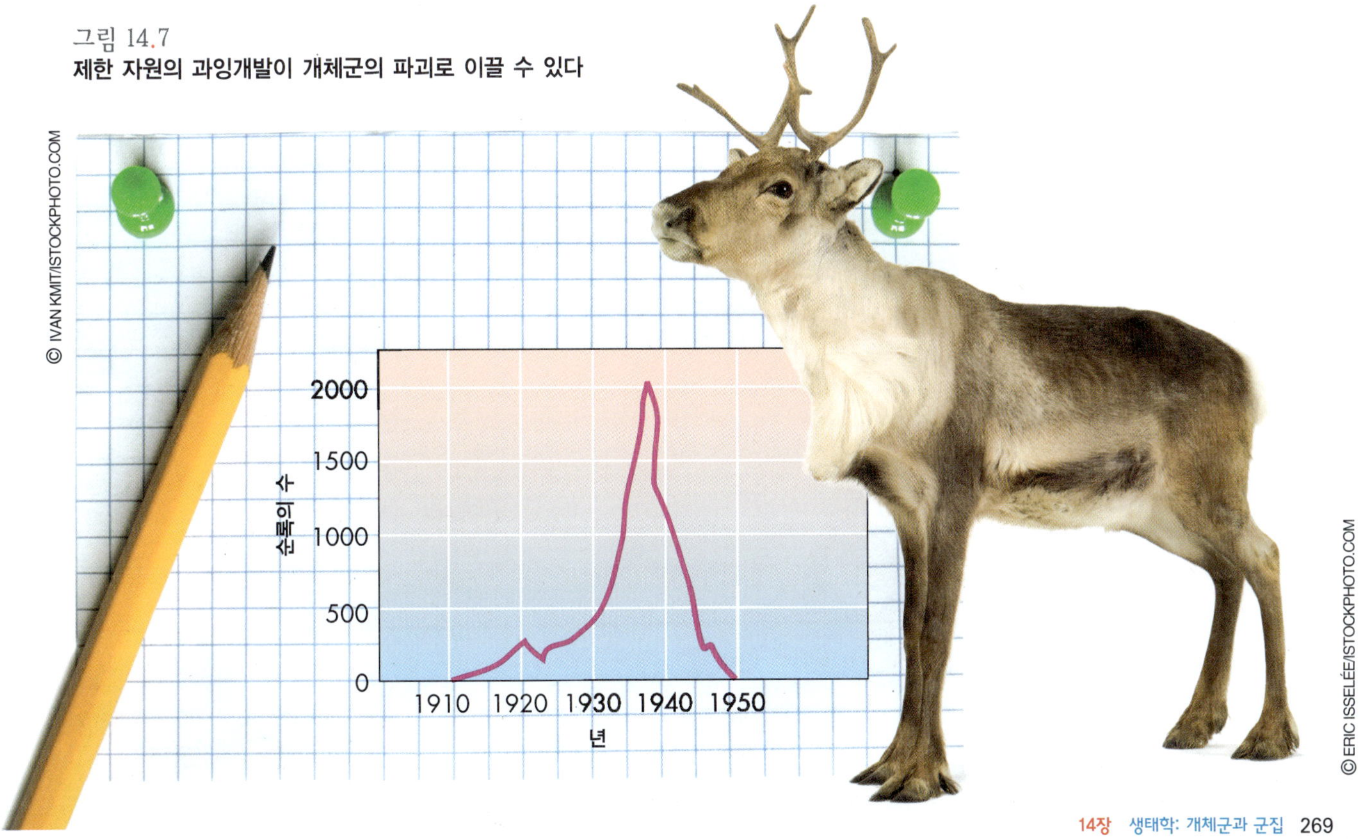

생활사 전략
(life history strategy)
한 생명체가 생장, 생존 또는 생식에 필요한 에너지를 적절히 배분하는 것

외적 또는 내적 개체군–조절 기작

외적 개체군–조절 기작은 개체군 밖으로부터의 기원들로서, 먹이 공급, 천적 및 질병–유발 생명체들뿐만 아니라 날씨, 은신처, 오염 및 서식지 상실 등과 같은 물리적 요인들이다. 개체군 크기를 제한하는 외적 요인들과는 대조적으로, 내적 요인들은 생명체의 해부, 생리 또는 행동 등에서 기원된다. 예를 들면, 혼잡한 무리를 이룬다던가 자원이 고갈될 경우 캥거루나 코알라 같은 유대류들은 그 자신들 유대낭에서 발생하고 있는 배(embryo)를 흡수해 버리는데, 이와 같은 내적 반응이 개체군 생장의 속도를 낮추는 것이다.

경쟁

가장 중요한 내적 개체군–조절 기작이 제한되게 공급되는 자원들에 대한 동일 종 개체들 간의 경쟁(competition)이다. 한 종의 개체들 간의 경쟁 효과는 개체군 밀도에 의존한다. 개체군이 커지고 자원이 감소됨에 따라, 먹이와 공간에 대한 경쟁은 치열해진다. 예를 들어, 해안 조간대에서 만각류(굴, 조개 등) 개체군들이 붙어사는 바위는 먹이가 풍부한 경우조차도 다른 만각류들이 동일 지점을 점령할 수 없다.

환경의 외적 및 내적 요인들이 모든 종들의 생장을 제한하지만, 그들 개체군은 대략 S자–형 생장곡선 또는 급등–후–낙하형 곡선의 결과를 보인다. 자연의 개체군들이 어떤 모양의 생장곡선을 따르는지와 관련된 요인들에 대하여 알아보자.

개체군 생장과 생존 전략

생존하고 생식을 하여, 미래에 유전적 공헌을 하기 위해서 개체들은 그들의 제한된 에너지 공급을 적절히 배분하여야만 한다. 그의 대부분 에너지를 몸체 확장에 소모하여 급속–생장하는 생명체는 생식에 필요한 에너지를 조금만 남길 것이다. 반대로, 엄청난 에너지를 그 배우자를 유인하거나 수천 개의 알을 만드는 데 소모하는 개체는 매일매일의 생명 활동들에 필요한 에너지를 조금만 가질 것이다. 한 생명체가 에너지를 생명활동에 적절히 배분하는 것을 **생활사 전략(life history strategy)**이라고 한다.

어떻게 서로 다른 생활사 전략이 작동되는지 알아보기 위해, 민들레와 코뿔소의 생활사 전략을 비교해 보자. 민들레는 빠른 배 발생과 저장 양분을 조금 가진 많은 수의 종자들을 만드는 방법으로 신속하게 번식을 한다. 민들레는 가벼워서 바람을 타고 날아 종자들이 퍼지므로, 발아 후 대부분이 죽기 때문에 초기–손실 생존을 체험한다. 이러한 형질들로 인해 그들은 겨울이 오기 전에 새로운 들판을 종자들로 채워서 싹이 나게 하며, 그늘에서 벗어나게 해야만 한다.

대조적으로, 한 마리의 코뿔소는 5살 정도 후에나 번식을 하며, 그의 배(보통 한 마리) 발생도 매우 천천히 일어난다(임신 기간이 약 15개월임). 코뿔소가 한 번에 한 마리를 낳지만, 태어나는 새끼는 매우 크다(몸무게가 남자 대학생의 평균 체중만 함). 일단 태어난 새끼는 약 40년을 살아가므로, 코뿔소는 말기–손실 생존을 체험한다. 코뿔소들은 빠른 속도로 멸종해 가고 있는데, 그 이유는 사람들이 그들의 코뿔을 취하기 위해 코뿔소들을 도살하기 때문이다. 어떤 사람들은 가루로 만든 코뿔이 최음작용을 한다는 미신을 믿어서, 1온스당 금보다 더 비싼 값을 기꺼이 지불한다고 한다. 코뿔소의 생활사 전략을 앎으로써, 여러분은 개체가 한번 죽어나간 개체군들을 재건하는 것이 얼마나 어려운 것이라는 것을 알 수 있을 것이다.

많은 종들은 각각의 생활사 전략 요소들을 가지며, 쉽게 바뀌지 않는다. 사람들은 어떤 생활사 전략을 따른다고 생각하는가? 이제부터 인간 개체군(인간집단)에 관하여 상세히 알아보자.

목표4 인간 개체군

인간들도 생태학적 규칙들의 지배를 받을까? 또는 어떻게 해서든 급상승, 붕괴 및 생장곡선을 벗어나고 있을까? 이에 대한 해답은 인류의 역사, 장기간에 걸친 인간 개체군의 경향 그리고 우리 미래의 인류 생장에 대한 예측들에서 찾을 수 있다.

인간 개체군 생장의 경향

여러분은 **그림 14.8**에서 인간 개체군 생장에 관한 3가지 역사적 단계와 현재 개체군 생장에 대한 휘청거리는 예측률을 볼 수 있을 것이다.

사냥과 채집 단계

지금부터 약 1만 년 전에, 인간 개체군은 동물을 사냥하고, 물고기를 잡고 자연으로부터 뿌리나 과일을 수집해 먹고 살면서, 서서히 생장하였다. 전 세계의 인구수는 기원전 8,000년까지 약 1,000만 정도였다. 이 초창기 단계 동안, 인간의 생활사 전략은 완만한 배 발생, 장수, 큰 체구, 적은 수의 자손, 부모에 의한 자손돌보기의 확장 그리고 효율적 솜씨로 자원들과의 경쟁에 도움을 줄 수 있는 매우 특수화된 뇌의 발달 등에 중점을 두었었다.

농업 단계

약 1만 년 전부터 시작된 인류 역사의 두 번째 단계 동안, 사람들은 농작물을 경작하고 가축들을 사육하기 시작함으로써 **농업혁명(Agricultural Revolution)**을 이루어 냈다. 농업으로의 전환은 급속히 전 세계로 퍼져나갔는데, 아마도 그 이유는 사람들은 그들의 문화나 생활 방식를 다른 사람들에게 전달하려는 속성 때문일 것이다. 기원전 8,000년경부터 서기 1750년 사이에 농업기술들이 퍼져나가고 발전시킴으로써 세계 인구는 1,000만에서 8억 정도로 늘어났다. 농업은 일부 자원들을 더 효율적으로 사용하는 것이므로, 그것이 인간들로 하여금 환경수용력을 증가시키게 한 것이다.

산업 단계

인간 개체군 생장의 세 번째 단계는 18세기 영국에서 시작된 **산업혁명(Industrial Revolution)**이다. 증기기관과 같은 발명들이 농부들과 수공업 종사자들을 주로 공장에서 일하게 하며, 복잡한 도시생활을 하게 전환하는 등 엄청난 변화를 가져오게 했다. 이때부터 250년에 걸쳐 대부분 세계는 이와 같은 산업적 양상과 사회적 격변을 따랐다. 농부 한 사람이 증기기관을 이용한 트랙터를 사용하여 하루에 몇 십 명이 할 농사일을 해내게 됨으로써 식량생산이 증가하게 되었다. 증기기관을 이용한 기차나 선박이 식량과 그 밖의 생활필수품들을 신속하게 운반해 줌으로써, 지역적 굶주림을 완화시켰다.

최근에 와서 인간 개체군의 증가가 비틀거리게 되었다. 1950년까지는 전 세계 인구가 25억이었는데, 그 후 40년의 눈 깜짝할 사이에 다시 25억이 증가되었다. 현재의 증가율대로 가면, 2025년에는 현재 지구상의 60억이 넘는 인구에 새로 50억의 사람들이 추가될 것이다. 110억의 인구가 될 때 여러분은 몇 살일까? 현 인구수가 2배로 될 때, 인류의 생활은 어떻게 될까?

인간 개체군 생장 그래프를 보면, 우뚝 솟은 상승이 우리를 당황하게 해준다: 이는 마치 알라스카 한 섬의 순록이 그들의 환경을 과잉 착취 당하여 개체군이 붕괴되기 직전처럼 지수적 생장을 나타내는 J자–형 생장곡선이다. 인구수 폭발의 원인들을 분석함으로써, 생태학자들은 미래에 일어날 수도 있는 인류 붕괴를 막을 수 있는 방법을 찾고자 연구하고 있다.

농업혁명(Agricultural Revolution) 유목생활을 하던 사람들 집단이 밀이나 옥수수 같은 농작물들 경작하여 수확하고, 가축을 사육하는 등 더 안정적인 농업생활로 정착하게 변환 것; 이것은 약 8,000년 전 중동지역에서 시작되었음

산업혁명 (Industrial Revolution) 손으로 도구들을 사용하던 것에서 동력을 사용한 기계들(예, 증기엔진)로 대치되고, 공장들을 통한 산업사회로 집중하게 된 것을 말하며, 18세기 영국에서 시작됨

인간 개체군 크기의 변화

농업혁명과 산업혁명이 어떻게 인간 개체군 폭발을 빠르게 했을까? 농업의 창안 자체가 인간 개체군을 증가시킨 것일까, 또는 이미 지구의 환경수용력을 초과한 인구밀도를 유지하는 데 도움이 되도록 농업기술들을 창안하도록 한 것일까? 많은 연구자들이 두 번째 의견을 믿으며, 개체군 생장은 인류의 경험상 일정한 양상을 가지므로, 사람들로 하여금 그들의 땅에서 증가된 만큼의 식량을 생산하기 위한 새로운 전략들을 채택하

그림 14.8
인간 개체군의 폭발

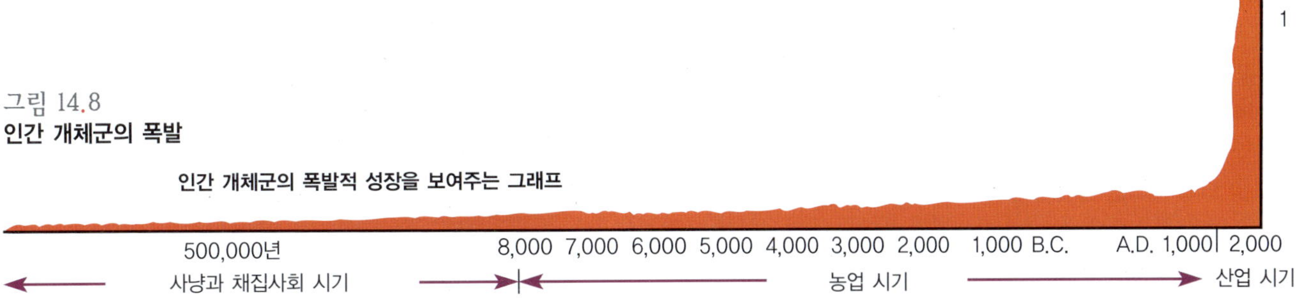

인구학적 천이 (demographic transition)
높은 출생률과 높은 사망률로부터, 낮은 출생률과 낮은 사망률로 변하는 양상

연령구조 (age structure)
한 개체군에서 각 연령별 개체수

게 지속적으로 압력이 가해질 것임을 제시하고 있다. 그러나 환경수용력이 영원히 증가될 수는 없는 것이므로, 어느 시점에서 지구의 생산성은 한계에 봉착할 것임에 틀림없다.

출생률과 사망률

산업혁명 후 특히 폭발적으로 증가된 인간 개체군 증가의 원인을 이해하기 위해서, 우리는 개체군 생장률이 출생률에서 사망률을 뺀 수치와 같음을 상기해야만 한다. 1775년 전까지 북유럽과 같은 선진국들에서 출생률이 사망률보다 약간 높았으므로, 인구는 낮은 비율로 커졌다(**그림 14.9**의 ① 단계). 1775년 이후 산업이 확장되면서, 사람들은 개선된 영양분을 섭취하고, 더 좋아진 공중위생, 물 공급의 보호, 천연두와 같은 전염병들의 감소 등 좋은 환경하에서 생활을 누리게 되었다. 이러한 혁신들이 사망률의 점진적 감소를 가져왔다(**그림 14.9**의 ② 단계). 선진국들에서 1775년에 사망률이 떨어지기 시작한 반면에, 그 후 약 100년 후까지도 출생률은 떨어지기 시작하지 않았다. 그 결과로, 매년 죽는 사람들보다 더 많은 수의 사람들이 태어났고, 이것이 개체군(인간) 생장률을 증가시켰다. 20세기의 마지막 10년 전까지 산업국들에서 출생률과 사망률 모두가 계속 떨어짐으로써, 출생률과 사망률의 사이가 다시 한 번 좁아졌었다(**그림 14.9**의 ③ 단계). 예를 들면, 1999년도 일본의 출생률은 1,000명당 9.5명이었고, 사망률은 1,000명당 7.3명이어서, 낮은 생장률을 보였다. 높은 출생률과 높은 사망률로부터, 낮은 출생률과 낮은 사망률로 변하는 양상을 **인구학적 천이(demographic transition)**라 부른다(**그림 14.9**의 ④ 단계).

생장률과 연령 구조

개체군 생장률의 실질적 지표의 하나가 한 개체군에서 각 연령별 개체수를 나타내는 **연령구조(age structure)**이다(**그림 14.10**).

사망률이 이미 크게 감소하기 시작했지만 출생률은 아직 떨어지지는 않았던 시기인 1900년 스웨덴의 증가하는 연령구조는 젊은 연령층의 비율이 높음을 보여준다(**그림 14.10a**). 이 결과는 피라미드-형의 연령분포를 보인다.

1977년까지 스웨덴의 출생률이 사망률에 가깝게 떨어져, 각 연령층이 그 아래 젊은 연령층보다 약간 낮았다(**그림 14.10b**). 이결과는 인간 수명이 다할 때까지 연령대 별로 거의 차이를 보이지 않는 종알-형의 연령분포를 보인다.

연령구조는 개체군의 생장력을 예측하는 데 도움을 줌으로 매우 중요하다. 2002년 아프리카 우간다의 경우처럼 많은 젊은이들을 갖는 피리미드-형 개체군은 빠르게 생장할 것이다(**그림 14.10d~e**). 그것과는 대조적으로, 1977년 스웨덴의 총알-형 개체군은 생장이 안정적이거나 감소할 것이다. 이와 같이 그림으로 나타낸 자료들을 근거로, 우리는 피라미드-형 개체군들에서는 학교 숫자의 증가, 총알-형 개체군에서는 노년층에 대한 보건의료와 주택 계획처럼, 서로 다른 연령구조를 갖는 인간집단들에서 필요로 하는 사회적 업무들의 종류를 예측할 수 있다.

그림 14.9
출생률과 사망률 사이의 차이가 개체군 폭발을 가져온다

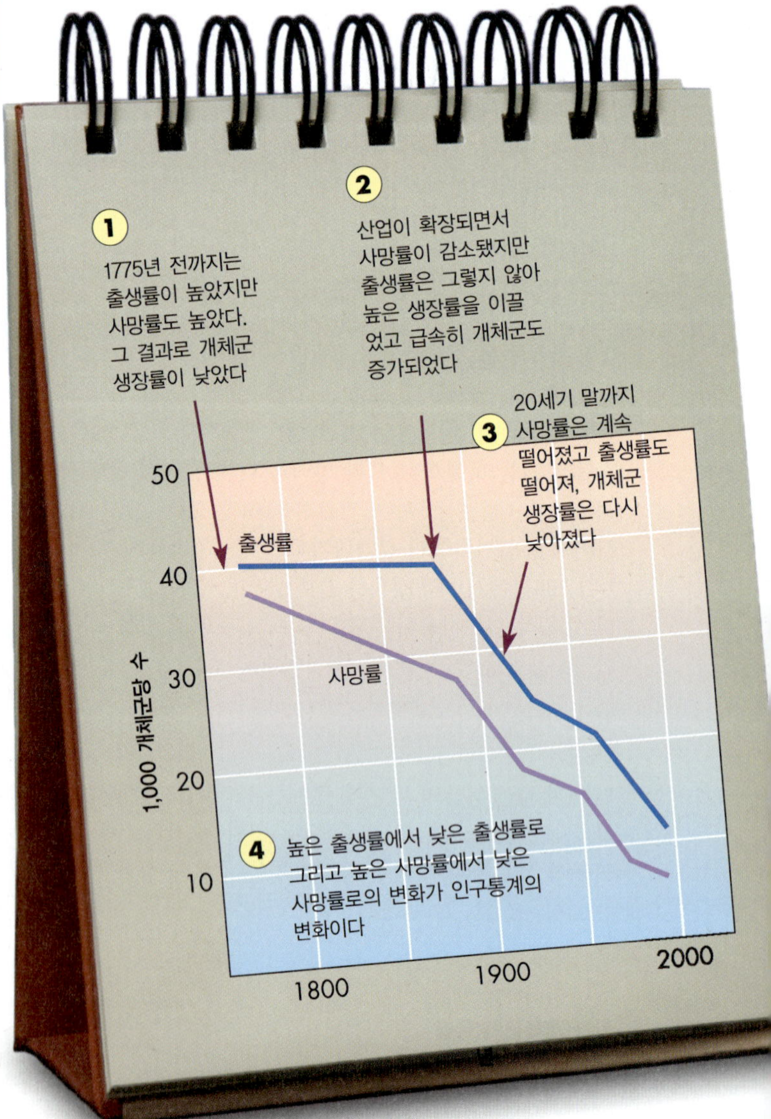

목표5 생명체들은 어디에 살며, 그들은 어떻게 생활하는가?

인간 개체군의 급속한 생장은 조지스 뱅크의 어류 개체군에서처럼 자원들에 대한 성공적 관리 조치들을 따르는 것이 설득력이 있다고 하겠다. 생태학자들은 어류 개체군들이 폭발적 감소를 포함해서 얼마나 자주 변해 왔는지에 대한 것뿐만 아니라 생명체들이 어느 곳에 서식하며 그 생명체들이 그들의 먹이, 약탈자들 그리고 경쟁자들과 같은 다른 생명체들에 대해서 어떻게 반응하는지에 관해 이해하는 것이 필요했다. 특정 시기에 특정 장소에 있는 서로 다른 종들(개체군들)의 집합체를 *군집*(community)이라 부른다.

서식지와 생태적 지위

한 군집 내에서 생명체들 간의 복잡한 관련 망을 이해하기 위해서, 우리는 생명체들은 어디에서 살며, 어떻게 살아가고 있는가를 알아내야만 한다. 환경에서 한 생명체 종들이 살고 있는 환경인 물리적 장소를 **서식지(habitat)**라 한다. 서식지란 한 생명체들의 주소 또는 집과 같은 것이라고 할 수 있다.

한 종의 집이 서식지인 반면에, 군집 내에서 그의 기능적 역할을 그 종의 **생태적 지위(niche)**라 한다. 생태적 지위는 군집 내에서 그 개체가 에너지와 물질들을 얻는 데 있어서 어떤 역할을 하는지와 비슷하다.

생태적 지위들에 대한 제한

한 생명체가 차지하는 생태적 지위는 종종 다른 생명체들에 의해 제한을 받는다. 예를 들어, 케이프코드(Cape Cod) 산림에 사는 솔새(warbler)의 생태적 위치에 대해 생각해 보라(**그림 14.11a**). 이 솔새는 나무의 어느 위치에 있든, 어느 높이에 있든 그리고 줄기로부터 얼마만큼 떨어져 있든 곤충들을 잡아먹을 수 있는 잠재력을 갖는다. 또한 이 새는 6월 또는 7월에 둥우리를 틀 수 있다. 모든 생명적 그리고 비-생명적 조건 하에서 하나의 생명체가 달성할 수 있는 잠재력의 범위를 **기본 생태적 지위(fundamental niche)**라 한다. 한 마리 솔새가 나무의 어떤 위치에서든 곤충을 잡아먹을 수 있다면, 이 솔새는 먹이 위치에 대한 기본적 지위를 행사하고 있는 것이다.

그러나, 동쪽 숲에 사는 한 마리 솔새는 나무의 다른 위치

서식지(habitat)
한 생명체 종들이 실제적으로 살고 있는 물리적 장소

생태적 지위(niche)
하나의 생물군집 내에서 한 개체의 역할, 기능 또는 위치

기본 생태적 지위 (fundamental niche)
한 생명체가 달성할 수 있는 모든 환경 조건들의 가능한 범위

그림 14.10
연령구조표가 개체군 생장력을 나타낸다

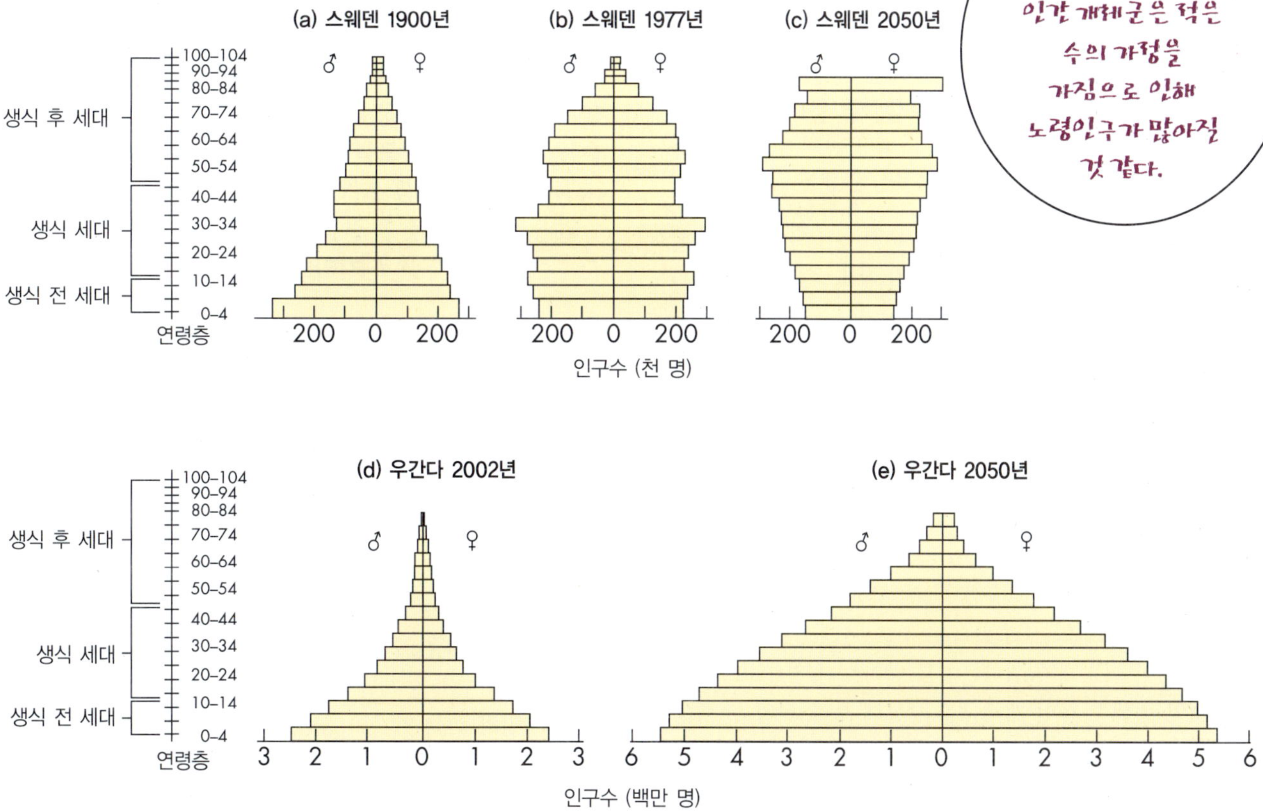

실질 생태적 지위 (realized niche)
자연에서 한 생명체가 실질적으로 가지는 기본적 지위의 일부분

종간 경쟁 (interspecific competition)
서로 다른 종의 개체들 간의 필수 자원들(예, 먹이 또는 공간)에 대한 경쟁

에 있는 곤충들을 잡아먹을 수 없는데, 그 이유는 몇몇 종들이 먹이에 대해 경쟁하고, 각 종들이 군집 내에서 조금씩 다른 역할을 수행하기 때문이다. 서로 다른 종들은 나무의 서로 다른 높이에 있으며, 줄기로부터 다른 거리에 있는 곤충들을 잡아먹으며, 그들의 둥지가 어디에 있느냐에 따라서 1년 중 왕성히 먹이를 먹는 시기에 차이가 있다. 예를 들면, 흰목 솔새는 나무의 하부 위치에 있는 곤충들을 잡아먹고, 밤색가슴 솔새는 나무의 중간 위치에 있는 곤충들을 잡아먹으며, 검은 줄무늬 솔새는 나무 위쪽 가지 끝에 있는 곤충들을 잡아먹는다(**그림 14.11b**). 따라서 다른 군집 거주자들이 한 솔새 종들로 하여금 넓은 범위의 기본 지위를 행사하지 못하고, 그 지위가 좁아지는 것인데, 이를 **실질 생태적 지위(realized niche)**라 하며, 이는 자연에서 실질적으로 가지는 기본적 지위의 일부분이라 하겠다. 이런 종류의 생태적 지위 제한이 이례적으로 흔하다. 이와 같은 종들 간의 상호작용이 어떤 한 종의 분포와 풍부도를 결정짓는 중요 요인의 하나가 될 수 있다.

목표6 종들 간의 상호작용

생태학자들은 종들 간의 상호작용을 4가지로 나눈다. (1) 경쟁과, (2) 약탈은 하나 또는 두 종 모두가 겪는 것이다. (3) 상리공생과 (4) 편리공생은 어떤 종도 상호작용으로 해를 받지 않는다. 이제부터 이 4가지 종들 간의 상호작용 각각에 대해 알아보자.

종들 간의 경쟁

식물이 발아하거나 뿌리 내리기, 새들이 둥우리를 짓기 위한 장소 또는 특정 크기의 해양 벌레들이 지내는 장소로서, 햇볕이 쪼이는 지점 주위보다 더 좋은 곳은 없다. 그와 같은 제한으로 인해 두 종류의 서로 다른 종 사이에서는 종종 동일한 제한 자원에 대해 경쟁을 하며, 이러한 경쟁이 두 종의 풍부도를 억제한다. 같은 자원 사용에 대한 서로 다른 두 종간의 경쟁인 **종간 경쟁(interspecific competition)**의 주요 특징은 한 종 또는 두 종 모두가 상대 종의 생존이나 생식에 부정적 효과를 갖는다는 것이다.

종간 경쟁의 모델

종간 경쟁이 어떻게 일어나는지를 알아보기 위해, 노랑꼬리 가자미와 회색 가자미 개체군을 상상해 보라. 만약 한 종 가자미만 조지스 뱅크 지역에 서식하며, 물고기를 잡지 않는 조건이라면, 그 종은 앞에서 언급한 태즈메니아 섬 양의 경우처럼 제한적 개체군 크기 내 개체들 간의 경쟁이 일어나기 전까지는 개체수가 증가할 것이다. 그러나 같은 지역에 노랑꼬리 가자미와 회색 가자미 종이 함께 서식한다면, 각 종 개체들 사이뿐만 아니라 다른 종 개체들 간에서도 경쟁을 할 것

그림 14.11
생태적 지위: 개체군에서의 생명체의 역할

(a) 기본 지위에 있는 솔새는 나무의 높이나 나무 줄기로부터 거리 또는 6월이든 7월이든 상관없이 먹이를 구한다

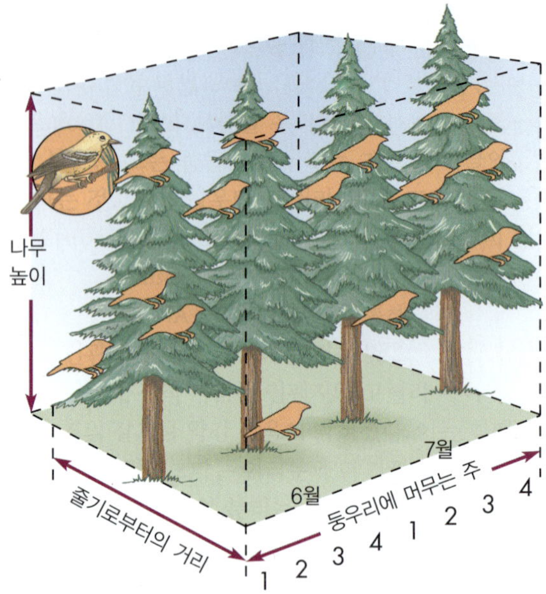

(b) 실질적 지위에 있는 솔새는 나무의 특정 위치에서만 먹이를 구하도록 제한 받으며, 여름에 2주 정도만 둥우리에 머문다

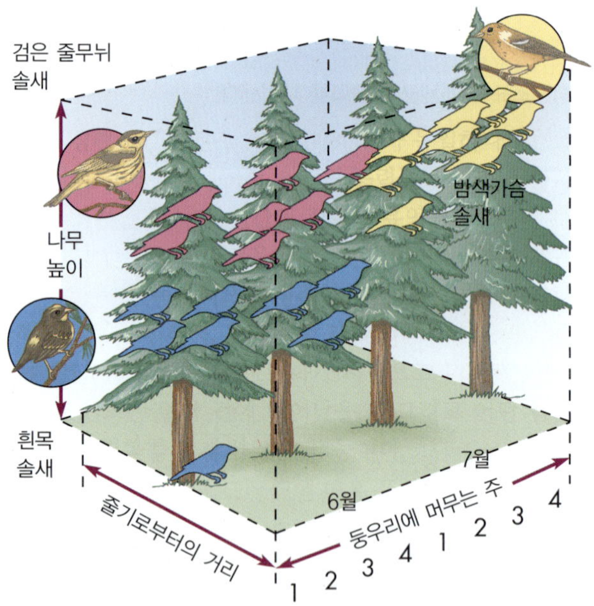

이다. 이 경우 *종간* 경쟁과 *종내* 경쟁에서의 상대적 세기에 의해 그 결과가 나타난다.

만약 한 종의 밀도가 크다면(예, 노랑꼬리 가자미), 같은 종의 생장보다는 다른 종(회색 가자미) 생장에 더 영향을 미쳐, 노랑꼬리 가자미 종이 회색 가자미 종을 제거시킬 것이다. 이와 같이 한 종이 경쟁을 통해 다른 종을 제외시키는 것을 **경쟁배제(competitive exclusion)**라고 한다. 또 경쟁이 이종 간에서보다 동종 간에서 일어나는 상호작용도 가능한데, 이런 경우엔 두 종 모두 공존하지 못한다. 마지막 가능성은 각 종이 서로 다른 종의 생장을 지연시킬 수가 있는 경우인데, 이때에는 더 큰 종이 그 군집을 점령하기 시작한다.

경쟁배제의 자연 요인들

짚신벌레, 딱정벌레, 들쥐 그리고 수생식물들을 사용한 실험실 내 및 야외 실험에서도 경쟁은 일어나며, 그 결과는 경쟁적 배재 또는 종들의 공존을 나타낸다.

예를 들면, 성 마틴(St. Martin)의 카리브 섬은 크기가 약간 다르지만 동일한 곤충들을 잡아먹는 두 종의 도마뱀이 산다. 두 종 도마뱀이 서로 경쟁을 하는지 알아보기 위해, 연구자들은 들판을 크게 세 부위로 나누어 담장을 설치한 다음, 큰 도마뱀 종들, 작은 도마뱀 종들, 그리고 두 종의 혼합 등 세 부류로 나누어 살게 해 보았다. 그 결과 각 종이 혼자 사는 지역에 비해, 두 종이 함께 존재하는 곳에서는 큰 도마뱀 개체들이 그들 위(stomach) 속에 먹이량이 작았고, 서서히 생장했으며, 알도 적게 낳았고, 숲 지역의 높은 곳으로 서식처가 밀려나는 것을 알아냈다. 이와 같은 연구 결과는 자연 개체군들에서도 경쟁이 일어나며, 한 종이 다른 종들의 실질적 지위를 제한할 수 있음을 증명해 준다. 경쟁이 종종 상호작용하는 두 종 모두의 개체군 크기를 제한하지만, 군집 상호작용의 두 번째 형태인 약탈이 한쪽에는 유익한 반면에, 다른 종에는 불리하다.

약탈

다른 동물들을 잡아먹는 동물들이 **약탈자들(predators)**이고, 그러한 행위가 **약탈(predation)**이며, 약탈 대상동물이 **먹이(prey)**이다. 이제부터 짧은 기간 동안의 약탈이 약탈자와 먹이동물 개체군 모두에게 어떻게 영향을 미치는가와, 약탈동물들과 피약탈동물들(먹이동물들)이 오랜 진화기간에 걸쳐 서로 어떻게 대처하며 진화전략을 세웠는지에 대해 초점을 두고 알아본다.

약탈자 개체군들이 먹이 개체군들의 생활주기를 조절할까 아니면 그 반대일까?

수많은 약탈자와 먹이 개체군들은 흥망을 반복한다. 예를 들어, 산토끼와 스라소니 야생 개체군들은 약 10년을 주기로 흥망을 반복한다. 산토끼 개체군은 때때로 식물 먹이가 풍부할 때엔 급작스럽게 많아졌다가 먹이가 드물게 되면 붕괴한다. 산토끼 개체군이 증가될 때 스라소니 개체군도 증가되어 먹이(산토끼)를 더 많이 잡아먹게 된다.

또 다른 예로, 약탈자들은 그들의 먹이 개체군 뒤로 접근해 가서 낚아채는 추진력을 발휘할 수 있다. 소나무좀벌레 개체군(약탈자들)의 효과를 검사하기 위해, 연구자들은 일부 소나무에는 약탈–방어 상자들을 설치하고, 대조군으로 그 주위 나무들에는 방어 상자를 설치하지 않았다. 그들은 대조군에 비해 약탈–방어 장치를 해준 나무들이 더 잘 자라는 것을 알아냈다. 연구자들은 약탈자들이 실제로 개체군 생장의 주기를 지연시킬 수 있다고 결론지었다.

약탈자와 먹이 군집들은 짧은 기간에 흥하거나 위축시켜 주는 것이지만, 장기간에 걸친 유전적 변화가 약탈자와 피약탈자 사이의 진화적 평형에 영향을 미칠 수 있다.

약탈자와 먹이의 공진화

약탈자와 먹이 간 상호작용은 거대한 공진화적 경주(race)를 이끌어, 약탈자는 먹이를 더 효율적으로 잡을 수 있는 방법 쪽으로, 먹이는 약탈자로부터 더 잘 달아날 수 있는 쪽으로 진화해 오고 있다.

약탈자들은 그들의 먹이를 잡는 방식이 필요한데, 두 가지 주요 선택이 추격과 매복이다. 먹이를 추적하는 약탈자들은 빨리 달리는 능력을 가지게, 그리고 종종 지능을 갖도록 자연선택 되었다. 육식동물들은 먹이의 도피 전략에 대한 정보를 저장하고 있어서, 먹이를 추격할 때 즉각적 선택을 취할 수 있다. 진화적 압력과 조화함으로써 척추동물 약탈자들은 일반적으로 그들의 먹이에 비해 체구에 대한 비율이 높은 뇌를 가진다.

일부 약탈자들은 그들의 먹이를 잡기 위해 매복한다. 잘 알려진 예의 하나가 끈끈한 혀를 뻗어 날아다니는 곤충들을 잡아먹는 개구리이다. 어떤 사마귀들은 곤충들을 잡기 위해 식물처럼 위장을 하여 매복한다(**그림 14.12**, 첫 번째). 이 사마귀들은 식물을 닮게 해주는 유전자들을 가져서 그들의 서식처가 먹이에게 거의 보이지 않도록 해주며, 따라서 그들의 먹이를 매복 기습해 잡아먹고 번식하는 데 매우 효과적이다.

약탈자들의 은밀성, 기습적 성질 및 교활성에도 불구하고, 먹이 종들은 도망가는 속도에 더하여 약간의 극적인 속임수들을 가져서 잡혀먹히는 것을 피할 수 있다. 이러한 방어

경쟁배제(competitive exclusion)
경쟁을 통해 한 종이 다른 종을 없애는 상황

약탈자(predator)
다른 생명체들를 먹이로 취하는 생명체(주로 동물)

먹이(prey)
다른 생명체들의 음식이 되는 살아 있는 생명체들

약탈(predation)
약탈자들이 먹이를 조달하거나 소모하는 행동

위장(camouflage)

생명체가 그 환경과 유사하게 보이도록 하기 위해서, 몸의 모양, 몸의 색깔, 또는 몸의 무늬 등을 바꾸는 것을 말하며, 이를 통해 적에게 들키지 않게 함

화학적 방어(chemical warfare)

먹이 종들이 가지는 하나의 방어책으로서, 이들 생명체는 약탈자들에게 해롭거나 약탈자들을 죽일 수도 있는 맛없는 기름이나 독물질들을 만듦

의태(mimicry)

둘 또는 그 이상의 종들에서 자기 방어를 위해 유사한 외모들을 가지는 진화; 예를 들면, 무독성인 한 종이 독을 가지는 생물과 유사한 모양을 함으로써 약탈자로부터 자신을 방어함

기생생물(parasite)

다른 생명체인 숙주에 붙어살면서 숙주로부터 이익을 챙기는 일종의 약탈자; 기생생물들은 일반적으로 숙주보다 작고, 숙주와 신체적으로 근접하며 살며, 숙주를 죽이기보다는 숙주의 활력소를 빨아 먹음

전략의 하나가 생명체들이 그 환경과 유사하게 보이도록 하기 위해서, 몸의 모양이나 색깔 또는 행동을 가져 약탈자로부터의 위험성을 감소시키는 **위장(camouflage)**이다.

많은 곤충들은 작은 나뭇가지, 꽃 또는 잎들처럼 보이거나 위조 잎맥들을 갖추도록(**그림 14.12**, 가운데) 진화해 왔다. 아직도 다른 곤충들이나 일부 양서류들은 잎들 위에 떨어진 새의 변과 닮은 모양을 함으로써, 적들의 감시를 피하고 있다. 행동도 역시 한 가지 역할을 하는데, 예를 들면, 한 마리 가자미가 모래 바닥에 정착해 있을 때, 몸을 펄럭여서 약간의 모래가 그 몸을 덮도록 한다. 어떤 가자미 종들은 채색을 그들이 머물고 있는 모래 바닥과 똑같게 변화시킬 수 있다(**그림 14.12**, 마지막).

화학적 방어(chemical warfare)가 또 다른 방어전략이다. 호주 원산인 유칼립투스(Eucalyptus)라는 상록교목과 일부 상록관목 종들은 맛없는 기름이나 독 물질들을 만들어 초식동물에게 해가 되거나 죽이기도 한다. 사람들은 종종 장식용 관목으로 협죽도라 부르는 식물을 사용하는데, 그 잎은 매우 독성이 강하므로 어린이가 몇 개의 잎만 씹어도 죽을 수 있다. 두꺼비나 노린재 같은 동물들은 자신에게는 해롭지 않으면서 공격자들을 물리칠 수 있는 매우 방어적 화학물질을 만든다. 독성을 가진 먹이 종들은 종종 매우 밝은 채색을 가져서, 겪어 본 적이 있는 약탈자들이 그것을 보고 그들을 피하게 한다. 남아메리카에 서식하는 찬란한 색깔을 띠면서 독을 가진 개구리(strawberry frog)는 이런 전략을 갖도록 진화하였다.

의태

독을 갖지 않은 많은 먹이 종들이 독을 가진 종들인 체하는 경우가 있는데, 이를 **의태(mimicry)**라 부르며, 의태란 한 종이 다른 종을 닮는 것이다. 의태는 다음과 같이 일어날 수 있다. 무독성 나비 종들이 독성 종을 닮게 해주는 대립유전자를 우연히 그리고 미약하게나마 획득하게 되는 것이며, 이 종들은 배고픈 동물이 독을 가진 동물로 착각하게 함으로써 적의 공격을 피할 수 있는 것이다. 이와 같은 선택적 압력이 반복해 옴으로써 무독성 종들로 하여금 이웃 독성 종들을 닮는 대립유전자들이 더욱 더 축적되게 해주는 것이다.

기생생물들: 친밀한 약탈자들

기생생물(parasite)들은 일종의 음흉한 약탈자들이라 할 수 있는데, 이들은 보통 숙주보다 작으며, 숙주와 신체적으로 근접하여 살고, 일반적으로 숙주를 죽이기보다는 숙주의 활력소를 빨아 먹는다. 벼룩, 진드기, 거머리와 같은 외부 기생생물들은 숙주의 몸 밖에 붙어사는 반면에, 촌충, 간흡충 및 일부 원생동물들과 같은 내부 기생생물(기생충)들은 숙주의 체내 기관 또는 혈액 내에서 서식한다. 기생성 작용을 가지는 특이한 형태로서, 어떤 곤충들은 다른 곤충의 몸속에서 발생되며, 필연적으로 그 숙주를 죽인다.

그림 14.12
자연의 무기경쟁: 약탈자의 공진화와 먹이

편리공생과 상리공생

앞에서 살펴본 생물 군집에서의 상호작용들인 경쟁과 약탈은 적어도 한 종에는 해가 된다. 그러나 때로는 종간의 상호작용이 서로에게 아무 해가 되지 않는 경우도 있다. **편리공생(commensalism)**에서는 두 종 사이에서 한 종은 이익을 얻으면서 살고, 다른 종에는 어떤 해도 주지 않는 반면에, **상리공생(mutualism)**에서는 두 종 모두가 서로 돕는다.

편리공생

편리공생은 열대우림에서 일반적인데, 가장 쉽게 관찰되는 예가 다른 식물들 표면에 붙어서 살고 있는 착생식물들이다. 착생식물들은 단지 자기 몸체가 붙어 있게 하는 토대로 이용할 뿐이며 숙주로부터 아무 영양분도 취하지 않으므로, 숙주식물에 아무 해를 끼치지 않는다. 다른 편리공생 관계는 나무에 둥지를 갖는 새 종류들과 거북의 갑옷 껍질에서 사는 조류들(algae)을 들 수 있고, 말미잘의 날카로운 촉수들 사이에서 살고 있는 작은 물고기들이 말미잘에 해를 입히지 않고 약탈자로부터 안전할 수 있는 편리공생의 예이다.

상리공생

상리공생에서는 두 종이 서로 이익을 얻는다. 미국 서부의 뜨겁고 건조한 지역에 살고 있는 유카 속(genus) 식물들이 그 한 예이다. 유카 속 식물은 유카나방과 상리공생 관계인데, 이 나방은 유카 꽃 기저부 씨방에 알을 낳는데, 그때 꽃이 수분된다. 나방은 먹이와 생식을 식물에 의존하는 것이고, 식물은 수분을 나방에 의존하는 것이다. 이 관계에서 두 종 모두가 이익을 얻는 것으로서, 유카 나방은 고에너지의 꿀을 얻고, 식물체는 수분이 되는 것이다. 이 관계에서 한 종이 멸종하게 되면 상대 종도 멸종하게 될 것이다.

목표7 군집의 구성

지금까지 살펴본 경쟁, 약탈, 편리공생과 상리공생 등과 같은 상호작용들은 짝이 되는 종들 사이에 영향을 주는 것만이 아니고, 수십 종 내지 수백 종들로 구성된 전체 군집에도 영향을 미친다. 군집들은 그 지역으로 이입해 와서, 그 물리적 조건들 아래에서 생존할 수 있는 일부 종들로 구성되며, 일부 종들은 다른 종들이 있을 때에만 살 수 있는 경우도 있다. 생태학자들의 연구목표 중 하나가 한 종의 첨가 또는 감퇴가 단기간 또는 장기간에 걸쳐 전체 생물군집에 어떤 영향을 주는가를 밝혀내는 것이다.

군집들은 여러 번 변한다

때때로, 화산폭발 또는 산불 후나 화전민이 들판을 정지 작업한 후처럼, 지각의 격변은 원래 식물군락 지역을 초토화시킬 수 있다. 그러나 자연 상태에서 이 초토화된 지역에는 생물군집이 다시 질서 있게 들어서게 되는데, 이 과정을 **천이(succession)**라 부른다.

한 지역이 벌거벗겨진 다음 조금 지난 후부터, 그 노출된 땅에는 다양한 생물 종들이 군락을 이루기 시작한다. 이와 같은 종들이 **개척자 군집(pioneer community)**을 이루어, 그 군집이 그 지역 토양의 질과 같은 환경조건들을 변형시킨다. 개척자 군집의 작용들에 의해 형성된 조건들이 어떤 추가 종들로 하여금 그 지역에 정착할 수 있게 되는 **천이군집(transition community)**을 이룰 수 있는가를 결정지어 준다.

처음에는 변화들이 빠르게 일어나며, 더 많은 생물 종들이 천이군집에 들어온다. 결국에는 특정 동·식물들이 상당히 인정화되며, 변화들은 반복해서 서서히 일어난다. 그와 같은 집합체를 종종 **극상군집(climax community)**이라 부른다. 그러나 오늘날의 대부분 생태학자들은 이 변화는 허리케인, 홍수 및 산불뿐 아니라 지구 기후변화와 같은 여러 환경 조건에 의한 오래된 군집에서조차도 끊임없이 일어나고 있다고 인식하고 있다.

편리공생 (commensalism)
두 종 사이에서 한 종은 이익을 얻으면서 살며, 다른 종에는 어떤 해도 주지 않는 관계

상리공생(mutualism)
두 종 사이에서 서로 이익을 얻으면서 살아가는 공생관계

천이(succession)
특정 지역에서 군집들로 다시 생장할 수 있게 되는 과정

개척자 군집 (pioneer community)
산불, 개간 또는 벌채와 같은 생태계 교란 후, 그 서식지에 처음으로 생기는 군집

천이군집 (transition community)
개척자 군집이 활동에 의해 만들어지는 조건들을 기초로 하여 특정 지역에 정착된 생명체 군집

극상군집 (climax community)
한 서식지에서 생태계 교란 없이 지속적으로 유지되는 가장 안정적인 군집

종 풍부도 (species richness)
한 군집 내, 종의 총 개체수

군집에서의 종 다양성

한 군집 내에서 발견되는 종들의 총 개체수를 **종 풍부도(species richness)**라 한다. 대부분 군집들에서 몇 종들만이 일반 종들이고, 대부분은 특이 생명체들이다. 예를 들면, 생태학자들이 한 특정 지역에서 7,000마리의 나방을 채집했는데, 그 중 197마리가 서로 다른 종임을 알아냈다. 채집 종들의 1/4이 단일 종이었고, 또 다른 1/4은 5종의 개체들이었다. 그러므로 나머지 반이 191종의 개체들인데, 그 중 일부 종들은 한두 개체들이였었다.

한 지역에 다양한 개체수의 희귀종들이 있게 하는 것은 어떤 요인들일까? 위도(북위와 남위)와 격리(반도들, 군도들 또는 고립된 지역들) 모두가 종 풍부도에 영향을 미친다. 예를 들어, 적도 지역들의 일부 군집들은 600여 종의 육상 조류

들을 갖는 반면에, 비슷한 크기의 북극 툰드라 지역은 20~30 종의 육상 조류들을 갖는다(**그림 14.13**).

주 대륙의 열대우림 지역 1헥타르는 300여 종의 나무들과 수만여 종의 곤충들을 가질 수 있지만, 동일 크기의 반도 지역에서는 종 풍부도가 떨어진다. 이는 고립된 지역에서는 여러 희귀종들이 멸종하고, 주 대륙으로부터의 대치 종들은 격리되지 않기 때문이다. 군도들에서의 종 풍부도는 그와 같은 이유들로 제한받기 때문에, 현재 생태학자들은 도서 생태학의 원리들을 자연보존 설계에 적용시키고 있으며, 사실상 섬들은 인류가 개발하는 해역 안에 있다.

예를 들어, 물과 태양에너지와 같이 사용 가능한 자원들이 더 많을수록 그 지역이 받쳐 줄 수 있는 종 풍부도가 더 크다. 또한 경쟁과 약탈도 종 풍부도에 영향을 미친다. 높은 경쟁력이 생태적 지위들을 작게 해주며, 하나의 군집은 더 많은 종들에 적응할 수 있다.

그림 14.13
위도와 격리가 종 풍부도에 영향을 미친다

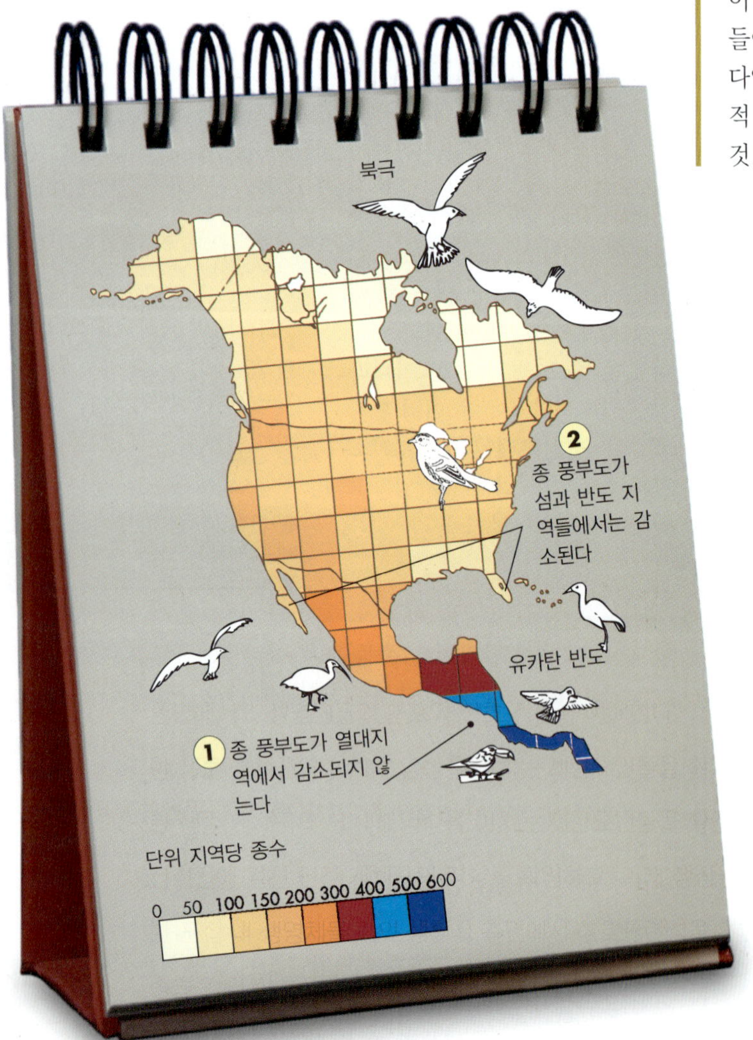

약탈 또한 종 풍부도를 증가시킬 수 있다. 예를 들어, 불가사리는 따개비, 바다달팽이, 조개 그리고 홍합 등을 먹이로 하는데, 실험자들이 불가사리를 제거시키면 다양성은 떨어지는데, 그 이유는 홍합 개체군이 증가하여 붐비게 한 것이 다른 무척추동물들을 축출시켰기 때문이다. 불가사리가 어린 홍합들을 먹어치움으로써 서식 공간에 대한 경쟁을 줄여주고, 그렇게 됨으로써 높은 종 풍부도를 보존시킨다. 이 불가사리 같은 약탈자 종의 활동이 군집 구조를 결정지으므로, 이런 종을 *핵심 종*(keystone species)이라 부른다.

종 다양성과 군집 안정도

종 풍부도는 지구 전체에서 점점 줄어들고 있다. 열대우림 생태계의 상실이 잘 알고 있는 하나의 예이며, 북서 태평양의 처녀 숲들의 벌목이 또 다른 예이다. 최근까지도 종 풍부도가 어떻게 한 생태계 건강에 영향을 미치는가에 관한 실질적 데이터들이 거의 없었다. 다양성-안정도 가설은 한 군집 내 종들이 여러 다른 유전형질들로 둘러싸여 있기 때문에 하나의 다양한 군집은 가뭄, 산불, 해일 또는 어류남획과 같은 환경적 동요들로부터 생존할 수 있는 적어도 몇 종들을 함유하는 것 같다고 제안하고 있다.

이 가설에 대한 첫 번째 검사들 중 하나에서, 연구자들은 초원의 여러 지점들에 살아 있는 식물물질의 양들을 측정하였다. 이 지점들은 지점당 20종 이상의 방해 받지 않은 자연적 대초원들에서부터 지점당 10종보다 작은 수를 가진 황폐한 농경지에서로 다른 수의 종들을 포함하였다. 결과들은 종-풍부 지점들이 가뭄이 들었던 해들에서 더 생산적이였음을 보였으며, 그들이 종-빈약 지점들에서보다 더 빠르게 회복됨을 보여줬다. 이들 결과들은 다양성-안정도 가설에 의해 예견되었던 것이다. 이 결과들은 군집의 다양한 환경조건들에 대한 저항력이 종 풍부도와 함께 증가한다는 것을 암시한다. 따라서 군집들의 장기적 안정성은 그들의 많은 상호관련 종들의 생물다양성에 의존성일 수 있다는 것이다. 초원들에 관한 이러한 결과들이 그 생물다양성 보존에 관한 긴급성을 강조하는 데 도움이 된다고 하겠다.

종 풍부도의 미래

오늘날 전 세계에서 가장 큰 도전은 인간 개체군의 엄청난 증가와 인간들에 의한 지구의 생물 군집들의 파멸적 방해이다. 케이프 코드 연안의 어업 붕괴가 하나의 예이다. 그러나 열대지역들의 종-풍부 군집들 안에서 인간 개체군의 압력이 전 생태계들 파괴를 위협하고 있다. 열대지역 사람들은 전통적으로 산림을 불질러서 농사지을 땅을 얻고, 몇 년 동안 수확하다가, 토양에 영양분이 고갈되면 다른 곳으로 떠난다. 시간이 충분하면, 생태학적 천이 과정이 이들 소규모 상처들은 치유할 수 있다. 그러나 현재, 인간 개체군의 J자-형 생장은 선진국 국민들에 먹을거리 수출을 위해 광활한 열대우림 지역들에 불을 질러 농작물 경작과 가축 방목을 위한 농축산지 개발에 박차를 가하고 있다. 이러한 난개발이 너무 거대하고 빈번하여, 위성사진들을 통해 그 현장들을 똑똑히 볼 수 있다. 많은 생태학자들은 열대 지역들의 동·식물 군집들이 그와 같은 극단적 파괴로부터 회복되지 못하고, 21세기 초쯤 열대우림이 하나도 원래대로 남아있지 못할 것을 근심하고 있다. 더욱 나쁜 것은 이 파괴들에 대한 여러 걱정들이 우리 생애에서 괴로울 정도의 큰 비율로 멸종되지 않을가 하는 문제이다.

생태학자들은 무엇이 군집을 회생시키고, 어떻게 그들이 인류에 의한 잠식에서 버틸 수 있게(또는 없게) 하는지에 대해 알아내는 것을 매우 급하고 우선하는 연구과제로 생각한다. 우리는 가장 다양하고 흥미를 갖는 군집들이 21세기에도 생존하게 하기 위한 이 문제를 해결해야만 하겠다.

누가 알았겠는가?

노랑꼬리 가자미의 서식지란 그들이 사는 장소(새끼들은 여린 바닷물 속에서, 어미들은 조지스 뱅크 바닥 모래 위에서)를 말하며; 생태적 지위란 그 가자미가 어떻게(바다 밑에 사는 약탈자, 해양 무척추동물들을 잡아먹는 바다 속 약탈자처럼) 삶을 영위하는가를 말한다.

아마존 강우림의 산림 벌채의 약 2/3는 소 목장과 콩 재배의 결과이다: 소규모 농업 지역의 비율은 낮다.

보르네오 섬 지역에서 화전식 농업을 위해 불태우는 지역의 연기를 찍은 위성 사진

소 방목을 위해 열대우림을 태우고 있는 광경을 보고 있는 베네수엘라 어린이들

CHAPTER 15

생태계와 생물권

학습목표

목표1 생태계를 에너지 흐름과 물질 순환에 근거하여 정의한다.

목표2 생태계를 통해 에너지가 어떻게 흐르는지 설명한다.

목표3 생태계를 통해 물질들이 어떻게 순환하는지 설명한다.

목표4 지구의 기후와 생물 분포대를 확인한다.

목표5 특징적 식물형들에 의한 생물군계를 확인한다.

목표6 물의 성질들이 어떻게 수생태계들에 영향을 미치는지 복습한다.

목표7 생물권에 대한 인간 활동들의 충격을 인식한다.

"생태계들을 통한 에너지의 흐름은 일방향인 반면에, 물질들은 순환한다"

변화가 많은 미래

대부분의 기상학자와 기후학자들은 현재 지구의 평균 기온이 1900년대에 비해 0.5°C 상승되었다는데 동의한다. 지난 100여 년 동안 대기중의 이산화탄소(CO_2)와 메탄(CH_4)의 수준이 25% 정도 솟아올랐으며, 오존(O_3)과 일산화질소(NO)도 약간 증가되었다. 여러 과학자들은 인간의 활동들인 산림개간과 산불, 소 방목, 연소 엔진의 가동 및 산업 공해물의 방출 등에 의해 가장 많이 대기로 가스들을 배출하고 있다는 것을 확신하고 있다. 또한 그들은 그러한 배출가스들이 **온실효과(greenhouse effect)**를 일으킨다고 생각한다: 온실효과란 온실을 덮고 있는 유리처럼 대기 가스들이 태양광이 지구를 향해 도달하게 하지만, 적외선 열에너지가 지구 표면으로부터 우주 공간으로 돌아가지 못하도록 잡는 것이다. 많은 과학자들은 2100년까지는 이 온실효과가 지구 기온을 2°C 또는 그 이상으로 올려주어 무서운 결과를 초래할 것으로 예견하고 있다.

> **당신은 무엇을 알고 있을까?**
>
> **사람들이 우리가 살고 있는 생물군계를 어떻게 변화시켜 왔을까?**

미국 오스틴 소재 텍사스 대학의 생태학자이자 보존생물학자인 **파메산(Camille Parmesan)** 교수는 그와 같이 많은 예견들의 타당성을 인정하면서, 그에 관해 다음과 같이 요약하고 있다.

- 우리의 옥수수 생산 지대인 중서부 지역들은 기온이 올라 갈수록 건조될 것으로 보인다. 또 농부들은 미국의 가장 큰 옥수수 생산지역을 더위에 더 잘 견딜 수 있는 다른 주요 작물로 전환하거나 아니면 미국 역사상 가장 큰 관개시설 계획을 시작해야 할 것으로 전망된다.
- 콜레라나 말라리아와 같은 따듯한 온도에 적응된 열대성 질환들이 북쪽으로 확산될 수 있다.
- 자연보존에서 벗어난 토지들은 서식자들이 살기에 부적합하게 될 것이다. 지구가 가열되고 온도대들이 북진함에 따라서 인간들의 개발에 둘러싸인 이들 "작은 생태적 지역들"에서 보호받아야 할 동·식물들에게 매우 더워지거나 건조하여 질 것이다.
- 극지방의 빙하들이 녹아내리고 광대한 지역의 영구동토층이 해동됨에 따라서, 새롭게 분해되는 유기분자들이 거대한 양의 이산화탄소를 더 첨가시킬 것이며, 그에 따라 지구의 기후변화를 더욱 가속화시킬 것이다.
- 극지방의 그와 같은 해빙으로 해수면이 1 m 정도 올라갈 것이며, 그렇게 되면 항구, 산업지역들 그리고 해변의 가옥들이 잠기게 되는 사태를 초래할 것이다.

이 장에서는 생태계에서 생명체 군집들이 그들과 접하고 있는 물리적 환경들과 어떻게 상호작용하고 있는가에 관해서 학습할 것이다. 여러분은 지구 표면에 가까운 지역 즉 생물권의 물, 토양 및 공기가 어떻게 생명을 받쳐주고 있는가에 대해 탐구해 나갈 것이다. 또한 인간의 활동들(이산화탄소와 메탄을 만드는)이 어떻게 수백만 년에 걸쳐 진화해온 생명체들의 절묘한 평형과 상호의존성을 불안전하게 하는 위협이 되는지 알게 될 것이다. 또 지구기후의 변화, 오존층 구멍, 공해, 서식지 상실과 그 외 환경적 주제들에 관한 가능한 해결책들을 배움으로써, 여러분이 유식한 유권자이며 소비자로서 행동할 수 있게 해줄 것이다.

이 주제에 관해 습득함으로써, 여러분은 다음의 각 질문들에 대해 답을 할 수 있을 것이다:

온실효과 (greenhouse effect)
대기 중 이산화탄소가 쌓인 결과(예, 화석 연료의 연소를 통해), 이산화탄소가 대기층 아래의 태양열을 잡아서 지구 기온의 상승과 기후 양상들을 변화시키는 것

영양단계(trophic level)
한 군집이나 생태계에서의 한 특정 먹이 수준

1차 생산자 (primary producer)
환경에서 직접 얻은 비생명 물질들로부터 그의 생장에 필요한 모든 생명분자들을 만드는 생명체

1차 소비자 (primary consumer)
한 생태계에서 생산자들을 먹는 생명체; 초식동물들(소나 애벌레 같이 식물을 먹는 동물)이 1차 소비자임

- ☑ 생태계에서 에너지 흐름은 어떤 경로들을 가지는가?
- ☑ 물리적 환경으로부터 탄소, 질소, 물 및 그 밖의 물질들은 어떻게 생명체로 들어오고, 또 어떻게 환경으로 되돌아가는가?
- ☑ 기후는 지구 생명 지대들에 대해 어떻게 영향을 미치는가?
- ☑ 생물군계들은 무엇이며, 지구의 주요 생명군집들은 무엇인가?
- ☑ 수생태계에서 일어나는 생명지대에는 무엇이 있는가?
- ☑ 인간들은 생물권을 어떻게 변화시키고 있는가?

목표1 에너지와 물질들의 이동경로

1장에서 언급한 것처럼, 하나의 생태계란 한 환경 안의 생명체 군집들뿐만 아니라 그들 주위에 있는 공기, 태양열, 물, 토양 및 그 밖의 비생명의 물리적 인자들을 모두 포함한다. 생태학자들은 생명체 군집과 비생명의 환경 사이의 두 가지 중요한 상호교환인 에너지 흐름과 물질순환에 초점을 두고 연구한다.

에너지 흐름과 물질순환

생태계를 통한 에너지 흐름은 일방(one-way) 경로로서, 물리적 세계인 태양으로부터 생명체로 들어온 다음 한 생명체에서 다른 생명체로 그리고 최종적으로 물리적 환경으로 나간다(**그림 15.1**, 노란색 화살표).

에너지의 일방적 흐름과는 대조적으로, 물질들은 생태계를 순환한다. 예를 들면, 탄소와 산소 원자들은 비생명 환경으로부터 생명체들로 이동한 다음, 다시 비생명 환경으로 갔다가 다시 생명체들로 들어온다(**그림 15.1**, 푸른색 화살표).

영양단계

생명체들이 태양, 물, 토양 또는 그 밖의 비생명 환경으로부터 직접 에너지를 취할 때, 그들은 *독립영양*(autotrophy; *자가영양*) 한다고 한다. 이에 반해 생명체들이 1차적으로 에너지를 획득한 다른 생명체로부터 에너지를 취할 때에는 *종속영양*(heterotroph; *타가영양*)이라고 한다. 이 두 가지 전략은 모두 생물군집 생태계 내에서 한 생물종이 영양분을 얻는 측면에서 내리는 정의이다. 먹이의 상호관계인 먹이망에서 한 생명체의 위치는 '누가 누구를 먹는가?'라고 요약할 수 있다. 생태학자들은 한 군집 내에서 각 생명체를 생산자 또는 소비

그림 15.1
생태계에서 에너지와 물질들의 이동경로

자에 따라서 **영양단계(trophical level**; 또는 먹이단계**)**로 나눈다(**그림 15.2**).

생산자

가장 낮은 영양단계가 모든 다른 생명체들을 직·간접적으로 지원해 주고 있는 박테리아들과 식물들이 **1차 생산자(primary producer)**이다. 지상의 대부분 생태계들에서는 식물들이 생산자이다. 식물들은 태양에너지와 이산화탄소를 수집함으로써, 에너지-함유 생명분자들을 생산한다(그림 3.10 참조). 또한 생산자들은 질소, 인, 유황 및 그 외의 물질들을 흡수하여 이들을 생명분자들로 고정시킨다. 생태학자들은 전 생태계에서 생산자들이 에너지-고정과 영양소-고정 두 가지 모두를 제공한다고 말한다.

대부분 생태계에서는 식물들이 주 생산자이다. 그러나 깊은 바다나 지구의 깊은 곳 또는 좋지 못한 환경들에서는 보통 원핵생물들이 1차 생산자들이다(11장 참조).

1차 소비자

두 번째 영양단계가 생산자들을 먹는 생명체들인 **1차 소비자(primary consumer)**이다. 초식동물(herbivore)들은 식물을 먹고 소화시켜서 효율적으로 에너지를 얻으며, 생산자와

다른 영양단계 생물들 사이의 생태적 연결자로 작용한다.

2차 소비자

그 다음 높은 영양단계가 **2차 소비자(secondary consumer)**로서, 초식동물들을 소모하는 육식동물(carnivore)들이다.

3차 소비자

그 다음 높은 영양단계가 다른 육식동물을 먹는 육식동물인 **3차 소비자(tertiary consumer)**이다. 마지막으로, 일부 생태계들에서는 3차 소비자 육식동물을 먹는 육식동물(예, 쿠거가 족제비를 잡아먹음)인 4차 소비자를 갖는다.

잔사식생물과 분해자

특수한 부류의 소비자로서 **잔사식생물(detritivore)**들이 있는데, 이들은 높은 영양단계의 죽은 생명체들과 유기 노폐물들인 **잔사(detritus)**로부터 에너지와 물질들을 얻는다. 지렁이류, 쇠똥구리류 및 죽은 동물고기를 먹는 생물들이 잔사 소비자들이다. **분해자(decomposer)**들은 유기분자들을 무기분자들로 분해시켜 1차 생산자들에게 재순환되게 한다. 세균류, 진균류 및 점균류 등이 모두 분해자로서 영양소들을 순환시키고 있다.

그림 15.2의 개략도가 각 영양단계들이 그 다음 영양단계와 직접 단순 사슬로 연결됨을 보여주는데, 자연계에서 실제로 이와 같은 **먹이사슬(food chain)**들을 이루고 있어서, 생산자들로부터 1차, 2차, 3차 그리고 4차 소비자들로 직접 에너지가 전달되는 생명체 집단들로 이루어져 있다. 그러나 보통은 먹이 관계들이 사슬 관계보다는 복잡하게 뒤얽힌 망구조를 닮는다.

자연에서의 먹이 양식

생명체들은 한 종 이상을 먹이로 소모한다. 일부 동물들은 여러 영양단계의 먹이들을 먹기도 한다. 잡식동물(omnivore)인 사람은 채소류(1차 생산자), 아이스크림(1차 소비자인 소의 우유로부터), 참치(2차 소비자) 그리고 버섯류(분해자)를 먹는다. 이처럼 복잡하게 상호연결된 먹이 관계를 **먹이망(food web)**이라고 부른다(**그림 15.3**).

한 생명체가 생산자이든 또는 소비자이든, 그 생명체는 이동, 영양소들과 이온들의 수송, 단백질들과 핵산들의 합성 등에 에너지를 필요로 하며, 생장과 수선에 큰 분자들을 필요로 한다. 영양단계

2차 소비자 (secondary consumer)
한 생태계에서 초식동물들을 먹는 생명체; 육식동물들이 2차 소비자임

3차 소비자 (tertiary consumer)
한 생태계에서 다른 육식동물들(2차 소비자들)을 먹는 육식동물

잔사식생물(detritivore)
죽은 생명체들이나 유기노폐물로부터 에너지를 얻고 사는 소비자 생명체

잔사(detritus)
죽은 생명체들과 유기 노폐물들

분해자(decomposer)
모든 영양단계들에서 축적된 죽은 생명체들이나 유기 노폐물들로부터 물질과 에너지를 얻어서 사는 소비자 생면체, *잔사식생물*(detritivore)이라고도 부름

그림 15.2
먹이수준과 먹이사슬

먹이사슬(food chain)

군집 내 생명체들의 먹이 관계의 수준들

먹이망(food web)

한 생물군집 또는 생태계의 모든 생물종들 사이에서 복잡하게 얽힌 먹이사슬 관계

총 1차 생산량 (gross primary productivity)

생산자(식물체)가 화학에너지를 유기분자들 형태로 전환시키는 데 드는 태양에너지의 퍼센트; 광합성에 의한 에너지 총량으로 보면 됨

관계와 상관없이 하나의 중요한 요소가 한 생명체에서 다른 생명체로의 에너지 흐름이라는 것을 명심하라.

목표2 생태계를 통한 에너지 흐름

생산자들은 그들의 에너지를 직접 환경으로부터 얻으므로, 그들의 생명활동은 전 생태계를 통해 획득할 수 있는 에너지량에 한정된다.

한 생태계의 에너지 규모

하나의 산림 내 영역들로 들어오는 에너지, 물, 광물질 및 유기물질의 유입량 연구와 그들이 생명체들과 물리적 환경으로 투입되는 양의 추적을 하는 연구를 통해, 연구자들은 전체 생태계에서의 에너지 흐름을 상세히 알 수 있게 되었다.

여름에 태양은 엄청난 양의 태양에너지를 산림으로 보낸다. 그러나 이 에너지의 대부분은 빛이나 열로서 대기 중으로 반사되어 되돌아가거나, 또는 토양이나 식물들로부터 물을 증발시킨다. 따라서 태양광의 약 2% 정도만이 생산자들로 하여금 광합성을 통해 유기화합물들의 화학에너지로 전환된다(**그림 15.4**). 생태학자들은 이 적은 양의 에너지를 한 생태계의 **총 1차 생산량(gross primary productivity)**이라고 부른다. 예를 들면, 총 1차 생산량이 자작나무가 얼마나 빨리 자랄 수 있는지 그리고 얼마나 많은 수의 나비들이 그곳에서 번성할 수 있는지를 포함해 한 생태계 구조를 제한한다.

식물들은 총 1차 생산량의 약 절반 정도를 그들 자신의 세포호흡 연료로 사용하는데, 종국에는 대부분이 열로 상실된다. 세포호흡에 소모되고 남는 에너지를 **순 1차 생산량(net primary productivity)**이라고 하는데, 이것이 잎, 뿌리, 줄기, 꽃 및 열매 등에 실질적으로 새롭게 저장되는 에너지이다. 생태계에 뿌려지는 총 에너지 중에서, 산림에 가해지는 약 1%에 해당하는 태양에너지인 순 1차 생산량만이 실질적으로 소비자들에게 쓸모 있는 것이다. 그러나 새로운 잎과 나뭇가지들의 대부분은 죽은 물질로서 마감되어 산림 바닥에 쌓이며, 이들은 먹이망에서 잔사식생물들의 연료가 된다.

그림 15.4의 정보들이 생태학자들로 하여금 그 산림의 에너지 규모에 대한 3가지 일반적 원리를 제시하게 해준다:

1. 무성한 활엽수림일지라도, 식물들과 그 밖의 생산자들은 태양에너지의 적은 양(2% 또는 그 이하)만을 생태계로 투입될 수 있는 에너지로 전환시킨다.
2. 동물들은 목초 먹이망에 존재하는 적은 양(0.01%)의 에너지조차도 섭취한다.
3. 생태계의 영양단계를 통해서 에너지 흐름이 일어나면서, 대사활동들(대부분

그림 15.3
먹이망: 생명 세계에서의 상호 의존성

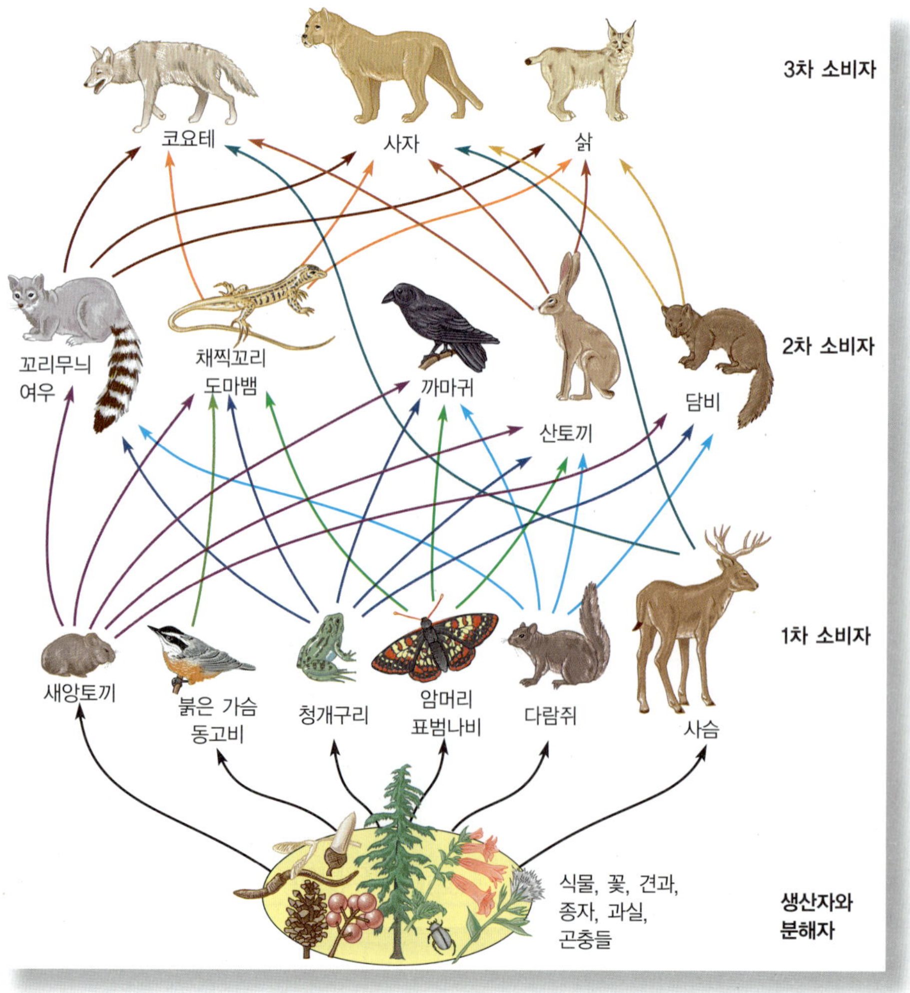

이 유기호흡)이 에너지를 공기 중으로 방출하는데, 이때 에너지 형태는 유용한 일을 할 수 없는 에너지 형태인 열로서 궁극적으로 우주 공간으로 되돌아오는 것이다.

에너지 피라미드와 생체량 피라미드

생태학자들은 생태계들에서의 에너지 흐름에 대한 실험들로부터 또 하나의 중요한 사실을 발견하였는데, 그것은 육상에서의 먹이사슬들은 드물지만 넷 또는 다섯 단계로 연결되어 있고(기생충, 분해자 및 잔사식생물 등은 제외해도), 해양 먹이사슬들은 플랑크톤을 시작으로 해서 일반적으로 일곱 단계까지 연결되어 있다는 것이다. 하나의 고산 초원지대, 하나의 수림지대 또는 한 산호초에 수백 내지 수천의 생물종들이 있을 때, 왜 먹이사슬들이 짧아지는 경향을 갖는가? 캘리포니아에서 땅에 살고 있는 얼룩다람쥐를 생각해 보자. 이 설치류는 나뭇잎, 또는 액과들을 먹고, 그 에너지 일부를 동화시킨 다음 일부를 액체 또는 고체 노폐물로 배설한다. 이 얼룩다람쥐는 동화 에너지 대부분을 유기호흡과 몸의 유지 및 수선에 사용하고, 섭취한 먹이 에너지의 2% 정도 이하만 새로운 조직들 또는 새끼에 저장한다. 이 다람쥐에서 호흡을 통한 막대한 양의 에너지 손실과 약간의 생장의 결과가 코요테와 같은 다음 영양단계가 사용할 수 있는 에너지로서는 매우 적은 양이 저장된다는 것이다. 그와 같이 적은 양의 저장 에너지가 먹이사슬을 짧게 해준다.

에너지 피라미드

생태학자들은 하나의 생태계에서 서로 다른 영양단계들 사이의 유용한 에너지 양의 비율을 막대그림으로 표시해 만든 **에너지 피라미드(energy pyramid)**로 나타낸다. 각 영양단계에서 생명체들에 저장된 에너지는 실질적으로 그 아래 영양단계의 수준보다 작다(**그림 15.5**).

생체량 피라미드

단계적인 에너지 감소가 왜 먹이사슬이 일반적으로 네 개로만 연결되어 있는가를 설명해 준다. 그 이유는 정상 단계에 있는 생명체에서의 적은 양의 유용한 에너지는 수집하기가 매우 어렵기 때문이다. 생태학자들은 특정 영양단계에서 존

순 1차 생산량 (net primary productivity)
생산자가 새로운 잎, 뿌리, 줄기 꽃, 열매 그리고 구조물 등에 유기분자들로 실질적으로 저장하는 데 사용된 화학에너지의 총량

에너지 피라미드 (energy pyramid)
하나의 생태계에서 서로 다른 영양단계들 사이의 에너지 관계

그림 15.4
활엽수림의 에너지 예산

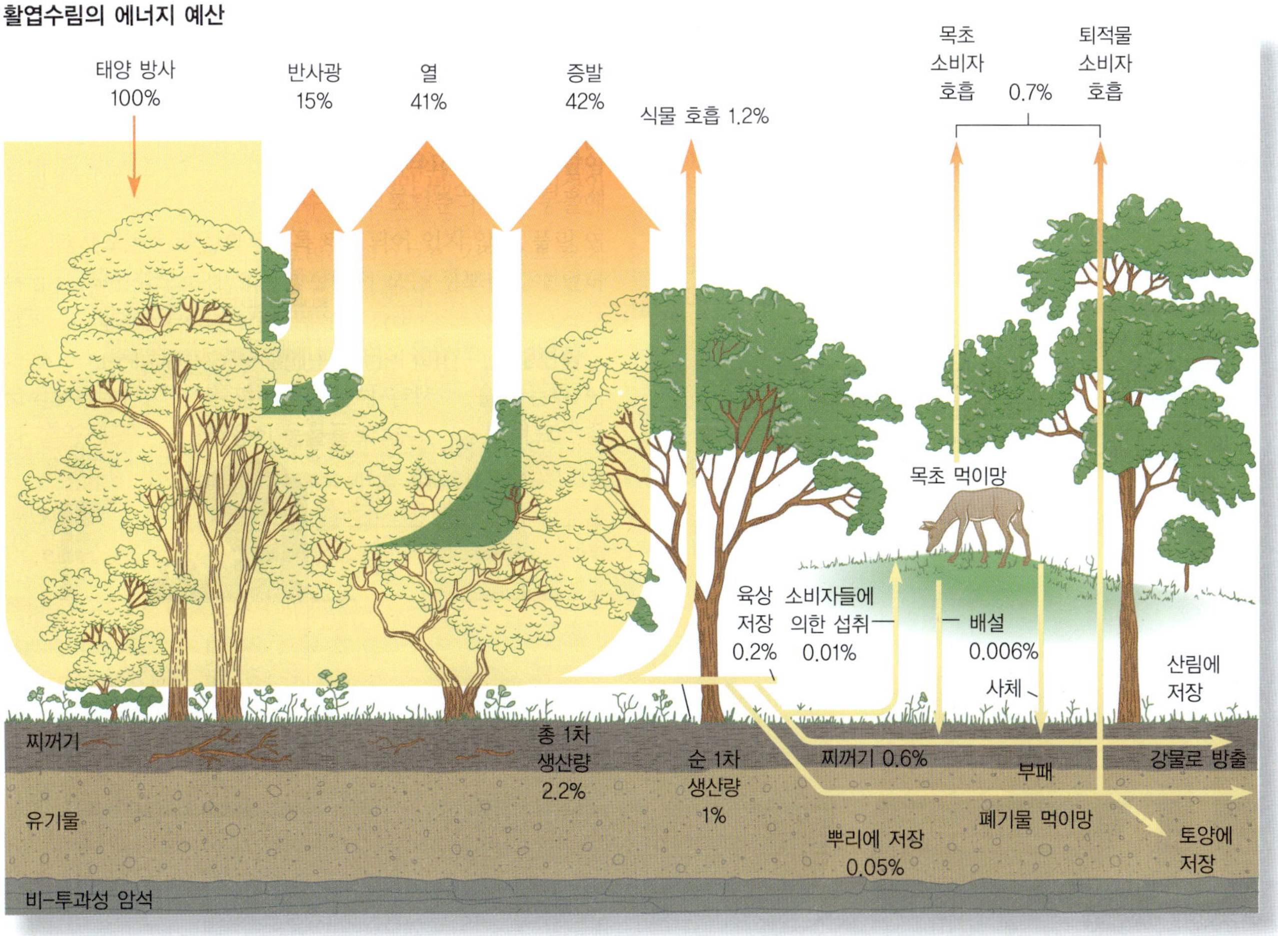

생체량(biomass)

생물군집 내 특정 영양단계에서 존재하는 유기분자의 총 건조 질량

생체량 피라미드 (pyramid of biomass)

한 먹이사슬 내에서 각 영양단계의 전체 생체량 관계를 나타내는 것으로서, 연속되는 영양단계에 따라서(낮은 영양단계에서 높은 영양단계로 갈수록), 생체량의 점진적 감소(즉, 저장 에너지의 감소)를 보임

생물학적 농축 (biological magnification)

먹이 사슬이 올라 갈수록 독물질의 농도가 증가되는 경향

그림 15.5
플로리다 강 생태계의 에너지 피라미드

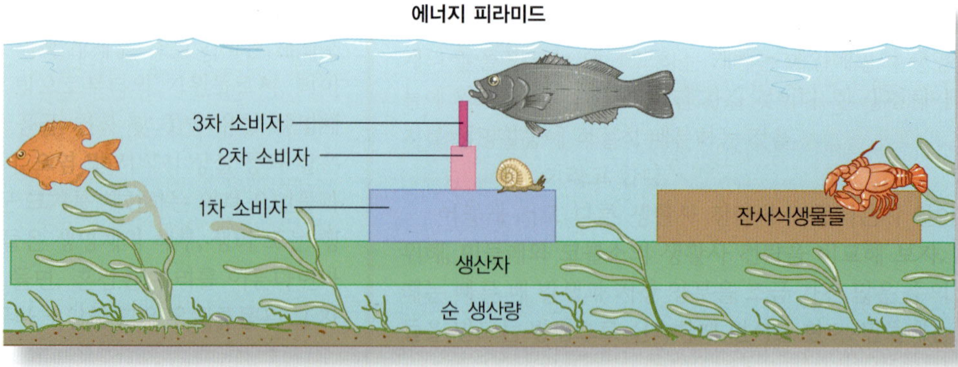

재하는 유기분자의 총 건조 질량인 **생체량(biomass)**을 측정함으로써 감소되는 양을 알 수 있는 손쉬운 방법을 고안해 내었다. 생물학자들은 하나의 강 생태계의 여러 영양단계별 생명체들을 수집한 다음, 그 생명체들을 수분 함량을 제거시키기 위해 건조시킨 후, 남은 물질의 무게를 달았다. 이어서 학자들은 이 자료를 **생체량 피라미드(pyramid of biomass)**로 도시하였는데, 이 도표는 근사치이긴 하지만 각 영양단계들이 그 아래 단계 생체량의 약 10%만을 함유함을 보였다(**그림 15.6**).

"먹이사슬에서 낮은 단계의 먹이를 먹어라"라는 말을 들어 본 적이 있는가? 이 말은 에너지 피라미드와 생체량 피라미드를 근거로 하는 말이며, 만약 사람이 조직 1 kg을 늘리기 위해서는 그 사람이 곡류만 먹는다면 10 kg의 곡류가 소요되지만, 만약 소가 먼저 곡류를 먹고, 사람이 그 쇠고기를 먹는다면 조직 1 kg 늘리는 데 100 kg의 곡류가 소요된다는 사실을 가리키는 것이다. 먹이사슬 상의 낮은 단계(생산자들)의 먹이들을 먹는 것이 이 작은 지구의 귀중한 자원들을 구원해 준다고 할 수 있다.

생물학적 농축

생태계들의 에너지 피라미드가 가지는 또 다른 특징은 먹이사슬의 수준이 높아질수록 독물질의 농도가 점진적으로 증가되는 경향인 **생물학적 농축(biological magnification)**을 가진다는 것이다. DDT와 같은 여러 가지 살충제들은 환경에서는 잘 분해되지 않으며, 생물들이 이것을 먹었을 경우에 체지방에 저장된다. 만약 양배추 재배 농부들이 나비나 나방이의 애벌레를 퇴치하기 위해 DDT를 살포했다면, 이 화학물질의 일부는 강이나 호수로 스며들 것이다. 거기서 DDT가 분해되지 않고, 일부가 수생식물들로 들어가고 이어서 그 식물들을 먹는 초식성 물고기로 들어간다. 물고기나 그 외 동물들에서는 이 독물질을 분해시키거나 배설하지 못하고 그들 체지방에 저장된다.

이 소비자 동물들이 계속해서 먹이를 먹음에 따라, 먹이에 함유된 모든 DDT가 저장되므로 그 양은 계속 확대될 것이다. 물고기를 잡아먹는 물수리와 같이 높은 영양단계에 있는 육식동물 몸의 DDT 농도는 DDT를 처음 받아들였던 수생식물에서의 DDT 농도의 10,000배 이상에 달한다.

목표3 지구 생태계에서의 물질순환

이 장의 서론에서, 인간에 의한 탄소순환의 파괴가 이산화탄소(CO_2)를 비롯한 그 밖의 온실효과 가스들의 수준을 높여서 혼실효과를 가져오게 했음을 언급한 바 있다. 물, 질소, 인의 순환도 지구적 측면에서 또한 중요하다. 이 순환들의 변화가 생태계 기능에 어떻게 영향을 미치는지 알아보기 위해, 생명과 비생명 세계에서의 이들 물질의 순환에

그림 15.6
생체량 피라미드

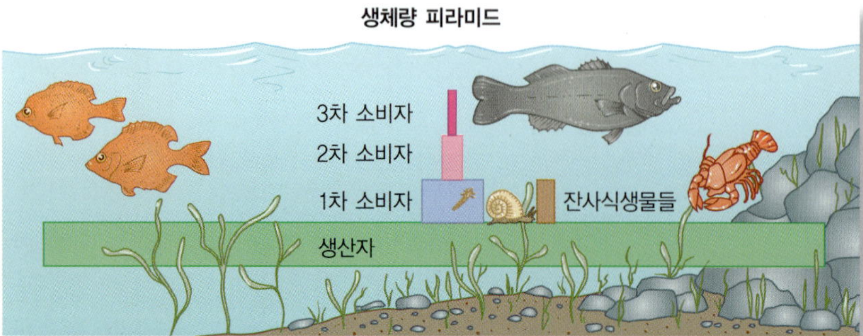

그림 15.7
물의 순환

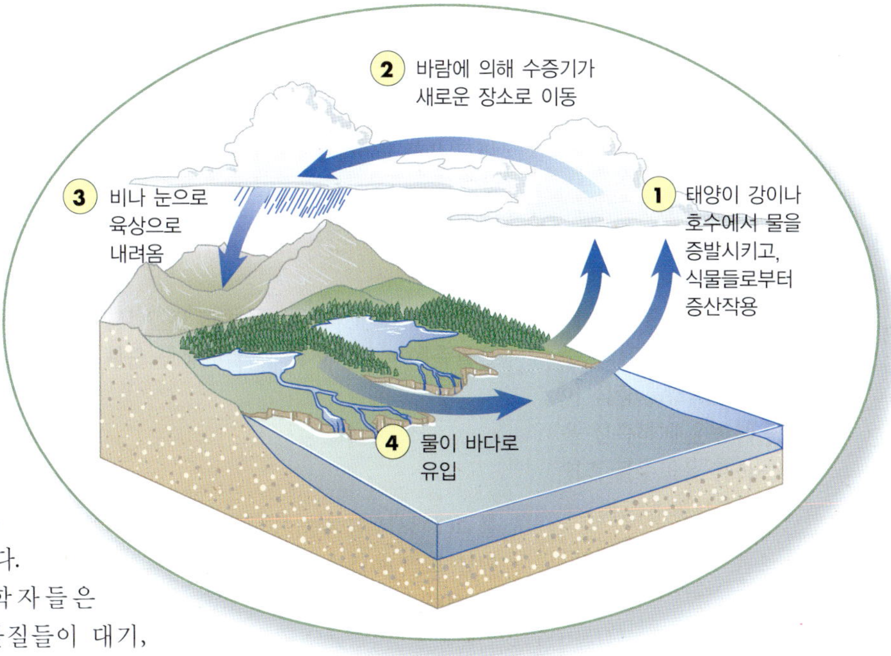

물의 순환(water cycle)
지구에서 생명체들을 통해서 대기로부터 지표면으로 물을 되돌리는 기화, 강수, 빗물 및 증산 등을 포함하는 태양에 의한 물의 교환으로서, 물은 다시 생명체들로 돌아옴

증산작용 (transpiration)
주로 줄기와 잎의 기공을 통한 증발에 의해 식물들로부터의 수분 상실

질소순환 (nitrogen cycle)
생명체들을 통해서 대기로부터 지구 표면으로 질소가 오게 하고, 다시 생명체로 돌아오게 순환하는 것

대해 알아보기로 한다.

생물학자들은 이 순환물질들이 대기, 토양 또는 생명체 내에 일시적으로 저장된 것이라고 생각한다. 일반적으로 생명체 내에 저장된 이들 물질의 저장량이 물리적 환경의 저장량보다는 매우 작다. 유입량과 유출량이 같은 한, 저장량은 일정하다. 이제부터 물, 질소 및 인의 순환에 대해 알아본다.

물의 순환

지구에서의 **물의 순환(water cycle)**은 물이 대기에서 비나 눈의 형태로 지표면으로 이동하고, 태양이 웅덩이, 연못, 강, 바다의 물들을 증발시키고(**그림 15.7**), 식물들의 잎에서 **증산작용(transpiration)**을 시킴으로써 다시 대기 중으로 돌아온다. 육상 생태계 일부에서는 90% 이상의 습기가 잎을 통과하고 그들의 잎으로부터 증발하며, 10% 만이 환경 표면들에서 직접 증발한다. 열대우림들의 넓은 지역을 포함한 이러한 생태계에서는 식물들이 실제로 그들 자신의 비를 만든다. 즉 식물들로부터 습기가 공기 중으로 이동해 구름이 되었다가, 구름들이 있는 곳으로부터 다시 비(rain)로 떨어지는 것이다. 사람들이 목재 획득이나 농사를 짓기 위해 산림들을 잘라버리면, 물은 증발되기 보다는 바다로 흘러 들어간다. 그 결과, 비구름들이 만들어질 수 없고, 강수량은 줄어들며 기후 형상이 바뀌게 된다. 우리가 경험해 왔던 지구 기후의 변화는 물 순환에 큰 영향을 미칠 것이다.

질소순환

질소는 대기의 79%를 차지하지만, 아이러니컬하게도 대부분 생명체들은 기체형 질소를 직접 사용할 수가 없다. 대신에, 그들은 질소 가스를 잡아서 암모늄(NH_4^+)과 질산염(NO_3^-)과 같이 생물학적으로 유용한 형태로 바꿔주는 몇 종의 생명체들에 의존한다. 다른 세균 종들이 질소를 가스 형태로 바꿔 대기 중으로 되돌려 보냄으로써, **질소순환(nitrogen cycle)**이 완성된다(**그림 15.8**).

질소의 유용성이 종종 농작물 생장 정도를 결정해 주므로, 농부들은 오래전부터 그들 경작지 토양에 암모늄과 질산염이 증가되어 비옥하게 하는 방법을 사용해 왔다. 많은 농부들이 관습적으로 한 해에는 콩과식물들인 *콩류*, 클로버 또는 자주개자리를 경작하고, 다음 해에는 옥수수, 밀 또는 사탕무 등을 경작하는 *윤작*(crop rotation)을 통해 토양에 유용한 질소가 첨가되도록 해왔다. 이 윤작이 콩과식물들 뿌리혹에 있는 질소-고정박테리아들이 질소를 고정하여 만든 질산염을 자연적으로 토양에 배출시킴으로써 이익을 얻는 것이다.

오늘날, 전 세계 대부분의 대형 농장사업자들은 산업 공정을 통해 만들어진 질소비료들에 의존한다. 실제로, 화학공장에서 고정된 질소는 지구 질소순환에 투입되는 양의 30%에 달하는데, 이 양은 자연적 회로를 크게 변하게 할 수 있는 정도이다. 산업적 질소고정은 엄청난 양의 열과 압력이 요구되는데, 이것들은 일반적으로 막대한 양의 화석연료를 태워서 만든다. 저장 화석연료들은 한정되어 있으므로, 공업적 질소비료에 의존한다는 것은 무한적으로 갈 수 없는 에너지 고갈로 이어질 수 있음을 말해 준다고 하겠다.

인의 순환

질소가스, 수증기 및 이산화탄소는 대기 중에 포함되므로 이들은 바람을 타고 어느 곳으로도 이동될 수 있다. 이와 같은 이동성이 질소, 물 그리고 탄소의 순환들을 전 지구적으로 일어날 수 있게 한다. 이와는 대조적으로, 칼슘이나 인과 같은 다른 특정 물질들은 기체상태가 없으므로 국지적으로 순환한다. 그럼에도 불구하고, 이들 원소들의 국지적 순환이 국지

인의 순환(phosphorous cycle)
생명체들과 토양, 바위 및 물 사이의 인의 순환

부영양의(eutrophic)
많은 양의 인과 그 밖의 영양소들을 가지는 물 환경으로서, 조류(algae)와 그 외 수생식물들의 밀도가 높아서 용존산소량이 감소되는 특징을 보임

부영양화(eutrophication)
부영양적 환경에서 1차 생산을 받쳐주는 영양소들이 넘치는 것

탄소순환(carbon cycle)
지구 내에서 식물체들로부터 동물들을 통해서 대기, 물, 그리고 다시 식물로 돌아오는 순환

그림 15.8
질소순환

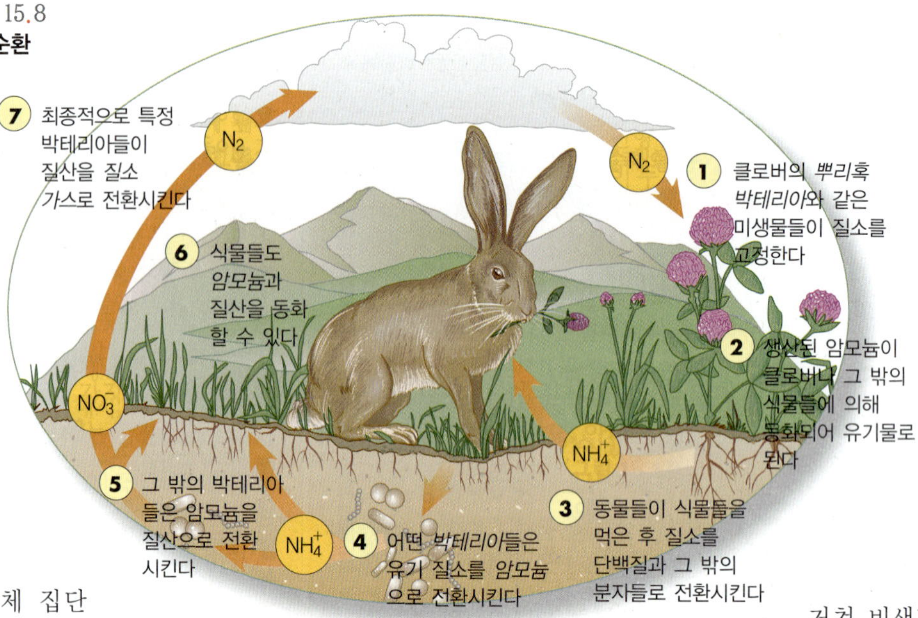

생명체 집단들의 큰 변동을 일으킬 수 있다. 인은 세포막, 핵산 그리고 ATP(세포의 에너지 화폐) 등의 성분이므로 생명에 필수적이다. **인의 순환(phosphorus cycle)**은 두 개가 맞물린 행로를 가지는데, 하나는 짧은 시간 동안 국지적으로 작용하는 경로이며, 다른 하나는 오랜 시간에 걸쳐 지구적 규모로 작동되는 경로이다.

부영양화

여러 순환들처럼, 인간의 활동들이 인 순환의 역학들을 변화시킬 수 있다. 특히 수생태계에서 인이 자주 1차 생산성을 제한하는 인자로 작용하므로 그러하다. 인산염은 농업용 비료들의 주성분이고, 최근까지만 해도 세척제들의 주요 성분이었었다. 수년에 걸쳐 비료가 뿌려진 들판으로부터 인을 함유한 물(water)이 직접 호수들로 유입되었다. 첨가되는 인에 의해 조류(algae)들을 비롯한 여러 수생식물들이 급속히 생장하도록 해주어서, 그 생태계는 1차 생산을 받쳐주는 영양소들이 넘치는 현상인 **부영양의(eutrophic)** 상태가 된다. 이 과정과 같이 호수에서 조류와 그 외 식물들이 "과다생장"하고, 이어서 죽는 것을 **부영양화(eutrophication)**라 한다. 이런 상황에서 분해 세균들이 죽은 조류세포들을 먹으면서 많은 양의 용존산소를 소모함으로써, 물고기들이 대량 질식사하는 사태가 벌어진다. 우리 인간들은 세척제들과 비료들과 같은 인-함유 물질들의 유출 제한을 통해 호수와 하천의 건강을 개선시켜 줄 수 있다.

탄소순환

물과 질소처럼 탄소원자들도 물리적 환경으로부터 생명체를 거쳐 비생명 세계로 되돌아오는 **탄소순환(carbon cycle)**을 통해 지구 전체에서 이동한다. 탄소순환은 에너지 흐름과 가까이 연결되는데, 그 이유는 초원, 산림 그리고 해양의 광합성식물들을 포함한 생산자들이 광에너지뿐만 아니라 당 분자의 성분인 탄소를 획득하여야 하기 때문이다. 획득된 탄소는 이들 생명체의 주위의 공기 또는 수환경으로부터 온다(**그림 15.9**). 순환이 진행되면서 소비자들은 생산자들에 의해 합성된 유기 탄소화합물들을 섭취한다. 이어서 호흡을 통해 소비자들과 생산자들 모두는 이산화탄소 형태로 비생명 환경으로 탄소를 되돌린다.

목재에 축적된 탄소는 이것이 연료로 사용되어 타거나, 썩은 후 균류와 세균류 같은 분해자들 또는 잔사식생물들에 의해 호흡재료로 소모되는 결과를 통해 종국적으로는 대기로 다시 돌아온다. 유기탄소는 침전물들이 유기물 잔재들을 파묻고, 파묻힌 잔재물들이 부분적 및 점진적으로 분해되어 석탄이나 오일로 되는 경우처럼 오랜 시간 동안 순환을 떠날 수도 있다. 또한 탄소는 해양 생명체들의 탄산칼슘 껍질로서 바다 바닥에 가라앉은 다음, 침전물들에 덮여 눌려서 석회석으로 되는 경우에서처럼 순환을 떠날 수도 있다. 그러나 이들과 같은 탄소 침적물들조차도 석회석이 부식되고 화석연료들이 자동차나 공장의 연료로서 연소됨으로써 이산화탄소 형태로 대기 중으로 재순환 된다. 다른 순환의 경우에서처럼, 인간의 활동들이 지구 탄소순환의 역학을 변화시키고 있다. 즉 화석연료의 연소, 산업적 공해, 그리고 특히 열대지역에서 행해지고 있는 고의적 산림 제거와 산불 등이 더욱더 많은 이산화탄소를 대기 중으로 방출시키고 있는 것이다. 이들 중 일부가 광합성에 의해 사용되기는 하지만, 일부는 온실효과와 지구 기후의 변화를 유발시키고 있다.

그림 15.9
탄소순환

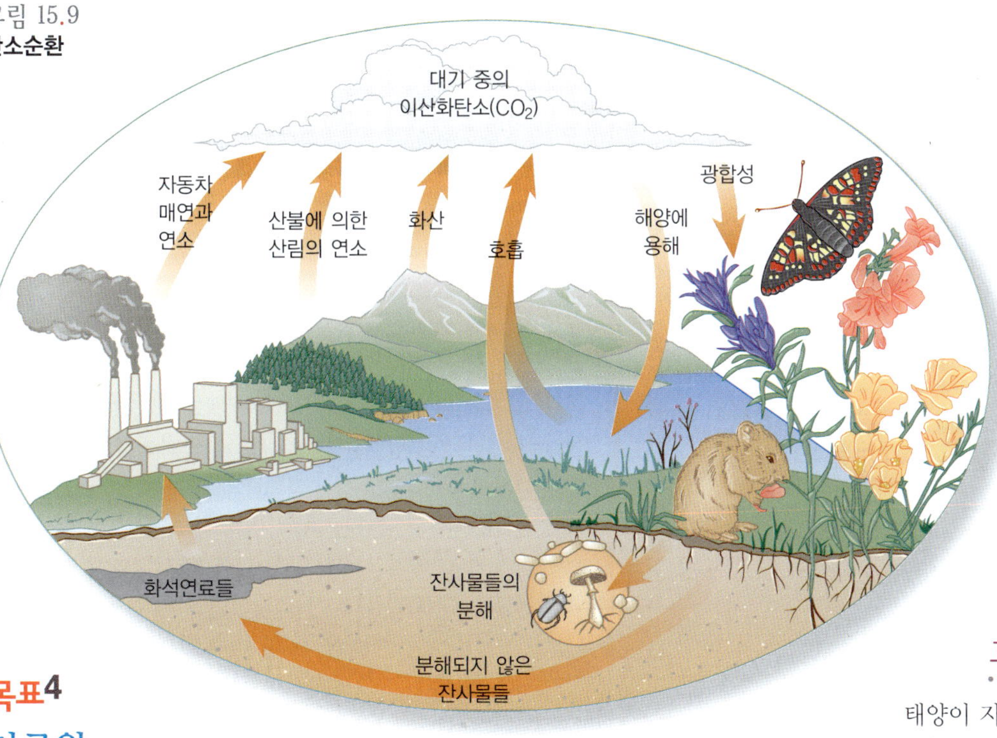

날씨(weather)

어느 특정 시간과 특정 장소에서의 대기 상태를 말하며, 기온, 습도, 풍속 및 강수량 등이 포함됨

기후(climate)

장기간에 걸친 한 지역의 계절적 날씨 양상들

목표4

지구의 기후와 생명지대들

무엇이 세계 각 지역들의 온도와 강수량의 차이가 있도록 하는가? 그리고 이러한 물리적 환경 차이들이 지구의 여러 지역들에 살고 있는 생명체 종류들에 어떻게 영향을 미치는가?

생물학에 관련된 이 지구적 견해가 생명을 받쳐주고 있는 지구의 한 부분인 생물권(biosphere)에 관계된다(1장 참조). 생물권은 다음 사항들을 포함한다:

- 모든 수계;
- 지구 표면에서 약 10 km 높이까지의 대기;
- 지표면에서 몇 m 깊이까지의 지각; 그리고
- 위의 모든 지역 내에 살고 있는 모든 생명체들

이 절에서는 특히 전 세계적 공기와 물의 흐름 등과 같은 물리적 요인들이 어떻게 지역적 기후를 만드는가에 관해 알아본다. 이어지는 절에서는 기후가 어떻게 생명체들의 풍부도와 분포를 결정하는가에 대하여 살펴보도록 하겠다.

지구 기후지역들의 생성

날씨(weather)란 어느 특정 시간과 특정 장소에서의 대기 상태를 말하며, 습도, 풍속, 온도 및 강수량 등을 포함한다. 대조적으로, **기후(climate)**는 장기간에 걸친 한 지역의 계절적 날씨 양상들이다. 생물권 내에서 날씨는 일시적이며 국지적 효과를 가지는 반면에, 기후는 생명체들의 풍부도와 분포를 결정짓는 주요 물리적 요인이다. 그렇다면 기후의 원인은 무엇일까? 태양열이 지구에 쬐이는 정도, 온도에 따른 물과 공기의 행동 그리고 지구자전 등에 따라 고르지 않다는 것이 그 해답이다.

지구의 온도는 고르지 않다

태양이 지구표면을 고르게 가열시키는 것이 아니므로, 열대지역들은 따뜻하지만 극지방은 춥다. 책상 위에서 바로 아래로 그리고 옆에서 비스듬히 비추는 손전등 빛이 다른 것처럼, 지구에 직접 쪼이는 태양 빛이 각도를 가지고 비치는 것에 비해 더 강하다. 지구의 특정 지점에 태양 빛이 오는 정확한 각도는 그 지점과 위도 및 계절에 좌우된다.

우리의 지구는 태양에 비해 일정하게 기울어진 축을 가지고 자전하고 있으므로 그 온도가 계절에 따라 수시로 변한다. 따라서 여름 동안에는 북반구가 태양을 향해 최대로 기울어져 있어서 더 많은 태양 빛을 받는 반면에, 겨울에는 북반구가 태양으로부터 끝 쪽으로 벗어남으로 적은 양의 빛을 받는다. 남반구의 계절은 북반구의 것과 반대이다.

비는 어디로부터 오는가?

기울어진 지구에 내려 쪼이는 태양 빛이 공기를 데운다. 뜨거운 공기는 차가운 공기에 비해 다른 성질들을 가져, 이것이 비와 눈을 형성하게 한다. 차가운 공기는 따뜻한 공기에 비해 단위용적 당 무게가 더 나가므로 가볍고 따뜻한 공기를 통해 가라앉는 경향을 가진다.

무겁고 차가운 공기는 가볍고 따뜻한 공기보다 더 적은 양의 습기를 가지고 있다. 이 원리에 의해서 비를 내리게 하는 것이며 또 이것이 열대지역이 그처럼 습한 이유를 설명해준다. 적도지역에 내려 쪼이는 강렬한 햇볕이 지표면과 식물 잎들로부터 증발에 의해 습기를 거둬들인다. 이 뜨겁고 습한 공기가 하늘 높이 올라가 차거와짐으로써, 비가 되어 열대림 위로 퍼붓게 되는 것이다.

무역풍(trade winds)
공전하는 자구와 반응하여 이동하는 기단(공기 덩어리들)에 의해 일어나며, 예보할 수 있는 지표면의 바람

생물군계(biome)
특색 있는 식물군집들을 갖는 지구상의 큰 지리적 지역들; 사막, 강우림 또는 초원과 같은 주요 생태적 군집들을 말함

기류와 해류

지구에 대한 불규칙한 가열이 공기와 물의 순환 흐름을 만들어 지역별로 서로 다른 기후를 가지게 한다. 적도 지역의 뜨거운 상승기류가 차가워진 다음, 북위와 남위 지역들로 이동한다(**그림 15.10**). 약 30° 위도 지역들(북위 지역으로는 에집트, 남위 지역으로는 호주)에서 이 차겁고, 건조한 공기가 지구 위로 떨어진다. 건조한 하강기류가 호주, 남 · 북 아프리카 그리고 북아메리카의 거대한 사막들을 만든다.

사막들로부터의 건조한 공기는 적도를 향해 이동하여, 뜨거운 상승기류와 대치된다(**그림 15.10**). 이 이동 기단(공기 덩어리들)이 자전하는 지구와 반응하여, 지표면 바람들을 일으킨다. 이와 같이 예상할 수 있는 지표면 바람인 **무역풍(trade wind)**들을 타고 지난 세기들에서 무역상들이 범선을 타고 항해를 했었다. 다른 순환 공기코일들에서의 유사한 기류들이 북아메리카의 서쪽 지역에서 동쪽 지역으로 바람을 만든다.

해류

지구의 열과 자전은 바람들에 영향을 줄 뿐 아니라 해류에도 영향을 미친다. 대륙들이 해류(ocean current)의 방향을 서서히 바꾸게 함으로써, 남 · 북 대서양과 남 · 북 태평양의 회전상을 만든다(**그림 15.11**). 기류와 마찬가지로 해류도 열을 순환시키므로 기후와 동 · 식물들의 분포에 영향을 미친다. 예를 들면, 멕시코 만류는 적도 지역으로부터 따듯한 물을 북아메리카 동부 해안으로 운반한 다음, 대서양을 지나 북유럽 지역을 따듯하게 해준다. 거의 유사한 위도에 위치한 아일랜드와 알래스카 남부 해안지역의 해수 온도를 비교해보라(**그림 15.11**).

기류와 해류에서 단기간적인 불규칙성이 일어날 수 있다. 매 5년 정도의 주기로 일어나는 남태평양 해류가 일시적으로 역류를 일으키는 엘리뇨(El Niño) 현상이 그 예이다. 이 현상은 여러 대륙들에 기후 이변을 일으킨다. 그렇지만 일반적으로는 태양과 기운 지구의 자전이 강수량과 온도를 안정되게 해주어, 지구 동 · 식물 주요 군집들의 일반적 특징들을 결정짓게 하는 것이다.

그림 15.10
대량 공기코일이 지구의 기후 지역들을 만든다

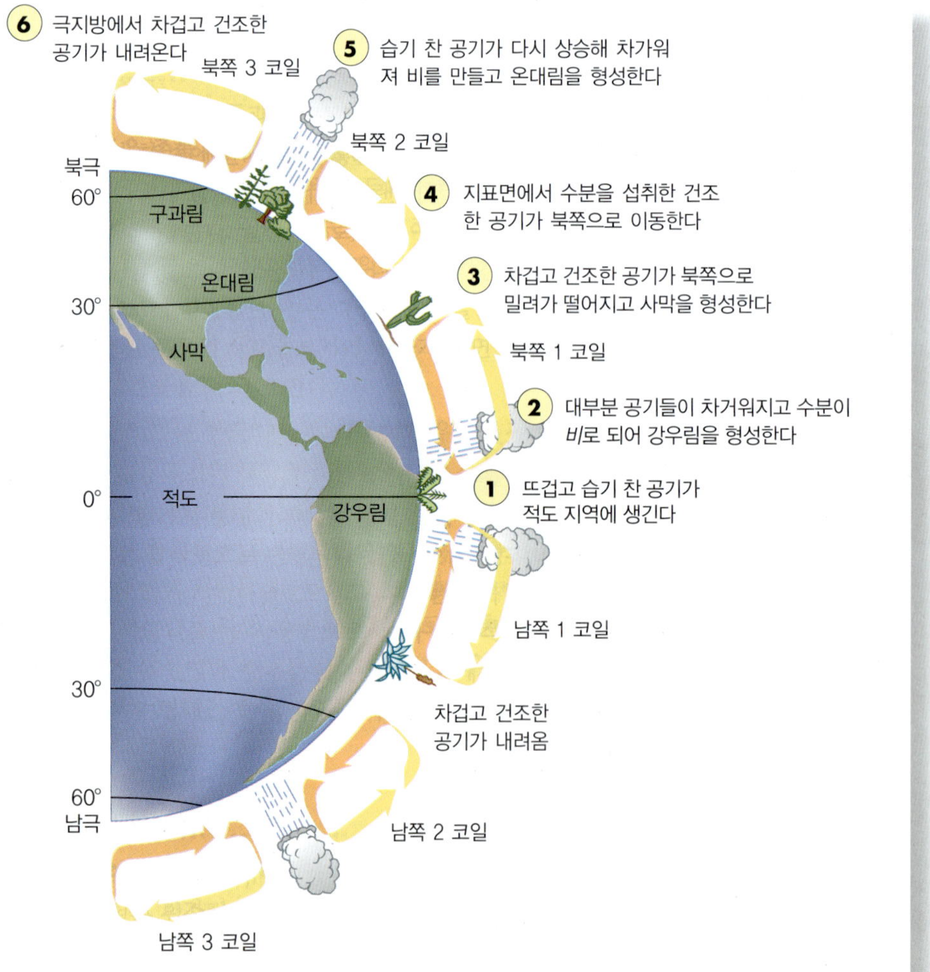

목표5 생물군계: 지구의 주요 생물군집들

사막과 강우림에서처럼 유사한 기후 조건을 가지지만, 식물들은 기후의 이점을 취하고 그에 의한 장애를 최소로 하면서 적응하도록 진화해 왔다. 생물군계

(biome)란 뚜렷한 식물군집들을 가지는 거대한 지리적 지역들을 가리킨다(**그림 15.12**). 식물들이 강수량, 기온, 일조량 및 바람 등에 대한 적응성을 가장 잘 반영해 주므로, 주요한 식물 종류들이 생물군계들의 특성을 나타낸다. 더욱이 1차 생산자들인 식물들이 그 생물군계에 공존하는 소비자와 분해자에 영향을 미친다.

두 가지 기후적 특징인 기온과 습도가 그 생물군계 내에 어떤 생명들이 번창할 것인가의 경계를 결정지어 준다. 예를 들어, 열대우림은 강수량이 많으며 기온이 높은 지역들에 나타나는 반면에, 툰드라는 차갑고 적당히 건조한 기후 지역들에 나타난다. 기온과 습도의 차이는 또한 여러 다른 생물군계들의 생산성에도 차이를 가져온다. 예를 들면, 열대우림과 온대림의 생산성은 높은 반면에, 툰드라와 사막 지역들에서는 생산성이 낮다.

이 절에서는 지구상의 적도지역에서 극지방까지 순서대로 분포하는 생물군계인 열대우림, 사바나, 사막, 온대초원, 관목림, 온대림, 침엽수림, 그리고 툰드라에 대해 알아본다. 또한 엄격히 말해서 생물군계는 아니지만 극지방(북극과 남극)에 대한 것도 살펴보겠다.

열대우림

지구의 모든 생물 종들의 거의 반 정도가 적도 가까이에 위치하는 따듯하고 습한 **열대우림(tropical rain forest)**들에 살고 있다. 폭우가 열대 토양으로부터 영양분들이 녹아내리게 함으로써, 이 수림의 생체량 자체가 가장 큰 영양원인 것이다. 열대우림은 상부 층이 직접 햇빛을 받을 수 있고, 어두운 빛만 통과해 오는 하부 층, 나뭇잎, 꽃, 과일 그리고 나무 위에 사는 동물들이 있는 키가 낮은 나무들의 그늘, 그리고 크고 짙은 녹색 잎을 가진 식물들로 이루어진 어두운 바닥 수림층들을 가진다. 종 다양성은 근접해 있는 생물군계인 열대건조림(tropical dry forest)에서만큼 다양하지는 않은데, 열대건조림의 생명체들은 더 긴 건조기에 대한 내성을 가지도록 진화해 왔다.

열대우림
(tropical rain forest)
중앙아메리카, 남아메리카, 아프리카 및 동남아시아의 적도 가까이에 있는 하나의 무성한 산림군계로서, 이 지역에는 연강수량이 200~400 cm 그리고 평균기온이 약 25°C임

그림 15.11
4종류 회전상을 보이고 열의 재배열을 가져오는 해류

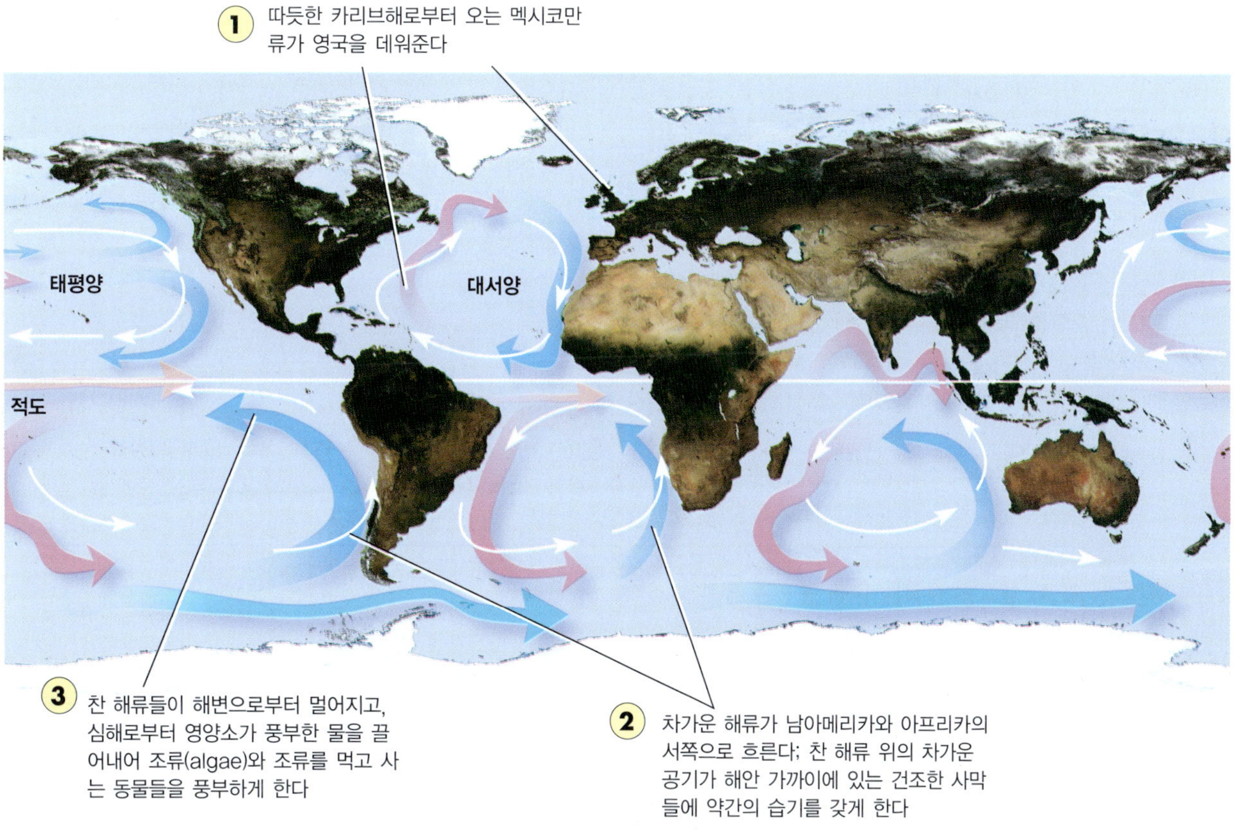

사바나(savanna)
열대 초원군계의 하나로서, 왜소하면서 넓게 자리 잡은 나무들을 가지며, 열대우림과 사막 사이에 위치함

사바나

일 년 내내 무덥고 건조한 계절이 드문드문 작은 나무들을 가지는 건조한 초원들인 열대 **사바나(savanna)**를 이루게 한다. 사바나는 열대우림과 사막 사이에 있으며, 왜소하면서 넓게 자리 잡은 나무들과 초원들로 이루어져 있어서 풀을 뜯어먹는 동물들이 살게 해 주고 있다. 이들 초식동물들은 수많은 육식동물들의 먹이가 되는 것이다.

그림 15.12
세계의 주요 생물군계 지도

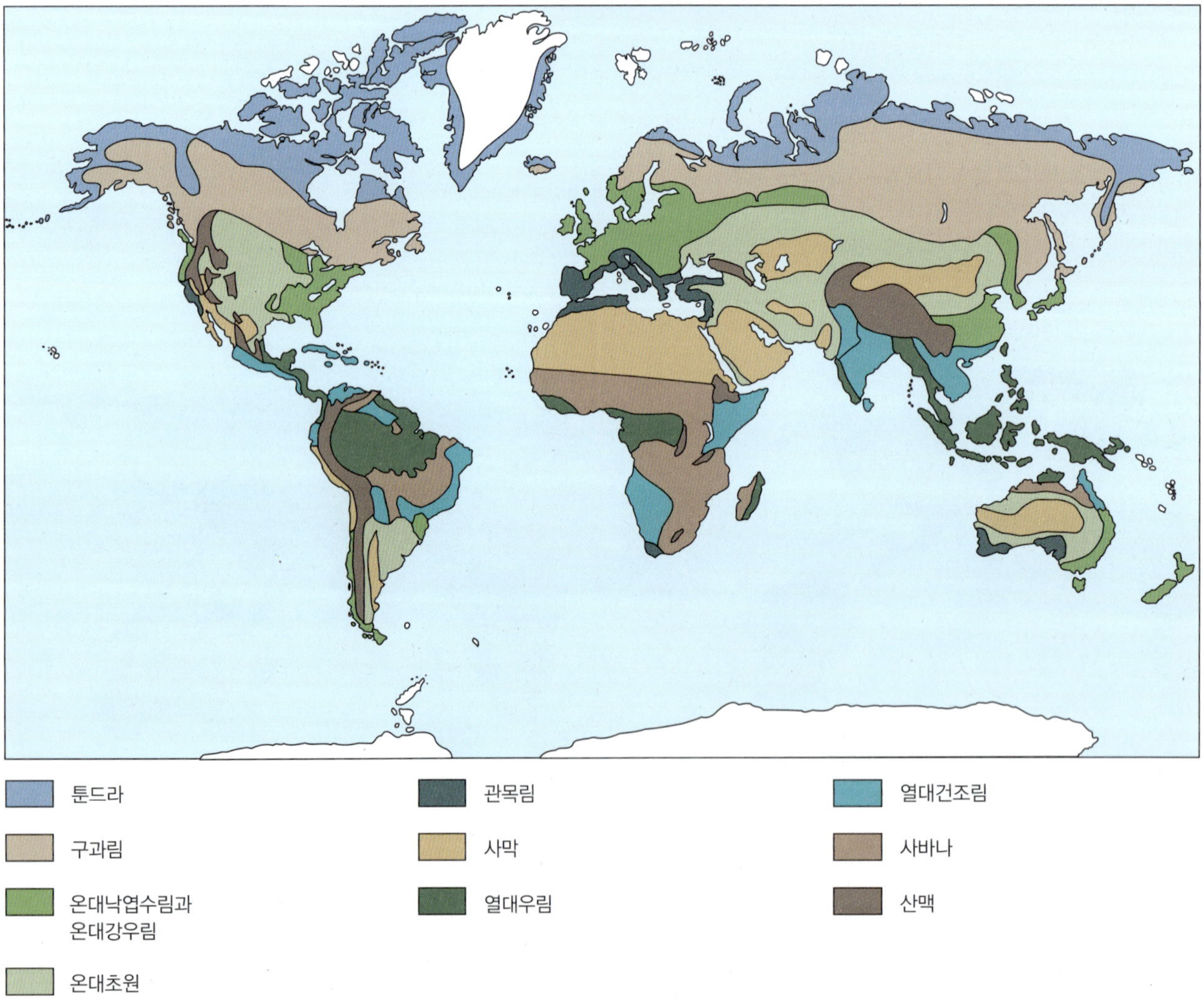

사막

사막(desert) 지역들에는 열대우림 지역의 연 강수량의 1/10보다 적은 양의 비가 내린다. 그러므로 사막에 자라는 나무들은 많이 흩어져 자라서, 지표면의 1/3보다 작은 지역에만 있다. 낮 동안의 온도는 49°C까지 올라가지만, 밤에는 열이 방사되어서 살을 에는 듯한 찬 공기로 바뀐다. 많은 사막식물들은 다육질 줄기와 가시들을 가진다. 사막에 사는 동물들은 낮 동안의 열기를 피해 저녁이나 이른 아침에 주로 활동하는 경향을 갖는다.

온대초원

세계의 여러 사막의 경계지역들에는 나무는 없고 수십 종의 풀 종류들로 뒤덮인 **초원(grassland)**들이 있다. 북아메리카 지역의 대초원(prairies), 남아메리카의 팜파스(pampas), 아시아의 대초원(steppes), 아프리카의 초원(veldt) 등으로 알려진 이들 초원지역들은 사막지역들보다는 습하지만 수림지역들보다는 건조하고, 계절적으로는 습하고 건조하기보다는 극히 뜨겁고 차갑다. 건조한 초원들에서 자주 일어나는 불이 초원들이 수림들로 바뀔 수 없게 한다. 초원의 토양은 다른 생물군계의 토양들에 비해 유기물질들이 풍부하다.

사막(desert)
매우 건조한 불모지로서 온도가 극히 높으며, 두껍고 밀랍으로 덮인 잎들을 가지며 종종 방어용 가시들인 난 식물들을 가지지는 것이 특징임

초원(grassland)
나무가 없이 주로 풀들로 덮여 있는 온화한 지역; 북아메리카 지역의 대초원, 남아메리카의 팜파스, 아시아의 대초원, 아프리카의 초원 등이 있음; 이 생물군계는 사막보다는 습하지만 산림보다는 건조함

관목림(chaparral)
사막과 초원 사이의 경계들을 차지하는 한 생물군계; 무덥고 건조한 여름과 춥고 습기가 많은 겨울 날씨를 보이며; 종종 향기를 내거나 굵고, 밀랍을 갖는 상록 잎들을 가지는 작은 관목들로 이루어짐

온대림
(temperate forest)
아열대의 북쪽과 남쪽에 있는 한 생물군계; 온화한 기후를 가지며, 상록수와 낙엽수들의 다양한 개체군들로 이루어짐

침엽수림
(coniferous forest)
캐나다의 대부분, 북유럽 및 아시아에 걸쳐 있는 한 생물군계로서, 춥고 눈이 많이 내리는 겨울과 짧은 여름을 갖는 위도상에서 자라는 침엽수들의 광대한 숲을 이룸

관목림

초원지대와 사막의 경계지역에는 **관목림(chaparral)** 또는 온대관목지대(temperate scrubland)라고 부르는 생물군계가 있다. 관목림 지대는 무덥고 건조한 여름 날씨와 춥고 습기가 많은 겨울 날씨를 갖는다. 관목들은 일반적으로 2 m 이하의 나무들로서, 작고 질기며 종종 털들을 갖는 잎을 가지며, 일 년 내내 푸르다. 이 지역의 풀들은 습한 겨울에 자라고 무더운 여름 동안에는 마르므로, 초원지대처럼 이 생물군계에서도 자주 불이 일어난다.

© STACEY PUTNAM/ISTOCKPHOTO.COM

온대림

온대림(temperate forest)들은 활엽수들이 우점하며, 중간 수준의 강수량과 매우 온화한 온도를 가지므로 여름에는 잘 자라다가 겨울에는 잘 자라지 않는다. 우점 종들의 나뭇잎은 가을에 떨어지며 봄까지는 휴면한다. 낙엽들은 영양소로서 재순환되게 하므로, 비옥한 표토들을 만들어 준다.

침엽수림

춥고 눈이 오는 겨울과 기간이 짧은 여름을 갖는 위도 지역들에는 구과를 가지는 소나무, 전나무, 가문비나무 그리고 솔송나무들과 같은 구과나무들의 광대한 수림지역인 **침엽수림(coniferous forest)**을 이루고 있다. 침엽수들은 바늘–모양을

© DON WILKIE/ISTOCKPHOTO.COM

© CECELIA HENDERSON/ISTOCKPHOTO.COM

하고 두꺼우며, 밀랍의 각피를 갖는 잎들을 가져 수분 손실을 막아주며, 겨울에도 떨어지지 않는다. 따라서 이들 침엽수들은 짧은 생장시기가 시작되자마자 햇빛을 획득할 수 있다. 침엽수림은 세계에서 가장 큰 목재 비축지역이다. 전통적으로 벌목꾼들은 이 목재들을 톱으로 나무 아랫부분을 베어서 거둬들인 다음, 그 부위를 깨끗이 한 후에 단일 종의 묘목을 심는다. 생물학자들은 오래된 나무숲에서의 고정된 질소원은 아마도 지의류임을 알아냈다. 지의류들은 수림이 100년쯤 될 때까지 번성하지는 않는다. 다시 심은 어린 구과나무들은 자라서 다시 자를 만큼 되기 전에, 그리고 이 수림 지역 토양들에 종종 질소가 결핍되었을 때에는, 앞으로의 나무 수확을 위태롭게 할 수 있다. 현대의 일부 벌목자들은 한 번에 적은 수의 다 자란 나무들만 거둬들인다.

툰드라

침엽수림의 북쪽 경계부에는 춥고, 나무들도 없이 키가 낮은 식물들로 구성된 **툰드라(tundra)** 지역이 펼쳐진다. 툰드라 지역은 평년 기온이 5°C 또는 그 이하이며, 토양은 약 1 m 정도만 녹는다. 이보다 더 깊어서 영구적으로 얼어 있는 토양들로 된 *동토지역*(permafrost)이 대부분 나무들이 자랄 수 없게 한다. 툰드라 지역의 식물들은 작게 자라서 땅 위에 방사된 태양의 반사열을 흡수할 수 있고, 바람과 건조에 의한 피해를 최소로 줄이고 있다. 여름 동안에는 모기와 파리떼가 구름처럼 모여들어 토지를 뒤덮고 번식을 한다. 그에 따라서 여름철에는 많은 새들이 툰드라 지역으로 몰려와 오랫동안 곤충들을 포식하면서 역시 새끼를 낳는다.

극지방의 빙하지역들에는 자라는 식물들이 없으므로 이 지역들은 실질적인 생물군계가 아니다.

빙하지대

극 빙하지대(polar ice caps)들은 지구의 가장 높은 위도에 있으며, 어름들로 뒤덮혀 있고 나무도 없는 지역들이다. 북극 빙하지대는 지구 북쪽 끝을 덮고 있는 광대한 결빙 해이며, 남극 빙하지대는 혹한의 바다로 둘러싸인 남극대륙이 전체를 차지한다. 두 극지방은 모두 수백만 km^2의 육지와 바다의 표면으로 이루어져 있다. 이들 빙하지역들에는 단지 몇 종류 동물들과 미생물들만 살고 있으므로, 이 지역들은 실질적 생물군계로 볼 수는 없다. 북극에서는 북극곰들이 물개와 그 밖의 수생동물들을 사냥하며, 남극에서는 펭귄과 물개들이 대륙의 어름 위에서 살고 있을 뿐이다.

툰드라(tundra)
침엽수림의 북쪽 경계부에 위치한 키가 작은 식물로 구성된 한 생물군계로서, 이 춥고, 나무도 없는 평원은 평년 기온이 5°C 또는 그 이하임

극 빙하지대 (polar ice caps)
우리 지구상 가장 높은 위도에 있으며, 어름들로 뒤덮여 있고, 나무도 없는 지역들

해양(marine)
대양과 바다의 특징을 갖는 지대

목표6 물에 사는 생명

우리들 대부분은 바로 앞에서 탐구한 일부 육지 생물군계에 관해서만 익숙하다. 그러나 우주 공간에서 내려다볼 때, 지구의 표면은 3/4이 물로 덮여 있는 하나의 푸르른 행성이다. 이런 푸른 공간의 대부분이 짠물로 구성된 대양과 바다인 **해양(marine)**이며, 지표면의 1% 이하만 호수, 강, 개천, 늪지 및 습지 등으로 이루어져 있다. 해양에 비해 담수지역들은 매우 작지만, 담수지역도 수백 내지 수천 km^2에 달한다. 생태학자들은 해양생물군집계 또는 담수생물군집계로 나누어 부르지는 않는다. 그렇지만 그들의 연구는 이들 수생생태계들에서 산호초와 하구의 생산성이 호수나 해양보다 생산성이 크다는 것을 비롯해 여러 측면에서 서로 다름을 보여주고 있다.

물의 성질

앞의 2장에서 살펴보았듯이, 물은 독특한 물리적 특징들을 가지며(부록 A 참조), 이런 성질들이 수생 생명체들에게 크게 영향을 미친다. 예를 들면, 수생생물들은 육상생물들에 비해 물의 온도를 올리거나 내릴 때 더 많은 에너지가 필요하다. 그러므로 수생생물들은 육상생물들에 비해 작은 온도 변화에도 고통을 받을 수 있다. 더하여 공기는 차가와져도 서서히

하구(estuary)

하나의 강과 바다가 만나는 지역; 하구들은 지구의 가장 생산적인 생태계들의 일부 임

조간대 (intertidal zone)

만조(밀물) 때 바닷물로 차지만 간조(썰물) 때 공기와 접하는 해양의 끝에 있는 지역으로서, 파도와 바람이 셈

밀도가 바뀌지만, 물은 4°C에서 그 밀도가 가장 크다. 그렇기 때문에 0°C에서 언 얼음이 물 위에 뜬다. 만약 그렇지 않고 물이 호수 바닥에서부터 위로 얼어 온다면, 여름철에 상층부만 녹을 것이며 그렇게 된다면 열대 지역의 표층수로 지원해 줄 수 있는 생명은 극소수뿐일 것이다.

이어지는 몇 절에서는 담수생태계를 시작으로 몇 가지 서로 다른 수생 서식지들(강, 하천, 늪지 등)과 염수 서식지들(하구와 해양)에 대해 알아보겠다.

하천

하천(계곡물)은 솟아오르는 산골 샘물이나 눈이 녹아내리는 것이므로 차갑고 맑지만 영양분들은 미량 함유한다. 물이 아래로 흘러내리며 바위들을 넘으면서 물은 산소와 더 많은 영양분들을 거둬들인다. 이와 같이 소용돌이치는 하천 지역에 사는 생물 종들에는 조류(algae), 이끼류, 송어 등이 있으며, 이 생물 종들은 산소가 충분하고 수온이 낮은 지역에서만 잘 자란다. 영양분들이 축적되고, 수폭이 넓어지며, 그늘이 적어짐에 따라서, 조류와 녹색 수생식물들의 광합성 양이 커진다. 강의 중앙부까지 오게 되면 종 다양성이 가장 풍부해진다. 큰 강 하부의 물 흐름이 느려진 지역에서는 물이 뿌옇게 되며 영양분들을 많이 함유하게 된다. 약해진 빛이 광합성 속도를 낮추게 해줘서 1차 생산성이 다시 한 번 떨어진다. 이 지역들에서는 미생물들과 잔사식생물들이 바닥에 흩어져 있는 잔사물들을 먹고 살며, 송어 대신 메기와 농어가 산다.

담수호

호수는 빛 투과도와 깊이에 따라 여러 생명지역들로 나뉜다. 낮은 지역들에서는 햇빛이 호수 바닥까지 도달하므로 연꽃과 부들 같은 생산자들이 풍부하며, 조류들이 풍부하게 자라서 곤충, 달팽이, 물고기 및 새들과 같은 소비자들의 먹이가 된다. 물가에서 멀리 떨어진 곳에는 햇빛이 물의 상층부에만 투과되므로, 이곳에 거대한 광합성 조류 집단과 작은 갑각류들이 서식한다. 어두운 바닥 부위에는 주로 곤충의 유충들, 썩은 고기를 먹는 물고기 및 분해자들이 살고 있다. 호수들에서 용해된 영양분들이 햇빛만큼 중요하다. 예를 들어, 과량의 인은 호수나 연못에 식물생장을 번성하게 한다. 계절이 변함에 따라 수온이 바뀌면 바닥침전물들 속의 영양분들을 휘저어 놓는다.

하구

생태학자들은 강과 바다가 만나서 담수와 염수가 혼합되고 조수(tide)와 계절에 따라 온도와 염도가 변하는 지역을 나타낼 때 **하구(estuary)**라는 용어를 사용한다. 브라인 슈림프(brine shrimp)라 부르는 새우와 같은 하구역 생명체들은 넓은 범위의 염분 농도에도 잘 견딘다. 끊임없이 유입되는 물이 영양분들을 휘저어서, 하구 지역들을 지구의 가장 생산적인 생태계들의 일부이며, 여러 어종들의 서식 지역이 된다.

© JON HELGASON/ISTOCKPHOTO.COM

조간대

해양의 끝 지역들에는 만조(밀물) 때에는 바닷물로 차지만 간조(썰물) 때에는 공기와 접하며, 파도와 바람이 센 지역인 **조간대(intertidal zone)**가 있다. 대부분 조간대에는 생산자들(켈프와 그 밖의 말 종류들)이 바위에 뿌리를 내리고 있고, 대부분 조간대 동물들은 단단한 몸체와 껍질들을 가지며 물속 바위에 단단히 부착할 수 있는 "접착제" 같은 물질을 낸다. 해양의 가장 생산성이 큰 지역은 조간대로부터 대륙이 물속에 잠긴 지역인 *대륙붕*까지 뻗쳐 있다. 식물플랑크톤(phytoplankton)과 동물플랑크톤(zooplankton) 의 거대 집단들이 나머지 해양 소비자들의 영양분 역할을 한다.

산호초

열대지방의 얕은 해양지역에는 산호들이 집단으로 서식하며, 광합성 미생물들이 산호들에 먹이 공급을 담당함으로써 환상적 색깔을 띠는 **산호초(coral reef)**들을 이룬다. 돌처럼 단단한 산호 군체들의 갈라진 틈과 구멍들이 바다의 가장 다양하고 생산적인 군집들의 둥지와 피신처를 제공하고 있다.

해양지역

대륙붕을 벗어나 심해 평원을 덮고 있는 바닷물인 **해양대(oceanic zone)** 또는 **해양지역(open ocean)**은 거의 사막화되어 있고 표면 가까이에만 햇볕이 든다. 해양지역은 인이나 질소 같은 영양소들이 없어서 극지방 툰드라 지역보다 생산성이 낮다. 해양에서 가장 생산성이 높은 지역들은 해류가 심해로부터 영양분들이 떠오르게 해주는 지역이다. 해양지역들은 기후의 조정과 대기 중 산소와 이산화탄소 농도를 적절히 유지하는 데 도움을 준다.

© WOLFGANG AMRI/ISTOCKPHOTO.COM

목표7 생물권의 변화

10장에서 언급한, 약 28억 년 전 광합성의 진화가 어떻게 혁명적으로 대기에 산소가 축적되게 하였고 바다가 살아나게 하였는가에 대해 상기해 보라. 오늘날, 인간의 활동들이 거의 비슷하게 생물권을 변화시켜 가고 있지만, 이러한 변화들이 일반적으로 생명체들이 진화에 의해 변화에 적응해 가는 것보다 빠르게 일어나고 있다. 이러한 변화들에는 지구 기후의 변화, 지구 오존층의 붕괴 그리고 인류에 의한 지역들의 전환에 따른 서식지의 상실 등이 포함된다.

산호초(coral reef)
열대의 얕은 해양 지역들에서 산호들에 의해 만들어지며, 때때로 거대한 규모를 갖는 바닷속 구조물

해양대(해양지역) [oceanic zone (open ocean)]
대륙붕을 벗어나 심해 평원까지 바닷물로 덮여 있는 지역으로서, 평원은 거의 사막화되어 있고 표면 가까운 지역에만 햇볕이 드는 지역

지구 기후의 변화

기온이 올라가 봄철이 일찍 오고, 새들과 개구리들이 알을 뿜는 시기가 빨라지며, 나뭇잎들이 더 일찍 솟아나고 있다. 사실상, 기상학자들은 지난 세기들의 어떤 100년보다 20세기와 100년이 더 무더웠다고 보고하고 있다. 더욱이 20세기의 0.5°C 평균기온 상승의 절반이 지난 30년에 일어났다고 한다. 모든 가능성들을 정량분석해본 후, 미합중국 기상이변 담당국에서는 온실효과의 대부분 책임이 인간들에게 있다고 선언하였다.

온실가스에는 이산화탄소(CO_2), 메탄(CH_4), 염화불화탄소 화합물(CFC; 프레온 가스라고도 함) 그리고 아산화질소(N_2O_2) 등이 포함된다. 그러나 이산화탄소가 인간-유래 온실가스의 약 반을 차지한다. 인류가 다른 종류의 가스보다 다량의 이산화탄소를 방출하며, 이산화탄소는 대기 중에서 100년 이상 안정하다고 **파메산** 박사는 설명한다. 메탄은 홍수에 잠긴 논의 벼들이 분해자 세균들에 의해 분해될 때 발생되고, 소나 흰개미의 장으로부터 방출될 뿐 아니라 석탄과 천연가스가 탈 때 만들어진다. 이산화탄소에 비해 메탄가스의 방출량이 적지만, 메탄가스가 대기 중에서 10배 빨리 부서진다. 염화불화탄소 화합물들(CFCs)은 산업용 화합물들로서 염소, 불소 및 탄소로 구성되어 있으며, 냉장고나 에어컨의 냉매나 플라스틱 발포제 및 절연물질로 사용된다. CFCs도 CO_2처럼 대기 중에 100년 이상 남지만, 오존층을 파괴한다. CFCs 사용의 법적 제한 조치가 도움이 되긴 하지만, 이미 수십 년간 축적된 CFCs가 아직도 지구 상공에 떠돌고 있다. 아산화질소는 일명 웃음가스라고도 불리는데, 이 가스는 토양 속 미생물들, 수림과 탄소 원료들의 연소 그리고 화학비료들 생산에 의해 만들어진다. 이 가스는 그리 많은 것은 아니지만 그렇더라도 아직 지구 기후변화에 상당히 영향을 미치는 요인이다.

오존층(ozone layer)
지구 표면으로부터 수십 마일 위쪽에 있는 지구를 둘러싸고 있는 지역으로서 약 99%의 자외선을 흡수함; 차단이 안 되면 자외선이 DNA를 포함한 여러 생명분자들을 파괴시킬 것임

환경지속성(sustainability)
일정 수준의 자원들을 제공하는 환경의 능력들에 반하는 인간집단 및 경제적 성장 사이의 균형을 유지하는 것

지구에서의 이산화탄소 생성량이 지난 세기에 대략 25% 정도 올라갔는데, 이는 인류에 의한 석탄, 석유 및 가솔린 등의 사용량이 촉진되었기 때문이다. 온대림들과 열대우림들의 제거를 위한 발화와 넘어진 나무들의 연소가 이산화탄소원의 또 다른 주요인이다. 과량 이산화탄소의 일부는 해양에도 녹는다. 그러나 불행하게도 이산화탄소가 광합성 동안 식물들에 의해 제거되는 것보다 더 엄청난 양이 대기 속으로 들어간다.

많은 대기과학자들은 현재 살고 있는 사람들의 많은 수가 사는 시기인 2025년과 2075년 사이 어느 시기에 축적되어 가는 온실가스들의 장막이 지구온도를 현재보다 평균 1~3.5°C 높일 것으로 예상하고 있다. 이와 같은 큰 변화는 막대한 피해를 가져올 수 있다. 극지방 근처의 빙하들은 녹아내릴 것이며, 해수면 높이도 올라갈 것이고, 세계적으로 가장 많은 인구가 거주하는 연안 도시들은 물에 잠기게 될 것이다. 세계 도처의 곡류–생산 지역들은 모래로 뒤덮이는 일이 생길 것이다. 보존된 지하수들은 곧 고갈될 것이므로 관개시설로는 이 문제들을 해결할 수 없을 것이다. 불길하게도, 지난 10년 동안의 가장 추웠던 어느 연도들에서도 100년 전의 거의 매년보다도 따듯했었으며, 우리는 전 세계적으로 확산된 가뭄, 산불과 수확 손실 등 뚜렷한 결과들을 보기 시작하였다.

대부분 생태학자들은 우리는 에너지 보존에 중점을 두며, 풍력 발전이나 태양열 에너지와 같은 재생 가능한 에너지원의 개발의무화를 통한 화석연료 사용을 줄여야만 된다고 믿는다. 농부들은 토양에 유기물 수준을 더 잘 유지할 수 있는 농업기술들을 사용해야 하고, 열대 지역에 사는 사람들은 개발을 위해 산림을 잘라내고 불을 지르는 것을 줄여야 할 것이며, 벌거벗은 지역에는 다시 나무들을 심는 노력에 박차를 가하여야 하겠다. 마지막으로, 우리 모두는 충분한 정보를 가지고, 정부기관들과 우리 자신들이 생태학적 소리를 높이는 결정들을 하도록 유권자이며 소비자로서의 실력을 행사하여야만 하겠다.

오존층 구멍

프레온 가스들(CFCs)은 온실효과를 유발하는 가스로 작용할 뿐만 아니라 지구에 대한 방어벽 역할을 하고 있는 **오존층(ozone layer)**을 구성하는 오존(O_3) 분자들을 공격한다. 오존층은 지구 표면으로부터 수십 마일 위쪽에 있는 지구를 둘러싸고 있는 지역으로서, 차단이 안 되면 투과되어 온 자외선이 DNA를 포함한 여러 생명분자들을 파괴시킬 수 있다.

오존 구멍

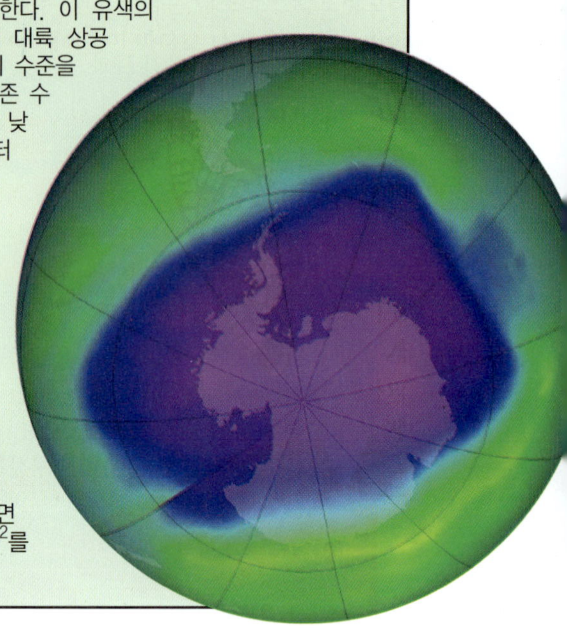

지구의 오존층은 태양으로부터 오는 대부분의 자외선을 흡수한다. 이 유색의 유성 영상은 남극 대륙 상공의 적은 오존 대기 수준을 보여주고 있다. 오존 수준은 보라색(가장 낮은 수준)에서부터 청색, 청록색, 초록색, 그리고 노란색(가장 높은 수준) 순으로 나타난 것이다. 푸른색, 부위이며, 시안기 수준은 녹색에서 노란색으로 표시된 것이다. 이 영상을 촬영하던 때(2006)의 측정한 오존 구멍의 면적은 2,950만 km^2를 넘었었다.

오존은 태양으로부터 오는 자외선이 대기 중의 산소(O_2) 가스를 때릴 때 자연적으로 생성된다.

전문가들은 CFCs가 20세기 중반경 사람들이 생산함으로써 축적되기 시작하였다고 말한다. 이들 오래 가는 화학물들이 오존에 촉매로 작용하여 산소로 바꿔주는데, 각 CFC 분자는 수십 년 동안을 계속해서 오존 분자들을 파괴해 오고 있는 것이다.

환경지속성

전문가들은 금세기에 세계 인구수는 두 배 가깝게 늘어날 것으로 전망하고 있다(1999년의 60억에서 2100까지는 100억 이상).

인류의 미래는 유용 가능한 자원들의 양 및 물리적 환경의 질과 인간집단 및 경제적 성장 사이의 균형을 맞추는 **환경지속성(sustainability)**에 달려 있다. 과거의 경제개발은 환경 본질의 희생에 의해 이루어졌다. 특정 국가들이 누리는 번영의 일부는 다른 국가들의 환경 변화를 초래하기도 했다. "장기적으로 안정적인 지구환경을 확실히 갖기 위해서는 모든 사람들이 합당한 수준의 번영과 보안 의식을 가져야 하며, 이를 위해서는 과거의 농업혁명과 산업혁명을 일으켰던 사람들이 했던 것만큼 크게 인간의 태도와 행동의 변화들이 필요하다."고 미국의 전 환경보호국(EPA) 국장이었던 **러클스하우스(William Ruckelshaus)**와 같은 전문가는 말한다.

유지가능성 혁명을 위해서는 산업들이 물질과 에너지를 적게 사용하는 것이 필요하고, 가능한 한 화석연료 대신 풍력

에너지와 태양에너지에 의존하도록 해야 하며, 산업 부산물들을 다른 생산물이나 공정에 재활용하도록 하는 것이 필요하다. 지속 가능한 농업을 위해서는 아래 사항들이 요구된다.

- 생산 증대를 위한 윤작
- 토양 부식의 방지와 동물의 분뇨, 질소-고정 작물 그리고 남조류와 같은 천연비료의 사용에 의한 비옥한 토양의 조성
- 통합된 해충 관리법, 유전자 변형 식물들의 개발, 전통적 및 비전통적 농작물들의 경작 등을 통한 잡초, 곤충 및 식물질병 등의 통제

창조적 경제해법도 또한 지구의 환경지속성의 한 몫을 할 것이다. 현재 고려 중인 여러 가지 아이디어들 중에는 환경 대 채무 교환(debt-for-nature swaps)과 지역권 보존 전략이 있다. 환경 대 채무 교환이란 부유한 국가들이 개발도상국들에게 자연 서식지들의 보호에 대한 약속을 대가로 국가채무를 취소해 준다는 조치이다. 지역권 보존 전략은 부유한 국가들이 광물 채굴권을 얻는 대신에 산림지역들을 안정화시키고 자연 훼손 방지에 의한 자연보존에 필요한 비용을 지불한다는 것이다.

이상과 같은 접근과 더불어 여러 환경지속성-관련 전문가들은 모든 국가들이 부유하든 가난하든 그들 국민들로 하여금 자연의 환경지속-관련 기술들과 출산 조절에 대한 정보들을 제공해야 한다고 말하고 있다. 모든 국가들은 지구환경 관리를 담당하는 국제기구들의 기금을 지불해야만 할 것이다. 또 환경지속성 혁명에 협조하며 실행에 옮겨야만 할 것이다. 현재와 같은 인구 폭발에 의한 인류 집단의 붕괴 전망이 우리의 미래를 어둡게 하고 있다.

누가 알았겠는가?

북아메리카 온대지역에서 많은 천연적 초원지대가 농지로 전환되어 왔고, 대부분의 천연 산림들이 목재 용도로 수확되어 왔다; 사람들의 주거를 위해 매년 더 많은 산림들이 잠식되어 가고 있다. 고의적이고 우발적인 외래 동 · 식물들의 도입이 증가됨으로써, 되돌릴 수도 없이 토착 생물종들을 바꿔가고 있다.

우리 인간들은 굉장히 단시간에 지구환경을 변화시켜 왔다. 그러나 우리는 지구 자원들을 잘못 관리해 왔음을 이해하고 있고 또 그 결과들도 예측할 수 있다. 우리 자신들과 수백만 종에 달하는 생물종들의 생존은 우리의 욕구를 충족시키는 환경보존을 위한 새로운 해법을 찾는 데 달려 있다고 하겠다.

> “장기적으로 안정적인 지구환경을 확실히 갖기 위해서는 모든 사람들이 합당한 수준의 번영과 보안 의식을 가져야 하며. . . 이를 위해서는 과거의 농업혁명과 산업혁명을 일으켰던 사람들이 했던 것만큼 크게 인간의 태도와 행동의 변화들이 필요하다.”

부록 A:

물의 성질

물, 온도 그리고 생명

동상에 걸렸었던 사람은 누구나 물이 온도에 따라 다르게 작용한다는 것을 안다. 사람이 장갑을 끼지 않고 폭설 속을 헤맬 때는, 그 사람의 손가락에 묻은 액체 상태의 물은 바로 어름으로 되어 손가락 세포들을 찢고 죽여서, 잘못되면 손가락들을 잃을 수도 있다. 지구상의 정상 온도 범위에서 물이 액체 상태로 있다는 것은 생명체들에게 다행한 일이며, 그렇지 않고 물이 기체(수증기)나 고체(어름) 형태로 있다면 어떻게 될지 상상해 보라.

생명체들은 또한 물이 서서히 데워지기 때문에 복 받은 것이다; 즉, 일정량의 물의 온도를 올리는 데 필요한 열량이 다른 액체 대부분의 경우들에서보다 크다. 이러한 성질은 물이 가지는 수소결합(hydrogen bond)들에 의한 직접적 결과이다(아래 그림 참조). 물에 가해지는 열에너지의 많은 부분이 물의 온도를 높이는 대신에 수소결합들을 부수는 데 소모된다. 이것이 생명체가 필요로 하는 비교적 일정한 내 · 외 환경을 갖도록 도와주는 것이다.

격렬한 시합 후 많은 땀을 흘리고 있는 한 테니스 선수는 물의 온도와 관련된 또 다른 중요한 성질에 감사할 수 있다: 그것은 현저히 많은 양의 열이 액체 상태의 물에서 수증기로 되는 데 요구된다는 것이다. 물이 기화되기 위해서는 물방울 표면에서 신속히 떨어져 나가도록 밀려 나가야만 한다. 그것이 재빨리 밀려 나가기 전에 물 분자는 이웃 물 분자들과 결합된 수소결합들을 열에너지를 흡수하여 부서트려져야만 한다.

열을 흡수하는 과정에서 증발하는 물은 그 주위를 냉각시킨다. 약탈자로부터 달아나는 한 마리의 야생마에서 이 성질이 자연 냉각계로 작용하며 이는 말, 사람 및 일부 다른 포유동물들에서 땀샘의 진화를 설명해준다. 피부의 땀샘들로부터 땀이 쏟아져 나오며, 땀이 체표면의 상당 부분을 덮는다. 땀이 증발할 때, 다량의 체온이 물 분자들 간의 수소결합을 부수는 데 소모된다. 이것이 말의 피부에서 땀이 증발함에 따라 말의 체온을 떨어뜨려 시원하게 해주는 것이다.

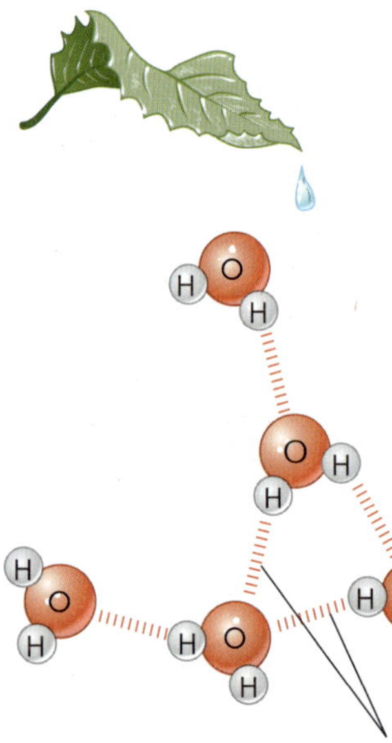

물의 물리적 성질들

온도와 관련된 물의 성질 외에 물은 생명체들에게 중요한 몇 가지 물리적 성질들을 갖는다.

물 분자들은 물 분자들끼리 서로 달라붙는 성질인 *응집성*(cohesion)과 다른 분자들과 달라붙는 성질인 *부착성*(adhesion)을 가진다. 예를 들면, 물이 종이, 흙 또는 유리에 부착한다. 그러므로 응집성과 부착성이 엎질러진 물을 종이 수건으로 닦을 경우나 가느다란 모세관을 따라 물이 상승하는 것과 같이, 액체 물질이 중력을 거슬러 좁은 관을 따라 상승하는 모세관 현상(capilarity)를 갖게 하는 것이다. 모세관 현상은 여러 종류의 식물체들에서 물의 운반에 한 중요한 역할을 한다. 물 분자 상호 간의 응집성과 가는 관(예, 식물의 물관) 벽과의 부착성이 없다면, 삼나무 또는 유칼립투스와 같은 키가 큰 나무들은 없을 것이다.

물의 한 물리적 성질이 신생아가 태어난 다음, 첫 번째 호흡하는 순간에 극복되어져야만 한다. *표면장력*(surface ten-

© ERIC DELMAR/ISTOCKPHOTO.COM

sion)이라 부르는 이 성질은 공기 분자들이 물 위에 부착하기 보다는 물 분자들이 표면에서 서로 응집하는 성질을 말한다. 신생아 폐의 물 분자들은 공기보다는 물 분자들끼리 그리고 조직과 강하게 결합하려는 경향을 가진다. 이런 이유 때문에 그들은 부서지기 쉬운 미세한 기관들의 벽을 함께 끌어다니는 경향을 갖는다. 그러나 우리 몸은 마치 세제 분자들과 같은 *계면활성제*(surfactant)들을 가져 폐에서의 표면장력을 낮춰 줌으로써 폐의 붕괴를 방지해 주고 있다. 폐들이 계면활성제 생성 능력을 갖기 전에 태어나는 미숙아들은 종종 폐가 붕괴되기 때문에 죽는다.

물은 생물학적으로 중요한 또 하나의 물리적 성질을 갖는데, 그것은 얼음(고체형 물)이 물(액체형)에 뜨는 성질을 갖는다는 것이다. 어름에서의 수소결합은 매우 견고하므로 액체에서의 쉽게 파괴될 수 있는 수소결합보다는 더 떨어져 형성되어 개방형 결정격자를 만들므로, 어름이 물보다는 덜 밀집된 구조를 함으로써 물 위에 뜨는 것이다. 이것은 매우 독특한 성질로서, 일반적으로 다른 물질들은 어느 경우 더 밀집된 구조를 한다. 만약 어름이 덜 밀집된 구조를 갖지 않는다면, 많은 호수들이 겨울에 얼어서 고체로 될 것이며, 여름에는 상부 몇 cm 정도만 녹을 것이다. 오히려, 상부 층에 어름 층이 그 하부층에 대한 단열제 역할을 해 줌으로써, 겨울에도 어름 밑의 차가운 물속에서 식물들과 동물들이 살아갈 수 있는 것이다.

여러분은 양념을 진하게 한 음식을 너무 빠르게 많이 먹은 다음, 위산과다 증세로 고통을 받은 적이 있는가? 이 고통은 여러분 위 세포들이 다량의 염산(HCl)을 분비할 때 생긴다. 산이 음식물의 소화 속도를 촉진시키지만, 산은 또 여러분의 위벽을 자극한다. 염산이 물에 녹을 때, 그것은 수소이온(H^+)을 용액 속으로 방출 한다:

$$HCl \rightarrow H^+ + Cl^-$$

산 과다증에 대한 해독제로서 여러분은 처방 없이 구매할 수 있는 여러 종류 가슴앓이 구제약품들에 들어 있는 활성 성분인 중탄산염(중조, HCO_3^-)을 먹는다. 중탄산염은 필요한 만큼의 수소이온을 빨아들이거나 내어 줌으로써 pH의 변화를 유지해 주는 물질인 *완충제*(buffer, 완충액)로 작용한다: 수소이온농도가 높을 때 완충제가 H^+과 결합하며, 수소이온농도가 낮을 때는 완충액이 H^+을 방출한다.

염기성(또는 알칼리성) 물질이 물에 녹으면 수소이온 대신에 그들은 수소이온들과 결합함으로써 과량의 수산이온(OH^-)을 가지게 된다. 예를 들면, 염기성인 NaOH(수산화나트륨)는 나트륨 이온과 수산 이온으로 해리된다:

$$NaOH \rightarrow Na^+ + OH^-$$

나트륨 이온들은 물에 녹으며, 일부 유리 수산화 이온(OH^-)은 유리 수소이온(H^+)과 결합하여 H—OH(또는 H_2O)로 됨으로써, NaOH가 물에 가해지기 전보다 적은 수의 수소이온들만 남게 된다.

pH

대부분의 산 용액은 왜 pH 수치가 낮을까? 그리고 pH 단위는 왜 수소이온 농도와 10배의 차이가 날까? 화학자들은 물질의 양을 몰(mole)이라는 단위로 부르며, 용액의 농도는 mole/L(또는 M)로 측정한다. pH 수치는 이 농도 단위에서 수소이온들의 농도를 나타낸다. pH 1은 0.1 mole H^+/L, pH 2는 0.01 mole H^+/L 그리고 pH 10은 10^{-10} mole H^+/L인 것이다. pH 수치는 10진법의 몇 10번째의 숫자와 동일하다고 보면 된다. 이는 pH 단위당 10배의 차이가 난다는 의미이다. 낮은 수치의 pH 값들은 10진법 숫자가 낮은 값을 가지므로 수소이온 농도가 크다. 용액에서 수소이온(H^+) 농도와 수산이온(OH^-) 농도의 곱은 항상 일정하다. 그러므로 용액의 수소이온(H^+) 농도가 올라가면, 수산이온(OH^-) 농도는 떨어지는 것이다.

pH 값

	pH	
강염기성 (강알칼리성)	14.0	배수구 뚫는 용액
	13.0	표백제
	12.0	암모니아수
	11.0	유리 세척액
	10.0	솔트레이크호수의 물
	9.0	제빵용 소다
	8.0	바닷물, 달걀 흰자질
		사람의 혈액과 눈물
중성	7.0	
		세포 내액
	6.0	침, 우유
	5.0	블랙 커피
	4.0	산성비, 토마토 주스
	3.0	식초, 코카콜라
	2.0	레몬 주스
	1.0	위산
강산성	0.0	농축된 질산

부록 B:

현미경

이 책에서 논의되는 진핵세포들이 막에 쌓인 핵이나 엽록체 또는 다른 세포소기관들을 가진다는 것을 우리는 어떻게 아는 것일까? 세포들에 대해서 우리가 알고 있는 많은 부분들은 생물학자들이 세포들의 속과 표면의 아름다운 모양들을 현미경을 통한 관찰을 통해 알아낸 것이다. 기본적인 현미경의 종류로는 광학현미경, 투과전자현미경 및 주사전자현미경이 있다.

광학현미경(light microscope, LM)들은 피검 대상 물체를 투과한 광선의 굴절, 꺽임을 광학렌즈로 확대시켜 실제 피검 물체보다 크게 보이게 하는 것이다(그림 a). 현미경은 피검 물체를 투과시킬 수 있고 확대할 수 있으므로 생물학자들은 조직들에서의 세포들의 위치를 알아내거나 살아 있는 세포들의 행동을 보기 위해서 광학현미경을 사용하며(그림 b), 밝은 색의 피검체는 염색을 함으로써 핵, 엽록체 및 미토콘드리아와 같은 세포소기관을 검경할 수 있다(그림 c). 만약 피검체가 빛이 투과될 만큼 얇다면 광학현미경으로는 2,000배 정도까지 확대시켜 볼 수 있다.

염색약들이 피검체의 여러 구조물들 간의 대조를 높여주

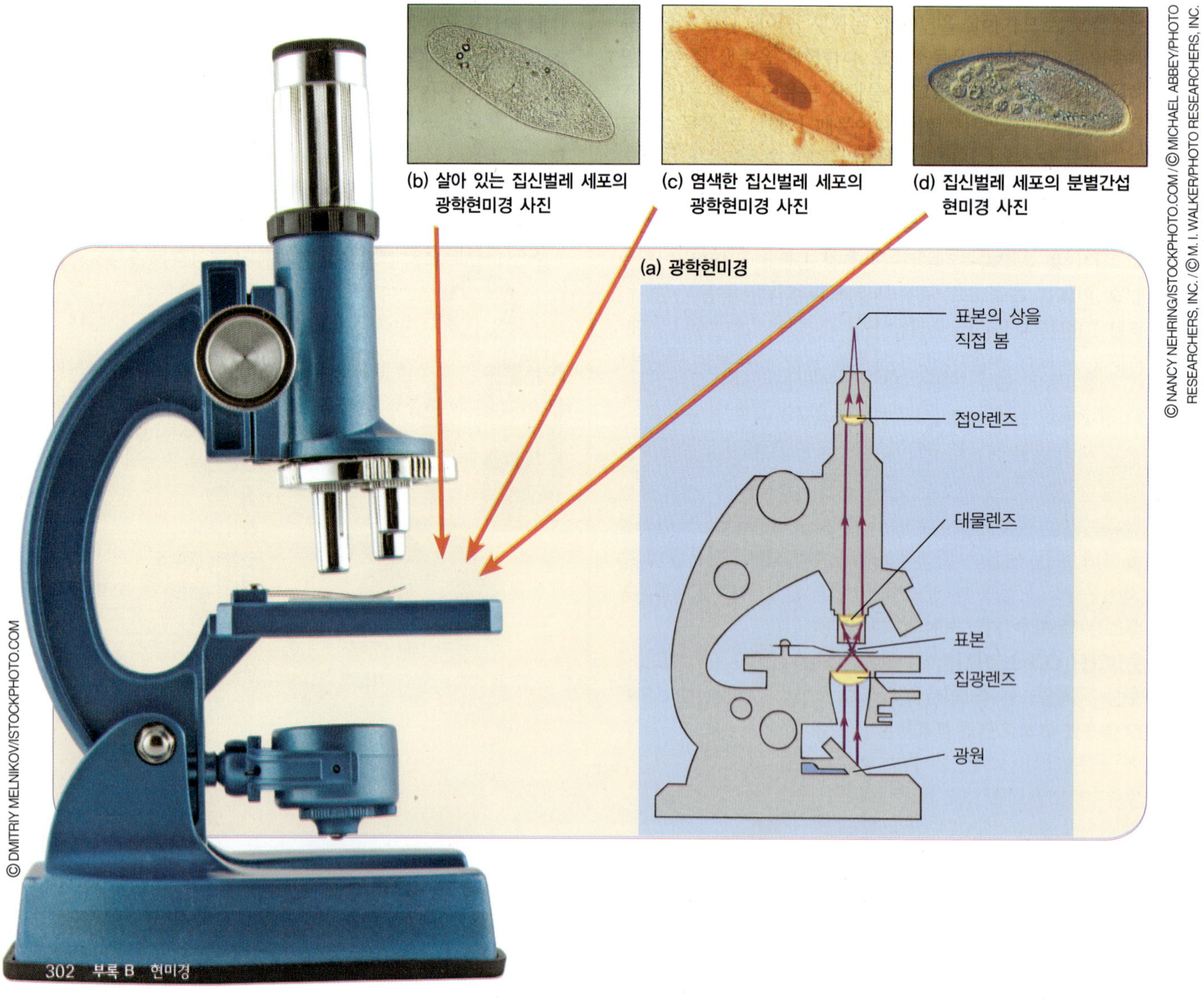

(a) 광학현미경

(b) 살아 있는 집신벌레 세포의 광학현미경 사진

(c) 염색한 집신벌레 세포의 광학현미경 사진

(d) 집신벌레 세포의 분별간섭 현미경 사진

므로 그들을 쉽게 구별할 수 있도록 해준다. 염색액들은 일반적으로 세포들이나 조직들이 형태를 변하지 않도록 해주는 고정액들과 혼합해 사용한다. 그러나 염색액과 고정액이 살아 있는 세포들을 죽이므로, 생물학자들이 살아 있는 세포들을 관찰하기 위해서는 분별간섭 현미경(Nomarski 현미경)을 사용하는데, 이 현미경은 염색하지 않은 구조물들 사이 빛의 굴절률 차이에 의한 뚜렷한 대조 상을 볼 수 있으므로 염색하지 않고도 선명하게 관찰할 수 있다(그림 d).

전자현미경(electron microscope, EM)들은 가시광선보다 1/100,000의 짧은 파장을 가지는 전자를 사용한다. 이와 같은 짧은 파장이 큰 해상력을 가져 배율을 매우 크게 해주는 것이다. 전자현미경들은 또한 전자빔들의 초점을 맺게 하도록 렌즈를 사용하지 않고 자석을 사용한다. 전자현미경은 생물학자들에게 새롭고 놀라운 영역을 열게 하였고, 기존의 알고 있었던 세포 구조에 대한 지식보다 더 많은 것을 알게 해주었다. *투과전자현미경*(transmission electron microscope, TEM)은 세포, 조직 또는 다른 대상물들의 얇은 박편의 상들을 만들어 낸다. 이러한 전자현미경 사진들이 20세기 중반까지 전혀 생각지도 못했던 세포의 복잡하고 미세한 구조 수준까지 알게 해준 것이다(그림 e, f). 그리고 *주사전자현미경*(scanning electron microscopes, SEM)은 피검체의 3차원적 표면상들을 만들어 낸다. SEM 사진은 우리에게 살아 있는 세포들이나 기관들의 복잡한 외부 구조의 아름답고 때로는 기이하기도 한 영상을 보여준다(그림 g, h).

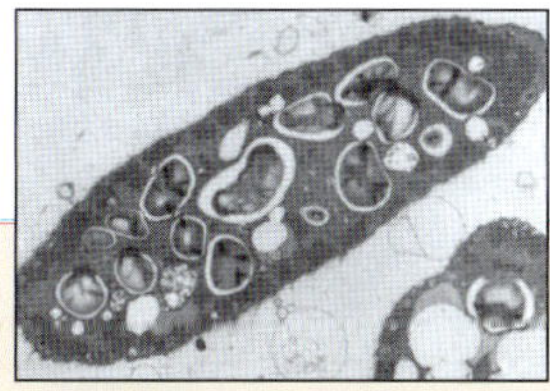
(f) 집신벌레 세포의 투과전자 현미경 사진

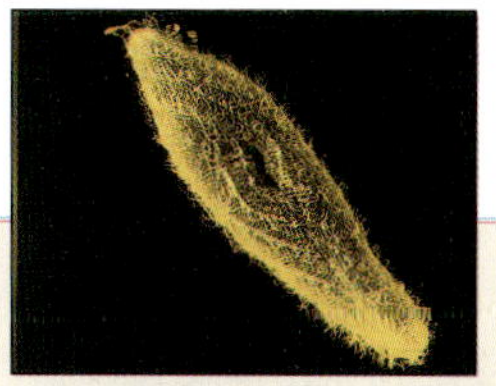
(h) 집신벌레 세포의 주사전자 현미경 사진

(e) 투과전자현미경

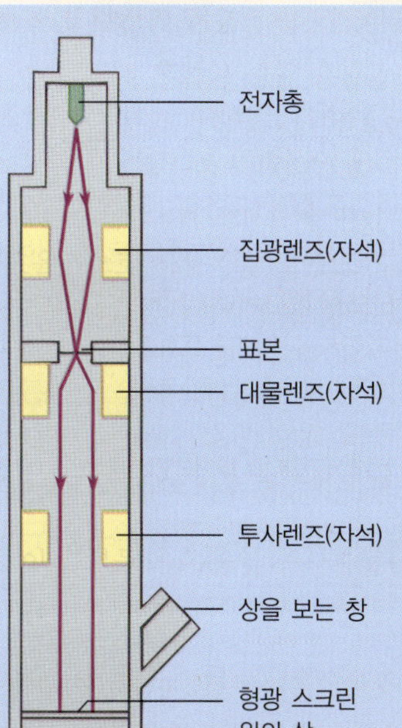

(g) 주사전자현미경

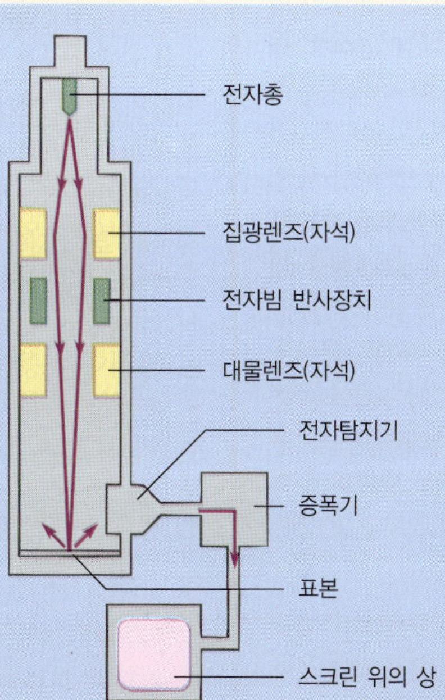

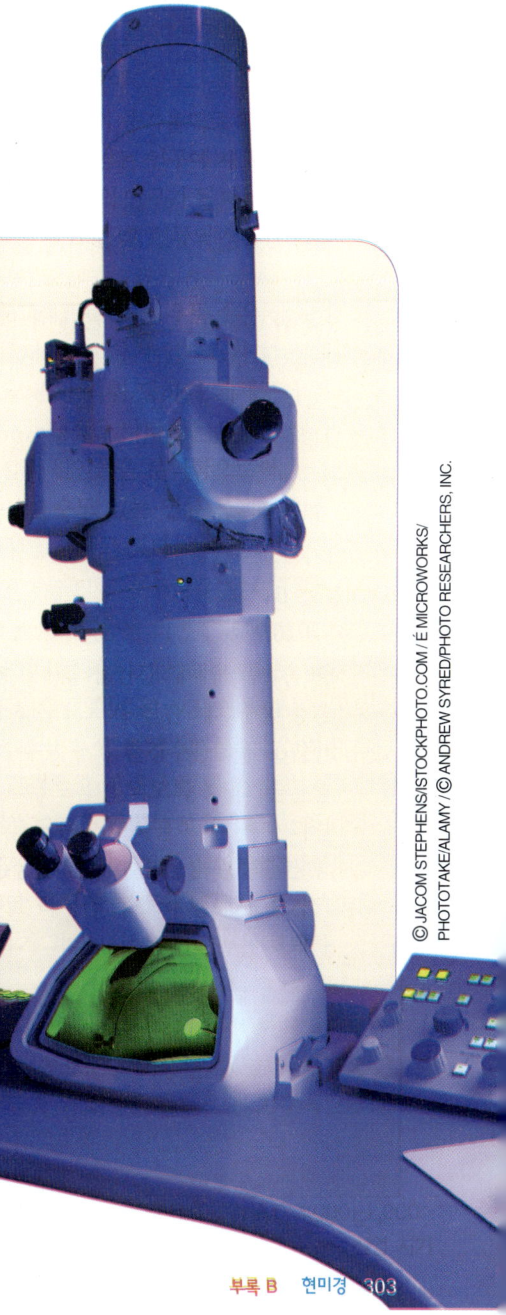

부록 C:

하디-바인베르그 법칙

하디-바인베르그의 법칙(Hardy-Weinberg principle)은 유전학자들이 하나의 실제 집단(개체군)에서 나타나는 유전자 빈도들을 근거로 집단에서 예상되는 유전자 빈도와 이를 근거로 한 진화적 변화를 검정할 수 있게 해준다.

이 법칙은 두 가지 중요한 요점을 가진다:

1. *대립유전자의 원리*: 방해가 없다면, 한 집단의 서로 다른 대립유전자들의 빈도는 계속해서 변하지 않는다.
2. *유전자형의 원리*: 방해요인들이 없는 조건에서, 서로 다른 유전자형들의 빈도는 제1대 이후 변하지 않는다.

우리는 이 원리를 그림에 보인 것과 같이, 그들 스스로 또는 개체 간에 무작위적으로 수정할 수 있는(1 단계) 달팽이들의 예에서 알아보자. 이 달팽이들은 그 껍질 색깔을 지배하는 부분 우성의 유전자를 가지는데, 유전자형이 *AA*인 경우엔 파란색 껍질, *aa*인 경우엔 노란색 껍질, 그리고 *Aa*인 경우에는 초록색 껍질을 가진다. 껍질 색 유전자 빈도의 변화에 관한 하디-바인베르그 법칙에 의하여, 우리는 달팽이 집단이 진화함에 따라 어떻게 될지를 결정할 수 있다.

그림에 보이는 것처럼 5마리 달팽이 각각은 껍질 색 지배 유전자 두 복사본을 가지는 이배체이다. 이 집단의 유전자 풀에는 6개의 *A* 유전자와 4개의 *a* 유전자의 모두 10가지 대립유전자가 있다. *A* 유전자의 부분을 *p*라 표시하면, $p = 6/10$(또는 0.6)이 될 것이고, *a* 유전자의 부분을 *q*라 표시하면, $q = 4/10$(또는 0.4)가 될 것이다. *A* 대립유전자와 *a* 대립유전자는 이 달팽이 집단 껍질의 대립유전자 모두를 나타내므로 $0.6 + 0.4 = 1$ 또는 기호로 표시하여 $p + q = 1$로 나타난다. 이것이 *대립유전자 풀의 공식*이다.

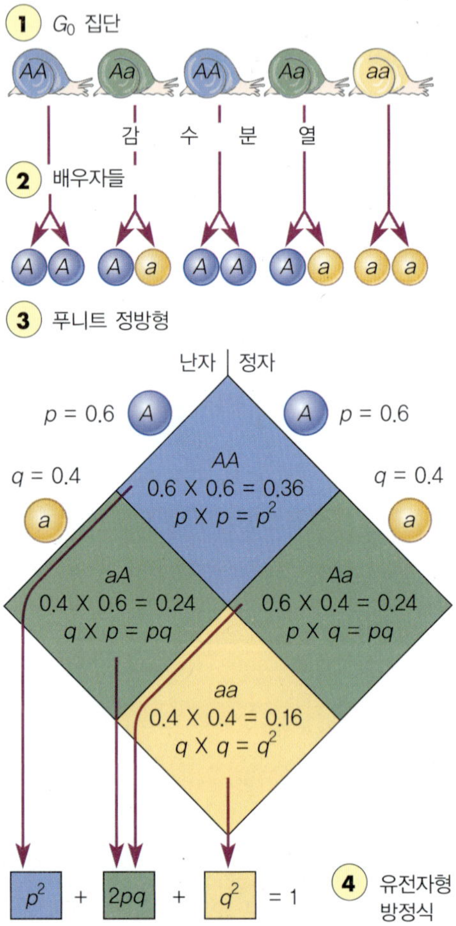

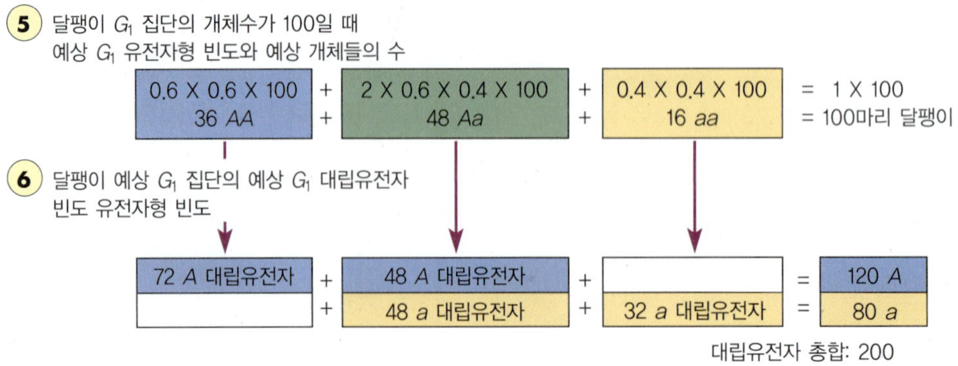

대립유전자 빈도의 변화와 진화가 일어나는지 알아보기 위해서, 우리는 달팽이들이 번식하기 위해 알과 정자를 만들 때 멘델의 대립유전자 분리법칙을 염두에 두고 어떤 일이 일어날지를 알아보자. 감수분열이 일어남에도 불구하고 배우자들에서의 A의 빈도와 a의 빈도는 원래 집단의 그것들(6/10이 A 및 4/10이 a)과 동일하다는 것을 염두에 두어라(**2** 단계).

수정 단계 때 대립유전자 빈도에 어떤 일이 일어나겠는가? 무작위 교배가 일어난다고 가정하면, 우리는 푸니트 정방형법으로 빈도를 계산할 수 있다(**3** 단계). *유전자형 방정식*에서 $p^2 + 2pq + q^2 = 1$ 이다(**4** 단계). 이 방정식이 의미하는 것은 각 개체의 유전자형인 AA, Aa 그리고 aa의 총합인 "1"은 집단 전체를 나타낸다. 달팽이 집단에서 진화가 진행 되었는지 결정하기 위해서, 우리는 세대 간의 유전자 빈도의 변화를 찾아야 한다. 만약 어버이 세대(G_0) 5마리의 달팽이가 G_1 세대에서 100마리를 만들었고, 외부 영향들을 받지 않는다면, 우리는 유전자형 빈도의 기대치와 그 결과로 만들어지는 유전자형 수를 예측할 수 있다(**5** 단계). 즉 유전자형 방정식은 집단 내 서로 다른 3종류 유전자형 개체수를 예측할 수 있는 것이다. 그렇다면, 이 새로운 세대의 대립유전자 빈도들은 무엇일까? 그들은 변화를 일으켰는가?

외부 영향이 없는 집단들 내에서는, 세대들이 지나가도 진화가 일어나지 않을 것이다.

여러분은 **6** 단계에서 대립유전자 A의 빈도가 120/200(0.6), 그리고 대립유전자 a의 빈도가 80/120(0.4)로서, 어버이 세대의 유전자 빈도와 같음을 알 수 있다. 이 세대로부터 세대가 계속 진행되어도 외부 영향이 없는 조건에서는 대립유전자와 유전자형 빈도는 변하지 않는다. (여러분이 새로운 데이터를 가지고 푸니트 정방형법으로 추정해 봐도 동일한 결과를 얻을 수 있다.)

이와 같이 하디-바인베르그 법칙을 적용시킴으로써, 우리는 외부 영향이 없는 집단들에서는 세대를 내려가도 진화가 일어나지 않는다는 것을 알 수 있다. 하디-바인베르그 식은 어떤 유전자 변화들(진화)이 일어날 수 있는 하나의 척도를 제공한다고 하겠다. 만약 하나의 자연 집단에서 대립유전자 또는 유전자형 빈도가 유전자 풀과 유전자 방정식에서 예측했던 것과 다르게 나타난다면, 그 집단에서는 돌연변이, 자연선택 또는 이주와 같은 어떤 외부 영향을 받았음에 틀림없다고 말할 수 있다. 그런 결과가 생기면 생물학자들은 어떤 특정 종에 대해서 어떤 외부 영향이 더 중요한 요인인지를 알아내는 실험 디자인을 할 수 있다.

찾아보기

한글 찾아보기

ㄷ

ㄹ

ㅁ

ㅂ

ㅅ

ㅇ

기타

영문 찾아보기

A

B

C

D

E

F

Q

R

S

T

U

V

W

X

Y

Z